21世纪高等职业院校土木工程专业系列教材
中国土木工程学会教育工作委员会推荐教材
北京市高等学校教育教学改革立项项目教材

钢筋混凝土与砌体结构
（第2版）

周　坚　编著

清华大学出版社

北京

内 容 简 介

本书是 21 世纪高等职业院校土木工程专业系列教材丛书之一,是为了适应国家大力发展建筑行业职业教育的要求,根据高等职业院校土木工程专业的培养目标和教学大纲编写而成的,力求讲解基本概念,既注重课程的系统性、完整性,又增加了实际工程中遇到的问题作为例题和实训的内容。

全书共 16 章,内容包括建筑结构设计的基本原则,钢筋混凝土结构材料力学性能,受弯、压、拉、扭曲构件截面承载力,钢筋混凝土构件变形、裂缝及耐久性,预应力混凝土构件,混凝土梁板结构、框架结构、砌体结构设计等。除 15、16 章外每章都有学习重点、主要知识点以及思考题和习题,帮助学生学习及巩固、提高。

本书适合高等职业院校土木工程专业教师教学使用,建筑行业初、中级专业技术人员学习使用,也可供相关专业人员参考使用。

图书在版编目(CIP)数据

钢筋混凝土与砌体结构/周坚编著. —2 版. —北京:清华大学出版社,2011.9(2021.11重印)
(21 世纪高等职业院校土木工程专业系列教材)
ISBN 978-7-302-25195-8

Ⅰ. ①钢…　Ⅱ. ①周…　Ⅲ. ①钢筋混凝土结构-高等职业教育-教材 ②砌块结构-高等职业教育-教材　Ⅳ. ①TU375 ②TU36

中国版本图书馆 CIP 数据核字(2011)第 060516 号

责任编辑:徐晓飞　李　嫚
责任校对:刘玉霞
责任印制:杨　艳

出版发行:清华大学出版社
　　　网　　址:http://www.tup.com.cn,http://www.wqbook.com
　　　地　　址:北京清华大学学研大厦 A 座　　　　　　邮　　编:100084
　　　社 总 机:010-62770175　　　　　　　　　　　邮　　购:010-62786544
　　　投稿与读者服务:010-62776969,c-service@tup.tsinghua.edu.cn
　　　质量反馈:010-62772015,zhiliang@tup.tsinghua.edu.cn
印 装 者:北京富博印刷有限公司
经　　销:全国新华书店
开　　本:203mm×253mm　　印　张:29.25　　　　字　　数:865 千字
版　　次:2011 年 9 月第 2 版　　　　　　　　　　印　　次:2021 年11月第 14 次印刷
定　　价:83.00元

产品编号:041463-05

编 委 会

丛 书 总 序

这套"21世纪高等职业院校土木工程专业系列教材",由于具有突出的针对性、实用性、实践性和应对性,受到中国土木工程学会教育工作委员会的好评,被列为"中国土木工程学会教育工作委员会推荐教材";同时由于在内容安排、教学理念、培养模式等方面的特色,入选"北京市教委高等学校教育教学改革立项项目"。

我国近阶段面临着严峻的就业形势,其中人才结构问题非常明显:一方面表现为职业技能人才严重不足;另一方面普通本科大学毕业生又出现过剩的局面。因此,高等职业院校得到迅猛发展,土木建筑类高等职业院校尤其突出。

土木建筑业属于劳动密集型行业,我国农村2亿富余劳动力有一半(约1亿)在建筑业打工,这部分劳动者技术素质偏低,迫切需要为生产第一线充实技术指导人员(施工技术员)。这部分技术人员就是高职院校土木建筑工程专业的培养目标。

为此,我们专门组织了一批具有高级职称又在高职院校(北京科技经营管理学院建工专业)任教5年以上,具有丰富教学经验的教师编写了这套教材。整套教材贯彻了如下的原则和要求:

(1)突出针对性——高职土木的培养目标是生产第一线的技术人才,通常称为"施工技术员"。因此,在编写时有针对性地删减了烦琐的理论推导和冗长的分析计算,增加生产第一线的专业知识和技能;做到既要充分体现高职土木的培养目的,又要兼顾本门课程理论上和专业上的系统性和完整性。

(2)突出实用性——大幅度地增加"施工技术员"需要的专业知识和职业技能,特别是"照图施工"的知识和技能,克服过去那种到工地上看不懂图的弊端。为此,所有专业课均增加了有关识图的内容。

(3)突出实践性——大力改进实践环节,加强职业技能的培训。第一,所有专业课在最后均增加了一章"课程实训",授课配合必要的参观和现场讲解。第二,强化"毕业综合实训",围绕学生毕业后到生产第一线需要的知识和技能进行综合性的实训。为此本套教材专门编写了一本《毕业综合实训指导》,供教师在最后的实训环节参考。

(4)突出应对性——现代求职一个重要的环节是面试,面试的效果对求职成败有重要的影响。因此,本套教材每种书都专门讨论应对面试的内容、能力和职业素质,归纳为"本门课程求职面试可能遇到的典型问题应对"一章。

在编写这套教材时,虽然经过反复讨论和修改并经过两轮的教学实践,但是仍不可避免地存在不足乃至错误,请广大读者和同行指出、不吝赐教。

主编:肖明浩 于清华园

前　言

　　建筑业属于劳动力密集型产业,农民工占绝大多数,文化技术知识较少,急需大量初、中级专业技术人员指导与帮助,国家已决定大力发展职业教育。本书就是为了适应这一要求,根据高等职业院校土木工程专业的培养目标和教学大纲编写的。

　　本书是在第1版的基础上,根据2010版混凝土与抗震规范编写的。在编写过程中,力求照顾学生未来应聘面试和工作性质,在讲清楚基本概念,保留课程的系统性、完整性的基础上,尽量多地增加一些实际工程中遇到的问题。每章都有实训内容,最后有课程实训与求职面试可能遇到的典型问题应对。

　　在课程内容安排上,对教学大纲有所取舍。因目前工业厂房多用钢结构,书中删去钢筋混凝土单层厂房一章;"平法标注"中已取消弯起钢筋,但规范中还有,书中虽有介绍,但在梁板设计中却未用到。砌体结构中部分构件有时会出现承载力不足的问题,在主要介绍无筋砌体的同时,也介绍部分配筋砌体的计算与构造。由于我国是多地震国家,故对框架结构与砌体结构的抗震性能将专门列章介绍。书中对每一种构件的计算和验算都设计了解题过程计算框图,便于学生解题,也可作为编制计算机程序的向导;每章前都有学习重点,章后有概念、计算和构造要求方面的主要知识点。另外章后还有适量的思考题和习题,帮助学生巩固与提高。

　　在本书中,参考与引用了大量参考文献中的资料,在此向文献的相关作者深表谢意。

　　由于时间急促,水平所限,一定会有不少谬误之处,万望广大读者批评指正。

周　坚

2011 年 6 月

目　录

绪论 ……………………………………………………………………………………… 1

  0.1　概述 …………………………………………………………………………… 1

  0.2　混凝土结构 …………………………………………………………………… 2

  0.3　砌体结构 ……………………………………………………………………… 3

第1章　建筑结构设计的基本原则 ……………………………………………………… 4

  1.1　概述 …………………………………………………………………………… 4

  1.2　结构的功能和极限状态 ……………………………………………………… 5

  1.3　结构的可靠度和极限状态方程 ……………………………………………… 5

  1.4　可靠指标和目标可靠指标 …………………………………………………… 7

  1.5　极限状态设计表达式 ………………………………………………………… 8

  1.6　本章主要知识点 ……………………………………………………………… 12

  思考题 ……………………………………………………………………………… 12

第2章　混凝土结构材料的力学性能 …………………………………………………… 13

  2.1　钢筋 …………………………………………………………………………… 13

    2.1.1　钢筋的品种、级别与形式 ……………………………………………… 13

    2.1.2　钢筋的强度与变形 ……………………………………………………… 14

    2.1.3　钢筋的冷加工 …………………………………………………………… 16

    2.1.4　钢筋的选用原则 ………………………………………………………… 16

  2.2　混凝土 ………………………………………………………………………… 17

    2.2.1　混凝土的强度 …………………………………………………………… 17

    2.2.2　混凝土的变形 …………………………………………………………… 21

  2.3　材料强度取值 ………………………………………………………………… 27

  2.4　钢筋与混凝土之间的黏结 …………………………………………………… 29

  2.5　本章主要知识点 ……………………………………………………………… 33

  思考题 ……………………………………………………………………………… 33

第3章　受弯构件正截面承载力计算 …………………………………………………… 35

  3.1　截面配筋的基本构造要求 …………………………………………………… 35

    3.1.1　截面形式和尺寸 ………………………………………………………… 35

    3.1.2　受弯构件的钢筋 ………………………………………………………… 36

    3.1.3　钢筋的保护层 …………………………………………………………… 37

    3.1.4　钢筋的间距 ……………………………………………………………… 39

    3.1.5　截面的有效高度 ………………………………………………………… 39

3.2 正截面受弯性能的试验分析 ·· 40
　　3.2.1 适筋梁的工作阶段 ·· 40
　　3.2.2 受弯构件正截面各阶段应力状态 ·································· 41
　　3.2.3 钢筋混凝土受弯构件正截面的破坏形式 ······················ 42
　　3.2.4 适筋梁与超筋梁、少筋梁的界限 ································· 43
3.3 单筋矩形截面承载力计算 ·· 46
　　3.3.1 基本假定 ·· 46
　　3.3.2 基本公式及其适用条件 ··· 46
　　3.3.3 截面设计 ·· 47
　　3.3.4 截面复核 ·· 53
3.4 双筋矩形截面正截面的承载力计算 ·· 54
　　3.4.1 双筋矩形截面梁的应用范围 ·· 54
　　3.4.2 基本公式及适用条件 ·· 54
　　3.4.3 基本公式的应用 ·· 56
3.5 T形截面正截面承载力计算 ··· 59
　　3.5.1 概述 ·· 59
　　3.5.2 T形截面的分类和判别 ·· 60
　　3.5.3 两类T形截面的判别式 ·· 61
　　3.5.4 截面设计 ·· 61
　　3.5.5 承载能力复核 ··· 64
3.6 受弯构件截面典型配筋图的阅读与实训 ·································· 65
3.7 本章主要知识点 ··· 66
思考题 ··· 66
习题 ··· 66

第4章　受弯构件斜截面承载力计算 ·· 68

4.1 受弯构件斜截面承载力 ·· 68
　　4.1.1 无腹筋梁的抗剪性能 ·· 69
　　4.1.2 有腹筋梁的抗剪性能 ·· 70
4.2 受弯构件斜截面受剪承载力计算 ··· 70
　　4.2.1 斜截面受剪承载力计算公式及适用条件 ························ 70
　　4.2.2 斜截面受剪承载力计算方法及步骤 ······························ 73
4.3 保证斜截面受弯承载力的构造要求 ·· 79
　　4.3.1 抵抗弯矩图 ··· 79
　　4.3.2 钢筋的弯起 ··· 80
　　4.3.3 纵筋的截断 ··· 80
　　4.3.4 纵筋的搭接与锚固 ·· 81
4.4 斜截面抗弯、抗剪典型配筋图的阅读与实训 ···························· 85
4.5 本章主要知识点 ··· 86
思考题 ··· 86
习题 ··· 86

第5章 受压构件的截面承载力 ………………………………………………………………… 88

5.1 概述 ………………………………………………………………………………………… 88

5.2 受压构件的一般构造要求 ……………………………………………………………… 89

5.3 轴心受压构件正截面承载力 …………………………………………………………… 91

    5.3.1 轴心受压普通箍筋柱的正截面受压承载力计算 ……………………………… 91

    5.3.2 轴心受压螺旋箍筋柱的正截面受压承载力计算 ……………………………… 95

5.4 偏心受压构件的受力性能 ……………………………………………………………… 99

    5.4.1 偏心受压构件的破坏特征 ……………………………………………………… 99

    5.4.2 大、小偏心受压界限 …………………………………………………………… 101

    5.4.3 附加偏心距和初始偏心距 ……………………………………………………… 101

    5.4.4 二阶效应增大系数 ……………………………………………………………… 101

5.5 矩形截面偏心受压构件正截面承载力计算 …………………………………………… 103

    5.5.1 大偏心受压构件($\xi \leqslant \xi_b$) …………………………………………………… 103

    5.5.2 小偏心受压构件($\xi > \xi_b$) …………………………………………………… 103

    5.5.3 对称配筋矩形截面的计算方法 ………………………………………………… 104

    5.5.4 矩形截面偏心受压构件的计算 ………………………………………………… 105

5.6 对称配筋工字形截面偏心受压构件正截面承载力计算 ……………………………… 113

    5.6.1 大偏心受压 ……………………………………………………………………… 114

    5.6.2 小偏心受压 ……………………………………………………………………… 115

5.7 偏心受压构件斜截面承载力计算 ……………………………………………………… 117

5.8 受压构件配筋图的阅读与实训 ………………………………………………………… 118

5.9 本章主要知识点 ………………………………………………………………………… 119

思考题 …………………………………………………………………………………………… 120

习题 ……………………………………………………………………………………………… 120

第6章 受拉构件承载力计算 ………………………………………………………………… 122

6.1 概述 ………………………………………………………………………………………… 122

6.2 轴心受拉构件承载力计算 ……………………………………………………………… 122

6.3 偏心受拉构件正截面承载力计算 ……………………………………………………… 122

    6.3.1 大偏心受拉构件 ………………………………………………………………… 123

    6.3.2 小偏心受拉构件 ………………………………………………………………… 124

6.4 偏心受拉构件斜截面承载力计算 ……………………………………………………… 127

6.5 受拉构件构造要求 ……………………………………………………………………… 127

6.6 本章主要知识点 ………………………………………………………………………… 127

思考题 …………………………………………………………………………………………… 128

习题 ……………………………………………………………………………………………… 128

第7章 受扭构件承载力计算 ………………………………………………………………… 129

7.1 概述 ………………………………………………………………………………………… 129

7.2 矩形截面纯扭构件承载力计算 ………………………………………………………… 130

7.2.1　开裂扭矩的计算 ……………………………………………………… 130

7.2.2　极限扭矩的计算 ……………………………………………………… 131

7.2.3　纯扭构件承载力计算公式 …………………………………………… 132

7.3　矩形截面剪扭构件承载力计算 ………………………………………………… 135

7.3.1　试验研究及破坏形态 ………………………………………………… 135

7.3.2　剪扭构件承载力的计算 ……………………………………………… 135

7.4　矩形截面弯扭和弯剪扭构件承载力计算 ……………………………………… 138

7.4.1　构件的配筋计算方法 ………………………………………………… 138

7.4.2　计算公式的适用条件 ………………………………………………… 138

7.5　T 形和工字形截面弯剪扭构件承载力计算 …………………………………… 141

7.6　构造要求 ………………………………………………………………………… 145

7.6.1　纵筋 …………………………………………………………………… 145

7.6.2　箍筋 …………………………………………………………………… 145

7.7　弯剪扭构件典型配筋图的阅读与实训 ………………………………………… 145

7.8　本章主要知识点 ………………………………………………………………… 146

思考题 ……………………………………………………………………………… 146

习题 ………………………………………………………………………………… 147

第 8 章　钢筋混凝土构件变形和裂缝宽度验算 …………………………………… 148

8.1　受弯构件的变形验算 …………………………………………………………… 148

8.1.1　概述 …………………………………………………………………… 148

8.1.2　受弯构件的短期刚度 B_s ……………………………………………… 149

8.1.3　受弯构件考虑荷载长期作用影响的刚度 B ………………………… 151

8.1.4　受弯构件的挠度验算 ………………………………………………… 152

8.2　裂缝宽度验算 …………………………………………………………………… 154

8.2.1　裂缝的发生与分布 …………………………………………………… 154

8.2.2　裂缝的平均间距 l_m（mm） …………………………………………… 154

8.2.3　平均裂缝宽度 w_m …………………………………………………… 155

8.2.4　最大裂缝宽度 w_{max} ………………………………………………… 155

8.3　钢筋的代换 ……………………………………………………………………… 157

8.3.1　代换的原则 …………………………………………………………… 157

8.3.2　注意事项 ……………………………………………………………… 157

8.4　混凝土结构耐久性设计 ………………………………………………………… 158

8.4.1　耐久性的概念及主要影响因素 ……………………………………… 158

8.4.2　混凝土的碳化 ………………………………………………………… 158

8.4.3　钢筋的锈蚀 …………………………………………………………… 159

8.4.4　耐久性概念设计 ……………………………………………………… 159

8.5　本章主要知识点 ………………………………………………………………… 161

思考题 ……………………………………………………………………………… 161

习题 ………………………………………………………………………………… 161

第9章　预应力混凝土构件 ·· 163

　　9.1　概述 ·· 163

　　　　9.1.1　预应力混凝土的基本概念 ··· 163

　　　　9.1.2　预应力混凝土的优、缺点 ·· 164

　　9.2　施加预应力的方法 ·· 164

　　　　9.2.1　先张法 ··· 164

　　　　9.2.2　后张法 ··· 165

　　9.3　预应力混凝土材料 ·· 167

　　　　9.3.1　混凝土 ··· 167

　　　　9.3.2　钢筋 ·· 167

　　9.4　张拉控制应力和预应力损失 ··· 167

　　　　9.4.1　张拉控制应力 ··· 167

　　　　9.4.2　预应力损失 ··· 168

　　　　9.4.3　预应力损失值的组合 ·· 172

　　9.5　预应力混凝土轴心受拉构件 ··· 172

　　　　9.5.1　各阶段应力分析 ·· 172

　　　　9.5.2　预应力混凝土轴心受拉构件使用阶段的计算 ································· 177

　　　　9.5.3　预应力混凝土轴心受拉构件施工阶段的验算 ································· 178

　　　　9.5.4　设计例题 ·· 182

　　9.6　预应力混凝土构件的构造要求 ·· 185

　　　　9.6.1　一般要求 ·· 185

　　　　9.6.2　先张法构件的构造要求 ··· 185

　　　　9.6.3　后张法构件的构造要求 ··· 186

　　9.7　本章主要知识点 ··· 188

　　思考题 ··· 188

　　习题 ·· 189

第10章　混凝土梁板结构 ·· 190

　　10.1　概述 ·· 190

　　　　10.1.1　现浇整体式楼盖 ·· 190

　　　　10.1.2　装配式楼盖 ·· 192

　　　　10.1.3　装配整体式楼盖 ·· 192

　　10.2　整体式单向板肋梁楼盖 ··· 192

　　　　10.2.1　结构平面布置 ··· 192

　　　　10.2.2　单向板楼盖计算简图的确定 ··· 194

　　　　10.2.3　按弹性方法的结构内力计算 ··· 197

　　　　10.2.4　钢筋混凝土连续梁（板）考虑塑性内力重分布的设计方法 ·············· 204

　　　　10.2.5　截面配筋计算及构造要求 ·· 206

　　10.3　双向板肋梁楼盖 ·· 210

　　　　10.3.1　双向板的受力特点和主要实验结果 ··· 210

10.3.2　双向板按弹性理论计算 ·········· 210

10.3.3　双向板支承梁的计算 ·········· 216

10.3.4　双向板截面配筋计算和构造要求 ·········· 216

10.4　板肋楼盖设计例题 ·········· 217

10.5　装配式楼盖 ·········· 228

10.5.1　装配式楼盖的构件形式 ·········· 228

10.5.2　装配式楼盖构件计算特点 ·········· 229

10.5.3　装配式楼盖的构造要求 ·········· 229

10.6　楼梯 ·········· 230

10.6.1　楼梯的类型 ·········· 230

10.6.2　现浇板式楼梯的计算与构造 ·········· 230

10.6.3　现浇梁式楼梯的计算与构造 ·········· 232

10.6.4　折线形楼梯的计算与构造 ·········· 232

10.7　雨篷 ·········· 236

10.8　本章主要知识点 ·········· 236

思考题 ·········· 237

习题 ·········· 237

第 11 章　框架结构设计 ·········· 239

11.1　框架的结构特点和布置原则 ·········· 239

11.1.1　框架结构的组成特点 ·········· 239

11.1.2　结构布置 ·········· 240

11.1.3　构件的选型 ·········· 241

11.1.4　框架结构的计算简图 ·········· 242

11.2　框架结构的荷载 ·········· 243

11.2.1　竖向荷载 ·········· 243

11.2.2　水平荷载 ·········· 243

11.3　竖向荷载作用下框架的内力分析 ·········· 244

11.4　水平荷载作用下的内力近似计算方法(一)——反弯点法 ·········· 246

11.5　水平荷载作用下的内力近似计算方法(二)——D 值法 ·········· 249

11.6　框架侧移的近似计算 ·········· 254

11.7　框架结构的内力组合与构件设计 ·········· 255

11.7.1　内力组合 ·········· 255

11.7.2　柱的计算长度 ·········· 256

11.8　框架的一般构造要求 ·········· 257

11.8.1　一般要求 ·········· 257

11.8.2　现浇框架结构节点钢筋的连接和锚固 ·········· 257

11.8.3　装配整体式框架节点构造 ·········· 258

11.8.4　框架梁与预制梁板的连接构造 ·········· 258

11.8.5　填充墙的构造要求 ·········· 259

11.9　柱下独立基础设计 ·········· 260

11.9.1　基础的构造 ………………………………………………………………… 260

11.9.2　框架柱下独立基础的计算 ………………………………………………… 262

11.10　本章主要知识点 ………………………………………………………………… 267

思考题 ……………………………………………………………………………………… 268

习题 ………………………………………………………………………………………… 269

第 12 章　多层多跨框架结构抗震设计 ……………………………………………………… 270

12.1　抗震基本知识 …………………………………………………………………… 270

12.1.1　地震 …………………………………………………………………………… 270

12.1.2　震级与地震烈度 ……………………………………………………………… 271

12.1.3　抗震设防目标 ………………………………………………………………… 272

12.1.4　建筑抗震设计的基本要求 …………………………………………………… 272

12.1.5　场地土的分类与折算场地土类型 …………………………………………… 273

12.1.6　地震作用与地震影响系数 …………………………………………………… 273

12.1.7　结构抗震验算 ………………………………………………………………… 274

12.2　框架结构的地震作用 …………………………………………………………… 276

12.3　框架结构抗震设计的一般规定 ………………………………………………… 279

12.3.1　多层现浇框架结构适用的最大高度 ………………………………………… 279

12.3.2　框架结构抗震等级的划分 …………………………………………………… 280

12.3.3　结构布置宜规则 ……………………………………………………………… 280

12.4　防震缝和抗撞墙 ………………………………………………………………… 281

12.5　框架梁、柱与节点的抗震设计 ………………………………………………… 282

12.5.1　一般设计原则 ………………………………………………………………… 282

12.5.2　框架梁的设计 ………………………………………………………………… 282

12.5.3　框架柱的设计 ………………………………………………………………… 285

12.5.4　框架节点设计 ………………………………………………………………… 288

12.6　抗震构造措施 …………………………………………………………………… 290

12.6.1　梁柱及节点核心区箍筋的配置 ……………………………………………… 290

12.6.2　钢筋锚固与接头 ……………………………………………………………… 292

12.7　本章主要知识点 ………………………………………………………………… 294

思考题 ……………………………………………………………………………………… 294

第 13 章　砌体结构 …………………………………………………………………………… 295

13.1　砌体材料及砌体的力学性能 …………………………………………………… 295

13.1.1　砌体结构的优、缺点及发展方向 …………………………………………… 295

13.1.2　砌体的材料及种类 …………………………………………………………… 296

13.1.3　砌体的受压、受拉、受弯、受剪性能 ……………………………………… 299

13.1.4　砌体的弹性模量、摩擦系数和线膨胀系数 ………………………………… 307

13.2　砌体结构构件的承载力计算 …………………………………………………… 309

13.2.1　砌体结构的计算原理 ………………………………………………………… 309

13.2.2　受压构件的计算 ……………………………………………………………… 310

13.2.3　局部受压计算 ……………………………………………………… 316

13.2.4　受拉、受弯和受剪构件的承载力计算 ……………………………… 323

13.2.5　配筋砖砌体承载力计算 ……………………………………………… 326

13.3　砌体结构房屋的墙体体系及其承载力验算 …………………………………… 332

13.3.1　承重墙体的布置 ……………………………………………………… 332

13.3.2　房屋的静力计算方案 ………………………………………………… 334

13.3.3　墙、柱高厚比验算 …………………………………………………… 337

13.3.4　刚性方案房屋 ………………………………………………………… 341

13.3.5　弹性方案房屋 ………………………………………………………… 349

13.3.6　刚弹性方案房屋 ……………………………………………………… 350

13.4　过梁、圈梁及挑梁 ……………………………………………………………… 351

13.4.1　过梁 …………………………………………………………………… 351

13.4.2　圈梁 …………………………………………………………………… 354

13.4.3　挑梁 …………………………………………………………………… 355

13.5　墙体的构造措施 ………………………………………………………………… 359

13.5.1　一般构造要求 ………………………………………………………… 359

13.5.2　防止或减轻墙体开裂的主要措施 …………………………………… 360

13.6　耐久性规定 ……………………………………………………………………… 362

13.7　本章主要知识点 ………………………………………………………………… 363

思考题 ……………………………………………………………………………………… 364

习题 ………………………………………………………………………………………… 364

第14章　多层砌体结构房屋的抗震设计 ……………………………………………… 366

14.1　震害及其分析 …………………………………………………………………… 366

14.2　结构布置的基本原则 …………………………………………………………… 368

14.3　多层砌体结构房屋的抗震验算 ………………………………………………… 371

14.3.1　水平地震作用的计算 ………………………………………………… 371

14.3.2　楼层地震剪力在墙体间的分配 ……………………………………… 372

14.3.3　墙体抗震承载力验算 ………………………………………………… 376

14.3.4　计算实例 ……………………………………………………………… 378

14.4　多层砌体结构房屋的抗震构造措施 …………………………………………… 388

14.4.1　多层砖房抗震构造措施 ……………………………………………… 388

14.4.2　多层砌块房屋构造措施 ……………………………………………… 393

14.5　底层框架-抗震墙砖房抗震构造措施 …………………………………………… 395

14.5.1　概述 …………………………………………………………………… 395

14.5.2　抗震构造措施 ………………………………………………………… 396

14.6　本章主要知识点 ………………………………………………………………… 398

思考题 ……………………………………………………………………………………… 398

习题 ………………………………………………………………………………………… 399

第 15 章　课程实训指导 ·· 400

　　15.1　钢筋混凝土与砌体结构认识实习 ·· 400

　　15.2　钢筋混凝土板肋形楼盖 ··· 400

　　　　15.2.1　施工图的有关规定 ·· 400

　　　　15.2.2　识读钢筋混凝土板肋楼盖施工图 ·· 403

　　　　15.2.3　钢筋混凝土板肋形楼盖设计 ·· 409

　　　　15.2.4　钢筋混凝土板肋楼盖施工 ·· 411

　　15.3　钢筋混凝土多层多跨框架 ·· 417

　　　　15.3.1　识读钢筋混凝土多层多跨框架施工图(梁柱的平法施工图) ········· 417

　　　　15.3.2　钢筋混凝土多层多跨框架设计 ·· 428

　　　　15.3.3　钢筋混凝土多层多跨框架施工 ·· 429

　　15.4　砌体结构 ··· 431

　　　　15.4.1　识读刚性方案砌体结构施工图 ·· 431

　　　　15.4.2　砌体结构设计 ·· 433

　　　　15.4.3　砌体结构施工 ·· 435

　　　　15.4.4　砖墙砌筑 ·· 441

第 16 章　求职面试典型问题应对 20 例 ·· 445

参考文献 ··· 448

绪　　论

0.1　概　　述

钢筋混凝土与砌体结构是我国目前最大量、最常见的建筑结构形式。本课程的任务是研究钢筋混凝土构件和砌体构件的受力变形特点、破坏机理,设计原理、计算方法和构造要求,以及由这种构件组成的结构的计算方法和构造要求。

1) 本课程的性质及在土木工程中的地位

基本构件设计属于专业基础课,结构设计与施工属于专业课。本课程是土木工程专业的主干课,也就是说,它是搞土木工程的看家本领。学好本课程,可以为以后自学相应课程打下基础,也是考研究生的必考课程。

2) 本课程所需的基础

(1) 高等数学;

(2) 材料力学;

(3) 结构力学;

(4) 土力学与地基基础;

(5) 建筑材料;

(6) 建筑制图。

3) 本课程的特点

(1) 材料复杂性

钢筋混凝土与砌体是两种以上不同性质的材料组成的工程材料。它们与材料力学中所研究的单一、匀质、连续、弹性材料完全不同,它们是非单一、非匀质、非弹性的材料。钢筋混凝土和砌体基本构件就是研究这种复杂材料的拉、压、弯、扭的受力变形问题。也就是说它们是研究钢筋混凝土材料的力学和砌体材料的力学,外加一些构造要求。

(2) 材料性质和应用的实践性

由于材料复杂,许多受力变形特点要靠科学试验和生产实践来探索。还有许多问题没搞清楚,至今还在研究之中。我国和国际上的相关专业杂志不下上百种,不断有文章报道研究结果,而且还要继续研究下去。

(3) 材料的离散性

即使同一天搅拌的混凝土,其强度等级也有差异;即使同一窑砖,由于砖在窑中烧制时处于不同的部位,导致强度也不相同。所以强度指标都是由统计规律得到的。国家规定强度可靠度指标保证率要达到

95％以上。

（4）计算方法的局限性

由于以上特性,计算方法只能采用半理论、半经验公式,而且限制条件多而复杂。

4）如何学好本课程

因为材料复杂,离散性高,计算方法的局限性,因而规定多,头绪多。要学好本课程应注意以下几类:

（1）要有好的基础,特别是材料力学、结构力学。因为钢筋混凝土与砌体的计算(包括带裂缝工作时的计算),通过特殊简化(如引进一些参数、采用一些假定等),都可转化使用材料力学的相应公式。而各种结构的受力变形都按结构力学计算。

（2）要理解与熟悉各种材料的物理力学性质,如钢筋和混凝土在受拉、受压时的应力应变关系,应力应变图上各控制点的物理意义,在各种构件中的作用和受力变形特点,各种构件的破坏机理、过程和外观表征等。

（3）对于半理论、半经验公式,要理解这些公式的本质和应用条件,正确使用。

（4）许多构件设计不是唯一的,没有正确与否,只有合理与否。设计的原则是适用、经济、安全、美观。

（5）学规范,用规范。专业课与基础课的主要区别是:基础课揭示的是一般规律,而专业课揭示的是本专业的特殊规律,其中很多是通过科学试验和大量社会实践得来的。从专业课开始,就要建立规范的概念。规范是已经成熟的、经过科学试验和长期生产实践证明了的客观规律的总结,再经过国家专门部门批准的正式文件;是从事专业技术工作的法律。相关规范有:

①《混凝土结构设计规范》(GB 50010 — 2010)(本书中若无特别说明,相关部分所提的《规范》就是指它);

②《建筑结构可靠度设计统一标准》(GB 50068 — 2002);

③《建筑结构荷载规范》(GB 50009 — 2012);

④《建筑抗震设计规范》(GB 50011 — 2010)(本书中若无特别说明,相关部分所提的《规范》就是指它);

⑤《砌体结构设计规范》(GB 50003 — 2011)(本书中若无特别说明,相关部分所提的《规范》就是指它)。

（6）要认真完成作业,加强基本功训练。

（7）要重视实践环节,如参观、认识实习、课程实训等。

0.2　混凝土结构

1）混凝土结构的特点

两种不同的材料有各自的优缺点:混凝土抗压强度高,耐火性好,但抗拉强度低(只有抗压强度的 1/18～1/8);钢筋抗拉强度和抗压强度都很高,但耐火性差,容易锈蚀。

把钢筋配在混凝土梁的受拉一边,混凝土开裂以后可以代替混凝土受拉;把钢筋配在混凝土梁的受压一边以协助混凝土受压。混凝土保护层又防止了钢筋受火和有害气(液)体的危害。这样钢筋混凝土就发挥了两种不同材料各自的优势,弥补了彼此的不足;因而具有很高的承载能力和较长的耐久性,如图 0-1 所示。

2）两种性质完全不同的材料能共同工作的原因

（1）良好的黏结力。水泥胶凝体化学黏着力,混凝土硬化收缩握裹力,钢筋表面刻痕产生的机械咬合力等,都能很好地传递应力。

（2）有大致相同的线热膨胀系数(混凝土 $(1.0～1.5)×10^{-5}/℃$,钢筋 $1.2×10^{-5}/℃$),能有效抵抗混凝土因温差引起的开裂。

3）混凝土结构的优、缺点

（1）钢筋混凝土

优点:就地取材、耐久性好、刚度大、可模性好。

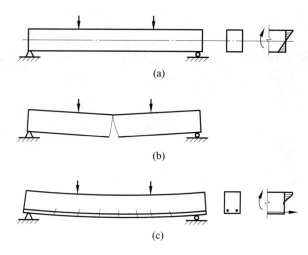

图 0-1 混凝土简支梁破坏示意图

缺点：自重大、混凝土强度低、易开裂，跨度不能太大。

（2）预应力钢筋混凝土

可克服钢筋混凝土的缺点，但高强材料（高强钢筋、高强钢丝与高强混凝土）造价高、施工难度大、工序多、对技术要求高。

4）展望

现在用于工程的混凝土强度等级已有 C160，且更高标号的混凝土也在研制中；各种不同的外加剂（如早强剂、防冻剂、微沫剂、减水剂等）在改变着混凝土的性质；不同的新兴配筋材料（如纤维增强塑料筋、碳纤维筋）、新型配筋形式（预应力混凝土、钢骨混凝土、钢管混凝土）以及各种高强纤维材料与混凝土搅拌形成的纤维混凝土（如钢纤维混凝土、高强塑料纤维混凝土）已先后面世。以上种种都极大地提高了混凝土结构的抗压、抗拉、抗剪、抗裂、抗疲劳、抗冲击等性能，减轻自重，增加延性。可以预料，混凝土结构在未来建筑中将发挥越来越重要的作用。

0.3 砌体结构

1）砌体结构的特点

优点：就地取材、耐久性好、耐火性好、刚度大、造价低、利用工业废料、保护自然环境。

缺点：自重大、强度低、易开裂、跨度小、抗震性能差。

2）现状与展望

目前，我国 80％以上的建筑物都是砌体结构或与砌体组合的组合结构。虽然由于其自身的弱点不适宜建造高大建筑，但采用轻质高强配筋砌块已建有十五六层的住宅楼。好在大多数建筑物都是中小型，为砌体结构的使用创造了无穷的机遇。而且新材料、新技术不断涌现，相信砌体结构以及各种与砌体组合的组合结构将会更广泛地得到应用。

第1章 建筑结构设计的基本原则

本章学习要点：

(1) 理解结构的功能、可靠度、安全等级、设计使用年限、荷载的不同代表值以及其用处等概念；

(2) 熟悉两种极限状态问题的区分，极限状态设计表达式，最好能记住承载能力极限状态的主要分项系数。

1.1 概　　述

随着社会生产力的发展、技术的进步，建筑结构的设计与施工和其他领域一样，也经历了由低级到高级，由知之不多到知之较多的过程；其核心都是围绕如何设计与施工才能保证建筑结构既安全可靠，又经济合理。

最早的房屋建筑没有什么设计计算，只是靠工匠们的经验建造。18世纪工业革命以后，人们开始用以弹性理论为基础的许用应力法进行结构设计，安全系数根据经验来确定。这种方法对于砖、石、铸铁等脆性材料基本适用，但对钢材、钢筋混凝土就不适用了；因它们有明显的弹塑性性能。仅按弹性设计没有充分利用其承载能力，因此是很不经济的。而且过去也没有可靠性的概念，因而可能出现较大荷载作用于材料抗力较小的小概率事件，这种设计有多大的可靠度无从谈起。

新中国成立以后，我国建筑结构设计理论有了长足的发展。但在20世纪80年代以前，建筑结构设计理论在不同材料构件设计中采用了不同的设计方法。如砌体结构采用了总安全系数法；钢筋混凝土结构采用了半经验、半统计的单一安全系数极限状态设计法。在同一幢建筑物中，建筑结构的可靠性很难明确表述。

20世纪80年代以后，国际上采用概率理论来研究和解决结构可靠度问题，并在统一各种结构基本设计原则方面取得了显著的进展。在学习国外科研成果和总结我国工程实践经验的基础上，我国于1984年颁布试行《建筑结构设计统一标准》(GBJ 68—1984)(以下简称原《统一标准》)，也是采用以概率理论为基础的极限状态设计法。原《统一标准》把概率方法引入到工程设计中，从而使结构设计可靠度具有比较明确的物理意义，使我国的建筑结构设计基本原则更为合理，并开始趋向统一。原《统一标准》的应用是我国在建筑结构设计概念上的重大变革，对提高建筑结构设计规范的质量和逐步形成完整的体系起到了重大的推动作用。

近年来，我国对原《统一标准》进行了修订，2002年颁布了《建筑结构可靠度设计统一标准》(GBJ 50068—2002)(以下简称为新《统一标准》)，将我国建筑结构可靠度设计提高到一个新的水平。本书介绍的建筑结构设计方法，就是按新《统一标准》中近似概率理论为基础的极限状态设计法；即规范采用以概率理论为基础的极限状态设计方法，以可靠指标度量结构构件的可靠度，采用分项系数的设计表达式进行设计。

1.2　结构的功能和极限状态

1. 结构的功能

从事建筑结构设计的基本目的是在一定经济条件下,使结构在预定的使用期限内,能满足设计所预期的各种功能要求。设计应明确结构的用途,在设计使用年限内未经技术鉴定或设计许可,不得改变结构的用途和使用环境。结构的功能要求包括安全性、适用性和耐久性。

(1) 安全性。要求能够承受正常施工和正常使用时可能出现的各种作用(例如,荷载、温度、地震等),以及在偶然事件发生时及发生后,结构仍能保持必需的整体稳定性,即结构仅产生局部损坏而不致发生连续倒塌。

(2) 适用性。要求在正常使用时具有良好的工作性能(例如,不发生影响使用的过大变形或振幅;不发生过宽的裂缝)。

(3) 耐久性。要求在正常维护下具有足够的耐久性,不发生锈蚀和风化现象,能够达到设计使用年限。

2. 结构的极限状态

1) 承载能力极限状态

承载能力极限状态,顾名思义是指已经达到结构或构件承载能力极限时的状态;超过这个极限就会出现强度破坏、疲劳破坏或整体发生倾覆破坏。总之,结构或构件超过承载能力极限状态后,结构或构件就不能满足安全性的要求。在承载能力极限状态时,要用荷载效应的设计值和材料强度的设计值来计算,使荷载效应的不利组合不超过结构抗力的不利组合。

2) 正常使用极限状态

正常使用极限状态,即超过这种状态则结构或构件就不能正常使用(虽然已经满足承载能力极限状态),它是指对应于结构或构件达到正常使用或耐久性能的某项规定的极限值。如影响正常使用或外观的过大变形、局部损坏(包括裂缝)、振动或其他特定状态。超过了正常使用极限状态,结构或构件就不能保证适用性和耐久性的功能要求。在正常使用极限状态下,使用荷载相应的标准组合、考虑荷载长期作用的标准组合和准永久组合来验算结构或构件的边缘应力、挠度或裂缝宽度。

结构或构件按承载能力极限状态进行计算后,还应根据设计状况,按正常使用极限状态进行验算。

1.3　结构的可靠度和极限状态方程

1. 作用效应和结构抗力

任何结构或结构构件中都存在对立的两个方面:作用效应 S 和结构抗力 R。这是结构设计中必须解决的一对矛盾。

作用效应 S 是指作用引起的结构或构件的内力、变形和裂缝等。

结构抗力 R 是指结构或构件承受作用效应的能力,如结构或构件的承载力、刚度和抗裂度等。它主要与结构构件的材料性能和几何参数以及计算模式的精确性有关。

2. 结构的可靠性和可靠度

结构或构件在规定的时间内、规定的条件下完成预定功能的可能性,称为结构的可靠性。结构的作用效应小于结构抗力时,结构处于可靠工作状态。反之,结构处于失效状态。

由于作用效应和结构抗力都是随机的,因而结构不满足或满足其功能要求的事件也是随机的。一般把出现前一事件(不满足其功能要求)的概率称为结构的失效概率,记为 P_{f};把出现后一事件(满足其功能要求)的概率称为可靠概率,记为 P_s。

结构的可靠概率亦称结构可靠度。更确切地说,结构在规定的时间内、规定的条件下,完成预定功能的概率称为结构可靠度。由此可见,结构可靠度是结构可靠性的概率度量。

由于可靠概率和失效概率是互补的,即 $P_f + P_s = 1$。因此,结构可靠性也可用结构的失效概率来度量。目前,根据国际惯例与习惯,用结构的失效概率来度量结构的可靠性。

3. 设计基准期和设计使用年限

1) 设计基准期

必须指出,结构的可靠度与使用期有关。这是因为设计中所考虑的基本变量,如荷载(尤其是可变荷载)和材料性能等,大多是随时间而变化的,因此,在计算结构可靠度时,必须确定结构的使用期,即设计基准期。设计基准期是为确定可变作用及与时间有关的材料性能等取值而选用的时间参数(我国取用的设计基准期为 50 年)。还须说明,当结构的使用年限达到或超过设计基准期后,并不意味着结构立即报废,而只意味着结构的可靠度将逐渐降低。

2) 设计使用年限

设计使用年限是设计规定的一个期限,在这一规定的时期内,结构或构件只需进行正常的维护(包括必要的检测、维护和维修),而不需进行大修就能按预期目的使用,完成预期的功能,即结构在正常设计、正常施工、正常使用和维护下所应达到的使用年限。结构的设计使用年限应按表 1-1 采用。若建设单位提出更高要求,也可按建设单位的要求确定。

表 1-1 设计使用年限分类

类 别	设计使用年限/年	示 例
1	1~5	临时性建筑
2	25	易于替换的结构构件
3	50	普通房屋和构筑物
4	≥100	纪念性建筑和特别重要的建筑结构

4. 极限状态方程

结构的极限状态可用极限状态方程来表示。当只有作用效应 S 和结构抗力 R 两个基本变量时,可令

$$Z = R - S \tag{1-1}$$

显然,当 $Z > 0$ 时,结构可靠;当 $Z < 0$ 时,结构失效;当 $Z = 0$ 时,结构处于极限状态。Z 是 S 和 R 的函数,一般记为 $Z = g(S, R)$,称为极限状态函数,也称功能函数。相应的,$Z = g(S, R) = R - S = 0$,称为极限状态方程。于是结构的失效概率为

$$P_f = P[Z = R - S < 0] = \int_{-\infty}^{0} f(Z) \, dZ \tag{1-2}$$

图 1-1 中所示的 S 和 R 的概率密度分布曲线,作用效应分布的上尾部分和结构抗力分布的下尾部分相重合,说明在较弱的构件上可能出现大于其结构抗力 R 的作用效应 S,导致结构失效。

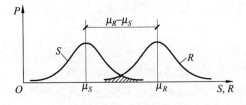

图 1-1 S、R 的概率密度分布曲线

1.4　可靠指标和目标可靠指标

1. 可靠指标

如果已知 S 和 R 的理论分布函数,则可由式(1-2)求得结构失效概率 P_f。由于 P_f 的计算在数学上比较复杂以及目前对于 S 和 R 的统计规律研究深度还不够,要按上述方法求得失效概率是有困难的。因此,新《统一标准》采用了可靠指标 β 来代替结构失效概率 P_f。结构的可靠指标 β 是指 Z 的平均值 μ 与标准差 σ 的比值,即

$$\beta = \frac{\mu_Z}{\sigma_Z} \tag{1-3}$$

β 与 P_f 具有一定的对应关系。表 1-2 表示了 β 与 P_f 在数值上的对应关系。

表 1-2　可靠指标 β 与失效概率 P_f 的对应关系

β	2.7	3.2	3.7	4.2
P_f	3.4×10^{-3}	6.8×10^{-4}	1.0×10^{-4}	1.3×10^{-5}

可以证明,假定 S 和 R 是互相独立的随机变量,且都服从于正态分布,则极限状态函数 $Z = R - S$ 亦服从正态分布,于是可得

$$\mu_Z = \mu_R - \mu_S$$
$$\sigma_Z = \sqrt{\sigma_R^2 + \sigma_S^2}$$

则

$$\beta = (\mu_R - \mu_S) / \sqrt{\sigma_R^2 + \sigma_S^2} \tag{1-4}$$

式中：μ_Z,σ_S——结构构件作用效应的平均值和标准差;

μ_R,σ_R——结构构件抗力的平均值和标准差。

由式(1-4)可看出,可靠指标 β 不仅与作用效应及结构抗力的平均值有关,而且与两者的标准差有关,见图 1-2。μ_R 与 μ_S 相差愈大,β 也愈大,结构愈可靠,这与传统的安全系数的要领是一致的;在 μ_R 和 μ_S 固定的情况下,σ_R 和 σ_S 愈小,即离散性愈小,β 就愈大,结构愈可靠,这在传统的安全系数法中是无法反映的。

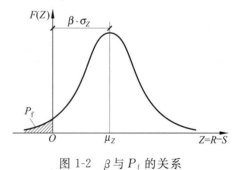

图 1-2　β 与 P_f 的关系

2. 目标可靠指标和安全等级

在解决可靠性的定量尺度(即可靠指标)后,另一个必须解决的重要问题是选择结构的最优失效概率或作为设计依据的可靠指标,即目标可靠指标,以达到安全与经济上的最佳平衡。

根据对各种荷载效应组合情况以及各种结构构件大量的计算分析后,新《统一标准》规定,对于一般工业与民用建筑,当结构构件属延性破坏时,目标可靠指标 β 取为 3.2。

此外,新《统一标准》根据建筑物的重要性,即根据结构破坏可能产生的后果(危及人的生命、造成经济损失、产生社会影响等)的严重性,将建筑物划分为三个安全等级;同时,新《统一标准》规定,结构构件承载能力极限状态的可靠指标不应小于表 1-3 的规定。由表 1-3 可见,不同安全等级之间的 β 值相差 0.5,这大体上相当于结构失效概率相差一个数量级。

表 1-3   建筑结构的安全等级及结构构件承载能力极限状态的目标可靠指标

建筑结构的安全等级	破坏后果	建筑物类型	结构构件承载力极限状态的目标可靠指标	
			延性破坏	脆性破坏
一级	很严重	重要的建筑	3.7	4.2
二级	严重	一般的建筑	3.2	3.7
三级	不严重	次要的建筑	2.7	3.2

注：1. 延性破坏是指结构构件在破坏前有明显的变形或其他预兆；脆性破坏是指结构构件在破坏前无明显变形或其他预兆。

2. 当承受偶然作用时，结构构件的可靠指标应符合专门规范的规定。

3. 当有特殊要求时，结构构件的可靠指标不受本表限制。

建筑物中各类结构构件的安全等级宜与整个结构的安全等级相同，对其中部分结构构件的安全等级，可根据其重要程度适当调整，但不得低于三级。

1.5   极限状态设计表达式

根据上述规定的目标可靠指标，即可按照结构可靠度的概率分析方法进行结构设计。但是，直接采用目标可靠指标进行设计的方法过于繁琐，计算工作量很大。为了实用上的简便，并考虑到工程技术人员的习惯，新《统一标准》采用了以基本变量（荷载和材料强度）标准值和相应的分项系数来表示的设计表达式，其中，分项系数是按照目标可靠指标，并考虑工程经验，经优选确定的，从而使实用设计表达式的计算结果近似地满足目标可靠指标的要求。

1. 承载能力极限状态设计表达式

任何结构构件均应进行承载力设计，以确保安全。承载能力极限状态设计表达式为

$$\gamma_0 S \leqslant R \tag{1-5}$$

$$R = R(f_c, f_s, a_k, \cdots)/\gamma_{Rd} \tag{1-6}$$

式中：γ_0——结构构件的重要性系数，对安全等级为一级或设计使用年限为 100 年及以上的结构构件，不应小于 1.1；对安全等级为二级或设计使用年限为 50 年的结构构件，不应小于 1.0；对安全等级为三级或设计使用年限为 5 年及以下的结构构件，不应小于 0.9；在抗震设计中，不考虑结构构件的重要性系数；

S——承载能力极限状态的荷载效应（内力）组合的设计值，按《建筑结构荷载规范》（GB 50009 — 2001）和现行国家标准《建筑抗震设计规范》（GB 50011 — 2010）的规定进行计算；

R——结构构件的承载力设计值，在抗震设计时，应除以承载力抗震调整系数 γ_{RE}；

$R(\cdot)$——结构构件的承载力函数；

f_c, f_s——分别为混凝土、钢筋强度设计值；

a_k——几何参数标准值，当几何参数的变异性对结构性能有明显的不利影响时，应另增减一个附加值。

γ_{Rd}——结构构件的抗力模型不定性系数；静力设计值取 1.0，对不确定性较大的结构构件根据具体情况取大于 1.0 的数值；抗震设计应用承载力抗震系数 γ_{RE} 代替 γ_{Rd}。

对于承载能力极限状态，结构构件应按荷载效应的基本组合（永久荷载＋可变荷载）进行计算。

对于基本组合，其内力组合设计值可按式（1-7）和式（1-8）中最不利值确定：

由可变荷载效应控制的组合

$$\gamma_0 S = \gamma_0 \left(\gamma_G S_{Gk} + \gamma_{Q1} S_{Q1k} + \sum_{i=2}^{n} \gamma_{Qi} \psi_{ci} S_{Qik} \right) \tag{1-7}$$

由永久荷载效应控制的组合

$$\gamma_0 S = \gamma_0 \left(\gamma_G S_{Gk} + \sum_{i=1}^{n} \gamma_{Qi} \psi_{ci} S_{Qik} \right) \tag{1-8}$$

按上述要求,在设计排架和框架结构时,往往是相当繁琐的。因此,对于一般排架和框架结构,可采用下列简化公式

$$\gamma_0 S = \gamma_0 \left(\gamma_G S_{Gk} + \psi \sum_{i=1}^{n} \gamma_{Qi} S_{Qik} \right) \tag{1-9}$$

式中：γ_G——永久荷载分项系数,当永久荷载效应对结构构件的承载能力不利时,对式(1-7)取 1.2,对由永久荷载效应控制的组合取 1.35;当永久荷载效应对结构构件承载能力有利时,不应大于 1.0;

γ_{Q1},γ_{Qi}——第 1 个和第 i 个可变荷载分项系数,当可变荷载效应对结构构件承载能力不利时,在一般情况下取 1.4,当可变荷载效应对结构构件的承载能力有利时,取为 0;

S_{Gk}——永久荷载标准值的效应;

S_{Q1k}——在基本组合中起控制作用的一个可变荷载标准值的效应;

S_{Qik}——第 i 个可变荷载标准值的效应;

ψ_{ci}——第 i 个可变荷载的组合值系数,其值不应大于 1.0;

n——可变荷载的个数;

ψ——简化设计表达式中采用的荷载组合值系数,一般情况下可取 $\psi=0.9$,当只有一个可变荷载时,取 $\psi=1.0$。

采用式(1-7)和式(1-8)时,应根据结构可能同时承受的可变荷载进行荷载效应组合,并取其中最不利的组合进行设计。各种荷载的具体组合规则,应符合《建筑结构荷载规范》(GB 50009 — 2001)的规定。

对于偶然组合,其内力组合设计值应按有关的规范或规程确定。例如,当考虑地震作用时,应按《建筑抗震设计规范》(GB 50011 — 2010)确定。

此外,根据结构的使用条件,在必要时,还应验算结构的倾覆、滑移等。此时,γ_G 应取 0.9。

式(1-5)中的 $\gamma_0 S$,在本书各章中用内力设计值(N、M、V 等)表示;对预应力混凝土结构,尚应考虑预应力效应。

2. 正常使用极限状态设计表达式

按正常使用极限状态设计时,应验算结构构件的变形、抗裂度或裂缝宽度。由于结构构件达到或超过正常使用极限状态时的危害程度不如承载力不足引起结构破坏时大,故对其可靠度的要求可适当降低。因此,按正常使用极限状态设计时,对于荷载组合值,不需要乘以荷载分项系数,也不再考虑结构的重要性系数。同时,由于荷载短期作用和长期作用对于结构构件正常使用性能的影响不同,对于正常使用极限状态,应根据不同的设计目的,分别按荷载效应的标准组合和准永久组合;钢筋混凝土受弯构件的最大挠度应按荷载效应的准永久组合,预应力混凝土受弯构件的最大挠度应按荷载效应的标准组合,并均应考虑荷载长期作用的影响进行计算。正常使用极限状态表达式为：

$$S \leqslant C \tag{1-10}$$

式中：C——结构构件达到正常使用要求所规定的限值(例如变形、裂缝和应力等限值);

S——正常使用极限状态的荷载效应(变形、裂缝和应力等)组合值。

1) 荷载效应组合

在计算正常使用极限状态的荷载效应组合值 S 时,需首先确定荷载效应的标准组合和准永久组合。荷载效应的标准组合和准永久组合应按下列规定计算：

（1）标准组合

$$S = S_{Gk} + S_{Q1k} + \sum_{i=2}^{n} \psi_{ci} S_{Qik} \tag{1-11}$$

（2）准永久组合

$$S = S_{Gk} + \sum_{i=1}^{n} \psi_{qi} S_{Qik} \tag{1-12}$$

式中，ψ_{ci}、ψ_{qi}分别为第 i 个可变荷载的组合值系数和准永久值系数。

必须指出，在荷载效应的准永久组合中，只包括在整个使用期内出现时间很长的荷载效应值，即荷载效应的准永久值 $\psi_{qi} S_{Qik}$；而在荷载效应的标准组合中，既包括在整个使用期内出现时间很长的荷载效应值，也包括在整个使用期内出现时间不长的荷载效应值。因此，荷载效应的标准组合值出现的时间是不长的。

2）验算内容

正常使用极限状态的验算内容有如下几项：变形验算和裂缝控制验算（抗裂验算和裂缝宽度验算）。

（1）变形验算

根据使用要求需控制变形的构件，应进行变形验算。钢筋混凝土受弯构件，按荷载效应的准永久组合，并考虑荷载长期作用影响的最大挠度 f_{max} 不应超过挠度限值 f_{lim}（见表 1-4），即

$$f_{max} \leqslant f_{lim} \tag{1-13}$$

表 1-4　受弯构件的挠度限值

构件类型		挠度限值
吊车梁	手动吊车	$l_0/500$
	电动吊车	$l_0/600$
屋盖、楼盖及楼梯构件	当 $l_0 < 7m$ 时	$l_0/200(l_0/250)$
	当 $7m \leqslant l_0 \leqslant 9m$ 时	$l_0/250(l_0/300)$
	当 $l_0 > 9m$ 时	$l_0/300(l_0/400)$

注：1. 表中 l_0 为构件的计算跨度；计算悬臂构件的挠度限值时，其计算跨度 l_0 按实际悬臂长度的 2 倍取用。

2. 表中括号内的数值适用于使用上对挠度有较高要求的构件。

3. 如果构件制作时预先起拱，且使用上也允许，则在验算挠度时，可将计算所得的挠度值减去起拱值；对预应力混凝土构件，尚可减去预加力所产生的反拱值。

4. 构件制作时的起拱值和预加力所产生的反拱值，不宜超过构件在相应荷载组合作用下的计算挠度值。

（2）钢筋混凝土结构裂缝控制验算

按要求选用相应的裂缝控制等级，各级要求分别为：

① 一级。严格要求不出现裂缝；受拉边缘混凝土不应产生拉应力，混凝土构件边缘拉应力 σ_{ctk} 应满足

$$\sigma_{ctk} \leqslant 0 \tag{1-14}$$

② 二级。一般要求不出现裂缝；受拉边缘混凝土拉应力不应大于混凝土的应力应满足下列要求

$$\sigma_{ctk} \leqslant f_{t,k} \tag{1-15}$$

式中：$f_{t,k}$——混凝土轴心抗拉强度标准值。

③ 三级。允许出现裂缝的构件；对钢筋混凝土构件，按荷载准永久值组合，对预应力混凝土构件，按荷载效应标准组合，并均需考虑长期作用影响计算时，构件的最大裂缝宽度 w_{max} 不应超过裂缝限值（见表 1-5），即

$$w_{max} \leqslant w_{lim} \tag{1-16}$$

对 Ⅱa 类环境的预应力混凝土构件尚应按准永久组合计算，且构件边缘混凝土的拉应力不应大于抗拉强度标准值。

表 1-5　结构构件的受力裂缝宽度及混凝土拉应力限值

耐久性环境类别	钢筋混凝土结构			预应力混凝土结构		
	裂缝控制等级	$w_{\lim}/\mathrm{mm}$	荷载组合	裂缝控制等级	$w_{\lim}/\mathrm{mm}$ 或拉应力限值	荷载组合
一	三级	0.30(0.40)	准永久	三级	0.2	标准
二 a		0.20			0.10	标准
					拉应力不大于 f_{tk}	准永久
二 b				二级	拉应力不大于 f_{tk}	标准
三 a、三 b				一级	无拉应力	标准

注：1. 表中的规定适用于采用热轧钢筋的钢筋混凝土构件和采用预应力钢丝、钢绞线和精轧螺纹钢筋的预应力混凝土构件；当采用其他类别的钢丝或钢筋时，其裂缝控制要求可按专门标准确定。

　　2. 对处于年平均相对湿度小于 60% 地区一级环境下的钢筋混凝土受弯构件，其最大裂缝宽度限值可采用括号内的数值。

　　3. 在一类环境下，对钢筋混凝土屋架、托架及需作疲劳验算的吊车梁，其最大裂缝宽度限值应取为 0.20mm；对钢筋混凝土屋面梁和托梁，其最大裂缝宽度限值应取为 0.30mm。

　　4. 在一类环境下，对预应力混凝土屋架、托架及双向板体系，应按二级裂缝控制等级进行验算；对预应力混凝土屋面梁、托梁、单向板，按表中二 a 级环境的要求进行验算。

　　5. 需作疲劳验算的预应力混凝土吊车梁，应按一级裂缝控制等级进行验算。

　　6. 混凝土保护层厚度较大的构件，可根据实践经验对表中最大裂缝限值适当放宽。

[例 1-1]　某教学楼楼面钢筋混凝土板，安全等级 2 级，计算长度 $l_0=3.9\mathrm{m}$，净跨 $l_n=3.76\mathrm{m}$，板宽度 1.2m，楼面做法：30mm 厚水泥砂浆抹面（重密度 20kN/m³），结构层 80mm（重密度 25kN/m³），板底 15mm 白灰砂浆粉底（重密度 17kN/m³），活载标准值 2kN/m²，准永久值系数 0.5。计算按承载能力极限状态和正常使用极限状态设计时的最大弯矩与最大剪力代表值。

解：（1）荷载标准值

永久荷载

　　　　　　30mm 水泥砂浆面层　　　　$0.03\times20\times1.2=0.72(\mathrm{kN/m})$

　　　　　　80mm 结构层　　　　　　　$0.08\times25\times1.2=2.4(\mathrm{kN/m})$

　　　　　　15mm 白灰砂浆粉底　　　　$0.015\times17\times1.2=0.31(\mathrm{kN/m})$

　　　　　　　　　　　　　　　　　　　　　　　　　$g_k=3.43(\mathrm{kN/m})$

活载　　　　　　　　$q_k=2\times1.2=2.4(\mathrm{kN/m})$

（2）荷载标准值作用下最大弯矩与剪力

最大弯矩在跨中

　　　　永久荷载　　$S_{Gk}=M_{Gk}=g_k l_0^2/8=3.43\times3.9^2/8=6.52(\mathrm{kN\cdot m})$

　　　　可变荷载　　$S_{Qk}=M_{Qk}=q_k l_0^2/8=2.4\times3.9^2/8=4.56(\mathrm{kN\cdot m})$

最大剪力在支座边缘

　　　　永久荷载　　$S_{Gk}=V_{Gk}=g_k l_n/2=3.43\times3.76/2=6.44(\mathrm{kN})$

　　　　可变荷载　　$S_{Qk}=V_{Qk}=q_k l_n/2=2.4\times3.76/2=4.51(\mathrm{kN})$

（3）极限承载能力内力设计值

因 $g_k/(g_k+q_k)=3.43/(3.43+2.4)=0.588<0.75$，所以可变荷载控制设计。

　　　　弯矩　　$M=1.2\times6.52+1.4\times4.56=14.20(\mathrm{kN\cdot m})$

　　　　剪力　　$V=1.2\times6.44+1.4\times4.51=14.04(\mathrm{kN})$

（4）正常使用极限状态

按荷载标准组合时

$$弯矩 \quad M_k = 6.52 + 4.56 = 11.08(kN \cdot m)$$

$$剪力 \quad V_k = 6.44 + 4.51 = 10.95(kN)$$

按荷载准永久值组合时

$$弯矩 \quad M_q = 6.52 + 0.5 \times 4.56 = 8.80(kN \cdot m)$$

$$V_q = 6.44 + 0.5 \times 4.51 = 8.70(kN)$$

1.6　本章主要知识点

本章是结构设计的基础，名词概念很多，要加强理解。主要有结构的功能、可靠度、可靠指标、目标可靠指标、安全等级、设计使用年限、荷载的不同代表值、两种极限状态设计表达式等。

思 考 题

1-1　结构可靠性的含义是什么？对结构有哪些功能要求？结构超过极限状态时将会产生什么后果？

1-2　什么是结构的极限状态？结构的极限状态分为几类，其含义各是什么？

1-3　什么叫结构的可靠度和可靠性指标？我国《建筑结构可靠度统一标准》对结构可靠度是如何定义的？

1-4　什么是结构的功能函数？当功能函数 $Z>0$、$Z<0$、$Z=0$ 时，分别表示结构处于什么样的状态？

1-5　什么是结构可靠概率 P_s 和失效概率 P_f？什么是目标可靠性指标？

1-6　什么是荷载标准值？什么是可变荷载组合值？什么是可变荷载的准永久值？对正常使用极限状态验算，为什么要区分荷载的标准组合和荷载的准永久组合？

1-7　承载能力极限状态设计表达式采用何种形式？式中可靠性指标体现在何处？

第2章 混凝土结构材料的力学性能

本章学习要点：

（1）钢筋的分类、级别与形式，应力应变关系，冷加工性能等；

（2）混凝土的分类，各种强度代表值及其关系，受力变形状态、破坏形式（压、拉、双向受力，三向受压），徐变、收缩，弹性模量、变形模量等；

（3）钢筋与混凝土共同工作机理。

钢筋混凝土是由钢筋和混凝土这两种性质不同的材料组成的，钢筋混凝土结构构件受力性能与钢筋和混凝土这两种材料的力学性能密切相关。

2.1 钢 筋

2.1.1 钢筋的品种、级别与形式

混凝土结构中使用的钢材按化学成分的不同，可分为碳素结构钢和普通低合金钢两大类。碳素结构钢的化学成分主要是铁元素，还含有少量的碳、硅、锰、硫、磷等元素。根据含碳量的多少，碳素结构钢又可分为低碳钢（含碳量$<0.25\%$），中碳钢（含碳量为$0.25\%\sim0.6\%$）和高碳钢（含碳量为$0.6\%\sim1.4\%$）。随着含碳量的增加，钢材的强度会提高，但塑性和可焊性将降低。硅、锰元素可以提高钢材的强度并使钢材保持一定的塑性；硫、磷是钢中的有害元素，使钢材易于脆断。

普通低合金钢除了碳素钢所含各种元素外，还加入少量的硅、锰、钛、钒、铬等合金元素，使钢筋的强度显著提高，塑性与可焊性也得到了明显的改善。目前，我国普通低合金钢按加入元素种类可分为以下几种体系：锰系（20MnSi、25MnSi）、硅钒系（40Si2MnV、45SiMnV）、硅钛系（45Si2MnTi）、硅锰系（40Si2Mn、48Si2Mn）、硅铬系（45Si2Cr）。

钢筋按生产加工工艺的不同，可分为热轧钢筋、热处理钢筋和钢丝三种。

热轧钢筋是由低碳钢、普通低合金钢直接在高温状态下热轧制成的。它是一种软钢，其应力-应变曲线有明显的屈服点和流幅，断裂时有"颈缩"现象，伸长率比较大。热轧钢筋根据力学指标的高低，可分为 HPB300 级（热轧光面钢筋）、HRB335 级（热轧变形钢筋）、HRB400（热轧变形钢筋）和 RRB400 级（余热处理钢筋）四个种类。

热处理钢筋是将特定强度的热轧钢筋再经过加热、淬火和回火处理后制成，热处理后的钢筋强度得到了较

大幅度的提高,而其塑性降低并不多。热处理钢筋是一种硬钢,其应力应变曲线没有明显的屈服点,伸长率小,质地硬脆。热处理钢筋有 40Si2Mn、48Si2Mn 和 45Si2Cr 三种。

钢丝包括光面钢丝、消除应力钢丝(将钢筋拉拔后校直,经中温回火消除应力并稳定化处理的光面钢丝)、螺旋肋钢丝(以普通低碳钢或低合金钢热轧的圆盘条为母材,经冷轧减径后在其表面冷轧成二面或三面有月牙肋的钢筋)、刻痕钢丝(在光面钢丝的表面上进行机械刻痕处理)和钢绞线(用光面钢丝绞织而成)等。

我国"八五"以来,开始研制细晶粒钢筋,即在热轧过程中,通过控轧和控冷工艺形成的细晶粒钢筋。其金相组织主要是铁素体加珠光体,可以大量节省 Mn、V、Nb、Ti 等合金化及微合金化元素;其强度、韧性和延性等力学性能大大提高,降低了成本。现已批量化生产,并纳入混凝土设计规范。牌号分别为:HRBF335、HRBF400、HRBF500。HRB——热轧带肋钢筋的英文(HOT ROLLED RIBBED BARS)缩写,"F"为英文"细"FINE 的首位字母。

钢筋按其外形的不同,可分为光面钢筋和变形钢筋。变形钢筋有螺纹、人字纹和月牙纹。目前常用的是月牙纹的,它避免了螺纹钢筋纵横肋相交处的应力集中现象,使钢筋的疲劳强度和冷弯性能得到一定的改善,而且还具有在轧制过程中不易卡辊的优点。通常变形钢筋直径不小于 10mm,光面钢筋的直径不小于 6mm。

2.1.2　钢筋的强度与变形

1. 钢筋的应力-应变曲线

钢筋的强度与变形性能可以用拉伸试验得到的应力-应变曲线来说明。钢筋的应力-应变曲线表明,软钢有明显的流幅,例如,热轧低碳钢和普通热轧低合金钢所制成的钢筋;硬钢没有明显的流幅,如高碳钢制成的钢筋。

图 2-1 是有明显流幅钢筋的应力-应变曲线。从图中可以看到,应力值在 A 点以前,应力-应变成正比关系,与该点对应的应力称为比例极限。超过 A 点以后,应变较应力增长为快。达到 B′ 点后钢筋开始塑流,B′ 点称为屈服上限,它与加载速度、截面形式、试件表面光洁度等因素有关,但是该点的值通常是不稳定的。B 点称为屈服下限,该点相对比较稳定,通常用来作为屈服强度的取值点,该点对应的应力称为屈服强度。这时应力基本不增加而应变急剧增长,曲线接近水平线,一直延伸至 C 点。B 点到 C 点的水平距离的大小为弹性应变的10~15 倍,称为流幅或屈服台阶。过 C 点以后,应力继续上升,钢筋抗拉能力有所提高,随后曲线上升至最高点 D,与 D 点对应的应力称为极限强度,CD 段称为钢筋的强化阶段。过了 D 点,试件薄弱处的截面将会显著缩小,发生局部颈缩,变形迅速增加,应力随之下降,达到 E 点时试件断裂,DE 段称为颈缩阶段。

没有明显流幅或屈服点的钢筋的应力-应变曲线如图 2-2 所示,其强度很高,但延伸率大为减小,塑性性能降低。

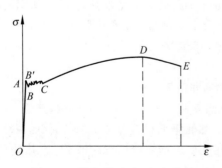

图 2-1　软钢的应力-应变曲线

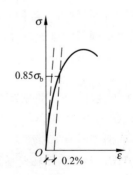

图 2-2　硬钢的应力-应变曲线

2. 钢筋的强度和变形

对于使用软钢的结构构件,由于构件中钢筋的应力到达屈服点后,会产生很大的塑性变形,使钢筋混凝土构件出现很大的变形和过宽的裂缝,以致不能使用。所以对有明显流幅的钢筋,在计算承载力时以屈服点作为钢筋的强度限值。

对于预应力钢筋、钢绞线、热处理钢筋等没有明显流幅的硬钢,《混凝土结构设计规范》(GB 50010 — 2002)中规定,设计上取相应于残余应变为 0.2% 的应力 σ_{02} 作为假定屈服强度,或称条件屈服强度,取值为极限抗拉强度 σ_b 的 85%(见图 2-2)。下面给出普通钢筋和预应力钢筋的强度标准值和弹性模量(见表 2-1 和表 2-2),以供参考。

表 2-1a　普通钢筋强度标准值

牌号	符号	公称直径 d/mm	屈服强度 f_{yk}/(N·mm^{-2})	抗拉强度 f_{stk}/(N·mm^{-2})
HPB300	Φ	6~14	300	420
HRB335	Φ	6~14	335	455
HRB400 HRBF400 RRB400	Φ Φ^F Φ^R	6~50	400	540
HRB500 HRBF500	Φ Φ^F	6~50	500	630

注:当采用直径大于 40mm 的钢筋时,应有可靠的工程经验。

预应力钢绞线、钢丝和螺纹钢筋的抗拉强度标准值按表 2-1b 采用。

表 2-1b　预应力钢筋强度标准值　　　　　　　　　　　　　　（N/mm^2）

种　类		符号	公称直径 d/mm	抗拉强度 f_{ptk}/(N·mm^{-2})
中强度预应力钢丝	光面螺旋肋	Φ^{PM} Φ^{HM}	5、7、9	800
				970
				1270
消除应力钢丝	光面螺旋肋	Φ^P Φ^H	5	1570
				1860
			7	1570
			9	1470
				1570
钢绞线	1×3(三股)	Φ^S	8.6、10.8、12.9	1570
				1860
				1960
	1×7(七股)		9.5、12.7、15.2、17.8	1720
				1860
				1960
			21.6	1860
预应力螺纹钢筋	螺纹	Φ^T	18、25、32、40、50	980
				1080
				1230

注:1. 中强度预应力钢丝、消除应力钢丝和钢绞线的条件屈服强度取为抗拉强度的 0.85;

　　2. 预应力螺纹钢筋的条件屈服强度根据现行国家标准《预应力混凝土用螺纹钢筋》GB/T 20065 确定。

表 2-2   钢筋的弹性模量

牌号或种类	弹性模量 $E_s/(\times 10^5 \text{N} \cdot \text{mm}^{-2})$
HPB300 钢筋	2.10
HRB335、HRB400、HRB500 钢筋 HRBF400、HRBF500 钢筋 RRB400 钢筋 预应力螺纹钢筋	2.00
消除应力钢丝、中强度预应力钢丝	2.05
钢绞线	1.95

钢筋除了要有足够的强度外,还应具有一定的塑性变形能力。反映钢筋塑性性能的基本指标是伸长率和冷弯性能。伸长率 δ 是标距 $l=5d$ 或 $l=10d$(d 为试件直径)的钢筋试件拉断后的伸长值与原长的比率,它反映了钢筋拉断前的变形能力。伸长率越大的钢筋(如有物理屈服点的钢筋)塑性越好,在拉断前有足够的预兆,属于延性破坏;伸长率越小的钢筋(如无物理屈服点的钢筋)塑性越差,拉断前变形小,破坏突然,属于脆性破坏。

冷弯是将钢筋绕一规定直径的辊进行弯曲,冷弯的两个参数是弯心直径(即辊轴直径)和冷弯角度。当钢筋直径 $d \leqslant 25$mm 时,对不同类型钢筋的弯心直径 D 分别为 $1d$ 和 $3d$,冷弯角度分别为 $180°$ 和 $90°$。在达到规定的冷弯角度时,钢筋应不出现裂纹、起层或断裂。因此冷弯性能可间接地反映钢筋的塑性性能和内在质量。

2.1.3   钢筋的冷加工

通过钢筋的冷加工工艺可以提高热轧钢筋等软钢的强度。常用的冷加工工艺有冷拉、冷拔和冷轧。

冷拉是将热轧钢筋在常温下拉到超过屈服强度进入强化阶段的某一应力的冷加工工艺,其原理如图 2-3 所示。若张拉后卸载为零,会出现残余应变,如图 2-3 中 OO' 段所示;若立即再拉,应力-应变曲线如图中虚线所示,屈服点上升到 B,这种性质称做冷拉硬化。若张拉后,经过一段时间再张拉,钢筋的屈服点比原来的屈服点更高,到 B' 点,这种现象称为时效硬化。温度对时效硬化有很大的影响,在一定的范围内,温度越高其强度提高所需的时间越短。但是,温度过高($450℃$ 以上)强度反而降低,而塑性性能却有所增加,温度超过 $700℃$,钢筋会恢复到冷拉以前的力学性能。利用"时效硬化",既可使钢筋强度得到提高,又能保持必要的延伸率,可获得节约钢材的经济效益。但冷拉只能提高钢筋抗拉强度,故不宜作受压钢筋。

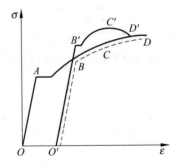

图 2-3   钢筋冷拉原理

冷拔是将热轧钢筋用强力拔过比其直径小的硬质合金拔丝模,使其产生塑性变形,拔成较细的钢丝。经过多次冷拔后,钢丝由于受到过纵向拉力和横向压力的作用,其抗拉强度和抗压强度比原来提高很多,但其塑性降低。

冷轧是采用普通低碳钢或低合金钢热轧圆盘条为母材,经冷拉或冷拔减径后,将其表面轧成具有三面或二面月牙横肋的冷轧带肋钢筋。冷轧带肋钢筋强度与冷拔钢丝强度接近,但塑性要好。因其表面带肋,与混凝土的黏结能力比冷拔低碳钢丝强,因而冷轧带肋钢筋是冷拔低碳钢丝的换代产品。

2.1.4   钢筋的选用原则

1. 满足一定的强度要求

所谓钢筋强度是指钢筋的屈服强度及极限强度。钢筋的屈服强度是设计计算时的主要依据(对无明显流幅的钢筋,取它的条件屈服点)。采用高强钢筋可以节约钢材,取得较好的经济效果。改变钢材的化学成分,生产新的钢种可以提高钢筋的强度。另外,对钢筋进行冷加工也可以提高钢筋的屈服强度。使用冷拔和冷拉钢筋时应符合专门规程的规定。

2. 满足一定的塑性要求

要求钢材有一定的塑性是为了使钢筋在断裂前有足够的变形,在钢筋混凝土结构中,能给出构件将要破坏的预告信号,同时要保证钢筋冷弯的要求。通过试验检验钢材承受弯曲变形的能力,以间接反映钢筋的塑性性能。钢筋的伸长率和冷弯性能是施工单位验收钢筋是否合格的主要指标。

3. 具有良好的可焊性

可焊性是评定钢筋焊接后的接头性能的指标。可焊性好,即要求在一定的工艺条件下钢筋焊接后不产生裂纹或过大的变形。

4. 具有一定的耐火性

热轧钢筋的耐火性能最好,冷轧钢筋其次,预应力钢筋最差。结构设计时应注意混凝土保护层厚度以满足对构件耐火极限的要求。

5. 能保证钢筋与混凝土的黏结力

为了保证钢筋与混凝土共同工作,要求钢筋与混凝土之间必须有足够的黏结力。钢筋表面的形状是影响黏结力的重要因素。

6. 混凝土结构应根据对强度、延性、连接方式、施工适应性等的要求,选用下列牌号的钢筋:

(1) 纵向普通受力钢筋可采用：HRB400,HRB500,HRBF400,HRBF500,HRB335,RRB400,HPB300 钢筋；梁、柱和斜撑的纵向受力普通钢筋筋宜采用 HRB400,HRB500,HRBF400,HRBF500 钢筋。

(2) 箍筋宜采用：HRB400,HRBF400,HRB335,HPB300,HRB500,HRBF500 钢筋。

(3) 预应力筋宜采用预应力钢丝、钢绞线和预应力螺纹钢筋。

2.2　混　凝　土

2.2.1　混凝土的强度

1. 混凝土的组成结构

普通混凝土是水泥、砂、石等材料用水拌和硬化后形成的人工石材,属于多相复合材料。

混凝土中的砂、石、水泥胶体中的晶体、未水化的水泥颗粒组成了错综复杂的弹性骨架,主要承受外力,并使混凝土具有弹性变形的特点；而水泥胶体中的凝胶、孔隙和界面初始微裂缝等,在外力作用下使混凝土产生塑性变形。同时由于水泥胶体的硬化过程需要多年才能完成,所以混凝土的强度和变形也随时间逐渐增长。因此混凝土具有与理想材料不完全相同的弹性、塑性的力学性能。

2. 混凝土的强度

1) 混凝土的抗压强度

(1) 混凝土的立方体抗压强度和强度等级

立方体试件的强度比较稳定,所以我国把立方体强度值作为混凝土强度的基本指标,并把立方体抗压强度作为评定混凝土强度等级的标准。《普通混凝土力学性能试验方法》(CBJ 18 — 1985)规定以边长为 150mm 的立方体,在(20±3)℃和相对湿度 90% 以上的潮湿空气中养护 28d,按照标准试验方法测得的抗压强度作为混凝土的立方体抗压强度,单位为 N/mm²。

《混凝土结构设计规范》规定混凝土强度等级应按立方体抗压强度标准值确定,用符号 $f_{cu,k}$ 表示。按上述试验方法并具有 95% 保证率前提下,我国《混凝土结构设计规范》规定的混凝土强度等级有 C15、C20、C25、C30、C35、C40、C45、C50、C55、C60、C65、C70、C75 和 C80,共 14 个等级。例如,C20 立方体抗压强度标准值为 20N/mm²。其中 C50~C80 属高强度混凝土。

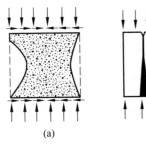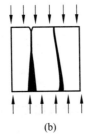

图 2-4   混凝土立方体试块的破坏情况
(a) 不涂润滑剂;(b) 涂润滑剂

试验方法对混凝土的立方体抗压强度有较大影响。试件在试验机上单向受压时,竖向缩短、横向扩张,由于混凝土与压力机垫板弹性模量与横向变形系数不同,在不涂润滑剂的情况下,垫板通过接触面上的摩擦力约束混凝土试块的横向变形,就像在试件上下端各加了一个套箍,致使混凝土破坏时形成两个对顶的角锥形破坏面,抗压强度比没有约束的情况要高(见图 2-4(a))。如果在试件的上下表面涂润滑剂,这时试件与压力板之间的摩擦力将大大减小,其横向变形几乎不受约束,试件将沿着平行于力的作用方向产生几条裂缝而破坏(见图 2-4(b))。我国规定的标准实验方法是不涂润滑剂。

立方体强度也可以采用边长为 200mm 或 100mm 的立方体试块来确定。但用这种试块测得的强度与用 150mm 标准试块测得的强度有一定的差别,即用 200mm 试块测得的强度低,而用 100mm 试块测得的强度高。这种影响一般称为"尺寸效应"。因此必须把用这种非标准试块测得的强度乘以换算系数折算成标准试块的强度。规范规定其换算关系为:

$$f_{cu,k}(150) = 0.95 f_{cu,k}(100) \tag{2-1}$$

$$f_{cu,k}(150) = 1.05 f_{cu,k}(200) \tag{2-2}$$

加载速度对立方体强度也有影响,加载速度越快,测得的强度越高。通常规定加载速度为:混凝土强度等级低于 C30 时,取每秒钟 0.3~0.5N/mm²;混凝土强度等级高于或等于 C30 时,取每秒钟 0.5~0.8N/mm²。

混凝土的立方体强度还与成型后的龄期有关。如图 2-5 所示,混凝土的立方体抗压强度随着成型后混凝土的龄期会逐渐增长,增长速度开始较快,后来逐渐缓慢,强度增长过程往往要延续几年,在潮湿的环境中则会延续更长的时间。

(2) 混凝土的轴心抗压强度

混凝土的抗压强度与试件的形状有关,采用棱柱体比立方体能更好地反映混凝土结构的实际抗压能力。由于试块的高宽比增大后,上下两个面的套箍作用的逐渐减弱,使中部混凝土处在横向能够自由变形的状态。而且高宽比越大,中部横向自由变形的区域也就越大,因此测得的强度就将逐渐有所降低。用混凝土棱柱体试件试验测得的抗压强度称为轴心抗压强度。

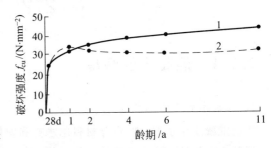

图 2-5   混凝土立方体强度随龄期的变化
1—在潮湿的环境下;2—在干燥的环境下

试验时,通常棱柱体的高宽比 h/b 取 2~3,常用的尺寸为 150mm×150mm×300mm。图 2-6 为棱柱体抗压强度测试时的受力状态和破坏形态。

通过用相同混凝土在相同的施工和养护条件下制作的棱柱体试件和钢筋混凝土短柱在轴心受压情况下的对比试验,可以看出用高宽比为 2~3 的棱柱体测得的抗压强度与以受压为主的钢筋混凝土构件中的混凝土抗

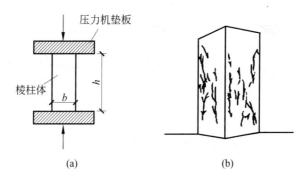

图 2-6　棱柱体抗压强度测试

（a）棱柱体受压试件的受力状态；（b）破坏形态

压强度是基本一致的。因此我们就以由高宽比为 2～3 的棱柱体试件测得的抗压强度作为以受压为主的结构构件的混凝土抗压强度,并称它为轴心抗压强度标准值,用 $f_{c,k}$ 表示。

考虑到结构构件与试件制作及养护条件的差异,尺寸效应及加荷速度等影响,参照过去的设计经验,《混凝土结构设计规范》基于安全考虑取偏低值,轴心抗压强度标准值和立方体抗压强度标准值的关系按式（2-3）确定:

$$f_{c,k} = 0.88\alpha_{c1}\alpha_{c2}f_{cu,k} \tag{2-3}$$

式中: α_{c1} ——棱柱体强度与立方体强度之比,对 C50 及以下的混凝土,取 $\alpha_{c1}=0.76$;对 C80 混凝土,取 $\alpha_{c1}=0.82$,中间按线形规律变化;

α_{c2} ——考虑 C40 以上混凝土的脆性的折减系数,对 C40 取 $\alpha_{c2}=1.00$,对 C80 取 $\alpha_{c2}=0.87$,中间按线形规律取值;

0.88——考虑实际构件与试件混凝土之间的差异而取的修正系数。

2）混凝土的轴心抗拉强度

混凝土的抗拉强度很低,一般只有抗压强度的 1/17～1/8,混凝土的强度等级越高,这个比值越小。因此在钢筋混凝土构件的强度计算中一般不考虑混凝土承受拉应力,只有当验算预应力混凝土和钢筋混凝土结构中的混凝土是否开裂,也就是在抗裂度验算中,以及在截面中出现拉应力的素混凝土结构的强度计算中,抗拉强度才是起控制作用的强度指标。

测定混凝土抗拉强度的实验方法分两种——直接测试法和间接测试法。直接测试法（见图 2-7）即采用两端分别对中埋有一段肋纹钢筋的棱柱体试件（通常试件尺寸为 100mm × 100mm × 500mm,钢筋埋入长度为 150mm）,用试验机夹头夹住伸出的钢筋对试件施加轴向拉力,破坏时试件中部产生横向裂缝,其平均应力的 95% 保证率之值即为混凝土的轴心抗拉强度标准值 $f_{t,k}$。

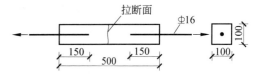

图 2-7　混凝土抗拉强度直接测试法

另一种试验方法如图 2-8 所示,采用立方体或圆柱体试件的劈裂试验来间接测定混凝土的抗拉强度。劈裂试验对立方体或圆柱体施加线荷载。试件破坏时在破裂面上产生与该面垂直且基本均匀分布的拉应力,其劈拉强度按下式计算:

$$f_{t,s} = \frac{2F}{\pi dl} \tag{2-4}$$

式中: F ——破坏荷载;

d ——圆柱体直径或立方体边长;

l ——圆柱体长度或立方体边长。

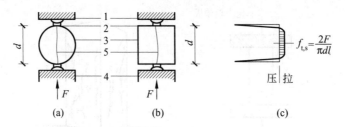

图 2-8　混凝土抗拉强度的劈裂测试

（a）用圆柱体进行劈裂实验；（b）用立方体进行劈裂实验；（c）劈裂面中水平应力的分布

1—压力机上的压板；2—弧形垫条和垫层；3—试件；4—压力机下压板；5—试件破裂线

《混凝土结构设计规范》考虑了从普通强度混凝土到高强混凝土的变化规律，取轴心抗拉强度标准值与立方体抗压强度标准值之间的关系按式（2-5）计算：

$$f_{t,k} = 0.88 \times 0.395 f_{cu,k}^{0.55} (1 - 1.645\delta)^{0.45} \times \alpha_{c2} \tag{2-5}$$

式中，δ 为变异系数。

表 2-3 给出了混凝土强度等级与 $f_{c,k}$、$f_{t,k}$ 的对应关系。

表 2-3　混凝土强度标准值　　　　　　　　　　　　　　　N·mm^{-2}

项次	符号	混凝土强度等级												
		C15	C20	C25	C30	C35	C40	C45	C50	C55	C60	C65	C70	C75	C80
1	$f_{c,k}$	10.0	13.4	16.7	20.1	23.4	26.8	29.6	32.4	35.5	38.5	41.5	44.5	47.4	50.2
2	$f_{t,k}$	1.27	1.54	1.78	2.01	2.20	2.39	2.51	2.64	2.74	2.85	2.93	2.99	3.05	3.11

3）复合应力状态下混凝土的强度

实际混凝土结构构件大多是处于复合应力状态，例如，框架梁、柱既受到柱轴向力作用，又受到弯矩和剪力的作用。因此，研究复合应力状态下混凝土的强度很有必要。

（1）混凝土的双向受力强度

一些研究工作者已经用不同的方法求出了混凝土在沿两个主轴方向作用有不同正应力而在第三个主轴方向应力为零的情况下的强度变化规律，其结果如图 2-9 所示。从图中可以看出，在双向拉应力作用下（第一象限），两向应力相互影响不大，混凝土的强度同单向拉应力作用下的几乎相同。在双向压应力作用下（第三象限），一向的强度随另一向压应力的增加而增加，双向受压下的混凝土强度比单向受压强度最多可提高 27%。在拉压组合情况下，（二、四象限）无论是抗压强度还是抗拉强度都要**降低**。

当混凝土受到剪应力 τ 和一个方向正应力组合的强度破坏曲线如图 2-10 所示。压应力低时，抗剪强度随压应力增大而增大；当压应力增大到一定程度时，抗剪强度随压应力增大而减小。这个结果说明：如果梁受弯矩和剪力共同作用以及柱在受到轴向压应力的同时也受到水平地震剪力作用时，结构中有剪应力会影响梁与柱中受压区混凝土的强度。

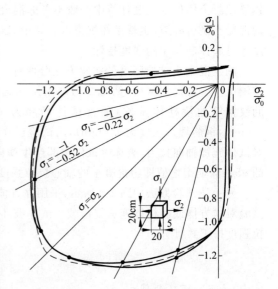

图 2-9　双向应力状态下混凝土的强度

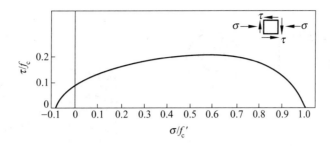

图 2-10　法向应力和剪应力组合的破坏曲线

（2）混凝土的三向受压强度

在三向压力作用下，混凝土强度会大大提高，如图 2-11 所示。图中 σ_2 为横向压强，其纵向抗压强度 σ_1 随侧向压强的提高而提高。这是因为受压的混凝土的横向变形受到外围压力的约束，抑制混凝土内部开裂和体积膨胀，使其混凝土的局部抗压强度提高很多。试验得出 σ_1 和 σ_2 的关系为：

$$\sigma_1 \approx f_c + 4\sigma_2 \tag{2-6}$$

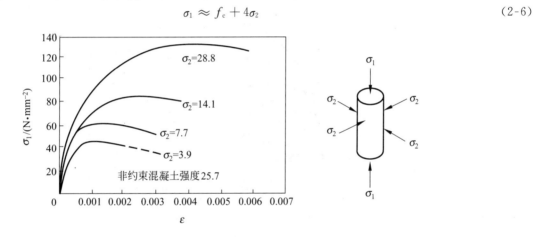

图 2-11　混凝土圆柱体三向受压实验时轴向应力-应变

对混凝土的横向变形加以约束可以提高其抗压强度有着非常重要的现实意义，可以用来解释为什么局部受压的混凝土的强度会提高，如图 2-12（a）。这是因为直接受压的混凝土的横向变形使中间混凝土受到外围混凝土的约束，而外围受拉，其反作用力使中间的混凝土受压，抑制混凝土内部开裂和体积膨胀，从而导致混凝土的局部抗压强度提高很多。同样原理，采用间距较密的螺旋钢筋和钢管代替外围不直接受压的混凝土，即形成了约束混凝土，如图 2-12（b）。当混凝土受压力较小时，混凝土横向膨胀很小，螺旋钢筋的作用不大；当压应力超过了 $0.8f_c$ 时，横向变形显著加大，体积膨胀使螺旋钢筋产生环向的拉应力，其反作用力使约束混凝土受到均匀的侧向压应力，形成三向受压状态，提高了混凝土抗压和承受变形的能力。加密箍筋可以提高这种约束，从而间接提高混凝土的强度。图 2-13 为在不同的箍筋间距的情况下，混凝土圆柱体的应力-应变曲线。

2.2.2　混凝土的变形

混凝土是由骨料和水泥组成的内部结构非均匀的工程材料，其变形性能十分复杂。

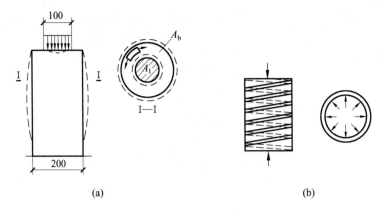

图 2-12   约束混凝土抗压强度

（a）局部受压试件；（b）螺旋箍筋混凝土试件

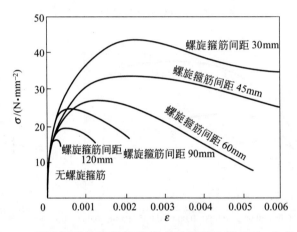

图 2-13   不同间距的螺旋箍筋约束的混凝土的应力-应变曲线

1. 混凝土在一次短期荷载作用下的变形

1）混凝土受压实验的应力-应变曲线

混凝土的应力-应变曲线能够比较全面地反映混凝土的受力性能和变形性能，它也是确定构件截面中应力分布规律的主要依据。混凝土受压的应力-应变曲线一般是用棱柱体试件来测定的。典型的受压应力-应变曲线如图 2-14 所示。

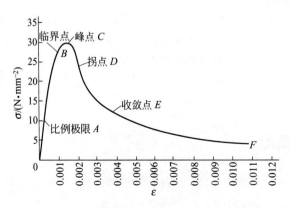

图 2-14   混凝土棱柱体受压应力-应变曲线

从图 2-14 可以看出,这条曲线包括上升段和下降段两部分。上升段 OC 又可分为三段,从加载至应力为 $(0.3\sim0.4)f_c$ 的 A 点为第 1 段,由于这时的应力较小,水泥胶体的黏性流动以及初始微裂缝变化的影响一般很小,所以应力-应变关系接近于直线,称 A 点为比例极限。超过 A 点,进入裂缝出现并稳定扩展的第 2 阶段,至临界点 B,临界点的应力可以作为长期抗压强度的依据。此后,试件中所积蓄的弹性应变能将大于裂缝发展所需要的能量,从而形成裂缝快速发展的不稳定状态直至峰值点 C,这一阶段为第 3 阶段,这时峰值应力 σ_{max} 通常作为混凝土棱柱体的抗压强度 f_c,相应的应变称为峰值应变 ε_0,其值在 $0.0015\sim0.0025$ 之间波动,通常取为 0.002。

下降段 CE 是混凝土到达峰值应力后裂缝继续扩展、贯通,从而使应力-应变关系发生急剧变化。在峰值应力以后,裂缝迅速发展,应力-应变曲线向下弯曲,直到凹凸向发生改变,曲线出现"拐点"。超过"拐点",曲线开始凸向应变轴,这时,只靠骨料间的胶合力及摩擦力与残余承压面来承受荷载。随着变形的增加,此段曲线中曲率最大的一点 E 称为"收敛点",其对应的应变称为极限压应变 ε_{cu}。对无侧向约束的混凝土,E 点以后的 EF 已失去结构意义。《混凝土结构设计规范》(GB 50010 — 2002)(本书以下简称《规范》)对非均匀受压时的中低强度混凝土的极限压应变取 0.0033。

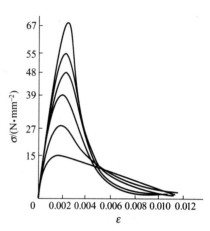

图 2-15 不同强度混凝土的应力-应变曲线

不同强度混凝土的应力-应变曲线的形状有相似的地方,但是随着混凝土强度的变化也有各自的特征。图 2-15 是不同强度混凝土的应力-应变曲线,从图中可以看出,其上升阶段变化不是很显著,但是下降阶段的坡度变化差异较大,并且混凝土的强度越高,其极值应变越大,下降的坡度越陡,即应力下降相同的幅度时应变越小,极限应变越小,延性也就越差。

混凝土受拉时同样表现出随着拉应力的增大而越来越明显的弹塑性性质。受拉的应力-应变曲线同样分为"上升段"和"下降段",只不过无论混凝土强度等级高低,其下降初始阶段的坡度都比较陡,并在开始变得平缓后不久被拉断。对应于轴心抗拉强度的应变 ε_{0t} 很小,通常取 $\varepsilon_{0t}=0.00015$。混凝土受拉时的应力-应变曲线如图 2-16 所示。

2)《规范》规定采用的混凝土的应力-应变曲线

混凝土受压时的应力-应变曲线与结构计算有密切的关系,为了适应结构设计的需要,《规范》规定采用图 2-17 所示的曲线。

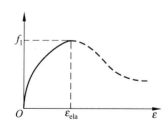

图 2-16 混凝土受拉时的应力-应变曲线

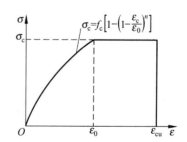

图 2-17 《规范》采用的混凝土应力-应变曲线

该曲线分为两个部分,上升部分为曲线段,另外一部分为水平直线段。

当 $\varepsilon_c\leqslant\varepsilon_0$ 时

$$\sigma_c = f_c\left[1-\left(1-\frac{\varepsilon_c}{\varepsilon_0}\right)^n\right] \tag{2-7}$$

当 $\varepsilon_0 < \varepsilon_c \leqslant \varepsilon_{cu}$ 时

$$\sigma_c = f_c \tag{2-8}$$

$$n = 2 - \frac{1}{60}(f_{cu,k} - 50) \tag{2-9}$$

$$\varepsilon_0 = 0.002 + 0.5(f_{cu,k} - 50) \times 10^{-5} \tag{2-10}$$

$$\varepsilon_{cu} = 0.003\,3 - (f_{cu,k} - 50) \times 10^{-5} \tag{2-11}$$

式中：σ_c——对应于混凝土压应变为 ε_c 时的混凝土压应力；

　　　ε_0——对应于混凝土压应力刚达到 f_c 时的混凝土压应变，当由式(2-10)计算的 ε_0 小于 0.002 时，取 0.002；

　　　ε_{cu}——正截面处于非均匀受压时的混凝土极限压应变，当按式(2-11)计算的 ε_{cu} 小于 0.003 3 时应取为 0.003 3，正截面处于轴心受压时的混凝土极限压应变为 0.002；

　　　$f_{cu,k}$——混凝土立方体抗压强度标准值；

　　　n——系数，当按式(2-9)计算的 n 值大于 2.0 时，应取为 2.0。

3）横向变形

混凝土试件在受压时，除了在纵向产生压缩应变 ε_1，还要产生横向拉应变 ε_2，用横向系数 ν_c 来表示两者的比值，即 $\nu_c = \varepsilon_2/\varepsilon_1$。当纵向压应力小于 $0.5f_c$ 时，ν_c 接近常数，当超过 $0.5f_c$ 后，ν_c 显著增大。材料处于弹性阶段的横向变形系数即泊松比，《规范》取混凝土的泊松比为 0.2。

2. 混凝土在荷载长期作用下的变形（混凝土的徐变）

试验表明，如果我们把一个混凝土棱柱体试块加压到某个应力值后维持荷载不变，试块还会在加荷过程所产生的瞬间应变的基础上产生随时间而增长的应变。这种在长期荷载作用下随时间而增长的应变称为徐变。混凝土的这种性质对于结构构件的变形和强度以及预应力钢筋中的应力都将产生重要的影响。

图 2-18 为混凝土棱柱体试件加荷至 $\sigma = 0.5f_c$ 以后使荷载保持不变，测得的变形随时间增长的关系。加荷瞬间产生的应变为瞬时应变 ε_{ela}，ε_{cr} 为随时间增长的混凝土的徐变，由于收缩与外荷无关，因此在徐变试验中测得的变形也包含了收缩产生的变形。混凝土徐变发展先快后慢，通常在最初的 6 个月内可完成最终徐变量的 70%～80%，第一年内可完成 90% 左右，其余部分则要在后续几年中逐渐完成。

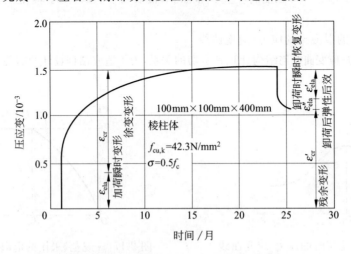

图 2-18　混凝土徐变试件的变形与时间的关系

影响混凝土徐变的因素可分为：

① 混凝土材性方面的影响。水泥用量多，水灰比大，徐变大；骨料含量多，弹性模量高，徐变小。养护条件好，龄期长，水化充分，徐变小；振捣密实，徐变小。

② 应力大小的影响。持续作用应力大,徐变大。

3. 混凝土在多次重复荷载作用下的变形

如果将混凝土棱柱体试块加荷使其压应力达到某个数值 σ,然后卸载至零,并把这一循环多次重复下去,就称为多次重复加荷。工程中某些构件,如工业厂房中的吊车梁,在整个使用期限内重复使用达到几百万次,因此在测定混凝土在重复荷载下的强度及变形性能时,加载的重复次数也不应少于 200 万次。这种试验在用脉冲千斤顶以较快速度加卸荷载的疲劳试验机上进行的。

图 2-19 是混凝土棱柱体在多次重复荷载作用下的应力-应变曲线。从图中可以看出,对混凝土棱柱体试件,一次加载应力 σ_1 小于混凝土疲劳强度 f_c^f 时,其加载、卸载应力-应变曲线 OAB 形成一个环状。而在多次加载、卸载作用下,应力-应变环会越来越闭合,经过多次重复,这个曲线就密合成一条直线。如果再选择一个更高的加载应力 σ_2,但 σ_2 仍小于疲劳强度 f_c^f 时,其加卸载的规律同前,多次重复后形成密合直线。如果选择高于疲劳强度 f_c^f 的加载应力 σ_3,开始混凝土应力-应变曲线凸向应力轴,在重复荷载过程中逐渐变成直线,再经过数次循环后,应力-应变曲线由凸向应力轴而逐渐凸向应变轴,以致加卸载不能形成封闭环,这标志着混凝土内部微裂缝的发展加剧并趋近破坏。随着重复荷载次数的增加,应力-应变曲线倾角不断减小,直至荷载重复到某一定次数时,混凝土试件会因严重开裂或变形过大而导致破坏。

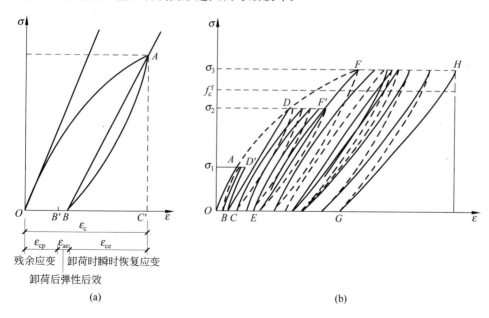

(a)　　　　　　　　　　　　　(b)

图 2-19　混凝土在多次重复荷载作用下的变形
(a) 混凝土一次加荷卸荷的应力-应变曲线;(b) 混凝土多次重复加荷的应力-应变曲线

4. 混凝土的弹性模量和变形模量

1) 混凝土的弹性模量(即原点模量)

如图 2-20 所示,混凝土棱柱体受压时,在应力-应变曲线的原点作一条切线,其斜率为混凝土的弹性模量,以 E_c 表示。

$$E_c = \tan\alpha_0 \tag{2-12}$$

式中,α_0 为混凝土应力-应变曲线在原点处的切线与横坐标的夹角。

当混凝土进入塑性阶段后,初始的弹性模量已不能反映这时的应力-应变性质,因此,《规范》中在正常使用极限状态验算挠度和裂缝宽度时都用变形模量来表示这时的应力-应变关系。

2）混凝土的变形模量

连接图 2-20 中 O 点至曲线任一点应力为 σ_c 处割线的斜率，称为该任意点割线模量 E_c'，或称变形模量，将弹性应变 ε_{ela} 与总应变 ε_c 之比值称为弹性系数 ν。

$$\nu = \varepsilon_{ela}/\varepsilon_c \qquad (2\text{-}13)$$

弹性系数 ν 是混凝土的弹塑性度量，随着应力 σ 的加大，ν 值减小。引用弹性系数 ν 可将 E_c 和 E_c' 的关系用下式表示：

$$E_c' = \nu E_c \qquad (2\text{-}14)$$

混凝土受拉弹性模量与受压弹性模量取值相同，当 $\sigma = f_t$ 时，混凝土受拉弹性模量可取为 $0.5E_c$。

混凝土剪切模量 $G_c = 0.4E_c$（E_c 见表 2-4）。

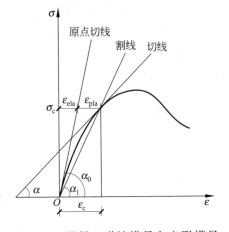

图 2-20　混凝土弹性模量和变形模量的表示方法

表 2-4　混凝土弹性模量 E_c

混凝土强度等级	C15	C20	C25	C30	C35	C40	C45	C50	C55	C60	C65	C70	C75	C80
$E_c/(10^4\,\text{N}\cdot\text{mm}^{-2})$	2.20	2.55	2.80	3.00	3.15	3.25	3.35	3.45	3.55	3.60	3.65	3.70	3.75	3.80

5. 混凝上的收缩与膨胀

混凝土在空气中结硬时，其体积将在很长的一段时间内不断缩小，这种现象称为混凝土的收缩；反之，在水中或处于饱和湿度情况下结硬的混凝土，其体积增大的现象称为膨胀。混凝土的收缩是由凝胶体本身的体积收缩，即所谓凝缩，和混凝土失水产生的体积收缩，即所谓干缩这两部分组成。混凝土的收缩的大小与混凝土是否受力无关。即在做棱柱体试块的试验时，试验数据所测定的混凝土在长期荷载下的徐变和收缩总是同时发生的。为了能把收缩和徐变区分开来，必须再用一组不受力的试块测定其收缩值，然后从受力试块的总变形中减去收缩的变形值，方能最终求得混凝土的徐变。

根据试验结果和实际工程的经验，影响混凝土收缩的因素有：

① 水泥的品种。水泥强度等级越高，制成的混凝土收缩越大。

② 水泥的用量。水泥用量越多，水灰比越大，收缩越大。

③ 骨料的性质。骨料的弹性模量大，收缩小。

④ 混凝土的制作方法。混凝土越密实，收缩越小。

⑤ 使用环境。使用环境温度、湿度大时，收缩小。

⑥ 养护条件。在结硬过程中周围温度、湿度越大，收缩越小。

⑦ 构件的体积与表面积比值。比值大时，收缩小。

6. 混凝土的温度变形

和许多其他材料一样，混凝土也具有热胀冷缩的性质。在工程中，当混凝土的收缩或温度变形受到外界约束条件的限制而不能自由发生时，将在结构中产生"强制应力"。例如，一根混凝土构件产生收缩或温度变形缩短时，如果不受约束（图 2-21），假定它的长度将要减少 $\Delta L = \varepsilon L$（其中 L 为构件长度，ε 为收缩应变或温度应变）。如果这根构件处在两端被约束因而不能缩短的状态，构件将受拉，拉应力大小可表达为

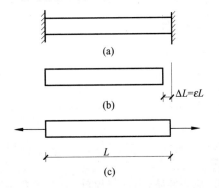

图 2-21　混凝土构件承受约束条件下的变形状态

$$\sigma = \varepsilon E_c \qquad (2\text{-}15)$$

其中 E_c 为混凝土的弹性模量。

因此,如果由混凝土的收缩或温度的降低引起的应变过大,所产生的强制拉应力 σ 就可能超过混凝土的极限抗拉强度而被拉断。

7. 混凝土材料的选用

混凝土结构的强度等级不应低于 C15；钢筋混凝土结构的混凝土强度等级不应低于 C20；采用 400MPa、500MPa 级钢筋时混凝土强度等级不宜低于 C25。

承受重复荷载的钢筋混凝土构件,混凝土强度等级不应低于 C30。

预应力混凝土结构的混凝土强度等级不宜低于 C40,且不应低于 C30。

2.3　材料强度取值

1) 材料强度平均值

在材料强度试验中,样本空间中全部事件试验值的总和除以事件总数称为强度平均值,即

$$\mu_f = \frac{\sum_n f_i}{n} \tag{2-16}$$

2) 材料强度标准差

$$\sigma_f = \sqrt{\frac{\sum_n (f_i - \mu_f)^2}{n-1}} \tag{2-17}$$

上两式中：f_i——第 i 次试验值；

n——样本空间试验总次数；

μ_f——n 次试验强度的平均值；

σ_f——n 次试验强度的标准差。

3) 材料强度标准值

构成结构或构件的各种材料强度标准值的取值原则,即按不小于 95% 的保证率确定其标准值,其表达式为

$$f_k = \mu_f - 1.645\sigma_f \tag{2-18}$$

(1) 钢筋强度标准值

由于国家标准规定的各种钢筋的屈服强度绝大多数符合保证率不小于 95% 的取值要求,为了使结构设计采用的钢筋强度与国家规定的钢筋出厂检验强度相一致,《规范》以国家标准规定的屈服强度废品值(保证率为 97.73%)作为确定钢筋强度标准值的依据,其表达式为

$$f_{yk} = \mu_y - 2.0\sigma_y \tag{2-19}$$

式中：μ_y——样本算术平均值；

σ_y——样本的标准差。

(2) 混凝土强度标准值 $f_{cu,k}$

① 混凝土立方体抗压强度标准值

混凝土立方体抗压强度标准值 $f_{cu,k}$ 是我国确定混凝土强度的基本指标,采用下式计算：

$$f_{cu,k} = \mu_{f,cu} - 1.645\sigma_{f,cu} \tag{2-20}$$

一批混凝土试块共 839 块,试块尺寸为 $150mm \times 150mm \times 150mm$,经试压可得一系列立方体抗压强度实测数据,如图 2-22 所示。由图中可以看出,在强度平均值附近的试块占大多数,而在 $20N/mm^2$ 以下及

$40N/mm^2$ 以上的试块就很少了。由统计资料得强度平均值 $\mu_{f,cu}=27.9N/mm^2$，标准差 $\sigma_{f,cu}=5.76N/mm^2$，所以此批试块立方体抗压强度标准值为

$$f_{cu,k}=\mu_{f,cu}-1.645\sigma_{f,cu}=27.9-1.645\times5.76=18.42(N/mm^2)$$

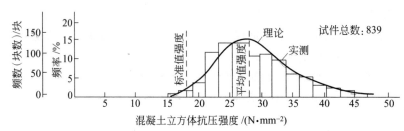

图 2-22　混凝土立方体强度统计直方图

② 混凝土轴心抗压强度、轴心抗拉强度标准值

假定混凝土轴心抗压强度及轴心抗拉强度的平均值和标准差与立方体强度的相同，则混凝土轴心抗压强度标准值 $f_{c,k}$ 及轴心抗拉强度标准值 $f_{t,k}$ 即可由强度标准值与立方体强度试验标准值之间的关系得出。各种强度混凝土的 $f_{c,k}$、$f_{t,k}$ 见式(2-3)和式(2-5)。

（3）材料强度设计值

① 材料强度分项系数

钢筋和混凝土的材料强度分项系数是根据轴心受压构件和轴心受拉构件按目标可靠度指标经过可靠度分析确定的。当缺乏统计资料时，也可按工程经验确定。材料强度标准值除以材料分项系数，即可得到材料强度设计值。《混凝土结构设计规范》规定钢筋的材料分项系数用 γ_s 表示，混凝土的强度分项系数用 γ_c 表示。

② 材料强度设计值

a）钢筋强度设计值

《混凝土结构设计规范》规定的钢筋材料分项系数 γ_s 如表 2-5 所示。

表 2-5　各类钢筋的材料分项系数值 γ_s

项次	种　　类	γ_s(约等于)
1	HPB300	1.15
2	HRB335，HRB400，RRB400	1.10
3	消除应力钢丝，刻痕钢丝，钢绞线，热处理钢筋	1.20

各类钢筋材料强度设计值（f_y，f_y'，f_{py}，f_{py}'）如表 2-6 和表 2-7 所示。

表 2-6　普通钢筋强度设计值　　　　　　　　　　　　　　　　N·mm^{-2}

牌　　号	f_y	f_y'
HPB300	270	270
HRB335、HRBF335	300	300
HRB400、HRBF400、RRB400	360	360
HRB500、HRBF500	435	435

注：横向钢筋的抗拉强度设计值 f_{yv} 应按表中 f_y 的数值取用，但用作受剪、受扭、受冲切承载力计算时，其数值大于 $360N/mm^2$ 时应取 $360N/mm^2$。

表 2-7 预应力钢筋强度设计值   N·mm^{-2}

种类	f_{ptk}	f_{py}	f'_{py}
中强度预应力钢丝	800	560	410
	970	650	
	1270	810	
消除应力钢丝	1470	1040	410
	1570	1110	
	1860	1320	
钢绞线	1570	1110	390
	1720	1220	
	1860	1320	
	1960	1390	
预应力螺纹钢筋	980	650	400
	1080	770	
	1230	900	

注：当预应力钢筋的强度标准值不符合表 2-1b 的规定时，其强度设计值应进行相应的比例换算。

b）混凝土强度设计值

混凝土强度的分项系数 γ_c 规定为 1.40，各种强度等级的混凝土强度设计值如表 2-8 所示。

表 2-8 混凝土强度设计值   N·mm^{-2}

强度种类	混凝土强度等级													
	C15	C20	C25	C30	C35	C40	C45	C50	C55	C60	C65	C70	C75	C80
f_c	7.2	9.6	11.9	14.3	16.7	19.1	21.1	23.1	25.3	27.5	29.7	31.8	33.8	35.9
f_t	0.91	1.10	1.27	1.43	1.57	1.71	1.80	1.89	1.96	2.04	2.09	2.14	2.18	2.22

注：1. 计算现浇钢筋混凝土轴心受压及偏心受压构件时，如截面的长边或直径小于 300mm，则表中混凝土的强度设计值应乘以系数 0.8；当构件质量（如混凝土成型、截面和轴线尺寸等）确有保证时，可不受此限制；
　　2. 离心混凝土的强度设计值应按专门标准取用。

2.4 钢筋与混凝土之间的黏结

钢筋与混凝土之所以能够共同工作，是因为混凝土结硬达到一定的强度以后，两者之间建立了足够黏结强度，能够承受由于钢筋与混凝土的相对变形在两者界面上所产生的相互作用力。通常把单位截面面积上的这种作用力沿钢筋轴线方向的分力（钢筋与混凝土接触面上的剪应力）称为黏结应力 τ。

1. 黏结的作用

黏结作用可用图 2-23 所示的轴心受拉构件的应力分析进行说明。轴向拉力 N 作用在构件端部截面（或裂缝截面）钢筋上，该处钢筋应力 $\sigma_s = N/A_s$，A_s 为钢筋截面面积，混凝土应力 $\sigma_c = 0$。进入构件以后，由于钢筋与混凝土之间具有能抵抗相对变形（滑移）黏结强度，限制了钢筋的自由拉伸，在界面上产生黏结应力 τ，通过 τ 将部分拉力传递给混凝土，使混凝土参与受拉，如图 2-23(b)～(d) 所示。在界面应力 τ 和钢筋与混凝土之间的应变差（$\varepsilon_s - \varepsilon_c$）是对应的（图 2-23(e)）。随着距端部截面距离的增大，钢筋应力 σ_s（应变 ε_s）减小，混凝土的拉应力 σ_c（应变 ε_c）增大，二者的应变差（$\varepsilon_s - \varepsilon_c$）减小。直到距端部 l_1 处，钢筋应变 ε_s 与混凝土应变 ε_c 相等，相对变形

（滑移）消失，黏结应力也消失（$\tau=0$）。设自距端部 l_1 范围内取出长度为 $\mathrm{d}x$ 的微段（图 2-23(f)），由直径为 d 的钢筋的平衡关系，可得

$$\pi d\tau\mathrm{d}x = A_s\mathrm{d}\sigma_s = \frac{\pi d^2}{4}\mathrm{d}\sigma_s \tag{2-21}$$

整理得

$$\tau = \frac{d}{4}\frac{\mathrm{d}\sigma_s}{\mathrm{d}x} \tag{2-22}$$

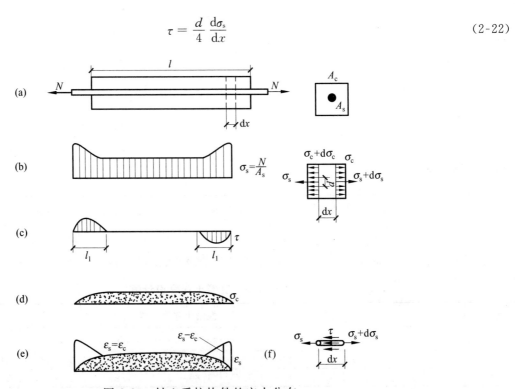

图 2-23　轴心受拉构件的应力分布

上式反映了钢筋与混凝土黏结的本质特征：黏结应力使钢筋应力沿其长度上发生数量上的变化，也就是说没有 τ 就不会产生钢筋应力的增量 $\mathrm{d}\sigma_s$；反之，没有钢筋应力的变化就不存在黏结应力 τ。因此在构件中间区段（距构件端部超过 l_1 的区段）截面上，黏结应力 $\tau=0$，钢筋应力 σ_s 及混凝土应力 σ_c 均不再发生变化，保持常量。

2. 钢筋和混凝土之间的黏结力

实验表明黏结锚固的能力可由下面几个途径获得：

1）胶结力：为钢筋与混凝土之间的化学吸附作用。这种作用力比较小，当钢筋和混凝土之间发生相对滑移时，该力会立即消失。

2）摩擦力：由混凝土收缩将钢筋紧紧握裹而产生的力，因而也称握裹力。这种力随着接触面的粗糙程度的加大而增大。钢筋表面的轻微锈蚀也可增加它与混凝土的黏结作用。

3）机械咬合力：由于钢筋表面凹凸不平与混凝土之间的机械咬合作用而产生的力。

4）钢筋端部加弯钩、弯折或在锚固区焊接短钢筋、短角钢等来提供的锚固能力。这种锚固能力可以提供很大的黏结力，但是，如果布置不当，将会产生较大的滑移、裂缝和局部混凝土的破碎现象。

光面钢筋与混凝土之间的黏结主要由化学吸附力、摩擦力和机械咬合力来决定。

对于变形钢筋来说，虽然也存在着胶结力和摩擦力，但是变形钢筋的黏结力主要来自钢筋表面凸出的肋与混凝土的机械咬合作用。变形钢筋的横肋对混凝土的挤压如同一个楔，会产生很大的机械咬合力，从而提高了变形钢筋的黏结能力，如图 2-24 所示。

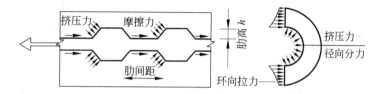

图 2-24　变形钢筋与混凝土之间的机械咬合作用

3. 黏结强度及影响因素

1）黏结强度

黏结强度的测定通常采用拔出试验方式，见图 2-25。将钢筋一端埋入混凝土内，在另一端施力将钢筋拔出，钢筋拉拔力到达极限时的平均黏结应力即代表了钢筋和混凝土之间的黏结强度 τ_u，由下式确定

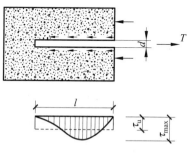

$$\tau_u = \frac{T}{\pi d l} \qquad (2\text{-}23)$$

由拔出试验可知，黏结应力按曲线分布，最大黏结应力在离端部某一距离处，且随拔出力的大小而变化；钢筋埋入长度越长，拔出力越大，但埋入过长则尾部的黏结应力很小，甚至为零；变形钢筋的黏结强度比光面钢筋的大，而在光面钢筋末端做弯钩可以大大提高拔出力。

2）黏结强度的影响因素

图 2-25　拔出试验示意图

影响钢筋与混凝土黏结强度的因素很多，其中主要的有混凝土强度、保护层厚度、横向配筋、侧向压力及浇筑混凝土时钢筋的位置等。

① 黏结强度随混凝土强度的提高而提高，但不与立方体强度成正比，而与混凝土抗拉强度 f_t 成正比。

② 钢筋外围的保护层的厚度太小，可能使外围混凝土因产生径向劈裂而使黏结强度降低；增加保护层厚度，保持一定的钢筋间距，可提高混凝土的抗劈裂能力，保证黏结强度的发挥。

③ 横向钢筋的存在约束了微裂的发展，使黏结强度得到提高，因此在较大直径钢筋的支座锚固区和搭接长度范围内，均应设置一定数量的横向钢筋，以防止黏结劈裂破坏。当钢筋的锚固区作用有横向压力时，横向压力同样对微裂缝起着约束作用，并使钢筋与混凝土之间的摩擦阻力增大，因而可以提高黏结强度。

④ 黏结强度与浇筑混凝土时钢筋所处位置有关。对于顶部水平钢筋而言，其浇筑深度超过 300mm 时，由于水分气泡逸出，混凝土泌水下沉，在钢筋底面将形成不与钢筋紧密接触的强度较低的疏松空隙层，使得钢筋和混凝土的接触面减少，这样就削弱了钢筋与混凝土之间的黏结作用。

4. 保证钢筋和混凝土间黏结的措施

钢筋与混凝土的锚固黏结应力如图 2-26 所示。图 2-26(a) 为一悬臂梁，受拉钢筋必须在支座中具有足够的"锚固长度" l_a，以通过该长度上黏结应力的积累，使钢筋在靠近支座处发挥作用。图 2-26(b) 为钢筋的搭接接头，它通过钢筋与混凝土之间的黏结应力来传递钢筋之间的内力，故必须有一定的"搭接长度" l_l，才能保证钢筋内力的传递和钢筋强度的充分利用。

在考虑到上述产生黏结的原因和影响黏结强度的各种因素后，《规范》规定以纵向受拉钢筋的锚固长度作为基本锚固长度，用 l_{ab} 表示，基本锚固长度取决于混凝土的抗拉强度、钢筋的强度、直径及其外形，应按下式计算：

$$l_{ab} = \alpha \frac{f_y}{f_t} d \qquad (2\text{-}24)$$

式中：l_{ab}——受拉钢筋的基本锚固长度；

　　　f_y——普通钢筋、预应力钢筋的抗拉强度设计值；

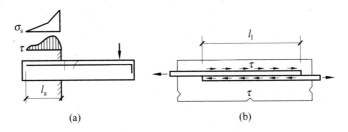

图 2-26   钢筋与混凝土的锚固黏结应力

f_t——混凝土轴心抗拉强度设计值,当混凝土强度等级高于 C60 时,按 C60 取用;

d——钢筋的公称直径;

α——钢筋的外形系数,按表 2-9 采用。

表 2-9   钢筋的外形系数

钢筋类型	光面钢筋	带肋钢筋	刻痕钢筋	螺旋钢筋	三股钢铰线	七股钢绞线
α	0.16	0.14	0.19	0.13	0.16	0.17

受拉钢筋的锚固长度应根据锚固条件按下列公式计算,且不应小于 200mm:

$$l_a = \zeta_a l_{ab} \tag{2-24a}$$

式中:l_a——受拉钢筋的锚固长度;

ζ_a——锚固长度修正系数,按下列规定取用,当多于一项时,可按连乘计算,但不应小于 0.6;对预应力钢筋,可取 1.0。

纵向受拉带肋钢筋的锚固长度修正系数应根据钢筋的锚固条件按下列规定取用:

① 当钢筋的公称直径大于 25mm 时取 1.1;

② 对环氧树脂涂层钢筋取 1.25;

③ 施工过程中易受扰动的钢筋取 1.1;

④ 当纵向受力钢筋的实际配筋面积大于其设计计算面积时,取设计计算面积与实际配筋面积的比值,但对有抗震设防要求及直接承受动力荷载的结构构件不得考虑此项修正;

⑤ 锚固区混凝土配置箍筋且保护层厚度不小于 $3d$ 时,修正系数可取 0.8;大于 $5d$ 时,修正系数可取 0.7,中间按内插取值;此处 d 为纵向锚固钢筋直径。

当纵向受拉钢筋末端采用机械锚固措施时,包括附加锚固端头在内的锚固长度(投影长度)可取为基本锚固长度 l_{ab} 的 60%。机械锚固的形式(图 2-27)及构造要求应符合表 2-10 的规定。

表 2-10   钢筋机械锚固的形式和技术要求

机械锚固形式	技 术 要 求	机械锚固形式	技 术 要 求
弯折	末端 90°弯折,弯后直段长度 12d	两侧贴焊锚筋	末端两侧贴焊长 3d 同直径短钢筋
弯钩	末端 135°弯钩,弯后直段长度 5d	焊端锚板	末端与锚板穿孔塞焊
一侧贴焊锚筋	末端一侧贴焊长 5d 同直径钢筋	螺栓锚头	末端旋入螺栓锚头

注:1. 锚板或锚头的承压净面积应不小于锚固钢筋计算截面积的 4 倍;

2. 焊接锚板厚度不宜小于 d,焊接应符合相关标准的要求;

3. 螺栓锚头产品的规格、尺寸应满足螺纹连接的要求,并应符合相关标准的要求;

4. 螺栓锚头和焊接锚板的间距不大于 3d 时,宜考虑群锚效应对锚固的不利影响;

5. 截面角部的弯折、弯钩和一侧贴焊锚筋方向宜向内偏置。

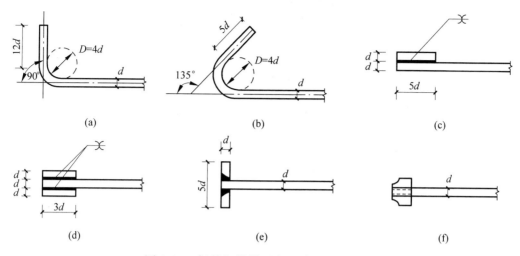

图 2-27　钢筋机械锚固的形式及构造要求
（a）弯折；（b）弯钩；（c）一侧贴焊锚筋；（d）两侧贴焊锚筋；（e）穿孔塞焊端锚板；（f）螺栓锚头

2.5　本章主要知识点

（1）钢筋部分

软钢与硬钢应力-应变曲线，曲线上各控制点的名称与物理意义，钢筋的分类、级别符号与品种，钢筋的冷加工性能，伸长率、冷拉、冷拔和冷弯，规范推荐的选用钢筋。

（2）混凝土部分

混凝土的强度指标的定义，这是混凝土强度的基本代表值，其他强度值都可以由它导出；混凝土棱柱体强度试验应力-应变曲线，曲线上各控制点的名称与物理意义，特别是值峰应力对应的应变（0.002）和极限压应变（0.003 3）；混凝土立方体试验的破坏特征、涂润滑剂与否，混凝土轴心抗压强度与抗拉强度标准值，在复杂应力状态下混凝土受力变形特点；混凝土的徐变与收缩、影响徐变与收缩的主要因素；混凝土的弹性模量、变形模量与疲劳变形模量。

钢筋和混凝土之间的黏结作用：二者之间的化学胶结力、摩擦力（握裹力）、机械咬合力；理解基本锚固长度的概念。

思　考　题

2-1　硬钢和软钢的应力-应变曲线有何不同？何为软钢的比例极限、屈服极限和极限应力？钢筋混凝土结构使用哪个极限？硬钢这个极限的含义是什么？

2-2　根据钢筋的外形，可以将钢筋分为哪几种？为什么建筑工程上采用的钢筋以月牙纹的居多？

2-3　钢筋的冷加工工艺有哪些？冷拉和冷拔后钢筋的力学性能有什么变化？

2-4　阐述钢筋的屈服强度、条件屈服点、伸长率的概念。

2-5　材料的强度标准值和设计值是如何确定的？

2-6   混凝土立方体抗压强度、轴心抗压强度和抗拉强度是如何确定的？为什么混凝土的轴心抗压强度低于混凝土立方体抗压强度？

2-7   单项应力状态下，混凝土的强度和哪些因素有关？在复合受力的条件下混凝土的强度有什么样的变化？我国现行《混凝土结构设计规范》中采用的混凝土的应力-应变的关系曲线与结构计算的关系如何？

2-8   什么是混凝土的徐变与收缩？如何减小它们？

2-9   钢筋和混凝土之间的黏结力是如何形成的？为什么钢筋的保护层不能太薄？

第3章 受弯构件正截面承载力计算

本章学习要点：

（1）受弯构件截面形状、尺寸比例、常用模数尺寸，最小保护层厚度，构件中钢筋的类型、名称及其作用，钢筋间距等；

（2）受弯构件破坏类型，表现特征；

（3）适筋梁受力变形的三个阶段，承载能力极限状态反映的是 III_a 阶段即将破坏时的状态；

（4）受弯构件计算的基本假定和公式，要熟练掌握单筋、双筋矩形截面和 T 形截面的配筋计算。

建筑物中的梁、板均为受弯构件，它承受由荷载作用而产生的弯矩和剪力。在弯矩作用下，构件可能发生正截面（与构件的计算轴线相垂直的截面）受弯破坏，在弯矩和剪力作用下，构件也可能发生斜截面受剪或受弯破坏。

为保证受弯构件不因弯矩作用而破坏，构件必须有足够的截面尺寸和纵向受力钢筋。纵向受力钢筋仅放置在受拉区，称做单筋截面；在梁的截面上既有受拉钢筋，又有受压钢筋，称为双筋截面。

为保证双筋截面中受压钢筋不被过早压屈和斜截面不因弯矩、剪力作用而破坏，构件除有足够的截面尺寸外，尚应配置箍筋，必要时还须配置弯起钢筋。本章只介绍正截面承载力计算。

3.1 截面配筋的基本构造要求

一个完整的结构设计，应该是既有可靠的计算数据，又有合理的构造措施，这两者是相辅相成的。计算配筋满足构件的强度要求，构造布置（包括截面尺寸，高宽比，长细比，最大、最小配箍率，分布钢筋，腰筋等）则满足构件的刚度、稳定性要求。即只有计算结果是不够的，对于在计算中不易详细考虑而被忽略了的因素，以及为了照顾施工方便和可能条件，还必须通过一定的构造措施加以补充。

3.1.1 截面形式和尺寸

梁的截面形式，常见的有矩形、T 形及工字形等（见图 3-1）。

1. 梁的截面尺寸

梁的截面尺寸除了满足强度条件外，还应满刚度要求和施工上的方便。从刚度条件看，构件截面高度可根据高跨比（h/l）来估计，如简支梁可取梁高为跨度的 $1/10 \sim 1/14$。为了施工方便，便于模板周转，梁高一般取 50mm 的模数递增，对于较大的梁（如 h 大于 800mm），取 100mm 的模数递增。常用的梁高 h 有 250mm、300mm、……、750mm、800mm、900mm、1 000mm 等。

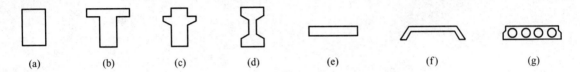

图 3-1　梁、板截面形式

(a)、(e) 矩形；(b) T 形；(c) 花篮形；(d) 工字形；(f) ∏形；(g) 空心形

梁的高度确定之后,梁的截面宽度 b 可由常用的高宽比估计,例如：

矩形截面梁　　　　　　　　　　$b=(0.4\sim0.5)h$

T 形截面梁　　　　　　　　　　$b=(0.25\sim0.4)h$

上述要求并非严格规定,宜根据具体情况灵活掌握。在浅梁中,宽度可适当放大。目前常用的梁宽有 120mm、150mm、200mm、250mm,之后以 50mm 的模数递增。

2. 板的厚度

板的厚度应满足强度和刚度的要求,由工程实践知,板的厚度对整个建筑物混凝土用量的影响很大。因此,选择板厚时,除了满足上述两个条件外,还应考虑经济效果和施工的方便。从刚度条件看,板的厚度不宜小于表 3-1 的规定。

表 3-1　现浇钢筋混凝土板的最小厚度

板 的 类 型		厚度/mm
单向板	屋面板	60
	民用建筑楼板	60
	工业建筑楼板	70
	行车道板	80
双向板		80
密肋板	肋间距小于或等于 700mm	40
	肋间距大于 700mm	50
悬臂梁	板的悬臂长度小于或等于 500mm	60
	板的悬臂长度大于 500mm	80
无梁楼板		100

注：悬臂板的厚度指悬臂板根部的厚度。

3.1.2　受弯构件的钢筋

受弯构件的钢筋有两类,即受力钢筋与构造钢筋。受力钢筋是由承载力计算确定的钢筋,构造钢筋是考虑在计算中未估计的影响(如温度变化、混凝土收缩应力等)和施工必须设置的钢筋。

1. 梁

梁中一般布置四种钢筋,即纵向受力钢筋、箍筋、弯起钢筋和架立钢筋(见图 3-2)。

纵向受力钢筋布置于梁的受拉区,承受由弯矩作用而产生的拉力。有时在梁的受压区也配置纵向受力钢筋,与混凝土共同承受压力,以提高梁的延性。

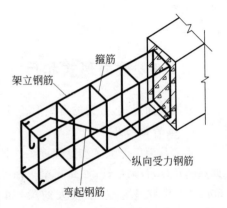

图 3-2　梁内钢筋布置

箍筋除保证斜截面的抗剪强度外,还用来固定纵向受力钢筋的位置。弯起钢筋是为了保证斜截面的抗剪强度而设置的,一般可将纵向受力钢筋弯起而形成,有时也专门设置弯起钢筋,以满足纵向受力钢筋和斜截面抗剪的需求。

架立钢筋布置于梁的受压区,它平行于纵向钢筋,以固定箍筋的正确位置,承受由于混凝土收缩及温度变化所产生的拉力。如在受压区有受压纵向钢筋时,受压钢筋可兼作架立钢筋。架立钢筋的直径与梁的跨度有关,其直径不宜小于表 3-2 的要求。

纵向钢筋的直径,当梁高 $h \geqslant 300\text{mm}$ 时,不应小于 10mm;当 $h < 300\text{mm}$ 时,不应小于 8mm。

当梁的腹板高度大于或等于 450mm 时,在梁的两个侧面应沿高度每隔 200mm 各配置一根纵向构造钢筋,每侧纵向构造钢筋的截面面积不应小于腹板截面面积的 0.1%,直径不小于 10mm。

2. 板

板中一般布置两种钢筋,即受力钢筋与分布钢筋(见图 3-3)。受力钢筋沿板的跨度方向设置,承担由弯矩作用而产生的拉力。分布钢筋与受力钢筋垂直,设置在受力钢筋的内侧,其作用是:

① 将荷载均匀地传给受力钢筋;

② 抵抗因混凝土收缩及温度变化而在垂直受力钢筋方向所产生的拉力;

③ 浇筑混凝土时,保证受力钢筋的设计位置。

如在板的两个方向均配置受力钢筋,则两方向的钢筋均可兼作分布钢筋。

表 3-2 架立钢筋最小直径

梁的跨度/m	架立钢筋最小直径/mm
$l < 4$	$\geqslant 8$
$4 \leqslant l \leqslant 6$	$\geqslant 10$
$l > 6$	$\geqslant 12$

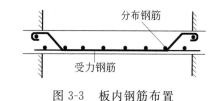

图 3-3 板内钢筋布置

3.1.3 钢筋的保护层

钢筋外缘至靠近它的构件边缘的距离,称做钢筋的保护层厚度(见图 3-4);其作用是为了防火、防止钢筋锈蚀,保证钢筋与混凝土间有足够的黏结强度。

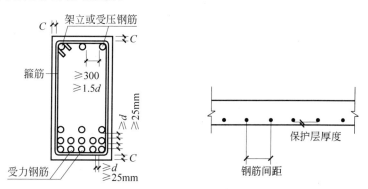

图 3-4 梁、板纵向钢筋保护层厚度及间距

钢筋的保护层厚度与结构所处的环境有直接的关系,我国现行的《规范》规定的环境类别见表 3-3;设计使用年限为 50 年的混凝土结构,最外层钢筋的保护层厚度见表 3.4;设计使用年限为 100 年的混凝土结构,不应小于表 3-4 数值的 1.4 倍。

表 3-3   混凝土结构耐久性设计的环境类别

环 境 类 别	条 件
一	室内干燥环境； 无侵蚀性静水浸没环境
二 a	室内潮湿环境； 非严寒和非寒冷地区的露天环境； 非严寒和非寒冷地区与无侵蚀性的水或土壤直接接触的环境； 严寒和寒冷地区的冰冻线以下与无侵蚀性的水或土壤直接接触的环境
二 b	干湿交替环境； 水位频繁变动区环境； 严寒和寒冷地区的露天环境； 严寒和寒冷地区冰冻线以上与无侵蚀性的水或土壤直接接触的环境
三 a	严寒和寒冷地区冬季水位变动区环境； 受除冰盐影响环境； 海风环境
三 b	盐渍土环境； 受除冰盐作用环境； 海岸环境
四	海洋环境
五	受人为或自然的侵蚀性物质影响的环境

注：1. 室内潮湿环境是指构件表面经常处于结露或湿润状态的环境。

2. 严寒和寒冷地区的划分应符合国家现行标准《民用建筑热工设计规范》GB 50176 的有关规定。

3. 海岸环境与海风环境宜根据当地情况考虑主导风向及结构所处迎风、背风部位等因素的影响，由调查研究和工程经验确定。

4. 受除冰盐影响环境为受到除冰盐盐雾影响的环境；受除冰盐作用环境指被除冰盐溶液溅射的环境以及使用除冰盐地区的洗车房、停车楼等建筑。

5. 暴露的环境是指混凝土表面所处的环境。

表 3-4   混凝土保护层的最小厚度 c   mm

环 境 等 级	板 墙 壳	梁 柱
一	15	20
二 a	20	25
二 b	25	35
三 a	30	40
三 b	40	50

注：1. 混凝土强度等级不大于 C25 时，表中保护层厚度数值应增加 5mm；

2. 钢筋混凝土基础应设置混凝土垫层，其纵向受力钢筋的混凝土保护层厚度应从垫层顶面算起，且不小于 40mm。

当有充分依据并采取下列有效措施时，可适当减小混凝土保护层的厚度：

① 构件表面有可靠的防护层；

② 采用工厂化生产的预制构件，并能保证预制构件混凝土的质量；

③ 在混凝土中掺加阻锈剂或采用阴极保护处理等防锈措施；

④ 当对地下室墙体采取可靠的建筑防水做法时，与土壤接触一侧钢筋的保护层厚度可适当减少，但不应小于 25mm。

当梁、柱、墙中纵向受力钢筋的保护层厚度大于 50mm 时,宜对保护层采取有效的防裂、防剥落构造措施。

3.1.4　钢筋的间距

为了便于浇筑混凝土和保证钢筋周围混凝土的质量,使钢筋与混凝土间有可靠的黏结力,钢筋的间距不能太小,在板中为使钢筋受力均匀,间距也不能太大。

梁中纵向受力钢筋净距:在构件下部不应小于纵向钢筋直径 d,也不应小于 25mm;在构件的上部亦不应小于纵向钢筋直径 $1.5d$,且不小于 30mm(见图 3-4)。如受力钢筋较多,因钢筋间距受到限制,一排不能放下,纵向钢筋可放置两排乃至三排,但必须上下对齐,不得错缝排列。

板中采用绑扎钢筋时,其受力钢筋的间距为(70~200mm):当板厚 $h \leqslant 150mm$ 时,不宜大于 200mm;当板厚 $h > 150mm$ 时,不宜大于 $1.5h$,且不应大于 250mm。板中单位长度上的分布钢筋,其截面面积不应小于单位宽度上受力钢筋截面面积的 15%,其间距不应大于 250mm,直径不宜小于 6mm。

在简支板或连续支座处,下部受拉钢筋应伸入支座,其锚固长度不应小于 $5d$,如为光面钢筋,端部尚作弯钩。

3.1.5　截面的有效高度

在梁、板受拉钢筋的位置确定之后,在进行截面设计、强度复核时,考虑到混凝土受拉区已出现裂缝,不再承受拉力,截面的抵抗弯矩为受拉钢筋的拉力与受压混凝土的压力形成的力矩。所以,截面高度只能采用其有效高度 h_0。所谓有效高度系指受拉钢筋的重心至混凝土受压区边缘的垂直距离(见图 3-5),它与受拉钢筋的直径及排放有关。

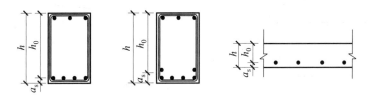

图 3-5　梁、板有效高度

有效高度统一写为

$$h_0 = h - a_s \tag{3-1a}$$

板中受力钢筋直径一般为 6~12mm,平均直径按 10mm 计算,在正常环境下,当混凝土强度等级大于 C20 时,混凝土保护层厚度为 15mm,则其有效高度为

$$a_s = c + \frac{d}{2} \approx 20(mm)$$

式中:a_s——受拉钢筋重心至受拉混凝土边缘的垂直距离。

在正常环境下,当混凝土强度等级 $\leqslant$ C25 时,h_0 应增加 5mm。

梁中受拉钢筋直径为 12~25mm,平均按 20mm 计算,在正常环境下,当混凝土强度等级大于 C25 时,保护层厚度为 20mm,箍筋直径为 6~8mm

当钢筋一排放置时 $\qquad a_s = c + d_r + \frac{d}{2} \approx 20 + 6 + 10 \approx 35 \sim 40(mm)$

当钢筋两排放置时 $\qquad a_s = c + d_r + d + \frac{25}{2} \approx 60 \sim 68(mm)$

在正常环境下,当混凝土强度等级≤C20时,h_0尚应减少5~10mm。

当配有多层钢筋时,a_s按下式计算:

$$a_s = \frac{\sum A_{si}a_{si}}{A_s} \tag{3-1b}$$

3.2 正截面受弯性能的试验分析

由于钢筋混凝土材料本身的弹塑性特点,按材料力学的公式对其进行强度计算,不符合钢筋混凝土受弯构件的实际情况。为了解钢筋混凝土受弯构件的破坏过程,应研究其截面应力及应变的变化规律,从而建立计算公式。

3.2.1 适筋梁的工作阶段

由于所研究的是梁正截面承载力计算问题,因此在试验中应该避免剪力的影响,通常是在简支梁上加两个对称的集中荷载(见图 3-6)。这样,在两个集中荷载之间的一段就形成了只有弯矩没有剪力的"纯弯段"(忽略自重)。我们所测得的数据是从"纯弯段"而得的。试验时,荷载从零分级增加,每加一级荷载后,除观察梁的外形变化外,用仪表量测验梁的挠度、混凝土纵向纤维及钢筋的应变,一直到梁的破坏。

图 3-7 是一根配置适量低碳钢的钢筋混凝土梁在对称荷载作用下弯矩与挠度的关系,纵坐标为相对于梁在某一荷载下的弯矩 M 与破坏时所承担的弯矩 M_u 比值 M/M_u,横坐标为梁跨中挠度 f。

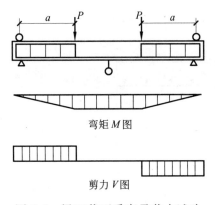

图 3-6 梁正截面受弯承载力试验

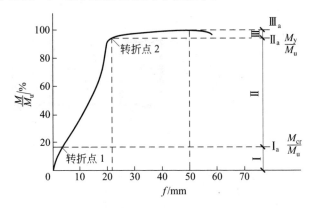

图 3-7 某钢筋混凝土梁 M/M_u-f 关系曲线图

由图 3-7 可见,当弯矩较小时,梁的受拉区尚未出现裂缝,挠度与弯矩接近直线变化,称做第Ⅰ阶段。当弯矩超过抗裂弯矩 M_{cr} 后,梁的受拉区已出现裂缝。随着裂缝的出现与开展,挠度的增长速度比开裂前为快,弯矩与挠度不成直线变化,M/M_u-f 关系曲线上出现第一个明显转折点,梁进入第Ⅱ阶段。

在整个第Ⅱ阶段,受拉混凝土逐步退出工作,其所承担的拉力也逐步转移给钢筋,钢筋的应力随弯矩的增加而增加。当弯矩增加到 M_y 时钢筋屈服,标志着第Ⅱ阶段的终结。M/M_u-f 关系曲线上出现第二个明显转折点,梁进入第Ⅲ工作阶段。

在第Ⅲ阶段,弯矩增加不多,裂缝急剧开展,挠度也迅速增加,钢筋应变也有较大的增长。当弯矩增加到 M_u 时,受压区混凝土被压碎,正截面失去受弯承载力,梁发生破坏。

由图可见,在 M/M_u-f 关系曲线上有两个明显的转折点,将梁的工作过程划分为三个阶段。每个阶段中挠

度 f 和 M/M_u 的变化关系各不相同。第 Ⅰ 阶段梁的挠增长速度较慢，第 Ⅱ 阶段由于梁带裂缝工作，挠度增长速度较前为快。第 Ⅲ 阶段由于钢筋屈服，挠度急剧增加，直到梁破坏。下面分析"纯弯段"内正截面各阶段应力与应变的变化情况。

3.2.2　受弯构件正截面各阶段应力状态

1. 第 Ⅰ 阶段

开始增加荷载时，弯矩很小，量测到梁截面上各个纤维应变也很小，变形的变化规律符合平截面假定（截面在梁变形后保持平面）。由于应力很小，梁的工作情况与匀质弹性体相类似，拉力由钢筋与混凝土共同承担，钢筋应力很小。受拉与受压混凝土均处于弹性工作阶段，应力分布为三角形。

当弯矩逐渐增大时，应变也随之加大。由于混凝土受拉强度很低，在受拉边缘处混凝土已产生塑性变形，受拉区应力已呈曲线状态。

在弯矩增加到开裂弯矩 M_{cr} 时，受拉区边缘纤维应变到达混凝土受拉极限应变 ε_{max}（0.000 1～0.000 15），梁处于即将出现裂缝的极限状态，此即第 Ⅰ 阶段末，以 Ⅰ$_a$ 示之（见图 3-8）。此时受拉钢筋应力 $\sigma_s = E_s \varepsilon_{max} = 20～30\text{N/mm}^2$。受压区混凝土的应变相对其受压极限应变仍很小，基本上仍处于弹性工作阶段，应力图形接近于直线变化。

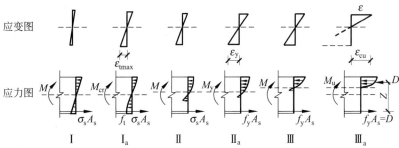

图 3-8　钢筋混凝土梁正截面三个工作阶段

由于受拉混凝土塑性变形的出现与发展，Ⅰ$_a$ 阶段中和轴的位置较 Ⅰ 阶段初期略有上升。Ⅰ$_a$ 的应力图形将作为计算构件开裂弯矩 M_{cr} 及抗裂度验算的依据。

2. 第 Ⅱ 阶段

当 $M = M_{cr}$ 时，在"纯弯段"抗拉能力最薄弱的截面处将首先出现第一条裂缝，这标志梁由第 Ⅰ 阶段转化为第 Ⅱ 阶段工作。在裂缝截面处的混凝土退出工作，其所承担的拉力转移给钢筋承担，钢筋应力比混凝土开裂前突然加大，故裂缝一经出现就具有一定的宽度，并沿梁高延伸到一定的高度，中和轴的位置也随之上升，受压高度将因此而逐渐减小。

在第 Ⅱ 阶段中，随着弯矩的增加，钢筋与混凝土的应变也随之增加，裂缝宽度也加宽并向受压区延伸，但应变规律仍符合平截面假定。由于混凝土受压区高度的减小，导致受压面积的减少。在弯矩继续增加的情况下，受压混凝土的应力与应变不断增加，受压混凝土的塑性性质将表现得越来越明显，应变的增长速度越来越快，受压区的应力图形由直线变化转为曲线变化。当弯矩增加到使钢筋的应力恰好到达屈服强度 f_y 时，称做第 Ⅱ 阶段末，以 Ⅱ$_a$ 表示（见图 3-8）。这时截面所能承担的弯矩为 M_y。

正常工作的梁，一般都处于第 Ⅱ 阶段。故第 Ⅱ 阶段的应力状态将作为正常使用阶段变形和裂缝宽度验算的依据。

3. 第 Ⅲ 阶段

钢筋屈服之后，梁进入第 Ⅲ 阶段，这时钢筋将继续变形而应力 f_y 保持不变。故进入第 Ⅲ 阶段后，即使弯矩稍有增加,钢筋应变也会骤然加大,混凝土的裂缝宽度随之扩展,且更加向受压区延伸,中和轴再次上升,受压高度更加减少,混凝土的应力与应变再次加大,而且混凝土的塑性特征表现得更加明显,因而受压应力图形更趋丰满(见图3-8)。当弯矩增加到正截面能承受的最大弯矩时,混凝土压应变到达弯曲受压极限应变 ε_{cu}。此时受压区混凝土已经丧失承载能力,说明梁已经破坏,称做第Ⅲ阶段末,用Ⅲ$_a$表示。其后,试验表明:一般情况下梁的变形还能继续增加,但承担的弯矩随梁变形的增加而降低(见图3-7)。最后,受压区混凝土被压碎甚至崩落,梁的正截面完全破坏。

在整个第Ⅲ阶段中,钢筋承担的总拉力 f_yA_s 与混凝土承担的总压力 D,始终保持不变。但是由于中和轴上升,受压区高度减少而使内力臂增加,故截面破坏时,梁所承担的弯矩 M_u 较第Ⅱ阶段末所承担的弯矩 M_y 有所增加。第Ⅲ阶段末(Ⅲ$_a$)为正截面承载力"极限状态"计算的依据。

必须注意:由上面的试验资料还可以看到,梁内纵向钢筋数量的不同,正截面将会有不同的破坏形式。上述梁的应力状态,系指梁内纵向钢筋的数量既不太多,也不太少,即所谓"适量配筋"条件下发生的。

3.2.3　钢筋混凝土受弯构件正截面的破坏形式

大量试验表明,随着纵向受拉钢筋的配筋率 ρ 的不同,受弯构件正截面可能产生3种不同的破坏形式,如图3-9所示。

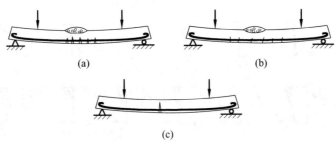

图 3-9　梁的三种破坏情况
(a) 适筋梁(塑性破坏);(b) 超筋梁(脆性破坏);(c) 少筋梁(脆性破坏)

纵向受拉钢筋配筋率 ρ 反映纵向受拉钢筋面积与混凝土有效面积的比值,是对梁的受力性能有很大影响的一个重要指标

$$\rho = \frac{A_s}{bh_0} \tag{3-2}$$

式中,A_s 为纵向受拉钢筋截面积。

1. 适筋梁

适筋梁的破坏首先是由于受拉区钢筋进入屈服阶段,继续增加荷载后,受压区混凝土被压碎,称这种破坏为"适筋破坏"。适筋梁的破坏不是突然发生的,破坏前裂缝与挠度有明显的增长,如图3-9(a)所示,故适筋破坏属延性破坏。适筋梁的钢筋与混凝土强度得到充分利用,且破坏前有明显的预兆,故正截面承载力计算是建立在适筋梁基础上的。

2. 超筋梁

如果在梁内放置的纵向受拉钢筋过多,在荷载作用下,受压混凝土边缘已达到受压极限压应变值时,受拉钢筋的应力还小于屈服强度。此时,由于混凝土已被压碎,不能再承担压力,虽然钢筋尚未屈服,但梁因不能继续承担弯矩而破坏,称此种破坏为"超筋破坏"。

超筋破坏是受拉钢筋不屈服,而混凝土先被压坏,故破坏带有一定的突然性,缺乏必要的预兆,具有脆性破坏的性质。梁的破坏是由于混凝土抗压强度的耗尽,钢筋强度没有得到充分利用,因此超筋梁的承载力(M_u)与钢筋强度无关,仅取决于混凝土的抗压强度。因为它破坏时缺乏足够的预兆,设计时不允许出现超筋情况。

3. 少筋梁

如在受拉区配置的钢筋过少,开始加荷时,拉力由受拉的钢筋与混凝土共同承担,当继续增加荷载至构件开裂时,裂缝截面混凝土所承担的拉力几乎全部转移给钢筋,使钢筋应力突然剧增。由于钢筋过少,其应力很快到达钢筋的屈服强度,甚至经过流幅而进入强化阶段。此时,梁的裂缝开展很大,挠度也不小,而且这种裂缝与挠度是不可恢复的。

基于上述特点,配筋率低于 ρ_{min} 的梁称为少筋梁,这种梁一旦开裂,即标志着破坏。尽管开裂后仍保留一定的承载能力,但由于梁已严重下垂,这部分承载力实际上是不能利用的。少筋梁的强度取决于混凝土的抗拉强度,属于脆性破坏,因此是不安全的,故在建筑结构中不允许采用。

为将受弯构件设计成适筋梁,要求梁内配筋率 ρ 既不超过最大配筋率 ρ_{max},亦不小于最小配筋率 ρ_{min}。

3.2.4　适筋梁与超筋梁、少筋梁的界限

综上所述,配筋率的改变,将会引起钢筋混凝土破坏性质的改变。根据平截面的应变关系可以得出适筋梁的最大配筋率 ρ_{max} 和最小配筋率 ρ_{min}。

1. 适筋梁与超筋梁的界限

大量试验表明,钢筋混凝土梁的各种形状截面(矩形、T 形、工字形及环形截面),从开始加荷直到破坏,截面的平均应变符合平截面假设。因此,截面的应变始终保持直线变化(见图 3-10)。

在配筋率较小的梁中,钢筋的流动幅度很大,截面破坏时钢筋应变 ε_s 将超过了钢筋的屈服应变 ε_y(见图 3-10(b))。配筋适量时,ε_s 接近 ε_y(见图 3-10(c))。当配筋过多时,受压混凝土已被压坏,钢筋尚未屈服,ε_s 小于 ε_y(见图 3-10(d)),此时梁为超筋梁。

截面破坏时,由平衡条件知,钢筋承担的拉力与混凝土承担的压力是相等的。由图 3-10 可知,在一定条件下,混凝土受压区高度 x 随配筋率 ρ 的增加而增高。因此,当 $\rho = \rho_{max}$ 时的受压区高度 x_b 将是适筋梁与超筋梁的界限受压高度。

在确定界限受压高度 x_b 以及进行受弯构件正截面承载力计算时,可将梁破坏时混凝土实际曲线应力图形,简化为计算比较方便而又不致产生较大误差的计算应力图形。为此,当混凝土压应力合力 D 的大小及作用位置保持不变时,可以用等效矩形应力图代替实际应力图形(见图 3-11)。设等效矩形应力图的应力取为 $\alpha_1 f_c$,α_1 为矩形应力图的应力与轴心受压强度设计值 f_c 的比值。当混凝土强度等级不超过 C50 时,α_1 取为 1.0;当混凝土强度等级为 C80 时,α_1 取为 0.94,其间按线性内插法取用。

根据上述原则,可以求得按等效矩形应力图计算的受压区高度 x 与按平截面的应变关系确定的实际受压高度 x_f 之间存在着下列关系。

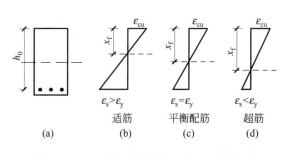

图 3-10　不同配筋率的 ε_s 与 ε_y 的关系

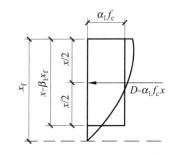

图 3-11　等效矩形应力图

$$x = \beta_1 x_f \tag{3-3}$$

式中：β_1——计算受压高度与实际受压高度的比值。当混凝土强度等级不超过 C50 时，β_1 取为 0.8；当混凝土强度为 C80 时，β_1 取为 0.74；其间按线性内插法取用。

在确定了等效（计算）应力图后，根据平截面的基本假定和给定的混凝土弯曲受压极限应变 ε_{cu}，绘制了界限破坏时应力-应变图（图 3-12），由其几何关系，可得实际破坏的相对界限受压高度为

$$\xi_{bf} = \frac{x_{bf}}{h_0} = \frac{\varepsilon_{cu}}{\varepsilon_{cu} + \varepsilon_s} = \frac{1}{1 + \dfrac{\varepsilon_s}{\varepsilon_{cu}}} = \frac{1}{1 + \dfrac{f_y}{\varepsilon_{cu} E_s}} \tag{3-4}$$

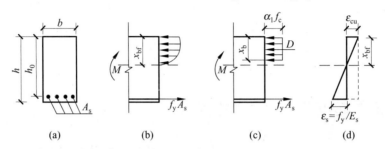

图 3-12　界限破坏的应力-应变图形

对有屈服点钢筋的计算受压区高度，可将 $x_b = \beta_1 x_{bf}$ 代入式（3-4）得

$$\xi_b = \frac{x_b}{h_0} = \frac{\beta_1}{1 + \dfrac{f_y}{\varepsilon_{cu} E_s}} \tag{3-5}$$

对无屈服点钢筋，其计算相对受压高度，由下式计算

$$\xi_b = \frac{x_b}{h_0} = \frac{\beta_1}{1 + \dfrac{0.002}{\varepsilon_{cu}} + \dfrac{f_y}{\varepsilon_{cu} E_s}} \tag{3-6}$$

由式（3-5）、式（3-6）可见，界限相对受压区高度，不仅与钢筋级别有关，还与混凝土强度等级有关。对于热轧钢筋，当混凝土强度等级不超过 C50 时，其相对界限受压区高度可按表 3-5 采用。

表 3-5　混凝土强度等级≤C50 的热轧钢筋相对界限受压区高度 ξ_b

钢 筋 级 别	钢筋受拉强度设计值/(N·mm^{-2})	E_s	ξ_b	α_{smax}
HPB300	270	2.1×10^5	0.576	0.410
HRB335	300	2.0×10^5	0.550	0.400
HRB400、RRB400	360	2.0×10^5	0.518	0.384

ε_b 确定之后，可得出适筋梁界限受压区高度为

$$x_b = \xi_b h_0 \tag{3-7}$$

同时，也可以根据计算应力图形的平衡条件，推导出相当于界限受压区高度时的适筋梁最大配筋率。

由图 3-12(c)，可得 $\alpha_1 f_c b x = f_y A_s$，对于混凝土强度等级小于等于 C50 的热轧钢筋，其最大配筋率

$$\rho_{max} = \frac{x_b}{h_0} \cdot \frac{\alpha_1 f_c}{f_y} \tag{3-8}$$

由式（3-8）可见，适筋梁的最大配筋率 ρ_{max} 与钢筋级别、混凝土的强度有关。为了使用方便，将常用的混凝土等级和具有明显屈服点钢筋的普通混凝土受弯构件的最大配筋率列于表 3-6，以供读者查用。

表 3-6　单筋矩形截面适筋梁的最大配筋率 ρ_{max}　　　　%

钢 筋 级 别	混凝土强度等级							
	C15	C20	C25	C30	C35	C40	C45	C50
HPB300	2.105	2.806	3.479	—	—	—	—	—
HRB335,HRBF335	—	1.760	2.182	2.622	—	—	—	—
HRB400,HRBF400,HRBF500,RRB400	—	—	1.712	2.431	2.366	2.706	—	—

确定了 x_b(或 ξ_b)及 ρ_{max} 值之后,便可以将梁的受压区高度 x 及实际配筋率与之比较,如果满足

$$\xi \leqslant \xi_b \quad 或 \quad \rho \leqslant \rho_{max} \tag{3-9}$$

则梁将不会出现超筋情况。

2. 适筋梁的最小配筋率

当配筋率很小的梁即将出现裂缝时,拉力主要由受拉区混凝土承担,可忽略受拉钢筋的作用,而按素混凝土梁考虑。

根据前述 I_a 阶段截面的应力状态,可导出矩形截面素混凝土梁的开裂弯矩为

$$M_{cr} = 0.292bh^2 f_t \tag{3-10}$$

式中,f_t 为混凝土抗拉强度设计值。

由前所述,少筋梁属于脆性破坏,既不经济,也不安全,故在建筑结构中不允许采用。

最小配筋率 ρ_{min} 为少筋梁与适筋梁的界限。它按下面原则确定:配有最小配筋率的钢筋混凝土梁在破坏时正截面受弯承载力设计值 M_u 等于同截面同等级的素混凝土梁的正截面所能承担的开裂弯矩 M_{cr}。

《规范》中要求的 ρ_{min}(见表 3-7),除考虑上述原则外,还应根据温度、收缩应力和构造要求以及以往设计经验等因素来确定。

表 3-7　纵向受力钢筋的最小配筋百分率　　　　%

受 力 类 型		最小配筋率
受压构件	全部纵向钢筋	0.50(500MPa 级钢筋) 0.55(400MPa 级钢筋) 0.60(300、335MPa 级钢筋)
	一侧纵向钢筋	0.20
受弯构件、偏心受拉、轴心受拉构件一侧的受拉钢筋		0.20 和 $0.45f_t/f_y$ 中的较大值

注:1. 受压构件全部纵向钢筋最小配筋率,当采用 C60 及以上强度等级的混凝土时应按表中规定增加 0.10。

2. 板类受弯构件(不包括悬臂板)的受拉钢筋,当采用强度等级 400MPa、500MPa 的钢筋时,其最小配筋率允许采用 0.15 和 $0.45f_t/f_y$ 中的较大值。

3. 偏心受拉构件中的受压钢筋,应按受压构件一侧纵向钢筋考虑。

4. 受压构件的全部纵向钢筋和一侧纵向钢筋的配筋率以及中心受拉构件和小偏心受拉构件一侧受拉钢筋的配筋率均应按构件的全截面面积计算。

5. 受弯构件、大偏心受拉构件一侧受拉钢筋的配筋率应按全截面面积扣除受压翼缘面积 $(b_f'-b)h_f'$ 后的截面面积计算,即式(3-11)。

6. 当钢筋沿构件截面周边布置时,"一侧纵向钢筋"系指沿受力方向两个对边中的一边布置的纵向钢筋。

受弯构件的最小配筋率 ρ_{min} 按构件全截面面积扣除受压边的翼缘面积 $(b_f'-b)h_f'$ 后的截面面积计算,即

$$\rho_{min} = \frac{A_s}{A - (b_f'-b)h_f'} \tag{3-11}$$

3.3　单筋矩形截面承载力计算

3.3.1　基本假定

根据钢筋混凝土受弯构件正截面的受力特点分析,正截面受弯承载力的计算可采用以下基本假定。

(1) 截面应变保持平面;

(2) 不考虑混凝土的抗拉强度,全部拉力由纵向受拉钢筋承担;

(3) 混凝土受压的应力-应变关系曲线,《规范》规定为按第 2 章图 2-17 和式(2-7)～式(2-11)取用;

(4) 纵向钢筋的应力取值等于钢筋应变与其弹性模量的乘积,即 $\sigma_s = E_s \varepsilon_s$,但应满足 $f_y' \leqslant \sigma_s \leqslant f_y$。纵向受拉钢筋的极限拉应变取为 0.01。

3.3.2　基本公式及其适用条件

根据前述的适筋梁在破坏瞬间的应力状态,用等效矩形应力图代替混凝土实际应力图,根据基本假定,单筋矩形截面在承载能力极限状态下的计算应力图形如图 3-13 所示。这时,受拉区混凝土不承担拉力,全部拉力由钢筋承担,钢筋的拉应力达到其抗拉强度设计值。

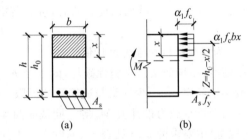

图 3-13　单筋矩形截面正截面计算应力图形
(a) 单筋矩形截面；(b) 等效矩形应力图形

1. 基本公式

按图 3-13 所示的计算应力图形、单筋矩形截面受弯构件正截面受弯承载力计算公式,可根据平衡条件推导如下:

$$A_s f_y = \alpha_1 f_c b x \tag{3-12}$$

$$M \leqslant M_u = \alpha_1 f_c b x \left(h_0 - \frac{x}{2}\right) \tag{3-13}$$

或

$$M \leqslant M_u = A_s f_y \left(h_0 - \frac{x}{2}\right) \tag{3-14}$$

2. 基本公式适用条件

基本公式(3-12)～式(3-14)是在适筋条件下建立的。因此,基本公式必须满足下列条件:

$$x \leqslant \xi_b h_0 \tag{3-15a}$$

$$\rho \leqslant \rho_{max} \tag{3-15b}$$

$$\rho \geqslant \rho_{min} \tag{3-16}$$

式(3-15a)中的受压高度 x 可由基本公式(3-12)得

$$x = \frac{A_s f_y}{\alpha_1 f_c b} = \frac{A_s}{b h_0} \cdot \frac{f_y}{\alpha_1 f_c} h_0 = \rho \frac{f_y}{\alpha_1 f_c} h_0 \tag{3-17}$$

由式(3-17)可看出,随着配筋率 ρ 的增大,受压区高度 x 也增大,同时,在一定范围内,截面的抵抗弯矩将随 x 的增加而增加。

当 $\rho = \rho_{max}$ 时,将是适筋梁所能抵抗的最大弯矩 M_{max},其值可将界限受压区高度 x_b 代入式(3-13)中求得,即

$$M_{\max} = \alpha_1 f_c b x_b \left(h_0 - \frac{x_b}{2} \right) \tag{3-18}$$

由以上分析,从截面的抵抗弯矩看,适筋梁尚应满足

$$M \leqslant M_{\max} = \alpha_1 f_c b x_b \left(h_0 - \frac{x_b}{2} \right) \tag{3-19}$$

式(3-15a)、式(3-15b)、式(3-19)是从不同角度来说明不使梁出现超筋状态的条件,因而其意义是相同的,目的都是保证纵向受拉钢筋应力到达 f_y。因此,只要满足其中任何一个条件,均表明梁不致超筋。

3.3.3　截面设计

截面设计的内容包括选用构件的材料、确定截面尺寸和钢筋截面积等问题。由于基本方程只有两个,不可能通过计算解决上述所有的未知量,故必须增设补充条件。通常的做法是:首先选择材料(钢筋的级别及混凝土强度等级),假设截面尺寸及钢筋排数;然后计算钢筋的截面面积,并验算适用条件。做到设计的截面经济合理、安全可靠。

选择截面时,应当满足刚度并保证适筋条件。截面尺寸选用只要满足 $\rho_{\min} \leqslant \rho \leqslant \rho_{\max}$ 即可。当弯矩 M 的设计值给定时,由基本公式可知,截面尺寸选得大一些,所需的钢筋面积 A_s 就小一些;反之,截面尺寸偏小,则 A_s 就偏大。显然,合理的截面尺寸应该是使总造价(包括材料及施工费用)最经济。因此在 $\rho_{\max}$ 和 $\rho_{\min}$ 之间还存在一个比较能符合上述经济要求的配筋率范围。按照我国的设计经验,板的经济配筋约为 $0.3\% \sim 0.8\%$,梁的经济配筋率约为 $0.6\% \sim 1.5\%$。应该说明的是,经济配筋率是一个比较复杂的问题,它牵涉很多因素,如结构形式、材料单价、施工条件等。因此,不能把它绝对化。实际上当 ρ 在经济配筋率附近变动时,对总造价的影响并不很敏感。

选择材料时,应当注意到钢筋与混凝土黏结力的大小。混凝土强度等级高,黏结力大;混凝土强度等级低,黏结力小。如果在低强度的混凝土中,选择高强度钢筋,则在钢筋应力没有达到屈服强度时,钢筋与混凝土的黏结力可能破坏,在构件受拉区产生很大裂缝。故《混凝土结构设计规范》规定:钢筋混凝土结构的混凝土强度等级不宜低于 C15;当采用 HRB335 级钢筋时,混凝土强度等级不宜低于 C20;当采用 HRB400 和 RRB400 级钢筋和承受重复荷载的构件,混凝土强度等级不得低于 C20。

当决定截面有效高度时,若无实践经验,可先假设纵向钢筋按一排放置考虑,等计算中再行验算是否合适。

综上所述,截面设计的情况是已知弯矩设计值 M、截面尺寸 bh、材料强度设计值 f_c 和 f_y,要求计算截面所需配置的纵向受拉钢筋截面面积 A_s。

用基本公式设计截面配筋,因为要解一元二次方程,手算是不方便的。前人已将基本公式改变形式后编成设计用表,现推导如下。

设

$$\xi = \frac{x}{h_0}$$

由式(3-13)得出

$$M = \alpha_1 f_c b x \left(h_0 - \frac{x}{2} \right) = \alpha_1 f_c b h_0^2 \xi (1 - 0.5\xi)$$

令

$$\alpha_s = \xi(1 - 0.5\xi) \tag{3-20}$$

则

$$M = \alpha_s \alpha_1 f_c b h_0^2 \tag{3-21}$$

由式(3-14)得出

$$M = A_s f_y h_0 (1 - 0.5\xi)$$

令

$$\gamma_s = 1 - 0.5\xi \qquad (3\text{-}22)$$

则

$$M = A_s f_y h_0 \gamma_s \qquad (3\text{-}23)$$

由式(3-23),纵向钢筋截面面积为

$$A_s = \frac{M}{f_y \gamma_s h_0} \qquad (3\text{-}24)$$

由式(3-12),亦可得纵向钢筋截面面积为

$$A_s = \frac{\alpha_1 f_c b x}{f_y} = \frac{x}{h_0} b h_0 \frac{\alpha_1 f_c}{f_y} = \xi b h_0 \frac{\alpha_1 f_c}{f_y} \qquad (3\text{-}25)$$

式中：α_s——截面抵抗矩系数,对弹性材料它是一个常数,例如,矩形截面 $\alpha_s = \frac{1}{6}$,对具有弹塑性性质的钢筋混

凝土构件它是一个变值；当 $\rho < \rho_{max}$ 时,α_s 随 ρ 的增加而增大；

γ_s——受拉钢筋的内力臂系数。

α_s,γ_s 都是相对受压区高度 ξ 的函数。根据不同的 ξ 值,可由式(3-20)、式(3-22)计算出 α_s 和 γ_s,并编制计算表 3-8。从表中可看出,当已知 ξ、α_s、γ_s 三个数中的某一值时,就可以查出相对应的另外两个系数。

表 3-8　钢筋混凝土矩形和 T 形截面受弯构件强度计算表

ξ	γ_s	α_s	ξ	γ_s	α_s
0.01	0.995	0.010	0.23	0.885	0.203
0.02	0.990	0.020	0.24	0.880	0.211
0.03	0.985	0.030	0.25	0.875	0.219
0.04	0.980	0.039	0.26	0.870	0.226
0.05	0.975	0.048	0.27	0.865	0.234
0.06	0.970	0.058	0.28	0.860	0.241
0.07	0.965	0.068	0.29	0.855	0.248
0.08	0.960	0.077	0.30	0.850	0.255
0.09	0.955	0.085	0.31	0.845	0.262
0.10	0.950	0.095	0.32	0.840	0.269
0.11	0.945	0.104	0.33	0.835	0.273
0.12	0.940	0.113	0.34	0.830	0.282
0.13	0.935	0.121	0.35	0.825	0.289
0.14	0.930	0.130	0.36	0.820	0.295
0.15	0.925	0.139	0.37	0.815	0.301
0.16	0.920	0.147	0.38	0.810	0.309
0.17	0.915	0.155	0.39	0.805	0.314
0.18	0.910	0.164	0.40	0.800	0.320
0.19	0.905	0.172	0.41	0.795	0.326
0.20	0.900	0.180	0.42	0.790	0.332
0.21	0.895	0.188	0.43	0.785	0.337
0.22	0.890	0.196	0.44	0.780	0.343

续表

ξ	γ_s	α_s	ξ	γ_s	α_s
0.45	0.775	0.349	0.53	0.735	0.390
0.46	0.770	0.354	0.54	0.730	0.394
0.47	0.765	0.359	0.550	0.725	0.400
0.48	0.760	0.365	0.56	0.720	0.403
0.49	0.755	0.370	0.576	0.712	0.410
0.50	0.750	0.375			
0.51	0.745	0.380			
0.518	0.741	0.384			
0.52	0.740	0.385			

利用表 3-8 求 ξ 及 γ_s 有时要用插入法。或者，ξ 及 γ_s 可直接按下列公式计算

$$\xi = 1 - \sqrt{1 - 2\alpha_s} \tag{3-26}$$

$$\gamma_s = 0.5(1 + \sqrt{1 - 2\alpha_s}) \tag{3-27}$$

$$\alpha_s = \frac{M}{\alpha_1 f_c b h_0^2} \tag{3-28}$$

用表格公式设计截面的步骤如图 3-14 所示。

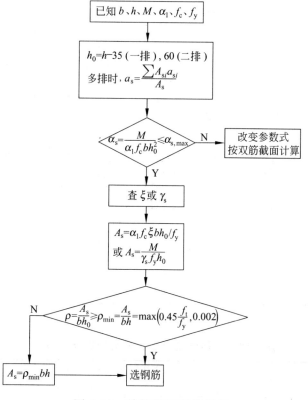

图 3-14 单筋截面配筋框图

　　查表时,要用到内部线性插值,即在临近点的两个量值之间连直线,在此两点中的某点的量值近似的认为在直线上该点对应的位置。例如,$\alpha_s = 0.269$ 时,$\xi = 0.32$,$\gamma_s = 0.840$;$\alpha_s = 0.273$ 时,$\xi = 0.33$,$\gamma_s = 0.835$;则 $\alpha_s = 0.270$ 时,$\xi = 0.32 + \dfrac{0.33 - 0.32}{0.273 - 0.269} \times 0.001 = 0.3225$,$\gamma_s = 0.840 - \dfrac{0.840 - 0.835}{0.273 - 0.269} \times 0.001 = 0.83875$,如图3-15所示。

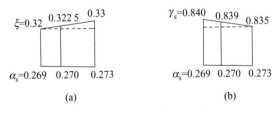

图 3-15　插值计算示例图

　　钢筋混凝土矩形和T形截面受弯构件强度计算表见表3-8,三种钢筋的 ξ_b 及其对应的参数用下画线标出。

　　钢筋计算截面面积和理论质量表(用于梁),钢筋混凝土板每米宽的钢筋用量表和钢绞线公称直径、公称面积及理论质量列于表3-9～表3-11。

表 3-9　钢筋的计算截面面积及理论质量表

公称直径/ mm	不同根数钢筋的计算截面面积/mm²									单根钢筋理论质量/(kg·m⁻¹)
	1	2	3	4	5	6	7	8	9	
6	28.3	57	85	113	142	170	198	226	255	0.222
6.5	33.2	66	100	133	166	199	232	265	299	0.260
8	50.3	101	151	201	252	302	352	402	453	0.395
8.2	52.8	106	158	211	264	317	370	423	475	0.432
10	78.5	157	236	314	393	471	550	628	707	0.617
12	113.1	226	339	452	565	678	791	904	1 017	0.888
14	153.9	308	461	615	769	923	1 077	1 231	1 385	1.21
16	201.1	402	603	804	1 005	1 206	1 407	1 608	1 809	1.58
18	254.5	509	763	1 017	1 272	1 527	1 781	2 036	2 290	2.00
20	314.2	628	942	1 256	1 570	1 884	2 199	2 513	2 827	2.47
22	380.1	760	1 140	1 520	1 900	2 281	2 661	3 041	3 421	2.98
25	490.9	982	1 473	1 964	2 454	2 945	3 437	3 927	4 418	3.85
28	615.8	1 232	1 847	2 463	3 079	3 695	4 310	4 926	5 542	4.83
32	804.2	1 609	2 413	3 217	4 021	4 826	5 630	6 434	7 238	6.31
36	1 017.9	2 036	3 054	4 072	5 089	6 107	7 125	8 143	9 161	7.99
40	1 256.6	2 513	3 770	5 027	6 283	7 540	8 796	10 053	11 310	9.87
50	1 964	3 928	5 892	7 856	9 820	11 784	13 748	15 712	17 676	15.42

　　注:直径 $d = 8.2$mm 计算截面面积及理论质量仅适用于热处理钢筋。

表 3-10　钢筋混凝土板每米宽的钢筋用量表

钢筋间距/ mm	不同直径钢筋的用量/mm²											
	3	4	5	6	6/8	8	8/10	10	10/12	12	12/14	14
70	101	180	280	404	561	719	920	1 121	1 369	1 616	1 907	2 199
75	94.2	168	262	377	524	671	859	1 047	1 277	1 508	1 780	2 052
80	88.4	157	245	354	491	629	805	981	1 198	1 414	1 669	1 924

续表

钢筋间距/mm	钢筋直径/mm											
	3	4	5	6	6/8	8	8/10	10	10/12	12	12/14	14
85	83.2	148	231	333	462	592	758	924	1 127	1 331	1 571	1 811
90	78.2	140	218	314	437	559	716	872	1 064	1 257	1 483	1 710
95	74.5	132	207	298	414	529	678	826	1 008	1 190	1 405	1 620
100	70.6	126	196	283	393	503	644	785	958	1 131	1 335	1 539
110	64.2	114	178	257	357	457	585	714	871	1 028	1 214	1 399
120	58.9	105	163	236	327	419	537	654	798	942	1 113	1 283
125	56.5	101	157	226	314	402	515	628	766	905	1 068	1 231
130	54.4	96.6	151	218	302	387	495	604	737	870	1 027	1 184
140	50.5	89.8	140	202	281	359	460	561	684	808	904	1 099
150	47.1	83.8	131	189	262	335	429	523	639	754	890	1 026
160	44.1	78.5	123	177	246	314	403	491	599	707	831	962
170	41.5	73.9	115	168	231	295	379	462	564	665	785	905
180	39.2	69.8	109	157	218	279	358	436	532	628	742	855
190	37.2	66.1	103	149	207	265	339	413	504	595	703	810
200	35.3	62.8	98.2	141	196	251	322	393	479	565	668	770
220	32.1	57.1	89.2	129	179	229	293	357	436	514	607	700
240	29.4	52.4	81.8	118	164	210	268	327	399	471	556	641
250	28.3	50.3	78.5	113	157	201	258	314	383	452	534	616
260	27.2	48.3	75.5	109	151	193	248	302	369	435	513	592
280	25.2	44.9	70.1	101	140	180	230	281	342	404	477	550
300	23.6	41.9	65.5	94	131	168	215	262	320	377	445	513
320	22.1	39.2	61.4	88	123	157	201	245	299	353	417	481

表 3-11 钢绞线公称直径、公称截面面积及理论质量

种 类	公称直径/mm	公称截面面积/mm²	理论质量/(kg·m⁻¹)
1×3	8.6	37.4	0.295
	10.8	59.3	0.465
	12.9	85.4	0.671
1×7 标准型	9.5	54.8	0.432
	11.1	74.2	0.580
	12.7	98.7	0.774
	15.2	139	1.101

[**例 3-1**] 某办公楼矩形截面简支梁承受均布线荷载：可变荷载标准值 9.8kN/m，永久荷载标准值 12kN/m（包括梁自重），选用 C20 级混凝土，HRB335 级钢筋，计算跨度 $l_0 = 6$m（见图 3-16）。试确定梁的截面尺寸和纵向受力钢筋。

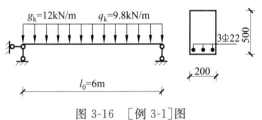

图 3-16 [例 3-1]图

解：（1）设计参数　由表 2-8 查得材料强度设计值，C20 级混凝土 $f_c = 9.6\text{N/mm}^2$，由表 2-6 查得 HRB335 级钢筋：$f_y = 300\text{N/mm}^2$；等效矩形图形系数 $\alpha_1 = 1.0$；由表 3-4 知混凝土强度等级 ≤C20 时取 $c = 30\text{mm}$（一类环境）。

（2）选取截面尺寸　依据前述构造规定取：

$$h = l_0/12 = 6\,000/12 = 500(\text{mm})$$

$$b = h/2.5 = 500/2.5 = 200(\text{mm})$$

（3）跨中截面的最大弯矩设计值

$$M = (1.2g_k + 1.4q_k)l_0^2/8 = (1.2 \times 12 + 1.4 \times 9.8) \times 6^2/8$$
$$= 126.54(\text{kN} \cdot \text{m})$$

（4）计算配筋　先按单排钢筋考虑 $h_0 = h - c - d/2 = 500 - 30 - 20/2 = 460(\text{mm})$。

$$\alpha_s = \frac{M}{\alpha_1 f_c bh_0^2} = \frac{126.54 \times 10^6}{1 \times 9.6 \times 200 \times 460^2} = 0.311$$

由表 3-8 查得

$$\alpha_s = 0.309 \text{ 时}, \quad \xi = 0.38, \quad \gamma_s = 0.810$$
$$\alpha_s = 0.314 \text{ 时}, \quad \xi = 0.39, \quad \gamma_s = 0.805$$

则 $\alpha_s = 0.311$ 时，有

$$\xi = 0.38 + \frac{0.39 - 0.38}{0.314 - 0.309} \times 0.002 = 0.384$$

$$\gamma_s = 0.810 - \frac{0.810 - 0.805}{0.314 - 0.309} \times 0.002 = 0.808$$

$$\rho_{\min} = 0.45\frac{f_t}{f_y} = 0.45 \times \frac{1.1}{300} = 0.00165 < 0.002$$

$$A_s = \xi bh_0 \frac{\alpha_1 f_c}{f_y} = 0.384 \times 200 \times 460 \times \frac{1 \times 9.6}{300} = 1\,130.5(\text{mm}^2) > 0.002bh = 200(\text{mm}^2)$$

当然也可由 γ_s 求出：

$$A_s = \frac{M}{\gamma_s f_y h_0} = \frac{126.54 \times 10^6}{0.808 \times 300 \times 460} = 1\,134.8(\text{mm}^2) > 200\text{mm}^2$$

可见，采用两个参数的计算结果是一样的。以后用一个即可。

因截面宽 200mm，选用 3 根钢筋，由表 3-9 查得 3 Φ 22，$A_s = 1\,140 > 1\,134.8\text{mm}^2$，所以就选它。布置如图 3-16 所示。

［例 3-2］　某现浇钢筋混凝土简支走道板（见图 3-17），板厚为 80mm，承受均布荷载设计值 $q = 7.6\text{kN/m}^2$（包括板自重），混凝土强度等级 C20，钢筋 HPB300 级，构件安全等级二级，计算跨度 $l_0 = 2.37\text{m}$，试确定板中配筋。

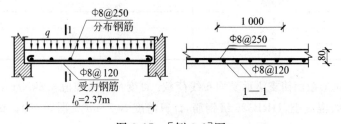

图 3-17　［例 3-2］图

解：由于板面上荷载是相同的，为方便计算，取 1m 宽板带为计算单元，即 $b = 1\,000\text{mm}$。

（1）内力计算

板的跨中最大弯矩设计值

$$M_{\max} = \frac{1}{8}ql_0^2 = \frac{1}{8} \times 7.6 \times 2.37^2 = 5.34(\text{kN} \cdot \text{m})$$

（2）确定材料强度设计值

混凝土采用 C20 查表 2-8 得 $f_c=9.6\text{N/mm}^2$，$f_t=1.1\text{N/mm}^2$；钢筋 HPB300 级查表 2-6 得 $f_y=270\text{N/mm}^2$，$\alpha_1=1$。

（3）配筋计算

截面有效高度

$$h_0=h-a_s=80-25=55(\text{mm})（保护层厚度为 20\text{mm}）$$

表格法求解：

$$\alpha_s=\frac{M}{\alpha_1 f_c bh_0^2}=\frac{5.34\times10^6}{1\times9.6\times1\,000\times55^2}=0.184$$

查表 3-8 得 $\gamma_s=0.897$，$\xi=0.205<\xi_b=0.576$，则

$$A_s=\frac{M}{\gamma_s f_y h_0}=\frac{5.34\times10^6}{0.897\times270\times55}=400.9(\text{mm}^2)$$

查表 3-10，选受力钢筋 $\Phi8@120$（$A_s=419\text{mm}^2$），分布筋按构造选用 $\Phi8@250$，配筋见图 3-17。

（4）验算最小配筋率

$$A_{s,\min}=\rho_{\min}bh=0.236\%\times1\,000\times80=188(\text{mm}^2)<A_s=419\text{mm}^2$$

最小配筋率取 0.2% 和 $0.45\dfrac{f_t}{f_y}=0.45\times\dfrac{1.1}{210}=0.236\%$ 中的较大者，满足要求。

3.3.4 截面复核

用基本公式复核截面强度时，一般是已知梁的截面尺寸 bh，纵向钢筋截面面积 A_s，材料强度设计值 f_c、f_y，构件安全等级，构件所处环境，验算梁在给定弯矩设计值的情况下是否安全，或计算该截面的弯矩承载力 M_u，其步骤如图 3-18 所示。

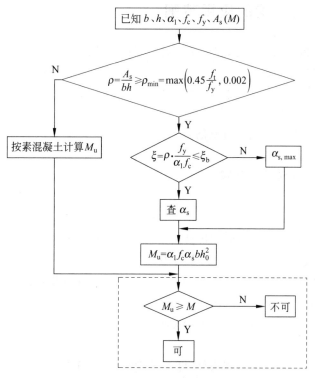

图 3-18 单筋矩形截面受弯构件截面复核框图

[**例 3-3**] 已知梁的截面尺寸 $bh=200\text{mm}\times500\text{mm}$,受拉钢筋采用 HRB400 级 $4\oplus14(A_s=615\text{mm}^2)$,混凝土强度等级 C40,设该梁承受的最大弯矩设计值 $M=90\text{kN}\cdot\text{m}$,构件安全等级二级 $\gamma_0=1$,试复核该梁是否安全(见图 3-19)。

解:(1)确定材料强度设计值

采用 C40 混凝土和 HRB400 级钢筋查表 2-8 和表 2-6 得 $f_c=19.1\text{N/mm}^2$,$f_t=1.71\text{N/mm}^2$,$\alpha_1=1$,$f_y=360\text{N/mm}^2$。

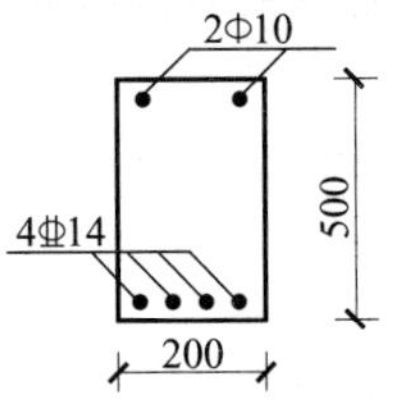

(2)确定截面有效高度

$$h_0=h-a_s=500-35=465(\text{mm})$$

(3)利用表格计算

$$\xi=\frac{A_s f_y}{bh_0\alpha_1 f_c}=\frac{615\times360}{200\times465\times19.1}=0.135\leqslant\xi_b=0.518$$

查表 3-8 得 $\alpha_s=0.126$,故

$$A_{s,\min}=\rho_{\min}bh=0.2\%\times200\times500=200(\text{mm}^2)<A_s=615\text{mm}^2$$
$$M_u=\alpha_s\alpha_1 f_s bh_0^2=0.126\times1\times19.1\times200\times465^2=104.1\text{kN}\cdot\text{m}>90\text{kN}\cdot\text{m}$$

(4)结论:截面安全。

图 3-19 [例 3-3]图

3.4 双筋矩形截面正截面的承载力计算

在受拉区和受压区同时配有纵向受力钢筋的矩形截面,称双筋矩形截面。

3.4.1 双筋矩形截面梁的应用范围

双筋矩形截面梁虽然可以提高承载力,但利用钢筋受压耗钢量较大,一般是不经济的,因此不宜大量采用。通常双筋矩形截面梁适用于以下情况:

(1)当 $M\geqslant M_{u,\max}=\alpha_1 f_c bh_0^2\xi_b(1-0.5\xi_b)$,而加大截面尺寸或提高混凝土强度等级又受到限制时;

(2)截面可能承受变号弯矩时;

(3)由于构造原因在梁的受压区已配有钢筋时。

3.4.2 基本公式及适用条件

1. 计算应力图形

根据试验,在满足 $\xi\leqslant\xi_b$ 的条件下,双筋矩形截面梁与单筋矩形截面梁的破坏情形基本相同。受拉钢筋应力达到抗拉强度设计值 f_y,受压区混凝土的压应力采用等效矩形应力图形,其混凝土压应力为 $\alpha_1 f_c$,而设在受压区的纵向钢筋,在满足一定保证条件下,受压钢筋的应力能达到抗压强度设计值 f'_y。同时为了防止受压钢筋过早压屈,双筋梁中应采用封闭箍筋。

双筋矩形截面梁的计算应力图形如图 3-20(a)所示。

2. 基本公式

根据计算应力图形(图 3-20(a))的平衡条件,可得双筋矩形截面的基本计算公式:

$$\sum N=0,\quad f_y A_s=\alpha_1 f_c bx+f'_y A'_s \tag{3-29}$$

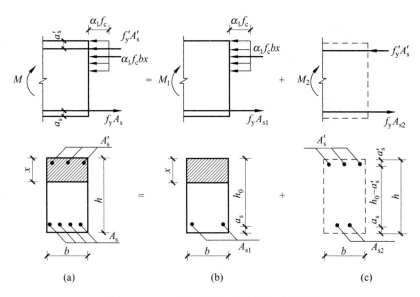

图 3-20　双筋矩形截面梁的应力图形

（a）整个截面；（b）第一部分截面；（c）第二部分截面

$$\sum M = 0, \quad M \leqslant \alpha_1 f_c bx \left(h_0 - \frac{x}{2} \right) + f_y' A_s' (h_0 - a_s') \tag{3-30}$$

式中：f_y'——钢筋抗压强度设计值；

　　　A_s'——受压钢筋截面面积；

　　　a_s'——受压钢筋合力作用点到截面受压边缘的距离。

为了便于分析和计算，可将双筋矩形截面的应力图形看作由两部分组成：第一部分，由受压区混凝土的压力和相应受拉钢筋 A_{s1} 的拉力组成，承担的弯矩为 M_1；第二部分由受压钢筋 A_s' 的压力与相应的另一部分受拉钢筋 A_{s2} 的拉力组成，承担的弯矩为 M_2，如图 3-20（b）、（c）所示。其中：

$$M = M_1 + M_2 \tag{3-31}$$

$$A_s = A_{s1} + A_{s2} \tag{3-32}$$

根据平衡条件，对两部分可分别写出以下基本公式：

第一部分

$$f_y A_{s1} = \alpha_1 f_c bx \tag{3-33}$$

$$M_1 = \alpha_1 f_c bx \left(h_0 - \frac{x}{2} \right) \tag{3-34}$$

第二部分

$$f_y A_{s2} = f_y' A_s' \tag{3-35}$$

$$M_2 = f_y' A_s' (h_0 - a_s') \tag{3-36}$$

3. 适用条件

1）为了防止超筋破坏，应满足

$$x \leqslant \xi_b h_0 \quad 或 \quad \xi \leqslant \xi_b \tag{3-37}$$

2）为了保证受压钢筋达到规定的抗压强度设计值，应满足

$$x \geqslant 2a_s' \tag{3-38}$$

3.4.3　基本公式的应用

1. 截面设计

已知弯矩设计值 M，截面尺寸 bh，材料强度等级 f_c,f_y,f_y' 及 α_1，构件安全等级 γ_0，求纵向钢筋截面面积 A_s 和 A_s'。

双筋矩形截面梁的截面设计有以下两种情况：

(1) 情况 I：A_s 与 A_s' 均未知

由式(3-29)和式(3-30)可知，两式共含三个未知量 x,A_s,A_s'，故应补充一个条件才能求解，考虑到应充分利用混凝土的抗压能力，使钢筋 A_s 和 A_s' 用量最少，可取 $x=\xi_b h_0$ 代入公式(3-30)和公式(3-29)得

$$A_s' = \frac{M-\alpha_1 f_c bh_0^2 \xi_b(1-0.5\xi_b)}{f_y'(h_0-a_s')} \tag{3-39}$$

$$A_s = \frac{f_y'A_s'+\alpha_1 f_c bh_0\xi_b}{f_y} \tag{3-40}$$

(2) 情况 II：已知 A_s' 求 A_s

可将已知的 A_s' 代入基本公式(3-29)和式(3-30)联立方程式求解 x 和 A_s。但求解 x 时需解一元二次方程式，为方便计算常采用表格法。

首先由式(3-35)和式(3-36)计算 A_{s2} 和 M_2，则

$$M_1 = M - M_2 \tag{3-41}$$

然后按单筋矩形截面梁求出 M_1 所需的钢筋截面面积 A_{s1}，于是，总的受拉钢筋截面面积为

$$A_s = A_{s1} + A_{s2} \tag{3-42}$$

在计算 A_{s1} 时应注意验算适用条件，若 $\xi>\xi_b$，说明已配的 A_s' 太少，应按 A_s' 和 A_s 均未知的情况 I 重新计算；若 $x\leqslant 2a_s'$，说明受压钢筋离中和轴过近，其应力 σ_s' 达不到抗压强度设计值 f_y'，这时可取 $x=2a_s'$，对受压钢筋合力点取矩(见图 3-21)，列平衡方程为

$$M = f_y A_s(h_0-a_s') \tag{3-43}$$

则受拉钢筋截面面积为

$$A_s = \frac{M}{f_y(h_0-a_s')} \tag{3-44}$$

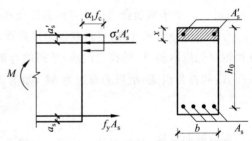

图 3-21　$x<2a_s'$ 双筋矩形截面应力图形

双筋矩形截面设计计算步骤框图如图 3-22 所示。

[**例 3-4**] 已知矩形截面梁 $bh=200\text{mm}\times450\text{mm}$，承受弯矩设计值 $M=184\text{kN}\cdot\text{m}$。混凝土 C25($f_c=11.9\text{N/mm}^2,\alpha_1=1$)，钢筋为 HRB335 级($f_y=f_y'=300\text{N/mm}^2$)，构件安全等级二级，求截面所需钢筋。

解：(1) 确定截面有效高度

因为 M 较大，受拉钢筋按两排考虑，截面有效高度

$$h_0 = h - a_s = 450 - 60 = 390(\text{mm})$$

(2) 验算是否采用双筋矩形截面

查表 3-5 得，$\xi_b=0.55$，$\alpha_{s,\max}=0.400$。

单筋矩形截面所能承受的最大弯矩为

$$M_1 = \alpha_1 f_c bh_0^2\xi_b(1-0.5\xi_b) = 1\times11.9\text{N/mm}^2\times200\text{mm}\times(390\text{mm})^2\times0.55\times(1-0.5\times0.55)$$

$$= 144.3\text{kN}\cdot\text{m} < M = 184\text{kN}\cdot\text{m}$$

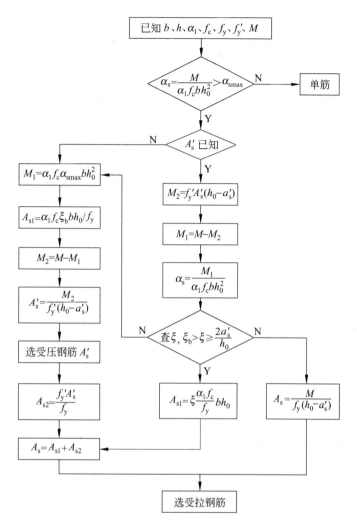

图 3-22　双筋截面配筋框图

应按双筋截面设计。

（3）配筋计算

$$A'_s = \frac{M-M_1}{f'_y(h_0-a'_s)} = \frac{184\times10^6\text{N}\cdot\text{mm}-144.3\times10^6\text{N}\cdot\text{mm}}{300\text{N/mm}^2\times(390\text{mm}-35\text{mm})} = 373\text{mm}^2$$

$$A_s = \frac{f'_y A'_s}{f_y} + \frac{\alpha_1 f_c bh_0\xi_b}{f_y} = 373\text{mm}^2 + \frac{1\times11.9\text{N/mm}^2\times200\text{mm}\times390\text{mm}\times0.55}{300\text{N/mm}^2} = 2\,074.7\text{mm}^2$$

（4）选择钢筋

受拉钢筋选用 $3\,\Phi\,25+2\,\Phi\,20(A_s=2\,101\text{mm}^2)$，受压钢筋选用 $2\,\Phi\,16(A'_s=402\text{mm}^2)$，受拉钢筋两排放置与原假设一致。截面配筋如图 3-23 所示。

　[**例 3-5**]　已知条件同[例 3-4]，但在受压区已配置 $2\,\Phi\,18$，钢筋（$A'_s=509\text{mm}^2$），试计算所需要的受拉钢筋。

　解：（1）求 A_{s2} 和 M_2

$$A_{s2} = \frac{f'_y A'_s}{f_y} = 509\text{mm}^2$$

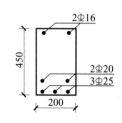

图 3-23　[例 3-4]图

$$M_2 = f'_y A'_s (h_0 - a'_s)$$
$$= 300 \text{N/mm}^2 \times 509 \text{mm}^2 \times (390 \text{mm} - 35 \text{mm})$$
$$= 54.21 \text{kN} \cdot \text{m}$$

（2）验算适用条件，求 A_{s1}

$$M_1 = M - M_2 = 184 \text{kN} \cdot \text{m} - 54.21 \text{kN} \cdot \text{m} = 129.79 \text{kN} \cdot \text{m}$$

$$\alpha_{s1} = \frac{M_1}{\alpha_1 f_c b h_0^2} = \frac{129.79 \times 10^6 \text{N} \cdot \text{mm}}{1 \times 11.9 \text{N/mm}^2 \times 200 \text{mm} \times (390 \text{mm})^2} = 0.359$$

查表 3-8 得 $\gamma_{s1} = 0.765, \xi_1 = 0.47 \leqslant \xi_b = 0.55$，则

$$x = \xi_1 h_0 = 0.47 \times 390 \text{mm} = 183.3 \text{mm} > 2a'_s = 70 \text{mm}$$

$$A_{s1} = \frac{M_1}{\gamma_{s1} f_y h_0} = \frac{129.79 \times 10^6 \text{N} \cdot \text{mm}}{0.765 \times 300 \text{N/mm}^2 \times 390 \text{mm}}$$
$$= 1\,450 \text{mm}^2$$

（3）求 A_s

$$A_s = A_{s1} + A_{s2} = 1\,450 \text{mm}^2 + 509 \text{mm}^2 = 1\,959 \text{mm}^2$$

（4）选择钢筋

受拉钢筋选用 $3 \oplus 22 + 3 \oplus 20 (A_s = 2\,082 \text{mm}^2)$，截面配筋如图 3-24 所示。

比较［例 3-4］和［例 3-5］可见，由于前者充分利用了混凝土的抗压能力，所以总用钢量（$A_s + A'_s$）较后者少些。

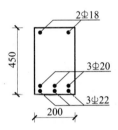

图 3-24　［例 3-5］图

2. 截面复核

已知材料强度等级 f_c, f_y, f'_y 及 α_1，截面尺寸 bh，钢筋截面面积 A_s 和 A'_s，构件安全等级 γ_0，求截面受弯承载力设计值 M_u（或已知弯矩设计值 M，复核梁的正截面是否安全）。计算步骤见图 3-25 所示框图。

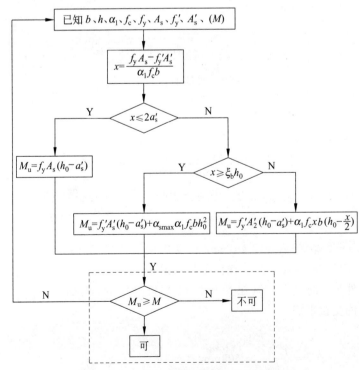

图 3-25　双筋矩形截面承载力复核框图

[**例 3-6**] 已知梁的截面 $bh = 200\text{mm} \times 500\text{mm}$，混凝土 C20，钢筋 HPB300 级，截面配筋见图 3-26，截面承担的弯矩设计值 $M = 150\text{kN} \cdot \text{m}$，$\gamma_0 = 1.0$，构件处于一类环境，试验算正截面的受弯承载力。

解：受拉钢筋两排放置

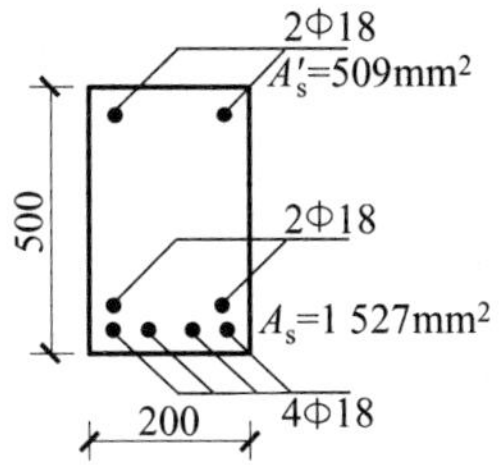

$$h_0 = 500 - 60 = 440\text{mm}$$

$$x = \frac{A_s f_y - A'_s f'_y}{\alpha_1 f_c b} = \frac{(1\,527 - 509) \times 270}{1.0 \times 9.6 \times 200} = 143.2(\text{mm})$$

$$x_b = \xi_b h_0 = 0.576 \times 440 = 253.4(\text{mm}) > x > 2a'_s = 2 \times 35 = 70(\text{mm})$$

$$M_u = \alpha_1 f_c bx\left(h_0 - \frac{x}{2}\right) + A' f'_y(h_0 - a'_s)$$

$$= 1.0 \times 9.6 \times 200 \times 143.2 \times \left(440 - \frac{143.2}{2}\right) + 509 \times 270 \times (440 - 40)$$

$$= 156.3(\text{kN} \cdot \text{m}) > M = 150(\text{kN} \cdot \text{m})。所以安全。$$

图 3-26 [例 3-6]图

[**例 3-7**] 梁的截面同[例题 3-6]，在受压区放置 3Φ20 的受压钢筋，受拉区放置 5Φ18 的受拉钢筋，混凝土 C20，钢筋 HPB300 级，构件处于一类环境，$\gamma_0 = 1.0$，试验算之。

解：截面的有效高度 $h_0 = 500 - 60 = 440(\text{mm})$

截面受压区高度：

$$x = \frac{A_s f_y - A'_s f'_y}{\alpha_1 f_c b} = \frac{(1\,272 - 941) \times 270}{1.0 \times 9.6 \times 200} = 46.5(\text{mm}) < 2a'_s = 80(\text{mm})$$

截面的极限弯矩为

$$M_u = A_s f_y(h_0 - a'_s) = 1\,272 \times 270 \times (440 - 40) = 137.4(\text{kN} \cdot \text{m})$$

因 $M_u < M$，所以是不安全的。

从此二例可以看出：[例 3-6]截面用钢量 $2\,036\text{mm}^2$，[例 3-7]截面用钢量 $2\,214\text{mm}^2$，反而不安全。说明当受压区配置较多的受压钢筋，使受压区高度减少，不仅混凝土不能充分发挥作用，受压钢筋也未能充分发挥作用。所以，过多地放置受压钢筋，对提高截面承载力是不利的。

3.5 T 形截面正截面承载力计算

3.5.1 概述

受弯构件正截面承载力计算是不考虑混凝土受拉作用的，因此，将矩形截面受拉区的混凝土减小一部分，并将受拉钢筋集中放置，就可形成 T 形截面。T 形截面和原来的矩形截面相比不仅不会降低承载力，而且还可以节约材料，减轻自重。T 形截面受弯构件在工程中的应用是很广泛的，除独立 T 形梁外，槽形板、工字形梁、圆孔空心板以及现浇楼盖的主次梁(跨中截面)也都相当于 T 形截面(见图 3-27)。

T 形截面伸出的部分称为翼缘，中间部分称为腹板或肋。受压翼缘的计算宽度为 b'_f，高度为 h'_f，腹板宽度为 b，截面全高为 h。根据实验及理论分析，能与腹板共同工作的受压翼缘是有一定范围的，翼缘内的压应力也是越接近腹板的地方越大，离腹板越远则应力越小，压应力在翼缘内的分布如图 3-28(a)所示，这种现象称为剪力滞。为了便于用材料力学公式计算，取一定范围作为与腹板共同工作的宽度，称为翼缘计算宽度，并假定在此计算宽度内翼缘受到的压应力均匀分布，而这个范围以外的部分则不参加工作。翼缘计算宽度 b'_f 与翼缘高度 h'_f、梁的计算跨度 l_0、梁的结构情况等多种因素有关，《规范》对翼缘计算宽度的规定见表 3-12。计算时应取三项中的最小值。

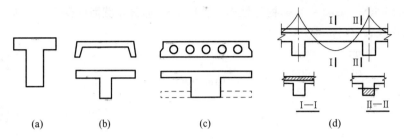

图 3-27 T 形截面受弯构件的形式

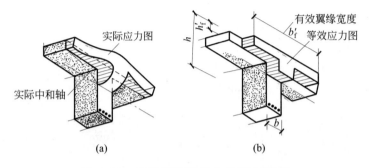

图 3-28 T 形截面翼缘内的应力分布

(a) T 形截面压应力分布图；(b) 简化计算图形

表 3-12 受弯构件受压区有效翼缘计算宽度 b'_f

情　况		T 形、I 形截面		倒 L 形截面
		肋形梁（板）	独立梁	肋形梁（板）
1	按计算跨度 l_0 考虑	$l_0/3$	$l_0/3$	$l_0/6$
2	按梁（肋）净距 s_n 考虑	$b+s_n$	—	$b+s_n/2$
3	按翼缘高度 h'_f 考虑	$b+12h'_f$	b	$b+5h'_f$

注：1. b 为梁的腹板厚度。

2. 如肋形梁在跨内设有间距小于纵肋间距的横肋时，可不考虑表中情况 3 的规定。

3. 加腋的 T 形、I 形和倒 L 形截面，当受压区加腋的高度 $h_h \geqslant h'_f$ 且加腋的长度 $b_h \leqslant 3h_h$ 时，其翼缘计算宽度可按表中情况 3 的规定分别增加 $2b_h$（T 形、I 形截面）和 b_n（倒 L 形截面）。

4. 独立梁受压区的翼缘板在荷载作用下经验算沿纵肋方向可能产生裂缝时，其计算宽度应取腹板宽度 b。

3.5.2 T 形截面的分类和判别

T 形截面受弯构件，根据中和轴所在位置不同可分为两类：

第一类 T 形截面：中和轴在翼缘内，即 $x \leqslant h'_f$（见图 3-29(a)）。

第二类 T 形截面：中和轴在梁的腹板内，即 $x > h'_f$（见图 3-29(b)）。

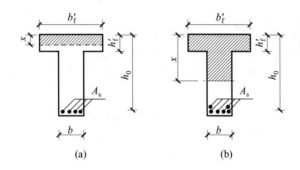

图 3-29　T 形截面的分类

（a）第一类 T 形截面；（b）第二类 T 形截面

3.5.3　两类 T 形截面的判别式

（1）截面设计　已知计算弯矩 M，求纵筋截面面积时，其判别式为

第一类 T 形截面

$$M \leqslant M_u = \alpha_1 f_c b'_f h'_f \left(h_0 - \frac{h'_f}{2} \right) \tag{3-44a}$$

第二类 T 形截面

$$M > M_u = \alpha_1 f_c b'_f h'_f \left(h_0 - \frac{h'_f}{2} \right) \tag{3-44b}$$

（2）截面校核　已知 f_c、f_y、A_s，求受弯承载力时，其判别式为

第一类 T 形截面

$$f_y A_s \leqslant \alpha_1 f_c b'_f h'_f \tag{3-45a}$$

第二类 T 形截面

$$f_y A_s > \alpha_1 f_c b'_f h'_f \tag{3-45b}$$

3.5.4　截面设计

1. 第一类 T 形截面

由于 $x \leqslant h'_f$，其基本公式是以 b'_f 代替 b 以后的单筋受弯构件的相应公式，见式（3-12）、式（3-13）。适用条件也与矩形截面的相同，这里不再赘述。

注意对 T 形截面，计算配筋率的宽度应该是腹板宽度 b，而不是受压翼缘的计算宽度，即

$$\rho = \frac{A_s}{b h_0}, \quad \rho_{\min} = \frac{A_s}{bh} \tag{3-46}$$

2. 第二类 T 形截面（见图 3-30）

1）第二类 T 形截面计算公式　由截面平衡条件可得基本公式

$$\sum N = 0, \quad \alpha_1 f_c bx + \alpha_1 f_c (b'_f - b) h'_f = f_y A_s \tag{3-47}$$

$$\sum M = 0, \quad M \leqslant M_u = \alpha_1 f_c bx \left(h_0 - \frac{x}{2} \right) + \alpha_1 f_c (b'_f - b) h'_f \left(h_0 - \frac{h'_f}{2} \right) \tag{3-48}$$

为了计算方便，将截面的受弯承载力分成两部分（见图 3-31）：

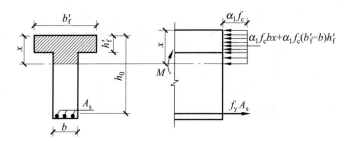

图 3-30   第二类 T 形截面计算简图

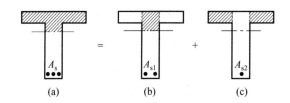

图 3-31   T 形截面的分解

第一部分为截面为 bx 的受压区混凝土与部分受拉钢筋 A_{s1} 组成的单筋矩形截面部分,其受弯承载力为 M_{u1},基本公式为

$$\alpha_1 f_c bx = f_y A_{s1}$$

$$M_{u1} = \alpha_1 f_c bx \left(h_0 - \frac{x}{2}\right) \tag{3-49}$$

第二部分由挑出翼缘 $(b_f' - b)h_f'$ 的受压区混凝土与其余部分受拉钢筋 A_{s2} 组成的截面(见图 3-31(c))。其受弯承载力为 M_{u2},基本公式为

$$\alpha_1 f_c (b_f' - b)h_f' = f_y A_{s2}$$

$$M_2 = \alpha_1 f_c (b_f' - b)h_f' \left(h_0 - \frac{h_f'}{2}\right) \tag{3-50}$$

总受弯承载力 $M = M_{u1} + M_{u2}$。

2)适用条件

(1)与双筋截面类似,防止超筋脆性破坏,其单筋矩形截面部分应满足

$$\begin{cases} \xi \leqslant \xi_b \\ M_1 \leqslant \alpha_{s,max} \alpha_1 f_c bh_0^2 \end{cases} \tag{3-51}$$

$$\rho \leqslant \rho_{max}$$

(2)防止少筋脆性破坏,截面总配筋面积应满足:$A_s \geqslant \rho_{min} bh$。对于第二类 T 形截面,该条件一般能满足。T 形截面设计计算步骤如图 3-32 所示。

[**例 3-8**] 已知 T 形截面尺寸 $b_f' = 600\text{mm}$,$b = 300\text{mm}$,$h_f' = 100\text{mm}$,$h = 800\text{mm}$,承受弯矩设计值 $M = 550\text{kN} \cdot \text{m}$,混凝土强度等级 C25,钢筋 HRB335 级,$\gamma_0 = 1$,试计算梁的受拉钢筋截面面积 A_s。

解:(1)确定材料强度设计值

查表 2-8 和表 2-6 得 $f_c = 11.9\text{N/mm}^2$,$f_t = 1.27\text{N/mm}^2$,$f_y = 300\text{N/mm}^2$。

(2)判别 T 形截面的类型

设采用两排纵向受力钢筋,$h_0 = 800 - 60 = 740(\text{mm})$。

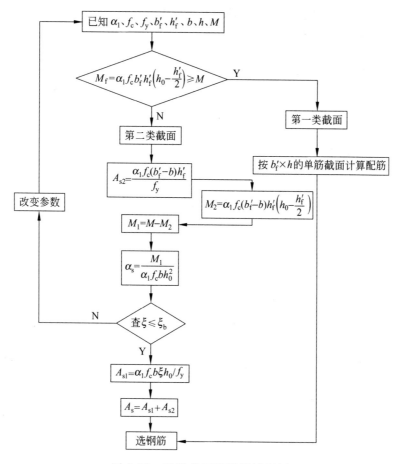

图 3-32 T 形截面配筋设计框图

$$\alpha_1 f_c b'_f h'_f \left(h_0 - \frac{h'_f}{2} \right) = 1 \times 11.9 \times 600 \times 100 \times \left(740 - \frac{100}{2} \right)$$

$$= 492.66 (\text{kN} \cdot \text{m}) < M$$

$$= 550 \text{kN} \cdot \text{m} \quad (\text{属第二类 T 形截面})$$

（3）求 A_{s2} 和 M_2

$$A_{s2} = \frac{\alpha_1 f_c (b'_f - b) h'_f}{f_y} = \frac{1 \times 11.9 \times (600 - 300) \times 100}{300}$$

$$= 1\,190 (\text{mm}^2)$$

$$M_2 = \alpha_1 f_c (b'_f - b) h'_f \left(h_0 - \frac{h'_f}{2} \right)$$

$$= 1 \times 11.9 \times (600 - 300) \times 100 \times \left(740 - \frac{100}{2} \right)$$

$$= 246.33 (\text{kN} \cdot \text{m})$$

（4）求 M_1 和 A_{s1}

$$M_1 = M - M_2 = 550 - 246.33 = 303.67 (\text{kN} \cdot \text{m})$$

$$\alpha_{s1} = \frac{M_1}{\alpha_1 f_c b h_0^2} = \frac{303.67 \times 10^6}{1 \times 11.9 \times 300 \times 740^2} = 0.155$$

查表 3-8 得 $\gamma_{s1} = 0.915, \xi_1 = 0.17 \leqslant \xi_b = 0.55$，则

$$A_{s1} = \frac{M_1}{\gamma_{s1} f_y h_0} = \frac{303.67 \times 10^6}{0.915 \times 300 \times 740} = 1\,495(\text{mm}^2)$$

（5）所需总受拉钢筋面积

$$A_s = A_{s1} + A_{s2} = 1\,495 + 1\,190 = 2\,685(\text{mm}^2)$$

查表 3-9，选用钢筋 $4\,\underline{\Phi}\,25 + 2\,\underline{\Phi}\,22(A_s = 2\,724\text{mm}^2)$，配筋如图 3-33 所示。

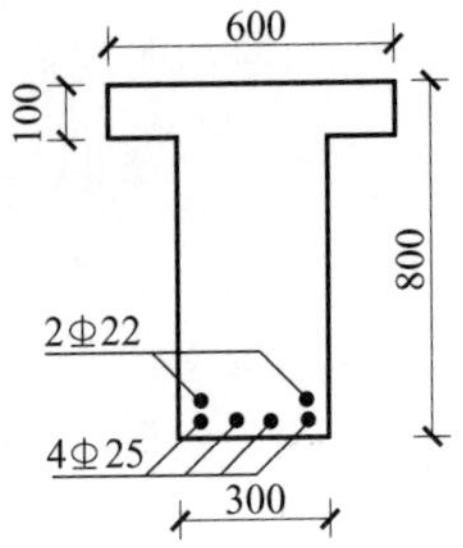

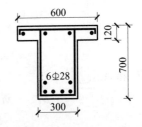

图 3-33　［例 3-8］图

3.5.5　承载能力复核

承载能力复核如图 3-34 所示。

［**例 3-9**］　已知某 T 形截面梁的截面尺寸及配筋见图 3-35，混凝土为 C20 级，纵向受拉钢筋采用 HRB335 级，截面承受的弯矩设计值 $M = 570\text{kN} \cdot \text{m}$。问截面受弯承载力是否足够。

解：（1）设计参数　由表 2-8、表 2-6 查得材料强度设计值，C20 级混凝土 $f_c = 9.6\text{N/mm}^2$，$f_y = 300\text{N/mm}^2$，$A_s = 3\,695\text{mm}$。由表 3-5 查得 $\xi_b = 0.55$。设保护层厚度与二排钢筋间距均为 25mm。因受拉钢筋均为 $\underline{\Phi}\,28$，

$$a_s = \frac{4 \times 39 + 2 \times 92}{6} = 56.7(\text{mm})$$

$$h_0 = 700 - 56.7 = 643.3(\text{mm})$$

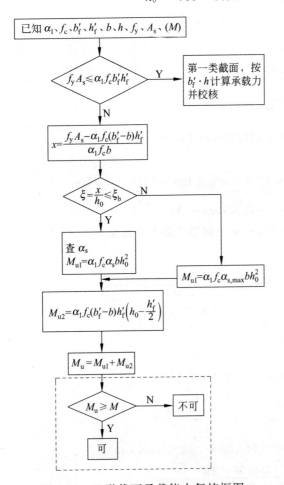

图 3-34　T 形截面承载能力复核框图

图 3-35　［例 3-9］图

（2）判断截面类型

$$x = \frac{f_y A_s}{\alpha_1 f_c b'_f} = \frac{300 \times 3\,695}{1.0 \times 9.6 \times 600} = 192.4(\text{mm}) > h'_f = 120(\text{mm})$$

所以属第二类截面。

（3）计算 M_{u2}

$$A_{s2} = \frac{\alpha_1 f_c (b'_f - b) h'_f}{f_y} = \frac{1 \times 9.6 \times (600 - 300) \times 120}{300} = 1\,152(\text{mm}^2)$$

$$M_{u2} = \alpha_1 f_c (b'_f - b) h'_f \left(h_f - \frac{h'_f}{2} \right) = 1 \times 9.6 \times (600 - 300) \times 120 \times \left(637.5 - \frac{120}{2} \right)$$

$$= 1.996 \times 10^8 (\text{N} \cdot \text{mm}) = 199.6(\text{kN} \cdot \text{m})$$

（4）计算 M_{u1}

$$A_{s1} = A_s - A_{s2} = 3\,695 - 1\,152 = 2\,543(\text{mm}^2)$$

$$\xi = \frac{f_y A_{s1}}{\alpha_1 f_c b h_0} = \frac{300 \times 2\,543}{1 \times 9.6 \times 300 \times 643.3} = 0.412 < \xi_b = 0.55$$

$$\gamma_s = 1 - 0.5\xi = 1 - 0.5 \times 0.412 = 0.794$$

$$M_{u1} = f_y A_{s1} \gamma_s h_0 = 300 \times 2\,543 \times 0.794 \times 643.3$$

$$= 3.899 \times 10^8 (\text{N} \cdot \text{mm}) = 389.9 \text{kN} \cdot \text{m}$$

（5）求 M_u

$$M_u = M_{u1} + M_{u2} = (389.9 + 199.6)\text{kN} \cdot \text{m} = 589.5(\text{kN} \cdot \text{m}) > 570\text{kN} \cdot \text{m}$$

故 T 形截面抗弯能力足够。

3.6　受弯构件截面典型配筋图的阅读与实训

图 3-36 为楼板、梁板、独立矩形截面梁、独立 T 形截面梁的配筋图，图中标出各种钢筋名称和种类。

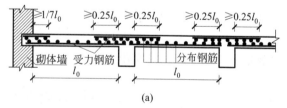

(a)

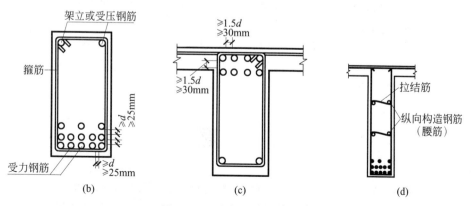

(b)　　　　　　(c)　　　　　　(d)

图 3-36　受弯构件截面配筋

3.7　本章主要知识点

（1）基本概念方面

受弯构件的三种破坏形式、判别界限（ρ_{min}、ξ_b），适筋梁是《规范》计算方法的依据；适筋梁的破坏经历的三个阶段，第Ⅱ$_a$阶段截面应力图形是正常使用极限状态验算的依据，第Ⅲ$_a$阶段是正截面承载力计算的依据；根据第Ⅲ$_a$阶段截面的实际压应力图形，取等效矩形压应力图形的原则等。

（2）计算方面

受弯构件正截面承载力计算的基本假定，基本公式，适用条件，什么情况属单筋截面？什么情况属双筋截面？什么情况属第一类T形截面？什么情况属第二类T形截面？

熟练配筋与校核计算。

（3）构造方面

保护层厚度，受力钢筋之间的间距 a_s、a'_s 如何计算与取值？架立钢筋、分布钢筋的位置、作用、数量与要求等。

思　考　题

3-1　钢筋混凝土梁中有几种钢筋，各自的作用是什么？

3-2　梁中纵向受力钢筋的净距在梁上部和下部各为多少？

3-3　梁的架立钢筋和板的分布钢筋各起什么作用？如何确定其位置和数量？梁、板中混凝土保护层的作用是什么？正常环境中梁、板混凝土保护层的最小厚度是多少？什么叫配筋率？配筋率对梁的正截面承载力有何影响？

3-4　适筋梁的破坏过程可分几个阶段？各阶段主要特点是什么？正截面抗弯承载力计算是以哪个阶段为依据的？试述适筋梁、超筋梁、少筋梁的破坏特征，在设计中如何防止超筋破坏和少筋破坏。受弯构件正截面承载力计算中，受压区混凝土等效矩形应力图形是根据什么条件确定的？什么叫相对界限受压区高度？它与最大配筋率有什么关系？

3-5　画出单筋矩形截面正截面承载力计算的应力图形，写出基本计算公式，并说明适用条件。

3-6　什么情况下采用双筋截面梁？为什么要求 $x>2a'_s$？若这一条件不满足如何处理？

3-7　设计双筋截面梁，当 A'_s 与 A_s 均未知时，如何求解？为什么？

3-8　T形截面梁截面设计和截面复核时，如何判别其类型？

3-9　T形截面梁的纵向受拉钢筋配筋率 ρ 是怎样定义的？为什么？现浇楼盖中的连续梁，其跨中截面和支座截面分别按什么截面计算？为什么？

习　题

3-1　已知矩形截面梁 $bh=220\text{mm}\times550\text{mm}$，由荷载设计值产生的弯矩 $M=180\text{kN}\cdot\text{m}$，$\gamma_0=1$，混凝土强度等级为C25，钢筋HRB400级，试计算纵向受拉钢筋截面面积 A_s，并选出钢筋的直径和根数。

3-2　单筋矩形截面梁,计算跨度 $l_0=6$ m,构件安全等级二级,承受均布荷载设计值 $q=40$ kN/m,采用 C40 混凝土,钢筋采用 HRB400 级,试确定梁的截面尺寸和所需纵向钢筋截面面积。

3-3　挑檐板厚 $h=70$ mm,每米板宽承受的弯矩设计值 $M=6$ kN·m,混凝土 C20,采用 HPB300 级钢筋,试计算板的配筋。

3-4　现浇板简支于砖墙上,板厚 $h=80$ mm,板的计算跨度 $l_0=2.4$ m,受力钢筋采用 HPB300 级 φ8@120,混凝土采用 C20,$\gamma_0=1$。试求板所能承受的均布荷载设计值 q。

3-5　某矩形截面梁截面尺寸 $bh=200$ mm×450 mm,采用 C25 混凝土,HRB400 级钢筋,梁所承受的弯矩设计值 $M=180$ kN·m,$\gamma_0=1$,试求该梁配筋($a_s=60$ mm)。

3-6　已知条件同习题 3-5,但在梁的受压区已配有 3φ14 受压钢筋,试求受拉钢筋截面面积 A_s。

3-7　已知矩形截面梁截面尺寸 $bh=200$ mm×500 mm,承受弯矩设计值 $M=145$ kN·m,采用 C20 混凝土,梁的受压区已配有 3φ20 的 HRB335 级受压钢筋,构件安全等级二级,求所需受拉钢筋截面面积 A_s(受拉钢筋按两排布置)。

3-8　已知矩形截面梁截面尺寸 $bh=200$ mm×500 mm,采用 C25 混凝土,钢筋 HRB335 级,设在梁的压区配有 2φ16 的受压钢筋,在拉区配有 4φ18 的受拉钢筋,构件安全等级二级,求该梁的受弯承载力设计值。

3-9　某楼盖中一多跨连续 T 形截面梁,截面尺寸如图 3-37 所示,已知支座和跨中截面均承受弯矩设计值 $M=110$ kN·m,混凝土强度等级 C25,钢筋采用 HRB335 级,$\gamma_0=1$,试计算该梁跨中和支座截面所需的钢筋面 A_s。

3-10　T 形截面梁尺寸和配筋见图 3-38,混凝土强度等级 C30,钢筋 HRB400 级,梁内配置 6φ22 纵向受拉钢筋,试求该梁所能承受的弯矩设计值 M_u。

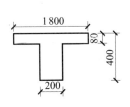

图 3-37　习题 3-9 图

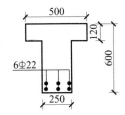

图 3-38　习题 3-10 图

3-11　已知 T 形截面梁截面尺寸 $b_f'h_f'=600$ mm×120 mm,$bh=250$ mm×600 mm,混凝土强度等级 C25,钢筋 HRB335 级,承受弯矩设计值 $M=460$ kN·m,$\gamma_0=1$,求所需受拉钢筋截面面积 A_s。

3-12　已知 T 形截面梁截面尺寸 $b_f'h_f'=500$ mm×100 mm,$bh=250$ mm×800 mm,混凝土采用 C20,钢筋采用 HRB335 级,梁内配有 6φ28 纵向受拉钢筋。

(1) 试求梁所能承受的弯矩设计值;

(2) 若梁为均布荷载作用的简支梁,计算跨度 $l_0=5$ m,试计算该梁所能承受的荷载设计值 q(包括梁自重)。

第 4 章　受弯构件斜截面承载力计算

本章学习要点：

（1）无腹筋梁的受剪破坏类型、破坏形态及其名称，腹筋的作用，防止斜压破坏和斜拉破坏的措施；

（2）剪压破坏的计算公式（一般荷载和集中荷载控制设计）及其应用，熟练掌握配箍筋的计算；

（3）箍筋最大间距与最小直径，梁边第一个箍筋的位置，抗剪验算截面；

（4）抵抗弯矩图与弯矩包络图，弯起钢筋弯起点的位置；

（5）钢筋的锚固、连接及截断等构造要求。

4.1　受弯构件斜截面承载力

在荷载作用下，梁截面上除了作用有 M 外，往往同时还作用有剪力 V，弯矩、剪力同时存在的区段称为剪弯段（见图 4-1(a)）。弯矩和剪力在梁截面上分别产生正应力 σ 和剪应力 τ，由材料力学可知：在 σ 和 τ 共同作用下梁将产生主拉应力 σ_{tp} 和主压应力 σ_{cp}。在图 4-1(b) 中实线表示主拉应力迹线，虚线表示主压应力迹线。混凝土的抗拉强度远低于抗压强度，当 σ_{tp} 超过混凝土抗拉强度时，梁将出现大致与主拉应力垂直的斜裂缝，产生斜截面破坏。

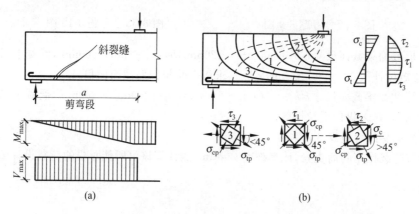

图 4-1　钢筋混凝土受弯构件主应力迹线示意图

为了防止梁沿斜截面破坏，应使梁具有一个合理的截面尺寸，并配置适量的箍筋与弯起钢筋，箍筋和弯起钢筋统称为腹筋。

大量试验表明，在弯矩 M 与剪力 V 共同作用下，抗剪承载能力与剪跨比 λ（集中荷载至支座的距离 a 称为剪跨，剪跨 a 与梁的有效高度 h_0 之比称为剪跨比）关系最大。

$$\lambda = \frac{a}{h_0} = \frac{M}{V h_0} \tag{4-1}$$

4.1.1　无腹筋梁的抗剪性能

1. 斜截面破坏的主要形态

根据剪跨比 λ，斜截面受剪的破坏形态有三种：斜压破坏、剪压破坏和斜拉破坏(见图 4-2)。

1) 斜压破坏

斜压破坏一般发生在剪跨比较小($\lambda < 1$)，或箍筋配置过多而截面尺寸又太小的梁中。其破坏特点是：先在集中荷载作用点处和支座间的梁腹部出现若干条大体互相平行的斜裂缝；随着荷载的增加，梁腹部被这些斜裂缝分割成若干个受压短柱；最后这些短柱由于混凝土达到抗压强度而破坏，破坏时箍筋应力未达到屈服，箍筋不能充分利用。这是一种没有预兆的危险性很大的脆性破坏，与正截面超筋梁破坏相似(见图 4-2(a))。

2) 剪压破坏

剪压破坏一般发生在剪跨比适中($1 \leqslant \lambda \leqslant 3$)，截面尺寸也合适的梁中。随荷载的增加，首先在剪弯段的受拉区出现一些垂直裂缝和细微斜裂缝；当荷载增加到一定强度时，就会出现一条又宽又长的主斜裂缝，称为临界斜裂缝；随荷载的继续增加，临界斜裂缝不断加宽，并继续向上延伸，最后使斜裂缝末端剪压区的混凝土在剪应力和压应力作用下达到极限强度而破坏(见图 4-2(b))。剪压破坏虽然也属于脆性破坏，但比斜压、斜拉破坏要好。

3) 斜拉破坏

斜拉破坏多发生在剪跨比较大($\lambda > 3$)，箍筋配置数量过少的梁中。斜裂缝一旦出现，箍筋应力立即达到屈服；斜裂缝迅速伸展到集中荷载作用处，使梁很快沿斜向裂成两部分而破坏。这也是一种没有预兆危险性很大的脆性破坏，与正截面少筋梁的破坏相似(见图 4-2(c))。

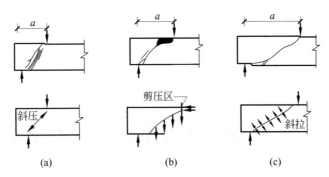

图 4-2　斜截面破坏的三种形式
(a) 斜压破坏；(b) 剪压破坏；(c) 斜拉破坏

从以上三种破坏形态可知：斜压破坏时箍筋未能充分发挥作用，且破坏与斜拉破坏一样发生的十分突然，故这两种破坏在设计中均应避免。

2. 影响斜截面抗剪承载力的其他因素

除了剪跨比 λ 以外，影响斜截面抗剪承载力的其他因素还有：

(1) 混凝土强度：混凝土抗拉强度高的抗剪能力强；

(2) 纵向配筋率：纵向配筋率大，混凝土受压面积也大，剪压区面积也大，加上钢筋的销栓作用和混凝土中粗骨料间的咬合作用，使抗剪承载力有所提高。我国公路桥梁混凝土规范中反映了这一影响，国家《规范》中把

它作为安全储备;

(3) 截面形状:T 形截面有受压翼缘,增加了剪压区的面积,对斜拉破坏和剪压破坏的受剪承载力可提高 20%,但对斜压破坏的受剪承载力并没有提高;

(4) 尺寸效应:试验结果表明,对于截面高度大于 800mm 的梁,抗剪承载力会降低;配置腹筋后,尺寸效应的影响减小。

4.1.2　有腹筋梁的抗剪性能

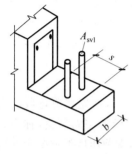

图 4-3　配箍率

腹筋提高了钢筋与混凝土的咬合力和销栓作用,增大了斜截面的抗剪能力。有腹筋梁的抗剪性能受剪跨比和配箍率 ρ_{sv}(见图 4-3)影响很大,具体影响程度见表 4-1。

$$\rho_{sv} = \frac{A_{sv}}{bs} = \frac{nA_{sv1}}{bs} \tag{4-2}$$

式中:b——梁宽;

s——沿构件长度方向的箍筋间距;

A_{sv}——配置在同一截面内箍筋各肢的截面面积总和,$A_{sv} = nA_{sv1}$;

n——在同一截面内箍筋的肢数;

A_{sv1}——单肢箍筋的截面面积。

表 4-1　受剪破坏形态

剪跨比 配箍率	$\lambda < 1$	$1 < \lambda < 3$	$\lambda > 3$
无腹筋	斜压破坏	剪压破坏	斜拉破坏
ρ_{sv} 很小	斜压破坏	剪压破坏	斜拉破坏
ρ_{sv} 适量	斜压破坏	剪压破坏	剪压破坏
ρ_{sv} 很大	斜压破坏	斜压破坏	斜压破坏

《规范》通过限制截面最小尺寸来防止斜压破坏;通过控制箍筋的最小配箍率来防止斜拉破坏;对剪压破坏,则是通过受剪承载力的计算配置箍筋及弯起钢筋来防止。

4.2　受弯构件斜截面受剪承载力计算

4.2.1　斜截面受剪承载力计算公式及适用条件

斜截面受剪承载力的计算是以剪压破坏形态为依据的。剪压破坏时截面的应力状态如图 4-2(b)所示,现取斜截面左侧为隔离体,斜截面的内力如图 4-4 所示。

由隔离体竖向力的平衡条件,可知斜截面受剪承载力由三部分组成:

$$V_u = V_c + V_{sv} + V_{sb} \tag{4-3}$$

或

$$V_u = V_{cs} + V_{sb} \tag{4-4}$$

式中:V_u——构件斜截面受剪承载力设计值;

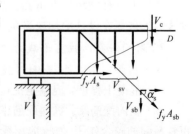

图 4-4　斜截面内力图

V_c——剪压区混凝土受剪承载力设计值；

V_{sv}——与斜裂缝相交的箍筋受剪承载力设计值；

V_{sb}——与斜裂缝相交的弯起钢筋受剪承载力设计值；

V_{cs}——斜截面上混凝土和箍筋的受剪承载力设计值，$V_{cs}=V_c+V_{sv}$。

1. 板的斜截面受剪承载力计算公式

板中一般不配置箍筋和弯起钢筋，属无腹筋受弯构件，根据对国内外大量试验和理论分析，其斜截面受剪承载力应按下式计算：

$$V \leqslant 0.7\beta_h f_t b h_0 \tag{4-5}$$

式中：V——构件斜截面上的最大剪力设计值；

β_h——截面高度影响系数，$\beta_h=\left(\dfrac{800}{h_0}\right)^{\frac{1}{4}}$，$h_0<800\text{mm}$ 时取 $h_0=800$，$h_0 \geqslant 2\,000\text{mm}$ 时，取 $h_0=2\,000\text{mm}$；

f_t——混凝土轴心抗拉强度设计值，按表 2-8 采用。

2. 梁的斜截面受剪承载力计算公式

1）仅配箍筋的梁

仅配箍筋的梁斜截面受剪承载力 V_{cs}，等于剪压区混凝土的受剪承载力设计值与斜裂缝相交的箍筋受剪承载力设计值 V_{sv} 之和。试验表明：影响 V_{cs} 和 V_{sv} 的因素很多，很难确定它们的数值。《规范》给出的计算公式，是考虑了影响斜截面承载力的主要因素，对配有箍筋承受均布荷载、集中荷载的简支梁和连续梁做了大量试验，并对试验数据进行统计分析得出的。公式中的第一项为混凝土的受剪承载力，第二项为箍筋的受剪承载力。对于不同荷载情况的梁，受剪承载力计算公式如下：

对矩形、T 形和工字形截面的一般受弯构件

$$V_{cs}=\alpha_{cv}f_t b h_0+f_{yv}\frac{A_{sv}}{s}h_0 \tag{4-6}$$

式中：V_{cs}——构件斜截面上混凝土和箍筋的受剪承载力设计值；

α_{cv}——截面混凝土受剪承载力系数，对于一般受弯构件取 0.7；对集中荷载作用下（包括作用有多种荷载，其集中荷载对支座截面或节点边缘所产生的剪力值占总剪力的 75% 以上的情况）的独立梁，取 $\alpha_{cv}=\dfrac{1.75}{\lambda+1}$，$\lambda$ 为计算截面的剪跨比，可取 $\lambda=a/h_0$，当 $\lambda<1.5$ 时，取 1.5，当 $\lambda>3$ 时，取 3，a 取集中荷载作用点至支座截面或节点边缘的距离；

A_{sv}——配置在同一截面内箍筋各肢的全部截面面积，即 nA_{sv1}，此处，n 为在同一个截面内箍筋的肢数，A_{sv1} 为单肢箍筋的截面面积；

s——沿构件长度方向的箍筋间距；

f_{yv}——箍筋抗拉强度设计值，见表 2-6。

2）配有箍筋和弯起钢筋的梁

矩形、T 形和工字形截面的受弯构件，当配有箍筋和弯起钢筋时，其斜截面抗剪计算公式由按式（4-6）或式（4-7）计算的 V_{cs} 和与斜裂缝相交的弯起钢筋受剪承载力组成，弯起钢筋受剪承载力 V_{sb} 应等于弯起钢筋承受的拉力 $f_y A_{sb}$ 在垂直于梁轴方向的分量。

$$V \leqslant V_{cs}+0.8f_y A_{sb}\sin\alpha_s \tag{4-7}$$

式中：A_{sb}——同一弯起平面的弯起钢筋截面面积；

α_s——弯起钢筋与梁纵轴之间的夹角，一般情况取 $\alpha_s=45°$，梁截面较高时可取 $60°$；

f_y——弯起钢筋的抗拉强度设计值，按表 2-6 采用；

0.8——考虑到弯起钢筋与破坏斜截面相交位置的不定性,其应力可能达不到设计值而采用的钢筋应力不均匀系数。

3. 计算公式的适用条件

梁的斜截面受剪承载力计算公式仅适用于剪压破坏情况。为防止斜压破坏和斜拉破坏,《规范》确定计算公式的适用条件。

1) 截面限制条件

当$\dfrac{h_w}{b} \leqslant 4$时

$$V \leqslant 0.25\beta_c f_c bh_0 \tag{4-8a}$$

当$\dfrac{h_w}{b} \geqslant 6$时

$$V \leqslant 0.2\beta_c f_c bh_0 \tag{4-8b}$$

当$4 < \dfrac{h_w}{b} < 6$时,按线性内插法取用。

式中:V——构件斜截面上的最大剪力设计值;

β_c——混凝土强度影响系数,当混凝土强度等级不超过 C50 时,取 $\beta_c = 1$;当混凝土强度等级为 C80 时,取 $\beta_c = 0.8$,其间按线性内插法取用;

b——矩形截面的宽度,T 形或工字形截面的腹板宽度;

h_w——截面腹板高度,矩形截面取有效高度 h_0;T 形截面取有效高度减去翼缘高度;工字形截面取腹板净高。

截面限制条件的意义:首先是为了防止梁的截面尺寸过小、箍筋配置过多而发生的斜压破坏,其次是限制使用阶段的斜裂缝宽度,同时也是受弯构件箍筋的最大配箍率条件。工程设计中,如不能满足上述条件时,则应加大截面尺寸或提高混凝土强度等级。

2) 抗剪箍筋的最小配箍率

梁中抗剪箍筋的配箍率应满足:

$$\rho_{sv} = \frac{A_{sv}}{bs} = \frac{nA_{sv1}}{bs} \geqslant \rho_{sv,min} = 0.24\frac{f_t}{f_{yv}} \tag{4-9}$$

规定箍筋最小配箍率的意义是防止发生斜拉破坏。因为斜裂缝出现后,原来由混凝土承担的拉力将转给箍筋,如果箍筋配得过少,箍筋就会立即屈服,造成斜裂缝的加速开展,甚至箍筋被拉断而导致斜拉破坏。工程设计中,如不能满足上述条件时,则应按 $\rho_{sv,min}$ 配箍筋,并满足构造要求。

为控制使用荷载下的斜裂缝宽度,并保证箍筋穿越每条斜裂缝,《规范》规定了最大箍筋间距 s_{max}(见表 4-2)。

表 4-2   梁中箍筋最大间距 s_{max} mm

梁高 h	$V > 0.7f_t bh_0$	$V \leqslant 0.7f_t bh_0$
$150 < h \leqslant 300$	150	200
$300 < h \leqslant 500$	200	300
$500 < h \leqslant 800$	250	350
$h > 800$	300	400

此外,《规范》还规定了箍筋的最小直径见表 4-3,且不小于最大受压钢筋直径的 1/4。

为防止弯起钢筋间距过大,出现不与弯起钢筋相交的斜裂缝,使其不能发挥作用,《规范》规定当按计算要求配置弯起钢筋时,前一排弯起点至后一排弯终点的距离不应大于表 4-2 中 $V_c > 0.7f_t bh_0$ 栏的最大箍筋间距 s_{max},且第一排弯起钢筋距支座边缘的距离也不应大于 s_{max}(见图 4-5)。

表 4-3　梁中箍筋最小直径　　mm

梁高 h	箍筋直径
$h<800$	6
$h\geq800$	8

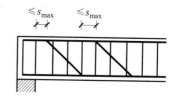

图 4-5　弯起钢筋的间距

4. 斜截面受剪承载力的计算位置

计算斜截面受剪承载力时,《混凝土结构设计规范》规定剪力设计值 V 的计算截面位置一般为(见图 4-6):

(1) 支座边缘处截面 1—1。

(2) 受拉区弯起钢筋弯起点处的截面 2—2 或截面 3—3。

(3) 箍筋截面面积或间距改变处截面 4—4。

(4) 腹板宽度改变处的截面 5—5。

对受拉边倾斜的受弯构件,尚应包括梁的高度开始变化处、集中荷载作用处和其他不利截面。

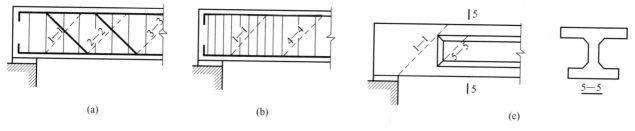

(a)　　　　　　　　　　(b)　　　　　　　　　　(c)

图 4-6　斜截面受剪承载力计算位置
(a) 弯起钢筋；(b) 箍筋；(c) 混凝土变截面

4.2.2　斜截面受剪承载力计算方法及步骤

与正截面受弯承载力计算一样,斜截面受剪的承载力计算也有截面设计和截面复核两类问题。

1. 截面设计(见图 4-7)

在计算弯起钢筋时,剪力设计值按下列规定采用:

(1) 当计算第一排(对支座而言)弯起钢筋时,取支座边缘处的剪力值;

(2) 当计算以后每排弯起钢筋时,取前排(对支座而言)弯起钢筋弯起点处的剪力值。弯起钢筋的排数:对均布荷载,最后一排弯起钢筋弯起点处剪力小于 V_{cs} 时,可不再设置弯起钢筋;对集中荷载,最后一排弯起钢筋弯起点到集中荷载作用点的距离小于等于 $V>0.7f_t bh_0$ 时箍筋的最大间距 s_{max} 时,可不再设置弯起钢筋(见图 4-8)。

2. 截面复核

已知:截面尺寸 bh,材料强度等级 f_c,f_t,f_y,f_{yv},配箍量 n,A_{sv1} 和弯起钢筋截面面积 A_{sb} 等,求梁的斜截面受剪承载力设计值 V_u(或已知剪力设计值 V,复核梁的斜截面承载力是否安全)。

这类问题只要将已知条件代入公式(4-6),或式(4-7)、式(4-8)即可求得解答。同时还应注意验算截面限制条件和最小配箍率,防止斜压破坏和斜拉破坏。计算方法如图 4-9 所示。

[**例 4-1**]　如图 4-10 所示矩形截面简支梁截面尺寸为 $200\text{mm}\times550\text{mm}$,梁的净跨 $l_n=5\text{m}$,承受均布荷载设计值 $q=75\text{kN/m}$(包括梁自重),根据正截面承载力计算配置的纵筋为 $3\Phi20$,混凝土采用 C25,箍筋采用 HPB300 级,求箍筋用量。

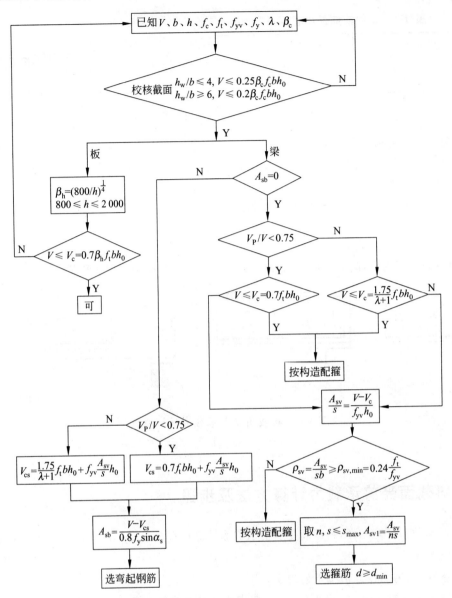

图 4-7　斜截面抗剪配腹筋计算框图

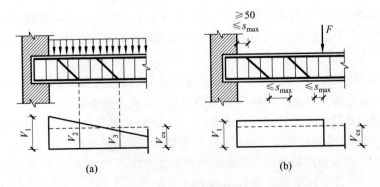

图 4-8　钢筋的弯起

（a）均布荷载的钢筋弯起；（b）集中荷载的钢筋弯起

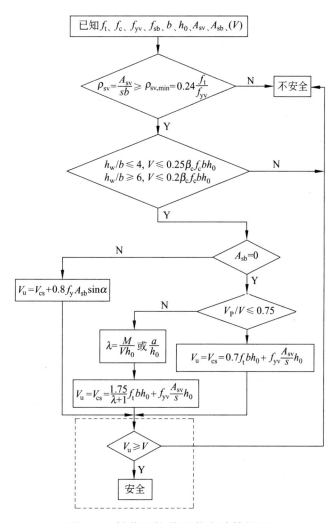

图 4-9　斜截面抗剪承载力计算框图

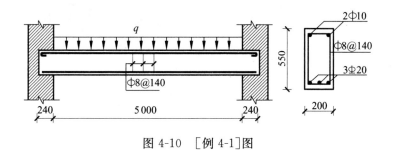

图 4-10　[例 4-1]图

解：(1) 计算剪力设计值

取支座边缘处的截面为计算截面，所以计算时用净跨。

$$V = \frac{1}{2}ql_n = \frac{1}{2} \times 75 \times 5 = 187.5(\text{kN})$$

(2) 材料强度设计值

由表 2-8 查得 $f_c = 11.9\text{N/mm}^2$，$f_t = 1.27\text{N/mm}^2$，由表 2-6 查得 $f_{yv} = 270\text{N/mm}^2$，混凝土 $\beta_c = 1$。

（3）复核梁的截面尺寸

$$h_0 = h - a_s = 550 - 40 = 510(\text{mm})$$

$$\frac{h_w}{b} = \frac{h_0}{b} = \frac{510}{200} = 2.55 < 4$$

$0.25\beta_c f_c bh_0 = 0.25 \times 1 \times 11.9 \times 200 \times 510 = 245(\text{kN}) > V = 187.5\text{kN}$，截面尺寸符合要求。

（4）验算是否需要按计算配箍筋

$0.7 f_t bh_0 = 0.7 \times 1.27 \times 200 \times 510 = 90.68(\text{kN}) < V = 187.5\text{kN}$，应按计算配置箍筋。

（5）计算箍筋用量

$$\frac{nA_{sv1}}{s} = \frac{V - 0.7 f_t bh_0}{f_{yv} h_0} = \frac{187.5 \times 10^3 - 90.68 \times 10^3}{270 \times 510} = 0.703(\text{mm}^2/\text{mm})$$

按构造要求选箍筋双肢 $\phi 8 (A_{sv1} = 50.3\text{mm}^2)$，于是箍筋间距 s 为

$$s = \frac{nA_{sv1}}{0.703} = \frac{2 \times 50.3}{0.703} = 143.1(\text{mm})$$，取 $s = 140\text{mm} < s_{max} = 250\text{mm}$，记作 $\phi 8@140$，沿梁全长布置。

（6）验算箍筋的最小配筋率

$$\rho_{sv,min} = 0.24 \frac{f_t}{f_{yv}} = 0.24 \times \frac{1.27}{270} \times 100\% = 0.113\%$$

则

$$\rho_{sv} = \frac{nA_{sv1}}{bs} = \frac{2 \times 50.3}{200 \times 140} \times 100\% = 0.39\% > \rho_{sv,min} = 0.113\%$$

箍筋的配筋率满足要求。

［**例 4-2**］　矩形截面简支梁承受均布荷载设计值 $q = 75\text{kN/m}$（包括自重），截面尺寸 $bh = 250\text{mm} \times 650\text{mm}$，净跨 $l_n = 6.3\text{m}$，混凝土为 C25，纵筋为 HRB400 级，箍筋为 HPB300 级，正截面受弯承载力计算已配置两排纵向钢筋 $4\Phi 22 + 2\Phi 20$（见图 4-11），试求腹筋用量。

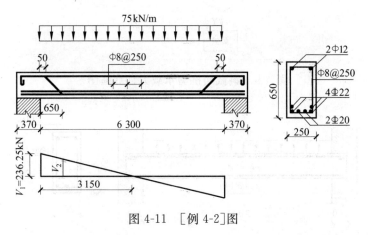

图 4-11　［例 4-2］图

解：（1）支座剪力设计值

$$V_1 = \frac{1}{2} q l_n = \frac{1}{2} \times 75 \times 6.3 = 236.25(\text{kN})$$

绘制梁的剪力图见图 4-11。

（2）材料强度设计值

C25 混凝土，$f_c = 11.9\text{N/mm}^2$，$f_t = 1.27\text{N/mm}^2$；箍筋为 HPB300 级，$f_{yv} = 270\text{N/mm}^2$，纵筋为 HRB400 级，$f_y = 360\text{N/mm}^2$。

（3）复核梁的截面尺寸

$$h_0 = 650 - 60 = 590(\text{mm})$$

$\dfrac{h_w}{b} = \dfrac{590}{250} = 2.36 < 4$，混凝土 C25，$\beta_c = 1$。

$0.25\beta_c f_c bh_0 = 0.25 \times 1 \times 11.9 \times 250 \times 590 = 438\,812(\text{N}) = 438.8\text{kN} > V = 236.25\text{kV}$，截面尺寸符合要求。

（4）验算是否需要按计算配置腹筋

$0.7f_t bh_0 = 0.7 \times 1.27 \times 250 \times 590 = 131\,127(\text{N}) = 131.13\text{kN} < V = 236.25\text{kN}$，需要按计算配置腹筋。

（5）计算斜截面上混凝土和箍筋的受剪承载力 V_{cs}

采用配箍筋和弯起钢筋共同受剪方案。

按构造要求（见表 4-2、表 4-3）选箍筋采用双肢 $\phi 8@250$（$A_{sv1} = 50.3\text{mm}^2$）。

验算箍筋的最小配筋率：

$$\rho_{sv} = \frac{nA_{sv1}}{bs} = \frac{2 \times 50.3}{250 \times 250} = 0.16\% > \rho_{sv,min} = 0.24\frac{f_t}{f_{yv}} = 0.24 \times \frac{1.27}{270} = 0.113\%$$

$$V_{cs} = 0.7f_t bh_0 + f_{yv}\frac{nA_{sv1}}{s}h_0 = 0.7 \times 1.27 \times 250 \times 590 + 270 \times \frac{2 \times 50.3}{250} \times 590$$

$$= 195\,230(\text{N}) = 195.23\text{kN} < V_1 = 236.25\text{kN}$$

说明采用 $\phi 8@250$ 箍筋，不能满足支座边缘斜截面抗剪要求，需设置弯起钢筋。

（6）计算弯起钢筋的截面面积

设弯起钢筋的弯起角度 $\alpha_s = 45°$，第一排弯起钢筋的截面面积为：

$$A_{sb} = \frac{V - V_{cs}}{0.8f_y \sin\alpha_s} = \frac{236.25 \times 10^3 - 195.23 \times 10^3}{0.8 \times 360 \times 0.707} = 210.5(\text{mm}^2)$$

将纵向钢筋中 $1\oplus 20$ 钢筋弯起（$A_{sb} = 314.2\text{mm}^2 > 210.5\text{mm}^2$）已足够。

（7）确定弯筋排数

设第一排弯起钢筋的弯起终点离支座边缘距离为 $50\text{mm} < s_{max}$，则弯起钢筋弯起点至支座边缘的水平距离为 $50 + (650 - 2 \times 25) = 650(\text{mm})$，于是，可由剪力图的相似三角形关系求得第一排钢筋弯起点处的剪力：

$$V_2 = V\frac{3.15 - 0.65}{3.15} = 236.25 \times \frac{3.15 - 0.65}{3.15} = 187.5(\text{kN}) < V_{cs} = 195.23\text{kN}$$

第一排弯起钢筋弯起点处的斜截面受剪承载力满足要求，不再需要弯起下排弯筋。

［**例 4-3**］ 矩形截面简支梁，承受如图 4-12 所示的荷载设计值（包括自重），梁的截面尺寸 $bh = 250\text{mm} \times 600\text{mm}$，纵筋按两层考虑。$h_0 = 540\text{mm}$，混凝土强度等级为 C25 级（$f_c = 11.9\text{N/mm}^2$，$f_t = 1.27\text{N/mm}^2$），箍筋采用 HPB300 级钢筋（$f_{yv} = 270\text{N/mm}^2$），试确定箍筋数量。

解：（1）计算设计剪力值 V 由均布线荷载在支座边缘处产生的剪力设计值

$$V_{g+q} = 1(g+q)l_n/2$$
$$= 1 \times 8 \times 6/2$$
$$= 24(\text{kN})$$

由集中荷载在支座边缘处产生的剪力 $V_{G+Q} = 110\text{kN}$；在支座处总剪力 $V = V_{g+q} + V_{G+Q} = 24 + 110 = 134(\text{kN})$。

集中荷载在计算截面产生的剪力值占该截面总剪力值的百分

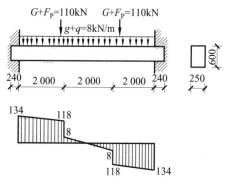

图 4-12 ［例 4-3］图

比 110/134＝82.1％＞75％，$\lambda=a/h_0=2/0.54=3.7$。故按式(4-6)计算腹筋。

(2) 验算截面尺寸

因

$$\frac{h_w}{b}=\frac{h_0}{b}=\frac{540}{250}=2.16<4$$

$0.25f_cbh_0=0.25\times11.9\times250\times540=401\,625(\text{N})=401.625\text{kN}>V=134\text{kN}$，故截面尺寸满足要求。

(3) 验算是否需要按计算配置箍筋

因 $\lambda=3.7>3$，取 $\lambda=3$。则：

$$\frac{1.75}{\lambda+1.0}f_tbh_0=\frac{1.75}{3+1.0}\times1.27\times250\times540=75\,009(\text{N})=75.009(\text{kN})<V=134(\text{kN})$$

故应按计算配置箍筋。

(4) 计算箍筋数量

$$\frac{nA_{sv1}}{s}\geqslant\frac{V-\dfrac{1.75}{\lambda+1.0}f_tbh_0}{f_{yv}h_0}=\frac{134\,000-75\,009}{270\times540}=0.405(\text{mm})$$

参考表 4-3，选 $\phi 8$ 双肢箍，求箍筋间距 s 为

$$s\leqslant\frac{2\times50.3}{0.405}=248.6(\text{mm})$$

按构造要求，取 $s=240$mm，沿梁全长布置。

(5) 验算最小配箍率

$$\rho_{sv}=\frac{nA_{sv1}}{bs}=\frac{2\times50.3}{250\times240}=0.168\%$$

$$\rho_{sv,min}=0.24\frac{f_t}{f_{yv}}=0.24\times\frac{1.27}{270}=0.113\%<\rho_{sv}=0.168\%$$

故满足要求。

[例 4-4]　某 T 形截面钢筋混凝土简支梁，承受均布荷载，截面尺寸和配筋如图 4-13 所示。混凝土采用 C35，纵向受拉钢筋 3Φ20＋3Φ22 的 HRB400 级钢筋，箍筋为 Φ8@250 的 HRB335 级钢筋，试计算该梁能承担的最大剪力设计值。

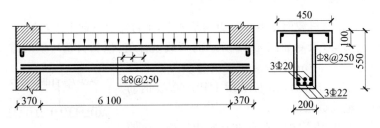

图 4-13　[例 4-4]图

解：T 形截面梁受剪承载力比矩形截面梁的受剪承载力高，但提高有限。故《规范》对 T 形、工字形截面梁不考虑翼缘对受剪的影响，仍按矩形梁计算。

(1) 材料强度设计值

混凝土 C35，$f_c=16.7\text{N/mm}^2$，$f_t=1.57\text{N/mm}^2$，HRB400 级钢筋 $f_y=360\text{N/mm}^2$，HRB335 级钢筋 $f_{yv}=300\text{N/mm}^2$。

（2）斜截面剪压区混凝土和箍筋的受剪承载力设计值

受拉钢筋两排布置 $h_0=550-60=490$（mm）。

$$V_u=V_{cs}=0.7f_tbh_0+f_{yv}\frac{nA_{sv1}}{s}h_0$$

$$=0.7\times1.57\times200\times490+1.25\times300\times\frac{2\times50.3}{250}\times490=166.85\text{（kN）}$$

（3）验算截面尺寸

$$\frac{h_w}{b}=\frac{h_0-h_f'}{b}=\frac{490-100}{200}=1.95<4$$

$$0.25\beta_cf_cbh_0=0.25\times1\times16.7\times200\times490=409\,150\text{（N）}=409.15\text{（kN）}>V_u=166.85\text{kN}$$

截面尺寸符合要求。

（4）验算箍筋最小配筋率

$$\rho_{sv}=\frac{nA_{sv1}}{bs}=\frac{2\times50.3}{200\times250}=0.201\%>\rho_{sv,\min}=0.24\frac{f_t}{f_{yv}}=0.24\times\frac{1.43}{300}=0.11\%$$

梁能承担的最大剪力设计值 $V_u=166.85$kN。

4.3　保证斜截面受弯承载力的构造要求

受弯构件斜截面承载力包括斜截面受剪承载力和斜截面受弯承载力两个方面。其中斜截面受剪承载力的计算已在前面讨论过，而斜截面受弯承载力是靠构造要求来保证的。这些构造要求有纵向钢筋的弯起和截断等。为了理解这些构造要求，必须先建立抵抗弯矩图的概念。

4.3.1　抵抗弯矩图

抵抗弯矩图（M_u 图）也叫材料图，是实际配置的钢筋在梁的各正截面所能承受的弯矩图。它与构件的截面尺寸、纵向钢筋的数量及布置有关。

对于承受均布荷载 q 的简支梁，如果沿全长都按最大弯矩配纵向钢筋，则每个截面的抵抗弯矩相等。显然只有跨中截面能够充分利用钢筋，在其他截面纵向钢筋均没有得到充分利用，因而不经济。为了节约钢材，可将一部分纵筋在受弯承载力不需要处弯起，作为受剪的弯起钢筋。这样得到的折线图形称为抵抗弯矩图或材料图。下面介绍一下钢筋截断或弯起时抵抗弯矩图的画法。

首先按一定比例绘出梁的设计弯矩图（M 图），然后绘出全部纵向受拉钢筋和需要弯起钢筋的抵抗弯矩图（一系列的平行线）。严格说来，每一弯起钢筋都应有与未弯钢筋对应的混凝土受压高度 x 和相应的 $h_0-x/2$，进而求得抵抗弯矩；但这样太麻烦，工程上忽略了这些微小变化，简单按抵抗弯矩与所配钢筋成比例的方法来求抵抗弯矩 M_u 图。即

$$M_{ui}=\frac{A_{si}}{A_s}M_u \tag{4-10}$$

式中：M_{ui}——第 i 根钢筋的抵抗弯矩；

　　　A_{si}——第 i 根钢筋的截面积；

　　　A_s——全部钢筋的截面积；

　　　M_u——全部钢筋的抵抗弯矩。

然后，再按与绘制设计弯矩图相同的比例，将每根钢筋在各正截面上的抵抗弯矩绘在设计弯矩图上，如图 4-14 所示。图中曲线是简支梁在均布荷载下的 M 图，过 i、j、k 引出的水平线分别是 $2\phi18+1\phi25+1\phi30$、

2φ18＋1φ25 和 2φ48 钢筋的抵抗弯矩图。

4.3.2　钢筋的弯起

图 4-14 中,k、j、i(抵抗弯矩图和弯矩图的交点)分别成为 2φ18、2φ18＋1φ25 和 2φ18＋1φ25＋1φ30 钢筋的充分利用点,而 j、k 分别是 1φ25、1φ30 号钢筋的不需要点(理论断点);也就是说在 j 之外,1φ30 钢筋理论上就可以不需要了;在 k 之外,1φ25 钢筋理论上就可以不需要了。为了保证斜截面抗弯承载力,抵抗弯矩图要覆盖或包纳设计弯矩图。《规范》规定:弯起钢筋弯起点的位置与该钢筋的充分利用点之间的距离应大于 $0.5h_0$,且弯起钢筋与梁轴线的交点应在该钢筋的不需要点之外。即图 4-14 中,1φ30 钢筋的实际弯起点应在 i' 点,其与轴线的交点应在 j 点之外;1φ25 钢筋的实际弯起点应在 j' 点,其与轴线的交点应在 k 点之外。

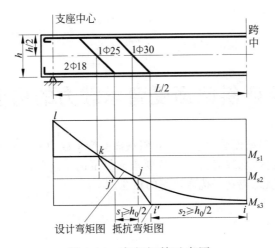

图 4-14　弯起钢筋示意图

4.3.3　纵筋的截断

纵向受力钢筋不宜在受拉区截断,但对于连续梁(板)中支座负弯矩钢筋可以截断,《规范》规定纵向受力钢筋的截断应符合下列要求:

1. 当 $V \leqslant 0.7f_tbh_0$ 时

如图 4-15 所示,a 点为①号钢筋的充分利用点,b 点为①号钢筋的不需要点(也称理论断点),同时也是②号钢筋的充分利用点。d 点是①号钢筋的实际截断点;e 点是②号钢筋的实际断点。根据《规范》规定:钢筋实际截断点到其充分利用点的延伸长度不应小于 $1.2l_a$;钢筋实际截断点到理论断点的距离不应小于 $20d$。

2. 当 $V > 0.7f_tbh_0$ 时

由于剪力较大可能产生斜裂缝,达到极限承载力时梁中负弯矩区段的裂缝发展情况见图 4-16。$\alpha_1 h_0$ 为斜裂缝影响区的长度。根据试验研究分析,一般情况下取 $\alpha_1 = 1.0$,即钢筋实际截断点到其充分利用点的延伸长度不应小于 $1.2l_a + h_0$;到其理论断点的距离不应小于 h_0 或 $20d$。

当按上述规定确定的钢筋截断点仍位于负弯矩区段时,则应取 $\alpha_1 = 1.7$。即钢筋实际截断点到其充分利用点的延伸长度不应小于 $1.2l_a + 1.7h_0$,到理论断点的距离不应小于 $1.3h_0$ 或 $20d$,钢筋的分批截断见图 4-17。

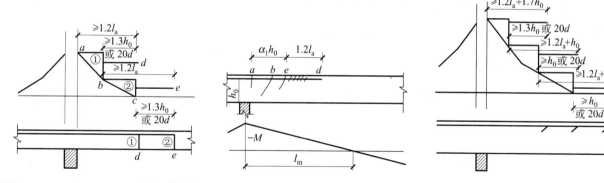

图 4-15　$V \leqslant 0.7 f_t b h_0$ 时的钢筋截断　　图 4-16　负弯矩区段裂缝的发展　　图 4-17　$V > 0.7 f_t b h_0$ 时的钢筋截断

对于悬臂梁的负弯矩钢筋,应有不少于 2 根上部钢筋伸至悬臂梁外端,并向下弯折不小于 $12d$ 后截断。

4.3.4　纵筋的搭接与锚固

1. 简支梁支座纵筋锚固(见图 4-18)

《规范》规定,钢筋混凝土简支梁和连续梁简支端的下部纵向受力钢筋,其伸入梁支座范围内的锚固长度 l_{as} 应符合下列规定,即

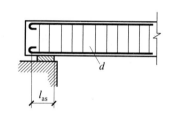

当 $V \leqslant 0.7 f_t b h_0$ 时:$l_{as} \geqslant 5d$;

当 $V > 0.7 f_t b h_0$ 时:带肋钢筋 $l_{as} \geqslant 12d$;光面钢筋 $l_{as} \geqslant 15d$。

如纵向受力钢筋伸入梁支座范围内的锚固长度不符合上述要求时,应采取在钢筋上加焊锚固钢板或将钢筋端部焊接在梁端预埋件上等有效锚固措施。

图 4-18　简支梁支座纵筋锚固

支承在砌体结构上的钢筋混凝土独立梁,在纵向受力钢筋的锚固长度 l_{as} 范围内应配置不少于 2 个箍筋,其直径不宜小于纵向受力钢筋最大直径的 0.25 倍,间距不宜大于纵向受力钢筋最小直径的 10 倍。

伸入梁支座的纵向受力钢筋的数量,当梁宽 $b \geqslant 100\text{mm}$ 时,不应少于 2 根;当梁宽 $b < 100\text{mm}$ 时,不宜少于 1 根。一般情况下,伸入支座的纵筋面积不宜小于跨中钢筋面积的 1/3。

对于板,一般剪力较小,通常能满足 $V \leqslant 0.7 f_t b h_0$ 的条件。且连续板中间支座无正弯矩,因此,《规范》规定板的简支支座和中间支座下部纵向受力钢筋的锚固长度均取 $l_{as} \geqslant 5d$ 且宜伸过支座中线。

2. 固定边支座纵筋锚固(见图 4-19)

对于承受弯矩的梁端固定支座,如悬臂梁固端支座、框架梁边支座和柱脚等,当支座尺寸足够时,受力钢筋可用直线方式伸入支座锚固,锚固长度不小于 l_a(框架梁边支座尚应伸过柱中心线不小于 $5d$),见图 4-19(a)。

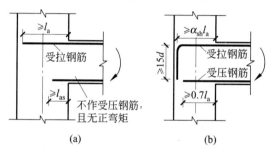

(a)　　　　(b)

图 4-19　固定边支座纵筋锚固

对于框架梁边支座,当柱截面高度不足以布置直线钢筋时,应将梁上部纵筋伸至节点外边并向下弯折,见图 4-19(b)。弯折前的水平长度,当混凝土强度等级为 C20 时,取 $\alpha_{sh} = 0.45$;混凝土强度等级等于或大于 C25 时,取 $\alpha_{sh} = 0.4$;弯折后的垂直长度不应小于 $15d$。

3. 中间支座纵筋锚固(见图 4-20)

连续梁、框架梁中间支座的上部纵向钢筋应贯穿。下部纵向钢筋根据其受力情况,分别按以下要求锚固:

(1) 当计算中不利用钢筋抗拉强度时，其伸入支座或节点的锚固长度按 $V>0.7f_tbh_o$ 的简支支座的要求确定（见图 4-20(a)）。

(2) 当计算中充分利用钢筋的抗拉强度时，应按受拉钢筋的要求锚固于支座。若柱截面尺寸足够，可采用直线锚固方式（见图 4-20(b)）。

截面尺寸不够，可按图 4-19 上部纵筋向下弯折的要求；将下部纵筋向上弯折（见图 4-20(c)）。

(3) 当计算中充分利用钢筋的受压强度时，其伸入支座的直线锚固长度不应小于 $0.7l_a$。

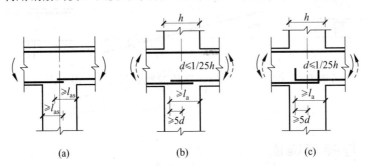

图 4-20   钢筋在中间支座内的锚固

4. 弯起钢筋的锚固

弯起钢筋通常由纵向受力钢筋弯起而成，负责斜截面抗剪与抗弯。当纵筋不能弯起，而又需要斜筋时，可在需要处将附加斜筋焊在受力钢筋与架立钢筋上；又可以采用仅抵抗剪力的鸭筋，但不能采用浮筋，见图 4-21。

弯起钢筋的弯起角一般为 45°，梁高 $h>800\text{mm}$ 时，可用 60°，板中弯起角 30°。

弯起钢筋末端直线部分的锚固长度，当不需要其承受纵向力时，在受拉区不小于 $20d$，在受压区不小于 $10d$，见图 4-22。

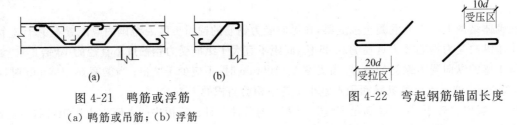

图 4-21   鸭筋或浮筋
(a) 鸭筋或吊筋；(b) 浮筋

图 4-22   弯起钢筋锚固长度

弯筋最大间距不得大于箍筋的最大间距（见表 4-1），不然一旦斜裂缝发生在弯起钢筋之间，梁的抗剪承载力就不足了。

5. 钢筋的连接

(1) 钢筋的连接可分为两类：绑扎搭接；机械连接或焊接。机械连接接头和焊接接头的类型及质量应符合国家现行有关标准的规定。

受力钢筋的接头宜设置在受力较小处。在同一根钢筋上宜少设接头。

(2) 轴心受拉及小偏心受拉杆件（如桁架和拱的拉杆）的纵向受力钢筋不得采用绑扎搭接接头。当受拉钢筋的直径 $d>25\text{mm}$ 及受压钢筋的直径 $d>28\text{mm}$ 时，不宜采用绑扎搭接接头。轴心受拉及小偏心受拉杆件的纵向受力钢筋不应采用绑扎搭接。

(3) 同一构件中相邻纵向受力钢筋的绑扎搭接接头宜相互错开。钢筋绑扎搭接接头连接区段的长度为 1.3 倍搭接长度，凡搭接接头中点位于该连接区段长度内的搭接接头均属于同一连接区段。同一连接区段内纵向钢筋搭接接头的面积百分率为该区段内有搭接接头的纵向受力钢筋截面面积与全部纵向受力钢筋截面面积的比值(见图 4-23)。

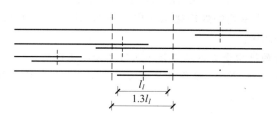

图 4-23 同一连接区段内的纵向受拉钢筋绑扎搭接接头

注:图中所示同一连接区段内的搭接接头钢筋为两根,当钢筋直径相同时,钢筋搭接面积百分率不宜大于 50%。

位于同一连接区段内的受拉钢筋搭接接头面积百分率:对梁类、板类及墙类构件,不宜大于 25%;对柱类构件,不宜大于 50%。当工程中确有必要增大受拉钢筋搭接接头的面积百分率时,对梁类构件,不应大于 50%;对板类、墙类及柱类构件,可根据实际情况放宽。

纵向受拉钢筋绑扎搭接接头的搭接长度应根据位于同一连接区段内的钢筋搭接接头面积百分率按下列公式计算:

$$l_l = \zeta_l l_a \tag{4-11}$$

式中:l_l——纵向受拉钢筋的搭接长度;

ζ_l——纵向受拉钢筋搭接长度修正系数,按表 4-4 取用。

在任何情况下,纵向受拉钢筋绑扎搭接接头的搭接长度均不应小于 300mm。

表 4-4 纵向受拉钢筋搭接长度修正系数

纵向钢筋搭接接头面积百分率/%	≤25	50	100
修正系数 ζ_l	1.2	1.4	1.6

搭接接头是将两根钢筋的端头在一定长度内并放,并采取适当的连接将一根钢筋的力传递给另外一根钢筋。由于搭接范围内两根钢筋贴近且同时受力,钢筋与混凝土间的黏结作用被削弱,钢筋间的混凝土易被磨碎或剪坏。因此,如果同一截面内钢筋搭接接头的百分率过大或搭接钢筋的横向间距过密时,锚固作用将会严重下降。所以,搭接钢筋接头应错开布置。

(4) 构件中的纵向受压钢筋,当采用搭接连接时,其受压搭接长度不应小于纵向受拉钢筋搭接长度的 0.7 倍,且在任何情况下不应小于 200mm。

(5) 在纵向受力钢筋搭接长度范围内应配置箍筋,其直径不应小于搭接钢筋较大直径的 0.25 倍。当钢筋受拉时,箍筋间距不应大于搭接钢筋较小直径的 5 倍,且不应大于 100mm,当钢筋受压时,箍筋间距不应大于搭接钢筋较小直径的 10 倍,且不应大于 200mm。当受压钢筋直径 $d > 25$mm 时,尚应在搭接接头两个端面外 100mm 范围内各设置两个箍筋。

(6) 纵向受力钢筋机械连接接头宜相互错开。钢筋机械连接接头连接区段的长度为 35d(d 为纵向受力钢筋的较大直径),凡接头中点位于该连接区段长度内的机械连接接头均属于同一连接区段。

在受力较大处设置机械连接接头时,位于同一连接区段内的纵向受拉钢筋接头面积百分率不宜大于 50%。纵向受压钢筋的接头面积百分率可不受限制。

(7) 直接承受动力荷载的结构构件中的机械连接接头,除应满足设计要求的抗疲劳性能外,位于同一连接区段内的纵向受力钢筋接头面积百分率不应大于 50%。

(8) 机械连接接头连接件的混凝土保护层厚度宜满足纵向受力钢筋最小保护层厚度的要求。连接件之间的横向净间距不宜小于 25mm。

(9) 余热处理钢筋(RRB)不宜焊接;细晶粒钢筋(HRBF)以及直径大于 28mm 的钢筋,其焊接应经试验确定。纵向受力钢筋的焊接接头应相互错开。钢筋焊接接头连接区段的长度为 35d(d 为纵向受力钢筋的较大直径)且不小于500mm,凡接头中点位于该连接区段长度内的焊接接头均属于同一连接区段。

位于同一连接区段内纵向受力钢筋的焊接接头面积百分率,对纵向受拉钢筋接头,不应大于50%。纵向受压钢筋的接头面积百分率可不受限制。

注:(1)装配式构件连接处的纵向受力钢筋焊接接头可不受以上限制;

(2)承受均布荷载作用的屋面板、楼板、檩条等简支受弯构件,如在受拉区内配置的纵向受力钢筋不少于3根,可在跨度两端各1/4跨度范围内设置一个焊接接头。

6. 箍筋的构造要求

1) 箍筋的形式与肢数

箍筋的形式有开口式和封闭式。按肢数可分为单肢(见图4-24(a))、双肢(见图4-24(b)、(c))及四肢(见图4-24(d))等。一般的梁采用封闭式箍筋。当梁宽 $b \leqslant 150$mm 时,可采用单肢箍筋,当 150mm$ < b \leqslant 400$mm 时,常采用双肢箍筋;当梁宽 $b > 400$mm 时或每侧纵向钢筋多于4根时,应采用四肢箍筋。

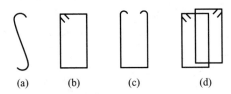

图 4-24   箍筋的形式与构造
(a)单肢箍;(b)封闭双肢箍;(c)开口双股箍;(d)四肢箍

2) 箍筋的最小直径

《规范》规定箍筋的最小直径见表4-3,但当梁内配有计算受压钢筋时,箍筋直径尚不应小于 $d/4$(d 为受压筋的最大直径)。

3) 箍筋的间距

箍筋的间距除按计算确定外,尚应符合下列规定:

(1)箍筋的最大间距宜符合表4-2中的规定。

(2)梁中配有计算的受压钢筋时,箍筋应做成封闭式,并应符合下列规定:①绑扎骨架中,$s \leqslant 15d$;②焊接骨架中,$s \leqslant 20d$。

4) 箍筋的布置

按计算不需要设置箍筋时,只有高度在150mm以下的梁可不设箍筋;高度为150~300mm的梁,可仅在构件端部各1/4跨度范围内设置箍筋;但若在构件的中部1/2跨度范围内有集中荷载作用时,仍应沿梁全长设置箍筋;高度为300mm以上的梁,则必须沿梁全长设置箍筋。

截面高度大于800mm的梁,箍筋不宜小于 $\phi 8$;对截面高度不大于800mm的梁,不宜小于 $\phi 6$。梁中配有计算需要的纵向受压钢筋时,箍筋直径尚不应小于 $0.25d$,d 为受压钢筋最大直径。

5) 箍筋的锚固

试验表明,箍筋是受拉钢筋,必须有良好的锚固,见图4-25。通常箍筋采用封闭式,箍筋末端采用135°弯钩,弯钩端头直线端长度不小于50mm或5倍箍筋直径。

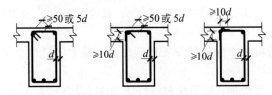

图 4-25   箍筋的锚固要求

4.4　斜截面抗弯、抗剪典型配筋图的阅读与实训

图 4-26 是钢筋混凝土肋梁楼盖中主梁的左半部配筋图，另一半对称。截面 $bh=250\text{mm}\times650\text{mm}$，C20 混凝土，纵筋 HRB335，箍筋 HPB235。我们来试读此图。

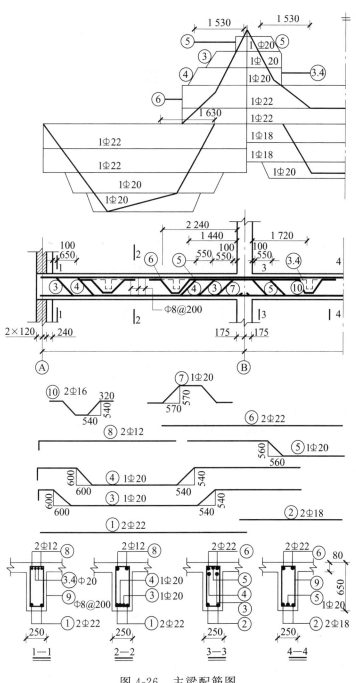

图 4-26　主梁配筋图

图 4-26 是设计弯矩图(弯矩包络图,折线部分)和抵抗弯矩图(平行线部分)。可以看出,抵抗弯矩图覆盖了设计弯矩图(只有在上部顶尖处没有,将在肋梁楼盖设计中解释)。说明已经满足了斜截面抗弯要求。下部钢筋不许截断(可以弯起),受压区钢筋可以截断,如③、④、⑤号钢筋。再看⑤号钢筋的截断点到充分利用点1 530mm 是怎么得到的。从图 4-17 可知,截断点到该钢筋充分利用点的距离应为 $1.2l_a + h_0$;本例中,$l_a = 1.4 \times \dfrac{300}{1.1} = 763.6\text{mm}$,$h_0 = 615\text{mm}$,则 $1.2l_a + h_0 = 1.2 \times 763.6 + 615 = 1\,531.3\text{mm}$。

⑦号钢筋是抗剪鸭筋,⑧号钢筋是架立钢筋,⑨号钢筋是 φ8@200 的箍筋,⑩号钢筋是防止次梁下出现裂缝的吊筋(以后再讲);其中除了⑧号架立钢筋是按构造配置以外,其他钢筋都是根据计算配置。

4.5　本章主要知识点

(1) 基本概念方面

无腹筋梁斜截面破坏的分类及其破坏特征,腹筋的影响,规范公式建立的依据,规范规定抗剪计算的截面,箍筋最大间距与最小直径,尺寸限制条件和最小配箍率的意义等。

(2) 计算方面

基本公式,适用条件,配腹筋和承载力验算的解题思路和技巧。

(3) 构造方面

抵抗弯矩图的概念与做法,斜截面抗弯的要求,弯起钢筋的弯起点、弯起角、理论断点与弯起钢筋的关系,箍筋形式、肢数、布置及锚固,钢筋的锚固、连接及截断等规范的规定。

思　考　题

4-1　受弯构件中,斜截面受剪有哪几种破坏形态? 它们的特点是什么? 以哪种破坏形态作为计算的依据? 如何防止斜压和斜拉破坏?

4-2　影响无腹筋梁受剪破坏的主要因素是什么?

4-3　什么是剪跨比? 它对梁的斜截面破坏有何影响?《混凝土结构设计规范》中受剪承载力计算公式的适用范围是什么?

4-4　为何要规定箍筋和弯起钢筋最大间距?

4-5　《规范》规定斜截面受剪承载力的计算截面位置如何取?

4-6　什么是抵抗弯矩图? 什么是钢筋的理论断点和充分利用点?

4-7　梁内弯起钢筋有什么基本要求?

4-8　**箍筋**有哪些构造要求?

4-9　钢筋的连接、截断和锚固有何规定?

习　题

4-1　矩形截面简支梁 $b = 250\text{mm}$,$h = 550\text{mm}$,净跨 $l_n = 6\,000\text{mm}$,承受设计荷载(已包括梁自重)$g + q = 60\text{kN/m}$,混凝土强度等级为 C25,经正截面承载力计算已配 4 Φ20 纵筋,箍筋采用 HPB300 级,试确定箍筋的

数量。

4-2　矩形截面简支梁 $b=250\text{mm}$，$h=550\text{mm}$，净跨 $l_n=5\,400\text{mm}$，承受均布荷载设计值 $g+q=65\text{kN/m}$（已包括自重），混凝土等级为 C25，纵向受拉钢筋为 HRB335 级，箍筋为 HPB300 级，根据正截面承载力计算已配置 $2\phi25+2\phi22$ 的纵向受拉钢筋，试分别按下述两种腹筋配置方式对梁进行斜截面受剪承载力计算：

（1）只配置箍筋，确定箍筋的数量。

（2）箍筋按构造要求沿梁长均匀配置，试计算所需的弯起钢筋的排数及数量。

4-3　钢筋混凝土矩形截面简支梁，其截面尺寸 $b=250\text{mm}$，$h=500\text{mm}$，净跨 $l_n=6\text{m}$，承受次梁传来的两个集中荷载 $Q=95\text{kN}$，其中不包括梁自重，作用位置分别距支座边缘 2m 处，集中荷载分项系数 $\gamma_Q=1.2$，自重荷载分项系数为 $\gamma_G=1.2$，混凝土强度等级为 C25，箍筋为 HPB300 级，按正截面受弯已配纵筋 $4\phi18+2\phi16$。试按下列两种腹筋布置方案进行斜截面受剪承载力计算：

（1）仅配箍筋，确定其数量。

（2）箍筋按双肢 $\phi8@200$ 配置，试计算所需的弯起钢筋数量。

4-4　简支矩形梁，净跨 5.3m，承受均布荷载，截面尺寸为 $b=250\text{mm}$，$h=550\text{mm}$，混凝土为 C20 级，箍筋为 HPB300 级。若梁沿全长配置双肢 $\phi8@120$ 的箍筋，试计算这根梁的斜截面受剪承载力，并据此计算出这根梁所能承担的均布荷载设计值。

第5章 受压构件的截面承载力

本章学习要点：

（1）长柱与短柱中心受压、大偏心受压、小偏心受压破坏的主要形态，中心受压构件的稳定系数，承载力计算；

（2）螺旋箍筋柱提高抗压承载力的基本原理、适用范围、计算公式与限制；

（3）大、小偏心受压构件的判据、计算内容与方法；

（4）轴向力对抗剪性能的影响及计算方法；

（5）受压构件的构造要求。

5.1 概　　述

钢筋混凝土受压构件是建筑结构中常见的一种构件，应用十分广泛，如建筑物中的钢筋混凝土柱、墙，钢筋混凝土屋架、桁架中的受压上弦和腹杆中的压杆等（见图 5-1），拱截面受有偏心压力，具有合理轴线的拱截面受有中心压力。

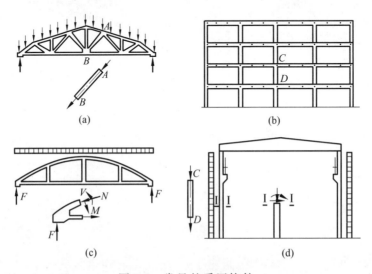

图 5-1　常见的受压构件

（a）桁架受压腹杆；（b）框架结构房屋柱；（c）屋架的受压上弦；（d）单层厂房牛腿柱

根据轴向压力的作用点和截面重心的相对位置不同,受压构件可分为轴心受压构件(只承受轴向力 $N\neq 0$, $M=0$)、单向偏心受压构件和双向偏心受压构件($N\neq 0,M\neq 0$,剪力通常可以忽略),如图 5-2 所示。受压构件常用的截面形状有方形、矩形、圆形、环形、工字形等。

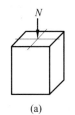

图 5-2 受压构件类型

(a) 轴心受压;(b) 单向偏心受压;(c) 双向偏心受压

钢筋混凝土受压构件通常配有纵向受力钢筋和箍筋。在轴心受压构件中,纵向受力钢筋的主要作用是协助混凝土抵抗压力,箍筋的主要作用是防止纵向受力钢筋向外压屈,并与纵向受力钢筋形成骨架以便于施工。在偏心受压构件中,纵向受力钢筋的主要作用是,离荷载近的纵向受力钢筋协助混凝土抵抗压力,只要配有足够多的箍筋,都能达到抗压屈服极限;离荷载远的纵向受力钢筋根据偏心距的大小不同可能承受拉力,也可能承受压力,可能达到抗拉或抗压屈服极限,也可能达不到;箍筋的主要作用是防止受压钢筋失稳外凸、固定纵向钢筋并与之形成骨架和抵抗剪力。

5.2 受压构件的一般构造要求

1) 材料

混凝土强度对受压构件的承载力影响较大,故宜采用强度等级较高的混凝土,如 C25、C30、C35、C40 等。在高层建筑和重要结构中,尚应选择强度等级更高的混凝土。

受压时,以构件的压应变达到混凝土的峰值应力所对应的应变 0.002 为控制条件,认为此时混凝土达到棱柱体抗压强度值 f_c,相应的纵筋应力值 $\sigma'_s = E'_s\varepsilon'_s \approx 2\times 10^5 \times 0.002 = 400\text{N/mm}^2$,对于 HRB400 级,HRB335 级、HPB235 级和 RRB400 级热轧钢筋已达到屈服强度,对于屈服强度或条件屈服强度大于 400N/mm^2 的钢筋,在受压时只能达到 400N/mm^2。所以钢筋与混凝土共同受压时,若钢筋强度过高,则不能充分发挥其作用,故不宜用高强度钢筋作为受压钢筋。同时,也不得用冷拉钢筋作为受压钢筋。

2) 截面形式

轴心受压构件以方形为主,根据需要也可采用矩形、圆形截面或正多边形截面;截面最小边长不宜小于 250mm,构件长细比 l_0/b 不宜过大,常取 $l_0/b\leqslant 30,l_0/h\leqslant 25$($b$ 为矩形截面短边,h 为矩形截面长边),当柱截面的边长在 800mm 以下时,截面尺寸以 50mm 为模数;边长在 800mm 以上时,截面尺寸以 100mm 为模数。

3) 纵向钢筋

(1) 纵向受力钢筋直径 d 不宜小于 12mm,为便于施工宜选用较大直径的钢筋,以减少纵向弯曲,并防止在临近破坏时钢筋过早压屈。全部纵向钢筋的配筋率不宜大于 5%。圆柱中纵向钢筋宜沿周边均匀布置,根数不宜少于 8 根,且不应少于 6 根。

(2) 当偏心受压柱的截面高度 $h\geqslant 600$mm 时,在柱的侧面上应设置直径为 $10\sim 16$mm 的纵向构造钢筋,并相应设置复合箍筋或拉筋。

(3) 纵向钢筋应沿截面周边均匀布置,钢筋净距不应小于 50mm。在偏心受压柱中,垂直于弯矩作用平面的纵向受力钢筋与轴心受压柱中的纵向受力钢筋,其间距不宜大于 300mm。当钢筋直径 $d \leqslant 32$mm 时,可采用绑扎接头,但接头位置应设在受力较小处。

4) 箍筋

(1) 应当采用封闭式箍筋,以保证钢筋骨架的整体刚度,并保证构件在破坏阶段箍筋对混凝土和纵向钢筋的侧向约束作用。

(2) 箍筋的间距 s 不应大于横截面短边尺寸,且不大于 400mm,同时不应大于 $15d$(d 为纵向钢筋的最小直径)。

(3) 箍筋采用热轧钢筋时,其直径不应小于 6mm,且不应小于 $d/4$(d 为纵向钢筋的最大直径)。

5) 当柱每边的纵向受力钢筋不多于 3 根,或当柱短边尺寸 $d \leqslant 400$mm,而纵筋不多于 4 根时,可采用双肢箍筋;否则应设置复合箍筋。

6) 当柱中全部纵向受力钢筋配筋率超过 3% 时,箍筋直径不应小于 8mm,其间距不应大于 $10d$(d 为纵向钢筋的最小直径),且不应大于 200mm。箍筋末端应做成 135° 弯钩且弯钩末端平直段长度不应小于箍筋直径的 10 倍,也可焊成封闭环式。

7) 在配置螺旋式或焊接环式间接钢筋的柱中,如计算中考虑间接钢筋的作用,则间接钢筋的间距不应大于 80mm 及 $d_{cor}/5$(d_{cor} 为按间接钢筋内表面确定的核心截面直径),且不小于 40mm。

图 5-3 和图 5-4 为几种常用的箍筋形式。对于截面形状复杂的柱,不可采用内折角的箍筋,以免产生向外的拉力,致使折角处混凝土保护层崩脱。

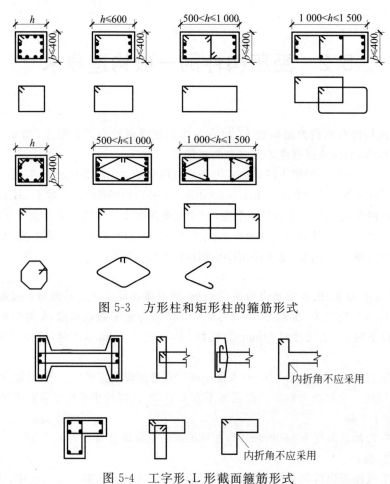

图 5-3　方形柱和矩形柱的箍筋形式

图 5-4　工字形、L 形截面箍筋形式

5.3　轴心受压构件正截面承载力

实际工程结构中,由于施工时不可避免的尺寸误差、混凝土材料的不均匀性、钢筋位置的可能偏差以及荷载作用位置的不准确等,理想的轴心受压构件是不存在的。构件受压时,往往或多或少地存在初始偏心。但考虑到有些构件,如永久荷载很大的多层多跨房屋的底层中间柱、桁架的受压腹杆等,实际存在的弯矩很小,常可以忽略不计。另外,在对单向偏心受压构件进行垂直于弯矩作用平面的验算时,也是作为轴心受压构件考虑的。

钢筋混凝土轴心受压构件的截面形式有正方形、矩形、圆形、八角形等。根据箍筋配置方式的不同,轴心受压构件分为普通箍筋柱和螺旋箍筋柱。钢筋的作用除了如前所述之外,在螺旋箍筋柱中密布的箍筋还形成一个沿柱全长的"套箍",此时核心混凝土的约束作用可以在一定程度上改善构件最终可能发生突然破坏的脆性性质,因而能够提高构件的承载力和延性。

5.3.1　轴心受压普通箍筋柱的正截面受压承载力计算

1. 受力分析和破坏形态

对于配有纵筋和箍筋(见图 5-5)的短柱(对于一般截面,$l_0/i \leqslant 28$;对于矩形截面 $l_0/b \leqslant 8$),在轴心荷载作用下,整个截面的应变基本上是均匀分布的。当荷载较小时,混凝土和钢筋都处于弹性阶段,柱子压缩变形的增加与荷载的增量成正比,纵筋和混凝土的压应力的增加也与荷载的增加成正比。当荷载较大时,由于混凝土塑性变形的发展,压缩变形增加的速度快于荷载增长速度;纵筋配筋率越小,这个现象越为明显。同时,在相同荷载增量下,钢筋的压应力比混凝土的压应力增加得快(见图 5-6)。随着荷载的继续增加,柱中开始出现微细裂缝,在临近破坏荷载时,柱四周出现明显的纵向裂缝,箍筋间的纵筋发生压屈,向外凸出,混凝土被压碎,构件即告破坏(见图 5-7)。总之,短柱的破坏属于强度破坏。

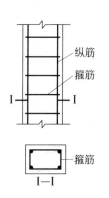

图 5-5　普通箍筋柱

对于长细比较大的柱子,由于各种偶然因素造成的初始偏心距的影响,在荷载作用下,将产生附加弯曲和相应的侧向挠度,而侧向挠度又加大了荷载的偏心距。随着荷载的增加,附加弯矩和侧向挠度将不断增大。这样相互影响的结果,使长柱在轴力和弯矩的共同作用下开始破坏。破坏时,首先在凹侧出现纵向裂缝,然后混凝土被压碎,纵筋被压屈而向外鼓出;凸侧混凝土出现垂直于纵轴方向的横向裂缝,侧向挠度急速增大,柱子即告破坏(见图 5-8)。此外,当荷载长期作用时,由于混凝土的徐变,侧向挠度将增大更多。因此,长柱的承载力将比短柱的承载力降低更多。长期荷载在全部荷载中所占的比例越大,长柱的承载力降低越多。由于上述原因,长细比较大的柱子承载力将低于其他条件相同的短柱。长细比越大,其承载力降低也越多。对于长细比很大的细长柱,还可能发生失稳破坏。总之,长柱的破坏属于失稳破坏,其破坏荷载远未达到截面承载力。中长柱的破坏介于长、短柱之间。

2. 普通箍筋柱的正截面受压承载力计算公式

根据分析,在普通箍筋柱中,纵筋与混凝土都能达到设计强度,考虑长柱承载力的降低和可靠度要求,《规范》给出的公式是:

$$N \leqslant 0.9\varphi(f_c A + A'_s f'_y)$$

$$(5-1)$$

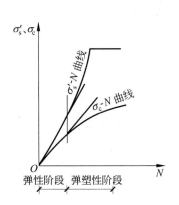
图 5-6 轴心受压柱的应力-荷载曲线

图 5-7 轴心受压短柱的破坏形态

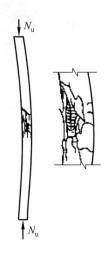
图 5-8 轴心受压长柱的破坏形态

式中：N——轴向压力设计值(包含重要性系数 γ_0 在内)；

φ——钢筋混凝土构件的稳定系数($\varphi \leqslant 1$)，按表 5-1 查取；

A——构件截面面积，当纵向受压钢筋的配筋率 $\rho' = A_s'/A > 3\%$ 时，A 应改用 A_n 代替；$A_n = A - A_s'$；

A_s'——全部纵向受压钢筋的截面积；

f_c——混凝土轴心抗压强度设计值；

f_y'——纵向钢筋抗压强度设计值；

0.9——为了保持与偏心受压构件正截面承载力计算具有相近的可靠度而引入的系数。

稳定系数 φ 是用来考虑长柱纵向弯曲使承载力降低的影响。钢筋混凝土构件的稳定系数可按构件的长细比由表 5-1 查得。

表 5-1 钢筋混凝土轴心受压构件的稳定系数 φ

l_0/b	l_0/d	l_0/i	φ	l_0/b	l_0/d	l_0/i	φ
$\leqslant 8$	$\leqslant 7$	$\leqslant 28$	1.00	30	26	104	0.52
10	8.5	35	0.98	32	28	111	0.48
12	10.5	42	0.95	34	29.5	118	0.44
14	12	48	0.92	36	31	125	0.40
16	14	55	0.87	38	33	132	0.36
18	15.5	62	0.81	40	34.5	139	0.32
20	17	69	0.75	42	36.5	146	0.29
22	19	76	0.70	44	38	153	0.26
24	21	83	0.65	46	40	160	0.23
26	22.5	90	0.60	48	41.5	167	0.21
28	24	97	0.56	50	43	174	0.19

注：表中 l_0 为构件的计算长度；b 为矩形截面的短边尺寸；d 为圆形截面的直径；i 为截面最小回转半径。

构件计算长度与构件两端支承情况有关，当两端铰支时，取 $l_0 = l$(l 是构件实际长度)；当两端固定时，取 $l_0 = 0.5l$；当一端固定、一端铰支时，取 $l_0 = 0.7l$；当一端固定、一端自由时，取 $l_0 = 2l$。

在建筑工程实际结构中,构件端部的支承情况并非是理想的铰接或固定,在确定构件计算长度 l_0 时,应根据具体情况按如下方法确定。

(1) 一般多层房屋中梁柱为刚接的框架结构,各层柱的计算长度按表 5-2 采用。

表 5-2　框架结构各层柱的计算长度

楼 盖 类 型	柱 的 类 别	计算长度 l_0
现浇楼盖	底层柱	$1.0H$
	其余各层柱	$1.25H$
装配式楼盖	底层柱	$1.25H$
	其余各层柱	$1.5H$

注:表中 H 对底层柱为从基础顶面到一层楼盖顶面的高度;对其余各层柱为上、下两层楼盖顶面之间的高度。

(2) 当水平荷载产生的弯矩设计值占总弯矩设计值的 75% 以上时,框架柱的计算长度 l_0 可按下列两个公式计算,并取其中的较小值:

$$l_0 = [1 + 0.15(\Psi_u + \Psi_l)]H \tag{5-2}$$

$$l_0 = (2 + 0.2\Psi_{\min})H \tag{5-3}$$

式中:Ψ_u、Ψ_l——柱的上、下端节点处交汇的各柱线刚度之和与交汇的各梁线刚度之和的比值;

$\quad\Psi_{\min}$——比值 Ψ_u、Ψ_l 中的较小值;

$\quad H$——柱的高度,按表 5-2 的表注采用。

3. 普通箍筋柱的设计计算方法

普通箍筋柱的正截面受压承载力设计计算也有配筋设计与承载力验算两类问题,具体的设计流程如图 5-9、图 5-10 所示框图。

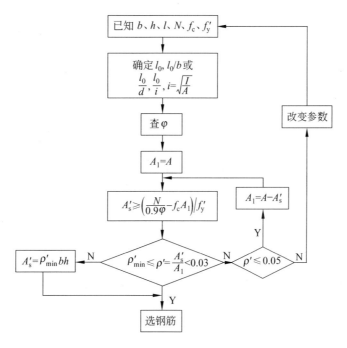

图 5-9　普通箍筋柱配筋设计框图

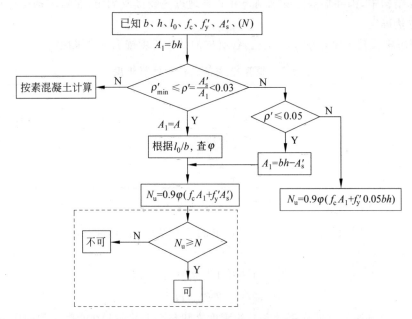

图 5-10　普通箍筋柱承载力验算框图

[例 5-1]　某多层现浇钢筋混凝土框架结构,底层内柱承受轴向压力设计值 $N=1\,800\text{kN}$(包括自重),截面尺寸为 $400\text{mm} \times 400\text{mm}$,基础顶面至楼面距离 $H=6.3\text{m}$,混凝土强度等级 C25($f_c=11.9\text{N/mm}^2$),纵向钢筋采用 HRB335 级($f_y'=300\text{N/mm}^2$),试确定该柱纵向钢筋和箍筋。

解：(1) 柱的计算长度

本例为现浇楼盖,查表 5-2 柱的计算长度 $l_0=1.0 \cdot H=6.3$(m)。

(2) 稳定系数 φ

长细比 $\dfrac{l_0}{b}=\dfrac{6\,300\text{mm}}{400\text{mm}}=15.75$,查表 5-1,得稳定系数 $\varphi=0.878$。

(3) 纵向钢筋计算

$$A_s'=\dfrac{\dfrac{N}{0.9\varphi}-f_c A}{f_y'}=\dfrac{\dfrac{1\,800 \times 10^3}{0.9 \times 0.878}-11.9 \times 400 \times 400}{300}=1\,246.3(\text{mm}^2)$$

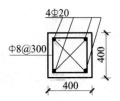

图 5-11　[例 5-1]图

纵向钢筋选用 $4 \oplus 20$($A_s'=1\,256\text{mm}^2 > 1\,246.3\text{mm}^2$)。满足要求。

配筋率 $\rho'=\dfrac{A_s'}{A}=\dfrac{1\,256}{400 \times 400}=0.8\% > \rho_{\min}'=0.6\%$

(4) 确定箍筋

箍筋选用 $\Phi 8@300$,箍筋间距 $\leqslant 400\text{mm}$,且 $\leqslant 15d=300\text{mm}$,箍筋直径 $> \dfrac{d}{4}=\dfrac{20\text{mm}}{4}=5\text{mm}$,满足构造要求。柱截面配筋见图 5-11。

[例 5-2]　某轴心受压柱截面尺寸 $bh=300\text{mm} \times 300\text{mm}$,配有 HRB400 级 $4 \oplus 22$ 钢筋($f_y'=360\text{N/mm}^2$,$A_s'=1\,520\text{mm}^2$),计算长度 $l_0=4\text{m}$,混凝土强度等级为 C25($f_c=11.9\text{N/mm}^2$),求该柱承载力设计值。

解：(1) 确定稳定系数 φ

长细比 $l_0/b=4\,000/300=13.3$;查表 5-1,得稳定系数 $\varphi=0.931$。

（2）柱截面承载力设计值

验算配筋率 $\rho' = \dfrac{A_s'}{A} = \dfrac{1\,520}{300 \times 300} = 1.69\% \begin{cases} > \rho_{min}' = 0.55\% \\ < 3\% \end{cases}$

$$N_u = 0.9\varphi(f_c A + f_y' A_s')$$
$$= 0.9 \times 0.931 \times (11.9 \times 300 \times 300 + 360 \times 1\,520)$$
$$= 1\,527\,000(\text{N}) = 1\,527(\text{kN})$$

5.3.2　轴心受压螺旋箍筋柱的正截面受压承载力计算

如果轴心压力很大，截面尺寸不够，或为了减少纵向钢筋的配筋率，充分利用核心混凝土的强度，可采用螺旋箍筋柱。

1. 受力分析和破坏形态

如前所述，配置螺旋箍筋或焊接环形箍筋的柱中（见图 5-12），间距很密的螺旋箍筋或焊接环形箍筋犹如一套筒，使混凝土处于三向受压状态，从而间接地提高了柱的纵向受压承载力。这种螺旋箍筋或焊接环筋称为间接钢筋，它不仅提高了柱的纵向承载力，更重要的是在承载力不降低的情况下，能使柱的变形能力（延性）大大增加（见图 5-13），故间接配筋柱特别适用于抗震地区。

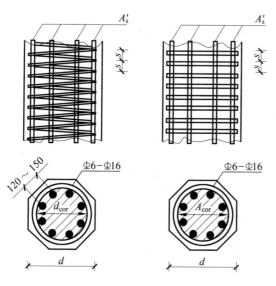

图 5-12　螺旋箍筋柱和焊接环筋柱

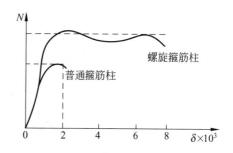

图 5-13　轴心受压柱的 ε 曲线

在式（2-6）中已经说明，侧向压应力的作用将有效阻止混凝土在轴向压力作用下所产生的侧向变形和内部微裂缝的发展，从而使混凝土的抗压强度有较大的提高。配置螺旋箍筋（或焊接环筋）就能起到这种作用。当混凝土轴向压应力较大时（$0.7f_c$ 左右），混凝土内纵向微裂开始迅速发展，导致混凝土侧向变形明显增大。而配置足量的螺旋箍筋或焊接环筋就能约束其侧向变形，使混凝土产生间接的被动侧向压力，箍筋则产生环向拉力。当荷载逐步加大到混凝土压应变超过无约束时的极限压应变后，箍筋外部的混凝土将被压坏开始剥落，而箍筋以内即核心部分的混凝土则能继续承载。只有当箍筋达到抗拉屈服强度而失去约束混凝土侧向变形的能力时，核心混凝土才会被压碎而导致整个构件破坏，其破坏形态如图 5-14 所示。

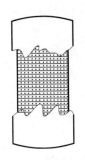

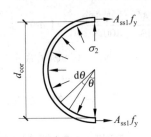

图 5-14　螺旋箍筋柱破坏形态　　　　　图 5-15　螺旋箍筋受力情况

2. 螺旋箍筋柱的正截面受压承载力计算公式

如果把式(2-6)中的 σ_1 记做 f_{c1}，则配置了螺旋箍筋或焊接环筋的轴心受压柱的核心混凝土的抗压强度可表述为

$$f_{c1} = f_c + 4\sigma_2 \tag{5-4}$$

式中：σ_2——间接钢筋(螺旋箍筋或焊接环筋)对核心混凝土产生的被动侧向压应力(径向压应力)。假设箍筋拉应力达到屈服强度，则由图 5-15 平衡条件得

$$2f_y A_{ss1} = \int_0^\pi \sigma_2 \sin\theta \cdot d\theta \cdot \frac{d_{cor}}{2} \cdot s = \sigma_2 d_{cor} s \quad (1 \text{ 根间接钢筋})$$

故

$$\sigma_2 = \frac{2f_y A_{ss1}}{d_{cor} \cdot s} = \frac{2f_y A_{ss1} \pi d_{cor}}{4 \dfrac{\pi d_{cor}^2}{4} \cdot s}$$

即

$$\sigma_2 = \frac{f_y}{2A_{cor}} A_{ss0} \tag{5-5}$$

式中：f_y——间接钢筋的抗拉强度设计值；

　　　A_{cor}——核心混凝土面积，间接钢筋内表面范围内的混凝土面积，$A_{cor} = \pi d_{cor}^2/4$；

　　　A_{ss0}——间接钢筋的换算面积，$A_{ss0} = (\pi d_{cor}/s) A_{ss1}$；

　　　A_{ss1}——螺旋式或环式单根间接钢筋的截面面积；

　　　d_{cor}——核心混凝土内直径；间接钢筋内表面之间的距离；

　　　s——间接钢筋沿构件轴线方向的间距。

构件的承载力应按下列公式计算：

$$N \leqslant f_{c1} A_{cor} + f'_y A'_s = (f_c + 4\sigma_2) A_{cor} + f'_y A'_s$$

将式(5-5)代入，得

$$N \leqslant \left(f_c + 4\frac{f_y A_{ss0}}{2A_{cor}} \right) A_{cor} + f'_y A'_s$$

即

$$N \leqslant f_c A_{cor} + 2f_y A_{ss0} + f'_y A'_s \tag{5-6}$$

设计时，为了保持与偏心受压构件正截面承载具有相近的可靠度，并且考虑间接钢筋对不同强度等级混凝土约束效应的影响差异，按下列公式近似计算：

$$N \leqslant 0.9(f_c A_{cor} + f'_y A'_s + 2\alpha f_y A_{ss0}) \tag{5-7}$$

式中：α 为间接钢筋对混凝土约束的折减系数，当混凝土强度等级不超过 C50 时取 1.0，当混凝土强度等级为 C80 时取 0.85；其间按线性内插法确定。

从式(5-7)建立的过程可看出，箍筋起了充分地约束核心混凝土的作用，但是这只有在钢箍有足够数量及混凝土压应力分布较均匀时才能实现。因此按式(5-7)进行承载力计算时，必须要满足有关条件，否则就不能考虑箍筋的约束作用。因此规范规定：

(1) 为了防止箍筋外面混凝土保护层过早剥落，应使按式(5-7)计算所得的承载力不大于按式(5-1)计算所得的承载力的 1.5 倍。即

$$0.9(f_c A_{cor} + f'_y A'_s + 2\alpha f_y A_{ss0}) \leqslant 1.5 \times 0.9\varphi(f_c A + A'_s f'_y) \tag{5-8}$$

(2) 凡属下列情况之一者，不考虑间接钢筋的影响，而按式(5-1)设计构件：

① 当 $l_0/d > 12$ 时，可能因侧向挠曲而使螺旋箍筋或焊接圆环箍起不了约束混凝土的作用，不能考虑间接钢筋提高承载力的影响。

② 当箍筋的换算截面面积 $A_{ss0} < 0.25A'_s$ 时，表示箍筋数量配置较少，实际上起不了对核心混凝土的约束作用，也不能考虑箍筋对承载力提高的影响。

③ 如果核心混凝土直径 d_{cor} 相对较小时，有可能按式(5-7)算得的承载力小于按式(5-1)算得的承载力。即

$$0.9(f_c A_{cor} + f'_y A'_s + 2\alpha f_y A_{ss0}) < 0.9\varphi(f_c A + A'_s f'_y) \tag{5-9}$$

3. 螺旋箍筋柱的设计计算方法

螺旋箍筋柱的正截面受压承载力设计计算也有配筋设计与承载力验算两种问题。具体的设计流程如图 5-16、图 5-17 所示框图。

[例 5-3] 某大楼门厅内现浇钢筋混凝土柱，承受轴心压力设计值 $N = 3\,100$kN，从基础顶面至二层楼面高度为 5.8m。根据建筑设计要求，柱的截面为圆形，直径 $d = 400$mm。混凝土强度等级为 C30($f_c = 14.3$N/mm²)，纵筋采用 HRB400 级钢筋($f'_y = 360$N/mm²)，箍筋采用 HRB335 级钢筋($f_y = 300$N/mm²)，试确定柱的配筋。

解：(1) 判别是否可采用螺旋箍筋柱，按《规范》规定：

$$l_0 = 0.7H = 0.7 \times 5.8 = 4.06(\text{m})$$

$$\frac{l_0}{d} = \frac{4\,060}{400} = 10.15 < 12(\text{可设计成螺旋箍筋柱})$$

(2) 求 A'_s

$$A = \frac{\pi d^2}{4} = \frac{3.142 \times 400^2}{4} = 125\,700(\text{mm}^2)$$

假定 $\rho' = 0.025$，则 $A'_s = 0.025 \times 125\,700 = 3\,142(\text{mm}^2)$。

选用 10 $\oplus$ 20，$A'_s = 3\,142$mm²。

(3) 求 A_{ss0}

混凝土保护层厚度为 30mm，则

$$d_{cor} = 400 - 60 = 340(\text{mm})$$

$$A_{cor} = \frac{3.142 \times 340^2}{4} = 90\,800(\text{mm}^2)$$

由式(5-7)可得

$$A_{ss0} = \frac{\dfrac{N}{0.9} - (f_c A_{cor} + f'_y A'_s)}{2\alpha f_y} = \frac{\dfrac{3\,100 \times 10^3}{0.9} - (14.3 \times 90\,800 + 360 \times 3\,142)}{2 \times 1.0 \times 300}$$

$$= 1\,691(\text{mm}^2)$$

$A_{ss0} > 0.25A'_s = 0.25 \times 3\,142 = 786(\text{mm}^2)$(满足要求)。

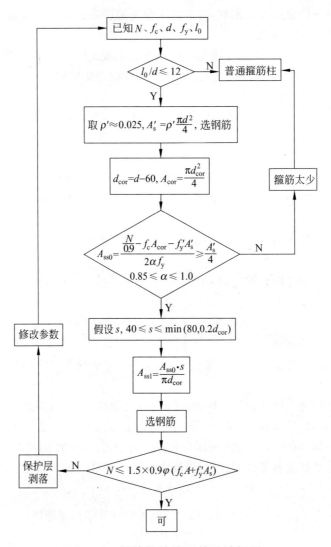

图 5-16 螺旋箍筋柱配筋设计框图

（4）确定螺旋箍筋直径和间距

假定螺旋箍筋直径 $d=8$ mm，则单根螺旋箍筋截面面积 $A_{ss1}=50.3$ mm²，由 A_{ss0} 公式可得

$$s = \frac{\pi d_{cor} A_{ss1}}{A_{ss0}} = \frac{3.142 \times 340 \times 50.3}{1\,691} = 31.7 (\text{mm})$$

取 $s<40$ mm，不满足构造要求。取 $s=40$ mm$<0.2d_{cor}=68$ mm，由 A_{ss0} 公式可得 $A_{ss1}=40\times1\,691/3.142/340=$ 63.4 mm²。取 $\phi 10$，$A_{ss1}=78.5$ mm²。

（5）复核混凝土保护层是否过早脱落

按 $\dfrac{l_0}{d}=10.15$，查表 5-1，得 $\varphi=0.955$，则

$$N = 1.5 \times 0.9 \varphi (f_c A + f'_y A'_s)$$
$$= 1.5 \times 0.9 \times 0.955 \times (14.3 \times 125\,700 + 360 \times 3\,142)$$
$$= 3\,776\,000(\text{N}) = 3\,776(\text{kN}) > 3\,100(\text{kN})$$

满足要求。

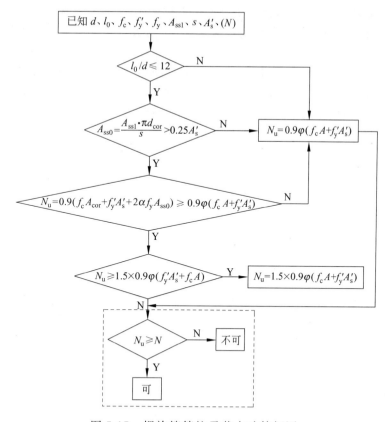

图 5-17　螺旋箍筋柱承载力验算框图

[**例 5-4**]　[例 5-3]中,如果配有 $10 \Phi 22(A_s' = 3\,801\text{mm}^2)$ 的纵筋,$\Phi 8@40$ 的箍筋,试问,承载力够不够?

解: $A_{ss0} = \dfrac{50.3 \times 3.14 \times 340}{40}$

$\qquad = 1\,342.51(\text{mm}^2) > \dfrac{A_s'}{4} = 950.25(\text{mm}^2)$,可以。

$N_u = 0.9 \times (14.3 \times 90\,800 + 360 \times 3\,801 + 2 \times 1.0 \times 300 \times 1\,342.51) = 3\,125.08(\text{kN}) > 3\,100\text{kN}$,也 $< 3\,776\text{kN}$,所以承载力足够,也不会引起保护层剥落。

5.4　偏心受压构件的受力性能

5.4.1　偏心受压构件的破坏特征

大量试验表明,偏心受压构件最后的破坏都是由于受压区混凝土被压碎所造成,但是随着相对偏心距大小和配筋量的不同,其破坏形态、发展过程及特征也有所不同。现分别根据试验结果分析如下(见图 5-18)。

1) 当轴心压力 N 的相对偏心距 e_0/h_0 较大,且受拉钢筋又配置不很多时,随着 N 的不断增大,受拉边缘混凝土首先出现水平裂缝。N 继续增加,受拉边形成一条或几条主要裂缝。接近破坏荷载前,受拉钢筋首先达到屈服强度,裂缝扩展并使受压区高度进一步减小,最后受压区边缘混凝土达到极限压应变值,出现纵向裂缝而混凝土被压碎,构件即告破坏。此时受压钢筋一般都能达到屈服强度。这种破坏从受拉区开始,受拉钢筋先达到屈服,然后受压区混凝土被压坏,因此称为受拉破坏,或称为大偏心受压破坏。其截面上的应力状态如图 5-18(a)所示。

2) 轴心压力 N 的相对偏心距 e_0/h_0 较大,且受拉钢筋配置较多时,随着 N 的不断增大,受拉边缘混凝土也出现水平裂缝,当 N 继续增大,裂缝扩展与延伸并不明显。在 N 达到破坏值时,受拉钢筋并未达到屈服,而受压区边缘混凝土已达到极限压应变值而破坏,此时受压钢筋一般能达到屈服强度。这种破坏是从受压区开始的,受拉钢筋未能达到屈服,截面上的应力状态如图 5-18(b)所示。

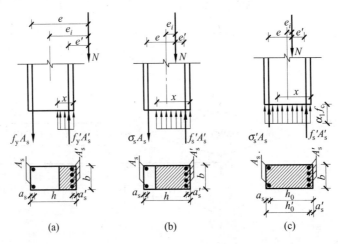

图 5-18　偏心受压破坏

3) 当轴心压力 N 的相对偏心距 e_0/h_0 较小时,构件截面将全部受压或只有很小受拉区,如图 5-18(c)所示。通常是从压应力较大的一边混凝土发生破坏,该侧的受压钢筋一般均能达到屈服强度。而应力较小一侧的钢筋当处于受拉时(图 5-18(b)),其应力达不到屈服强度;当处于受压时(图 5-18(c)),一般也达不到屈服强度,但如果偏心距很小(对矩形截面 $e_0/h_0<0.15$),而轴压力 N 又比较大时,也有可能达到屈服强度。

偏心受压构件虽然有上述三种破坏形态,但从破坏原因、破坏性质以及决定构件承载力的影响因素来看,可以归纳为两种破坏特征:

(1) "受拉"破坏(意指破坏从受拉钢筋屈服开始,即大偏心受压破坏;而非受拉构件的破坏)。受拉破坏在破坏前有明显的预兆,属于塑性破坏。这种破坏发生在轴向压力偏心距较大的情况下,故习惯上也称为大偏心受压破坏。破坏阶段截面中的应变及应力分布图形如图 5-18(a)所示。

(2) 受压破坏(破坏从受压边缘混凝土压碎开始,即小偏心受压破坏)。这种破坏常发生在轴向压力偏心距较小的情况,小偏心受压破坏所共有的关键性破坏特征是:构件在破坏前变形不会急剧增长,但受压区垂直裂缝不断发展,破坏时没有预兆,属脆性破坏。

偏心受压构件实际上是弯矩 M 和轴力 N 共同作用的构件,荷载偏心距 $e_0=M/N$。因此,弯矩和轴向压力的不同组合会使偏心距不同,将对给定材料、截面尺寸和配筋的偏心受压构件的承载力产生不同的影响。也就是说,在达到承载力极限状态时,截面承受的轴力 N 与弯矩 M 具有相关性,构件可以在不同 N 和 M 的组合下达到承载力极限状态。

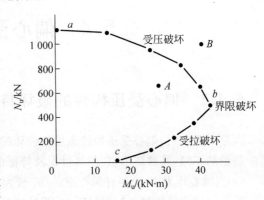

图 5-19　N-M 相关曲线

图 5-19 是一组混凝土强度等级、截面尺寸及配筋都相同的试件仅当偏心距变化时的 N-M 承载力试验相关曲线。a 点是轴心受压时的承载力,随着偏心距的增加,截面的破坏形态由"受压破坏"转化为"受拉破坏"。在受压破坏时,随着偏心距的增加,构件的受压承载力减少而受弯承载力增加;b 点是受压破坏与受拉破坏的分界点,在受拉破坏时,随着偏心距的增加,构件受压承载力和受弯承载力都减小;c 点处轴力 N＝0,e₀＝∞,构件处于纯弯状态。总之,无论大、小偏心受压,偏心距的增大都会使构件的受压承载力减小,这种现象可从"受拉破坏"和"受压破坏"的原因来说明。在受拉破坏时,首先是受拉钢筋屈服,偏心距的增大使得混凝土裂缝增大,受压区面积减小,因而使构件的受压和受弯承载力都降低,在"受压破坏"时,破坏原因是混凝土压碎,偏心距的增大使混凝土受到压应力增加,从而使混凝土压碎提早,使构件的受压承载力降低。而离纵向力较远一侧的钢筋由于偏心距的增加使其应力增加,能进一步发挥作用,因而使构件受弯承载力有所提高(该侧钢筋破坏时不屈服)。

由于相关性曲线上的各点反映了构件处于承载力极限状态时的 M 和 N,故当 M、N 的实际组合(如 A 点)落在曲线以内时,表明构件不会进入承载力极限状态,承载力足够;反之,当 M 和 N 的实际组合(如 B 点)落在曲线以外时,则表明构件将丧失承载力。

5.4.2　大、小偏心受压界限

从以上两种偏心受压的破坏特征可以看出,其本质区别就在于破坏时受拉钢筋是否屈服。若受拉钢筋先屈服,然后是受压区混凝土压碎即为大偏心受压破坏;若受拉钢筋或远离力一侧钢筋无论受拉还是受压均未屈服,则为小偏心受压破坏。这两种破坏的界限是当受拉钢筋屈服的同时,受压区混凝土达到极限压应变。

根据界限破坏的特征和平截面假定,可知大、小偏心受压破坏的界限与受弯构件正截面适筋与超筋的界限是相同的。当 $\xi \leqslant \xi_b$ 时,为大偏心受压;当 $\xi > \xi_b$ 时,为小偏心受压。

5.4.3　附加偏心距和初始偏心距

考虑到工程中实际存在着竖向荷载作用位置的不确定性、混凝土质量的不均匀性、配筋的不对称性以及施工偏差等众多因素,《规范》规定,在偏心受压构件受压承载力计算中必须计入轴向压力在偏心方向的附加偏心距 e_a。《规范》中把 e_a 取为 20mm 和偏心方向截面尺寸的 1/30 两者中的较大值。因此,轴向压力的计算初始偏心距 e_i 为

$$e_i = e_0 + e_a \tag{5-10}$$

式中,e_0 为轴向压力的偏心距,即 $e_0 = M/N$。这里 M 是考虑二阶效应后的设计值。

5.4.4　二阶效应增大系数

钢筋混凝土柱在承受偏心受压和水平荷载后,因荷载非线性竖向荷载要引起二阶效应,使其侧向挠度和截面弯矩都会增大(见图 5-20)。

当无侧向荷载作用时,对长细比小的短柱,侧向挠度与初始偏心矩相比可以忽略不计,可以不考虑纵向弯曲引起的附加弯矩的影响,M 与 N 呈线性关系。构件的破坏是由于材料破坏所引起的。

当柱的长细比较大时,侧向挠度产生的附加弯矩不能忽略,对于中长柱,由于侧向挠度随 N 的增大而增大,故 M 较 N 增长更快,两者不呈线性关系,且长细比越大的柱,其正截面受压承载力与短柱相比降低越多,但中长柱的破坏仍属于材料破坏。

当柱的长细比很大时(细长柱),构件的破坏已不是由于构件的材料破坏所引起,而是由于构件纵向弯曲失

去平衡所引起,称为失稳破坏。

图 5-21 表示三个截面尺寸、配筋和材料强度以及 e_i 完全相同仅长细比不相同的柱从加荷到破坏的示意图。随着长细比的增加,构件承受轴向力 N 值的能力是不相同的(分别为 N_0、N_1、N_2),长细比的加大降低了构件的受压承载力,长细比过大还会造成失稳破坏。

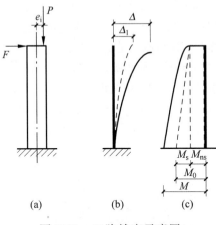

图 5-20　二阶效应示意图

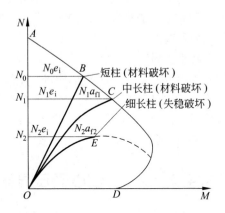

图 5-21　偏心受压柱的各种破坏

在实际工程中,必须避免失稳破坏,因为其破坏具有突然性,且材料强度未充分发挥;而对于短柱,则又可忽略纵向弯曲的影响。因此,需要考虑纵向弯曲影响的是一般中长柱。

《规范》规定:在框架结构、剪力墙结构、框架-剪力墙结构以及筒体结构中,当采用增大系数法近似计算结构因侧移产生的二阶效应(P-Δ 效应)时,应对未考虑 P-Δ 效应的一阶弹性分析所得的构件端弯矩以及层间位移乘以增大系数进行计算:

$$M = M_{ns} + \eta_s M_s \tag{5-11}$$

$$\Delta = \eta_s \Delta_1 \tag{5-12}$$

式中:M_s——引起结构侧移荷载产生的一阶弹性分析构件端弯矩;

M_{ns}——不引起结构侧移荷载产生的一阶弹性分析构件端弯矩;

Δ_1——一阶弹性分析的层间位移;

η_s——P-Δ 效应增大系数,根据不同情况分别按式(5-13)、(5-14b)确定。

其中,梁端的 η_s 取为相应节点处上、下柱端或上、下墙端 η_s 的平均值。框架结构中,所计算楼层各柱的 η_s 可按下列公式计算:

$$\eta_s = \cfrac{1}{1 - \cfrac{\sum N_j}{D H_0}} \tag{5-13}$$

式中:D——所计算楼层的侧向刚度。在计算结构构件弯矩增大系数时,柱的弹性抗弯刚度 $E_c I$ 应乘以折减系数 0.6;当计算结构位移增大系数 η_s 时,不对刚度进行折减。柱刚度可按式(11-4)或(11-14)计算。

N_j——计算楼层第 j 列柱轴力设计值;

H_0——计算楼层的层高。

排架结构柱考虑二阶效应的弯矩设计值可按下列公式计算:

$$M = \eta_s M_0 \tag{5-14a}$$

$$\eta_s = 1 + \frac{1}{1\,500 e_i/h_0} \left(\frac{l_0}{h}\right)^2 \xi \tag{5-14b}$$

$$\zeta_c = \frac{0.5 f_c A}{N} \tag{5-14c}$$

式中：ζ_c——截面曲率修正系数；当 $\zeta_c > 1.0$ 时，取 $\zeta_c = 1.0$。

l_0——柱的计算长度，可按表 13-19 中弹性方案的 H_0 取用；

A——柱的截面面积。对于 I 形截面取：$A = bh + 2(b_f - b)h'_f$。

若构件长细比 l_0/h（或 l_0/d）$\leqslant 5$ 或 $l_0/i \leqslant 17.5$ 时，即视为短柱，可不考虑纵向弯曲对二阶效应的影响，取 $\eta_s = 1.0$。《规范》规定的精确考虑二阶效应的设计方法略。

5.5 矩形截面偏心受压构件正截面承载力计算

5.5.1 大偏心受压构件（$\xi \leqslant \xi_b$）

偏心受压构件计算的基本假定与受弯构件相同。因大偏心受压时，受拉、受压钢筋都达到各自的屈服强度，所以根据轴向平衡和对受拉钢筋形心的力矩平衡，可得如下计算公式（图 5-22）：

$$N \leqslant N_u = \alpha_1 f_c bx + f'_y A'_s - f_y A_s \tag{5-15}$$

$$Ne \leqslant N_u e = \alpha_1 f_c bx \left(h_0 - \frac{x}{2} \right) + f'_y A'_s (h_0 - a'_s) \tag{5-16}$$

$$e = e_i + \frac{h}{2} - a_s \tag{5-17}$$

上式适合条件为

$$x \leqslant \xi_b h_0 \tag{5-18}$$

$$x \geqslant 2a'_s \tag{5-19}$$

当计算中考虑受压钢筋 A'_s 的作用，且 $x < 2a'_s$ 时，受压钢筋 A'_s 不能屈服，则可偏安全地取 $x = 2a'_s$ 并对 A'_s 重心取矩，按下式计算承载力：

$$Ne' = f_y A_s (h_0 - a'_s) \tag{5-20}$$

$$e' = e_i - \frac{h}{2} + a'_s \tag{5-21}$$

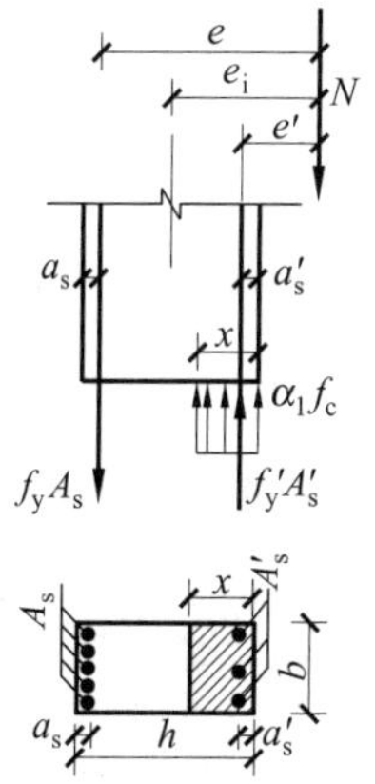

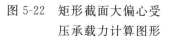

图 5-22 矩形截面大偏心受压承载力计算图形

由上述承载力公式计算得出的受拉钢筋面积 A_s 及受压钢筋面积 A'_s 均需满足最小配筋率的要求，即 A_s（或 A'_s）$\geqslant 0.2\% A$，在此 A 为构件全截面面积。

把上列大偏心受压构件的承载力公式中的 Ne 改为 M 就可发现它与双筋截面受弯构件基本相同。

5.5.2 小偏心受压构件（$\xi > \xi_b$）

小偏心受压构件破坏时的应力图形与超筋受弯构件相似。主要是远离轴压力一侧的钢筋 A_s 的应力 σ_s 可能受拉，也可能受压，但均达不到 f_y 或 f'_y，σ_s 近似地按公式（5-24）计算。小偏心受压构件的承载力计算公式为（图 5-23）

$$N \leqslant N_u = \alpha_1 f_c bx + f'_y A'_s - \sigma_s A_s \tag{5-22}$$

$$Ne \leqslant N_u e = \alpha_1 f_c bx \left(h_0 - \frac{x}{2} \right) + f'_y A'_s (h_0 - a'_s) \tag{5-23}$$

$$\sigma_s = \left(\frac{\xi - \beta_1}{\xi_b - \beta_1} \right) f_y \tag{5-24}$$

式中，σ_s 正值时为拉应力，负值时为压应力。

小偏心受压计算公式的适用条件是

$$x > \xi_b h_0 \tag{5-25}$$

当小偏心受压构件全截面受压,轴压力 $N > f_c A$,远离轴压力一侧的钢筋 A_s 又配得不够多时,则由于附加偏心距 e_a 的负偏差等原因,也有可能使远离轴压力一侧的混凝土反而先被压坏,此时钢筋 A_s 受压,其应力可达到抗压强度设计值 f'_y。为保证这种破坏时的可靠度,A_s 的用量不能太少,并以下列公式(图 5-24)加以验算:

$$Ne' \leqslant \alpha_1 f_c bh \left(h'_0 - \frac{h}{2} \right) + f'_y A_s (h'_0 - a_s) \tag{5-26}$$

$$e' = \frac{h}{2} - a'_s - (e_0 - e_a) \tag{5-27}$$

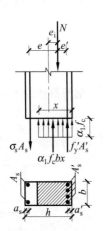

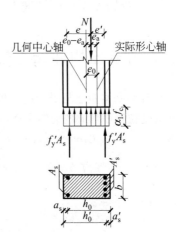

图 5-23 矩形截面小偏心受压承载力计算图形   图 5-24 远离轴压力一侧混凝土先压碎时的计算图形

从式(5-26)和式(5-27)可看出,为了使 Ne' 最大,公式(5-27)中取附加偏心距 e_a 为负偏差,初始偏心距成为 $e_i = e_0 - e_a$,以确保安全。

小偏心受压构件计算时,与大偏心受压构件一样,A_s 及 A'_s 均需满足最小配筋率或构造配筋要求。

偏心受压构件除应计算弯矩作用平面的受压承载力以外,尚应按轴心受压构件验算垂直于弯矩作用平面的受压承载力,此时可不计入弯矩的作用,但应考虑稳定系数 φ 的影响。

5.5.3 对称配筋矩形截面的计算方法

在地震中,柱子中的受拉钢筋与受压钢筋互相交替,应设计成对称配筋截面($A_s = A'_s$)。当按对称配筋设计求得的纵向钢筋总用量比按不对称筋设计增加不多时,亦宜采用对称配筋。装配式柱一般采用对称配筋,以免吊装时发生差错。

由于 $A_s = A'_s$,$f_y = f'_y$,则由式(5-15)可得

$$x = \frac{N}{\alpha_1 f_c b} \tag{5-28}$$

当 $x \leqslant \xi_b h_0$ 时按大偏心受压破坏计算;当 $x > \xi_b h_0$ 时按小偏心受压破坏计算。

1) 大偏心受压破坏

若 $2a'_s \leqslant x \leqslant \xi_b h_0$,则由式(5-16)可得

$$A_s = A'_s = \frac{Ne - \alpha_1 f_c bx (h_0 - 0.5x)}{f_y (h_0 - a'_s)} \tag{5-29}$$

若 $x < 2a'_s$，则由式(5-26)可得

$$A_s = A'_s = \frac{Ne'}{f_y(h_0 - a'_s)} \tag{5-30}$$

式中 $e' = e_i - \dfrac{h}{2} + a'_s$。

必须注意，若求得的 A_s、A'_s 不能满足最小配筋率的要求，应按最小配筋率的要求和有关构造要求配置钢筋。

2) 小偏心受压破坏

对于小偏心受压破坏，当 $A_s = A'_s$，$f_y = f'_y$ 时，由式(5-22)～式(5-24)可得

$$N \leqslant N_u = \alpha_1 f_c b h_0 \xi + f'_y A'_s - \frac{\xi - \beta_1}{\xi_b - \beta_1} f_y A_s \tag{5-31}$$

$$Ne \leqslant N_u e = \alpha_2 f_c b h_0^2 \xi(1 - 0.5\xi) + f'_y A'_s(h_0 - a'_s)$$

解以上联立方程，消去 A'_s 及 f'_y，则有

$$Ne\left(\frac{\xi_b - \xi}{\xi_b - \beta_1}\right) = \alpha_1 f_c b h_0^2 \xi(1 - 0.5\xi)\left(\frac{\xi - \beta_1}{\xi_b - \beta_1}\right) + (N - \alpha_1 f_c b h_0 \xi)(h_0 - a'_s) \tag{5-32}$$

由上式可见，它是 ξ 的三次方程，求解是较为复杂的。

经分析，上式右边第一项中的 $\xi(1 - 0.5\xi)$ 的变化范围为 $0.4 \sim 0.5$（对于小偏心受压破坏时），因此，可近似取为常数 0.43。于是，上式可改写为 ξ 的一次方程，即

$$\xi = \frac{N - \alpha_1 f_c b h_0 \xi_b}{\dfrac{Ne - 0.43\alpha_1 f_c b h_0^2}{(\beta_1 - \xi_b)(h_0 - a'_s)} + \alpha_1 f_c b h_0} + \xi_b$$

代入式(5-31)的第二个公式即可求得钢筋面积

$$A_s = A'_s = \frac{Ne - \alpha_1 f_c b h_0^2 \xi(1 - 0.5\xi)}{f'_y(h_0 - a'_s)}$$

计算时，同时要满足 $A_s = A'_s \geqslant 0.003bh$ 的要求（因对称配筋）。

5.5.4　矩形截面偏心受压构件的计算

矩形截面偏心受压构件的计算也有两类问题：配筋设计与承载力验算。

1. 非对称配筋设计

大小偏心的界限是相对受压区高度 ξ_b，但在截面配筋设计时，A_s 及 A'_s 尚未确定，从而 x 值也未能得知，故无法采用上列界限条件来进行判别。由理论分析可知，对实际工程中可能遇到的一般情况，当 $e_i < 0.3h_0$ 时，截面总是发生小偏压破坏。因此，当 $e_i < 0.3h_0$ 时，可按小偏心受压公式进行设计；当 $e_i \geqslant 0.3h_0$ 时，可先按大偏心受压公式进行设计，然后再判断适用条件 $x \leqslant \xi_b h_0$ 是否满足。如满足，说明确为大偏心受压；如不满足，改用小偏心公式进行计算。

在大偏心受压截面上，为了节约钢筋，应使混凝土受压高度达到 $\xi_b h_0$，其余与弯矩 Ne 平衡的压力再由受压钢筋来补足。为了便于计算，也可用类似式(3-31)～式(3-36)的办法，将 $Ne = M_1 + M_2$（M_1 表示受压混凝土合力关于 A_s 形心的弯矩，M_2 表示受压钢筋压力关于 A_s 形心的弯矩）。具体解题过程如图 5-25 所示框图。

当为小偏心受压破坏时，由于远离荷载一边的钢筋应力达不到屈服极限 f_y 与 f'_y；由式(5-22)和式(5-23)可见，未知数三个，独立的方程只有两个；基于此两点，为了节约钢材，可按最小配筋率确定 A_s（$A_s = \rho_{min} bh$）或按构造要求确定 A_s。将式(5-24)代入式(5-22)，联立解式(5-22)及式(5-23)，得一关于混凝土受压区高度 x 的

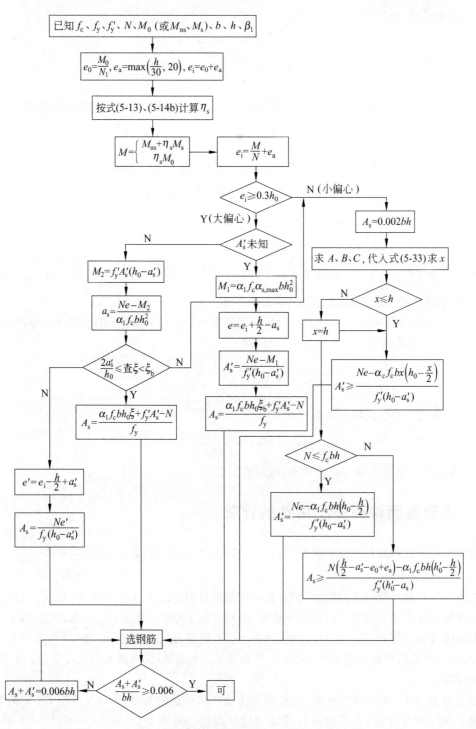

图 5-25　偏心受压构件配筋计算框图

一元二次方程,其解为

$$x = \frac{-B \pm \sqrt{B^2 - 4AC}}{2A}$$

$$(5\text{-}33)$$

$$A = 0.5\alpha_1 f_c b \tag{a}$$

$$B = -\alpha_1 f_c b a_s' + f_y A_s \frac{1 - a_s'/h_0}{\beta_1 - \xi_b} \tag{b}$$

$$C = -Ne' - f_y A_s \frac{\beta_1 (h_0 - a_s')}{\beta_1 - \xi_b} \tag{c}$$

将求得的 x 代入式(5-23),可求出 A_s';若式(5-28)求出的 $x > h$ 时,则应取 $x = h$ 代入式(5-23),求 A_s'。

当 $N > f_c bh$ 时,为防止反向破坏,尚应按式(5-26)验算 A_s。若算得的 A_s 比按最小配筋率算得的大,则按此 A_s 配筋。

以上是荷载偏心方向(或称弯矩作用平面)的承载力计;在其垂直方向,即垂直弯矩作用平面,尚应按轴心受压构件验算其承载力。

2. 对称配筋设计(见图 5-26)

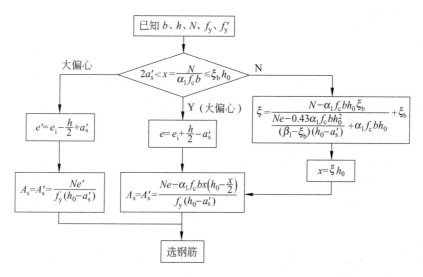

图 5-26　对称配筋设计框图

[**例 5-5**]　矩形截面排架柱的截面尺寸 $bh = 250\text{mm} \times 400\text{mm}$,柱的计算长度 $l_0 = 3.5\text{m}$;承受轴向压力设计值 $N = 330\text{kN}$,弯矩设计值 $M_0 = 200\text{kN·m}$;拟采用 C40 级混凝土,HRB400 级钢筋($\alpha_1 = 1.0$,$f_c = 19.1\text{N/mm}^2$,$f_y = f_y' = 360\text{N/mm}$);$a_s = a_s' = 40\text{mm}$,试计算所需的钢筋 A_s、A_s'。

解:(1) 计算 η_s

$$e_a = 20\text{mm} > h/30 = 400/30 = 13.3\text{(mm)}$$

$$e_i = e_0 + e_a = M_0/N + e_a = 200 \times 10^3/330 + 20 = 626\text{(mm)}$$

$$h_0 = h - a_s = 400 - 40 = 360\text{(mm)}$$

按式(5-13)及式(5-14)

$$\zeta_c = 0.5 f_c A/N = 0.5 \times 19.1 \times 250 \times 400/330 \times 10^3 = 2.89 > 1.0,\text{取}\ \zeta_c = 1.0$$

按式(5-14b)

$$\eta_s = 1 + \frac{1}{1\,500(e_i/h_0)}\left(\frac{l_0}{h}\right)^2 \zeta_1$$

$$= 1 + \frac{1}{1\,500 \times 626/360} \times 8.75^2 \times 1.0 = 1.03$$

（2）计算考虑二阶效应后的 e_i

$$M = \eta_s M_0 = 206.22 \text{kN} \cdot \text{m}, \quad e_0 = \frac{M}{N} = \frac{206.22}{330} = 0.625\text{m} = 625\text{mm}$$

$$e_i = 625 + 20 = 645(\text{mm}) > 0.3h_0 = 0.3 \times 360 = 108(\text{mm})$$

按大偏心受压构件设计。

（3）计算 A'_s

$$e = h/2 + e_i - a_s = 400/2 + 645 - 40 = 805(\text{mm})$$

查表 3-5，得 $\xi_b = 0.518, a_{s,\max} = 0.384, M_1 = 1.0 \times 19.1 \times 250 \times 360^2 \times 0.384 = 237\,634\,560(\text{N} \cdot \text{mm})$

代入式（5-16）得

$$A'_s = \frac{Ne - M_1}{f'_y(h_0 - a'_s)} = \frac{330\,000 \times 805 - 237\,634\,560}{360 \times (360 - 40)}$$

$$= 242.6(\text{mm}^2) > \rho_{\min}bh = 0.002 \times 250 \times 400 = 200(\text{mm}^2)$$

（4）按式（5-15）计算 A_s

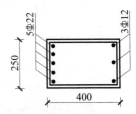

$$A_s = (\alpha_1 f_c b \xi_b h_0 + f'_y A'_s - N)/f_y$$

$$= (1.0 \times 19.1 \times 250 \times 0.518 \times 360 + 360 \times 242.6 - 330\,000)/360$$

$$= 1\,799.6(\text{mm}^2)$$

（5）配筋（图 5-27）

$$A'_s \text{——} 3 \oplus 12(A'_s = 339\text{mm}^2); \quad A_s \text{——} 5 \oplus 22(A_s = 1\,900\text{mm}^2)$$

图 5-27　[例 5-5]图

[例 5-6]　由于其他原因，如在[例 5-5]的截面上已配置受压钢筋 $A'_s = 1\,256\text{mm}^2(4 \oplus 20)$，试计算所需受拉钢筋截面面积 A_s。

解：（1）e_i、η 等值与[例 5-5]相同。此时 A'_s 为已知，应仿照双筋受弯构件，

$$M_2 = f'_y A'_s (h_0 - a'_s) = 360 \times 1\,256 \times 320 = 144\,691\,200(\text{N} \cdot \text{m})$$

$$\alpha_s = \frac{Ne - M_2}{\alpha_1 f_c b h_0^2} = \frac{330\,000 \times 805 - 144\,691\,200}{1.0 \times 19.1 \times 250 \times 360^2} = 0.113\,6$$

查表 3-8，得 $\xi = 0.120\,5$，则

$$x = \xi h_0 = 0.120\,5 \times 360 = 43.38(\text{mm}) < 2a'_s = 80(\text{mm})$$

（2）应按式（5-20）求 A_s

$$e' = e_i - h/2 + a_s = 645 - 200 + 40 = 485(\text{mm})$$

$$A_s = \frac{Ne'}{f_y(h_0 - a'_s)} = \frac{330\,000 \times 485}{360 \times (360 - 40)} = 1\,388.75(\text{mm}^2)$$

选配 $2 \oplus 20 + 2 \oplus 22(A_s = 1\,388\text{mm}^2)$。

[例 5-7]　矩形截面框架柱 $bh = 300\text{mm} \times 500\text{mm}$，计算长度 $l_0 = 6\text{m}$，$a_s = a'_s = 40\text{mm}$；混凝土强度等级为 C25（$\alpha_1 = 1.0$，$f_c = 11.9\text{N/mm}^2$）；用 HRB335 级钢筋（$f_y = f'_y = 300\text{N/mm}^2$）；承受轴心压力设计值 $N = 1\,500\text{kN}$，弯矩设计值 $M_{ns} = 90\text{kN} \cdot \text{m}$，$M_s = 20\text{kN} \cdot \text{m}$，$\eta_s = 1.05$，试计算钢筋截面面积 A_s、A'_s。

解：（1）计算考虑二阶效应的弯矩设计值和 e_i

$$M = M_{ns} + \eta_s M_s$$

$$= 90 + 1.05 \times 20 = 111.0\text{kN} \cdot \text{m}$$

$$e_0 = \frac{111.0}{1\,500} = 0.074\text{m} = 74\text{mm}$$

$$e_i = 74 + 20 = 94(\text{mm}) < 0.3h_0 = 0.3 \times 460 = 138(\text{mm})$$

按小偏心受压构件设计。

（2）确定 A_s

取 $A_s = \rho_{\min}bh = 0.002 \times 300 \times 500 = 300(\text{mm}^2)$

A_s 选用配 $3\underline{\Phi}14$,实用 $A_s=461\text{mm}^2$。

(3) 计算 A_s'

计算 A、B、C。$\beta_1=0.8$,$\xi_b=0.550$ 则

$$e'=h/2-a_s'-e_i=250-40-94=116(\text{mm})$$

$$A=0.5\alpha_1 f_c b=0.5\times1.0\times11.9\times300=1\,785$$

$$B=-\alpha_1 f_c ba_s'+f_y A_s\frac{1-a_s'/h_0}{\beta_1-\xi_b}$$

$$=-1.0\times11.9\times300\times40+300\times461\times(1-40/460)/(0.8-0.550)$$

$$=362\,300$$

$$C=-Ne'-f_y A_s\frac{\beta_1(h_0-a_s')}{\beta_1-\xi_b}$$

$$=-1\,500\times10^3\times116-300\times461\times0.8\times420/(0.8-0.550)$$

$$=-3.545\times10^8$$

$$x=\frac{-B\pm\sqrt{B^2-4AC}}{2A}$$

$$=\frac{-362\,300\pm\sqrt{362\,300^2+4\times1\,785\times354.5\times10^6}}{2\times1\,785}$$

$$=355.6(\text{mm})>\xi_b h_0=0.55\times460=253(\text{mm})$$

代入式(5-23),$e=e_i+h/2-a_s=94+250-40=304(\text{mm})$,有

$$A_s'=\frac{Ne-\alpha_1 f_c bx(h_0-x/2)}{f_y'(h_0-a_s')}$$

$$=\frac{1\,500\times10^3\times304-1.0\times11.9\times300\times355.6\times(460-355.6/2)}{300(460-40)}$$

$$=818.6(\text{mm}^2)$$

配置 $3\underline{\Phi}20(A_s'=942\text{mm}^2)$。

[**例 5-8**] 已知矩形截面偏心受压柱,截面尺寸 $bh=400\text{mm}\times600\text{mm}$,计算长度 $l_0=3\text{m}$,截面轴向力设计值 $N=1\,040\text{kN}$,弯矩设计值 $M=470\text{kN}\cdot\text{m}$。混凝土采用 C30($f_c=14.3\text{N/mm}^2$),钢筋采用 HRB400 级 $f_y=f_y'=360\text{N/mm}^2$,$a_s=a_s'=40\text{mm}$。采用对称配筋,求钢筋截面面积 A_s、A_s'。

解:根据已知条件,有 $\xi_b=0.518$,$\alpha_1=1.0$,$\beta_1=0.8$,$h_0=600-40=560(\text{mm})$。

(1) 判断大小偏心

由式(5-28)得

$$x=\frac{N}{\alpha_1 f_c b}=\frac{1\,040\times10^3}{1.0\times14.3\times400}=181.8(\text{mm})$$

$x<\xi_b h_0=0.518\times560=290.08(\text{mm})$,故为大偏心受压。

(2) 配筋计算

$$e_0=\frac{M}{N}=\frac{470\times10^6}{1\,040\times10^3}=451.9(\text{mm})$$

e_a 取 20mm 和 $\dfrac{h}{30}=\dfrac{600}{30}=20\text{mm}$ 两者中,取其较大值。

$$e_i=e_0+e_a=451.9+20=471.9(\text{mm})$$

由于 $l_0/h=5$,所以 $\eta_s=1.0$,有

$$e=e_i+(h/2-a_s)=1\times471.9+(600/2-40)=731.9(\text{mm})$$

因 $x>2a_s'=80\text{mm}$,故将 x 代入式(5-29)得

$$A_s = A_s' = \frac{Ne - N(h_0 - 0.5x)}{f_y'(h_0 - a_s')}$$

$$= \frac{1\,040 \times 10^3 \times 731.9 - 1\,040 \times 10^3(560 - 0.5 \times 181.8)}{360 \times (560 - 40)}$$

$$= 1\,460(\text{mm}^2) > 0.3\%bh = 0.3\% \times 400 \times 600 = 720(\text{mm}^2)$$

$A_s = A_s'$ 均选用 4 Φ 22 钢筋($A_s = 1\,520\text{mm}^2$)。

[**例 5-9**]　一偏心受压构件,轴向力设计值 $N = 2\,500\text{kN}$,弯矩 $M_0 = 240\text{kN} \cdot \text{m}$,截面尺寸 $b = 400\text{mm}$,$h = 700\text{mm}$,$a_s = a_s' = 40\text{mm}$;混凝土强度等级为 C25,用 HRB335 级钢筋;构件计算长度 $l_0 = 2.5\text{m}$。求对称配筋时 $A_s = A_s'$ 的数值。

解:

$$\frac{l_0}{h} = \frac{2\,500}{700} = 3.57 < 5, \quad \eta_s = 1.0, \quad M = M_0 = 240\text{kN} \cdot \text{m}$$

$$e_0 = \frac{M}{N} = \frac{24 \times 10^7}{25 \times 10^5} = 96(\text{mm})$$

$$e_a = \frac{700}{30} \approx 23(\text{mm})(> 20\text{mm})$$

$$e_i = e_0 + e_a = 96 + 23 = 119(\text{mm})$$

有

$$e_i = 119(\text{mm}) < 0.3h_0 = 0.3 \times 660 = 198(\text{mm})$$

$$e = e_i + \frac{h}{2} - a_s = 119 + \frac{700}{2} - 40 = 429(\text{mm})$$

$$x = \frac{N}{\alpha_1 f_c b} = \frac{2\,500 \times 10^3}{1.0 \times 11.9 \times 400}$$

$$= 525.2 > \xi_b h_0 = 0.55 \times 660 = 363(\text{mm})$$

属于小偏心受压。

按简化计算法(近似公式法)计算。

由 $\beta_1 = 0.8$ 和式(6-35)求 ξ

$$\xi = \frac{N - \xi_b \alpha_1 f_c b h_0}{\dfrac{Ne - 0.43\alpha_1 f_c b h_0^2}{(0.8 - \xi_b)(h_0 - a_s')} + \alpha_1 f_c b h_0} + \xi_b$$

$$= \frac{2\,500\,000 - 0.55 \times 1.0 \times 11.9 \times 400 \times 660}{\dfrac{2\,500\,000 \times 429 - 0.43 \times 1.0 \times 11.9 \times 400 \times 660^2}{(0.8 - 0.55)(660 - 40)} + 1.0 \times 11.9 \times 400 \times 660} + 0.55$$

$$= 0.729$$

$$x = \xi h_0 = 0.729 \times 660 = 481.3(\text{mm})$$

$$A_s = A_s' = \frac{Ne - \alpha_1 f_c b x \left(h_0 - \dfrac{x}{2}\right)}{f_y'(h_0 - a_s')}$$

$$= \frac{2\,500\,000 \times 429 - 1.0 \times 11.9 \times 400 \times 481.3 \times \left(660 - \dfrac{481.3}{2}\right)}{300 \times (660 - 40)}$$

$$= 600.9(\text{mm}^2) < \rho_{\min}'bh = 0.003 \times 400 \times 700 = 840(\text{mm}^2)$$

取 $A_s' = A_s = 840\text{mm}^2$ 配筋。每边选用 3 Φ 20($A_s' = A_s = 942\text{mm}^2$),垂直于弯矩作用方向的轴心受压承载力的验算:

由 $\dfrac{l_0}{b}=\dfrac{2\,500}{400}=6.25$，查表 5-1 得 $\varphi=1.0$。

按式(5-1)得

$$N=0.9\varphi[f_cbh+f'_y(A'_s+A_s)]$$
$$=0.9\times1.0\times[11.9\times400\times700+300\times(942+942)]$$
$$=3\,049\,668(\text{N})$$
$$=3\,049.7(\text{kN})>2\,500\text{kN}$$

验算结果安全。

3. 承载力复核

进行承载力校核时，一般已知 b、h、A_s 及 A'_s，混凝土强度等级及钢材品种，构件长细比 l_0/h，轴向力设计值 N 和偏心距，验算是否能承受该 N 值，或已知 N 值时，求能承受弯矩设计值 M。

1) 已知偏心距 e_0，求轴向力 N_u(图 5-28)

因为截面配筋已知，可按图 5-22 对轴向力 N 作用点取距，即

$$f_yA_se-f'_yA'_se'-\alpha_1f_cbx(e-h_0+0.5x)=0 \tag{5-34}$$

得一关于 x 的一元二次方程

$$Ax^2+Dx+E=0 \tag{5-34a}$$

其中 A 见 5.5.4 小节的式(a)，则

$$D=\alpha_1f_cb(e-h_0) \tag{d}$$

$$E=f'_yA'_se'-f_yA_se \tag{e}$$

当 $x\leqslant\xi_bh_0$ 时，为大偏心受压，将 x 及已知数据代入式(5-15)，可求解出轴向承载力值 N_u，若 $N_u\geqslant N$，即满足要求。当 $x>x_b$ 时，为小偏心受压，这时由于 A_s 一般未达到钢筋的强度设计值，应按式(5-24)求出 σ_s。因此时求得的 x 是按 f_y 求得的，并非按 σ_s 求得，所以应按图 5-23 对轴向力 N 作用点取距，即

$$\dfrac{x-\beta_1h_0}{x_b-\beta_1h_0}f_yA_se-f'_yA'_se'-\alpha_1f_cbx(e-h_0+0.5x)=0 \tag{5-35}$$

上式展开又得一关于 x 的一元二次方程

$$Ax^2+D'x+E'=0 \tag{5-35a}$$

其中 A 仍见 5.5.4 小节的式(a)，而

$$D'=\alpha_1f_cb(e-h_0)-\dfrac{f_yA_se}{x_b-\beta_1h_0} \tag{d'}$$

$$E'=\dfrac{f_yA_se\beta_1h_0}{x_b-\beta_1h_0}+f'_yA'_se' \tag{e'}$$

重新求 x。当 $x\leqslant h$ 时，按式(5-24)求出 σ_s，求得的 σ_s 正值为拉应力，负值为压应力。最后代入式(5-22)求 N_u。$x>h$ 时，取 $x=h$，则

$$N_u=\dfrac{\alpha_1f_cbh(h'_0-0.5h)+f'_yA_s(h'_0-a_s)}{0.5h-a'_s-(e_0-e_a)} \tag{5-36}$$

2) 已知轴向力 N，求偏心距 e_0(见图 5-29)。

[例 5-10]　矩形截面偏心受压柱的截面尺寸 $bh=400\text{mm}\times600\text{mm}$，$a_s=a'_s=40\text{mm}$，混凝土强度等级为 C35($f_c=16.7\text{N/mm}^2$，$\alpha_1=1.0$)，用 HRB400 级钢筋配筋，$A_s=1\,017\text{mm}^2$(4 Φ 18)，$A'_s=1\,520\text{mm}^2$(4 Φ 22)，柱的计算长度 $l_0=7.2\text{m}$。承受轴向压力设计值 $N=1\,200\text{kN}$，弯矩设计值 $M_0=396\text{kN}\cdot\text{m}$。试复核该截面。

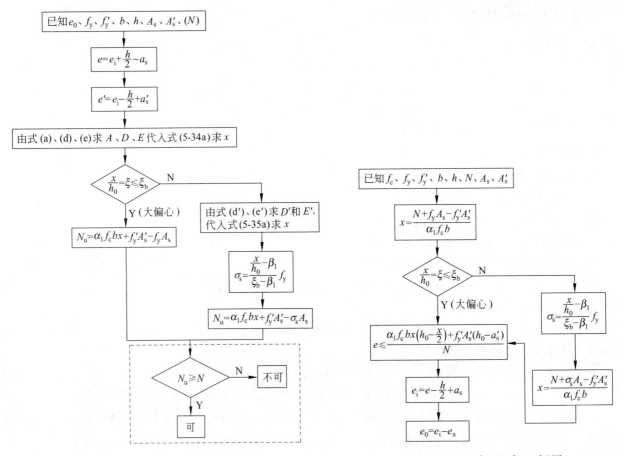

图 5-28　已知 e_0 求 N_u 框图　　　　图 5-29　已知 N 求 e_0 框图

解：（1）计算 e_i 和 η_s

$$h_0 = 600 - 40 = 560 \text{(mm)}$$

$$e_0 = M_0/N = 396 \times 10^6 / 1\,200 \times 10^3 = 330 \text{(mm)}$$

$$\frac{h}{30} = \frac{600}{30} = 20 \text{(mm)}, \quad \text{取} \ e_a = 20 \text{mm}$$

$$e_i = e_0 + e_a = 330 + 20 = 350 \text{(mm)}$$

$$\zeta_c = \frac{0.5 f_c b h}{N} = \frac{0.5 \times 16.7 \times 400 \times 600}{1\,200 \times 10^3} = 1.67 > 1.0, \quad \text{取} \ \zeta_c = 1.0$$

$$\eta_s = 1 + \frac{1}{1\,500 e_i/h_0} \left(\frac{l_0}{h}\right)^2 \zeta_c = 1 + \frac{12^2}{1\,500 \times \dfrac{350}{560}} \times 1.0 = 1.154$$

所以考虑二阶效应后的弯矩设计值 $M = 1.154 \times 396 = 435.6 (\text{kN} \cdot \text{m})$，$e_i = \dfrac{435.6}{1\,200} + 0.02 = 0.383 (\text{m}) = 383 (\text{mm}) > 0.3 \times 560 = 168 (\text{mm})$。

故按大偏心受压破坏计算。

（2）计算受压区高度

$$e = e_i + \frac{h}{2} - a_s = 383 + \frac{600}{2} - 40 = 643 \text{(mm)}$$

$$e' = e_i - \frac{h}{2} + a_s' = 383 - \frac{600}{2} + 40 = 123 \text{(mm)}$$

由公式 $\alpha_1 f_c bx\left(e-h_0+\dfrac{x}{2}\right)-f_y A_s e+f'_y A'_s e'=0$ 得

$$1.0\times16.7\times400x(643-560+0.5x)-360\times1\,017\times643+360\times1\,520\times123=0$$

即

$$x^2+166x-50\,332=0$$

$$x=282.9\text{mm}$$

$$x<\xi_b h_0=0.518\times560=290.1(\text{mm})$$

大偏心, 且 $x>2a'_s=80\text{mm}$。

(3) 计算 N_u

$$N_u=\alpha_1 f_c bx+f'_y A'_s-f_y A_s$$
$$=1.0\times16.7\times400\times282.9+360\times1\,520-360\times1\,017$$
$$=2\,066.8\times10^3(\text{N})>1\,200\text{kN}$$

可见设计是安全的。

[**例 5-11**]　在上例中, 若设计弯矩 $M_0=196\text{kN}\cdot\text{m}$, 试复核截面。

解: $e_0=\dfrac{196}{1\,200}=0.163(\text{m})=163\text{mm}<\dfrac{h}{2}-a'_s=300-40=260(\text{mm})$

$$e_i=e_0+e_a=183(\text{mm})$$

$$\eta_s=1+\dfrac{12^2}{1\,500\times183/560}=1.294$$

考虑二阶效应后的弯矩设计值

$$M=1.294\times196=253.64\text{kN}\cdot\text{m}$$

$$e_i=\dfrac{253.64\times10^6}{1\,200\times10^3}+20=231.4(\text{mm})>0.3h_0=168(\text{mm})$$

故先按大偏心计算。

$$e=231.4+300-40=471.4(\text{mm}),\quad e'=231.4-300+40=-28.6(\text{mm})$$

$$A=0.5\alpha_1 f_c b=0.5\times1.0\times16.7\times400=3\,340(\text{N/mm})$$

$$D=\alpha_1 f_c b(e-h_0)=1.0\times16.7\times400\times(71.4-560)=-881\,760(\text{N})$$

$$E=f'_y A'_s e'-f_y A_s e=360\times[1\,520\times(-28.6)-1\,017\times471.4]=-575\,116(\text{N}\cdot\text{mm})$$

解 $Ax^2+Dx+E=0$, 可得 $x=264.65\text{mm}<\xi_b h_0=290.1\text{mm}$。与上例相比, 受压区高度增大了。代入式(5-15), 所得的 $N_u=16.7\times400\times264.65+360\times1\,520-360\times1\,017=1\,948\,942(\text{N})=1\,948.9(\text{kN})>1\,200(\text{kN})$, 所以是安全的。可以验证, 在混凝土等级、截面、配筋和压力不变时, 偏心距越小越安全。

5.6　对称配筋工字形截面偏心受压构件正截面承载力计算

为了节省混凝土和减轻柱子自重, 对于较大尺寸的装配式柱往往采用工字形截面。工字形截面的破坏特征与矩形截面是相似的。因此, 其计算方法也与矩形截面相似。

5.6.1　大偏心受压

此时,A_s、A'_s都能达到屈服强度。

1. 基本计算公式

按照混凝土受压区高度 x 不同,可分为两种情况:

(1) 当中和轴通过受压翼缘时($x \leqslant h'_f$时),计算应力图形如图 5-30(a)所示。这时,计算公式与截面宽度为 b'_f 的矩形截面相同。

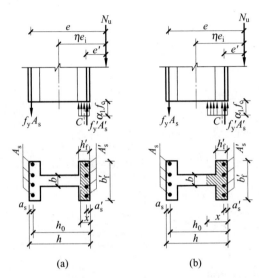

图 5-30　工字形截面大偏心受压承载力计算应力图形

(2) 当中和轴过腹板($x > h'_f$)时,计算应力图形如图 5-30(b)所示。这时,计算公式为

$$N \leqslant N_u = \alpha_1 f_c[bx + (b'_f - b)h'_f] + f'_y A'_s - f_y A_s \tag{5-37}$$

$$Ne \leqslant N_u e$$

$$= \alpha_1 f_c bx \left(h_0 - \frac{x}{2}\right) + \alpha_1 f_c (b'_f - b)h'_f \left(h_0 - \frac{h'_f}{2}\right) + f'_y A'_s (h_0 - a'_s) \tag{5-38}$$

2. 适用条件

为了保证上述计算公式中的受拉钢筋 A_s 及受压钢筋 A'_s 能达到屈服强度,要求满足下列条件

$$2a'_s \leqslant x \leqslant \xi_b h_0$$

3. 计算方法

由于对称配筋,$A_s = A'_s$,$f_y = f'_y$时,假定中和轴通过翼缘,则由式(5-37)可得

$$x = \frac{N}{\alpha_1 f_c b'_f} \tag{5-39}$$

若 $x \leqslant h'_f$,表明中和轴通过翼缘,可按宽度为 b'_f 的矩形截面计算。

若 $x > h'_f$,表明中和轴通过腹板,混凝土受压区高度 x 应按下式重新计算

$$x = \frac{N - \alpha_1 f_c (b'_f - b)h'_f}{\alpha_1 f_c b} \tag{5-40}$$

当按式(5-40)求得的 $x \leqslant \xi_b h_0$,表明截面为大偏心受压破坏,则

$$A_s = A'_s = \frac{Ne - \alpha_1 f_c (b'_f - b)h'_f \left(h_0 - \frac{h'_f}{2}\right) - \alpha_1 f_c bx \left(h_0 - \frac{x}{2}\right)}{f_y (h_0 - a'_s)} \tag{5-41}$$

5.6.2　小偏心受压

此时 A_s 达不到屈服强度。其计算应力图形如图 5-31 所示。

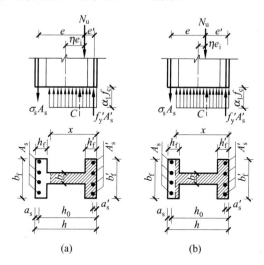

图 5-31　工字形截面小偏心受压承载力计算应力图形

1. 基本公式

（1）当中和轴在腹板中，即 $x > h'_f$ 时

$$N \leqslant N_u = \alpha_1 f_c [bx + (b'_f - b)h'_f] + f'_y A'_s - \sigma_s A_s \tag{5-42}$$

式中的 $\sigma_s = \dfrac{\dfrac{x}{h_0} - \beta_1}{\xi_b - \beta_1} f_y$，且 $-f'_y \leqslant \sigma_s \leqslant f_y$，则

$$Ne \leqslant N_u e$$

$$= \alpha_1 f_c bx \left(h_0 - \frac{x}{2}\right) + \alpha_1 f_c (b'_f - b)h'_f \left(h_0 - \frac{h'_f}{2}\right) + f'_y A'_s (h_0 - a'_s) \tag{5-43}$$

（2）当中和轴通过受压较小一侧的翼缘时

计算应力图形如图 5-31(b) 所示。由平衡条件可得

$$N \leqslant N_u = \alpha_1 f_c [bx + (b'_f - b)h'_f + (b_f - b)(x - h + h_f)] + f'_y A'_s - \sigma_s A_s \tag{5-44}$$

式中，$\sigma_s = \dfrac{\dfrac{x}{h_0} - \beta_1}{\xi_b - \beta_1} f_y$，且 $-f'_y \leqslant \sigma_s \leqslant f_y$。

此外，如同矩形截面，当轴向力的偏心距很小，若靠近轴向力一侧的钢筋 A'_s 较多，而离轴向力较远的钢筋 A_s 相对较少时，离轴向力较远一侧的混凝土也可能先被压碎。设计时应予以避免，其计算公式与矩形截面相似，此处从略。由于本节讨论的是对称配筋，不存在此问题。

2. 计算方法

对称配筋的工字形截面计算方法与对称配筋的矩形截面计算方法基本相同。如果将受压翼缘承受的压力和弯矩从设计内力中去掉，剩下的压力 N' 和弯矩 $N'e'$ 由对称配筋的矩形腹板来承担。即

$$N' = N - \alpha_1 f_c (b'_f - b)h'_f$$

$$N'e' = Ne - \alpha_1 f_c (b'_f - b)h'_f \left(h_0 - \frac{h'_f}{2}\right) \tag{5-45}$$

将 N' 和 $N'e'$ 代入矩形截面的简化计算公式来计算钢筋用量

$$\xi = \frac{N' - \alpha_1 f_c b h_0 \xi_b}{\dfrac{N'e' - 0.43\alpha_1 f_c b h_0^2}{(\beta_1 - \xi_b)(h_0 - a_s')} + \alpha_1 f_c b h_0} + \xi_b$$

$$A_s = A_s' = \frac{N'e' - \alpha_1 f_c b h_0^2 \xi(1 - 0.5\xi)}{f_y'(h_0 - a_s')} \tag{5-46}$$

大偏心受压计算框图见图 5-32。

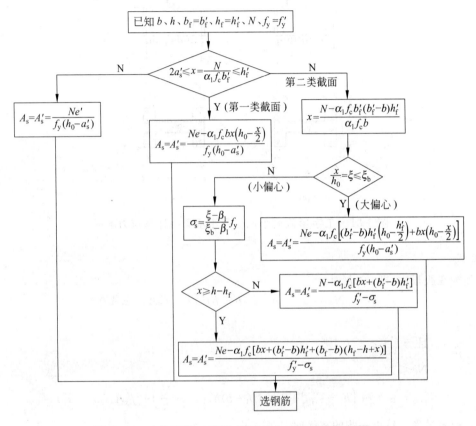

图 5-32　对称配筋工字形截面偏心受压构件配筋框图

[**例 5-12**]　对称配筋工字形截面柱，$b_f = b_f' = 400\text{mm}$，$b = 100\text{mm}$，$h_f = h_f' = 100\text{mm}$，$h = 600\text{mm}$，$a_s = a_s' = 40\text{mm}$，柱的计算长度 $l_0 = 4.5\text{m}$。混凝土强度等级为 C35（$f_c = 16.7\text{N/mm}^2$，$\alpha_1 = 1.0$），采用 HRB 400 级钢筋配筋，承受轴向压力设计值 $N = 760\text{kN}$，弯矩设计 $M_0 = 390\text{kN} \cdot \text{m}$。试计算所需的钢筋截面面积 $A_s = A_s'$。

解：（1）计算

$$h_0 = 600 - 40 = 560(\text{mm})$$

$$e_0 = M_0/N = 390 \times 10^6 / 760 \times 10^3 = 513.2(\text{mm})$$

$$\frac{h}{30} = \frac{600}{30} = 20(\text{mm}), \quad 取\ e_a = 20\text{mm}$$

$$e_i = e_0 + e_a = 513.2 + 20 = 533.2(\text{mm})$$

$$A = bh + 2(b_f' - b)h_f' = 100 \times 600 + 2 \times (400 - 100) \times 100 = 120 \times 10^3(\text{mm}^2)$$

$$\zeta_c = \frac{0.5 f_c A}{N} = \frac{0.5 \times 16.7 \times 120 \times 10^3}{760 \times 10^3} = 1.32 > 1.0, \quad 取\ \zeta_c = 1.0$$

$$\frac{l_0}{h} = \frac{4\,500}{600} = 7.5$$

$$\eta_s = 1 + \frac{1}{1\,500 e_i/h_0}(l_0/h)^2 \zeta_c = 1 + \frac{1}{1\,500 \times 486.7/560} \times 7.5^2 \times 1.0 = 1.043,$$

$$M = 1.043 \times 390 = 406.77 \text{kN} \cdot \text{m}$$

$$e_i = \frac{M}{N} + e_0 = 555.2(\text{mm}) > 0.3 h_0 = 0.3 \times 560 = 168(\text{mm})$$

可先按大偏心受压破坏计算。

（2）计算

$$\frac{N}{\alpha_1 f_c b'_f} = \frac{760 \times 10^3}{1.0 \times 16.7 \times 400} = 113.8(\text{mm}) > h'_f = 100\text{mm}$$

表明中和轴通过腹板。

$$x = \frac{N - \alpha_1 f_c (b'_f - b) h'_f}{\alpha_1 f_c b} = \frac{760 \times 10^3 - 1.0 \times 16.7 \times (400 - 100) \times 100}{1.0 \times 16.7 \times 100}$$

$$= 155.1(\text{mm}) < \xi_b h_0 = 0.518 \times 560 = 290.1(\text{mm})$$

属于大偏心受压破坏。

$$e = e_i + \frac{h}{2} - a_s = \left(555.2 + \frac{600}{2} - 40\right)\text{mm} = 815.2(\text{mm})$$

$$A_s = A'_s = \frac{Ne - \alpha_1 f_c (b'_f - b) h'_f \left(h_0 - \frac{h'_f}{2}\right) - \alpha_1 f_c bx \left(h_0 - \frac{x}{2}\right)}{f'_y (h_0 - a'_s)}$$

$$= \left[760 \times 10^3 \times 815.2 - 1.0 \times 16.7 \times (400 - 100) \times 100 \times \left(560 - \frac{100}{2}\right) - 1.0\right.$$

$$\left. \times 16.7 \times 100 \times 155.1 \times \left(560 - \frac{155.1}{2}\right)\right] \times \frac{1}{360 \times (560 - 40)}$$

$$= 1\,387.3(\text{mm}^2)$$

A_s 和 A'_s 各选用 $2\oplus22 + 2\oplus20$，$A_s = A'_s = 1\,388\text{mm}^2$。

5.7　偏心受压构件斜截面承载力计算

1. 轴向压力对构件斜截面受剪承载力的影响

试验表明，轴向压力对受剪承载力起着有利作用，受剪承载力随着轴向压力的增大而增大。轴向压力将延迟斜裂缝的出现和抑制斜裂缝的开展，增大斜裂缝末端剪压区的高度，因而提高了受压区混凝土所承担的剪力和裂缝处骨料的咬合力。但提高有限，从图 2-10 可以看出，当 $\sigma/f_c \approx 0.6$ 时 τ/f_c 达到最大，即在实际工程中，当轴压比 $N/f_c bh \approx 0.3 \sim 0.5$ 时，抗剪能力达到最大，再增加轴向压力，将转变为带斜裂缝的小偏心受压破坏情况，斜截面受剪承载力反而变小。

2. 偏心受压构件斜截面受剪承载力的计算公式

通过试验资料分析和可靠度计算，对承受轴压力和横向力作用的矩形、T 形和工字形截面偏心受压构件，其斜截面受剪承载力应按下式计算

$$V \leqslant \frac{1.75}{\lambda + 1.0} f_t b h_0 + f_{yv} \frac{A_{sv}}{s} h_0 + 0.07N \tag{5-47}$$

式中：N ——与剪力设计值 V 对应的轴心压力设计值，当 $N > 0.3 f_c A$ 时，取 $N = 0.3 f_c A$，A 为构件截面积；

　　　　λ ——偏心受压构件计算截面剪跨比，按下列规定取值：

（1）各类框架柱，$\lambda=M/(Vh_0)$；框架结构的柱，当反弯点在层高范围内时，取 $\lambda=H_n/2h_0$；当 $\lambda<1$ 时取 $\lambda=1$，当 $\lambda>3$ 时取 $\lambda=3$。此处 H_n 为柱的净高，M 为截面上与剪力设计值对应的弯矩设计值。

（2）其他偏心受压构件，当承受均布荷载时，取 $\lambda=1.5$；当承受集中荷载时（包括作用有多种荷载且集中荷载对支座截面或节点边缘所产生的剪力值占总剪力值的 75% 以上的情况），取 $\lambda=a/h_0$；当 $\lambda<1.5$ 时取 $\lambda=1.5$；当 $\lambda>3$ 时取 $\lambda=3$。此处 a 为集中荷载至支座或节点边缘的距离。

矩形截面偏心受压构件，当符合下列条件时，可不进行斜截面受剪承载力计算，按构造要求配置箍筋。

$$V\leqslant\frac{1.75}{\lambda+1.0}f_t bh_0+0.07N \tag{5-48}$$

同时，矩形截面偏心受压构件的截面，尚应满足下式尺寸条件，否则应增大截面尺寸。

$$V\leqslant0.25\beta_c f_c bh_0 \tag{5-49}$$

5.8　受压构件配筋图的阅读与实训

图 5-33～图 5-35 是常用柱截面的配筋方式，供学习时参考。

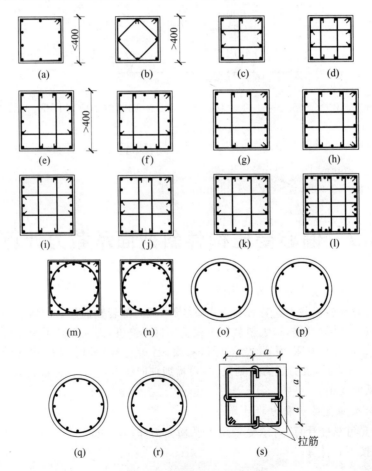

图 5-33　方柱与圆柱箍筋

（a）仅用于非抗震设计和加密区以外区段；（b）8 根钢筋；（c）10 根钢筋；（d）12 根钢筋；（e）14 根钢筋；
（f）16 根钢筋；（g）16 根钢筋；（h）18 根钢筋；（i）18 根钢筋；（j）20 根钢筋；（k）24 根钢筋；（l）32 根钢筋；
（m）28 根钢筋；（n）32 根钢筋；（o）8 根钢筋；（p）10 根钢筋；（q）12 根钢筋；（r）14 根钢筋；（s）拉筋大样

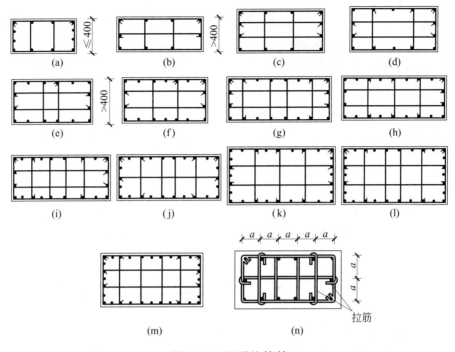

图 5-34 矩形柱箍筋

（a）仅用于非抗震设计和加密区以外区段；（b）10 根钢筋；（c）12 根钢筋；（d）14 根钢筋；（e）16 根钢筋；（f）18 根钢筋；（g）20 根钢筋；（h）22 根钢筋；（i）24 根钢筋；（j）26 根钢筋；（k）28 根钢筋；（l）30 根钢筋；（m）32 根钢筋；（n）拉筋大样

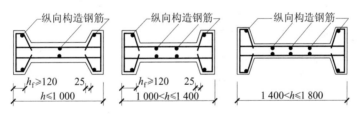

图 5-35 工字形截面柱的纵向构造钢筋

5.9 本章主要知识点

（1）基本概念方面

不用高强钢筋作受力钢筋；轴心受压构件，普通箍筋柱要分清长柱与短柱破坏机理的区别，了解计算长度、长细比、稳定系数的概念；螺旋箍筋柱要理解其提高抗压承载力的原因（密集的螺旋箍筋阻止了核心混凝土在纵向压力下的横向变形，使核心混凝土处于三向受压状态，提高了混凝土的抗压承载力）；弄清按螺旋箍筋柱算得的承载力设计值不应大于按普通柱算得的承载力的 1.5 倍的原因，A_{cor}、A_{ss0}、α 的物理意义和取值以及计算公式的适用范围；偏心受压柱要搞清楚二阶效应增大系数，大小偏心受压构件的最终判据和初步判据的区别，偏心距、附加偏心距和初始偏心距的区别，大小偏心受压构件中的两边钢筋是否达到屈服强度的区别，大小偏心受压构件的破坏机理的区别，以及小偏心受压时防止反向破坏的条件与公式；受压构件斜截面承载力计算中轴力对抗剪承载力的影响，压力有利，且有一定限度。

（2）计算方面

熟悉基本公式，适用条件，掌握配筋和承载力验算的解题思路和技巧。特别注意，初步判断的大小偏心并非真实的大小偏心；小偏心时离压力较远的钢筋达不到屈服强度，可按《规范》推荐的简化公式（5-24）计算应力；小偏心时防止反向破坏的验算；垂直弯矩作用平面的验算。

（3）构造方面

截面大小：矩形截面，最小尺寸，$250mm \times 250mm$；一般 $l_0/h \leqslant 25$，$h/b = 1.5 \sim 2$；工字形截面，翼缘高度 $\geqslant 120mm$，腹板厚度 $\geqslant 100mm$。边长 $< 800mm$ 时，以 $50mm$ 为模数，边长 $\geqslant 800mm$ 时，以 $100mm$ 为模数。

受力钢筋最小配筋率因级别而异，最大配筋率为 5%，每侧最小配筋率为 0.2%；轴心受压构件沿截面周边均匀布置，矩形不少于 4 根（四角），圆形不少于 6 根；偏心受压柱 $h \geqslant 600mm$ 时，侧面应设纵向构造钢筋和相应的拉筋或复合箍筋。

箍筋要注意末端弯钩的角度与平直段长度、最小直径、最大间距、复合箍筋的形式以及受力钢筋搭接时对箍筋配置的要求。螺旋箍筋柱中的箍筋间距应不小于 $40mm$，不大于 $80mm$ 及 $d_{cor}/5$。

思 考 题

5-1 受压构件中纵向钢筋有什么作用？

5-2 钢筋混凝土柱中放置箍筋的目的是什么？对箍筋直径、间距有什么规定？

5-3 什么是短柱？什么是长柱？轴心受压构件计算时如何考虑长柱纵向弯曲使构件承载力降低的影响？

5-4 配螺旋式间接钢筋的轴心受压柱其受压承载力和抗变形能力为什么能提高？

5-5 偏心受压构件有几种破坏形态？其特点分别是什么？

5-6 偏心受压构件计算时为什么要考虑二阶效应增大系数？如何考虑？

5-7 如何判别大、小偏心受压？

5-8 试分别绘出大、小偏心受压构件截面的计算应力图形，并按应力图形写出基本公式及适用条件。

5-9 偏心受压构件在何种情况下应考虑垂直于弯矩作用平面的受压承载力验算？如何验算？

5-10 工字形截面偏心受压构件正截面承载力基本公式有哪几种类型？如何判别工字形截面受压柱的大、小偏压？

习 题

5-1 已知柱截面尺寸 $bh = 300mm \times 300mm$，计算长度 $l_0 = 3.9m$，混凝土 C20，纵向钢筋采用 HRB335 级，若包括自重在内柱承受的轴向压力设计值 $N = 1\,200kN$，试确定该柱的配筋。

5-2 钢筋混凝土轴心受压柱，截面尺寸 $bh = 300mm \times 300mm$，已配有纵向钢筋 4 Φ 20（HRB335 级），箍筋 ϕ 8@250，计算长度 $l_0 = 4m$，混凝土强度等级 C25，试确定该柱的承载力设计值 N_u。

5-3 一现浇圆形螺旋箍筋柱，承受压力设计值 $N = 2\,000kN$，直径 $d = 400mm$，计算长度 $l_0 = 4.5m$，已配 8 Φ 16（$A_s' = 1\,608mm^2$）HRB335 级纵向钢筋，螺旋筋为 HPB300 级，混凝土采用 C20，试求所需螺旋筋用量。

5-4 矩形截面偏心排架柱的截面尺寸 $bh = 300mm \times 500mm$，柱的计算长度 $l_0 = 3.5m$，$a_s = a_s' = 45mm$，混凝土强度等级为 C25，采用 HRB400 级钢筋配筋，承受轴向压力设计值 $N = 800kN$，弯矩设计值 $M_0 = 200kN \cdot m$，试计算所需的钢筋截面面积 A_s 和 A_s'。

5-5　由于构造要求,在题 5-4 中的截面上已配置受压钢筋 $A_s'=1\,017\text{mm}^2$(4Φ18),计算所需的受拉钢筋截面面积 A_s。

5-6　矩形截面排架柱的截面尺寸 $bh=300\text{mm}\times600\text{mm}$,柱的计算长度 $l_0=7.2\text{m}$,$a_s=a_s'=45\text{mm}$,混凝土强度等级为 C35,采用 HRB400 级钢筋配筋,承受轴向压力设计值 $N=550\text{kN}$,弯矩设计值 $M_0=450\text{kN·m}$,试计算所需的钢筋截面面积 A_s 和 A_s'。

5-7　矩形截面排架柱的截面尺寸 $bh=300\text{mm}\times500\text{mm}$,柱的计算长度 $l_0=6\text{m}$,$a_s=a_s'=40\text{mm}$,混凝土强度等级为 C30,采用 HRB400 级钢筋配筋,承受轴向压力设计值 $N=1\,360\text{kN}$,弯矩设计值 $M_0=112\text{kN·m}$,试计算所需的钢筋截面面积 A_s 和 A_s'。

5-8　矩形截面偏心受压柱,截面尺寸 $bh=300\text{mm}\times400\text{mm}$,计算长度 $l_0=3\text{m}$,$a_s=a_s'=40\text{mm}$ 混凝土强度等级 C20,采用 HRB335 级钢筋,截面弯矩设计值 $M_0=160\text{kN·m}$,轴向力设计值 $N=280\text{kN}$,采用对称配筋,求纵向钢筋 $A_s=A_s'$,并绘配筋图。

5-9　矩形截面偏心受压柱,截面尺寸 $bh=300\text{mm}\times500\text{mm}$,$a_s=a_s'=40\text{mm}$,混凝土强度等级 C25,钢筋采用 HRB335 级,截面弯矩设计值 $M_0=170\text{kN·m}$,轴向力设计值 $N=1\,000\text{kN}$,$l_0/h<5$,采用对称配筋,求纵向钢筋截面面积 $A_s=A_s'$值。

5-10　矩截面柱,截面尺寸 $bh=400\text{mm}\times600\text{mm}$,$a_s=a_s'=40\text{mm}$,钢筋采用 HRB400 级,对称配筋每侧配筋为 3Φ25($A_s=A_s'=1\,473\text{mm}^2$),混凝土 C30,$l_0/h<5$,承受内力设计值 $N=800\text{kN}$,$M_0=400\text{kN·m}$,试复核该柱正截面承载力是否安全?

5-11　已知某工字形截面柱,截面尺寸如图 5-36 所示,计算长度 $l_0=6.3\text{m}$,混凝土采用 C20,纵向钢筋采用 HRB335 级,作用于截面的轴向压力设计值 $N=850\text{kN}$,弯矩设计值 $M_0=430\text{kN·m}$,$a_s=a_s'=40\text{mm}$,试计算对称配筋的纵向钢筋截面面积。

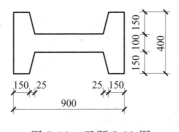

图 5-36　习题 5-11 图

5-12　已知某工字形截面柱,作用于截面的内力设计值为 $N=540\text{kN}$,$M_0=450\text{kN·m}$,其他条件同习题 5-11,试计算对称配筋所需钢筋截面面积 $A_s=A_s'$值。

第6章 受拉构件承载力计算

本章学习要点：
(1) 轴心受拉构件中混凝土与钢筋的作用；
(2) 大、小偏心受拉构件的判据与计算方法。

6.1 概　　述

与受压构件相似，受拉构件也分为轴心受拉和偏心受拉构件。当纵向拉力作用在构件截面形心时，为轴心受拉构件。当纵向拉力作用点偏离构件截面形心，或构件上既作用有拉力又作用有弯矩时，则为偏心受拉构件。

钢筋混凝土结构中，真正的轴心受拉构件是很少的。通常近似按轴心受拉构件计算的有屋架或托架的受拉弦杆和腹杆以及拱的系杆，还有承受内压力的圆管管壁和圆形储器筒壁的环向内力等。受拉构件除需要进行正截面承载力计算外，尚应根据不同情况进行受剪计算、抗裂度或裂缝宽度验算。

6.2 轴心受拉构件承载力计算

在轴心受拉构件中，混凝土开裂前，混凝土与钢筋共同承担拉力，混凝土开裂后，开裂截面混凝土退出工作，拉力全部由钢筋承担。当钢筋受拉屈服时，构件将达到极限承载力，所以轴心受拉构件的抗拉承载力计算公式为

$$N \leqslant N_u = f_y A_s \tag{6-1}$$

式中：N——轴心拉力设计值(N)；

N_u——轴心受拉承载力设计值(N)；

f_y——钢筋的抗拉强度设计值(N/mm^2)；

A_s——受拉钢筋的全部截面面积(mm^2)。

6.3 偏心受拉构件正截面承载力计算

偏心受拉构件的计算，按纵向力 N 作用的位置不同，分为大偏心受拉构件和小偏心受拉构件。

6.3.1 大偏心受拉构件

当轴力 N 作用在 A_s 合力点及 A'_s 合力点以外时,截面虽然开裂,但仍有受压区,否则轴力不能平衡。既然还有受压区,截面不会裂通,这种情况称为大偏心受拉。图 6-1 所示为矩形截面大偏心受拉构件的受力情况。构件破坏时,A_s 及 A'_s 的应力都达到屈服强度,根据平衡条件,基本计算公式如下:

$$N \leqslant N_u = f_y A_s - f'_y A'_s - \alpha_1 f_c bx \tag{6-2}$$

$$Ne \leqslant N_u e = \alpha_1 f_c bx \left(h_0 - \frac{x}{2} \right) + f'_y A'_s (h_0 - a'_s) \tag{6-3}$$

而

$$e = e_0 - \frac{h}{2} + a_s \tag{6-4}$$

公式的适用条件为

$$2a'_s \leqslant x \leqslant \xi_b h_0$$

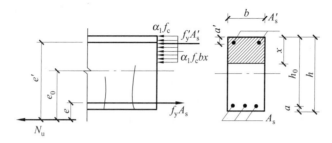

图 6-1 大偏心受拉计算图形

设计时为了使钢筋总用量($A_s + A'_s$)最少,同偏心受压构件一样,应取 $x = \xi_b h_0$,代入式(6-3)及式(6-2)可得

$$A'_s = \frac{Ne - \alpha_1 f_c b h_0^2 \xi_b (1 - 0.5\xi_b)}{f'_y (h_0 - a'_s)} \tag{6-5}$$

$$A_s = \xi_b \frac{\alpha_1 f_c b h_0}{f_y} + \frac{f'_y}{f_y} A'_s + \frac{N}{f_y} \tag{6-6}$$

若已知受压钢筋 A'_s 求受拉钢筋 A_s,在解算时,需要解一元二次方程,不方便计算,故与受压构件一样,用分解方法来求解(见图 6-2)。

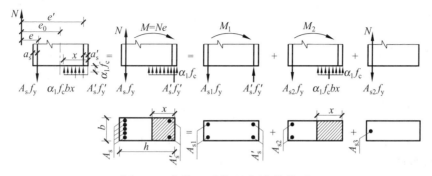

图 6-2 大偏心受拉强度计算简图

1) 当 $2a'_s < x \leqslant \xi_b h_0$ 时

在图 6-2 中,偏心拉力绕受拉钢筋形心的弯矩可以分为两部分,即 $M = Ne = M_1 + M_2$,其中受压钢筋抵抗

的弯矩为 M_1，混凝土抵抗的弯矩为 M_2；受拉钢筋面积由 3 部分组成，即 $A_s = A_{s1} + A_{s2} + A_{s3}$。

（1）由受压钢筋平衡的 A_{s1} 和 M_1

$$A_{s1} = \frac{f'_y A'_s}{f_y}, \quad M_1 = f'_y A'_s (h_0 - a'_s) = f_y A_{s1}(h'_0 - a_1) \tag{6-7a}$$

（2）由受压区混凝土平衡的 A_{s2} 和 M_2

根据 $M_2 = M - M_1$，按单筋矩形截面设计方法，求解 M_2 作用下所需要的受拉钢筋截面面积 A_{s2}。

$$\alpha_s = \frac{M_2}{\alpha_1 f_c b h_0^2}$$

查表得 ξ 或 γ_s 后，

$$A_{s2} = \frac{\alpha_1 f_c}{f_y} \xi b h_0 \quad \text{或} \quad A_{s2} = \frac{M_2}{f_y \gamma_s h_0} \tag{6-7b}$$

（3）与拉力 N 平衡的 A_{s3}

$$A_{s3} = \frac{N}{f_y} \tag{6-7c}$$

2）当 $x < 2a'_s$ 时

$$A_s = \frac{Ne'}{f_y(h'_0 - a_s)} \tag{6-8}$$

这里，$e' = e_0 + 0.5h - a'_s$。

此时，仍需按 $A'_s = 0$ 重新计算，然后取小值配筋。

当对称配筋时，由于 $A_s = A'_s$，$f_y = f'_y$，带入基本公式（6-2）后，必然会求得 x 为负值，即属于 $x < 2a'_s$ 的情况。这时候，可按式（6-8）计算。其配筋设计和复核计算框图见图 6-4。

6.3.2　小偏心受拉构件（图 6-3）

在小偏心拉力作用下，临破坏前，一般情况截面全部裂通，拉力全部由钢筋承担。在这种情况下，不考虑混凝土的受拉能力。构件达到破坏时钢筋 A_s 及 A'_s 的应力都达到屈服强度。根据对钢筋合力点分别取矩的平衡条件，可得小偏心受拉构件的计算公式：

$$Ne = f_y A'_s (h_0 - a'_s) \tag{6-9}$$
$$Ne' = f_y A_s (h'_0 - a_s) \tag{6-10}$$

式中：f_y——钢筋的受拉强度设计值。

$$e = \frac{h}{2} - e_0 - a_s$$

$$e' = e_0 + \frac{h}{2} - a'_s$$

当对称配筋时，为了达到内外力平衡，远离偏心一侧的钢筋 A'_s 可能达不到屈服，在设计时可取：

$$A_s = A'_s = \frac{Ne'}{f_y(h_0 - a'_s)} \tag{6-11}$$

偏心受拉构件配筋框图见图 6-4。

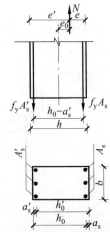

图 6-3　小偏心受拉构件
计算简图

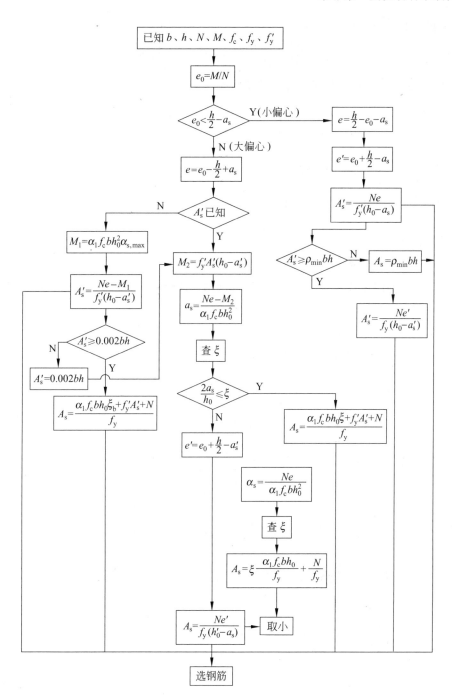

图 6-4　偏心受拉构件配筋框图

[**例 6-1**]　如图 6-5 所示一矩形水池,壁厚 300mm,经内力分析,跨中水平方向每米宽度上最大弯矩设计值 $M=130\text{kN}\cdot\text{m}$,相应的每米宽度上的轴向拉力设计值 $N=240\text{kN}$,该水池的混凝土 C20,钢筋 HRB335 级。求水池在该处需要的 A_s 及 A_s' 值。取 $a_s=a_s'=35\text{mm}$。

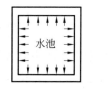
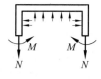

图 6-5　矩形水池池壁内力示意图

解：截面尺寸 $bh = 1\,000\text{mm} \times 300\text{mm}$

$$e_0 = \frac{M}{N} = \frac{130 \times 10^6}{240 \times 10^3} = 541.7(\text{mm})$$

纵向拉力 N 位于 A_s 及 A_s' 以外，属于大偏心受拉构件。

$$e = e_0 - \left(\frac{h}{2} - a_s\right) = 541.7 - 150 + 35 = 426.7(\text{mm})$$

由式(6-5)得

$$A_s' = \frac{Ne - \xi_b(1 - 0.5\xi_b)\alpha_1 f_c bh_0^2}{f_y'(h_0 - a_s')}$$

$$= \frac{240 \times 10^3 \times 426.7 - 0.550 \times (1 - 0.5 \times 0.550) \times 1.0 \times 9.6 \times 1\,000 \times 265^2}{300 \times (265 - 35)} < 0$$

按构造配置受压钢筋，取 $A_s' = \rho_{se,\min} bh = 0.002 \times 1\,000 \times 300 = 600(\text{mm}^2)$。

选用 $\underline{\Phi}\,12@180$ 的钢筋，实配面积为 $A_s' = 628\text{mm}^2$。

该题由计算 A_s' 及 A_s 的问题转化为已知 A_s' 求 A_s 的问题。此时 x 不再是界限值 x_b 了，必须计算 x 值，按已知 A_s' 求受拉钢筋 A_s 的方法来计算。

$$A_{s2} = A_s' = 628\text{mm}^2$$

$$M_2 = A_s' f_y'(h_0 - a_s') = 300 \times 628 \times (265 - 35) = 43\,332\,000(\text{N} \cdot \text{mm})$$

$$M_1 = Ne - M_2 = 240 \times 10^3 \times 426.7 - 43\,332\,000 = 59\,076\,000(\text{N} \cdot \text{mm})$$

$$\alpha_{s1} = \frac{M_1}{\alpha_1 f_c bh_0^2} = \frac{59\,076\,000}{1.0 \times 9.6 \times 1\,000 \times 265^2} = 0.088$$

得，$\xi_1 = 0.093$，则

$$x = \xi_1 h_0 = 0.093 \times 265 = 24.6(\text{mm}) < 2a_s' = 70(\text{mm})$$

$$e' = e_0 + \frac{h}{2} - a_s = 514.7 + 150 - 35 = 656.7(\text{mm})$$

$$A_{s1} = \frac{Ne'}{f_y(h_0 - a_s')} = \frac{240 \times 10^3 \times 656.7}{300 \times (265 - 35)} = 2\,284(\text{mm}^2)$$

$$A_{s3} = \frac{240 \times 10^3}{300} = 800(\text{mm}^2)$$

$$A_s = 628 + 2\,284 + 800 = 3\,712(\text{mm}^2)$$

取 $A_s' = 0$，得

$$Ne = M = \alpha_1 f_c bx\left(h_0 - \frac{x}{2}\right)$$

由此式重新计算 x 值。或由表格计算 ξ，从而求出 A_s。

$$\alpha_s = \frac{Ne}{\alpha_1 f_c bh_0^2} = \frac{240 \times 10^3 \times 426.7}{1.0 \times 9.6 \times 1\,000 \times 265^2} = 0.152, \quad 查表\ \xi = 0.167$$

$$A_s = \xi bh_0 \frac{\alpha_1 f_c}{f_y} + \frac{N}{f_y} = 0.167 \times 1\,000 \times 265 \times \frac{1.0 \times 9.6}{300} + \frac{240 \times 10^3}{300} = 2\,216(\text{mm}^2)$$

从上面计算中，取两者中的较小值，按 $A_s = 2\,216\text{mm}^2$ 配置受拉钢筋。

选用 $\underline{\Phi}\,16/18@100$，$A_s = 2\,277\text{mm}^2$。

上述仅计算一个截面的承载力，对于水池还需要计算其他部位。当水池埋在地下时，尚需计算池内无水、池外有土的情况,这样就变成反向弯矩的偏心受压情况。另外,还需要进行抗裂度验算,最后综合各方面的计算结果,才能最终确定配筋量。

6.4　偏心受拉构件斜截面承载力计算

偏心受拉构件,在承受弯矩和拉力的同时,也存在着剪力,当剪力较大时,不能忽视斜截面承载力的计算。拉力的存在有时会使斜裂缝贯通全截面,使斜截面末端无剪压区,构件的斜截面承载力比无轴向拉力时要降低一些,降低的程度和轴拉力的数值有关。

《规范》对矩形截面偏心受拉构件的受剪承载力,采用下列公式计算:

$$V \leqslant \frac{1.75}{\lambda + 1.0} f_t b h_0 + f_{yv} \frac{n A_{sv1}}{s} h_0 - 0.2N \tag{6-12}$$

式中:V——与纵向拉力设计值 N 相应的剪力设计值(N);

λ——计算截面的剪跨比 $\lambda = \dfrac{a}{h_0}$,a 为集中荷载至支座截面或节点边缘的距离,当 $\lambda < 1.0$ 时,取 $\lambda = 1.0$;当 $\lambda > 3$ 时,取 $\lambda = 3$。

公式(6-12)右侧的计算值小于 $f_{yv} \dfrac{n A_{sv1}}{s} h_0$ 时,应取等于 $f_{yv} \dfrac{n A_{sv1}}{s} h_0$,并不得小于 $0.36 f_t b h_0$,而且箍筋的配箍率 $\rho_{sv} = \dfrac{n A_{sv1}}{sb}$ 不得小于 $0.24 \dfrac{f_t}{f_{yv}}$。

6.5　受拉构件构造要求

受拉构件构造要求与受压构件基本相同。对于轴心受拉和小偏心受拉构件,拉力由钢筋承担,受力钢筋不得采用绑扎搭接;且不存在压屈问题,所以箍筋可用最小直径和最大间距。

6.6　本章主要知识点

(1) 基本概念方面

轴心受拉构件和小偏心受拉构件在破坏时混凝土已经被拉裂,拉力全部由钢筋来承担;在满足构造要求的前提下,以采用较小的截面尺寸为宜;大偏心受拉构件破坏时,截面仅部分开裂,未开裂的混凝土还能承担部分的压力,受拉钢筋和受压钢筋都能达到屈服强度。其受力特点类似于受弯构件,随着受拉钢筋配筋率的变化,将也会出现少筋、超筋的现象,截面尺寸的加大有利于抗弯和抗剪。

(2) 计算方面

注意基本公式,配筋和承载力验算的解题思路和技巧。

(3) 构造方面

与受压构件基本相同。对于轴心受拉和小偏心受拉构件,受力钢筋不得采用绑扎搭接;箍筋可用最小直径和最大间距。

思 考 题

6-1 大、小偏心受拉构件的界限如何划分?

6-2 大偏心受拉和大偏心受压有什么相同和不同之处?

6-3 对称配筋的大、小偏心受拉构件计算上有什么不同?

习 题

6-1 已知矩形截面偏心受拉构件,$bh = 250\text{mm} \times 500\text{mm}$,混凝土 C20,HRB335 级钢筋,承受纵向拉力设计值 $N = 450\text{kN}$,弯矩设计值 $M = 200\text{kN} \cdot \text{m}$,计算构件截面的配筋。

第7章 受扭构件承载力计算

本章学习要点：

（1）纯扭构件的破坏形态、如何防止非适筋破坏，塑性抗扭抵抗矩、适筋抗扭构件抗扭纵筋与抗扭箍筋配筋强度比的概念与取值，纯扭构件的配筋与承载力计算；

（2）剪扭构件的剪扭相关性《规范》如何规定，如何进行配筋与承载力计算；

（3）T形截面扭矩如何分配，在弯剪扭共同作用下如何计算；

（4）受扭构件的构造措施。

7.1 概 述

在钢筋混凝土结构中，处于纯扭矩作用的情况是极少的，绝大多数都是处于弯矩、剪力、扭矩共同作用下的复合受力情况。例如，吊车梁、现浇框架的边梁以及框架结构角柱、曲梁、雨篷梁等均属于弯、剪、扭复合受扭的构件。

钢筋混凝土结构构件在扭矩作用下，根据扭矩形成的不同，分为两种：①平衡扭转；②协调扭转或称为附加扭转。

若扭矩由平衡外扭矩所引起，称为平衡扭转。其扭矩可根据平衡条件求得，与构件的抗扭刚度无关。如图 7-1(a)所示的吊车梁，在吊车梁横向水平制动力和轮压偏心产生的外扭矩作用下，必须配置足够的数量的受扭钢筋，用以抵抗全部外扭矩。

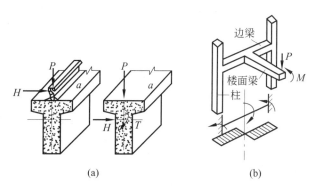

图 7-1 平衡扭转与协调扭转举例

（a）吊车梁；（b）边梁

若扭转系由变形引起,并由结构的变形连续条件所决定时,称为协调扭转或附加扭转。超静定结构中由于变形的协调使截面产生的扭转就是协调扭转。如图 7-1(b)所示的现浇框架边梁,边梁的外扭矩即为作用在楼面梁的支座负弯矩,并由楼面梁支承点处的转角与该处边梁扭转角的协调条件所决定。当梁开裂后,由于楼面梁的抗弯刚度特别是边梁的抗扭刚度发生了显著的变化,楼面梁和边梁都产生内力重分布,此时边梁的扭转角急剧增大,从而作用于边梁的外扭矩迅速减小。本章介绍的受扭承载力计算公式主要是针对平衡扭矩而言的。至于协调扭转,过去常不作专门计算,而仅仅适当增配若干构造钢筋进行处理。协调扭转目前的设计方法有以下两种:一是《规范》设计法;二是零刚度设计法。在此不进行详述。

7.2   矩形截面纯扭构件承载力计算

受扭构件的截面承载力计算中,首先需要计算构件的开裂扭矩。如果外扭矩大于构件的开裂扭矩,则还要按计算配置抗扭纵筋和箍筋,以满足对构件的承载力要求。否则,可按构造配置钢筋。

7.2.1   开裂扭矩的计算

试验表明,构件开裂前抗扭钢筋的应力很小,钢筋的存在对开裂扭矩的影响不大。因此在计算开裂扭矩时,可以忽略钢筋的存在。

对于均质弹性材料,矩形截面在扭矩 T 的作用下(见图 7-2),截面上将产生剪应力 τ。剪应力分布如图 7-3(a)所示,最大剪应力发生在截面的长边中点。由微元平衡条件知,截面上的主拉应力 $\sigma_{tp} = \tau_{max}$,其方向与构件轴线成 45°(见图 7-2)。当主拉应力超过混凝土的抗拉强度时,混凝土将首先在截面长边中点处,沿主拉应力方向开裂。所以,在纯扭构件中,构件裂缝与纵轴线成 45°。对于理想弹塑性材料而言,截面上某点的剪应力达到强度极限时并不立即破坏,该点能保持极限应力不变而继续变形,整个截面仍能继续承受荷载,直到截面上各点的剪应力都达到 $\tau_{max} = f_t$ 时,构件才能达到极限抗扭能力。这时截面上的应力分布如图 7-3(b)所示。

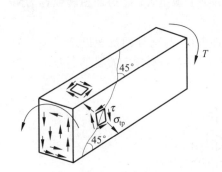

图 7-2   矩形截面受扭构件

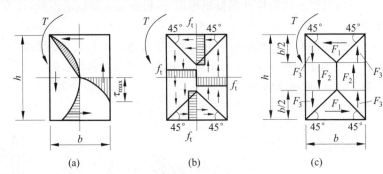

图 7-3   纯扭构件截面应力分布

按理想塑性材料所示的应力分布(见图 7-3(b))求其开裂扭矩。设矩形截面的长边为 h,短边为 b,相应的剪应力 $\tau_{max} = f_t$。简化计算,将截面上的剪应力分成四个部分(见图 7-3(c)),计算各部分剪应力的合力及相应组成的力偶,其力偶矩的总就是开裂扭矩 T_{cr}。

$$T_{cr} = F_1\left(h - \frac{b}{3}\right) + F_2\left(\frac{b}{2}\right) + 2F_3\left(\frac{2}{3}b\right)$$

$$= f_t\left[\frac{1}{2} \times b \times \frac{b}{2}\left(h - \frac{b}{3}\right) + \frac{b}{2}(h - b)\left(\frac{b}{2}\right) + 2 \times \frac{1}{2} \times \frac{b}{2} \times \frac{b}{2}\left(\frac{2}{3}b\right)\right]$$

$$= f_t\left[\frac{b^2}{6}(3h - b)\right] = f_t W_t \tag{7-1}$$

式中：h——矩形截面的长边；

　　　b——矩形截面的短边；

　　　f_t——混凝土抗拉强度设计值；

　　　W_t——截面抗扭塑性抵抗矩。

实际上，混凝土既非弹性材料又非理想塑性材料，而是介于二者之间的弹塑性材料。对于低强度混凝土来说，塑性性能稍好一些，而高强混凝土，其性能更近于弹性。因此，当计算开裂扭矩时，计算值要比试验值高。为了更接近于实际和计算方便，开裂扭矩可近似采用理想塑性材料的应力分布图形进行计算，但混凝土抗拉强度要适当降低。试验表明，对高强混凝土，其降低系数为 0.7，对低强混凝土，降低系数接近 0.8。

《规范》取混凝土抗拉强度降低系数为 0.7，故《规范》规定开裂扭矩计算公式为

$$T_{cr} = 0.7 f_t W_t \tag{7-2}$$

矩形截面的抗扭塑性抵抗矩为

$$W_t = \frac{b^2}{6}(3h - b) \tag{7-3}$$

7.2.2　极限扭矩的计算

试验表明，素混凝土构件在扭矩作用下，一旦出现裂缝就立即发生破坏。若配置适量的抗扭纵筋和箍筋，则不仅其抗扭强度可以比较显著的提高，而且构件破坏时具有较好的延性。

在受扭箍筋和纵筋配置适量的情况下，构件开裂后，混凝土承担的拉力将由钢筋承担。随着扭矩的增大，在构件表面接连出现大体连续的、与构件轴线成 45°的多条螺旋裂缝，直到其中一条裂缝所穿越的纵筋和箍筋达到屈服，于是这条裂缝急剧开展，最后另一边的混凝土压碎，构件破坏（见图 7-4）。

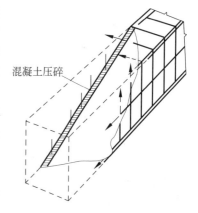

图 7-4　纯扭构件的适筋破坏

破坏过程是延续发生的，钢筋先屈服而后混凝土压碎，它类似受弯构件适筋破坏。当箍筋和纵筋配置过少时，配筋构件的受扭承载力与素混凝土构件实质上是没有差别，其破坏扭矩基本上与开裂扭矩相等。破坏突然，没有预兆，类似于受弯构件的少筋破坏，设计时应该避免。

当配置的钢筋数量过多时，钢筋未达到屈服强度，构件即由于斜裂缝间混凝土被压碎而破坏。这样的破坏与受弯构件中的超筋梁类似，也属于脆性破坏，设计中也应该避免出现这样的情况。

由于抗扭钢筋是由纵筋和箍筋两部分组成，两种钢筋的配筋比例对破坏的强度也有影响。当其中某一种抗扭钢筋配置过多时，会使其不能达到屈服强度而没有被充分的利用，这种构件称为部分超筋构件。部分超筋构件的塑性比适筋构件差，虽然在设计中可以采用，但是不经济。当箍筋的用量较多的时候，构件里面起控制作用的是纵向钢筋，当纵向钢筋屈服的时候，因为箍筋的数量多，还没有充分的发挥其作用。反之，纵向钢筋配置过多时，纵向钢筋就不能充分的发挥功效，造成不经济。

因此，纵筋和箍筋在强度和数量上有一定范围的配合比，才能保证构件在达到破坏强度时纵筋和箍筋都能得到充分的利用。为了表达纵筋和箍筋在数量上的相对关系定义了纵筋和箍筋的配筋强度比

$$\zeta = \frac{A_{stl} f_y s}{f_{yv} A_{st1} u_{cor}} \tag{7-4}$$

式中：f_y，f_{yv}——纵筋、箍筋的抗拉强度设计值；

　　　　A_{stl}——对称布置的全部纵向钢筋截面面积；

　　　　A_{st1}——箍筋的单肢截面面积；

　　　　s——箍筋的间距；

　　　　u_{cor}——截面核心部分的周长，$u_{cor}=2\times(b_{cor}+h_{cor})$，$b_{cor}$ 和 h_{cor} 分别为从箍筋内皮计算的截面核心的短边和长边尺寸。

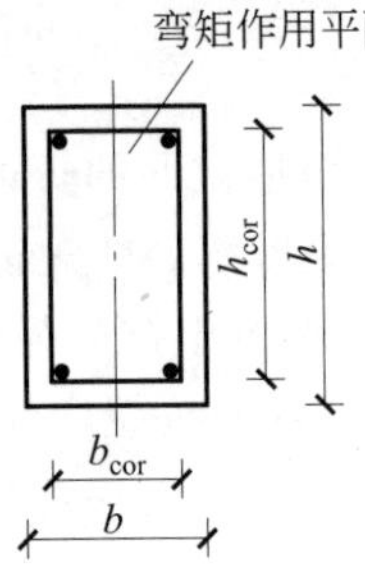

图 7-5　受扭构件矩形截面尺寸

试验证明，当 ζ 在 0.5～2.0 变化时，纵筋与箍筋在构件破坏时基本上都能达到屈服强度。为慎重起见，建议取 ζ 适用条件为

$$0.6\leqslant\zeta\leqslant1.7 \tag{7-5}$$

当 $\zeta>1.7$ 时，仍按 $\zeta=1.7$ 计算。为了方便施工，便于配筋，设计中通常取 $\zeta=1.0\sim1.2$。

7.2.3　纯扭构件承载力计算公式

1. 计算公式

试验证明，在裂缝充分发展，钢筋达到屈服时，截面核心混凝土退出工作。

钢筋混凝土纯扭构件承载力计算公式是根据适筋破坏形式建立的，它由钢筋承担的扭矩 T_s 和混凝土承担的扭矩 T_c 所组成，即

$$T_u=T_s+T_c \tag{7-6}$$

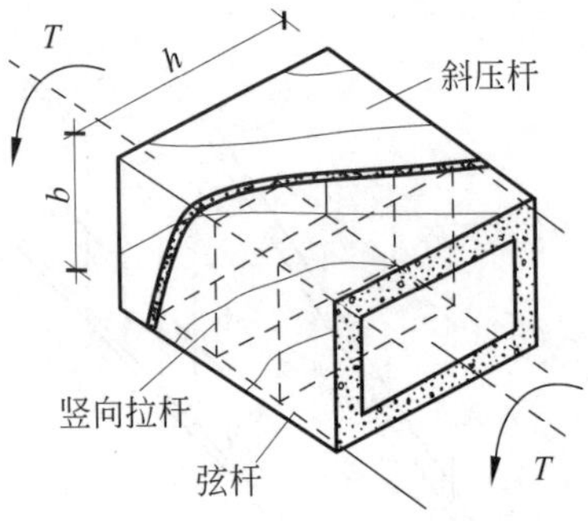

钢筋承担的扭矩实际上是钢筋和斜裂缝之间的混凝土结合起来共同承担的扭矩。这可以用一个空间桁架来模拟解释，箍筋相当于竖向拉杆，纵筋相当于桁架弦杆，斜裂缝之间的部分混凝土相当于桁架的受压腹杆，如图 7-6 所示。试验证明，这部分抗扭能力的大小与箍筋的截面面积和强度成正比，与箍筋的间距成反比，并且截面核心越大，抗扭钢筋产生的抵抗扭矩也就越大。经推导，T_s 可由下式计算

图 7-6　受扭模拟桁架模型

$$T_s=\alpha_2\sqrt{\zeta}A_{cor}\frac{A_{st1}f_{yv}}{s} \tag{7-7}$$

式中：α_2——由受扭构件试验确定的系数，对适筋和部分超筋的情况取 $\alpha_2=1.2$；

　　　　A_{cor}——截面核心面积，$A_{cor}=b_{cor}\times h_{cor}$；

　　　　ζ——纵筋与箍筋的配筋强度比，详见式(7-4)。

如前所述，素混凝土所能承担的极限扭矩 $T_{ct}=0.7f_tW_t$，素混凝土构件开裂后，即达到破坏。但是钢筋混凝土构件中，由于钢筋的存在，对混凝土裂缝的开展起到了抑制作用，此外，斜裂缝处的混凝土存在着骨料咬合力，阻止它们之间的相对滑移，因而混凝土还可以承担一部分扭矩。经数据分析，取

$$T_c=0.35f_tW_t=0.35f_t\frac{b^2}{6}(3h-b) \tag{7-8}$$

钢筋混凝土纯扭构件承载力计算公式为

$$T\leqslant T_s+T_c=0.35f_tW_t+1.2\sqrt{\zeta}A_{cor}\frac{A_{st1}f_{yv}}{s} \tag{7-9}$$

式中：A_{st1}——抗扭箍筋的单肢截面面积；

　　　　s——箍筋的间距；

　　　　f_{yv}——箍筋的抗拉强度设计值；

W_t——受扭构件截面抗扭塑性抵抗矩。

对于在轴向压力和扭矩共同作用下的矩形截面钢筋混凝土的纯扭构件,其抗扭承载力应按下式计算

$$T \leqslant T_u = 0.35 f_t W_t + 1.2\sqrt{\zeta} f_{yv} \frac{A_{st1} A_{cor}}{s} + 0.07 \frac{N}{A} W_t \tag{7-10}$$

此处,ζ 应按式(7-4)计算。且应符合 $0.6 \leqslant \zeta \leqslant 1.7$ 的要求。当 $\zeta > 1.7$ 时,取 $\zeta = 1.7$。式中,N 为与扭矩设计值 T 相应的轴向压力设计值,当 $N > 0.3 f_c A$,取 $N = 0.3 f_c A$;A 为构件截面积。

箱形截面钢筋混凝土纯扭构件的扭曲截面受扭承载力的实验和理论研究表明,一定壁厚箱形截面的受扭承载力与实心截面是相同的。对于箱形截面纯扭构件,《规范》将式(7-6)混凝土项乘以与截面相对壁厚有关的折减系数得出下列计算公式

$$T \leqslant T_u = 0.35 \alpha_h f_t W_t + 1.2\sqrt{\zeta} f_{yv} \frac{A_{st1} A_{cor}}{s} \tag{7-11}$$

式中,α_h 为箱形截面壁厚影响系数,$\alpha_h = 2.5 t_w/b_h$,当 $\alpha_h > 1$ 时,取 $\alpha_h = 1$。其中 b_h 为箱形截面的宽度(mm);t_w 为箱形截面壁厚(mm),其值不应小于 $b_h/7$。

箱形截面受扭塑性抵抗矩为

$$W_t = \frac{b_h^2}{6}(3h_h - b_h) - \frac{(b_h - 2t_w)^2}{6}[3h_w - (b_h - 2t_w)] \tag{7-12}$$

式中:b_h, h_h——箱形截面的宽度和高度(mm);

　　　h_w——箱形截面的腹板净高(mm);

　　　t_w——箱形截面壁厚(mm)。

2. 适用条件

与受弯构件相似,为了使构件具有一定的延性,保证构件在破坏时不发生脆性的少筋和超筋破坏,在式(7-9)中同样要有上限和下限条件。

1) 上限条件

为了防止超筋破坏,截面的尺寸不能太小,《规范》规定截面尺寸应符合下列条件,否则应加大截面尺寸。

当 $h_w/b \leqslant 4$ 时　　　　　　　　$T \leqslant 0.25 \beta_c f_c \times 0.8 W_t$

当 $h_w/b \geqslant 6$ 时　　　　　　　　$T \leqslant 0.20 \beta_c f_c \times 0.8 W_t$　　　　　(7-13)

当 $4 < h_w/b < 6$ 时,按线性内插法确定

式中:h_w——截面的腹板高度,对于矩形截面取有效高度 h_0;对于 T 形截面取有效高度减去翼缘高度;对于工字形截面取腹板净高度;

　　　T——扭矩设计值;

　　　β_c——混凝土强度系数;

　　　f_c——混凝土抗压强度设计值;

　　　0.8——可靠度要求对 W_t 的折减系数。

2) 下限条件

当符合条件

$$T \leqslant 0.7 f_t W_t \tag{7-14}$$

此式表明混凝土构件可以承受该扭矩,可以不进行受扭承载力的配筋计算,但是需要按受扭纵向钢筋最小配筋率和受扭箍筋最小配箍率的构造要求来配置钢筋。

（1）受扭纵筋最小配筋率

受扭纵筋配筋率应符合下列条件

$$\rho_{tl} = \frac{A_{stl}}{bh} \geqslant \rho_{tl,\min} = 0.6\sqrt{\frac{T}{Vb}}\frac{f_t}{f_y} \qquad (7\text{-}15)$$

式中：T——扭矩设计值；

$\quad\quad V$——剪力设计值；

$\quad\quad f_y$——受扭纵筋抗拉强度设计值；

$\quad\quad A_{stl}$——沿截面周边布置的受扭纵向钢筋总截面面积；

$\quad\quad b$——矩形截面的宽度，T 形或工字形截面的腹板宽度，箱形截面的侧壁总厚度 $2t_w$。

当在式（7-15）中，$\dfrac{T}{Vb} > 2$ 时，取 $\dfrac{T}{Vb} = 2.0$。

（2）受扭构件最小配箍率

受扭构件的最小配箍率，原则上是根据 $T_u = T_{cr}$ 来确定的，但是为了与受剪构件协调，最小配箍率为

$$\rho_{sv} = \frac{2A_{stl}}{bs} \geqslant \rho_{sv,\min} = 0.28\frac{f_t}{f_{yv}} \qquad (7\text{-}16)$$

在受扭构件中，抗扭纵筋沿截面周边均匀对称布置，在截面四角，必须设置纵筋，间距不应大于 200mm 和梁的截面宽度。箍筋在整个周长上都受到拉力，所以抗扭的箍筋必须做成封闭式。

纯扭构件配筋计算框图见图 7-7。

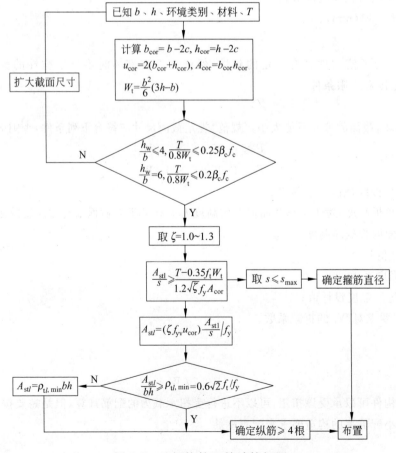

图 7-7　纯扭构件配筋计算框图

7.3　矩形截面剪扭构件承载力计算

7.3.1　试验研究及破坏形态

钢筋混凝土结构在弯矩、剪力和扭矩作用下,其受力状态及破坏形态十分复杂,结构的破坏形态及其承载力,与结构弯矩、剪力和扭矩的比值,即与扭弯比(T/M)和扭剪比(T/Vb)有关;还与结构的截面形状、尺寸、配筋形式、数量和材料强度等因素有关。钢筋混凝土受扭构件随弯矩、剪力和扭矩比值和配筋的不同,有三种破坏类型,如图 7-8 所示。

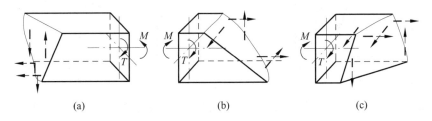

图 7-8　弯扭或弯剪扭共同作用下构件的破坏类型

第 Ⅰ 类型——结构在弯剪扭共同作用下,当弯矩较大扭矩较小时(扭弯比较小),扭矩产生的主拉应力与截面下部的弯曲拉应力叠加,如图 7-8(a)所示,结构破坏自截面下部弯拉区受拉纵筋首先开始屈服,其破坏形态通常称为"弯型"破坏。

第 Ⅱ 类型——结构在弯剪扭共同作用下,当纵筋在截面的顶部及底部配置较多,两侧面配置较少,而截面宽高比较小,或作用的剪力和扭矩较大时,破坏自剪力和扭矩所产生主拉应力相叠加的一侧开始,而另一侧面处于受压状态,如图 7-8(b)所示,其破坏形态通常称为"剪扭型"破坏。

第 Ⅲ 类型——结构在弯剪扭共同作用下,当扭矩较大弯矩较小时(扭弯比较大),截面上部弯压区在较大的扭矩作用下,由受压转变为受拉状态。结构破坏自纵筋面积较小的顶部开始,受压区在截面底部,如图 7-8(c)所示,其破坏形态通常称为"扭型"破坏。

7.3.2　剪扭构件承载力的计算

1. 剪扭相关性

上一节建立的是构件在纯扭作用下的抗扭承载力计算公式。若构件中同时还有剪力作用,试验表明,构件的抗扭承载力将有所降低;同样,由于扭矩的存在,也会引起构件抗剪承载力的降低。这就是剪力和扭矩的相关性。

图 7-9 给出了无腹筋构件在不同扭矩与剪力比值下的承载力试验结果。图中无量纲坐标系的纵坐标为 V_c/V_{c0},横坐标为 T_c/T_{c0}。这里,V_{c0} 和 T_{c0} 分别为无腹筋构件在单纯受剪力或扭矩作用时的抗剪和抗扭承载力,V_c 和 T_c 则为同时受剪力和扭矩作用时的抗剪和抗扭承载力。从图 7-9 可见,无腹筋构件的抗剪和抗扭承载力相关关系大致按 1/4 圆弧规律变化,即随着扭矩增大,构件的抗剪承载力逐渐降低,当扭矩达到构件的抗纯扭承载力时,其抗剪承载力下降为零;反之亦然。

对于有腹筋的剪扭构件,其混凝土部分所提供的抗扭承载力 T_c 和抗剪承载力 V_c 之间,可认为也存在如图 7-9 所示的 1/4 圆弧相关关系。这时,坐标系中的 V_{c0} 和 T_{c0} 可分别取为抗剪承载力公式中的混凝土作用项和纯扭构件抗扭承载力公式中的混凝土作用项,即

$$V_{c0} = 0.7 f_c b h_0 \tag{7-17}$$

$$T_{c0} = 0.35 f_t W_t \tag{7-18}$$

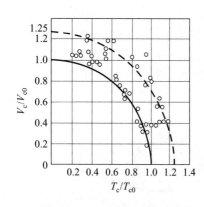

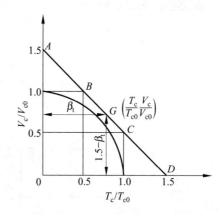

图7-9　无腹筋构件的剪扭承载力相关规律　　　　图 7-10　混凝土部分剪扭承载力相关的计算模式

2. 简化计算方法

为了简化计算,《规范》建议用图 7-10 所示的三段折线关系近似地代替 1/4 的圆弧关系。此三段折线表明:

(1) 当 $T_c/T_{c0} \leqslant 0.5$ 时,取 $V_c/V_{c0} = 1.0$。或者当 $T_c \leqslant 0.5 T_{c0} = 0.175 f_t W_t$ 时,取 $V_c = V_{c0} = 0.7 f_c b h_0$,即此时可忽略扭矩的影响,仅按受弯构件的斜截面受剪承载力公式进行计算。

(2) 当 $V_c/V_{c0} \leqslant 0.5$ 时,取 $T_c/T_{c0} = 1.0$。或者当 $V_c \leqslant 0.5 V_{c0} = 0.35 f_t b h_0$ 或 $V \leqslant \dfrac{0.875}{\lambda + 1} f_t b h_0$ 时,取 $T_c = T_{c0} = 0.35 f_t W_t$,即此时可忽略剪力的影响,仅按纯扭构件的受扭承载力公式进行计算。

(3) 当 $0.5 < T_c/T_{c0} \leqslant 1.0$ 或 $0.5 < V_c/V_{c0} \leqslant 1.0$ 时,要考虑剪扭相关性,但以线性相关代替圆弧相关性。

现将 BC 上任意点 G 到纵坐标轴的距离用 β_t 表示,即

$$T_c/T_{c0} = \beta_t \tag{a}$$

则 G 点到横坐标轴的距离为

$$V_c/V_{c0} = 1.5 - \beta_t \tag{b}$$

即为

$$T_c = \beta_t T_{c0} \tag{7-19}$$

$$V_c = (1.5 - \beta_t) V_{c0} \tag{7-20}$$

用式(a)和式(b)两式相除得

$$\frac{V_c/V_{c0}}{T_c/T_{c0}} = \frac{1.5 - \beta_t}{\beta_t} \tag{c}$$

由此得

$$\beta_t = \frac{1.5}{1 + \dfrac{V_c/V_{c0}}{T_c/T_{c0}}} \tag{d}$$

将式(7-7)和式(7-8)代入式(d),并用实际作用的剪力设计值与扭矩设计值之比 V/T 代替公式中的 V_c/T_c,则有

$$\beta_t = \frac{1.5}{1 + 0.5 \dfrac{VW_t}{Tbh_0}} \qquad (7\text{-}21)$$

根据图 7-10,当 $\beta_t > 1.0$ 时,应取 $\beta_t = 1.0$;当 $\beta_t < 0.5$ 时,则取 $\beta_t = 0.5$。即 β_t 应符合:$0.5 \leqslant \beta_t \leqslant 1.0$,故称 β_t 为剪扭构件的混凝土受扭承载力降低系数。因此,当需要考虑剪力和扭矩的相关性时,应对构件的抗剪承载力公式和抗纯扭承载力公式进行修正。类似于纯扭构件的截面承载力计算,根据截面形式的不同,《规范》采用了不同的计算公式。

3. 计算公式

1) 对于剪力和扭矩共同作用下的矩形截面一般剪扭构件

(1) 剪扭构件的受剪承载力

$$V_u = 0.7(1.5 - \beta_t)f_t bh_0 + f_{yv}\frac{A_{sv}}{s}h_0 \qquad (7\text{-}22)$$

(2) 剪扭构件的受扭承载力

$$T_u = 0.35\beta_t f_t W_t + 1.2\sqrt{\zeta}f_{yv}\frac{A_{st1}A_{cor}}{s} \qquad (7\text{-}23)$$

对集中荷载作用下独立的钢筋混凝土剪扭构件(包括作用有多种荷载,且其中集中荷载对支座截面或节点边缘所产生的剪力值占总剪力值的 75% 以上的情况),式(7-22)应改为

$$V_u = \frac{1.75}{\lambda + 1}(1.5 - \beta_t)f_t bh_0 + f_{yv}\frac{A_{sv}}{s}h_0 \qquad (7\text{-}24)$$

且式(7-23)和式(7-24)中的剪扭构件混凝土受扭承载力降低系数应改为按下式计算

$$\beta_t = \frac{1.5}{1 + 0.2(\lambda + 1)\dfrac{VW_t}{Tbh_0}} \qquad (7\text{-}25)$$

式中,λ 为计算截面的剪跨比,当 $\lambda < 1.4$ 时,取 $\lambda = 1.4$;当 $\lambda > 3$ 时,取 $\lambda = 3.0$。

2) 箱形截面钢筋混凝土一般剪扭构件

(1) 剪扭构件的受剪承载力

$$V_u = 0.7(1.5 - \beta_t)f_t bh_0 + f_{yv}\frac{A_{sv}}{s}h_0 \qquad (7\text{-}26)$$

(2) 剪扭构件的受扭承载力

$$T_u = 0.35\alpha_h\beta_t f_t W_t + 1.2\sqrt{\zeta}f_{yv}\frac{A_{st1}A_{cor}}{s} \qquad (7\text{-}27)$$

此处,对 α_h 值和 W_t 值应按箱形截面钢筋混凝土纯扭构件的受扭承载力计算规定要求取值。

箱形截面一般剪扭构件混凝土受扭承载力降低系数 β_t 近似按式(7-21)计算。

对集中荷载作用下独立的箱形截面剪扭构件(包括作用有多种荷载,且其中集中荷载对支座截面或节点边缘所产生的剪力值占总剪力值的 75% 以上情况),式(7-26)应改为

$$V_u = \frac{1.75}{\lambda + 1}(1.5 - \beta_t)f_t bh_0 + f_{yv}\frac{A_{sv}}{s}h_0 \qquad (7\text{-}28)$$

式中:λ——计算截面的剪跨比,按第 5 章所述选用;

　　　β_t——混凝土受扭承载力降低系数,可近似按式(7-25)计算。

7.4　矩形截面弯扭和弯剪扭构件承载力计算

7.4.1　构件的配筋计算方法

受弯构件同时受到扭矩作用时,扭矩的存在使构件受弯承载力降低。这是因为扭矩的作用使纵筋产生拉应力,加重了受弯构件纵向受拉钢筋的负担,使它的应力提前到达屈服,降低了受弯承载力。弯扭构件的承载力受到很多因素的影响,精确计算是比较复杂的,一般采用一种简单而且安全的方法,就是将受弯钢筋与受扭所需要的纵筋,分别计算然后进行叠加。因此,弯扭构件的纵筋用量为受弯所需的纵筋和受扭所需的纵筋截面面积之和,而箍筋用量则由受扭箍筋来决定。

在弯剪扭共同作用下的构件承载力计算,分别按受弯和受扭计算的纵筋截面面积相叠加;箍筋截面面积则是由剪扭相关性来计算的。

当剪力小于无腹筋梁的受剪承载力的一半时,即 $V \leqslant 0.35 f_t b h_0$ 或 $V \leqslant \dfrac{0.875}{\lambda + 1.0} f_t b h_0$,可仅按受弯构件的正截面受弯承载力或纯扭构件的受扭承载力分别进行计算。

7.4.2　计算公式的适用条件

1)为了避免少筋破坏,构件必须限制纵筋与箍筋的最小配筋率、受扭纵筋配筋率
受扭纵筋配筋率

$$\rho_{tl} = \frac{A_{stl}}{bh} \geqslant \rho_{tl,\min} = 0.6\sqrt{\frac{T}{Vb}} \frac{f_t}{f_y} \tag{7-29}$$

配箍率

$$\rho_{sv} = \frac{A_{sv}}{bs} \geqslant \rho_{sv,\min} = 0.28 \frac{f_t}{f_{yv}} \tag{7-30}$$

2)为避免超筋破坏,构件应满足以下条件;否则要加大截面尺寸,或提高混凝土强度等级。
在弯矩、剪力和扭矩共同作用下,对矩形、T形、工字形截面(图 7-11),应符合下列条件:

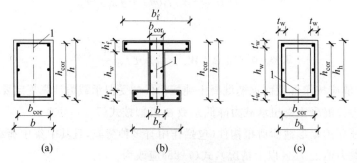

图 7-11　受扭构件截面
(a) 矩形截面;(b) T形、工字形截面;(c) 箱形截面$(t_w \leqslant t_w')$
1—弯矩、剪力作用平面

当 h_w/b(或 h_w/t_w)≤4 时

$$\frac{V}{bh_0} + \frac{T}{0.8W_t} \leqslant 0.25\beta_c f_c \tag{7-31}$$

当 h_w/b(或 h_w/t_w)＝6 时

$$\frac{V}{bh_0} + \frac{T}{0.8W_t} \leqslant 0.2\beta_c f_c \tag{7-32}$$

当 $4 < h_w/b$(或 h_w/t_w)< 6 时,按线性内插法确定。

式中:T——扭矩设计值;

b——矩形截面的宽度,T 形或工字形截面的腹板宽度,箱形截面的侧壁总厚度 $2t_w$;

h_0——截面的有效高度;

W_t——受扭构件的截面受扭塑性抵抗矩;

h_w——截面的腹板高度:对矩形截面,取有效高度 h_0;对 T 形截面,取有效高度减去翼缘高度;对工字形和箱形截面,取腹板净高;

t_w——箱形截面壁厚,其值不应小于 $b_h/7$,此处,b_h 为箱形截面的宽度。

注:当 h_w/b(或 h_w/t_w)> 6 时,受扭构件的截面尺寸条件及扭曲截面承载力计算应符合专门规定。

受拉边的纵向受拉钢筋,应不小于按受弯构件最小配筋率计算所需纵筋面积和受扭构件按最小配筋率计算并分配到弯曲受拉边的纵筋截面面积之和,即

$$A_s \geqslant (\rho_{min} + \rho_{tl,min}/n)bh \tag{7-33}$$

式中:ρ_{min}——受弯构件最小配筋率;

$\rho_{tl,min}$——受扭纵筋的最小配筋率;

n——受扭纵筋 A_{stl} 与分配到弯曲受拉边的受扭纵筋 $A_{stl,n}$ 之比值。

3) 当满足下列条件时

$$\frac{V}{bh_0} + \frac{T}{W_t} \leqslant 0.7f_t \tag{7-34}$$

抗扭纵筋和箍筋按其最小配筋率设置,只需对抗弯纵筋进行计算:

T 形、工字形和矩形弯剪扭构件配筋计算粗框图见图 7-12。

[**例 7-1**] 已知构件截面尺寸 $bh = 250\text{mm} \times 600\text{mm}$,承受的扭矩设计值为 $T = 15\text{kN} \cdot \text{m}$。混凝土 C20,纵筋 HRB335 级,箍筋 HPB300 级,构件处于一类环境,试计算构件的钢筋用量。

解:查表确定材料强度设计值:

$$f_t = 1.1\text{N/mm}^2;\ f_c = 9.6\text{N/mm}^2;\ f_y = 300\text{N/mm}^2;\ f_{yv} = 270\text{N/mm}^2$$

(1) 验算截面尺寸

$$b_{cor} = 250 - 2 \times 30 = 190(\text{mm})$$

$$h_{cor} = 600 - 2 \times 30 = 540(\text{mm})$$

$$u_{cor} = 2 \times (190 + 540) = 1\,460(\text{mm})$$

$$A_{cor} = 190 \times 540 = 102\,600(\text{mm}^2)$$

$$W_t = \frac{b^2}{6}(3h - b) = \frac{250^2}{6} \times (3 \times 600 - 250) = 16.15 \times 10^6(\text{mm}^3)$$

$$0.25\beta_c f_c \cdot 0.8W_t = 0.25 \times 1.0 \times 9.6 \times 0.8 \times 16.15 \times 10^6$$
$$= 38.76 \times 10^6(\text{N} \cdot \text{mm}) > T = 15\text{kN} \cdot \text{m} = 15 \times 10^6(\text{N} \cdot \text{mm})$$

截面满足条件。

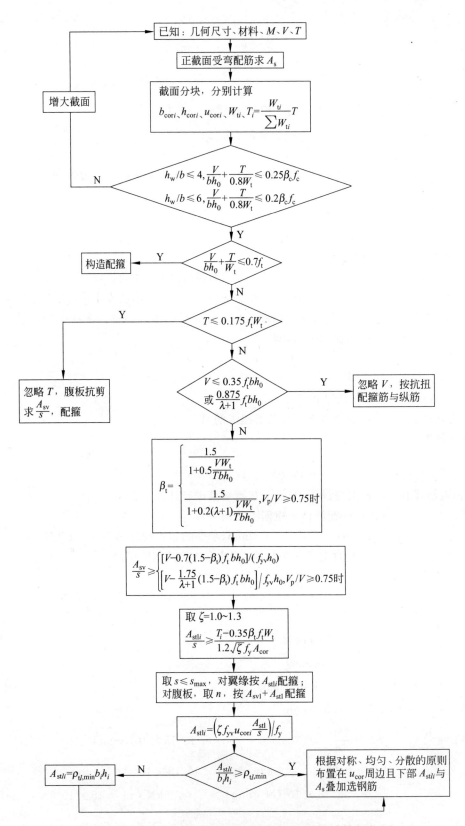

图 7-12　T 形、工字形和矩形弯剪扭构件配筋计算粗框图

（2）是否需要计算配筋

$0.7f_tW_t = 0.7 \times 1.1 \times 16.15 \times 10^6 (\text{N} \cdot \text{mm}) = 12.44 \times 10^6 (\text{N} \cdot \text{mm}) < 15 \times 10^6 (\text{N} \cdot \text{mm})$，

需要计算配筋。

（3）计算配筋

取 $\zeta = 1.1$，则

$$g = \frac{A_{st1}}{s} = \frac{T - 0.35f_tW_t}{1.2\sqrt{\zeta}A_{cor}f_{yv}} = \frac{15 \times 10^6 - 0.35 \times 1.1 \times 16.15 \times 10^6}{1.2 \times \sqrt{1.1} \times 102\,600 \times 270} = 0.248\text{mm}$$

$$2g/b = 2 \times 0.248/250 = 0.001\,98 > 0.28f_t/f_{yv} = 0.28 \times 1.1/210 = 0.001\,47$$

大于最小配箍率。取 $s = 150\text{mm}$，$A_{st1} = gs = 0.248 \times 150 = 37.2\text{mm}^2$。选 $\phi 8$（$A_{st1} = 50.3\text{mm}^2$），故

$$A_{stl} = \frac{\zeta f_{yv}gu_{cor}}{f_y}$$

$$= \frac{1.1 \times 270 \times 0.248 \times 1\,460}{300} = 358.5(\text{mm}^2)$$

$$\frac{A_{stl}}{bh} = \frac{358.5}{250 \times 600} = 0.002\,39 > \frac{0.6 \times \sqrt{2}f_t}{f_y}$$

$$= \frac{0.6 \times 1.414 \times 1.1}{300} = 0.000\,3$$

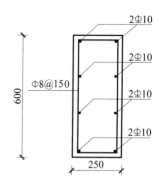

图 7-13 ［例 7-1］图

选用 $8 \underline{\phi} 10$，$A_{stl} = 628\text{mm}^2$。配筋图示于图 7-13。

7.5 T 形和工字形截面弯剪扭构件承载力计算

前面讨论了矩形和箱形截面受扭构件承载力的计算方法。在实际工程中，像吊车梁等构件，截面为 T 形或工字形，因此，本节介绍 T 形和工字形截面弯剪扭构件承载力计算方法。T 形和工字形截面弯剪扭构件承载力按下列方法计算。

1. 不考虑弯矩和剪力、扭矩的相关性

构件在弯矩的作用下，不考虑弯矩和剪力、扭矩的相关性，而按受弯构件正截面承载力方法计算。

2. 截面扭矩分配

扭矩由腹板、受拉翼缘和受压翼缘共同承受，计算方法是可将其截面划分为 n 个矩形截面进行计算。矩形截面划分的原则是首先满足腹板截面的完整性，然后再划分受压翼缘和受拉翼缘的面积，如图 7-14 所示。划分的各矩形截面所承担的扭矩值，按各矩形截面的塑性抵抗矩与截面总的受扭塑性抵抗矩的比值进行分配。

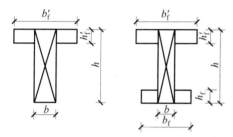

图 7-14 T 形和工字形截面和
矩形划分方法

（1）腹板

$$T_w = \frac{W_{tw}}{W_t}T \qquad (7\text{-}35)$$

（2）受压翼缘

$$T'_{tf} = \frac{W'_{tf}}{W_t}T \qquad (7\text{-}36)$$

（3）受拉翼缘

$$T_{tf} = \frac{W_{tf}}{W_t}T \tag{7-37}$$

式中：T——整个截面所承受的扭矩设计值（kN·m）；

　　　T_w——腹板截面所承受的扭矩设计值（kN·m）；

　　　T'_{tf}, T_{tf}——受压翼缘、受拉翼缘截面所承受的扭矩设计值（kN·m）；

　　　$W_{tw}, W'_{tf}, W_{tf}, W_t$——腹板、受压翼缘、受拉翼缘受扭塑性抵抗矩和截面总的受扭塑性抵抗矩（mm³）。

《规范》规定，T形和工字形截面的腹板、受压和受拉翼缘部分的矩形截面受扭塑性抵抗矩可分别按下式计算

$$W_{tw} = \frac{b^2}{6}(3h - b) \tag{7-38}$$

$$W'_{tf} = \frac{h'^2_f}{2}(b'_f - b) \tag{7-39}$$

$$W_{tf} = \frac{h^2_f}{2}(b_f - b) \tag{7-40}$$

截面的受扭塑性抵抗矩为

$$W_t = W_{tw} + W'_{tf} + W_{tf} \tag{7-41}$$

计算受扭塑性抵抗矩时取用的翼缘宽度尚应符合 $b'_f \leqslant b + 6h'_f$ 及 $b_f \leqslant b + 6h_f$ 的要求。

3．配筋计算

对于腹板，考虑同时承受剪力和扭矩，当需要考虑剪扭相关性时，按 V 及 T_w 由式（7-22）及式（7-23）或式（7-24）及式（7-23）进行配筋计算；对于受压及受拉翼缘，不考虑翼缘承受剪力，T'_{tf}、T_{tf} 分别按纯扭进行配筋计算。最后将计算所得的纵筋及箍筋截面面积分别合理的叠加。

[例 7-2] 某承受均布荷载的 T 形梁，截面尺寸如图 7-15，$a_s = a'_s = 35mm, h_0 = 415mm$；承受弯矩设计值 $M = 140kN·m$，剪力设计值 $V = 80kN$，扭矩设计值 $T = 12kN·m$；采用 C25 混凝土（$\alpha_1 = 1.0, \beta_c = 1.0, f_c = 11.9N/mm^2, f_t = 1.27N/mm^2$），纵筋为 HRB335 级（$f_y = 300N/mm^2$），箍筋为 HPB300 级（$f_{yv} = 270N/mm^2$），试配钢筋。

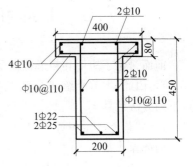

图 7-15　[例 7-2]图

解：（1）验算截面尺寸

将 T 形截面划分成 2 块矩形截面，按式（7-38）及式（7-39）计算受扭塑性抵抗矩：

腹板 $W_{tw} = \frac{b^2}{6}(3h - b) = \frac{200^2}{6}(3 \times 450 - 200) = 7.67 \times 10^6 (mm^3)$

翼缘 $W'_{tf} = \frac{h'^2_f}{2}(b'_f - b) = \frac{80^2}{2}(400 - 200) = 0.64 \times 10^6 (mm^3)$

整个 T 形截面

$$W_t = W_{tw} + W'_{tf} = (7.67 \times 10^6 + 0.64 \times 10^6) = 8.31 \times 10^6 (mm^3)$$

$h_w/b = (h_0 - h'_f)/b = (415 - 80)/200 = 1.7 < 4$，按式（7-31）得

$$\frac{V}{bh_0} + \frac{T}{0.8W_t} = \frac{80 \times 10^3}{200 \times 415} + \frac{12.0 \times 10^6}{0.8 \times 8.31 \times 10^6}$$

$$= 2.76(N/mm^2) < 0.25\beta_c f_c = 0.25 \times 1.0 \times 11.9 = 2.98(N/mm^2)$$

截面尺寸满足要求。

（2）验算是否可按构造配筋

按式（7-34），有

$$\frac{V}{bh_0}+\frac{T}{W_t}=\frac{80\times10^3}{200\times415}+\frac{12.0\times10^6}{8.31\times10^6}=2.41\text{N/mm}^2>0.7f_t=0.7\times1.27=0.9(\text{N/mm}^2)$$

必须按计算确定剪扭钢筋。

(3) 受弯纵筋 A_s 的确定

① 判别 T 形截面类型

$$\alpha_1 f_c b'_f h'_f\left(h_0-\frac{h'_f}{2}\right)=1.0\times11.9\times400\times80\times(415-80/2)\text{N}\cdot\text{mm}$$

$$=142.8\times10^6\text{N}\cdot\text{mm}>M=140\times10^6\text{N}\cdot\text{mm}$$

属于第一类 T 形截面,按 $b'_f\cdot h$ 矩形截面计算。

② 求 A_s

$$a_s=\frac{M}{\alpha_1 f_c b'_f h_0^2}=\frac{140\times10^6}{1.0\times11.9\times400\times415^2}=0.171$$

$$\xi=1-\sqrt{1-2a_s}=1-\sqrt{1-2\times0.171}=0.189<\xi_b$$

故

$$A_s=\xi\frac{\alpha_1 f_c}{f_y}bh_0=0.189\times\frac{1\times11.9}{300}\times400\times415=1\,241\text{mm}^2$$

$$\rho=\frac{1\,241}{bh}=\frac{1\,241}{200\times450}=1.38\%>\rho_{\min}=0.2\%满足要求。$$

(4) 腹板抗剪扭钢筋计算

① 扭矩 T 的分配

腹板　　　　　$$T_w=\frac{W_{tw}}{W_t}T=\frac{7.67\times10^6}{8.31\times10^6}\times12\text{kN}\cdot\text{m}=11.08\text{kN}\cdot\text{m}$$

翼板　　　　　$$T'_f=\frac{W'_{tf}}{W_t}T=\frac{0.64\times10^6}{8.31\times10^6}\times12\text{kN}\cdot\text{m}=0.92\text{kN}\cdot\text{m}$$

② 腹板配筋能否忽略 V 或 T

$$0.35f_t bh_0=(0.35\times1.27\times200\times415)\text{N}=36.9\times10^3\text{N}<V=80\times10^3\text{N}$$

不能忽略剪力的作用。

$$0.175f_t W_t=(0.175\times1.27\times8.31\times10^6)\text{N}\cdot\text{mm}=1.85\times10^6\text{N}\cdot\text{mm}<T_w=11.08\times10^6\text{N}\cdot\text{mm}$$

不能忽略扭矩的作用。

腹板应按弯剪扭构件计算。

③ β_t 的计算

由式(7-21)有

$$\beta_t=\frac{1.5}{1+0.5\dfrac{V}{T_w}\dfrac{W_{tw}}{bh_0}}=\frac{1.5}{1+0.5\times\dfrac{80\times10^3}{11.08\times10^6}\times\dfrac{7.67\times10^6}{200\times415}}=0.96$$

④ 腹板受剪箍筋

由式(7-22)有

$$\frac{A_{sv}}{s}=\frac{V-0.7f_t bh_0(1.5-\beta_t)}{f_{yv}h_0}=\frac{80\times10^3-0.7\times1.27\times200\times415\times(1.5-0.96)}{270\times415}\text{mm}^2/\text{mm}$$

$$=0.356\text{mm}^2/\text{mm}$$

⑤ 腹板受扭箍筋

由式(7-23),并取 $\zeta=1.1$,故

$$\frac{A_{stl}}{s} = \frac{T_w - 0.35\beta_t f_t W_{tw}}{1.2\sqrt{\zeta} f_{yv} A_{cor}} = \frac{11.08 \times 10^6 - 0.35 \times 0.96 \times 1.27 \times 7.67 \times 10^6}{1.2 \times \sqrt{1.1} \times 270 \times 150 \times 400} \text{mm}^2/\text{mm}$$
$$= 0.383 \text{mm}^2/\text{mm}$$

⑥ 腹板箍筋配置

采用双肢箍筋($n=2$)，腹板上单肢箍筋所需截面面积为

$$\frac{A_{svl}}{s} + \frac{A_{stl}}{s} = \frac{A_{sv}}{ns} + \frac{A_{svl}}{s} = \left(\frac{0.356}{2} + 0.383\right) \text{mm}^2/\text{mm} = 0.561 \text{mm}^2/\text{mm}$$

选用箍筋直径为 10mm（78.5mm²）

$$s = \frac{78.5}{0.561} \text{mm} = 139.9 \text{mm}，取箍筋间距为 110mm。$$

$$\rho_{sv} = \frac{A_{sv}}{bs} = \frac{2 \times 78.5}{200 \times 110} = 0.71\% > \frac{0.28 f_t}{f_{yv}} = \frac{0.28 \times 1.27}{270} = 0.13\%$$

满足要求。

⑦ 腹板纵筋配置

腹板受扭纵筋由式(7-4)计算

$$A_{stl} = \frac{\zeta f_{yv} A_{stl} u_{cor}}{f_y s} = \frac{1.1 \times 270 \times 0.383 \times 1\,100}{300} = 324.6(\text{mm}^2)$$

$$\rho_{tl} = \frac{A_{stl}}{bh} = \frac{324.6}{200 \times 450} = 0.36\% > \rho_{tl,min} = 0.6\sqrt{\frac{T}{Vb}}\frac{f_t}{f_y}$$

$$= 0.6\sqrt{\frac{9 \times 10^3}{80 \times 200}} \times \frac{1.27}{300} = 0.22\%$$

按构造要求，受扭纵筋的间距不应大于 200mm 和梁的宽度 b，故沿梁高分三层布置受扭纵筋：

顶层 $\quad \frac{A_{stl}}{3} = \frac{324.6}{3} \text{mm}^2 = 108 \text{mm}^2 \quad$ 选用 2 $\underline{\Phi}$ 10（$A_s = 157 \text{mm}^2$）

中层 $\quad \frac{A_{stl}}{3} = \frac{417}{3} = 108(\text{mm}^2) \quad$ 选用 2 $\underline{\Phi}$ 10

底层 $\quad \frac{A_{stl}}{3} + A_s = 108 + 1\,241 = 1\,349(\text{mm}^2)$

选用 2 $\underline{\Phi}$ 25 + 1 $\underline{\Phi}$ 22（$A_s = 1\,362 \text{mm}^2 > 1\,349 \text{mm}^2$），满足要求。

(5) 翼缘受扭钢筋的计算

翼缘可不计剪力的作用，按纯扭构件计算。

① 箍筋。按式(7-9)计算

$$A_{cor} = (80 - 2 \times 25) \times (200 - 2 \times 25) = 4\,500(\text{mm}^2)$$

$$\frac{A_{stl}}{s} = \frac{T'_f - 0.35 f_t W'_{tf}}{1.2\sqrt{\zeta} f_{yv} A_{cor}} = \frac{0.92 \times 10^6 - 0.35 \times 1.27 \times 0.64 \times 10^6}{1.2 \times \sqrt{1.1} \times 270 \times 4\,500}$$
$$= 0.415(\text{mm}^2/\text{mm})$$

选用 Φ 10，$s = \frac{78.5}{0.415} = 189(\text{mm})$，为与腹板箍筋协调，取 $s = 110 \text{mm}$。

② 纵筋。按式(7-2)计算

$$A_{stl} = \frac{\zeta f_{yv} A_{stl} u_{cor}}{f_y s} = \frac{1.1 \times 270 \times 0.415 \times 2 \times (30 + 150)}{300} = 148(\text{mm}^2)$$

按构造配 4 $\underline{\Phi}$ 10，$A_{stl} = 314 \text{mm}^2$。配筋图示于图 7-15。

7.6 构造要求

剪扭构件截面尺寸不能太小。为防止斜压破坏,应满足尺寸限制条件;为防止斜拉破坏,应满足最小配筋、配箍率。

7.6.1 纵筋

矩形截面纵筋不少于 4 根,布置于 4 角;其余纵筋间距不大于截面宽度 b 和 200mm,均匀沿周边布置。纵筋的接头及锚固都要按受拉钢筋的构造要求处理。

7.6.2 箍筋

箍筋的间距应符合最大箍筋间距的规定,且箍筋必须是封闭式的;当采用绑扎骨架时,箍筋的末端应做成 135°弯钩,弯钩端头平直长度至少 $10d$(d 为箍筋直径),见图 7-16。

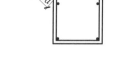

图 7-16 受扭构件箍筋形式

7.7 弯剪扭构件典型配筋图的阅读与实训

图 7-17~图 7-19 给出几种承受弯剪扭作用的截面配筋方式,供学习参考。

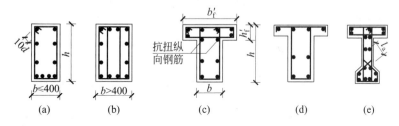

图 7-17 矩形、T 形及工字形截面的抗扭配筋

(a)、(b) 矩形截面梁;(c)、(d) T 形截面梁;(e) 工字形截面梁

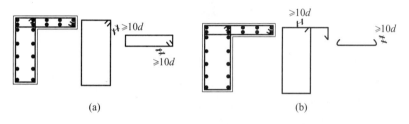

图 7-18 Γ 形截面的抗扭配筋

(a) 配筋方法之一;(b) 配筋方法之二

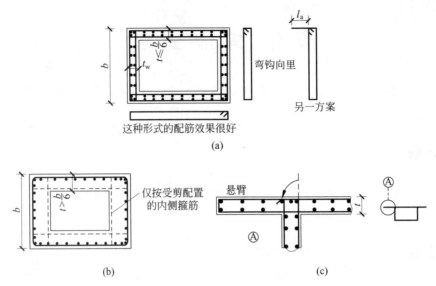

图 7-19　箱形截面的抗扭配筋

（a）$t\leqslant b/6$；（b）$t>b/6$；（c）带悬壁的箱形截面节点Ⓐ

7.8　本章主要知识点

（1）基本概念方面

要着重理解纯扭构件与弯剪扭构件的破坏机理与破坏形态、与配筋强度比的关系、剪扭相关性的特点、规范如何反映之、尺寸限制条件与抗扭纵向钢筋的最小配筋率和最小配箍率的目的等；T形截面弯剪扭联合作用下弯矩、剪力和扭矩各由哪部分（腹板还是翼缘）承担？弄清 ζ、β_t 的物理意义和取值范围。

（2）计算方面

纯扭构件应会计算设计；弯剪扭联合作用的计算较为复杂，能够利用粗框图正确应用基本公式，进行配筋。

（3）构造方面

对抗扭箍筋与纵筋应会成形、锚固、连接和布置。

思　考　题

7-1　纯扭构件为什么不配置螺旋形钢筋？如何配筋？

7-2　扭矩作用下，适筋、少筋、超筋和部分超筋构件的破坏特征是什么？如何做到适筋？

7-3　我国《规范》是怎样处理在弯、剪、扭共同作用下的结构构件设计的？

7-4　指出 ζ、β_t 的物理意义和取值范围。

7-5　为何要规定受扭构件的截面限制条件？受扭构件应按最小配箍率和最小纵筋配筋率进行配筋的条件是什么？在弯、剪、扭共同作用下构件的受弯配筋是怎样考虑的？

习　　题

7-1　已知一钢筋混凝土矩形截面纯扭构件，截面尺寸 $bh = 150\text{mm} \times 300\text{mm}$，扭矩设计值 $T = 4.6\text{kN} \cdot \text{m}$，混凝土强度等级为 C30，钢筋用 HPB300，试进行配筋设计。

7-2　雨篷剖面图见图 7-20。雨篷板上承受均布荷载（已包括板的自重）$q = 3.6\text{kN/m}^2$（设计值），活荷载 $q = 1.4\text{kN/m}^2$（设计值），在雨篷自由端沿板宽方向每米承受 $p = 1.4\text{kN/m}$。

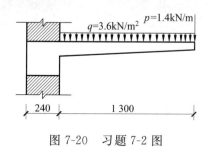

图 7-20　习题 7-2 图

雨篷梁的截面尺寸 240mm×240mm，计算跨度 2.4m。混凝土强度等级为 C30，箍筋为 HPB300，纵筋为 HRB400 级钢筋，环境类别为二类。且已知雨篷梁承受弯矩设计值 $M = 14\text{kN} \cdot \text{m}$，剪力设计值 $V = 16\text{kN}$，试确定雨篷梁的配筋数量。

7-3　承受均布荷载的 T 形截面梁，截面尺寸为 $h_f' = 80\text{mm}$，$b_f' = 400\text{mm}$，$bh = 200\text{mm} \times 400\text{mm}$，$a_s = a_s' = 35\text{mm}$，承受弯矩设计值 $M = 65\text{kN} \cdot \text{m}$，剪力设计值 $V = 75\text{kN}$，扭矩设计值 $T = 6\text{kN} \cdot \text{m}$，采用 C20 混凝土，纵筋为 HRB335 级钢筋，箍筋为 HPB300 级钢筋，试配钢筋。

第 8 章 钢筋混凝土构件变形和裂缝宽度验算

本章学习要点：

（1）了解受弯构件的变形特点，短期刚度和长期刚度概念，裂缝出现的机理；

（2）掌握受弯构件挠度和裂缝宽度的验算方法；

（3）掌握减小构件挠度和裂缝宽度的措施。

前面各章所述的钢筋混凝土构件承载力计算是所有构件设计必需的。对某些构件还需要进行变形和裂缝宽度验算，使其不超过正常使用极限状态，例如，吊车梁挠度过大吊车就不能正常行驶；楼盖中梁板变形过大使粉刷开裂、剥落；大跨梁过大变形会导致非结构构件（如脆性隔墙）损坏；钢筋混凝土构件裂缝宽度过大会影响观瞻，导致使用者心里不安；侵蚀性液体或气体会使钢筋迅速锈蚀，严重影响其耐久性。因此，规范规定：

（1）受弯构件的最大挠度应按荷载效应的准永久组合并考虑长期效应进行计算，其计算值不应超过表 1-4 规定的挠度限值。

（2）钢筋混凝土构件正截面裂缝宽度应按荷载效应准永久组合并考虑长期效应进行计算，其值不应超过表 1-5 中的最大裂缝宽度限值（单位为 mm）。

8.1 受弯构件的变形验算

8.1.1 概述

钢筋混凝土受弯构件的挠度可以利用材料力学的有关公式计算，关键在于如何确定截面抗弯刚度。刚度的计算要合理反映构件开裂后的物理性质。

材料力学已经介绍过匀质弹性材料受弯构件变形的计算方法，如简支梁计算挠度的一般公式为

$$f = s \frac{M l_0^2}{EI} \tag{8-1}$$

式中：f——梁的最大挠度；

s——与荷载形式、支承条件有关的系数，如简支梁均布荷载作用下 $s = 5/48$；在跨中集中荷载作用下 $s = 1/12$。

M——跨中最大弯矩；

EI——匀质弹性材料梁截面的抗弯刚度。

当截面及材料给定后，EI 为常数，挠度 f 与弯矩 M 为直线关系。

对于钢筋混凝土适筋梁,试验分析结果表明,钢筋混凝土梁的刚度不是常数,如图 8-1(b)所示。从图 8-1 可以看出,当 M 很小($<0.1M_u$)时,f-M 曲线大体上呈线性关系,即第 I 阶段初期,此时混凝土尚未开裂,刚度 EI 接近常数;在第 I 阶段后期,f 的增长速率超过了 M 增长的速率,呈现出塑性特征,刚度 EI 就开始变小;超过 I_a 阶段,是裂缝展开阶段(弹塑性阶段),f 的增长速率更快,刚度减小的速率也更快;II_a 阶段的刚度值 B,是《规范》规定的正常使用阶段的抗弯刚度值。可见,钢筋混凝土受弯构件的抗弯刚度随着荷载的增加而降低,而且由于混凝土的徐变影响,抗弯刚度随着时间的增长而降低。《规范》规定:钢筋混凝土和预应力混凝土受弯构件在正常使用极限状态下的挠度,应按荷载效应的标准组合并考虑荷载长期作用影响的刚度 B 进行计算。

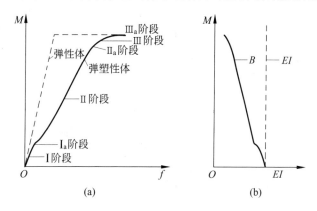

图 8-1　钢筋混凝土简支梁的 M-f、EI-M 曲线

8.1.2　受弯构件的短期刚度 B_s

1) 试验研究分析

由试验研究可知,裂缝稳定以后,受弯构件的应变具有以下特点(图 8-2):

(1) 沿构件长度方向钢筋的应变分布不均匀,裂缝截面处较大,裂缝之间较小,其不均匀性可以用受拉钢筋应变不均匀系数 $\psi = \varepsilon_{sm}/\varepsilon_s$ 来反映。ε_{sm} 为裂缝间钢筋的平均应变,ε_s 为裂缝截面处钢筋的应变。

(2) 沿构件长度方向受压区混凝土的应变分布也不均匀,裂缝截面处较大,裂缝之间较小,且应变值的波动幅度比钢筋应变的波动幅度小得多,其最大值与平均应变值 ε_{cm} 相差不大。

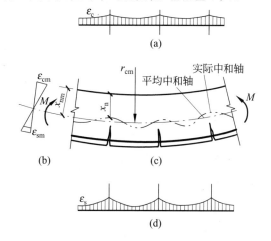

图 8-2　使用阶段梁纯弯段的应变分布和中和轴位置

(a) 受压混凝土的应变分布;(b) 平均截面的应变分布;(c) 中和轴位置;(d) 钢筋的应变分布

（3）沿构件的长度方向，截面中和轴高度 x_n 呈波浪形，即 x_n 值也是变化的，裂缝截面处较小，裂缝之间较大，其平均值 x_{nm} 称为平均中和轴高度，相应的中和轴称为"平均中和轴"，曲率称为"平均曲率"，平均曲率半径记为 r_{cm}。

裂缝截面的实际应力分布如图 8-3 所示，计算时可把混凝土受压应力图形取作等效矩形应力图形，并取平均应力为 $\omega\sigma_c$。ω 为压应力图形系数。

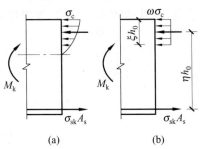

图 8-3　裂缝截面的应力分布

（a）实际应力分布；（b）等效应力分布

2）B_s 计算公式的建立

根据材料力学的推导和平截面假设，钢筋混凝土受弯构件的短期刚度 B_s 与按荷载标准组合计算的弯矩 M_k 以及曲率 ϕ 有如下关系：

$$\phi = \frac{1}{r_{cm}} = \frac{M_k}{B_s} \quad 或 \quad B_s = \frac{M_k}{1/r_{cm}} \tag{8-2}$$

建立短期刚度表达式要综合应用截面应变的几何关系、材料应变与应力的物理关系以及截面内力的平衡关系。

几何关系：由于混凝土与钢筋的平均应变 ε_{sm}、ε_{cm} 符合平截面假定，则截面曲率为

$$\phi = \frac{1}{r_{cm}} = \frac{\varepsilon_{sm} + \varepsilon_{cm}}{h_0} \tag{8-3}$$

物理关系：由于钢筋的平均应变与应力的关系符合胡克定律，则钢筋平均应变 ε_{sm} 与裂缝截面钢筋应力 σ_s 的关系为

$$\varepsilon_{sm} = \psi\varepsilon_s = \psi\frac{\sigma_s}{E_s} \tag{8-4}$$

另外，由于受压区混凝土的平均应变 ε_{cm} 与裂缝截面的应变 ε_c 相差很小，再考虑到混凝土的塑性变形而采用变形模量 E_c'（$E_c' = \nu E_c$，ν 为弹性系数），则

$$\varepsilon_{cm} \approx \varepsilon_c = \frac{\sigma_c}{E_c} = \frac{\sigma_c}{\nu E_c} \tag{8-5}$$

平衡关系：如图 8-3（b）所示，设裂缝截面的受压区高度为 ξh_0，截面的内力臂为 ηh_0，则由截面内力的平衡关系得

$$M_k = \xi\omega\eta\sigma_c bh_0^2 \tag{8-6}$$

式中，M_k 为按荷载标准组合计算的弯矩值。则受压混凝土应力为

$$\sigma_c = \frac{M_k}{\xi\omega\eta bh_0^2} \tag{8-7}$$

同理，受拉钢筋应力为

$$\sigma_{sk} = \frac{M_k}{A_s\eta h_0} \tag{8-8}$$

在式（8-7）、式（8-8）中，η 为内力臂系数。试验结果表明，受弯构件在第Ⅱ阶段工作状态，在常用的混凝土强度等级和配筋的情况下，η 值在 $0.83 \sim 0.93$ 之间变化，计算时可取 0.87，或 $1/\eta = 1.15$。

综合上述三项关系，将式（8-4）、式（8-5）、式（8-7）、式（8-8）代入式（8-3），即得到曲率的表达式。再将其代入式（8-2），并根据经验和试验结果进行整理，最后得出钢筋混凝土受弯构件短期刚度的计算公式为

$$B_s = \frac{E_s A_s h_0^2}{1.15\psi + 0.2 + \dfrac{6\alpha_E\rho}{1 + 3.5\gamma_f'}} \tag{8-9}$$

式中：ψ——钢筋应变不均匀系数，

$$\psi = 1.1 - \frac{0.65 f_{t,k}}{\rho_{te}\sigma_{sq}} \tag{8-10}$$

$\psi < 0.2$ 时,取 $\psi = 0.2$;当 $\psi > 1$ 时,取 $\psi = 1$;

$f_{t,k}$——混凝土轴心抗拉强度标准值;

σ_{sq}——按荷载效应准永久组合计算的受拉钢筋应力,对钢筋混凝土受弯构件,

$$\sigma_{sq} = \frac{M_q}{0.87 h_0 A_s} \tag{8-11}$$

M_q——为按荷载效应标准组合计算的弯矩值;

ρ_{te}——按有效受拉混凝土面积 A_{te}(见图 8-4)计算的配筋率,对受弯构件,

$$\rho_{te} = \frac{A_s}{A_{te}} = \frac{A_s}{0.5bh + (b_f - b)h_f} \tag{8-12}$$

α_E——钢筋弹性模量与混凝土弹性模量的比值,$\alpha_E = \frac{E_s}{E_c}$;

ρ——纵向受拉钢筋配筋率,$\rho = \frac{A_s}{bh_0}$;

γ_f'——受压翼缘加强系数,

$$\gamma_f' = \frac{(b_f' - b)h_f'}{bh_0} \tag{8-13}$$

当 $h_f' > 0.2 h_0$ 时,取 $h_f' = 0.2 h_0$。

受弯构件不同形状截面的有效受拉混凝土面积如图 8-4 所示。

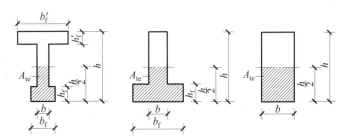

图 8-4　有效受拉混凝土面积 A_{te}

8.1.3　受弯构件考虑荷载长期作用影响的刚度 B

受弯构件的刚度 B 是在短期刚度 B_s 的基础上,考虑荷载长期作用的影响后确定的。钢筋混凝土受弯构件在长期荷载作用下,受压区混凝土将产生徐变,使得混凝土压应变 ε_c 增大,曲率增大。此外,混凝土的收缩、与钢筋接触处黏结滑移等也使曲率增大,因此构件的刚度随着时间增长而下降。

《规范》采用挠度增大系数 θ 来考虑荷载长期作用对构件挠度的影响。对受弯构件,θ 值可按下列规定取用:当 $\rho' = 0$ 时,取 $\theta = 2$;当 $\rho' = \rho$ 时,取 $\theta = 1.6$;当 ρ' 为中间数时,θ 按线性内插法取用。此处 ρ' 为纵向受压钢筋配筋率,$\rho' = \frac{A_s'}{bh_0'}$;$\rho$ 为纵向受拉钢筋配筋率,$\rho = \frac{A_s}{bh_0}$。

对翼缘位于受拉区的倒 T 形截面,θ 值应增加 20%。

设按荷载效应标准组合计算的弯矩为 M_k,按荷载准永久组合计算的弯矩为 M_q,则可变荷载其余部分产生的弯矩为 $M_k - M_q$。全部荷载作用在构件上时,产生的挠度可分为两部分:$M_k - M_q$ 产生的挠度为 f_1,M_q 产生的短期挠度为 f_2,考虑长期作用影响,M_q 产生的长期挠度为 θf_2,则受弯构件总挠度为

$$f = f_1 + \theta f_2 = s \frac{(M_k - M_q) l_0^2}{B_s} + s \frac{\theta M_q l_0^2}{B_s} = s \frac{M_k + (\theta - 1) M_q l_0^2}{B_s} \tag{8-14}$$

用考虑荷载长期作用影响的刚度 B 来表示总挠度 f 与 M_k 之间的关系为

$$f = s \frac{M_q l_0^2}{B} \tag{8-15}$$

令式(8-14)和式(8-15)相等,可得受弯构件考虑荷载长期作用影响的刚度。规范规定,矩形、十字形、倒 T 形和 I 形截面受弯构件采用荷载标准组合时,

$$B = \frac{M_k}{M_k + (\theta - 1) M_q} B_s \tag{8-16}$$

采用荷载准永久组合时

$$B = B_s / Q \tag{8-16a}$$

8.1.4　受弯构件的挠度验算

计算刚度的目的是为了计算变形,由于沿构件长度方向的配筋量及弯矩均为变值,因此沿构件长度方向刚度也是变化的,弯矩最大处刚度最小。为简化计算,取 M_{max} 处的最小刚度 B_{min} 作为同号弯矩区域的刚度来计算(最小刚度原则);即在弯矩变号时(弯矩有正、负时),可分别取同号弯矩区段内 $|M|_{max}$ 处的刚度作为全段的刚度来计算挠度,如图 8-5 所示。在同一计算跨度内,支座处的刚度与最大弯矩截面的刚度之比为 $0.5 \sim 2$。钢筋混凝土受弯构件的挠度计算可按一般的材料力学公式进行,但抗弯刚度 EI 要采用 B,考虑钢筋混凝土构件按准永久组合,则有

$$f = s \frac{M_q l_0^2}{B} \leqslant f_{lim} \tag{8-17}$$

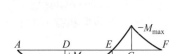

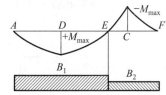

图 8-5　最小刚度原则示意图

式中:f——梁的最大挠度;

　　f_{lim}——受弯构件的挠度限值,见表 1-4。

挠度验算比较简单,只要把各种数据准备好了,代入公式即可。挠度验算的框图示于图 8-6。

[**例 8-1**]　某办公楼盖中,一根受均布荷载作用的矩形截面简支梁,计算跨度 $l_0 = 7.4$m,截面 $bh = 250$mm × 700mm,永久荷载标准值(包括梁自重)为 $g_k = 19.74$kN/m,可变荷载标准值 $q_k = 10.50$kN/m,准永久值系数为 0.5,混凝土强度等级为 C20($E_c = 2.55 \times 10^4$ N/mm²),配置 HRB335 级钢筋 2 ⌀ 22 + 2 ⌀ 20($A_s = 1\,388$mm²,$E_s = 2.0 \times 10^5$ N/mm²),挠度限值 $f_{lim} = \dfrac{l_0}{250}$,试验算梁的跨中最大挠度是否满足要求。

解:(1)求弯矩准永久组合值

按荷载效应准永久组合计算的弯矩值为

$$M_q = \frac{1}{8}(g_k + \psi_q q_k) l_0^2 = \frac{1}{8} \times (19.74 + 0.5 \times 10.50) \times 7.4^2 = 171.06 \text{(kN · m)}$$

(2)求受拉钢筋应变不均匀系数 ψ

$$h_0 = 665 \text{mm}, \quad \rho_{te} = \frac{A_s}{0.5bh} = \frac{1\,388}{0.5 \times 250 \times 700} = 0.015\,9$$

C20 混凝土的抗拉强度标准值 $f_{t,k} = 1.54$ N/mm²。

按荷载效应准永久组合计算的钢筋应力为

$$\sigma_{sq} = \frac{M_q}{0.87 h_0 A_s} = \frac{171.06 \times 10^6}{0.87 \times 665 \times 1\,388} = 213.02 \text{(N/mm}^2\text{)}$$

钢筋应变不均系数为

$$\psi = 1.1 - \frac{0.65 f_{t,k}}{\rho_{te} \sigma_{sq}} = 1.1 - \frac{0.65 \times 1.54}{0.015\,9 \times 213.02} = 0.804$$

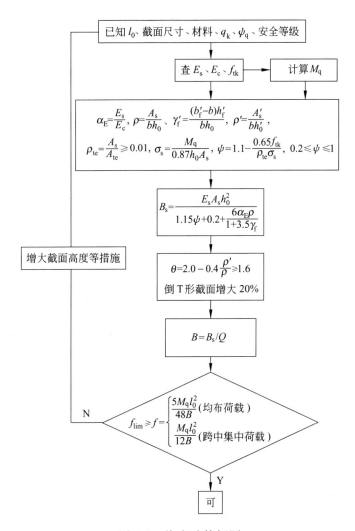

图 8-6　挠度验算框图

（3）求短期刚度 B_s

因为矩形截面 $\gamma_f'=0$，则

$$\alpha_E = \frac{E_s}{E_c} = \frac{2.0 \times 10^5}{2.55 \times 10^4} = 7.84$$

受拉纵筋的配筋率为

$$\rho = \frac{A_s}{bh_0} = \frac{1\,388}{250 \times 665} = 0.008\,35$$

则短期刚度为

$$B_s = \frac{E_s A_s h_0^2}{1.15\psi + 0.2 + \dfrac{6\alpha_E \rho}{1+3.5\gamma_f'}} = \frac{2.0 \times 10^5 \times 1\,388 \times 665^2}{1.15 \times 0.804 + 0.2 + 6 \times 7.84 \times 0.008\,35}$$

$$= 80\,875 \times 10^9 (\text{N} \cdot \text{mm}^2)$$

因为 $\rho'=0$，$\theta=2$，故

$$B = B_s/Q = 80\,875 \times 10^9/2 = 40\,478 \times 10^9 (\text{N} \cdot \text{mm})$$

（4）计算跨中挠度 f

$$f = \frac{5}{48} \times \frac{M_q l_0^2}{B} = \frac{5}{48} \times \frac{171.06 \times 10^6 \times 7\,400^2}{40\,438 \times 10^9} = 24.1\,(\text{mm})$$

$$f_{\lim} = \frac{l_0}{250} = \frac{7\,400}{250} = 29.6\,(\text{mm}) > 24.1\,(\text{mm})$$

满足要求。

当混凝土受弯构件产生的挠度值不能满足《规范》规定的要求时，可以采取哪些措施增大弯曲刚度 B，影响 B 的主要因素有哪些呢？①提高截面有效高度 h_0 效果最显著，因为它是按平方关系增大的；②提高混凝土强度等级，即提高 $f_{t,k}$ 和 E_c，使 ψ 和 α_E 减小；③在受压区增加受压钢筋，即增大 ρ'，可以使 θ 减小；④梁板现浇，使梁形成 T 形截面，增大 γ'_f；⑤增大 ρ 但效果不明显。⑥采用预应力混凝土，可以显著减小挠度值 f。

8.2　裂缝宽度验算

控制裂缝的目的是避免用户心里不安，防止钢筋锈蚀，保证结构的耐久性。钢筋混凝土构件产生裂缝的原因是多方面的。其一为直接作用引起的裂缝，如受弯、受拉等构件的垂直裂缝；其二为间接作用引起的裂缝，如基础不均匀沉降、构件混凝土收缩或温度变化引起的裂缝。对于间接作用引起的裂缝，主要是通过采用合理结构方案、构造措施来控制。对于直接作用引起的构件垂直裂缝，《规范》给出了计算方法。下面着重介绍这种裂缝宽度的验算。

8.2.1　裂缝的发生与分布

钢筋混凝土轴心受拉构件裂缝的出现，由于沿长度方向拉力相等，沿构件长度基本上是均匀分布的。当混凝土的拉应力 σ_t 达到其抗拉强度 f_t 时，应变达到极限拉应变 ε_{cu}，在构件抗拉能力最弱的截面将出现第一批裂缝，其位置是随机的。混凝土开裂后退出工作，拉力全由钢筋承担，应力突变，使钢筋与混凝土之间产生黏结力 τ 和相对滑移。通过 τ 使钢筋的拉力部分地向混凝土传递，随着离开裂缝截面距离增大，混凝土拉应力 σ_t 逐渐增大，直到 σ_t 等于 f_t，新的裂缝才可能出现。这个截面距第一批裂缝截面间距为 l，在一条裂缝两侧 l 的范围内，$\sigma_t < f_t$，不再出现新的裂缝。裂缝间距随荷载增大将逐渐减小，最后趋于稳定。

钢筋混凝土梁纯弯段裂缝出现与钢筋混凝土受拉构件一样。开裂后钢筋与混凝土中应力分布见图 8-7。

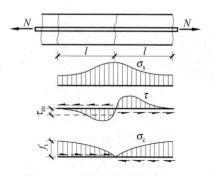

图 8-7　开裂后钢筋与混凝土中应力分布

8.2.2　裂缝的平均间距 l_m（mm）

通过理论分析和试验研究表明，裂缝的平均间距与混凝土保护层厚度、按有效受拉区截面积计算的配筋率以及钢筋直径等因素有关。

《规范》根据试验结果并参照经验，考虑到不同种类钢筋与混凝土的黏结特性不同，采用下式计算构件的平均裂缝间距：

$$l_m = \beta\left(1.9c + 0.08\frac{d_{eq}}{\rho_{te}}\right)$$

(8-18)

式中：c——最外层纵向受拉钢筋外边缘至受拉区底边的距离，mm，当 $c<20$ 时，取 $c=20$；当 $c>65$ 时，取 $c=65$；

ρ_{te}——按有效受拉混凝土截面面积计算的纵筋受拉钢筋配筋率，当 $\rho_{te}<0.01$ 时，取 $\rho_{te}=0.01$；

d_{eq}——纵向受拉钢筋的等效直径（mm）。

$$d_{eq} = \frac{\sum n_i d_i^2}{\sum n_i \nu_i d_i} \tag{8-19}$$

其中：d_i——第 i 种纵向受拉钢筋的直径（mm）；

n_i——第 i 种纵向受拉钢筋的根数；

ν_i——第 i 种纵向受拉钢筋的相对黏结特性系数，光面钢筋 $\nu_i=0.7$，带肋钢筋 $\nu_i=1.0$；

β——与构件受力状态有关的系数，由试验结果分析确定，对受弯构件，$\beta=1.0$；对轴心受拉构件，$\beta=1.1$。

8.2.3　平均裂缝宽度 w_m

与平均裂缝间距相应的裂缝宽度叫做平均裂缝宽度。设钢筋的平均应变为 ε_{sm}，混凝土的平均应变为 ε_{cm}，则平均裂缝宽度为两者在平均裂缝间距 l_m 长度内变形的差值，即

$$w_m = (\varepsilon_{sm} - \varepsilon_{cm})l_m = l_m \varepsilon_{sm}\left(1 - \frac{\varepsilon_{cm}}{\varepsilon_{sm}}\right) = k_w l_m \varepsilon_{sm} = k_w \beta \psi \frac{\sigma_{sk}}{E_s}\left(1.9c + 0.08\frac{d_{eq}}{\rho_{te}}\right) \tag{8-20}$$

根据试验结果分析，k_w 的值在 0.85 左右变化，取 $k_w=0.85$。

8.2.4　最大裂缝宽度 w_{max}

最大裂缝宽度是由平均裂缝宽度乘以扩大系数得到的，扩大系数是根据试验结果的统计分析和使用经验确定的。

当取最大裂缝宽度计算控制值的保证率为 95% 时，扩大系数取为 1.66（受弯构件）和 1.9（轴心受拉构件）。

在荷载长期作用下，由于混凝土进一步收缩、徐变及钢筋与混凝土之间的滑移等原因，裂缝宽度进一步加大，对上述扩大系数再乘以 1.50。

规范规定，在矩形、T 形、倒 T 形截面的钢筋混凝土受拉、受弯和偏心受压构件，预应力混凝土轴心受拉和受弯构件中，按荷载标准组合或准永久组合并考虑长期作用影响的最大裂缝宽度计算公式为

$$w_{max} = \alpha_{cr}\psi\frac{\sigma_s}{E_s}\left(1.9c_s + 0.08\frac{d_{eq}}{\rho_{te}}\right) \tag{8-21}$$

式中：α_{cr}——构件受力特征系数，对于轴心受拉构件 $\alpha_{cr}=1.5\times1.9\times0.85\times1.1=2.7$，对于受弯构件 $\alpha_{cr}=1.9$，偏心受拉构件 $\alpha_{cr}=2.4$，中心受拉构件 $\alpha_{cr}=2.7$；

ψ——钢筋应变不均匀系数，按式（8-10）计算；

σ_s——按荷载效应准永久组合计算的受拉钢筋应力，受弯构件 $\sigma_s=\dfrac{M_q}{0.87A_s h_0}$，对于轴心受拉构件 $\sigma_s=\dfrac{N_q}{A_s}$，对偏心受拉构件，$\sigma_s=\dfrac{N_q e'}{A_s(h_0-a_s')}$。

裂缝宽度验算也比较简单，只要把各种数据准备好了，代入公式即可。其验算框图示于图 8-8。

［例 8-2］　已知一 T 形截面梁的尺寸如图 8-9 所示。承受在荷载准永久组合下的弯矩 $M_q=440$ kN·m，混凝土的抗拉强度标准值 $f_{t,k}=1.54$ N/mm²，受拉钢筋 3Φ36（$A_s=3\,054$ mm²），保护层厚度 $c=30$ mm，$E_s=2.0\times10^5$ N/mm²。计算最大裂缝宽度 w_{max} 值。

解：$\rho_{te}=\dfrac{A_s}{0.5bh}=\dfrac{3\,054}{0.5\times300\times800}=0.025\,45$

$$\sigma_{sk}=\frac{M_k}{0.87A_s h_0}=\frac{440\times10^6}{0.87\times3\,054\times752}=220.2(\text{N/mm}^2)$$

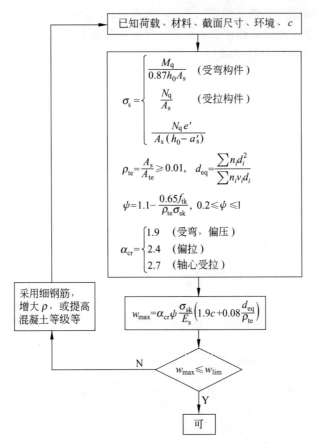

$$\boxed{\text{已知荷载、材料、截面尺寸、环境、}c}$$

$$\sigma_s = \begin{cases} \dfrac{M_q}{0.87 h_0 A_s} & \text{（受弯构件）} \\[2mm] \dfrac{N_q}{A_s} & \text{（受拉构件）} \\[2mm] \dfrac{N_q e'}{A_s(h_0 - a_s')} \end{cases}$$

$$\rho_{te} = \frac{A_s}{A_{te}} \geqslant 0.01, \quad d_{eq} = \frac{\sum n_i d_i^2}{\sum n_i v_i d_i}$$

$$\psi = 1.1 - \frac{0.65 f_{tk}}{\rho_{te}\sigma_{sk}}, \quad 0.2 \leqslant \psi \leqslant 1$$

$$\alpha_{cr} = \begin{cases} 1.9 & \text{（受弯，偏压）} \\ 2.4 & \text{（偏拉）} \\ 2.7 & \text{（轴心受拉）} \end{cases}$$

采用细钢筋，增大 ρ，或提高混凝土等级等

$$w_{max} = \alpha_{cr}\psi \frac{\sigma_{sk}}{E_s}\left(1.9c + 0.08\frac{d_{eq}}{\rho_{te}}\right)$$

$$\text{N} \quad w_{max} \leqslant w_{lim}$$

Y

可

图 8-8　裂缝宽度验算框图

$$\psi = 1.1 - 0.65\frac{f_{t,k}}{\rho_{te}\sigma_{sk}} = 1.1 - 0.65 \times \frac{1.54}{0.025\,45 \times 220.2} = 0.915$$

$$w_{max} = \alpha_{cr}\psi\frac{\sigma_{sk}}{E_s}\left(1.9c + 0.08\frac{d_{eq}}{\rho_{te}}\right) = 1.9 \times 0.9 \times \frac{220.2}{2.0 \times 10^5} \times \left(1.9 \times 30 + 0.08 \times \frac{36}{0.025\,45}\right)$$

$$= 0.33\text{(mm)}$$

根据表 8-2 的最大裂缝宽度限值 0.3mm＜0.36mm＜0.4mm，满足了干燥地区（年平均湿度小于 60％ 的地区）裂缝宽度的限值，但不满足潮湿地区的使用要求。

若在配筋率基本不变的情况下，改配 8Φ22（$A_s = 3\,041\text{mm}^2$），则

$$\rho_{te} = \frac{3\,041}{0.5 \times 300 \times 800} = 0.025\,34$$

$$\sigma_{sk} = \frac{440 \times 10^6}{0.87 \times 3\,041 \times 740} = 224.7\text{(N/mm}^2\text{)}$$

$$\psi = 1.1 - 0.65 \times \frac{1.54}{0.253\,4 \times 224.7} = 1.08 > 1，取 \psi = 1$$

$$w_{max} = 1.9 \times 1 \times 224.7 \times \left(1.9 \times 30 + 0.08 \times \frac{22}{0.025\,34}\right)\Big/(2.0 \times 10^5)$$

$$= 0.135\text{(mm)}$$

满足潮湿地区的使用要求。配筋图示于图 8-9。

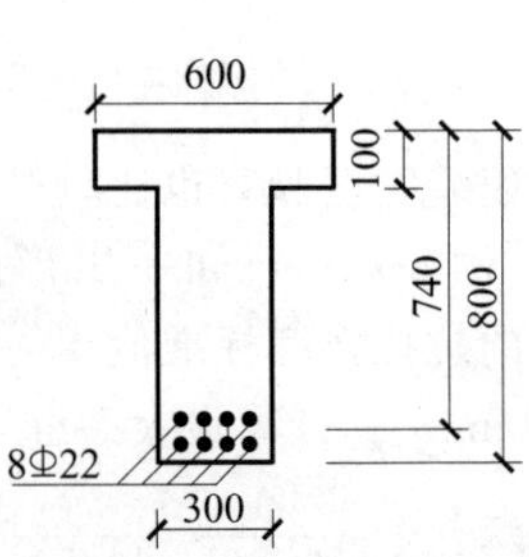

图 8-9　［例 8-2］图

可见,当计算结果出现 $w_{max} > w_{lim}$ 时,可采用如下措施:①宜选较细的钢筋,因为在截面积相同情况下,细钢筋的周长与面积之比较大,这样增大了钢筋与混凝土的接触面积,增加了黏结力,减小了裂缝宽度;②可以增加 A_s,加大 ρ_{te},减小 σ_{sk};③提高混凝土强度等级,即增大 f_{tk},可使裂缝宽度减小。

8.3　钢筋的代换

在施工过程中,往往会遇到现场可提供的钢筋级别、直径与设计要求的不相符合,这时需要对钢筋进行代换。在进行钢筋代换时,应了解设计意图和代用材料的性能,并遵循下述原则和有关注意事项。

8.3.1　代换的原则

钢筋代换的原则是:钢筋被代换之后,结构构件的安全性、适用性、耐久性不能降低,必须符合原设计的要求。

1) 满足承载力要求。对于纵向受力钢筋,应保证

$$A_{se} f_{ye} \geqslant A_s f_y \tag{8-22}$$

式中:A_{se}——代换后钢筋的截面面积;

f_{ye}——代换钢筋的强度设计值;

A_s——原设计中钢筋的截面面积;

f_y——原设计中钢筋的强度设计值。

这样的代换称为"等强代换",如果钢筋强度等级相同,仅钢筋的直径不符合设计要求,那么可以等面积代换

$$A_{se} \geqslant A_s \tag{8-23}$$

2) 满足变形(挠度)和裂缝宽度要求。钢筋的截面面积、钢筋的表面形状及直径大小,对构件刚度和裂缝均有不同程序的影响,因此,钢筋代换尚应保证构件的变形和裂缝满足设计要求。

3) 有抗震设防要求的结构构件,不宜以屈服强度更高的钢筋代换原来设计中的主要钢筋。

4) 满足构造要求。钢筋代换后均应满足各方面的构造要求,如钢筋的间距、搭接长度、锚固长度、最小配筋率等。

8.3.2　注意事项

1) 钢筋代换时,按式(8-22)计算选用的钢筋其截面面积只能增大(不宜超过 5%~10%,注意经济),不能减小。

2) 代换后的钢筋配筋率若小于最小配筋率 ρ_{min},则代换的钢筋应按最小配筋率设置,即

$$A_{se} \geqslant \rho_{min} bh$$

3) 钢筋代换后,若截面有效高度 h_0 减小,应通过计算,增加钢筋用量。

4) 对裂缝宽度要求较严的构件,不宜用光面钢筋代替变形钢筋;有抗渗要求的板,不宜用直径过粗的钢筋代换。

5) 对各级钢筋的搭接和锚固长度均有不同的规定,钢筋相互代换后,应根据构造要求做相应更改。采用光面钢筋代换时,还应注意弯钩的设置(纵向受力钢筋)。

8.4   混凝土结构耐久性设计

钢筋混凝土结构的功能包括安全性、适用性和耐久性三方面的内容。对于安全性和适用性研究得较为深入,并且《规范》规定的设计计算方法也相当明确,而对耐久性的研究相对还不成熟,以前的规范没有明确的要求。现行《规范》中提出了基本要求,混凝土结构除应满足设计要求的承载力和刚度要求外,还应在设计使用期内,在自然和人为环境的化学和物理作用下,具有经久耐用的性能。实践证明,若结构因为耐久性不足而失效,将为继续正常使用而付出高昂的维护代价。因此,耐久性设计已成为一个非常重要而又迫切需要解决的问题。

8.4.1   耐久性的概念及主要影响因素

1) 混凝土结构耐久性的定义

混凝土结构的耐久性是指在设计使用年限内,在正常维护条件下,必须满足正常使用的功能要求,而不需要进行维护和加固。

混凝土结构的设计使用年限可根据结构的重要性按现行的国家标准《建筑结构可靠度设计统一标准》确定,我国规定的设计使用年限分别为小于等于 50 年和 100 年。

混凝土结构的耐久性设计主要根据结构的环境分类和设计工作寿命进行,同时还要考虑对混凝土材料的基本要求。耐久性难以用计算公式表达,在我国是根据试验研究及工作经验,采用满足耐久性规定的方法进行耐久性设计,实质上是针对影响耐久性能的主要因素提出相应的对策。

2) 影响耐久性的主要因素

影响耐久性的主要因素可分为内部和外部两个方面,内部因素主要是指混凝土的强度、密实性、水泥品种及用量、水灰比渗透性、氯离子及碱含量、保护层厚度等;外部因素是指环境条件,包括温度、湿度、二氧化碳含量、侵蚀性介质等。下面介绍一些影响耐久性的因素:

(1) 环境中的侵蚀性介质对混凝土结构的耐久性能影响很大。酸、碱溶液直接接触混凝土时将产生严重的腐蚀,因为混凝土周围的有害介质(液体)会侵入混凝土内部,引起混凝土的腐蚀破坏,同时会引起混凝土内部钢筋的锈蚀,导致混凝土表面保护层开裂与剥落。

(2) 混凝土在饱和水状态下,经过多次冻融循环而使混凝土破坏。混凝土受冻破坏的原因是由于混凝土孔隙中的水结冰后体积膨胀,使混凝土内部产生的应力超过抗拉强度,混凝土就会产生裂缝,多次冻融循环使裂缝不断扩展,从而导致混凝土破坏。

(3) 在我国部分地区存在混凝土的碱集料反应,即混凝土骨料中某些活性物质与混凝土微孔中的碱性溶液发生化学反应的现象。碱集料反应产生碱-硅酸盐凝胶,并吸水膨胀,体积可增大 3~4 倍,从而导致混凝土开裂、剥落,钢筋外露、锈蚀,直至结构构件失效。

混凝土的碳化及钢筋的锈蚀是影响混凝土结构耐久性的最主要的综合因素,对此将在下面进一步讨论。

8.4.2   混凝土的碳化

混凝土的碳化是指混凝土内水泥石中的氢氧化钙与空气中的二氧化碳,在温度适宜时发生的化学反应。混凝土的碳化是由表及里向混凝土内部扩展,碳化会对混凝土的碱度、强度和收缩产生影响。

混凝土中水泥水化时产生大量的氢氧化钙,钢筋处在碱性环境中,在钢筋表面形成氧化膜,保护钢筋不易被腐蚀,当混凝土碳化后,pH 值降低,即混凝土的碱度降低,钢筋表面的氧化膜遭到破坏,减弱了对钢筋的保护作用,使钢筋具备了发生锈蚀的必要条件。

在实际工程中为减小碳化作用对钢筋混凝土结构的不利影响,可采取以下一些措施:

① 合理设计混凝土配合比,规定水泥用量的低限值和水灰比的高限值。

② 提高混凝土的密实性和抗渗性。

③ 钢筋要具有足够的保护层厚度,使碳化深度在建筑物使用年限内达不到钢筋表面。

④ 在混凝土构件表面涂刷保护层,防止水及二氧化碳的侵入。

8.4.3　钢筋的锈蚀

混凝土碳化至钢筋表面使氧化膜破坏是钢筋锈蚀的必要条件,如果含氧水分侵入,钢筋就生锈。因此,含氧水分侵入是钢筋锈蚀的充分条件。

钢筋的锈蚀是指钢筋的表面因为与周围的介质发生化学作用或电化学作用,从而遭到侵蚀并由此破坏的过程。

钢筋的锈蚀一般分为化学锈蚀和电化学锈蚀。化学锈蚀是指钢筋直接与周围介质发生化学反应而产生的锈蚀。电化学锈蚀是指由于钢筋表面形成了原电池而产生的锈蚀。其中,电化学锈蚀是钢筋的主要锈蚀形式。

钢筋锈蚀后,在表面形成程度不等的锈坑和锈斑。会使钢筋的有效截面减小,体积增大,在钢筋混凝土中会使周围的混凝土胀裂;同时,钢筋的有效截面减小,导致承载力下降,甚至引起结构破坏,在实际工程中是十分有害的。钢筋锈蚀的主要影响因素有环境湿度、侵蚀性介质数量、钢筋的材质以及表面状况等。

在钢筋混凝土构件中,防止钢筋锈蚀的措施有:

① 混凝土本身要降低水灰比,保证密实度;

② 钢筋要有足够的保护层厚度;

③ 采用覆盖层,防止二氧化碳、氧气、氯离子及有害液体的侵入;

④ 在海工结构或强腐蚀介质中的钢筋混凝土结构,可采用防腐蚀钢筋、环氧涂层钢筋、镀锌钢筋、不锈钢钢筋等;

⑤ 对钢筋采用阴极防护法,阴极保护法只用于重大工程中。

8.4.4　耐久性概念设计

我国《混凝土结构设计规范》(GB 50010 — 2010)首次列入了有关耐久性设计的条文,现行规范对其进一步完善,从环境等级、建材质量、构造措施、维护管理方面提出更具体的要求。

耐久性设计的目的是在规定的设计工作寿命期限内,在正常维护条件下,能够保持适合使用,满足既定功能的要求。在自然和人为环境的化学和物理作用下,对所出现的问题通过正常的维护即可解决,而不需付出很高的代价。

对临时性混凝土结构和大体积混凝土的内部可以不考虑耐久性设计。

耐久性设计的基本原则是根据结构的环境分类和设计工作寿命进行设计。

《规范规定》:

混凝土结构的耐久性设计应包括下列内容:

(1) 确定结构所处的环境类别;

(2) 提出材料的耐久性基本要求;

(3) 确定构件中钢筋的混凝土保护层厚度;

（4）在不同的环境条件下的耐久性技术措施；

（5）提出结构使用阶段的检测与维护要求。

1）混凝土结构使用环境分类

混凝土结构相同但所处的环境不同，结构的寿命不同，很显然，处于腐蚀环境的要比处在一般大气环境中的寿命短。因此，混凝土结构的耐久性与其使用环境密切相关。混凝土结构应根据表 3-3 的环境类别和设计使用年限进行设计。

2）对混凝土材料的要求

用于一类至三类环境中，设计年限为 50 年的结构混凝土，在材料的使用方面应符合表 8-1 的规定。

表 8-1　结构混凝土材料的耐久性基本要求

环境等级	最大水胶比	最低强度等级	最大氯离子含量/%	最大碱含量/kg·m⁻³
一	0.60	C20	0.30	不限制
二 a	0.55	C25	0.20	3.0
二 b	0.50(0.55)	C30(C25)	0.15	
三 a	0.45(0.50)	C35(C30)	0.15	
三 b	0.40	C40	0.10	

注：1. 预应力构件混凝土中的最大氯离子含量为 0.06%；最低混凝土强度等级应按表的规定提高两个等级；

2. 素混凝土构件的水胶比及最低强度等级的要求可适当放松；

3. 有可靠工程经验时，二类环境中的最低混凝土强度等级可降低一个等级；

4. 处于严寒和寒冷地区二 b、三 a 类环境中的混凝土应使用引气剂，并可采用括号中的有关参数；

5. 当使用非碱活性骨料时，对混凝土中的碱含量可不作限制。

3）采取措施

（1）一类环境中，设计使用年限为 100 年的混凝土结构，应符合下列规定：

① 钢筋混凝土结构的最低强度等级为 C30；预应力混凝土结构的最低强度等级为 C40；

② 混凝土中的最大氯离子含量为 0.06%；

③ 宜使用非碱活性骨料，当使用碱活性骨料时，混凝土中的最大碱含量为 3.0kg/m³；

④ 混凝土保护层厚度应符合规定；当采取有效的表面防护措施时，混凝土保护层厚度可适当减小。

（2）二类和三类环境中，设计使用年限 100 年的混凝土结构，应采取专门的有效措施。

（3）对下列混凝土结构及构件，尚应采用相应的措施：

① 预应力混凝土结构中的预应力筋应根据具体情况采取表面防护、管道灌浆、加大混凝土保护层厚度等措施，外露的锚固端应采取封锚和混凝土表面处理等有效措施；

② 有抗渗要求的混凝土结构，混凝土的抗渗等级应符合有关标准的要求；

③ 严寒及寒冷地区的潮湿环境中，结构混凝土应满足抗冻要求，混凝土抗冻等级应符合有关标准的要求；

④ 处在三类环境中的混凝土结构，钢筋可采用防锈剂、环氧树脂涂层钢筋或其他具有耐腐蚀性能的钢筋，也可采取阴极保护处理等防锈措施；

⑤ 处于二、三类环境中的悬臂构件宜采用悬臂梁-板的结构形式，或在其上表面增设防护层；

⑥ 处于二、三类环境中的结构，其表面的预埋件、吊钩、连接件等金属部件应采取可靠的防锈措施。

（4）建立制度。混凝土结构在设计使用年限内尚应遵守下列规定：

① 建立定期检测、维修制度；

② 设计中的可更换混凝土构件应定期按规定更换；

③ 构件表面的防护层，应按规定维护或更换；

④ 结构出现可见的耐久性缺陷时，应及时进行处理。

8.5　本章主要知识点

（1）基本概念方面

要着重理解钢筋混凝土受弯构件挠度与弯矩、截面抗弯刚度与弯矩的关系,挠度与裂缝宽度验算所对应的受弯构件的工作阶段,其时的钢筋应力、混凝土受压区高度和中性轴的特性,计算采用的基本假定,混凝土弹性特征的取值以及钢筋应力不均匀系数、裂缝宽度、裂缝间钢筋与混凝土应力变化规律等;挠度和裂缝宽度与哪些因素有关,如何减小之,耐久性概念设计有些什么内容等。

（2）计算方面

挠度与裂缝宽度计算较为简单,要找出正确公式(框图已给)并按公式进行计算。

思　考　题

8-1　设计结构构件时为什么要控制裂缝宽度和变形?

8-2　出现裂缝后的钢筋混凝土受弯构件的挠度为什么不能用 EI 直接代入材料力学公式进行计算?

8-3　短期刚度 B_s 与考虑荷载长期作用影响的刚度 B 有什么区别?

8-4　进行受弯构件挠度计算时,刚度应如何取用?

8-5　提高梁刚度的主要措施有哪些? 什么措施最有效?

8-6　构件裂缝平均间距 l_m 主要与哪些因素有关?

8-7　构件受力特征系数 α_{cr} 的构成包含哪些因素?

习　题

8-1　一承受均布荷载的 T 形截面简支梁(图 8-10),环境类别为 I 类,计算跨度 $l_0 = 6m$,混凝土强度等级 C30,配置带肋钢筋,受拉区为 $6\Phi28(A_s = 3\,695mm^2)$,受压区为 $2\Phi20(A_s' = 628mm^2)$。承受按荷载标准组合计算的弯矩值 $M_k = 331.5kN \cdot m$,其中 M_{gk} 占 60%,准永久值系数 $\psi_q = 0.5$,试验算该梁的最大挠度是否满足挠度限值 f_{lim} 要求?

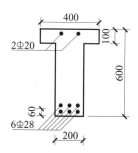

图 8-10　习题 8-1 图

8-2 试验算习题 8-1 中梁的裂缝宽度是否满足要求?

8-3 矩形截面简支梁截面尺寸 $bh=200\text{mm}\times500\text{mm}$,作用于截面上按荷载效应准永久组合计算的弯矩值 $M_q=120\text{kN}\cdot\text{m}$,混凝土强度等级 C20,钢筋采用 HRB335 级,共 $2\Phi20+2\Phi18(A_s=1\,030\text{mm}^2)$,裂缝宽度限值 $w_{\text{lim}}=0.3\text{mm}$,试验算最大裂缝是否满足要求。

第9章 预应力混凝土构件

本章学习要点：

(1) 理解预应力混凝土的基本概念，了解施加预应力的方法，掌握预应力混凝土构件对材料要求；

(2) 掌握张拉控制应力的概念及预应力各项损失的计算及其组合；

(3) 掌握预应力混凝土轴心受拉构件各阶段的应力状态及使用阶段、施工阶段的计算和验算内容和方法；

(4) 熟悉预应力混凝土构件的构造要求。

9.1 概 述

9.1.1 预应力混凝土的基本概念

由于混凝土的极限拉应变很小(约为 $0.1 \times 10^{-3} \sim 0.15 \times 10^{-3}$)，所以普通钢筋混凝土构件的抗裂性能较差。一般情况下，当钢筋的应力超过 $20 \sim 30 \text{N/mm}^2$ 时，混凝土就会开裂。因此，普通钢筋混凝土构件在正常使用时一般都是带裂缝的。对于允许开裂的普通钢筋混凝土构件，当裂缝宽度限制在 $0.2 \sim 0.3 \text{mm}$ 时，受拉钢筋的应力只能达到 250N/mm^2 左右。可见，若在普通钢筋混凝土构件中配置高强钢筋，钢筋的强度将远不能被充分利用。同时，由于构件的开裂，将导致构件刚度降低、变形增大。这样，对于具有较高的密闭性或耐久性要求的结构，以及对裂缝控制要求较严的结构，均不能采用普通钢筋混凝土，而应采用预应力混凝土。

预应力混凝土构件是指在构件承受荷载之前，预先对外荷载作用时的受拉区混凝土施加压应力的构件。

下面以预应力混凝土简支梁为例，说明预应力混凝土的基本原理，如图 9-1 所示。在构件承受外荷载之前，预先对外荷载作用时的受拉区混凝土施加一对偏心轴向压力 N，使梁的下边缘产生压应力 σ_{pc}(图 9-1(a))；而外荷载单独作用时梁的下边缘将产生拉应力 σ_t(图 9-1(b))，这样，施加了预应力的构件在外荷载作用下，其截面应力应是上述二者的叠加(图 9-1(c))。叠加后，梁的下边缘可能是压应力(当 $\sigma_{pc} > \sigma_t$ 时)，也可能是较小的拉应力(当 $\sigma_{pc} < \sigma_t$ 时)。可见，由于预压应力 σ_{pc} 的作用，将全部或部分抵消由外荷载引起的拉应力 σ_t。因此，可以通过调整预加压应力 σ_{pc} 的大小使构件不开裂或裂得较晚。同时，由图 9-1 可见，施加了预压应力后，构件的挠度减小了。

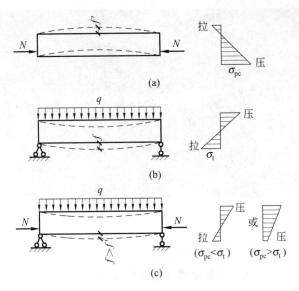

图 9-1　预应力混凝土简支梁
（a）预应力作用下；（b）外荷载作用下；（c）预应力及外荷载共同作用下

9.1.2　预应力混凝土的优、缺点

目前，预应力混凝土结构已广泛应用于土木工程中，如预应力混凝土空心板、屋面梁、屋架及吊车梁等。同时，在其他方面，如原子能反应堆、桥梁、水利、海洋及港口工程中，预应力混凝土也得到了广泛的应用和发展，这主要是由于预应力混凝土具有一系列显著的优点。预应力混凝土的主要优点是：

（1）易于满足裂缝控制的要求；

（2）能充分利用高强度材料；

（3）提高构件刚度、减小构件尺寸与变形。

预应力混凝土结构虽然具有一系列的优点，但是也存在一些缺点，如设计计算较复杂、工艺较复杂、对质量要求较高、造价较高等。上述缺点正在不断地被克服，这将使预应力混凝土发展前景更为广阔。

9.2　施加预应力的方法

对构件施加预应力的方法很多，一般均采用张拉钢筋的方法。根据张拉钢筋与浇灌混凝土的先后次序不同，可分为先张法和后张法。

9.2.1　先张法

先张法是指在浇灌混凝土前张拉钢筋的方法。其主要工序如图 9-2 所示。首先，在台座或钢模上张拉钢筋至设计规定的拉力，用夹具临时固定钢筋，然后浇灌混凝土。当混凝土达到设计强度的 75% 及以上时切断钢筋。被切断的钢筋将产生弹性回缩，使混凝土受到预压应力。先张法预应力的传递是依靠钢筋和混凝土之间的黏结强度完成的。

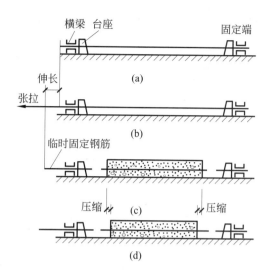

图 9-2　先张法主要工序示意图

（a）钢筋就位；（b）张拉钢筋；（c）临时固定钢筋，浇筑混凝土并养护；（d）放松钢筋，钢筋回缩混凝土预受压

先张法适用于成批生产的中、小型构件，工艺简单、成本较低，但需较大生产场地。

9.2.2　后张法

后张法是指混凝土硬结后在构件上张拉钢筋的方法。其主要工序如图 9-3 所示。首先，预留孔道并浇灌混凝土，当混凝土强度达到设计强度的 75% 及以上后，在孔道中穿入预应力钢筋并张拉钢筋至设计拉力。这样，在张拉钢筋的同时，混凝土受到预压。张拉完毕后用锚具将钢筋张拉端锚紧。为防止钢筋锈蚀，并使预应力筋与混凝土形成整体、共同工作，可通过灌浆孔对孔道进行压力灌浆，也可不灌浆形成无黏结预应力混凝土结构。后张法预应力的传递依靠构件两端的工作锚具完成，这种锚具将与构件形成一体共同工作。

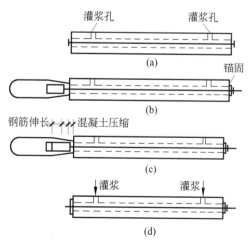

图 9-3　后张法主要工序示意图

（a）制作构件，预留孔道，穿入预应力钢筋；（b）安装千斤顶；（c）张拉钢筋；

（d）锚固钢筋，拆除千斤顶，孔道灌浆

后张法适用于运输不便的大型预应力混凝土构件,应用较灵活,不需要台座,可在工厂预制,也可在现场施工,但操作较复杂且成本较高。

先张法中固定钢筋的工具,在构件制成后即可取下重复利用,这种工具称为夹具;后张法中需留在构件端部,与构件形成整体共同工作,不可取下的固定钢筋的工具称为锚具。

锚具应有足够的强度、刚度,以保证安全可靠,并尽可能不使钢筋滑移,还要构造简单、降低造价。目前,国内常用的锚具有螺丝端杆锚具和帮条锚具(适用于锚固热处理钢筋)、夹片式锚具(后张法中应用最广的锚具,可锚固钢绞线)及镦头锚具(用于锚固多根平行钢筋束或平行钢丝束)等。图 9-4 给出几种后张法常用锚具示意图,其中图 9-4(d)为几种夹片式锚具。

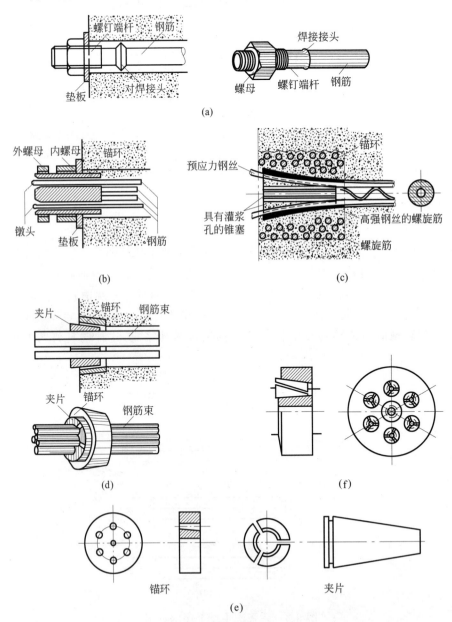

图 9-4   几种后张法常用锚具示意图

(a) 螺钉端杆锚具;(b) 镦头锚具;(c) 钢质锥形锚具;(d) JM12 锚具;(e) QM 型锚具;(f) XM 型锚具

9.3　预应力混凝土材料

9.3.1　混凝土

预应力混凝土结构对混凝土的要求如下：

（1）高强度。《规范》规定：预应力混凝土结构的混凝土强度等级不应低于 C30；当采用钢丝、钢绞线或热处理钢筋作预应力钢筋时，混凝土强度等级不宜低于 C40。

（2）收缩、徐变小。这样可减少由于混凝土的收缩、徐变而引起的预应力损失。

（3）快硬、早强。在先张法中可提高设备的周转率，从而降低造价。

9.3.2　钢筋

预应力钢筋宜采用预应力钢绞线、钢丝，也可采用热处理钢筋。预应力混凝土结构对预应力钢筋的要求如下：

（1）高强度。预应力钢筋具有较高的抗拉强度时，便可通过张拉钢筋对混凝土施加较大的预压应力，以保证在发生各项预应力损失后仍能满足要求。

（2）具有一定的塑性。预应力钢筋在保证高强度的同时还应具有一定的塑性（用拉断钢筋时的延伸率度量），以防止发生脆性破坏。当构件处于低温或受到冲击荷载作用时，更应要求具有一定的塑性及抗冲击性。

（3）与混凝土之间具有良好的黏结强度。由于先张法构件中预应力的传递是靠钢筋和混凝土之间的黏结强度来完成的，因此钢筋与混凝土之间必须具有良好的黏结强度。当采用光面高强度钢丝时，表面应"刻痕"或"压波"处理。

（4）具有良好的加工性能。要求钢筋具有良好的可焊性，钢筋镦粗前后，其物理力学性能应基本不变。

9.4　张拉控制应力和预应力损失

9.4.1　张拉控制应力

张拉控制应力，是指张拉预应力钢筋时，钢筋所达到的最大应力值。其值为张拉设备（如千斤顶）所控制的总张拉力除以预应力钢筋截面面积所得到的应力值，以 σ_{con} 表示。

《规范》规定，预应力钢筋的张拉控制应力值 σ_{con} 不宜超过表 9-1 规定的张拉控制应力限值，且不应小于 $0.4f_{ptk}$。

表 9-1　张拉控制应力限值

钢 筋 种 类	σ_{con}
消除应力钢丝、钢绞线	$0.75f_{ptk}$
中强度预应力钢丝	$0.70f_{ptk}$
预应力螺纹钢筋	$0.85f_{pyk}$

注：符合下列情况之一时，表中 σ_{con} 限值可提高 $0.05f_{ptk}$ 或 $0.05f_{pyk}$；

1. 要求提高构件在施工阶段抗裂性能而在使用阶段受压区内设置预应力钢筋；

2. 要求部分抵消由于应力松弛、摩擦、钢筋分批张拉以及预应力钢筋与张拉台座之间的温差等因素产生的预应力损失。

9.4.2　预应力损失

预应力损失是由于张拉工艺和材料特性等原因,预应力混凝土构件从张拉钢筋开始直到构件使用的整个过程中,预应力钢筋的张拉应力逐渐降低的现象。由于预应力损失会降低混凝土的预压应力,从而降低构件的抗裂性及刚度,因此正确分析、估算各种预应力损失并尽可能采取措施以减少预应力损失是非常重要的。下面分项论述预应力损失的产生原因、预应力损失值的计算方法及减少预应力损失值的措施。

1. 张拉端锚具变形和钢筋内缩引起的预应力损失(σ_{l1})

预应力筋张拉完毕,用锚具锚固后,由于锚具、垫板与构件三者之间的缝隙被挤紧以及由于钢筋在锚具内的滑移,使钢筋松动内缩而产生预应力损失,其预应力损失值以 σ_{l1} 表示。对于直线配置预应力钢筋的计算公式为

$$\sigma_{l1} = \frac{a}{l} E_s \tag{9-1}$$

式中:a——张拉端锚具变形和钢筋内缩值(mm),可按表 9-2 采用;

　　　l——张拉端至锚固端之间的距离(mm);

　　　E_s——预应力钢筋的弹性模量(N/mm²)。

表 9-2　锚具变形和预应力筋内缩值 a

锚　具　类　别		a/mm
支承式锚具(钢丝束镦头锚具等)	螺帽缝隙	1
	每块后加垫板的缝隙	1
夹片式锚具	有顶压时	5
	无顶压时	8～10

注:1. 表中的锚具变形和预应力筋内缩值也可根据实测数据确定;

　　2. 其他类型的锚具变形和预应力筋内缩值应根据实测数据确定。

对于块体拼成的结构,其预应力损失尚应计及块体间填缝的预压变形。当采用混凝土或砂浆为填缝材料时,每条填缝的预压变形可取 1mm。

对于曲线和折线形预应力钢筋,由于反摩擦的作用,锚固损失在张拉端最大,沿预应力钢筋逐步减小,直到消失,见图 9-5。根据变形协调原理,后张法构件预应力曲线钢筋由于锚具变形和预应力钢筋内缩引起的预应力损失 σ_{l1}(N/mm²),可按下式计算:

$$\sigma_{l1} = 2\sigma_{con} l_f \left(\frac{\mu}{r_c} + \kappa\right)\left(1 - \frac{x}{l_f}\right) \tag{9-2}$$

反向摩擦影响长度(m)按下式计算:

$$l_f = \sqrt{\frac{aE_s}{1\,000\sigma_{con}\left(\dfrac{\mu}{r_c} + \kappa\right)}} \tag{9-3}$$

式中:r_c——圆弧形曲线预应力钢筋的曲率半径(m);

　　　κ——考虑孔道每米长度局部偏差的摩擦系数,按表 9-3 采用;

　　　μ——预应力钢筋与孔道壁之间的摩擦系数,按表 9-3 采用;

　　　x——张拉端至计算截面的孔道长度(m),可近似取该段孔道在纵轴上的投影长度。

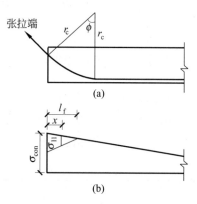

图 9-5　预应力钢筋端部曲线段因锚具变形和钢筋回缩引起的预应力损失计算图

(a) 预应力钢筋端部曲线段示意图;

(b) σ_{l1} 分布图

减小 σ_{l1} 的措施有：

① 选择锚具变形小或使预应力钢筋内缩小的锚夹具，并尽量少用垫板。

② 增加台座长度。对先张法预应力混凝土构件，当台座长度超过 100m 时，σ_{l1} 可忽略不计。

2. 预应力钢筋与孔道壁之间的摩擦引起的预应力损失（σ_{l2}）

预应力钢筋与孔道摩擦引起的预应力损失包括后张法构件预应力钢筋与孔道壁之间的摩擦引起的预应力损失，以及构件中有转向装置时预应力钢筋在转向装置处的摩擦引起的预应力损失两种。因此，先张法构件只有在构件中设有转向装置时才有此项损失。

后张法构件采用直线孔道张拉预应力钢筋时，由于孔道轴线的局部偏差、孔道壁凹凸不平以及钢筋因自重下垂等原因，将使钢筋的某些部位贴紧孔道壁而产生摩擦损失；当采用曲线孔道张拉预应力钢筋时，钢筋会产生对孔道壁垂直压力而引起摩擦损失。此项预应力损失值以 σ_{l2} 表示，距离预应力钢筋张拉端越远，σ_{l2} 值越大，如图 9-6 所示。

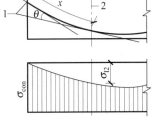

$$\sigma_{l2} = \sigma_{\mathrm{con}}\left(1 - \frac{1}{e^{\kappa x + \mu\theta}}\right) \qquad (9\text{-}4)$$

当 $\kappa x + \mu\theta \leqslant 0.3$ 时，σ_{l2} 可按下列近似公式计算：

$$\sigma_{l2} = (\kappa x + \mu\theta)\sigma_{\mathrm{con}} \qquad (9\text{-}5)$$

式中：x——张拉端至计算截面的孔道长度（m），可近似取该段孔道在纵轴上的投影长度；

θ——张拉端至计算截面曲线孔道部分切线的夹角（rad）；

κ——考虑孔道每米长度局部偏差的摩擦系数，按表 9-3 采用；

μ——预应力钢筋与孔道壁之间的摩擦系数，按表 9-3 采用。

图 9-6　预应力摩擦损失计算
1—张拉端；2—计算截面

表 9-3　摩擦系数

孔道成型方式	k	μ	
		钢绞线、钢丝束	预应力螺纹钢筋
预埋金属波纹管	0.0015	0.25	0.50
预埋塑料波纹管	0.0015	0.15	—
预埋钢管	0.0010	0.30	—
抽芯成型	0.0014	0.55	0.60
无黏结预应力筋	0.0040	0.09	—

注：表中系数也可根据实测数据确定。

减少 σ_{l2} 的措施有：

（1）两端张拉　对于较长的构件可在两端进行张拉，则计算中的孔道长度可减少一半，如图 9-7（b）所示，但这个措施将引起 σ_{l1} 的增加，使用时应加以注意。

（2）超张拉　张拉程序为：$0 \rightarrow 1.1\sigma_{\mathrm{con}}$ 持荷 $2\mathrm{min} \rightarrow 0.85\sigma_{\mathrm{con}} \rightarrow \sigma_{\mathrm{con}}$，如图 9-7 所示。

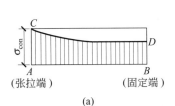
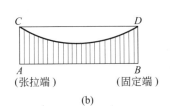
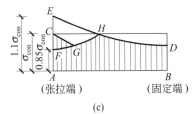

图 9-7　钢筋张拉方法对减少预应力损失的影响
（a）一端张拉；（b）两端张拉；（c）超张拉

在图 9-7(c)中,当张拉端 A 超张拉至 $1.1\sigma_{con}$ 时,钢筋中预拉应力将沿 EHD 分布。持荷 2 分钟后,张拉端的张应力降低至 $0.85\sigma_{con}$ 时,由于钢筋回缩时孔道摩擦力的反向影响,钢筋中预拉应力将沿 $FGHD$ 分布。当张拉端 A 再次张拉至 σ_{con} 时,钢筋中预拉应力将沿 $CGHD$ 分布,它比一次张拉至 σ_{con}(如图 9-7(a))的预拉应力分布均匀,且预应力损失也有所减少。

3. 混凝土加热养护时,受张拉的钢筋与承受拉力的设备之间的温差引起的预应力损失 σ_{l3}

为了缩短先张法构件的生产周期,混凝土浇筑后常进行蒸汽养护。升温时,新浇筑的混凝土尚未结硬,钢筋受热自由膨胀,但两端的台座是固定不动的,亦即台座间距离保持不变,这必然使张拉后的钢筋变松,产生预应力损失。降温时,混凝土已结硬并同预应力钢筋结成整体共同回缩,而且二者的温度线膨胀系数相近,故可产生的预应力损失无法恢复。

设混凝土加热养护时,受张拉的钢筋与承受拉力的设备(台座)之间的温差为 $\Delta t(℃)$,钢筋的温度线膨胀系数为 $\alpha = 1 \times 10^{-5}/℃$,则 $\sigma_{l3}(N/mm^2)$ 可按下式计算:

$$\sigma_{l3} = \varepsilon_s E_s = \frac{\Delta l}{l}E_s = \frac{\alpha l \Delta t}{l}E_s = \alpha E_s \Delta t = 1 \times 10^{-5} \times 2.0 \times 10^5 \times \Delta t = 2\Delta t \tag{9-6}$$

减小 σ_{l3} 的措施有:

(1) 采用两次升温养护　在蒸汽养护混凝土时,应控制养护室内温差不超过 20℃,待混凝土强度达到 C7.5～C10 后,再逐渐升温至规定的养护温度。此时可认为钢筋与混凝土已结成整体,能够一起胀缩而无应力损失。

(2) 在钢模上张拉预应力钢筋　由于预应力钢筋是锚固在钢模上的,升温时两者温度相同,因而不会产生温差引起的预应力损失。

4. 预应力钢筋应力松弛引起的预应力损失(σ_{l4})

预应力混凝土构件中,在高应力作用下钢筋长度保持不变,拉应力随时间的增长而逐渐降低的现象称为预应力钢筋应力松弛,所降低的拉应力值即为预应力钢筋应力松弛损失值,以 σ_{l4} 表示。

钢筋的应力松弛与下列因素有关:

(1) 时间　钢筋应力松弛开始阶段发展较快,以后逐渐缓慢。

(2) 钢筋品种　钢丝、钢绞线的应力松弛值较大,热处理钢筋的应力松弛值较小。

(3) 张拉控制应力　张拉控制应力值越高,钢筋的应力松弛值越大;反之,则越小。

σ_{l4} 可按下列公式计算。

(1) 预应力钢丝、钢绞线

普通松弛:

$$\sigma_{l4} = 0.4\psi\left(\frac{\sigma_{con}}{f_{ptk}} - 0.5\right)\sigma_{con} \tag{9-7}$$

此处,一次张拉时,$\psi=1$;超张拉时,$\psi=0.9$。

低松弛:

当 $\sigma_{con} \leqslant 0.7f_{ptk}$ 时

$$\sigma_{l4} = 0.125\left(\frac{\sigma_{con}}{f_{ptk}} - 0.5\right)\sigma_{con} \tag{9-8}$$

当 $0.7f_{ptk} < \sigma_{con} \leqslant 0.8f_{ptk}$ 时

$$\sigma_{l4} = 0.2\left(\frac{\sigma_{con}}{f_{ptk}} - 0.575\right)\sigma_{con} \tag{9-9}$$

(2) 热处理钢筋

$$\left.\begin{array}{ll}\text{中强度预应力钢丝} & \sigma_{l4} = 0.08\sigma_{con} \\ \text{预应力螺纹钢筋} & \sigma_{l4} = 0.03\sigma_{con}\end{array}\right\} \tag{9-10}$$

预应力螺纹钢筋

一次张拉　　　　　　　　　　　　　　$\sigma_{l4}=0.04\sigma_{con}$

超张拉时　　　　　　　　　　　　　　$\sigma_{l4}=0.03\sigma_{con}$

$\left.\right\}$　　　　　　　　　　　　(9-11)

上述超张拉的张拉程序为：从应力为零开始张拉至 $1.03\sigma_{con}$；或从应力为零开始张拉至 $1.05\sigma_{con}$，并保持 2min 后卸载至 σ_{con}。

减小 σ_{l4} 的措施是采用超张拉工艺。此外，当 $\dfrac{\sigma_{con}}{f_{ptk}}\leqslant 0.5$ 时，σ_{l4} 可取为零。

5. 混凝土收缩和徐变引起的预应力损失（σ_{l5}）

混凝土的收缩和徐变使构件长度缩短，预应力钢筋也随之回缩而产生预应力损失，其预应力损失值以 σ_{l5} 表示。σ_{l5} 可按下列公式确定：

先张法构件

$$\sigma_{l5}=\frac{60+340\dfrac{\sigma_{pc}}{f'_{cu}}}{1+15\rho}\tag{9-12}$$

$$\sigma'_{l5}=\frac{60+340\dfrac{\sigma'_{pc}}{f'_{cu}}}{1+15\rho'}\tag{9-13}$$

后张法构件

$$\sigma_{l5}=\frac{55+300\dfrac{\sigma_{pc}}{f'_{cu}}}{1+15\rho}\tag{9-14}$$

$$\sigma'_{l5}=\frac{55+300\dfrac{\sigma'_{pc}}{f'_{cu}}}{1+15\rho'}\tag{9-15}$$

式中：σ_{pc}，σ'_{pc}——在受拉区、受压区预应力钢筋合力点处的混凝土法向压应力；

　　　　f'_{cu}——施加预应力时的混凝土立方体抗压强度；

　　　　ρ，ρ'——受拉区、受压区预应力钢筋和非预应力钢筋的配筋率，对先张法构件，$\rho=(A_p+A_s)/A_0$，$\rho'=(A'_p+A'_s)/A_0$；对后张法构件，$\rho=(A_p+A_s)/A_n$，$\rho'=(A'_p+A'_s)/A_n$；对于对称配置预应力钢筋和非预应力钢筋的构件，配筋率 ρ、ρ' 应按钢筋总截面面积的一半计算；

　　　　A_s，A'_s——受拉区、受压区纵向非预应力钢筋的截面面积；

　　　　A_p，A'_p——受拉区、受压区纵向预应力钢筋的截面面积；

　　　　A_0——构件换算截面面积；

　　　　A_n——构件净截面面积。

当结构处于年平均相对湿度低于 40% 的环境时，σ_{l5} 及 σ'_{l5} 应增加 30%。

对于重要的结构构件，当需要考虑与时间相关的混凝土收缩、徐变及钢筋应力松弛预应力损失时，可按《规范》附录 K 计算。

此外，当采用泵送混凝土时，宜根据实际情况考虑混凝土收缩、徐变引起的预应力损失值。

因此项损失在预应力总损失中所占比例较大，因此必须采取减小混凝土收缩和徐变的各种方法。如采用高强度等级水泥、减少水泥用量、降低水灰比、搞好级配、加强振捣和养护等。

6. 环向预应力钢筋挤压混凝土引起的预应力损失（σ_{l6}）

后张法环形构件当采用螺旋式预应力钢筋时，由于预应力钢筋对混凝土的挤压，使环形构件的直径减小，构件中预应力钢筋的拉应力降低而产生预应力损失，其预应力损失值以 σ_{l6} 表示。σ_{l6} 的大小与环形构件的直径 d 成反比。因此，《规范》规定：

当 $d > 3m$ 时，$\sigma_{l6} = 0$；

当 $d \leqslant 3m$ 时，$\sigma_{l6} = 30N/mm^2$。

减少 σ_{l6} 的措施有：搞好骨料级配、加强振捣、加强养护以提高混凝土的密实性。

除上述六项损失外，当后张法构件的预应力钢筋采用分批张拉时，应考虑后批张拉钢筋所产生的混凝土弹性压缩（或伸长）对先批张拉钢筋的影响，从而将先批张拉钢筋的张拉控制应力 σ_{con} 增加（或减少）$\alpha_E\sigma_{pci}$，此处 σ_{pci} 为后批张拉钢筋在先批张拉钢筋重心处产生的混凝土法向应力。

9.4.3　预应力损失值的组合

为了便于分析和计算预应力混凝土构件在各阶段预应力损失值，按混凝土预压结束前和预压结束后，分别对先张法构件和后张法构件的预应力损失值进行组合，见表 9-4。

表 9-4　各阶段预应力损失值的组合

预应力损失值的组合	先张法构件	后张法构件
混凝土预压前（第一批）的损失	$\sigma_{l1} + \sigma_{l2} + \sigma_{l3} + \sigma_{l4}$	$\sigma_{l1} + \sigma_{l2}$
混凝土预压后（第二批）的损失	σ_{l5}	$\sigma_{l4} + \sigma_{l5} + \sigma_{l6}$

考虑到各项预应力损失的计算值与实际值可能存在一定的偏差，组合之后偏差可能更大，因此，《规范》规定，当计算求得的预应力总损失值小于下列数值时，应按下列数值取用：

先张法构件　　100N/mm²

后张法构件　　80N/mm²

9.5　预应力混凝土轴心受拉构件

预应力混凝土轴心受拉构件是预应力混凝土基本构件之一，广泛用于预应力混凝土屋架下弦杆及受拉腹杆、预应力管道等。为了合理地设计轴心受拉构件，应首先了解从张拉钢筋开始直至构件破坏的应力变化情况。

9.5.1　各阶段应力分析

从张拉钢筋开始直至构件破坏的整个过程中，预应力混凝土轴心受拉构件截面上钢筋和混凝土的应力在不断地变化，其应力的变化过程可分为两个阶段：施工阶段（即施加预应力阶段）和使用阶段（即承受外荷载阶段）。下面分别对先张法构件和后张法构件各阶段的应力状况进行分析，以便设计计算。

1. 先张法构件

1）施工阶段

（1）张拉预应力钢筋并浇灌混凝土

此过程是指首先在台座上张拉预应力钢筋至规定的张拉控制应力 σ_{con}，并将钢筋锚固在台座上，然后浇灌混凝土并养护。此过程中将产生第一批预应力损失 σ_{l1}。这时，因混凝土尚未结硬，混凝土的应力（σ_{pc}）和预应力钢筋的应力（σ_{pe}）分别为

$$\sigma_{pc} = 0$$

(9-16)

$$\sigma_{pe} = \sigma_{con} - \sigma_{l\,I} \tag{9-17}$$

预应力钢筋的总拉力为

$$N_{p\,I} = (\sigma_{con} - \sigma_{l\,I})A_p \tag{9-18}$$

式中，A_p 为预应力钢筋的截面面积。

（2）放松预应力钢筋

当混凝土强度达到设计强度的 75% 及以上时，即可放松钢筋，使混凝土获得预压应力 $\sigma_{pc\,I}$，并产生弹性回缩，由于钢筋随混凝土同时缩短，所以，钢筋的拉应力进一步降低。此时，预应力钢筋的有效拉应力（$\sigma_{pe\,I}$）、非预应力钢筋的应力 $\sigma_{s\,I}$ 和混凝土的应力（$\sigma_{pc\,I}$）分别为

$$\sigma_{pe\,I} = \sigma_{con} - \sigma_{l\,I} - \alpha_E\sigma_{pc\,I} \tag{9-19}$$

$$\sigma_{pc\,I} = \frac{(\sigma_{con} - \sigma_{l\,I})A_p}{A_0} = \frac{N_{p\,I}}{A_0} \quad （压） \tag{9-20}$$

$$\sigma_{s\,I} = \alpha_E\sigma_{pc\,I} \quad （压） \tag{9-21}$$

式中：A_0——换算截面面积，$A_0 = A_n + \alpha_E(A_p + A_s)$；

A_n——构件截面面积中不包括钢筋截面面积的净面积；

A_p——预应力钢筋截面积；

α_E——钢筋弹性模量与混凝土弹性模量的比值；

$N_{p\,I}$——完成第一批预应力损失后，预应力钢筋的预拉力。

（3）完成第二批损失

由于随时间的增长，混凝土会产生收缩和徐变而使构件进一步缩短，产生第二批预应力损失 $\sigma_{l\,II}$。因此，预应力钢筋的应力降低。此时，预应力钢筋的应力（σ_{pe}）、非预应力钢筋的应力 σ_s 及混凝土的应力（σ_{pc}）分别为

$$\sigma_{pe} = \sigma_{con} - \sigma_l - \alpha_E\sigma_{pc} \quad （拉） \tag{9-22}$$

$$\sigma_{pc} = \frac{(\sigma_{con} - \sigma_l)A_p - \sigma_{l5}A_s}{A_0} = \frac{N_p - \sigma_{l5}A_s}{A_0} \quad （压） \tag{9-23}$$

$$\sigma_s = \alpha_E\sigma_{pc} + \sigma_{l5} \quad （压） \tag{9-24}$$

式中，N_p 为完成全部预应力损失后，预应力钢筋的总预拉力，$N_p = (\sigma_{con} - \sigma_l)A_p$。

由以上两公式可见，在构件承受外荷载之前，截面上混凝土和非预应力钢筋已建立了"有效预压应力"即 σ_{pc} 和 σ_s，而预应力钢筋则具有较大的拉应力（σ_{pe}），这是预应力混凝土构件与普通钢筋混凝土构件的本质区别。

2）使用阶段

（1）加载至混凝土应力为零

当构件承受的外荷载（N_0）产生的拉应力与已建立的混凝土的有效预压应力全部抵消时，截面上的混凝土应力为零，即 $\sigma_{pc} = 0$。N_0 称为消压轴力。此时，预应力钢筋的应力以 σ_{p0} 表示。预应力钢筋、非预应力钢筋中的应力分别为

$$\sigma_{p0} = \sigma_{pe} + \alpha_E\sigma_{pc} = \sigma_{con} - \sigma_l \quad （拉） \tag{9-25}$$

$$\sigma_{s0} = \sigma_{l5} \quad （压） \tag{9-26}$$

$$N_0 = (\sigma_{con} - \sigma_l)A_p - \sigma_{l5}A_s = \sigma_{p0}A_0 - \sigma_{l5}A_s = \sigma_{pc}A_0 \tag{9-27}$$

（2）加载至即将开裂

随着外荷载的继续增加，混凝土开始受拉，当拉应力达到混凝土抗拉强度时，混凝土即将开裂，此时所施加的外荷载，即开裂荷载以 N_{cr} 表示。此时，预应力钢筋的拉应力进一步增加，以 σ_{pcr} 表示。它和非预应力钢筋的应力分别为

$$\sigma_{pcr} = \sigma_{con} - \sigma_l + \alpha_E f_t \tag{9-28}$$

$$\sigma_{scr} = \alpha_E f_t - \sigma_{l5} \quad （拉） \tag{9-29}$$

$$N_{cr} = (\sigma_{p0} + \alpha_E f_t)A_p + f_t A_c + (\alpha_E f_t - \sigma_{l5})A_s \tag{9-30}$$

上式表明,由于混凝土的有效预压应力值 σ_{pc} 的存在,预应力混凝土轴心受拉构件的开裂荷载要比普通钢筋混凝土构件的大,从而延迟了裂缝的出现。

（3）加载至即将破坏

当荷载超过 N_{cr} 时,构件开裂。开裂后截面的全部拉力均由钢筋承受,当钢筋应力达到屈服强度 f_{py}、f_y 时构件破坏,此时所施加的外荷载以 N_u 表示。

$$N_u = f_{py}A_p + f_y A_s \tag{9-31}$$

式中: f_{py} ——预应力钢筋屈服强度试验值。

先张法构件各阶段应力分析详见表 9-5。

2. 后张法构件

1）施工阶段

（1）浇灌混凝土

浇灌混凝土并养护,此时截面上无任何应力。

（2）张拉预应力钢筋

当混凝土强度达到设计强度的 75% 及以上时,张拉钢筋至其控制应力 σ_{con}。张拉钢筋的同时,混凝土受到预压应力,产生第一批预应力损失 σ_{lI}。此时,预应力钢筋、非预应力钢筋和混凝土的应力分别为

$$\sigma_{peI} = \sigma_{con} - \sigma_{lI} \tag{9-32}$$

$$\sigma_{pcI} = \frac{(\sigma_{con} - \sigma_{lI})A_p}{A_c + \alpha_E A_s} = \frac{N_{pI}}{A_n} \quad （压） \tag{9-33}$$

$$\sigma_{sI} = \alpha_E \sigma_{pcI} \quad （压） \tag{9-34}$$

式中, σ_{peI} ——完成第一批预应力损失后,预应力钢筋的有效预拉应力。

（3）完成第二批预应力损失

混凝土受到压缩后,随时间的增长又产生了第二批损失 σ_{lII},即完成全部预应力损失 σ_l,预应力钢筋应力进一步降低。当全部损失出现后,钢筋的预拉应力降至 σ_{pe},混凝土预压应力也相应降至 σ_{pc}。

$$\sigma_{pe} = \sigma_{con} - \sigma_l \quad （拉） \tag{9-35}$$

$$\sigma_{pc} = \frac{(\sigma_{con} - \sigma_l)A_p - \sigma_{l5}A_s}{A_c + \alpha_E(A_s + A_p)} = \frac{N_p}{A_0} \quad （压） \tag{9-36}$$

$$\sigma_s = \alpha_E \sigma_{pc} + \sigma_{l5} \quad （压） \tag{9-37}$$

2）使用阶段

（1）加载至混凝土应力为零

当轴向拉力 N_0 产生的截面拉应力正好与混凝土预压应力完全抵消时,截面上混凝土应力为零。此时,预应力钢筋的拉应力(σ_{p0})、非预应力钢筋应力(σ_{s0})及轴向拉力(N_0)分别为

$$\sigma_{p0} = \sigma_{con} - \sigma_l + \alpha_E \sigma_{pc} \quad （拉） \tag{9-38}$$

$$\sigma_{s0} = \sigma_s - \alpha_E \sigma_{pc} = \sigma_{l5} \quad （压） \tag{9-39}$$

$$N_0 = \sigma_{p0}A_p - \sigma_{s0}A_s = \sigma_{pc}A_0 \tag{9-40}$$

（2）加载至即将开裂

继续加载至构件即将开裂。此时,所施加的外荷载为 N_{cr}。

$$N_{cr} = (\sigma_{pc} + f_t)A_0 \tag{9-41}$$

（3）加载至即将破坏

加载至构件即将破坏,此时所施加的外荷载以 N_u 表示。

$$N_u = f_{py}A_p + f_y A_s \tag{9-42}$$

后张法各阶段应力分析详见表 9-6。

表 9-5 先张法预应力混凝土轴心受拉构件各阶段应力分析

	受力阶段	简图	预应力钢筋应力 σ_p	混凝土应力 σ_{pc}	非预应力钢筋 σ_s	轴力 N
施工阶段	a. 在台座上穿钢筋		0	—	—	0
	b. 张拉预应力钢筋		σ_{con}	—	—	0
	c. 完成第一批损失		$\sigma_{con}-\sigma_{lI}$	0	0	0
	d. 放松钢筋		$\sigma_{peI}=\sigma_{con}-\sigma_{lI}-\alpha_E\sigma_{pcI}$	$\sigma_{pcI}=\dfrac{(\sigma_{con}-\sigma_{lI})A_p}{A_0}$ （压）	$\sigma_{sI}=\alpha_E\sigma_{pcI}$ （压）	0
	e. 完成第二批损失		$\sigma_{pe}=\sigma_{con}-\sigma_l-\alpha_E\sigma_{pc}$ （拉）	$\sigma_{pc}=$ $\dfrac{(\sigma_{con}-\sigma_l)A_p-\sigma_{l5}A_s}{A_0}$ （压）	$\sigma_s=\alpha_E\sigma_{pcI}+\sigma_{l5}$ （压）	0
使用阶段	f. 加载至 $\sigma_{pc}=0$		$\sigma_{p0}=\sigma_{con}-\sigma_l$ （拉）	0	σ_{l5} （压）	$\sigma_{p0}A_p-\sigma_{l5}A_s$
	g. 加载至裂缝即将出现		$\sigma_{pcr}=\sigma_{con}-\sigma_l+\alpha_E f_t$ （拉）	f_t （拉）	$\alpha_E f_t-\sigma_{l5}$ （拉）	$(\sigma_{p0}+\alpha_E f_t)A_p+f_t A_c$ $+(\alpha_E f_t-\sigma_{l5})A_s$
	h. 加载至破坏		f_{py}	0	f_y （拉）	$f_{py}A_p+f_y A_s$

表 9-6　后张法预应力混凝土轴心受拉构件各阶段应力分析

受力阶段		简图	预应力钢筋应力 σ_{p}	混凝土应力 σ_{pc}	非预应力钢筋 σ_{s}	轴力 N
施工阶段	a. 穿钢筋	（简图）	0	0	0	0
	b. 张拉钢筋	$\sigma_{\mathrm{pe}}A_{\mathrm{p}}$　σ_{pe}（压）	$\sigma_{\mathrm{con}}-\sigma_{l\mathrm{I}}$	$\sigma_{\mathrm{pcI}}=\dfrac{(\sigma_{\mathrm{con}}-\sigma_{l\mathrm{I}})A_{\mathrm{p}}}{A_{\mathrm{n}}}$（压）	$\alpha_{\mathrm{E}}\sigma_{\mathrm{pcI}}$（压）	0
	c. 完成第一批损失	$\sigma_{\mathrm{peI}}A_{\mathrm{p}}$　σ_{peI}（压）	$\sigma_{\mathrm{peI}}=\sigma_{\mathrm{con}}-\sigma_{l\mathrm{I}}$	$\sigma_{\mathrm{pcI}}=\dfrac{(\sigma_{\mathrm{con}}-\sigma_{l\mathrm{I}})A_{\mathrm{p}}}{A_{\mathrm{n}}}$（压）	$\alpha_{\mathrm{E}}\sigma_{\mathrm{pcI}}$（压）	0
	d. 完成第二批损失	$\sigma_{\mathrm{peII}}A_{\mathrm{p}}$　σ_{peII}（压）	$\sigma_{\mathrm{pe}}=\sigma_{\mathrm{con}}-\sigma_{l}$	$\sigma_{\mathrm{pc}}=\dfrac{(\sigma_{\mathrm{con}}-\sigma_{l})A_{\mathrm{p}}-\sigma_{l5}A_{\mathrm{s}}}{A_{\mathrm{c}}+\alpha_{\mathrm{E}}(A_{\mathrm{s}}+A_{\mathrm{p}})}$（压）	$\alpha_{\mathrm{E}}\sigma_{\mathrm{pc}}+\sigma_{l5}$（压）	0
使用阶段	e. 加载至 $\sigma_{\mathrm{pc}}=0$	N_{0}　0	$\sigma_{\mathrm{pe}}=\sigma_{\mathrm{con}}-\sigma_{l}+\alpha_{\mathrm{E}}\sigma_{\mathrm{pc}}$	0	σ_{l5}（压）	$\sigma_{\mathrm{p0}}\cdot A_{\mathrm{p}}+\sigma_{\mathrm{s0}}A_{\mathrm{s}}$
	f. 加载至裂缝即将出现	N_{cr}　f_{t}（拉）	$\sigma_{\mathrm{per}}=\sigma_{\mathrm{con}}-\sigma_{l}+\alpha_{\mathrm{E}}\sigma_{\mathrm{pc}}+\alpha_{\mathrm{E}}f_{\mathrm{t}}$	f_{t}（拉）	$\alpha_{\mathrm{E}}f_{\mathrm{t}}-\sigma_{l5}$（拉）	$(\sigma_{\mathrm{pc}}+f_{\mathrm{t}})A_{0}$
	g. 加载至破坏	N_{u}	f_{py}	0	f_{y}（拉）	$f_{\mathrm{py}}A_{\mathrm{p}}+f_{\mathrm{y}}A_{\mathrm{s}}$

3. 预应力混凝土构件与普通钢筋混凝土构件的比较

先张法和后张法预应力混凝土轴心受拉构件与普通钢筋混凝土轴心受拉构件,各阶段应力变化对比详见图 9-8。从图中可以总结出如下结论:

(1) 预应力混凝土构件充分发挥了钢筋受拉和混凝土受压的特性。

(2) 预应力混凝土构件比普通钢筋混凝土构件的抗裂性大大提高。这正是施加预应力的主要目的。

(3) 当采用相同材料、相同截面尺寸时,预应力混凝土构件与普通钢筋混凝土构件的承载能力相同。

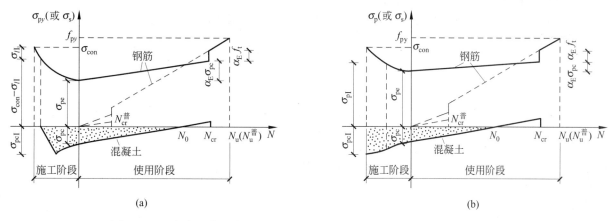

图 9-8 预应力混凝土构件与普通钢筋混凝土构件各阶段应力变化比较

(a) 先张法;(b) 后张法

9.5.2 预应力混凝土轴心受拉构件使用阶段的计算

预应力混凝土轴心受拉构件使用阶段应进行承载力计算、抗裂度验算或裂缝宽度验算。

1) 承载力计算

当构件承受拉力破坏时,截面上的拉力由预应力钢筋和非预应力钢筋共同承担(如图 9-9 所示),其承载能力计算公式为

$$N \leqslant f_y A_s + f_{py} A_p \tag{9-43}$$

式中:N——轴向拉力设计值;

f_y, f_{py}——分别为非预应力钢筋和预应力钢筋的强度设计值。

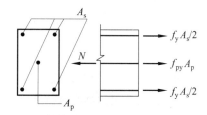

图 9-9 预应力混凝土轴心受拉构件承载力

2) 抗裂度验算

(1) 对于裂缝控制等级为一级的构件,在荷载效应标准组合下不允许出现拉应力。即

$$\sigma_{ck} - \sigma_{pc} \leqslant 0 \tag{9-44}$$

式中，σ_{ck} 为荷载效应标准组合下抗裂验算边缘的混凝土法向拉应力，$\sigma_{ck}=\dfrac{N_k}{A_0}$，其中，$N_k$ 为按荷载效应标准组合计算的轴向拉力。

（2）对于裂缝控制等级为二级的构件，在荷载效应标准组合下拉应力不能超过 $f_{t,k}$，即在荷载效应标准组合下不允许出现拉应力。因此，应符合下列要求：

$$\sigma_{ck}-\sigma_{pc}\leqslant f_{t,k} \tag{9-45}$$

3）裂缝宽度验算

对于裂缝控制等级为三级的构件，允许出现裂缝，但其最大裂缝宽度 w_{max} 应不超过最大裂缝宽度限值 w_{lim}。w_{max} 的计算公式为

$$w_{max}=2.2\psi\frac{\sigma_{sk}}{E_s}\left(1.9c_s+0.08\frac{d_{eq}}{\rho_{te}}\right) \tag{9-46}$$

$$\sigma_{sk}=\frac{N_k-N_0}{A_p+A_s} \tag{9-47}$$

$$\rho_{te}=\frac{A_p+A_s}{bh} \tag{9-48}$$

式中，N_0 为混凝土法向预应力等于零时（消压拉力）预应力钢筋及非预应力钢筋的合力；

对于先张法构件

$$N_{p0}=(\sigma_{con}-\sigma_l)A_p-\sigma_{l5}A_s \tag{9-49}$$

对于后张法构件

$$N_{p0}=(\sigma_{con}-\sigma_l+\alpha_E\sigma_{pc})A_p-\sigma_{l5}A_s \tag{9-50}$$

其余符号的意义及计算均与普通钢筋混凝土轴心受拉构件相同。

新规范还规定：对二 a 类预应力混凝土构件在荷载准永久组合下，

$$\sigma_{cq}-\sigma_{pc}\leqslant f_{tk} \tag{9-51}$$

式中，σ_{cq} 为荷载效应准永久组合下抗裂验算边缘的混凝土法向拉应力，$\sigma_{cq}=\dfrac{N_q}{A_0}$，其中，$N_q$ 为按荷载效应的准永久组合计算的轴向拉力。

4）先张法预应力混凝土构件端部的预应力传递长度

对先张法预应力混凝土构件端部进行正截面、斜截面抗裂验算时，要用到先张法预应力混凝土构件端部的预应力传递长度 l_{tr}；即应考虑预应力钢筋在其预应力传递长度 l_{tr} 范围内实际的应力变化。《规范》规定，预应力钢筋的实际应力按线性规律增大，在构件端部取为零，在其预应力传递长度的末端取有效预应力值 σ_{pe}。预应力传递长度 l_{tr} 按下式计算：

$$l_{tr}=\alpha\frac{\sigma_{pe}}{f'_{tk}}d \tag{9-52}$$

式中：σ_{pe}——放张时预应力钢筋的有效预应力；

　　d——预应力钢筋的公称直径；

　　α——预应力钢筋的外形系数，刻痕钢丝取 0.19，螺旋肋钢丝取 0.13，三股钢绞线取 0.16，七股钢绞线取 0.17；

　　f'_{tk}——与放张时混凝土立方体抗压强度 f'_{cu} 相应的轴心抗拉强度标准值，按表 2-3 以线性内插法确定。

当采用骤然放松预应力钢筋的施工工艺时，l_{tr} 的起点应从距构件末端 $0.25l_{tr}$ 处开始计算。

9.5.3　预应力混凝土轴心受拉构件施工阶段的验算

1）承载力验算

先张法构件放松预应力钢筋时或后张法构件张拉预应力钢筋时，承载力应满足下式：

$$\sigma_{cc} \leqslant 0.8 f'_{ck} \qquad (9\text{-}53)$$

式中：σ_{cc}——相应施工阶段计算截面边缘纤维的混凝土压应力；

　　f'_{ck}——与各施工阶段混凝土立方体抗压强度 f_{cu} 相应的轴心抗压强度标准值。

对于先张法构件

$$\sigma_{cc} = \frac{(\sigma_{con} - \sigma_{l\,I})A_p}{A_0} \qquad (9\text{-}54)$$

对于后张法构件

$$\sigma_{cc} = \frac{\sigma_{con}A_p}{A_n} \qquad (9\text{-}55)$$

2) 后张法构件锚固区局部受压承载力验算

为了防止构件端部锚固区，在施加预应力时局部受压破坏，需在构件端部配置方格网式或螺旋式间接钢筋。间接钢筋应配置在如图 9-10 所示的高度为 h 的范围内，方格网式钢筋不应少于 4 片；螺旋式钢筋不应少于 4 圈。

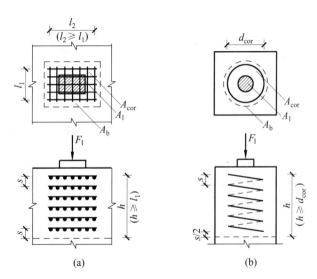

图 9-10　局部受压区的间接钢筋

(a) 方格网式配筋；(b) 螺旋式配筋

(1) 局部受压区截面尺寸限制条件

试验表明，当局部受压区配筋过多时，局压板底面下的混凝土会产生过大下沉变形，当符合下列公式时，则可限制下沉变形不致过大。

$$F_l \leqslant 1.35\beta_c\beta_l f_c A_{ln} \qquad (9\text{-}56)$$

$$\beta_l = \sqrt{\frac{A_b}{A_l}} \qquad (9\text{-}57)$$

式中：F_l——局部受压面上作用的局部荷载或局部压力设计值，对后张法预应力混凝土构件中的锚头局压区的压力设计值，应取 1.2 倍张拉控制力，即 $F_l = 1.2\sigma_{con}A_p$；

　　β_c——混凝土强度影响系数；

　　β_l——混凝土局部受压时的强度提高系数；

　　A_l——混凝土局部受压面积；

A_{ln}——混凝土局部受压净面积，对后张法构件，应在混凝土局部受压面积中扣除孔道、凹槽部分的面积；

A_b——局部受压的计算底面积，按与局部受压面积同心、对称的原则，按图9-11确定。

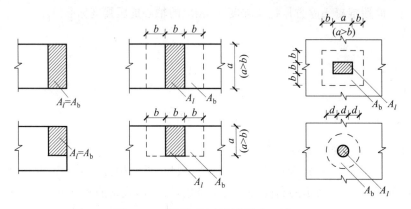

图9-11　局部受压的计算底面积

（2）局部受压承载力计算

当配置方格网式或螺旋式间接钢筋，且其核心面积 $A_{cor} \geq A_l$ 时（如图9-10所示），局部受压承载力应符合下列规定：

$$F_l \leq 0.9(\beta_0 \beta_l f_c + 2\alpha\rho_v\beta_{cor}f_y)A_{ln}$$　（9-58）

式中：β_{cor}——配置间接钢筋的局部受压承载力提高系数，$\beta_{cor}=\sqrt{\dfrac{A_{cor}}{A_l}}$，当 $A_{cor}>A_b$ 时，应取 $A_{cor}=A_b$；

　　　　α——间接钢筋对混凝土约束的折减系数，当混凝土强度等级不超过C50时，取 $\alpha=1.0$；当混凝土强度等级为C80时，取 $\alpha=0.85$；其间按线性内插法确定；

　　　　A_{cor}——方格网式或螺旋式间接钢筋内表面范围内的混凝土核心面积，其重心应与 A_l 的重心重合，按同心、对称的原则取值（见图9-10）；

　　　　ρ_v——间接钢筋的体积配筋率（核心面积 A_{cor} 范围内单位混凝土体积所含间接钢筋的体积），不应小于 0.5%。

当为方格网式配筋时（如图9-10(a)所示），钢筋网两个方向上单位长度内钢筋截面面积的比值不宜大于1.5。体积配筋率 ρ_v 应按下式计算：

$$\rho_v = \frac{n_1 A_{s1} l_1 + n_2 A_{s2} l_2}{A_{cor}s}$$　（9-59）

式中：n_1, A_{s1}——方格网沿1方向的钢筋根数、单根钢筋的截面积；

　　　　n_2, A_{s2}——方格网沿2方向的钢筋根数、单根钢筋的截面积；

　　　　s——方格网钢筋的间距，宜取30~80mm。

当为螺旋式配筋时（如图9-10(b)），其体积配筋率 ρ_v 应按下列公式计算：

$$\rho_v = \frac{4A_{ss1}}{d_{cor}s}$$　（9-60）

式中：A_{ss1}——单根螺旋式间接钢筋的截面面积；

　　　　d_{cor}——螺旋式间接钢筋内表面范围内的混凝土截面直径；

　　　　s——螺旋式间接钢筋的间距，宜取30~80mm。

预应力混凝土轴心受拉构件设计计算比较复杂，后张法计算框图如图9-12所示。

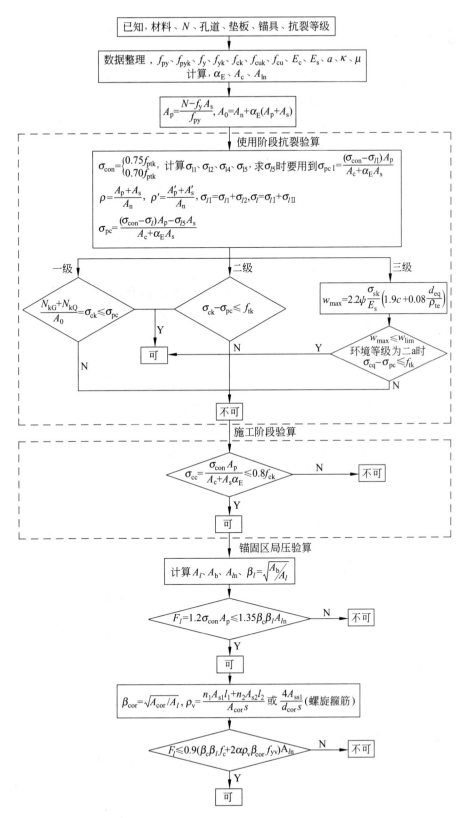

图 9-12　后张法预应力混凝土轴心受拉构件计算框图

9.5.4　设计例题

〔**例 9-1**〕 已知某 18m 预应力混凝土屋架下弦,采用后张法。下弦截面尺寸为 $bh=250\text{mm}\times200\text{mm}$(如图 9-13 所示)。混凝土强度等级为 C50,预应力钢筋采用热处理钢筋,非预应力钢筋采用 HRB335 级钢筋。当混凝土达到设计强度的 100% 时张拉钢筋(一端张拉,超张拉,采用 JM12 锚具),孔道为 $2\phi50$ 的直线孔道,采用预埋钢管成型。按荷载效应基本组合的轴向拉力设计值 $N=596\text{kN}$,按荷载效应标准组合计算的轴向拉力值 $N_k=461\text{kN}$,按荷载效应准永久组合计算的轴向拉力值 $N_q=355.5\text{kN}$,构件安全等级为一级,裂缝控制等级为二级。要求:①计算所需的预应力钢筋数量;②计算各项预应力损失值;③进行使用阶段正截面抗裂验算;④进行施工阶段承载力验算;⑤进行施工阶段局部受压承载力验算。

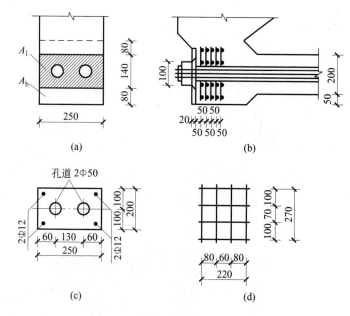

图 9-13　预应力混凝土屋架下弦

解:(1)计算所需的预应力钢筋数量

设采用 $4\oplus12$ HRB335 级钢筋,$A_s=452\text{mm}^2$,$f_y=300\text{N/mm}^2$;预应力钢筋采用热处理钢筋,由表 2-7 知,$f_{py}=900\text{N/mm}^2$,$f_{ptk}=1\,230\text{N/mm}^2$,所需预应力钢筋的截面积为

$$A_p\geqslant\frac{\gamma_0N-f_yA_s}{f_{py}}=\frac{1.1\times596\times10^3-300\times452}{900}=577.8(\text{mm}^2)$$

因此,选配 2 束热处理钢筋,每束为 $4\phi^T10$($A_p=628\text{mm}^2$)。

(2)计算各项预应力损失

① 计算截面几何特性

由于热处理钢筋与 HRB335 级钢筋的弹性模量相同,均为 $E_s=2.0\times10^5\text{N/mm}^2$,因此 α_{E1}(预应力钢筋与混凝土的弹性模量之比)与 α_{E2}(非预应力钢筋与混凝土的弹性模量之比)相等。即

$$\alpha_{E1}=\alpha_{E2}=\frac{2.0\times10^5\text{N/mm}^2}{3.45\times10^4\text{N/mm}^2}=5.8$$

构件净截面面积

$$A_n = A_c + \alpha_{E2} A_s = 250 \times 200 - 2 \times \frac{\pi}{4} \times 50^2 + (5.8-1) \times 452 = 48\,243(\text{mm}^2)$$

换算截面面积

$$A_0 = A_n + \alpha_{E1} A_p = 48\,243 + 5.8 \times 628 = 51\,885(\text{mm}^2)$$

② 确定张拉控制应力 σ_{con}

由表 9-1 查得,张拉控制应力应满足:

$$0.4 f_{ptk} \leqslant \sigma_{con} \leqslant 0.85 f_{ptk}$$

因此,取 $\sigma_{con} = 0.85 f_{ptk} = 0.85 \times 1\,230 = 1\,045.5(\text{N/mm}^2)$。

③ 计算各项预应力损失值

(a) 计算 σ_{l1}

$$\sigma_{l1} = \frac{a}{l} E_s = \frac{6}{18\,000} \times 2.0 \times 10^5 = 66.7(\text{N/mm}^2)$$

(b) 计算 σ_{l2}

由表 9-3 查得,$\kappa = 0.001$,$\mu = 0.3$,则

$$\kappa x + \mu\theta = 0.001 \times 18 + 0.3 \times 0 = 0.018$$

$$\sigma_{l2} = \sigma_{con}\left(1 - \frac{1}{e^{\kappa x + \mu\theta}}\right) = 1\,045.5 \times \left(1 - \frac{1}{e^{0.018}}\right) = 18.65(\text{N/mm}^2)$$

第一批损失为

$$\sigma_{l\,\text{I}} = \sigma_{l1} + \sigma_{l2} = 66.7 + 18.65 = 85.35(\text{N/mm}^2)$$

(c) 计算 σ_{l4}

$$\sigma_{l4} = 0.03\sigma_{con} = 0.03 \times 1\,045.5 = 31.37(\text{N/mm}^2)$$

(d) 计算 σ_{l5}

$$\sigma_{pc\,\text{I}} = \frac{(\sigma_{con} - \sigma_{l\,\text{I}})A_p}{A_n} = \frac{(1\,045.5\text{N/mm}^2 - 85.35\text{N/mm}^2) \times 628\text{mm}^2}{48\,243\text{mm}^2} = 12.44\text{N/mm}^2$$

$$< 0.5 f'_{cu} = 0.5 \times 50\text{N/mm}^2 = 25\text{N/mm}^2$$

$$\rho = \frac{A_p + A_s}{2A_n} = \frac{628\text{mm}^2 + 452\text{mm}^2}{2 \times 48\,243\text{mm}^2} = 0.011$$

$$\sigma_{l5} = \frac{55 + 300\dfrac{\sigma_{pc\,\text{I}}}{f'_{cu}}}{1 + 15\rho} = \frac{55 + 300 \times \dfrac{12.44\text{N/mm}^2}{50\text{N/mm}^2}}{1 + 15 \times 0.011} = 111.3\text{N/mm}^2$$

第二批预应力损失为

$$\sigma_{l\,\text{II}} = \sigma_{l4} + \sigma_{l5} = 31.37\text{N/mm}^2 + 111.3\text{N/mm}^2 = 142.65\text{N/mm}^2$$

预应力总损失为

$$\sigma_l = \sigma_{l\,\text{I}} + \sigma_{l\,\text{II}} = 85.35\text{N/mm}^2 + 142.65\text{N/mm}^2 = 228.0\text{N/mm}^2$$

(3) 使用阶段正截面抗裂验算

第二批预应力损失出现后,预应力钢筋与非预应力钢筋的合力为

$$N_p = (\sigma_{con} - \sigma_l)A_p - \sigma_{l5}A_s$$
$$= (1\,045.5\text{N/mm}^2 - 228.0\text{N/mm}^2) \times 628\text{mm}^2 - 111.3\text{N/mm}^2 \times 452\text{mm}^2$$
$$= 463\,082.4\text{N}$$

此时,混凝土的法向压应力为

$$\sigma_{pc} = \frac{N_p}{A_n} = \frac{463\,082.4\text{N}}{48\,243\text{mm}^2} = 9.60\text{N/mm}^2$$

荷载效应标准组合下的抗裂度验算

$$\sigma_{ck} = \frac{N_k}{A_0} = \frac{461 \times 10^3}{51\,885} = 8.885(\text{N/mm}^2)$$

$$\sigma_{ck} - \sigma_{pc} = 8.885 - 9.60 = -0.715(\text{N/mm}^2) < f'_{tk} = 2.64\text{N/mm}^2$$

因此,使用阶段正截面抗裂验算满足要求。

(4) 施工阶段承载力验算

$$\sigma_{cc} = \frac{\sigma_{con}A_p}{A_n} = \frac{1\,045.5 \times 628}{48\,243}$$

$$= 13.61(\text{N/mm}^2) < 0.8f'_{ck} = 0.8 \times 32.4 = 25.92(\text{N/mm}^2)$$

因此,施工阶段承载力满足要求。

(5) 施工阶段局部受压承载力验算

① 验算局部受压取截面限制条件

JM12 锚具构造如图 9-13(b) 所示,锚具直径为 100mm,锚具下垫板厚为 20mm,构件端部受压面积 A_1,可按压力 F_1 自锚具边缘起按 45°在垫板中扩散至构件的面积计算,可近似按图 9-13(a) 中阴影面积。

$$A_l = 250 \times (100 + 2 \times 20) = 35\,000(\text{mm}^2)$$

混凝土局部受压净面积为

$$A_{ln} = 35\,000 - 2 \times \frac{\pi}{4} \times 50^2 - 31\,073(\text{mm}^2)$$

局部受压计算底面积为

$$A_b = 250 \times (140 + 2 \times 80) = 75\,000(\text{mm}^2)$$

混凝土局部受压强度提高系数为

$$\beta_l = \sqrt{\frac{A_b}{A_1}} = \sqrt{\frac{75\,000}{35\,000}} = 1.46$$

取混凝土强度影响系数 $\beta_c = 1.0$。

$$F_l = 12\sigma_{con}A_p = 1.2 \times 1\,045.5 \times 628 = 787\,888.8(\text{N}) \approx 787.9\text{kN}$$

$$1.35\beta_c\beta_l f_c A_{ln} = 1.35 \times 1.0 \times 1.46 \times 23.1 \times 31\,073$$

$$= 1\,414\,756.8(\text{N}) \approx 1\,414.76\text{kN} > F_1$$

因此,局部受压区截面尺寸满足要求。

② 局部受压承载力计算

间接钢筋采用 5 片 φ6 钢筋网片,网片间距为 50mm,如图 9-13(b),(d) 所示。则 $h = 250\text{mm} > l_1 = 220\text{mm}$,满足间接钢筋的配置范围规定。

$$A_{cor} = 220 \times 270 = 59\,400(\text{mm}^2)$$

$$\beta_{cor} = \sqrt{\frac{A_{cor}}{A_l}} = \sqrt{\frac{59\,400}{35\,000}} = 1.3$$

间接钢筋的体积配筋率为

$$\rho_v = \frac{n_1 A_{s1} l_1 + n_2 A_{s2} l_2}{A_{cor}s} = \frac{4 \times 28.3 \times 220 + 4 \times 28.3 \times 270}{59\,400 \times 50}$$

$$= 0.019 > 0.005$$

满足配筋率要求。

$$0.9(\beta_c\beta_l f_c + 2\alpha\rho_v\beta_{cor}f_y)A_{ln} = 0.9 \times (1.0 \times 1.46 \times 23.1 + 2 \times 1.0 \times 0.019 \times 1.3 \times 210) \times 31\,073$$
$$= 1\,233\,287.4(N) \approx 1\,233.29\text{kN} > F_l = 787.9\text{kN}$$

局部承压能力满足要求。

9.6　预应力混凝土构件的构造要求

9.6.1　一般要求

1) 截面形式和尺寸

(1) 截面形式

对于预应力混凝土梁及预应力混凝土板,当跨度较小时多采用矩形截面;当跨度或荷载较大时,为减轻构件自重,提高构件的承载能力和抗裂性能可采用 T 形、工字形或箱形截面。

(2) 截面尺寸

一般情况下,预应力混凝土梁的截面高度可取$(1/20\sim1/14)l$,翼缘宽度可取$(1/3\sim1/2)h$,翼缘高度可取$(1/10\sim1/6)h$,腹板宽宜尽量小,可取为$(1/15\sim1/8)h$。

2) 预应力纵向钢筋的布置

预应力纵向钢筋的布置方式有三种,即直线布置、曲线布置及折线布置。直线布置如图 9-14(a)所示,用于跨度及荷载较小时,施工简单,先张法、后张法均可采用。曲线布置多用于跨度和荷载较大的情况。在预应力混凝土屋面梁、吊车梁等构件靠近主拉应力较大部位,宜将一部分预应力钢筋弯起,使其形成曲线布置,如图 9-14(b)所示,一般采用后张法施工。折线布置一般用于有倾斜的受拉边的梁,如图 9-14(c)所示,一般采用先张法施工。

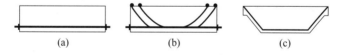

图 9-14　预应力纵向钢筋的布置
(a) 直线布置；(b) 曲线布置；(c) 折线布置

3) 非预应力纵向钢筋的布置

为防止构件在制作、运输、堆放或吊装过程件预拉区混凝土开裂或裂缝宽度过大,可在构件预拉区配置一定数量的非预应力纵向钢筋。

9.6.2　先张法构件的构造要求

1) 并筋配筋的等效直径

当先张法预应力钢丝按单根方式配筋有困难时,可采用相同直径钢丝并筋配筋方式。并筋的等效直径,对双并筋应取单筋直径的 1.4 倍;对三并筋应取单筋直径的 1.7 倍。

并筋的保护层厚度、锚固长度、预应力传递长度及正常使用极限状态验算时,均应按等效直径考虑。

当预应力钢绞线、热处理钢筋采用并筋方式时,应有可靠的构造措施。

2）预应力钢筋的净间距

先张法预应力筋之间的净间距不应小于其公称直径或等效直径的 2.5 倍和混凝土粗骨料最大直径的 1.25 倍（当混凝土振捣密实性具有可靠保证时，净间距可放宽至最大粗骨料直径的 1.0 倍），且应符合下列规定：预应力钢丝，不应小于 15mm；三股钢绞线，不应小于 20mm；七股钢绞线，不应小于 25mm。当混凝土振捣密实性具有可靠保证时，净间距可放宽为粗骨料最大直径的 1.0 倍。

3）构件端部加强措施

《规范》规定，对先张法预应力混凝土构件，预应力钢筋端部周围的混凝土应采取下列加强措施：

（1）对单根配置的预应力钢筋，其端部宜设置长度不小于 150mm，且不少于 4 圈的螺旋筋；当有可靠经验时，亦可利用支座垫板上的插筋代替螺旋筋，但插筋数量不应少于 4 根，其长度不宜小于 120mm。

（2）对分散布置的多根预应力钢筋，在构件端部 10d（d 为预应力钢筋的公称直径）范围内应放置 3～5 片与预应力钢筋垂直的钢筋网。

（3）对采用预应力钢丝配筋的薄板，在板端 100mm 范围内应适当加密横向钢筋。

（4）对槽形板类构件，应在构件端部 100mm 范围内沿构件板面设置附加横向钢筋，其数量不应少于 2 根，如图 9-15 所示。

（5）对预制肋形板宜设置加强整体性和横向刚度的横肋。端横肋的受力钢筋应弯入纵肋内。当采用先张长线法生产有端横肋的预应力混凝土肋形板时，应在设计和制作上采取防止放张预应力时端横肋产生裂缝的有效措施。

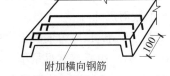

附加横向钢筋

图 9-15　附加横向钢筋

（6）在预应力混凝土屋面梁、吊车梁等构件靠近支座的斜向主拉应力较大部位，宜将一部分预应力钢筋弯起。

（7）对预应力钢筋在构件端部全部弯起的受弯构件或直线配筋的先张法构件，当构件端部与下部支承结构焊接时，应考虑混凝土收缩、徐变及温度变化所产生的不利影响，宜在构件端部可能产生裂缝的部位设置足够的非预应力纵向构造钢筋，以防止预应力构件端部及预拉区的裂缝。

9.6.3　后张法构件的构造要求

1）后张法预应力筋采用预留孔道应符合下列规定：

（1）预制构件孔道之间的水平净间距不宜小于 50mm，且不宜小于粗骨料直径的 1.25 倍；孔道至构件边缘的净间距不宜小于 30mm，且不宜小于孔道直径的一半；

（2）现浇混凝土梁中，预留孔道在竖直方向的净间距不应小于孔道外径，水平方向的净间距不宜小于 1.5 倍孔道外径，且不应小于粗骨料直径的 1.25 倍；从孔道外壁至构件边缘的净间距，梁底不宜小于 50mm，梁侧不宜小于 40mm；裂缝控制等级为三级的梁，上述净间距分别不宜小于 70mm 和 50mm；

（3）预留孔道的内径宜比预应力束外径及需穿过孔道的连接器外径大 6～15mm；且孔道的截面积宜为穿入预应力筋截面积的 3.0～4.0 倍；

（4）当有可靠经验，并能保证混凝土浇筑质量时，预应力筋孔道可水平并列贴紧布置，但并排的数量不应超过 2 束；

（5）在构件两端及曲线孔道的高点应设置灌浆孔或排气兼泌水孔，其孔距不宜大于 20m；

（6）凡制作时需要预先起拱的构件，预留孔道宜随构件同时起拱。

2）后张法预应力混凝土构件的端部锚固区，应按下列规定配置间接钢筋：

（1）采用普通垫板时，应进行局部受压承载力计算，并配置间接钢筋，其体积配筋率不应小于 0.5%，垫板的刚性扩散角应取 45°；

(2) 局部受压承载力计算时,其局部压力设计值对有黏结预应力混凝土构件取 1.2 倍张拉控制力,对无黏结预应力混凝土构件取 1.2 倍张拉控制力和($f_{ptk}A_p$)中的较大值;

(3) 当采用整体铸造垫板时,其局部受压区的设计应符合相关标准的规定;

(4) 在局部受压间接钢筋配置区以外,在构件端部长度 l 不小于截面重心线上部或下部预应力筋的合力点至邻近边缘的距离 e 的 3 倍,但不大于构件端部截面高度 h 的 1.2 倍,高度为 $2e$ 的附加配筋区范围内,应均匀配置附加防劈裂箍筋或网片(图 9-16),配筋面积可按下列公式计算:

$$A_{sb} = 0.18\left(1 - \frac{l_l}{l_b}\right)\frac{P}{f_{yv}}$$
(9-61)

且体积配筋率不应小于 0.5%。

式中:P——作用在构件端部截面重心线上部或下部预应力筋的合力设计值,可按本条(2)有关规定进行计算;

　　l_l,l_b——沿构件高度方向 A_l、A_b 的边长或直径,A_l、A_b 按本规范图 9-11 确定。

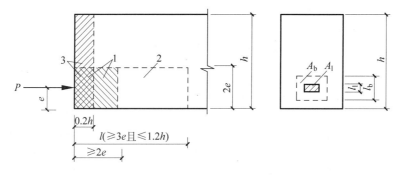

图 9-16　防止端部裂缝的配筋范围

1—局部受压间接钢筋配置区;2—附加防劈裂配筋区;3—附加防剥裂配筋区

(5) 当构件端部预应力筋需集中布置在截面下部或集中布置在上部和下部时,应在构件端部 $0.2h$ 范围内设置附加竖向防端面裂缝构造钢筋(图 9-16),其截面面积应符合下列公式要求:

$$A_{sv} \geqslant \frac{T_s}{f_{yv}}$$
(9-62)

$$T_s = \left(0.25 - \frac{e}{h}\right)P$$
(9-63)

当 $e > 0.2h$ 时,可根据实际情况适当配置构造钢筋。竖向防剥裂钢筋宜靠近端面配置,可采用焊接钢筋网、封闭式箍筋或其他的形式,且宜采用带肋钢筋。

式中:T_s——锚固端端面拉力;

　　P——作用在构件端部截面重心线上部或下部预应力筋的合力设计值,可按本条(2)规定进行计算;

　　e——截面重心线上部或下部预应力筋的合力点至截面近边缘的距离;

　　h——构件端部截面高度。

当端部截面上部和下部均有预应力筋时,附加竖向钢筋的总截面面积应按上部和下部的预加力合力分别计算的较大值采用。

在构件横向也应按上述方法计算抗端面裂缝钢筋,并与上述竖向钢筋形成网片筋配置。

3) 当构件在端部有局部凹进时,应增设折线构造钢筋(图 9-17)或其他有效的构造钢筋。

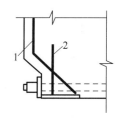

图 9-17　端部凹进处构造钢筋

1—折线构造钢筋;
2—竖向构造钢筋

4) 构件端部尺寸应考虑锚具的布置、张拉设备的尺寸和局部受压的要求,必要时应适当加大。

5) 后张预应力混凝土外露金属锚具,应采取可靠的防腐及防火措施,并应符合下列规定:

(1) 无黏结预应力筋外露锚具应采用注有足量防腐油脂的塑料帽封闭锚具端头,并采用无收缩砂浆或细石混凝土封闭;

(2) 对处于二 b、三 a、三 b 类环境条件下的无黏结预应力锚固系统,应采用全封闭的防腐蚀体系,其封锚端及各连接部位应能承受 10kPa 的静水压力而不得透水;

(3) 采用混凝土封闭时混凝土强度等级宜与构件混凝土强度等级一致,且不应低于 C30。封锚混凝土与构件混凝土应可靠黏结,如锚具在封闭前应将周围混凝土界面凿毛并冲洗干净,且宜配置 1~2 片钢筋网,钢筋网应与构件混凝土拉结;

(4) 采用无收缩砂浆或混凝土封闭保护时,其锚具及预应力筋的最小保护层厚度应为:一类环境类别时 20mm,二 a、二 b 类环境类别时 50mm,三 a、三 b 类环境类别时 80mm。

9.7　本章主要知识点

(1) 基本概念方面

预应力混凝土的优缺点,预应力混凝土构件的工作原理,先张法与后张法的异同,控制应力的大小,预应力损失的种类、计算公式及减小损失的方法,超张拉的步骤与限度,第一批损失与第二批损失,受拉构件中先张法与后张法各工作阶段的应力分析,在预应力混凝土构件中,普通钢筋(非预应力钢筋)的作用与受力状况,预应力混凝土受拉构件的优缺点、工作原理、计算验算的内容与步骤,不同抗裂等级的限制条件、基本公式及物理意义,局部承压验算的必要性与基本公式。

(2) 计算方面

要熟悉各工作阶段预应力钢筋、混凝土和普通钢筋的应力计算的基本公式,不同抗裂等级的限制条件、基本公式及物理意义,局部承压验算的必要性与基本公式。掌握预应力混凝土受拉构件设计验算的基本思路、解题步骤和技巧。

(3) 构造方面

先张法施工中要了解预应力钢筋的直径、保护层厚度、钢筋间距与构件端部的加强措施。后张法中要了解孔道构造要求(孔径、保护层厚度、净间距、排气孔间距等)、端部锚固区的构造要求(局部受压间接钢筋的体积配筋率、配筋范围、配筋量与其他细部要求)、曲线预应力钢丝束的最小曲率半径、锚具下及张拉设备支承处预埋钢垫板及外露锚具的防锈等。

思　考　题

9-1　为什么普通钢筋混凝土构件不能满足抗裂性能的要求?

9-2　为什么普通钢筋混凝土构件不能充分利用高强度钢筋?

9-3　什么是预应力混凝土构件? 其主要优点是什么?

9-4　预应力混凝土构件对其组成材料有哪些要求?

9-5　什么是张拉控制应力 σ_{con}? 如何取值?

9-6　什么是预应力损失? 各项预应力损失产生的原因是什么? 如何减少各项预应力损失?

9-7　预应力损失值是如何组合的? 比较预应力混凝土构件与普通钢筋混凝土构件的应力变化。

9-8　预应力混凝土轴心受拉构件的计算应包括哪些内容?

习　题

9-1　已知某 18m 预应力混凝土屋架下弦杆,采用后张法,采用夹片式锚具(锚头直径为 100mm)、一端张拉,孔道为 $2\phi50$,充压橡皮管抽芯成型,下弦杆截面尺寸为 $bh=250\text{mm}\times160\text{mm}$,采用 C60 混凝土,预应力钢筋采用钢绞线 $\phi^s1\times7(d=12.7\text{mm})$,非预应力钢筋采用 HRB400。按荷载效应基本组合计算的轴向拉力设计值 $N=790\text{kN}$,按荷载效应的标准组合计算的轴向拉力 $N_k=656\text{kN}$,按荷载效应的准永久组合计算的轴向拉力 $N_q=469\text{kN}$,构件安全等级为一级,裂缝控制等级为二级。

要求:(1)计算所需的预应力钢筋数量;(2)计算各项预应力损失;(3)进行使用阶段正截面抗裂验算;(4)进行施工阶段承载力验算;(5)进行施工阶段局部受压承载力验算。

第 10 章　混凝土梁板结构

本章学习要点：

（1）梁板结构的类型及受力变形特点；

（2）连续梁（板）弹性计算内力包络图与折算荷载，弹塑性计算中的塑性铰、弯矩剪力调幅的概念与取值；

（3）板中钢筋的折减，符合高（厚）度要求的梁上板中负弯矩钢筋的直径与长度，次梁中负弯矩钢筋长度的规定以及梁板构造要求；

（4）双向板弹性计算中如何利用设计图表与配筋；

（5）楼梯的选型、计算、配筋与构造。

10.1　概　　述

钢筋混凝土梁板结构如楼盖、屋盖、阳台、雨篷、楼梯等，在建筑中应用十分广泛。在特种结构中，如水池的顶板和底板、烟囱的板式基础也都属于梁板结构。混凝土楼盖是建筑结构中的主要组成部分，对于 6～12 层的框架结构，楼盖的用钢量占全部结构用钢量的 50% 左右；对于混合结构，其用钢量也主要在楼盖中。因此，楼盖结构选型和布置的合理性以及结构计算和构造的正确性，对于建筑的安全使用和经济性有着非常重要的意义。同时，对美观适用也存在一定的影响。混凝土楼盖按其施工方法可分为现浇整体式、装配式和装配整体式三种形式。

现浇混凝土楼盖由于整体性好、抗震性强、防水性好，在实际工程中较为普遍。

10.1.1　现浇整体式楼盖

现浇整体式楼盖按楼板受力和支承条件的不同，可分为如下几种形式。

1. 现浇板肋形楼盖

现浇板肋形楼盖由板、次梁和主梁（有时没有次梁）组成，它是楼盖中最常见的结构形式，其特点是结构布置灵活，可以适应不规则的柱网布置及复杂的工艺以及建筑平面要求，构造简单，同其他结构相比一般用钢量较低，缺点是支模比较复杂。

根据楼盖中主次梁的不同布置方式，现浇板肋形楼盖又可分为单向板肋形楼盖（见图 10-1）和双向板肋形楼盖（见图 10-2）。

2. 井式楼盖

井式楼盖是由肋形楼盖演变而成的，其特点是两个方向上的梁的截面尺寸相同，而且正交，不分主次梁，共

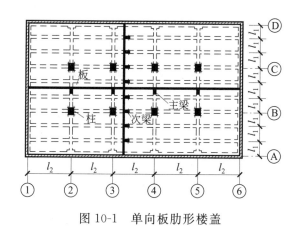

图 10-1　单向板肋形楼盖

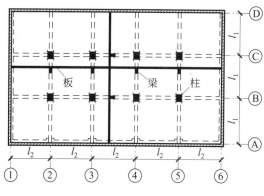

图 10-2　双向板肋形楼盖

同直接承受由板传递过来的荷载,这种楼盖适用于房间为矩形的楼盖(两个方向边长越接近越经济)。由于两个方向的梁具有相同的截面尺寸,截面的高度较肋形楼盖小,梁的跨度较大,常用于公共建筑的大厅(见图 10-3)。

3. 无梁楼盖

这种楼盖没有梁,板直接支承在柱上,板较厚。当荷载较小时可采用无柱帽形式;当荷载较大时,为提高楼板承载力和刚度,减小板厚,做成有柱帽形式(见图 10-4)。

无梁楼盖的优点是楼层净空高,通风和卫生条件比一般楼盖好,缺点是自重大,用钢量大。

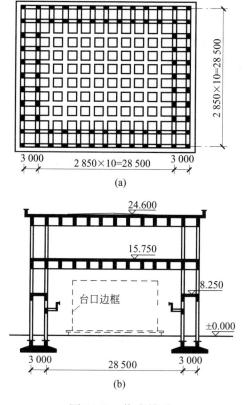

图 10-3　井式楼盖

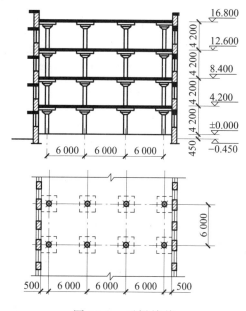

图 10-4　无梁楼盖

10.1.2　装配式楼盖

装配式钢筋混凝土楼盖,可以是现浇梁和预制板结合而成,也可以是预制梁和预制板结合而成。由于楼盖采用钢筋混凝土预制构件,便于工业化生产,在多层民用建筑和多层工业厂房中得到广泛应用。但这种楼盖由于整体性、抗震性、防水性差,又不便于在楼板上开设孔洞,故对于高层建筑、有抗震设防要求的建筑、使用上要求防水和开设孔洞的楼面均不宜采用。

10.1.3　装配整体式楼盖

装配整体式混凝土楼盖由预制板(梁)上现浇一叠合层而成为一个整体(见图 10-5)。这种楼盖兼有整体现浇式和预制装配楼盖的特点,其优缺点介于二者之间。装配整体式混凝土楼盖具有良好的整体性,又较整体式节省模板和支承,但这种楼盖要进行混凝土二次浇灌,有时还需要增加焊接工作量,故给施工进度和造价会带来一些不利影响。它仅适用于荷载较大的多层工业厂房,高层民用建筑及有抗震设防要求的建筑。

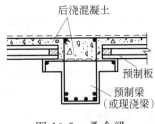

图 10-5　叠合梁

10.2　整体式单向板肋梁楼盖

现浇单向板肋梁楼盖,是一种比较普遍采用的结构形式,一般由主梁、次梁和板组成。板可支承在次梁、主梁或砖墙上。对混凝土板的计算,《规范》规定:两对边支承的板应按单向板计算;板四边支承时,当长边与短边长度之比小于或等于 2.0 时,应按双向板计算;当长边与短边长度之比大于 2.0 但小于 3.0 时,宜按双向板计算,当按沿短边方向受力的单向板计算时,应在长边方向布置足够数量的构造钢筋;当长边与短边长度之比大于或等于 3.0 时,可按沿短边方向受力的单向板计算。

计算单向板时,可取一单位宽度 $b=1$m 的板带作为典型的单元进行内力和配筋计算。

在单向板肋形楼盖中,荷载的传递路线是荷载(活)→板→次梁→主梁→柱或墙,也就是说,板的支座为次梁,次梁的支座为主梁,主梁的支座为柱或墙。在实际工程中,由于楼盖整体现浇,因此楼盖中的板和梁往往形成多跨连续结构,在内力计算和构造要求上与单跨简支的梁和板的计算均有较大的区别,这是现浇楼盖在设计和施工中必须注意的一个重要特点。

单向板肋梁楼盖的设计步骤一般分以下几步进行:

(1) 结构平面布置。

(2) 确定计算简图并进行荷载计算。

(3) 对板、次梁、主梁进行内力计算。

(4) 对板、次梁、主梁进行配筋计算。

(5) 根据计算结果和构造要求,绘制楼盖施工图。

10.2.1　结构平面布置

平面楼盖结构布置的主要任务是要合理地确定柱网和梁格,通常是在建筑设计初步方案提出的柱网和承重墙布置基础上进行的。结构平面布置应按下列原则进行。

1. 柱网、承重墙和梁格的布置应满足房屋的使用要求

柱或墙的间距决定了主、次梁的跨度;室内房间的宽度和立面处理决定次梁的跨度;室内房间的进深则决定主梁的跨度。

当房屋的宽度为 5～7m 时,梁可以沿一个方向布置(见图 10-6(a)),当房屋的平面尺寸较大时,梁应布置在两个方向上,并设若干排支承柱,此时主梁可平行于纵向布置(见图 10-6(b),(d)),或垂直于纵向布置(见图 10-6(c))。

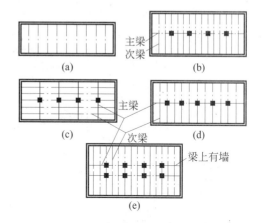

图 10-6 单向板楼盖的几种结构布置

2. 应考虑结构受力是否合理

布置梁板结构时,应尽量避免将集中荷载支承于板上,如板上有隔墙或机器设备等集中荷载作用时,宜在板下设置梁来支承,也应尽量避免将梁支座搁在门窗洞口上,否则门窗过梁就要加强。

梁板布置力求规则整齐,梁尽可能连续贯通,板厚和梁的截面尺寸尽可能统一,这样不但便于设计和施工,而且还容易满足经济美观的要求。

3. 应考虑节约材料,降低造价

由于板的混凝土用量占整个楼盖的 50%～70%,因此板应尽可能接近构造要求的最小板厚,工业建筑楼板为 70mm,民用建筑楼板为 60mm,屋面板为 60mm。此外,按照刚度要求,板厚还应不小于其跨长的 1/40。板的跨长及次梁的间距一般为 1.7～2.7m,常用的跨度为 2m 左右,所以板的厚度一般不小于表 10-1 的规定。板进行设计时,板的厚度和跨度可根据荷载的大小参考表 10-2 来选择。

表 10-1 现浇钢筋混凝土板的最小厚度   mm

板 的 类 别		最小厚度
单向板	屋面板	60
	民用建筑楼板	60
	工业建筑楼板	70
	行车道下的楼板	80
双向板		80
密肋板	肋间距小于或等于 700mm	40
	肋间距大于 700mm	50
悬臂板	板的悬臂长度小于或等于 500mm	60
	板的悬臂长度大于 500mm	80
无梁楼板		150

由实践可知,当梁的跨度增大时,楼盖的造价随着提高;当梁的跨度过小时,柱子和柱基础的数量增多,也会提高房屋的造价,同时柱子愈多,房屋的使用面积就愈小。因此,主、次梁的平面布置也存在一个比较经济合理的范围,次梁的跨度一般为 4～6m,主梁的跨度一般为 5～8m。

根据以上原则,即可对楼盖进行结构布置。在无特殊要求的情况下,应把整个柱网布置成正方形或长方形,梁板应尽量布置成等跨度的,以便使板的厚度和梁的截面尺寸都可能统一,这样既便于内力计算,又有利于施工。

表 10-2　整体梁式板（单向板）厚度参考表　　　　　　　　　　　　mm

q	多跨板(l_0)												单跨板(l_0)										
	1.6	1.8	2.0	2.2	2.4	2.6	2.8	3.0	3.2	3.4	3.6	3.8	1.6	1.8	2.0	2.2	2.4	2.6	2.8	3.0	3.2	3.4	3.6
2.00																							
2.40																							
2.80													60	～	70								
3.20															70	～	80						
3.60	60	～	70				80	～	90									80	～	90			
4.00		70	～	80					90	～	100										90	～	100
4.80																					100	～	110
5.60																							
6.40																							
7.20																							
8.00																					110	～	120

10.2.2　单向板楼盖计算简图的确定

结构平面布置确定以后，即可确定不同构件（梁、板）的计算简图，其内容包括荷载、支承条件、计算跨度和跨数三方面的内容。

1. 荷载计算

作用在楼盖上的荷载，有恒荷载和活荷载两种，恒荷载包括结构自重、各构造层自重、永久设备自重等。活荷载主要为使用时的人群、家具及一般设备的重量，上述荷载通常按均布荷载考虑。

楼盖恒荷载的标准值按结构实际构造情况通过计算来确定，楼盖的活荷载标准值按《建筑结构荷载规范》（GB 50009—2012）来确定。

当楼面板承受均布荷载时，通常取宽度为 1m 的板带进行计算，在确定由板传递给次梁的荷载和次梁传递给主梁的荷载时，一般均忽略结构的连续性而按简单支承进行计算。所以，对次梁取相邻板跨中线所分割出来的面积作为它的受荷面积，次梁所受荷载为次梁自重及其受荷面积上由板传递过来的荷载；对于主梁，则承受主梁自重以及由次梁传递过来的集中荷载，但由于主梁自重与次梁传来的荷载相比较一般较小，故为了简化计算，一般可将主梁的均布自重荷载简化为若干集中荷载，与次梁传递过来的荷载合并。板的计算简图见图 10-7(a)，板、次梁荷载的计算简图见图 10-7(b)，主梁的计算简图见图 10-7(c)，次梁的计算简图见图 10-7(d)。

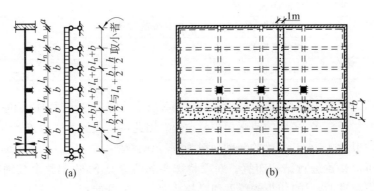

(a)　　　　　　　　　　　　　　(b)

图 10-7　单向板楼盖板的计算简图

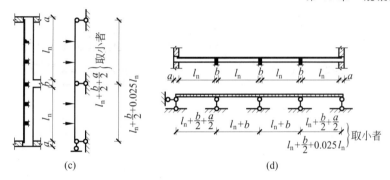

图 10-7 （续）

对于次梁和主梁的截面尺寸根据荷载的大小,可参考下列数据初估:

次梁截面高度 $h = l_0/18 \sim l_0/12$, $b = h/3 \sim h/2$

主梁截面高度 $h = l_0/14 \sim l_0/8$, $b = h/3 \sim h/2$

式中: l_0——次梁或主梁的计算跨度;

    h——次梁或主梁的高度;

    b——次梁或主梁的宽度。

同时,为了保证板、梁具有足够的刚度,在初步假定板、梁的截面尺寸时,尚应符合表 10-3 的规定。

表 10-3 一般不做挠度验算的板、梁截面最小高度

构 件 类 型		简 单 支 承	两 端 连 续	悬 臂
平板	单向板	$l_0/35$	$l_0/40$	$l_0/12$
	双向板	$l_0/45$	$l_0/50$	
肋形板(包括空心板)		$l_0/20$	$l_0/25$	$l_0/10$
整体肋形梁	次梁	$l_0/20$	$l_0/25$	$l_0/8$
	主梁	$l_0/12$	$l_0/15$	$l_0/6$
独立梁		$l_0/12$	$l_0/15$	$l_0/6$

注:1. l_0 为板、梁的计算跨度(双向板为短向计算跨度)。

    2. 如梁的跨度大于 9m 时,表中梁的各项数值应乘以系数 1.2。

2. 支承条件

如图 10-7(b)所示的混合结构,楼盖四周为砖墙承重,梁(板)的支承条件比较明确,可按铰支(或简支)考虑。但是,对于与柱现浇整体的肋形楼盖,梁板的支承条件情况比较复杂,它与梁柱之间的相对刚度有关。因此,应按下述原则确定支承条件,以减少内力计算的误差。

对于支承在钢筋混凝土柱上的主梁,分析表明,如果梁与柱的线刚度比大于 3,可将主梁视为铰支于柱上的连续梁计算。对于支承在次梁上的板(或支承于主梁上的次梁)可忽略次梁(或主梁)的弯曲变形(挠度),且不考虑支承点处的刚性,将其支座视为不动铰支座,按连续板(或梁)计算。

将与板(或梁)整体连接的支承视为铰支承的假定,对于等跨连续板(或梁),当活荷载沿各跨均为满布时是可行的。因为此时板或梁在中间支座发生的转角很小,按简支计算与实际情况相差甚微。但是,当活荷载隔跨布置时情况则不同。现以支承在次梁上的连续板为例来说明,如图 10-8(a)所示的连续板,当按铰支座计算时,板绕支座的转角 θ 值较大。实际上,由于板与次梁整体现浇在一起,当板受荷载弯曲在支座发生转动时,将带动次梁(支座)一起转动。由于次梁具有一定的抗扭刚度且两端又受主梁的约束,将阻止板自由转动最终只能产生两者变形协调的约束转角 θ'(见图 10-8(b)),其值小于前述自由转角。使板的跨中弯矩有所降低,支座负弯矩相应地有所增加,但不会超过两相邻跨布满活荷载时的支座负弯矩。类似的情况也发生在次梁

与主梁及主梁与柱之间,这种由于支承构件的抗扭刚度,使被支承构件跨中弯矩相对于按连续梁计算有所减小的有利影响,在设计中一般采用增大恒荷载和减小活荷载的办法来考虑(见图 10-8(c)),即

对于板　　$g' = g + q/2$,　$q' = q/2$　　　(10-1)

对于次梁　$g' = g + q/4$,　$q' = 3q/4$　(10-2)

式中:g',q'——调整后的折算恒荷载、活荷载;

　　　　g,q——实际的恒荷载、活荷载。

对于主梁,转动影响很小,一般不予考虑。

3. 计算跨度和跨数

梁、板的计算跨度 l_0 是指在计算内力时所采用的跨长,也就是简图中支座反力之间的距离,其值与支承长度 a 和构件的弯曲刚度有关。对于单跨梁、板和多跨连续梁、板在不同支承条件下的计算跨度详见表 10-4。

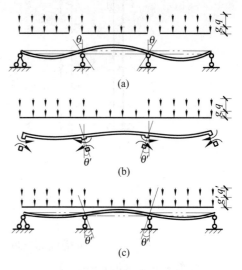

图 10-8　连续梁(板)的折算荷载

表 10-4　连续梁、板的计算跨度 l_0

构　件	连　续　板	连　续　梁
按弹性分析	当 $a \leqslant 0.1l_c$ 时,$l_0 = l_c$ 当 $a > 0.1l_c$ 时,$l_0 = 1.1l_n$ $l_0 = l_c$ $l_0 = l_n + \dfrac{h}{2} + \dfrac{b}{2}$ $l_0 = l_n + \dfrac{a}{2} + \dfrac{b}{2}$ }取小者	当 $a \leqslant 0.05l_c$ 时,$l_0 = l_c$ 当 $a > 0.05l_c$ 时,$l_0 = 1.05l_n$ $l_0 = l_c$ $l_0 = l_c \leqslant 1.025l_n + \dfrac{b}{2}$
按塑性分析	当 $a \leqslant 0.1l_c$ 时,$l_0 = l_c$ 当 $a > 0.1l_c$ 时,$l_0 = 1.1l_n$ $l_0 = l_n$ $l_0 = l_n + \dfrac{h}{2}$	当 $a \leqslant 0.05l_c$ 时,$l_0 = l_c$ 当 $a > 0.05l_c$ 时,$l_0 = 1.05l_n$ $l_0 = l_n$ $l_0 = \dfrac{a}{2} + l_n \leqslant 1.025l_n$

在以上的规定中,l_n 为梁或板的净跨,l_c 为梁或板支承中心线间的距离,h 为板厚。从上述规定可知,按弹性理论计算单跨或多跨连续梁板,为计算方便,取构件支承中心线间的距离 l_c 作为计算跨长,结果总是偏安全的。

对于五跨和五跨以内的连续梁(板),跨数按实际跨度考虑。对于五跨以上连续梁(板)(见图 10-9(a)),当跨度相差不超过 10% 时,且各跨截面尺寸及荷载相同时,可近似按五跨连续梁(板)进行计算。在图 10-9(a)中,实际结构 1、2、3 的内力按五跨连续梁(板)计算简图采用,其余中间两跨(第 4 跨)内力均按五跨连续梁(板)的第 3 跨采用,如图 10-9(b)所示。

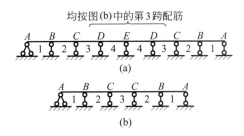

图 10-9　连续梁(板)计算简图

10.2.3　按弹性方法的结构内力计算

结构平面布置确定后,即可对不同编号的构件(梁、板)进行结构内力计算。钢筋混凝土单向板肋形楼盖中的板、次梁、主梁,一般为多跨连续梁板,其内力按弹性理论计算,也就是按结构力学的原理进行计算,一般常用力矩分配法来求连续板(梁)的内力。为方便计算,对于常用荷载作用下的等跨度、等截面的连续梁(板),均已有现成计算表格(见表 10-5～表 10-8);对于跨度相差在 10% 以内的不等跨连续梁,其内力也可按表 10-5～表 10-8 进行计算。实际应用时,使用这种计算表格可迅速求得连续板梁的内力,具体方法如下。

1. 活荷载的最不利组合

作用于梁或板上的荷载有恒荷载和活荷载,恒荷载是保持不变的,而活荷载在各跨的分布则是随机的。对于简支梁,当恒、活荷载均为满载时,产生的内力(M 与 V)最大,即为最不利状况;对于连续梁,则不一定是这样。由于活荷载位置的可变性,为使构件在各种可能的荷载情况下都能满足设计要求,需要求出在各截面上的最不利内力。因此,存在一个将活荷载如何布置与恒荷载进行组合,求出指定截面的最不利内力的问题。

图 10-10 为五跨连续梁当活荷载布置在不同跨时的弯矩图和剪力图,分析其变化规律和不同组合后的结果,不难得出确定截面最不利活荷载布置的原则,具体可归纳为以下几点:

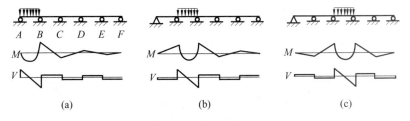

图 10-10　连续梁活荷载在不同跨时的内力图

(1) 求某跨跨中的最大正弯矩时,应该在该跨布置活荷载,然后向其左右每隔一跨布置活荷载(见图 10-11(a)、(b))。

（2）求某跨跨中最大负弯矩，应在该跨不布置活荷载，而在相邻两跨布置活荷载，然后向左右每隔一跨布置活荷载（见图 10-11(a)，(b)）。

（3）求某支座最大负弯矩时，应在该支座左右两跨布置活荷载，然后向左右每隔一跨布置活荷载（见图 10-11(c)）。

（4）求某支座截面的最大剪力时应在该支座的左右两跨布置活荷载，然后向左右每隔一跨布置活荷载（见图 10-11(c)）。

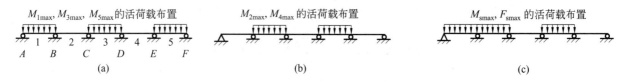

图 10-11　活荷载最不利布置图

梁上恒荷载应按实际情况布置。活荷载布置确定后即可按结构力学的方法进行连续梁的内力计算。

2. 内力包络图

在恒荷载作用下求出各截面内力的基础上，分别叠加对各截面最不利活荷载布置时的内力，可以得到各截面可能出现的最不利内力，也就是若干个内力图叠合，其外包线即为内力包络图。在设计中，不必对构件的每个截面进行设计，只需对若干控制截面（跨中、支座）进行设计。因此，通常将恒荷载的内力图分别与对控制截面为最不利活荷载布置下的内力图叠加，即可得到各控制截面最不利荷载组合下的内力图。即

$$S_{max} = S_d + S_{l,max}, \quad S_{min} = S_d + S_{l,min} \tag{10-3}$$

这里，S 为内力。

最后，将它们绘制在同一图上，其外包线称为内力包络图。图 10-12 所示为承受均布荷载的两跨连续梁在各种最不利荷载组合下的包络图，用类似的方法可绘出剪力包络图。

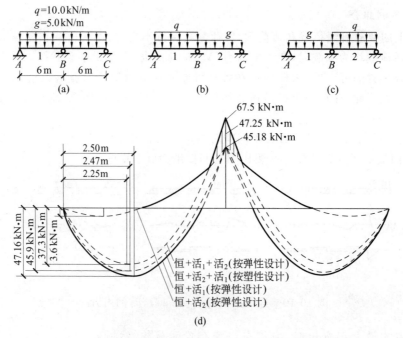

图 10-12　两跨连续梁的弯矩包络图（考虑塑性内力重分布）

在读图 10-12 之前,要先知道恒载与最不利活载作用下的内力。表 10-5～表 10-8 给出恒载与最不利活荷载作用在≤5 跨连续梁上时的内力系数,计算包络图时可以直接选用。

同样可以得到其他组合时的弯矩与剪力,最后将其外包线连接起来,就得到如图实线所示包络图(图中只画出 M 包络图)。

表中,多跨连续梁的内力系数为:

均布荷载

$$M = Kql_0^2, \quad V = K_1 ql_0$$

集中荷载

$$M = KFl_0, \quad V = K_1 F$$

式中:q——单位长度上的均布荷载;

F——集中荷载;

K, K_1——内力系数,由表中相应栏内查得。

现在来读图 10-12,在图(b)组合时,由表 10-5 查得满布荷载下弯矩系数为 0.07,第一跨布置荷载的弯矩系数为 0.096;$M_d = 0.07 \times 5.0 \times 6^2 = 12.60 (\text{kN} \cdot \text{m})$,$M_{max} = 0.096 \times 10 \times 6^2 = 34.56 (\text{kN} \cdot \text{m})$,代入式(10-3),有 $S_{max} = S_d + S_{l,max} = 12.6 + 34.56 = 47.16 (\text{kN} \cdot \text{m})$;在此荷载组合下支座 B 处的弯矩 $M_B = -0.125 \times 5 \times 6^2 - 0.063 \times 10 \times 6^2 = -45.18 (\text{kN} \cdot \text{m})$。

表 10-5　均布荷载和集中荷载作用下等跨连续梁(两跨梁)的内力系数

序号	荷载简图	跨内最大弯矩		支座弯矩 M_B	横向剪力			
		M_1	M_2		V_A	$V_{B左}$	$V_{B右}$	V_C
1		0.070	0.070	−0.125	0.375	−0.625	0.625	−0.375
2		0.096	−0.025	−0.063	0.437	−0.563	0.063	0.063
3		0.156	0.156	−0.188	0.312	−0.688	0.688	−0.312
4		0.203	−0.047	−0.094	0.406	−0.594	0.094	0.094
5		0.222	0.222	−0.333	0.667	−1.334	1.334	−0.667
6		0.278	−0.056	−0.167	0.833	−1.167	0.167	0.167

表 10-6　均布荷载和集中荷载作用下等跨连续梁（三跨梁）的内力系数

序号	荷载简图	跨内最大弯矩		支座弯矩		横向剪力					
		M_1	M_2	M_B	M_C	V_A	$V_{B左}$	$V_{B右}$	$V_{C左}$	$V_{C右}$	V_D
1		0.080	0.025	−0.100	−0.100	0.400	0.600	0.500	0.500	0.600	0.400
2		0.101	−0.050	−0.050	−0.050	0.450	−0.550	0.000	0.000	0.550	0.450
3		−0.025	0.075	−0.050	−0.050	−0.050	−0.050	0.500	−0.500	0.050	0.050
4		0.073	0.054	−0.117	−0.033	0.383	−0.617	0.583	−0.417	0.033	0.033
5		0.094	—	−0.067	0.017	0.433	0.567	0.083	0.083	0.017	−0.017
6		0.175	0.100	0.150	0.150	0.350	−0.650	0.500	−0.500	0.650	−0.350
7		0.213	−0.075	−0.075	−0.075	0.425	−0.575	0.000	0.000	0.575	−0.425
8		−0.038	0.175	−0.075	−0.075	−0.075	−0.075	0.500	−0.500	0.075	0.075
9		0.162	0.137	−0.175	−0.050	0.325	0.675	0.625	0.375	0.050	0.050
10		0.200	—	−0.100	0.025	0.400	−0.600	0.125	0.125	−0.025	−0.025
11		0.244	0.067	−0.267	−0.267	0.733	−1.267	1.000	−1.000	1.267	−0.733
12		0.289	−0.133	−0.133	−0.133	0.866	−1.134	0.000	0.000	1.134	−0.866
13		−0.044	0.200	−0.133	−0.133	−0.133	−0.133	1.000	−1.000	0.133	0.133
14		0.229	0.170	−0.311	−0.089	0.689	−1.311	1.222	−0.778	0.089	0.089
15		0.274	—	−0.178	0.044	0.822	−1.178	0.222	0.222	−0.044	−0.044

表 10-7　均布荷载和集中荷载作用下等跨连续梁（四跨梁）的内力系数

序号	荷载简图	跨内最大弯矩				支座弯矩			横向剪力							
		M_1	M_2	M_3	M_4	M_B	M_C	M_D	V_A	$V_{B左}$	$V_{B右}$	$V_{C左}$	$V_{C右}$	$V_{D左}$	$V_{D右}$	V_E
1		0.077	0.036	0.036	0.077	−0.107	−0.071	−0.107	0.393	−0.607	0.536	−0.464	0.464	−0.536	0.607	0.393
2		0.100	−0.045	0.081	−0.023	−0.054	−0.036	−0.054	0.446	−0.554	0.018	0.018	0.482	0.518	0.054	0.054
3		0.072	0.061	—	0.098	−0.121	−0.018	−0.058	0.380	−0.620	0.603	0.397	0.040	0.040	0.558	−0.442
4		—	0.056	0.056	—	0.036	0.107	−0.036	0.036	−0.036	0.429	−0.571	0.571	−0.429	0.036	0.036
5		0.094	0.071	—	—	−0.067	0.018	−0.004	0.433	−0.567	0.085	0.085	−0.022	−0.022	0.004	0.004
6		—	—	—	—	−0.049	−0.054	0.013	−0.049	−0.049	0.496	−0.504	0.067	0.067	−0.013	−0.013
7		0.169	0.116	0.116	0.169	−0.161	−0.107	−0.161	0.339	−0.661	0.553	−0.446	0.446	−0.554	0.661	0.339
8		0.210	−0.067	0.183	−0.040	−0.080	−0.054	−0.080	0.420	−0.580	0.027	0.027	0.473	−0.527	0.080	0.080

续表

序号	荷载简图	跨内最大弯矩				支座弯矩			横向剪力							
		M_1	M_2	M_3	M_4	M_B	M_C	M_D	V_A	$V_{B左}$	$V_{B右}$	$V_{C左}$	$V_{C右}$	$V_{D左}$	$V_{D右}$	V_E
9		0.159	0.146	—	0.206	−0.181	−0.027	−0.087	0.319	−0.681	0.654	−0.346	−0.060	−0.060	0.587	−0.413
10		—	0.142	0.142	—	−0.054	−0.161	−0.054	0.054	−0.054	0.393	−0.607	0.607	−0.393	0.054	0.054
11		0.202	—	—	—	−0.100	0.027	−0.007	0.400	−0.600	0.127	0.127	−0.033	−0.033	0.007	0.007
12		—	0.173	—	—	−0.074	−0.080	0.020	−0.074	−0.074	0.493	−0.507	0.100	0.100	−0.020	−0.020
13		0.238	0.111	0.111	0.238	−0.286	−0.191	−0.286	0.714	−1.286	1.095	−0.905	0.905	−1.095	1.286	−0.714
14		0.286	−0.111	0.222	−0.048	−0.143	−0.095	−0.143	0.875	−1.143	0.048	0.048	0.952	−1.048	0.143	0.143
15		0.226	0.194	—	0.282	−0.321	−0.048	−0.155	0.679	−1.321	1.274	−0.726	−0.107	−0.107	1.155	−0.845
16		—	0.175	0.175	—	−0.095	−0.286	−0.095	0.095	−0.095	0.810	−1.190	1.190	−0.810	0.095	0.095
17		0.274	—	—	—	−0.178	0.048	−0.012	0.822	−1.178	0.226	0.226	−0.060	−0.060	0.012	0.012
18		—	0.198	—	—	−0.131	−0.143	0.036	−0.131	−0.131	0.988	−1.012	0.178	0.178	−0.036	−0.036

表 10-8　均布荷载和集中荷载作用下等跨连续梁（五跨梁）的内力系数

序号	荷载简图	跨内最大弯矩 M_1	M_2	M_3	支座弯矩 M_B	M_C	M_D	M_E	横向剪力 V_A	$V_{B左}$	$V_{B右}$	$V_{C左}$	$V_{C右}$	$V_{D左}$	$V_{D右}$	$V_{E左}$	$V_{E右}$	V_F
1		0.078 1	0.033 1	0.046 2	-0.105	-0.079	-0.079	-0.105	0.394	-0.606	0.526	-0.474	0.500	-0.500	0.474	-0.526	0.606	-0.394
2		0.100 0	-0.046 1	0.085 5	-0.053	-0.040	-0.040	-0.053	0.447	-0.553	0.013	0.013	0.500	-0.500	-0.013	-0.013	0.553	-0.447
3		-0.026 3	0.078 7	-0.039 5	-0.053	-0.040	-0.040	-0.053	-0.053	-0.053	0.513	-0.487	0.000	0.000	0.487	-0.513	0.053	0.053
4		0.073	0.059	—	-0.119	-0.022	-0.044	-0.051	0.380	-0.620	0.598	-0.402	-0.023	-0.023	0.493	-0.507	0.052	0.052
5		—	0.055	0.064	-0.035	-0.111	-0.020	-0.057	-0.035	-0.035	0.424	-0.576	0.591	-0.049	-0.037	-0.037	0.557	-0.443
6		0.094	—	—	-0.067	0.018	-0.005	0.001	0.433	-0.567	0.085	0.085	-0.023	-0.023	0.006	0.006	-0.001	-0.001
7		—	0.074	0.072	-0.049	-0.054	-0.014	-0.004	-0.049	-0.049	0.495	-0.505	0.068	0.068	-0.018	-0.018	0.004	0.004
8		—	—	0.132	0.013	-0.053	-0.053	0.013	0.013	0.013	-0.066	-0.066	0.500	-0.500	0.066	0.066	-0.013	-0.013
9		0.171	0.112	0.191	-0.158	-0.118	-0.118	-0.158	0.342	-0.658	0.540	-0.460	0.500	-0.500	0.460	-0.540	0.658	-0.342
10		0.211	-0.069	-0.059	-0.079	-0.059	-0.059	-0.079	0.421	-0.579	0.020	0.020	0.500	-0.500	-0.020	-0.020	0.579	-0.421
11		0.039	0.181	0.151	-0.079	-0.059	-0.059	-0.079	-0.079	-0.079	0.520	-0.480	0.000	0.000	0.480	-0.520	0.079	0.079
12		0.160	0.144	—	-0.179	-0.032	-0.066	-0.077	0.321	-0.679	0.647	-0.353	-0.034	-0.034	0.489	-0.511	0.077	0.077
13		—	0.140	—	-0.052	-0.167	-0.031	-0.086	-0.052	-0.052	0.385	-0.615	0.637	-0.363	-0.056	-0.056	0.586	-0.414
14		0.200	—	—	-0.100	0.027	-0.007	0.002	0.400	-0.600	0.127	0.127	-0.034	-0.034	0.009	0.009	-0.002	-0.002
15		—	0.173	—	-0.073	-0.081	0.022	-0.005	-0.073	-0.073	0.493	-0.507	0.102	0.102	-0.027	-0.027	0.005	0.005
16		—	—	0.171	0.020	-0.079	-0.079	0.020	0.020	0.020	-0.099	-0.099	0.500	-0.500	0.099	0.099	-0.020	-0.020

3. 支座宽度的影响——支座截面计算内力的确定

在按弹性理论计算连续梁的内力时,计算简图中中间支座属于"点支承",支座处的负(正)弯矩和支座两边的剪力值很大。但实际上支座并非点支承,而是有一定的宽度。按点支承算得的结果不符合实际情况(实际裂缝在支座边缘),按此配筋又浪费钢材。为了更符合实际,节约钢材,可用图10-13中的M_{cal}、V_{cal}来代替支座处的内力。其计算公式为

$$M_{cal} = M - V_0 b/2 \tag{10-4}$$

$$V_{cal} = V - (g+q)b/2 \tag{10-5}$$

式中:M——支座中心处弯矩;

V_0——按简支梁计算的支座剪力;

b——支座宽度;

V——支座中心处的剪力;

g,q——梁上的恒荷载和活荷载集度。

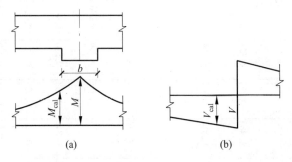

图10-13　支座边缘的弯矩和剪力

(a) 弯矩图;(b) 剪力图

10.2.4　钢筋混凝土连续梁(板)考虑塑性内力重分布的设计方法

在进行钢筋混凝土连续梁、板设计时,如果按上述弹性理论计算的内力包络图来选择截面及配筋,显然是安全的,因为这种计算理论的依据是,当构件任一截面达到极限承载力时,即认为整个构件达到承载力极限状态,这种理论对静定结构是完全正确的。但对于连续梁(板)来说,某一截面达到极限承载力时并不会使结构丧失承载力,而只是出现了一个塑性铰,只有继续加载到连续梁上出现足够多的塑性铰,使结构变为机构,才会丧失承载力。可见按弹性方法求得的承载力对连续梁并非真正的承载力,还有很大潜力可用。《规范》规定:"房屋建筑中的钢筋混凝土连续梁和连续单向板,宜采用考虑塑性内力重分布的分析方法,其内力值可由弯矩调幅法确定。"

所谓弯矩调幅就是在保证结构正常使用的前提下,故意安排若干塑性铰调整弯矩的大小与分布,以达到受力平衡、节约钢筋的目的。

1. 塑性铰的概念

塑性铰是弯矩达到承载内力极限状态时(钢筋屈服、混凝土压碎,截面可以转动)而出现的单向、转角有限且带有弯矩M_u的铰。这种铰与传统铰(双向、转角无限、弯矩为零)有本质的区别。N次超静定结构,最多可以有N个塑性铰,就变成了机构而不能再承受荷载。如图10-14所示。

图10-14　简支梁的破坏机构

2. 弯矩调幅的原则

(1) 受力钢筋宜采用 HRB335、HRB400 级热轧钢筋,混凝土宜采用 C20~C45,截面相对受压区高度在 $0.1 \leqslant \xi \leqslant 0.35$ 范围内。

(2) 为了避免塑性铰出现过早,转动幅度过大,导致梁的裂缝过大,调幅量以不超过 20% 为宜。

(3) 结构跨中截面弯矩应取弯矩包络图中的最大弯矩和由下式确定的弯矩中较大值。

$$M = 1.02M_0 - \frac{M^l + M^r}{2} \tag{10-6}$$

式中:M_0——按简支梁计算的跨中弯矩设计值;

$\quad M^l, M^r$——梁左右支座截面弯矩调幅后的设计值。

(4) 调幅后支座及跨中截面的弯矩不小于 M_0 的 $1/3$。

3. 均布荷载作用下等跨连续梁(板)考虑塑性内力重分布的弯矩和剪力的计算方法

板和次梁的跨中及支座弯矩按下面公式计算:

$$M = \alpha(g + q)l_0^2 \tag{10-7}$$

式中:g——作用在梁、板上均布恒荷载的设计值;

$\quad q$——作用在梁、板上的均布活荷载的设计值;

$\quad l_0$——计算跨度,按表 10-4 选用;

$\quad \alpha$——弯矩系数,按表 10-9 选用。

表 10-9　弯矩系数

截面	边跨中	第一内支座	中跨中	中间支座
α	$\dfrac{1}{11}$	$-\dfrac{1}{14}$(板)、$-\dfrac{1}{11}^{*}$(梁)	$\dfrac{1}{16}$	$-\dfrac{1}{16}$

* 有的文献推荐按 $-\dfrac{1}{14}$ 计算次梁。

4. 剪力的计算

次梁支座的剪力可按下面公式计算

$$F = \beta(g + q)l_n \tag{10-8}$$

式中:l_n——净跨度;

$\quad \beta$——剪力系数,按表 10-10 选用。

表 10-10　剪力系数

	边支座	第一内支座左	第一内支座右	中间支座
β	0.4	0.6	0.5	0.5

应当指出,按塑性内力重分布理论计算超静定结构虽然可以节约钢材,但在使用阶段钢筋应力较高,构件裂缝和变形均较大。因此,在下列情况下不能采用塑性计算方法,而应采用弹性理论计算方法。

(1) 使用阶段不允许开裂的结构。

(2) 重要部位的结构,要求可靠度较高的结构(如主梁)。

(3) 受动力和疲劳荷载作用的结构。

(4) 处于有腐蚀环境中的结构。

10.2.5　截面配筋计算及构造要求

1. 板的计算和构造要求

1) 板的计算

(1) 板一般能满足斜截面抗剪承载力要求,设计时可不进行受剪承载力计算;

(2) 板受荷载进入极限状态时,支座处在上部开裂,而跨中在下部开裂,支座到跨中各截面受压区合力作用点形成具有一定拱度的压力线。当板的周边具有足够的刚度(如板四周有限制水平位移的边梁)时,在竖向荷载作用下,周边将对它产生水平推力(见图 10-15)。该推力可减少板中各计算截面的弯矩。为了考虑这种有利因素,一般规定,对四周与梁整体连接的单向板,其中间跨的跨中截面及中间支座截面的计算弯矩可减少 20%,其他截面则不予降低。

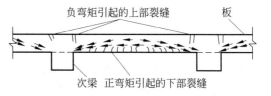

图 10-15　钢筋混凝土连续板的推力效应

(3) 根据弯矩算出各控制截面的钢筋面积之后,为使跨数较多的内跨钢筋与计算值尽可能一致,应按先内跨后外跨、先跨中后支座的程序选择钢筋的直径和间距。

2) 板的构造要求

(1) 板在楼盖中是大面积构件,故从经济角度考虑,其厚度应尽量薄,但从施工和刚度要求考虑,则不应小于前述最小板厚。

(2) 板的支承长度应满足其受力钢筋在支座内锚固的要求,一般不小于板厚,当搁置在砖墙上时,不小于 120mm。

(3) 板中受力钢筋一般采用 HPB300 级钢筋,常用直径为 $\phi6$、$\phi8$、$\phi10$ 等。对于支座负钢筋,为便于施工架立,宜采用较大直径。一般不小于 $\phi8$;受力钢筋间距一般不小于 70mm;当板厚 $h\leqslant150$mm 时,不宜大于 200mm;当板厚 $h>150$mm 时,不宜大于 $1.5h$,且不宜大于 250mm。伸入支座的钢筋,一般采用分离式的配筋宜全部伸入支座,支座负弯矩钢筋向跨内的延伸长度应覆盖负弯矩图并满足钢筋的锚固要求。钢筋的间距变化应有规律,直径种类不宜过多,以利施工。

根据钢筋混凝土平法标注规则,已取消了弯起钢筋。所以弯起式配筋不再介绍。

为了保证锚固可靠,板内伸入支座的下部受力钢筋采用半圆弯钩。对于上部负钢筋,为了保证施工时钢筋的设计位置,宜做成直抵模板的直钩。因此,直钩部分的钢筋长度为板厚减净保护层厚。

确定连续板钢筋的切断点,一般不必绘弯矩包络图,可按图 10-16 所示的构造要求处理。图中的 a 值,当 $q/g\leqslant3$ 时,$a=l_0/4$;当 $q/g>3$ 时,$a=l_0/3$。g、q、l_0 分别为恒荷载、活荷载集度设计值和板的计算跨度。如板相邻跨跨度相差超过 20% 或各跨荷载相差较大时,应绘弯矩包络图以确定钢筋的切断点。

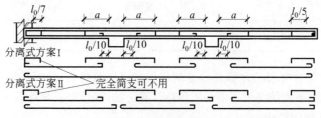

图 10-16　钢筋混凝土连续板受力钢筋的配筋方式

(4) 板中构造钢筋。

① 分布钢筋:它是与受力钢筋垂直布置的钢筋,布置在受力钢筋的上面,其作用除固定受力钢筋位置、抵

抗温度收缩应力以及分布荷载的作用外,还要承受一定数量的弯矩。例如,现浇楼盖的单向板实际上为周边支承板,两个方向均发生弯曲。因此,《规范》规定,当按单向板设计时,除沿受力方向布置有受力钢筋外,尚应在垂直受力方向分布钢筋。单位长度上分布钢筋的截面面积不宜小于受力钢筋截面面积的 15%,且不宜小于该方向板截面积的 0.15%。其间距不宜大于 200mm,直径不宜小于 6mm。

② 对与支承结构整体浇筑或嵌固于承重砌体墙内的现浇混凝土板,应沿支承周边配置上部构造钢筋,其直径不宜小于 8mm,间距不宜大于 200mm,并应符合下列规定:现浇楼盖与混凝土梁整体浇筑的单向板或双向板,应在板上部设置垂直于板边的构造钢筋,其截面面积不宜小于板跨中相应方向纵向钢筋截面面积的 1/3;该钢筋自梁边或墙边伸入板内的长度,在单向板中不宜小于受力方向板计算跨度的 1/5,在双向板中不宜小于板短跨方向计算跨度的 1/4,在板角处该钢筋应沿两个垂直方向布置或按放射状布置。

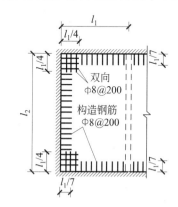

嵌固于砌体墙内的现浇混凝土板,其上部与板边垂直的构造钢筋伸入板内的长度,从墙边算起不宜小于板短边跨度的 1/7;在两边嵌固于墙内的板角部分,应配置双向上部构造钢筋,该钢筋伸入板内的长度从墙边算起不宜小于板短边跨度的 1/4;沿板的受力方向配置的上部构造钢筋,其截面面积不宜小于该方向跨中受力钢筋截面面积的 1/3。

这种钢筋的设置(见图 10-17),是为了防止如图 10-18 所示的板面裂缝的出现和开展。

③ 垂直于梁的板面构造钢筋,对现浇楼盖的单向板,实际上是周边支承板,主梁也将对板起支承作用。靠近主梁的板面荷载将直接传递给主梁,因而产生一定的负弯矩,并使板与主梁连接处产生板面裂缝,有时甚至开展较宽。因此,《规范》规定,当现浇板的受力钢筋与梁平行时,应沿梁长度方向配置间距不大于 200mm 且与梁垂直的上部构造钢筋,其直径不宜小于 8mm,且单位长度内的总截面面积不宜小于板中单位长度内受力钢筋截面面积的 1/3,该构造钢筋伸入板内的长度从梁边算起每边不宜小于 $l_0/4$,l_0 为板的计算跨度(见图 10-19)。

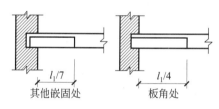

图 10-17 板嵌固在承重墙内时板的上部钢筋

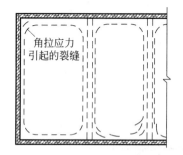

图 10-18 板嵌固在承重墙内时的顶面裂缝分布

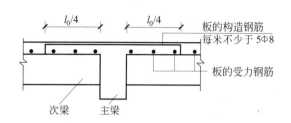

图 10-19 板中与梁肋垂直的构造钢筋

④ 板内孔洞周边的附加钢筋,当孔洞的边长 b(矩形孔)或直径 D(圆形孔)不大于 300mm 时,由于削弱面积较小,可不设附加钢筋,板内受力钢筋可绕过孔洞,不必切断(见图 10-20(a))。

当边长 b 或直径 D 大于 300mm,但小于 1 000mm 时,应在洞边每侧配置加强洞口的附加钢筋,其面积不小于洞口被切断的受力钢筋截面面积的 1/2,且不小于 2φ10。如仅按构造配筋,每侧可附加 2φ10~2φ12 的钢筋(见图 10-20(b))。当 b 或 D 大于 1 000mm,且无特殊要求时,宜在洞边加设小梁(见图 10-20(c))。对于圆形孔洞,板中还须配置如图 10-20(c)所示的上部和下部钢筋以及如图 10-20(d),(e)所示的洞口附加环筋和放射向钢筋。

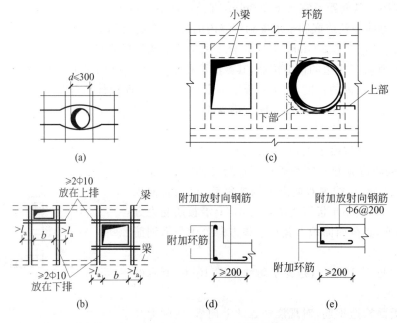

图 10-20　板上开洞的配筋方法

2. 次梁的计算与构造要求

1) 次梁的计算

(1) 按正截面抗弯承载力确定纵向受拉钢筋时,通常跨中按 T 形截面计算,其翼缘计算宽度 b_f' 按表 3-12 选用;支座处因翼缘位于受拉区,按矩形截面计算。

(2) 按斜截面抗剪承载力确定横向钢筋,采用箍筋作为承受剪力的钢筋。

(3) 截面尺寸满足前述高跨比(1/18~1/12)和宽高比(1/3~1/2)的要求时,一般不必做使用阶段的挠度和裂缝宽度验算。

2) 次梁的构造要求

(1) 次梁的钢筋组成及其布置可参考图 10-21。次梁伸入墙内的长度一般应不小于 240mm。

(2) 当次梁相邻跨度相差不超过 20%,且均布活荷载与恒荷载设计值比 $q/g<3$ 时,其纵向受力钢筋的切

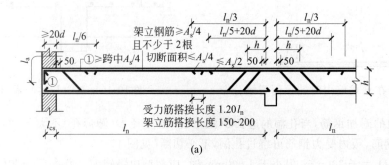

图 10-21　次梁的钢筋布置

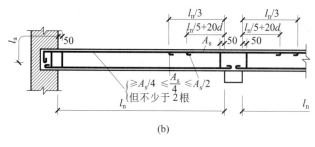

图 10-21　（续）

断可按图 10-21 进行，否则应按弯矩包络图确定。

（3）架立钢筋，$l_0 \leqslant 4\text{m}$，用 $\phi 8$；$l_0 > 6\text{m}$，用 $\phi 12$；之间用 $\phi 10$。

3. 主梁的计算与构造要求

1）主梁的计算

（1）正截面抗弯承载力计算与次梁相同，通常跨中按 T 形截面计算，支座按矩形截面计算；当跨中出现负弯矩时，跨中也应按矩形截面计算。

（2）由于支座处板、次梁、主梁的钢筋重叠交错，且主梁负筋位于次梁和板的负筋之下（见图 10-22），故截面有效高度在支座处有所减小。当钢筋单排布置时，$h_0 = h - (50 \sim 60)\text{mm}$；当双排布置时，$h_0 = h - (70 \sim 80)\text{mm}$。

（3）截面尺寸满足前述高跨比 $1/14 \sim 1/8$ 和宽高比 $1/3 \sim 1/2$ 的要求时，一般不必做使用阶段挠度和裂缝宽度验算。

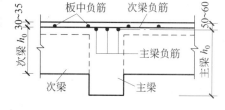

图 10-22　主梁支座处的截面有效高度

2）主梁的构造要求

（1）主梁伸入墙内的长度一般应不小于 370mm。

（2）主梁纵向受力钢筋的切断，应使其抵抗弯矩图覆盖弯矩包络图，并应满足第 4 章有关钢筋截断的构造要求。

（3）在次梁和主梁相交处，次梁在支座负弯矩作用下，在顶面将出现裂缝。这样，次梁主要通过其支座截面剪压区将集中力传递给主梁梁腹。试验表明，当梁腹有集中力作用时，将产生垂直于梁轴线的局部应力，作用点以上的梁腹内为拉应力，以下为压应力。由该局部应力和梁下部的法向拉应力引起的主拉应力将在梁腹引起斜裂缝（见图 10-23(a)）。为防止这种斜裂缝引起的局部破坏，应在主梁承受次梁传递过来的集中力处设置附加的横向钢筋（吊筋或箍筋）。《规范》建议附加横向钢筋宜优先采用附加箍筋（见图 10-23(b)），附加箍筋应布置在长度为 $s = 2h_1 + 3b$ 的范围内（见图 10-23(b)）。第一道附加箍筋离次梁边 50mm，如集中力 F 全部由附加箍筋承受，则所需附加箍筋的总截面面积为

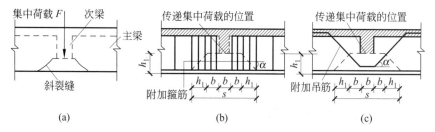

图 10-23　梁截面高度范围内有集中荷载作用时附加横向钢筋的布置

（a）集中荷载作用下裂缝情况；（b）附加箍筋；（c）附加吊筋

$$A_{sv} \geqslant F/f_{yv} \tag{10-9}$$

当选定附加箍筋的直径和肢数后,由式(10-9)求得的 A_{sv},即不难算出 s 范围内附加箍筋的根数。

如集中力 F 全部由吊筋承受,其总截面面积为

$$A_{sv} \geqslant F/(f_y \sin\alpha) \tag{10-10}$$

如集中力 F 同时由附加吊筋和箍筋承受时,应满足下列条件

$$F \leqslant 2f_y A_{sb} \sin\alpha + m \cdot nA_{sv1} f_{yv} \tag{10-11}$$

式中：F——由次梁传递的集中力设计值；

　　　f_y——附加吊筋抗拉强度设计值；

　　　A_{sv}　　附加横向钢筋的总截面面积；

　　　A_{sv1}——附加箍筋单肢的截面面积；

　　　f_{yv}——附加箍筋抗拉强度设计值；

　　　n——同一截面内附加箍筋的肢数；

　　　m——在 s 范围内附加箍筋的个数；

　　　α——附加吊筋弯起部分与构件轴线夹角,一般为 $45°$ 角,当梁高 $h > 800\text{mm}$ 时,采用 $60°$ 角；

　　　A_{sb}——一根吊筋的截面积。

10.3　双向板肋梁楼盖

10.3.1　双向板的受力特点和主要实验结果

双向板上的荷载将向两个方向传递,在两个方向上发生弯曲并产生内力,内力的分布取决于双向板四边的支承条件(简支、嵌固、自由等)、几何条件(板边长的比值)以及作用于板上荷载的性质(集中力、均布荷载)等因素。

实验结果表明,在受均布荷载四边简支的双向板上,随着荷载的增加,第一批裂缝首先出现在板底中央,随后沿对角线向四角扩展(见图 10-24(a))。当荷载增加到接近板破坏时,在板顶的上部四角附近出现了垂直于对角线方向成圆形的裂缝(见图 10-24(b))。圆形裂缝的出现,使得板中钢筋的应力增大,应变增大,直至钢筋屈服,裂缝进一步发展,最后导致板完全破坏。

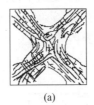 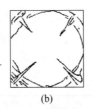 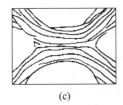

(a)　　　　　　　　(b)　　　　　　　　(c)

图 10-24　双向板的裂缝示意图

10.3.2　双向板按弹性理论计算

双向板的内力计算方法有两种：一种是弹性理论计算法；另一种是塑性理论计算法。本节介绍弹性理论计算法。

弹性理论计算方法是按弹性薄板理论为依据而进行的一种计算方法,由于这种方法考虑边界条件,进行内力分析计算比较复杂,为了便于工程设计和计算,采用简化的办法。根据双向板四边不同的支承条件,制成各种相应的计算用表以供选用。

1. 单跨双向板的计算

单跨双向板按其四边支承情况的不同,可以形成不同的计算简图,分别为:①四边简支;②一边固定、三边简支;③两对边固定、两对边简支;④两临边固定、两邻边简支;⑤三边固定、一边简支;⑥四边固定;⑦三边固定、一边自由。在计算时可根据不同的支承条件,查表 10-11 中的弯矩系数,表中的系数是考虑混凝土横向变形系数为 1/6 时得出的。双向板跨中弯矩和支座弯矩可按下式进行计算:

$$M = 表中弯矩系数 \times (g+q)l_0^2 \tag{10-12}$$

式中:M——跨中或支座单位板宽内的弯矩设计值;

　　　g,q——作用于板上的恒荷载和活荷载的设计值;

　　　l_0——取 l_1 和 l_2 中的较小值(短方向上的计算跨度)。

2. 多跨连续板的计算

在计算多跨连续双向板的弯矩时,要考虑其他跨板对所计算跨板的影响,同计算多跨连续梁一样,需要考虑活荷载的不利位置,若要精确计算是相当复杂的,采用简化计算,方法如下:

(1) 求跨中的最大弯矩

若计算某跨跨中的最大弯矩时,活荷载的布置方式如图 10-25(a),(b)所示,即在该区格中布置活荷载,然后再在其前后左右每隔一区格布置活荷载(棋盘格式布置),可使该区格跨中弯矩为最大。为了求此弯矩,可将活荷载分解。当双向板各区格内作用有 $g+q/2$ 时(图 10-25(c)),由于板的各内支座的转动变形很小,转角可近似地认为是零,内支座可近似地看做固定边;这样中间区格的板均可按四边固定的单跨板来计算其内力(弯矩)。对于其他区格,可根据边支座而定,可分为三边固定、一边简支、两边固定、两边简支等。

当双向板各区格作用有 $\pm q/2$(见图 10-25(d))时,板在中间支座的转角方向是一致的,大小接近,可以近似认为内支座为连续板带的反弯点,弯矩为零。因而各区格板的内力可按单跨四边简支的双向板来计算。

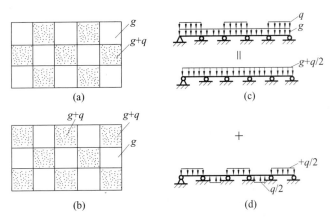

图 10-25　多跨连续双向板的活荷载最不利布置

最后,将以上两种计算结果叠加,即可求出多跨双向板的跨中最大弯矩。

(2) 求支座最大弯矩

求支座最大弯矩时,其活荷载的布置方式与求跨中最大弯矩时的活荷载布置恰好相反,但考虑到隔跨活荷载对计算跨弯矩的影响很小,这样可近似地假定活荷载布满所有区格时求出的支座弯矩,即为支座弯矩。对于边区格则按周边的实际支承情况来确定其支座弯矩。

表 10-11　按弹性理论计算矩形双向板在均布荷载作用下的弯矩系数表

1. 符号说明

M_x,$M_{x,max}$ ——分别为平行于 l_x 方向板中心点弯矩和板跨内的最大弯矩;

M_y,$M_{y,max}$ ——分别为平行于 l_y 方向板中心点弯矩和板跨内的最大弯矩;

M_x^0 ——固定边中点沿 l_x 方向的弯矩;

M_y^0 ——固定边中点沿 l_y 方向的弯矩;

M_{0x} ——平行于 l_x 方向自由边的中点弯矩;

M_{0y} ——平行于 l_y 方向自由边的中点弯矩。

固定边 ///////

简支边 ————

自由边 ———

2. 计算公式

式中:q ——作用在双向板上的均布荷载;

　　　l_x ——板跨,见表中插图所示。

$$\text{弯矩} = \text{表中系数} \times ql_x^2$$

表中弯矩系数均为单位宽度的弯矩系数。表中系数为泊松比 ν=1/6 时求得的。表中系数是根据 1975 年版《建筑结构静力计算手册》中 ν=0 的弯矩系数表,通过换算公式 $M_x^{(0)}=M_x^{(0)}+\nu M_y^{(0)}$ 及 $M_y^{(0)}=M_y^{(0)}+\nu M_x^{(0)}$ 得出的。表中 $M_{x,max}$ 及 $M_{y,max}$ 也按上列换算公式求得,适用于钢筋混凝土板。但由于板内两个方向的跨内最大弯矩一般并不在同一点,因此,由上式求得的 $M_{x,max}$ 及 $M_{y,max}$ 仅为比实际弯矩偏大的近似值。

边界条件	① 四边简支		② 三边简支,一边固定					② 三边简支,一边固定				
l_x/l_y	M_x	M_y	M_x	$M_{x,max}$	M_y	$M_{y,max}$	M_y^0	M_x	$M_{x,max}$	M_y	$M_{y,max}$	M_x^0
0.50	0.099 4	0.033 5	0.091 4	0.093 0	0.035 2	0.039 7	−0.121 5	0.059 3	0.065 7	0.015 7	0.017 1	−0.121 2
0.55	0.092 7	0.035 9	0.083 2	0.084 6	0.037 1	0.040 5	−0.119 3	0.057 7	0.063 3	0.017 5	0.019 0	−0.118 7
0.60	0.086 0	0.037 9	0.075 2	0.076 5	0.038 6	0.040 9	−0.116 0	0.055 6	0.060 8	0.019 4	0.020 9	−0.115 8
0.65	0.079 5	0.039 6	0.067 6	0.068 8	0.039 6	0.041 2	−0.113 3	0.053 4	0.058 1	0.021 2	0.022 6	−0.112 4
0.70	0.073 2	0.041 0	0.060 4	0.061 6	0.040 0	0.041 7	−0.109 6	0.051 0	0.055 5	0.022 9	0.024 2	−0.108 7

(1)

续表

l_x/l_y	M_x	M_y	M_x	$M_{x,\max}$	M_y	$M_{y,\max}$	M_y^0	M_x	$M_{x,\max}$	M_y	$M_{y,\max}$	M_x^0
0.75	0.067 3	0.042 0	0.053 8	0.051 9	0.040 0	0.041 7	−0.105 6	0.048 5	0.052 5	0.024 4	0.025 7	−0.104 8
0.80	0.061 7	0.042 8	0.047 8	0.049 0	0.039 7	0.041 5	−0.101 4	0.045 9	0.049 5	0.025 8	0.027 0	−0.100 7
0.85	0.056 4	0.043 2	0.042 5	0.043 6	0.039 1	0.041 0	−0.097 0	0.043 4	0.046 6	0.027 1	0.028 3	−0.096 5
0.90	0.051 6	0.043 4	0.037 7	0.038 8	0.038 2	0.040 2	−0.092 6	0.040 9	0.043 8	0.028 1	0.029 3	−0.092 2
0.95	0.047 1	0.043 2	0.033 4	0.034 5	0.037 1	0.039 3	−0.088 2	0.038 4	0.040 9	0.029 0	0.030 1	−0.088 0
1.00	0.042 9	0.042 9	0.029 6	0.030 6	0.036 0	0.038 8	−0.083 9	0.036 0	0.038 8	0.029 6	0.030 6	−0.083 9

(2)

③ 两对边简支、两对边固定

④ 两邻边简支、两邻边固定

边界条件 l_x/l_y	M_x	M_y	M_y^0	M_x	M_y	M_y^0	M_x	M_y	$M_{x,\max}$	$M_{y,\max}$	M_x^0	M_y^0
0.50	0.083 7	0.036 7	−0.119 1	0.041 9	0.008 6	−0.084 3	0.057 2	0.017 2	0.058 4	0.022 9	−0.117 9	−0.078 6
0.55	0.074 3	0.038 3	0.115 6	0.041 5	0.009 6	−0.084 0	0.054 6	0.019 2	0.055 6	0.024 1	0.114 0	−0.078 5
0.60	0.065 3	0.039 3	−0.111 4	0.040 9	0.010 9	−0.083 4	0.051 8	0.021 2	0.052 6	0.025 2	−0.109 5	−0.078 2
0.65	0.056 9	0.039 4	−0.106 6	0.040 2	0.012 2	−0.082 6	0.048 6	0.022 8	0.049 6	0.026 1	−0.104 5	−0.077 7
0.70	0.049 4	0.039 2	−0.103 1	0.039 1	0.013 5	−0.081 4	0.045 5	0.024 3	0.046 5	0.026 7	−0.099 2	−0.077 0
0.75	0.042 8	0.038 3	−0.095 5	0.038 1	0.014 9	−0.079 9	0.042 2	0.025 4	0.043 0	0.027 2	−0.093 8	0.076 0
0.80	0.036 9	0.037 2	−0.090 4	0.036 8	0.016 2	−0.078 2	0.039 0	0.026 3	0.039 7	0.027 8	−0.088 3	−0.074 8
0.85	0.031 8	0.035 8	−0.085 0	0.035 5	0.017 4	−0.076 3	0.035 8	0.026 9	0.036 6	0.028 4	−0.082 9	0.073 3
0.90	0.027 5	0.034 3	−0.076 7	0.034 1	0.018 6	−0.074 3	0.032 8	0.027 3	0.033 7	0.028 8	−0.077 6	0.071 6
0.95	0.023 8	0.032 8	−0.074 6	0.032 6	0.019 6	−0.072 1	0.029 9	0.027 3	0.030 8	0.028 9	−0.072 6	−0.069 8
1.00	0.020 6	0.031 1	0.069 8	0.031 1	0.020 6	0.069 8	0.027 3	0.027 3	0.028 1	0.028 9	−0.067 7	−0.067 7

续表

(3)

⑤ 一边简支，三边固定

边界条件 l_x/l_y	M_x	$M_{x,max}$	M_y	$M_{y,max}$	M_x^0	M_y^0
0.50	0.041 3	0.042 4	0.009 6	0.015 7	−0.083 6	−0.056 9
0.55	0.040 5	0.041 5	0.010 8	0.016 0	−0.082 7	−0.057 0
0.60	0.039 4	0.040 4	0.012 3	0.016 9	−0.081 4	−0.057 1
0.65	0.038 1	0.039 0	0.013 7	0.017 8	−0.079 6	−0.057 2
0.70	0.036 6	0.037 5	0.015 1	0.018 6	−0.077 4	−0.057 2
0.75	0.034 9	0.035 8	0.016 4	0.019 3	−0.075 0	−0.057 2
0.80	0.033 1	0.033 9	0.017 6	0.019 9	−0.072 2	−0.057 0
0.85	0.031 2	0.031 9	0.018 6	0.020 4	−0.069 3	−0.056 7
0.90	0.029 5	0.030 0	0.020 1	0.020 9	−0.066 3	−0.056 3
0.95	0.027 4	0.028 1	0.020 4	0.021 4	−0.063 1	−0.055 5
1.00	0.025 5	0.026 1	0.020 6	0.021 9	−0.060 0	−0.050 0

(4)

边界条件 l_x/l_y	⑤ 一边简支，三边固定						⑥ 四边固定			
	M_x	$M_{x,max}$	M_y	$M_{y,max}$	M_x^0	M_y^0	M_x	M_y	M_x^0	M_y^0
0.50	0.055 1	0.060 5	0.018 8	0.020 1	−0.114 6	−0.078 4	0.040 6	0.010 5	−0.082 9	−0.057 0
0.55	0.051 7	0.056 3	0.021 0	0.022 3	−0.109 3	−0.078 0	0.039 4	0.012 0	−0.081 4	−0.057 1
0.60	0.048 0	0.052 0	0.022 9	0.024 2	−0.103 3	−0.077 3	0.038 0	0.013 7	−0.079 3	−0.057 1
0.65	0.044 1	0.047 6	0.024 4	0.025 6	−0.097 0	−0.076 2	0.036 1	0.015 2	−0.076 6	−0.057 1

续表

l_x/l_y	M_x	$M_{x,\max}$	M_y	$M_{y,\max}$	M_y^0	M_y^0	M_x	M_y	M_x^0	M_y^0
0.70	0.040 2	0.043 3	0.025 6	0.026 7	−0.074 8	−0.090 3	0.034 0	0.016 7	−0.073 5	−0.056 9
0.75	0.036 4	0.039 0	0.026 3	0.027 3	−0.072 9	−0.083 7	0.031 8	0.017 9	−0.070 1	−0.056 5
0.80	0.032 7	0.034 8	0.026 7	0.026 7	−0.070 7	−0.077 2	0.029 5	0.018 9	−0.066 4	−0.055 9
0.85	0.029 3	0.031 2	0.026 8	0.027 7	−0.068 3	−0.071 1	0.027 2	0.019 7	−0.062 6	−0.055 1
0.90	0.026 1	0.027 7	0.026 5	0.027 3	−0.065 6	−0.065 3	0.024 9	0.020 2	−0.058 8	−0.054 1
0.95	0.023 2	0.024 6	0.026 1	0.026 9	−0.062 9	−0.059 9	0.022 7	0.020 5	−0.055 0	−0.052 8
1.00	0.020 6	0.021 9	0.025 5	0.026 1	−0.060 0	−0.055 0	0.020 5	0.020 5	−0.051 3	−0.051 3

(5)

⑦ 三边固定，一边自由

边界条件

l_y/l_x	M_x	M_y	M_x^0	M_y^0	M_{0x}	M_{0x}^0	l_y/l_x	M_x	M_y	M_x^0	M_y^0	M_{0x}	M_{0x}^0
0.30	0.001 8	−0.003 9	−0.013 5	−0.034 4	0.006 8	−0.034 5	0.85	0.026 2	0.012 5	−0.055 8	−0.056 2	0.040 9	−0.065 1
0.35	0.003 9	−0.002 6	−0.017 9	−0.040 6	0.011 2	−0.043 2	0.90	0.027 7	0.012 9	−0.061 5	−0.056 3	0.041 7	−0.064 4
0.40	0.006 3	0.000 8	−0.022 7	−0.045 4	0.016 0	−0.050 6	0.95	0.029 1	0.013 2	−0.063 9	−0.056 4	0.042 2	−0.063 8
0.45	0.009 0	0.001 4	−0.027 5	−0.048 9	0.020 7	−0.056 4	1.00	0.030 4	0.013 3	−0.066 2	−0.056 5	0.042 7	−0.063 2
0.50	0.011 6	0.003 4	−0.032 2	−0.051 3	0.025 0	−0.060 7	1.10	0.032 7	0.013 3	−0.070 1	−0.056 6	0.043 1	−0.062 3
0.55	0.014 2	0.005 4	−0.036 8	−0.053 0	0.028 8	−0.063 5	1.20	0.034 5	0.013 0	−0.073 2	−0.056 7	0.043 3	−0.061 7
0.60	0.016 6	0.007 2	−0.041 2	−0.054 1	0.032 0	−0.065 2	1.30	0.036 8	0.012 5	−0.075 8	−0.056 8	0.043 4	−0.061 4
0.65	0.018 8	0.008 7	−0.045 3	−0.054 8	0.034 7	−0.066 1	1.40	0.038 0	0.011 9	−0.077 8	−0.056 8	0.043 3	−0.061 4
0.70	0.020 9	0.010 0	−0.049 0	−0.055 3	0.036 8	−0.066 3	1.50	0.039 0	0.011 3	−0.079 4	−0.056 9	0.043 3	−0.061 6
0.75	0.022 8	0.011 1	−0.052 6	−0.055 7	0.038 5	−0.066 1	1.75	0.040 5	0.009 9	−0.081 9	−0.056 9	0.043 1	−0.062 5
0.80	0.024 6	0.011 9	−0.055 8	−0.056 0	0.039 9	−0.065 6	2.00	0.041 3	0.008 7	−0.083 2	−0.056 9	0.043 1	−0.063 7

10.3.3　双向板支承梁的计算

因双向板无主、次梁之分,一般将板内均布荷载按塑性铰线(剪力零线)分给所属梁。这样形成三角形分布荷载与梯形分布荷载,如图 10-26 所示。为简化计算,通常把它们化为等效均布荷载,等效的原则是支座负弯矩相等。等效方法如图 10-27 所示。荷载确定后,按弹性理论连续梁计算内力、做包络图和抵抗弯矩图,并配筋。

双向板支承梁的配筋与主梁相同。

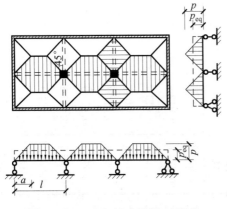

图 10-26　双向板支承梁的荷载

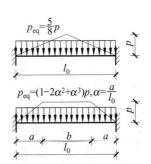

图 10-27　双向板支承梁的等效均布荷载

10.3.4　双向板截面配筋计算和构造要求

1. 截面钢筋的配置特点

双向板中钢筋的配置是沿着板的两个方向布置的,短边方向上的受力钢筋要放在长边方向受力钢筋的外侧。双向板截面的计算高度 h_0 分为 h_{0x} 和 h_{0y},若板厚为 h,x 方向为短边,y 方向为长边时,则 $h_{0x}=h-a_s$、$h_{0y}=h_{0x}-d$,d 为 x 方向上钢筋的直径。对于正方形板,可取 h_{0x} 和 h_{0y} 的平均值简化计算。

2. 板厚

双向板的厚度一般不小于 80mm,也不大于 160mm,双向板一般不做变形和裂缝验算,因此要求双向板应具有足够的刚度。对于简支板 $h \geqslant l_0/45$,对于连续板 $h \geqslant l_0/50$,l_0 为板短方向上的计算跨度。

3. 板中钢筋的配置

双向板宜采用 HPB300 和 HRB335 级钢筋,配筋率要满足《规范》的要求,配筋方式类似于单向板(见图 10-28)。

内力按弹性理论计算时,对于正弯矩,中间板带为最大,靠近支座时很小,因此,若采用弯起式配筋,通常将板划分为中间板带和边缘板带,在中间板带按计算配筋,而边缘板带内的配筋可弯起中间板带的一半,且每米宽度内不少于 3 根,作为梁上负钢筋;伸入对面长度不小于 $l_0/4$,支座负矩钢筋按计算配置(见图 10-29)。如果能利用的弯起钢筋不够,需另加配负钢筋。若采用分离式配筋,《规范》规定,"跨中正弯矩钢筋宜全部伸入支座",也就不必划分板带了,按图 10-28(b)配置;图中(c)、(d)是构造钢筋的配置方式。

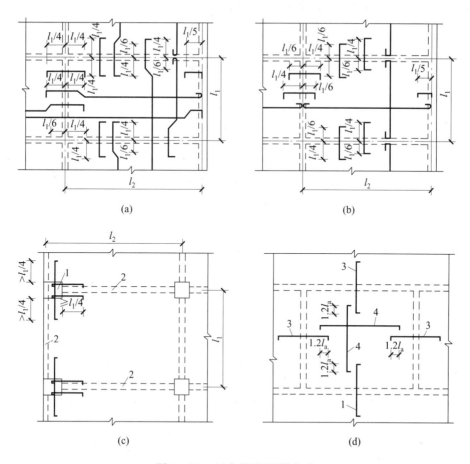

图 10-28　双向板的配筋方式

（a）弯起式布筋；（b）分离式布筋；（c）双向板在柱角处的上部构造钢筋（$l_1 < l_2$）；（d）在板的上表面配置温度钢筋

1—柱；2—墙或梁；3—板中上部原有受力钢筋；4—板上表面另行配置的抗温度、收缩应力钢筋

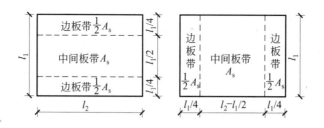

图 10-29　边板带与中间板带配筋示意图

10.4　板肋楼盖设计例题

　　[**例 10-1**]　某多层内框架电子元件车间建筑平面如图 10-30 所示，材料：混凝土 C25，钢筋直径大于 12mm 的为 HRB335，小于 12mm 的为 HPB300，楼面水泥砂浆面层 20mm，梁、板底面与侧面用石灰砂浆粉底 15mm，

楼面活载标准值为 $6.0kN/m^2$,试对此板肋楼盖进行设计。

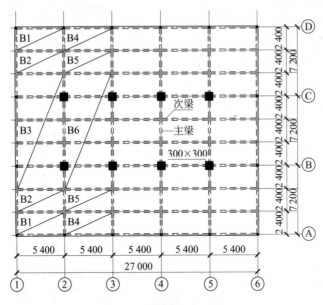

图 10-30　楼盖结构平面图

解:根据图中尺寸,$2<5.4m/2.4m=2.25<3$,可按单向板设计,但要加强长向配筋。

1. 板的设计

板按考虑塑性内力重分布法计算,取 1m 宽板带为计算单元,有关尺寸及计算见图 10-31,设板厚 $h=80mm$。

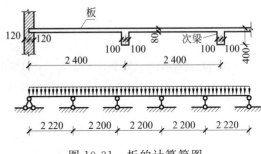

图 10-31　板的计算简图

(1) 荷载设计

20mm 厚水泥浆面层	$19\times0.02=0.38(kN/m^2)$
80mm 厚钢筋混凝土板	$25\times0.08=2(kN/m^2)$
15mm 厚石灰砂浆粉刷	$17\times0.015=0.255(kN/m^2)$
恒荷载标准值	$g_k=2.64kN/m^2$
活荷载标准值	$p_k=6kN/m^2$
荷载设计值	$q=1.2\times2.64+1.3\times6=10.97(kN/m^2)$

《建筑结构荷载规范》(GB 50009 — 2001)规定,对标准值大于 $4kN/m^2$ 的楼面结构的活荷载分项系数取 1.3。

(2) 内力计算

初估次梁截面尺寸

高 $h=1/18\sim1/12$　　　　取 $h=400mm$

宽 $b=h/3\sim h/2=130\sim200$ 取 $b=200mm$

计算跨度楼板按塑性理论计算,故计算跨度取净跨

边跨　　　　　　$l_0=2\ 400-120-100+80/2=2\ 220(mm)$

中间跨　　　　　$l_0=2\ 400-200=2\ 200(mm)$

因跨差 $(2\ 220-2\ 200)/2\ 200=0.91\%$,在 10% 以内,故可按等跨计算,计算结果见表 10-12。

表 10-12　按调幅计算板的弯矩

	边跨中	边支座	中间跨中	中间支座
弯矩系数 α	1/11	$-1/14$	1/16	$-1/16$
$M=\alpha q l^2/(\text{kN}\cdot\text{m})$	$1/11\times10.97\times2.22^2$ $=4.91$	$-1/14\times10.97\times2.22^2$ $=-3.86$	$1/16\times10.97\times2.20^2$ $=3.32$	$-1/16\times10.97\times2.20^2$ $=-3.32$

（3）配筋计算

取 1m 板宽带计算，$b=1\,000\text{mm}$，$h=80\text{mm}$，$h_0=80-20=60(\text{mm})$，钢筋采用 HPB300 级（$f_y=270\text{N/mm}^2$），混凝土采用 C25（$f_c=11.9\text{N/mm}^2$），$\alpha_1=1.0$。

1/A～1/0D 轴线间区格板与梁为整浇，故计算弯矩乘以系数 0.8 予以折减，板的配筋计算结果见表 10-13。

表 10-13　板的配筋计算

	边跨中	边跨支座	中间跨中	中间支座
$M/(\text{kN}\cdot\text{m})$	4.91	-3.86	3.32×0.8	-3.32
$\alpha_s=M/(\alpha_1 f_c b h_0^2)$	0.114 6	0.090 1	0.062 0	0.077 4
$\xi=1-\sqrt{1-2\alpha_s}$	0.122	0.095	0.064	0.081
$A_s=\xi b h_0 \alpha_1 f_c/f_y$	322.6	251	169	214
选用钢筋	$\phi 6/8@120$	$\phi 6/8@120$	$\phi 6@120$	$\phi 6@120$
实配钢筋面积	327	327	236	236

板的平法标注配筋见图 10-32。

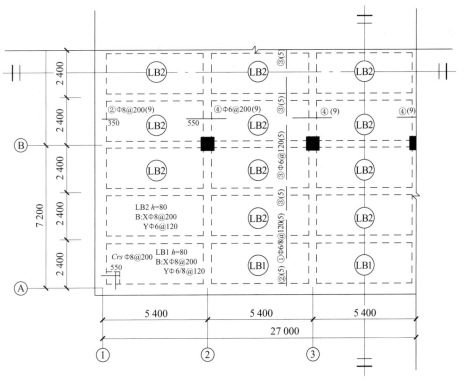

图 10-32　板的配筋图

2. 次梁的设计

次梁按考虑塑性内力重分布方法计算,有关尺寸及计算结果如图 10-33 所示。

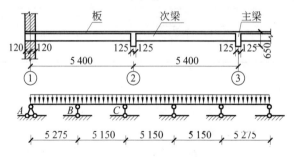

图 10-33 次梁的计算简图

(1) 荷载计算

由板传来的恒荷载	$2.64 \times 2.4 = 6.34 (kN/m)$
次梁自重	$25 \times 0.2 \times (0.4 - 0.08) = 1.6 (kN/m)$
次梁粉刷	$17 \times 0.015 \times [0.2 + (0.4 - 0.08) \times 2] = 0.21 (kN/m)$
恒荷载标准值	$g_k = 8.15 kN/m$
活荷载标准值	$p_k = 6 \times 2.4 = 14.40 (kN/m)$
荷载设计值	$q = 1.3 \times 14.400 + 1.2 \times 8.15 = 28.50 (kN/m)$

(2) 内力计算

计算跨度	设主梁 $bh = 250mm \times 650mm$
边跨	$l_0 = 5400 - 250/2 - 120 + 400/2 = 5355 (mm)$
中间跨度	$l_0 = 5400 - 250 = 5150 (mm)$

因跨度差$(5355 - 5150)/5150 = 3.9\%$,小于 10% 可按等跨度计算。

计算结果见表 10-14。

表 10-14 次梁弯矩计算

	边跨中	B 支座	中间跨中	C 支座
弯矩系数 α	1/11	−1/11	1/16	−1/16
$M = \alpha q l^2 / (kN \cdot m)$	$1/11 \times 28.50 \times 5.355^2$ $= 72.09$	$-1/11 \times 28.50 \times 5.355^2$ $= -72.09$	$1/16 \times 28.50 \times 5.15^2$ $= 47.24$	$-1/16 \times 28.50$ $\times 5.15^2 = -47.24$

表 10-15 次梁剪力计算

	A 支座	B 支座(左)	B 支座(右)	C 支座
剪力系数 β	0.4	0.6	0.5	0.5
$V = \beta q l / kN$	$0.4 \times 28.50 \times 5.355$ $= 60.13$	$0.6 \times 28.50 \times 5.355$ $= 90.20$	$0.5 \times 28.50 \times 5.15$ $= 73.39$	$0.5 \times 28.50 \times 5.15$ $= 73.39$

(3) 配筋计算

① 正截面配筋计算钢筋采用 HRB335 级($f_y = 300 N/mm^2$),混凝土采用 C25($f_c = 11.9 N/mm^2$),$\alpha_1 = 1.0$。

次梁支座截面按矩形截面进行计算,跨中截面积按 T 形截面进行计算,T 形截面翼缘宽度为

边跨 $\qquad b_f = 1/3 \times 5275 = 1758 (mm) < b + S_n = 2400 (mm)$ 取 $b_f = 1758mm$

中间跨 $b_f = 1/3 \times 5\ 150 = 1\ 717(mm) < b + S_n = 2\ 400(mm)$， 取 $b_f = 1\ 717mm$

设 $h_0 = h - a_s = 400 - 35 = 365(mm)$，翼缘高 $h_f' = 80mm$

$\alpha_1 f_c b_t h_f (h_0 - h_f/2) = 1.0 \times 11.9 \times 1\ 717 \times 80 \times (365 - 80/2) = 531.24(kN \cdot m) > 72.091(kN \cdot m)$

故次梁各跨中截面均属第一类 T 形截面。

计算结果见表 10-16。

表 10-16 次梁受弯配筋计算

	边跨中	B 支座	中间跨中	C 支座
b_f' 或 b	1 758	200	1 717	200
$M/(kN \cdot m)$	72.09	72.09	47.24	47.24
$\alpha_s = M/(\alpha_1 f_c h_0^2 b)$	0.026	0.227	0.017	0.149
$\xi = 1 - \sqrt{1 - 2\alpha_s}$	0.026	0.261	0.017	0.162
$A_s = \xi b h_0 \alpha_1 f_c / f_y$	662	756	423	469
选用钢筋	3 Φ 18	3 Φ 18	2 Φ 18	2 Φ 18
实配钢筋	763	763	509	509

选用 A_s 均大于 $\rho_{min} bh = 0.002 \times 200 \times 400 = 160(mm^2)$

② 斜截面配筋计算箍筋采用 HPB300 级（$f_{yv} = 270N/mm^2$），混凝土 C25（$f_c = 11.9N/mm^2$），验算斜截面尺寸；$h_w/b = 365/200 = 1.83 < 4$，$0.25\beta_c bh_0 f_c = 0.25 \times 1.0 \times 200 \times 365 \times 11.9 = 217.2(kN) > V_{b(左)} = 90.20(kN)$

截面尺寸合适。

箍筋计算结果见表 10-17。

表 10-17 次梁抗剪箍筋计算

	A 支座	B 支座（左）	B 支座（右）	C 支座
V/kN	60.13	90.20	73.39	73.39
$0.25\beta_c f_c' bh_0$	217.2 > V	217.2 > V	217.2 > V	217.2 > V
选配箍筋直径间距	双肢 Φ 6@180	双肢 Φ 6@180	双肢 Φ 6@180	双肢 Φ 6@180
$V_c = 0.7 f_t bh_0$	64.90	64.90	64.90	64.90
$V_s = 1.25 f_{yv} h_0 A_{sv}/s$	30.12	30.12	30.12	30.12
$V_{cs} = V_c + V_s$	95.02	95.02	95.02	95.02

3. 主梁的设计

主梁按弹性理论设计，视为铰支在柱顶上的连续梁，有关尺寸及计算结果如图 10-34 所示。

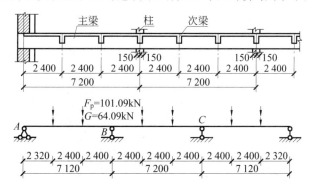

图 10-34 主梁的计算结果

（1）荷载设计

由次梁传来	$8.15×5.4=44.01(kN)$
主梁自重	$25×0.25×(0.65-0.08)×2.4=8.550(kN)$
主梁粉刷	$17×0.015×[0.25+(0.65-0.08)×2]×2.4=0.851(kN)$
恒荷载标准值	$G_k=53.41kN$
活荷载标准值	$F_{pk}=14.40×5.4=77.76(kN)$
恒荷载设计值	$G=1.2×53.41=64.09(kN)$
活荷载设计值	$F_p=1.3×77.76=101.09(kN)$

（2）内力计算

计算跨度　　　设柱截面尺寸 300mm×300mm

边跨　　　　$l_n=7\,200-250-300/2=6\,800(mm)$

$l_0=l_n+a/2+b/2=6\,800+370/2+300/2=7\,135(mm)$

$l_0=l_n+b/2+0.025l_n=6\,800+150+0.025×6\,800=7\,120(mm)$

取较小值　　$l_0=7\,120mm$

中间跨　　　$l_n=7\,200-300=6\,900(mm)$　　$l_0=l_n+b=7\,200(mm)$

跨度差$(7\,200-7\,120)/7\,120=1.1\%<10\%$，可采用等跨连续表格计算内力。

① 弯矩　　　$M=k_1Gl_0+k_2F_pl_0$

边跨　　　　$Gl_0=64.09×7.120=456.32(kN·m)$

$F_pl_0=101.09×7.120=719.76(kN·m)$

中间跨　　　$Gl_0=64.09×7.200=461.45(kN·m)$

$F_pl_0=101.09×7.200=727.85(kN·m)$

B 支座　　　$Gl_0=64.09×(7.120+7.200)/2=459.88(kN·m)$

$F_pl_0=101.09×(7.120+7.200)/2=723.80(kN·m)$

② 剪力　　　$F_Q=k_3G+k_4F_p$

由表 10-6 查得各种荷载不利位置下的内力系数，弯矩、剪力组合见表 10-18，内力包络图如图 10-35 所示。

表 10-18　各种荷载下的弯矩、剪力及不利组合

项次	荷载简图	弯矩值/(kN·m)					剪力值/(kN·m)		
		边跨中		B 支座	中间跨中		A 支座	B 支座	
		k/M_{1-1}	k/M_{1-2}	k/M_B	k/M_{2-1}	k/M_{2-2}	k/V_A	$k/V_{B左}$	$k/V_{B右}$
①		0.244	—	−0.267	0.067	0.067	0.733	−1.267	1.000
		111.34	70.87	−122.52	30.92	30.92	46.98	−81.20	64.09
②		0.289	—	−0.133	—	—	0.866	−1.134	0
		208.01	176.08	−96.27	−96.27	−96.27	87.54	−114.64	0
③		—	—	−0.133	0.200	0.200	−0.133	−0.133	1.000
		−31.37	−63.82	−96.27	145.57	145.567	−13.44	−13.44	101.09
④		0.229	—	−0.311	—	0.170	0.689	−1.311	1.222
		164.83	90.68	−225.10	92.55	123.73	69.65	−132.53	123.53
⑤		0.274	—	−0.089	0.17	—	−0.089	−0.089	0.778
		197.2	155.84	128.12	123.73	92.55	−9.00	−9.00	78.65
内力不利组合	①+②	319.35	246.95	−218.79	−65.35	−65.35	134.52	−195.84	64.09
	①+③	79.97	7.05	−218.79	176.44	176.44	33.54	−94.64	165.18
	①+④	276.17	161.55	−347.62	123.47	123.47	116.63	−213.73	187.62
	①+⑤	288.07	28.16	250.64	154.65	154.65	37.98	−90.20	142.74

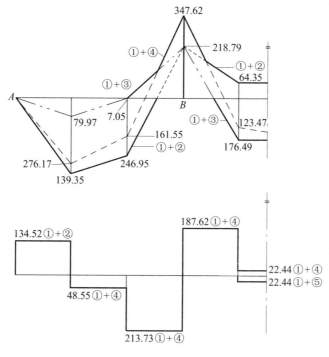

图 10-35　内力包络图

（3）截面配筋计算

① 正截面配筋计算，主梁跨中截面在正弯矩作用下按 T 形截面计算。其翼缘宽度 b'_f 为

$$l/3 = 7\,200/3 = 2\,400(\text{mm})$$

$$b + S_n = 2\,400\text{mm}，取 b'_f = 2\,400\text{mm}$$

设 $h_0 = 650 - 35 = 615(\text{mm})$，则

$$\alpha_1 f_c b'_f h'_f (h_0 - h'_f/2) = 1.0 \times 11.9 \times 2\,400 \times 80 \times (615 - 80/2)$$

$$= 1\,313.76(\text{kN} \cdot \text{m}) > 319.35(\text{kN} \cdot \text{m})$$

截面为第一类 T 形截面。

主梁支座截面以及在负弯矩作用下的跨中截面按矩形截面计算，设主梁支座截面钢筋按双排布置，则

$$h_0 = 650 - 80 = 570(\text{mm})$$

B 支座边缘弯矩　$M_边 = M_中 - Fb/2 = 347.62 - 187.62 \times 0.3/2 = 319.48(\text{kN} \cdot \text{m})$

主梁正截面配筋计算结果见表 10-19。

表 10-19　主梁正截面配筋计算

	边跨中	中间支座	中间跨中
b'_f 或 b	2 400	250	2 400
M	319.35	319.48	176.49
h_0	615	570	615
$\alpha_s = M/\alpha_1 f_c b h_0^2$	0.030	0.331	0.016
$\xi = 1 - \sqrt{1 - 2\alpha_s}$	0.030	0.419	0.016
$A_s = \xi b h_0 \alpha_1 f_c / f_y$	1 756	2 368	937
选配钢筋	3 Φ 28	4 Φ 28	3 Φ 20
实配钢筋	1 847	2 463	942

② 斜截面配筋计算

验算截面尺寸：B 支座处 $h_0=570\text{mm}$

$0.25f_cbh_0=0.25\times11.9\times250\times570=423.94(\text{kN})>V_b(\text{左})$，截面合适。

斜截面配筋计算结果见表 10-20。

表 10-20　主梁斜截面抗剪配筋计算结果

	A 支座	B 支座（左）	B 支座（右）
V	134.52	213.73	187.62
$0.25\beta_cf_cbh_0$	423.9$>V$	423.9$>V$	423.9$>V$
选配筋直径间距	双肢 $\phi8@100$	双肢 $\phi8@100$	双肢 $\phi8@100$
$V_c=1.75f_tbh_0/(\lambda+1)$	81.95	81.95	81.95
$V_s=f_{yv}h_0A_{sv}/s$	125.14	125.14	125.14
$V_{cs}=(V_c+V_s)$	207.09$>V$	207.09$<V$	207.0$>V$

注：配筋负偏差小于 5%。

从表 10-20 可以看出，主梁跨间两次梁间的剪力，混凝土的抗剪承载力 V_c 已够，仅按构造配箍，配 $\phi8@250$；在支座两边的箍筋应加密。

③ 吊筋计算

由次梁传来集中荷载的设计值为

$$F=1.2\times44.01+1.3\times77.76=153.90(\text{kN})$$

吊筋采用 HRB335 级钢筋弯起角度为 45°。

$$A_{sbv}=F/f_y\sin\alpha=153.90\times10^3/(300\times0.707)=725.6(\text{mm}^2)$$

吊筋采用 $2\phi22$。$A_{sv}=760(\text{mm}^2)$

次梁、主梁配筋图见图 10-36。

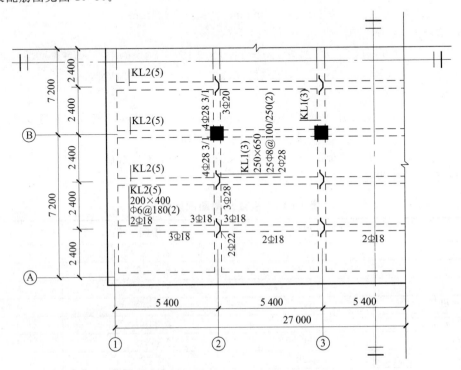

图 10-36　次梁、主梁配筋图

4. 构造钢筋

（1）墙边板面构造负筋，$l_0/7 = 2\,200/7 = 314.3(\text{mm})$，取 350mm，配 φ8@200；

（2）墙角板上部构造负筋，$l_0/4 = 2\,200/4 = 550(\text{mm})$，配 φ8@200；

（3）垂直于梁轴线的板上负筋，$l_0/4 = 2\,200/4 = 550(\text{mm})$，配 φ8@200；

（4）次梁负筋长度，因 $q_k/g_k = 14.4/8.15 = 1.77 < 3$，$l_0/4 = 5\,150/4 = 1\,287.5(\text{mm})$，取 1 290mm。

（5）抵抗主梁最大负弯矩的负钢筋伸长长度，根据图 4-17 有关钢筋截断的构造要求：

$V = 213.73\text{kN} > 0.7 f_t b h_0 = 0.7 \times 1.27 \times 250 \times 590 = 132(\text{kN})$，$l_a = 0.14 \times 300/1.27 = 33(\text{mm})$，到充分利用点的距离，$1.2 l_a + 1.7 h_0 = 1.2 \times 33 + 1.7 \times 590 = 1042.6(\text{mm})$，到理论断点的距离，$1.3 h_0 = 1.3 \times 590 = 767(\text{mm})$，$20d = 20 \times 22 = 660(\text{mm})$，取 1 050mm。仍未出负弯矩区，为简化计算，第 2、3 根负筋断点到充分利用点的距离为 1 050mm；所剩 2 根为通长钢筋。

（6）分布钢筋：因板长宽比 $2 < 5.4/2.4 = 2.25 < 3$，不完全符合规范要求，分布钢筋取 φ8@150。

［例 10-2］　某宾馆楼盖平面布置图如图 10-37 所示。板厚度 130mm，两个方向梁的宽度均为 250mm，纵、横向梁的高度分别为 700mm 和 600mm，楼盖恒载标准值（包括梁板、面层及吊顶抹灰）为 4.2kN/m²，活载标准值为 2.0kN/m²，材料：混凝土 C25，钢筋选取，梁为 HRB335；板为 HPB300。试按弹性理论设计梁、板并配筋。

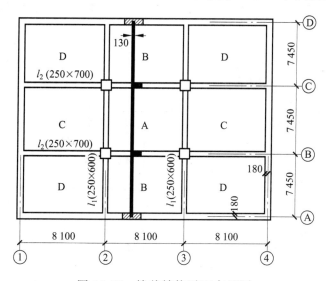

图 10-37　楼盖结构平面布置图

解：1. 双向板设计

（1）荷载计算

恒荷载设计值　　　　　　　　$g = 4.2 \times 1.2 = 5.04(\text{kN/m}^2)$

活荷载设计值　　　　　　　　$q = 2 \times 1.4 = 2.8(\text{kN/m}^2)$

合计　　　　　　　　　　　　$p = g + q = 5.04 + 2.8 = 7.84(\text{kN/m}^2)$

（2）按弹性理论计算各区格板的弯矩

将楼盖划分为 A，B，C，D 四种区格。在求各区格板跨内正弯矩时，按恒荷载满布及活荷载棋盘式布置计算，取荷载：

$$g' = g + \frac{q}{2} = 5.04 + \frac{2.8}{2} = 6.44(\text{kN/m}^2)$$

$$q' = \frac{q}{2} = \frac{2.8}{2} = 1.4(\text{kN/m}^2)$$

在 g' 作用下,各内支座均可视为固定边支座,在 q' 作用下,各区格板四边均可视为简支。计算时可近似取两者之和作为跨内最大正弯矩。

在求各中间支座最大负弯矩时,按恒荷载及活荷载均满布各区格板计算。

按表 10-11 进行内力计算,计算结果见表 10-21。

计算跨度,根据表 10-4:A 区格,$l_{x0}=l_{xc}=8.1\text{m}$,$l_{y0}=l_{yc}=7.45\text{m}$;$7.45/8.1=0.92$;

B 区格,$l_{x0}=l_{xc}=8.1\text{m}$,$l_{y0}=l_{yn}+a/2+b/2=7.39\text{m}$,$l_{y0}=l_{yn}+h/2+b/2=7.395\text{m}$,取 $l_{y0}=7.39\text{m}$;$7.39/8.1=0.91$;

C 区格,$l_{x0}=l_{xn}+a/2+b/2=7.915\text{m}$,$l_{x0}=7.91\text{m}$,$l_{y0}=l_c=7.45\text{m}$;$7.45/7.91=0.94$;

D 区格,$l_{x0}=7.91\text{m}$,$l_{y0}=7.26\text{m}$;$7.26/7.91=0.92$。

表 10-21　弯矩计算　　　　　　　　　　kN・m

区格	A(中间区格板)	B(边区格板)
l_x/l_y	$7.45/8.1=0.92$	$7.39/8.1=0.91$
跨中	$M_x=[$系数$(6)g'l_x^2+$系数$(1)q'l_x^2]\times0.8$ $=(0.024\times6.44+0.0498\times1.4)\times7.45^2\times0.8$ $=8.54$ $M_y=[$系数$(6)g'l_x^2+$系数$(1)q'l_x^2]\times0.8$ $=[0.0203\times6.44+0.433\times1.4]\times7.45^2\times0.8$ $=9.54$	$M_x=$系数$(5)g'l_x^2+$系数$(1)q'l_x^2\times0.8$ $=(0.0255\times6.44+0.0507\times1.4)\times7.26^2\times0.8$ $=7.54$ $M_y=$系数$(5)g'l_x^2+$系数$(1)q'l_x^2$ $=(0.0271\times6.44+0.0434\times1.4)\times7.26^2$ $=13.71$
支座	$M_x^0=$系数$(6)pl_x^2=-0.0563\times7.84\times7.45^2$ $=-27.10$ $M_y^0=$系数$(6)pl_x^2=-0.0553\times9.76\times6.25^2$ $=-27.76$	$M_x^0=$系数$(5)pl_x^2=-0.0656\times7.84\times7.26$ $=-27.11$ $M_y^0=$系数$(5)pl_x^2=-0.0653\times7.84\times7.26$ $=-26.98$
区格	C(边区格板)	D(角区格板)
l_x/l_y	$7.45/7.91=0.94$	$7.26/7.91=0.92$
跨中	$M_x=$系数$(5)g'l_x^2+$系数$(1)q'l_x^2$ $=(0.0213\times6.44+0.0432\times1.4)\times7.45^2$ $=10.64$ $M_y=[$系数$(5)g'l_x^2+$系数$(1)q'l_x^2]\times0.8$ $=(0.0273\times6.44+0.0468\times1.4)\times7.45^2\times0.8$ $=10.71$	$M_x=$系数$(4)g'l_x^2+$系数$(1)q'l_x^2$ $=(0.0289\times6.44+0.0709\times1.4)\times7.26^2$ $=10.98$ $M_y=$系数$(4)g'l_x^2+$系数$(1)q'l_x^2$ $=(0.032\times6.44+0.0489\times1.4)\times7.26^2$ $=13.74$
支座	$M_x^0=$系数$(5)pl_x^2=-0.0559\times7.84\times7.45^2$ $=-24.32$ $M_y^0=$系数$(5)pl_x^2=-0.0637\times7.84\times7.45^2$ $=-29.56$	$M_x^0=$系数$(4)pl_x^2=-0.0709\times7.84\times7.26$ $=29.56$ $M_y^0=$系数$(4)pl_x^2=-0.0260\times7.84\times7.26$ $=-30.82$

注:表中跨中弯矩中"×0.8"是两边梁引起的微拱作用减小 20% 的结果。

由表 10-21 可见板间支座弯矩是不平衡的,实际应用时可近似取相邻两区格板支座弯矩的平均值。

(3)截面配筋计算

确定截面有效高度:短跨方向的跨中及支座截面,$h_{0x}=130-20=110(\text{mm})$,长跨方向的跨中及支座截

面 $h_{0y}=130-30=100(\mathrm{mm})$。

截面的弯矩设计值按前述的折减原则进行折减,然后按 $A_s=\dfrac{M}{0.95h_0f_y}$ 进行受拉钢筋计算,计算结果见表 10-22,整个板的配筋见图 10-38。

表 10-22　截面配筋计算

			h_0/mm	$M/(\mathrm{kN \cdot m})$	A_s/mm^2	配筋	实配$/\mathrm{mm}^2$
跨中	A 区格	短向	110	9.54	434.6	ϕ8/10@120	537
		长向	100	8.43	428.6	ϕ8@120	419
	B 区格	短向	110	13.71	624.7	ϕ10@120	654
		长向	100	7.54	472	ϕ8/10@120	537
	C 区格	短向	110	13.85	631	ϕ10@120	654
		长向	100	10.46	524	ϕ8/10@120	537
	D 区格	短向	110	13.74	626	ϕ10@120	654
		长向	100	10.98	550	ϕ10@120	654
支座	A—B		110	-27.10	1 255	ϕ14@120	1 283
	A—C		100	-27.76	1 391	ϕ14@120	1 283
	B—D		100	-29.56	1 482	ϕ14@100	1 539
	C—D		110	-30.82	1 404	ϕ14@100	1 539

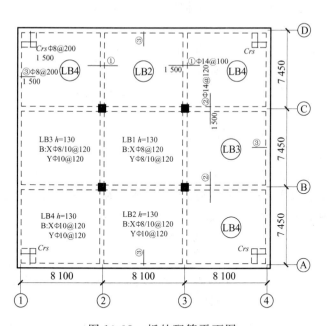

图 10-38　板的配筋平面图

2. 轴线 B 的横梁计算与设计

截面尺寸:$bh=250\mathrm{mm}\times700\mathrm{mm}$;

荷载计算

受荷方式如图 10-26 所示,可简化为图 10-27 中梯形荷载;其中 $a=7.45/2=3.72(\mathrm{m})$,$l_0=8.1\mathrm{m}$,$\alpha=a/l_0=0.459$;所以,等效均布恒载设计值

$$g=(1-2\times0.459^2+0.459^3)\times5.04\times7.45=25.34(\mathrm{kN/m})$$

等效均布活载标准值

$$q = (1 - 2 \times 0.459^2 + 0.459^3) \times 2 \times 7.45 = 10.06(\text{kN/m})；\text{设计值} 1.4 \times 10.06 = 14.09(\text{kN/m})。$$

有了荷载,即可按[例 10-1]主梁计算方法做内力包络图,并配筋。由于篇幅所限,略。

10.5　装配式楼盖

装配式楼盖具有施工进度快,节省材料和劳动力等优点,因此,在工业与民用建筑中,装配式楼盖应用非常广泛,在采用装配式楼盖时,应力求各种预制构件具有最大限度的统一和标准化。

装配式楼盖主要是铺板式,即预制板两端支承在砖墙或楼面梁上密铺而成。预制板的宽度根据安装时的起重条件及制造、运输设备的具体情况而定,预制板的跨度与房屋的进深和开间尺寸相配合。目前,我国各省一般均有自编的标准图集供设计、施工使用。

10.5.1　装配式楼盖的构件形式

装配式楼盖采用的构件形式很多,常用的有实心板、空心板、槽形板和梁等。

1. 实心板

实心板(见图 10-39(a))是最简单的一种楼面铺板,它的主要特点是构造简单、施工方便,但自重大、抗弯刚度小,因此,实心板的跨度一般较小,往往在 1.2～2.4m 之间,如采用预应力板,其最大跨度也不宜超过 2.7m,板厚一般为 50～80mm,板宽一般为 500～800mm。实心板常用作房屋中的走道板或跨度较小的楼盖板。

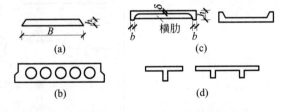

图 10-39　常用的预制板形式

2. 空心板

空心板又叫多孔板(见图 10-39(b)),它具有刚度大、自重轻、受力性能好等优点,又因其板规整、施工简便、隔音效果较好,因此在预制楼盖中得到普遍使用。

空心板孔洞的形状有圆形、方形、矩形及椭圆形等,为了便于抽芯,多采用圆形孔。

圆孔板的规格尺寸各地不一,一般板宽为 600mm,900mm 和 1 200mm,板厚为 120mm,180mm 和 240mm,板的跨度普通混凝土板为 2.4～4.8m,预应力混凝土板为 2.4～7.5m。

3. 槽形板

当板的跨度和荷载较大时,为了减轻板的自重,提高板的抗弯刚度,可采用槽形板。槽形板由面板、纵肋和横肋组成,横肋除在板的两端必须设置外,在板的中部附近也要设置 2 道或 3 道,以提高板的整体刚度。槽形板面板厚度一般不小于 25mm,用于民用楼面时,板高一般为 120mm 或 180mm,用于工业楼面时,板高一般为 180mm,肋宽为 50～80mm,常用跨度为 1.5～6.0m。常用板宽为 600mm,900mm 和 1 200mm,如图 10-39(c) 所示。

预制板的构件形式,除上述几种常见的以外,还有单肋板、Ⅱ形板(见图 10-39(d))、双向板、双向密肋板及折叠式 V 形板等。有的适用于楼面,有的适用于屋面,使用时可根据具体情况选用。为便于设计与施工,全国各省对常用的预制板构件均编制有各种标准图集或通用图集,可供查阅和使用。

4. 预制梁

装配式楼盖中的预制梁,常见的截面形式有矩形、L 形、花篮形和十字形等,由于 L 形和十字形截面的梁在支承楼板时,可以减小楼盖的结构高度,所以这种形式的梁在楼盖中应用比较广,一般房屋的门窗过梁和工业房屋的连系梁也经常采用 L 形截面。矩形截面多用于房屋外廊的悬臂挑梁,走廊板则直接搁置在悬臂梁上。梁的截面尺寸及配筋,应根据计算及构造要求确定。

10.5.2　装配式楼盖构件计算特点

装配式楼盖构件的计算分使用阶段的计算和施工阶段的验算。使用阶段的计算,按单跨简支情况进行。施工阶段的验算,应考虑由于施工、运输、堆放、吊装等过程产生的内力。这些过程中,构件受力情况与使用阶段有所不同,当吊点或堆放点设在距构件端部某位置时,则该位置截面就会产生负弯矩,应该对该截面进行验算。

预制构件施工阶段验算时应注意以下几个问题:

(1) 计算简图应按运输、堆放的实际情况和吊点位置确定;

(2) 考虑运输、吊装时的作用,自重荷载应乘以 1.5 的动力系数;

(3) 结构的重要性系数可较使用阶段计算的降低一级,但不低于三级;

(4) 施工或检修集中荷载,对预制板、檩条、预制小梁、挑檐和雨篷,应按在最不利位置上作用 1kN 的施工或检修集中荷载进行验算,但此集中荷载不与使用可变荷载同时考虑。

预制构件设置吊环时,其位置距板端一般取 $(0.1 \sim 0.2)l$,吊环应采用 HPB300 级钢筋制作,锚入混凝土的长度不应小于 $30d$ 并应焊接或绑扎在钢筋骨架上,d 为吊环钢筋的直径。在构件的自重标准值作用下,每个吊环按两个截面计算的吊环应力不应大于 $65N/mm^2$;当在一个构件上设有 4 个吊环时,应按 3 个吊环进行计算。

10.5.3　装配式楼盖的构造要求

装配式楼盖不仅要求各个预制构件具有足够的强度和刚度,同时应使各个构件之间具有紧密可靠的连接,以保证整个结构的整体性和稳定性。

1. 板与板的连接

板与板之间的连接,主要通过填实板缝来解决,板的截面形式应有利于楼板间能够相互传递荷载,图 10-40(a),(b) 为常见的两种连接形式,为了能使板缝灌注密实,缝的上口宽度不宜小于 30mm,缝的下端宽度以 10mm 为宜,填缝材料与板缝宽度有关,当缝宽大于 20mm 时(指下口尺寸),一般宜用细石混凝土(不应低于 C30)灌注;当缝宽小于或等于 20mm 时,宜用水泥砂浆(不低于 M15)灌注;当板缝过宽(≥50mm)时,如图 10-40(c) 所示,则应按板缝上作用有楼面荷载计算。空心板端孔中须有堵头,深度不小于 60mm。

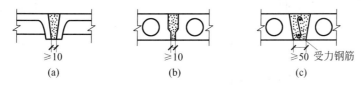

图 10-40　板与板的连接

2. 板与墙、梁的连接

一般情况下,预制板搁置于墙、梁上,不考虑承受水平荷载,故不需要特殊的连接措施,仅在搁置前,支承面铺设一层 10～15mm 厚的水泥砂浆,然后将构件直接平铺上去即可(砂浆强度等级应不低于 M5)。空心板搁置在墙上时,为防止嵌入墙内的端部被压碎及保证板端部填缝材料能灌注密实,两端需用混凝土将孔洞堵塞密实。

预制板端宜伸出锚固的钢筋互相连接,并宜与板的支撑结构(圈梁、楼顶或墙顶)伸出的钢筋及板端拼缝中设置的通长钢筋连接。

整体性要求较高的房屋的楼盖、屋盖,应采用预制构件装配的叠合式结构。

3.梁与墙的连接

梁在砖墙的支承长度一般情况下,不应小于180mm,而且支承处应坐浆10～20mm;应满足梁内受力钢筋在支座处的锚固要求,必要时(如地震区),可在梁端设置拉结钢筋。并应满足支座处砌体局部抗压承载力的要求,当预制梁下砌体局部抗压承载力不足时,应按计算设置梁垫。

10.6 楼 梯

10.6.1 楼梯的类型

楼梯是多、高层房屋的竖向通道,由梯段和休息平台构成,其平面布置、踏步尺寸等由建筑设计确定。为了满足承重及防火要求,采用钢筋混凝土楼梯最为合适。

楼梯的类型,按施工方法的不同,可分为整体式楼梯和装配式楼梯;按梯段结构形式不同,可分为梁式楼梯、板式楼梯、折板悬挑式楼梯和螺旋式楼梯(见图10-41)。

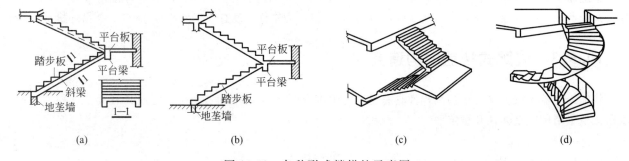

图 10-41 各种形式楼梯的示意图

选择楼梯的结构形式,应根据楼梯的使用要求、材料供应、施工条件等因素,本着经济、适用,在可能条件下注意美观的原则确定。一般当楼梯使用荷载不大,且梯段的水平投影长度小于3m时,通常采用板式楼梯(在公共建筑中为了美观要求也大量采用);当使用荷载较大,且梯段水平投影大于3m时,则采用梁式楼梯较为经济;当建筑中不宜设置平台梁和平台板的支承时,可以采用折板悬挑式楼梯;当建筑中有特殊要求,不便设置平台,或需要特殊建筑造型时,可以采用螺旋楼梯。折板悬挑式和螺旋式楼梯属空间受力体系,内力计算比较复杂,造价高、施工麻烦。

10.6.2 现浇板式楼梯的计算与构造

板式楼梯由梯段板、平台板和平台梁组成。梯段板、平台板支承于平台梁上,平台梁支承于楼梯间墙体上。

1.梯段板

梯段板厚度的选取应保证刚度要求,一般可取梯段水平投影跨度的1/30左右。

梯段板的荷载计算应考虑斜板、踏步板、粉刷层等恒载和活荷载。活荷载沿水平方向分布,但恒载沿梯段板倾斜方向分布,为计算方便,一般将恒载换算成水平方向分布。

计算梯段板时,可取出 1m 宽板带或整个梯段板作为计算单元,内力计算时,可以简化为简支斜板。

由结构力学知,在荷载相同、跨度相同的情况下,简支斜梁(板)的最大弯矩

$$M_{斜 max} = M_{水平 max} = \frac{1}{8}(g+q)l_0^2 \tag{10-13}$$

简支斜梁(板)与相应的简支水平梁(板)的最大剪力有如下关系:

$$V_{斜 max} = V_{水平 max}\cos\alpha = \frac{1}{2}(g+q)l_n\cos\alpha \tag{10-14}$$

式中: g,q——作用于梯段板上沿水平投影方向恒载、活荷载的设计值;

　　l_0,l_n——梯段板沿水平投影方向的计算跨度和净跨;

　　α——梯段板的倾角。

由于梯段板与平台梁整体连接,考虑平台梁对梯段的弹性约束作用,内力计算时,梯段板的跨中最大弯矩按下式计算:

$$M_{max} = (g+q)l_0^2/10 \tag{10-15}$$

同一般板一样,梯段斜板不进行斜截面受剪承载力计算。竖向荷载在梯段板产生的轴向力对结构影响很小,设计中不作考虑。

梯段板中的受力钢筋按跨中最大弯矩进行计算。支座处截面负弯矩钢筋的用量不再计算,一般取与跨中钢筋相同。配筋可以采用弯起式或分离式。采用弯起式时,采用隔一弯一配置,弯起点位置见图 10-42(a),采用分离式时,支座负钢筋的截断点位置见图 10-42(b)。在垂直受力钢筋方向按构造配置分布钢筋。

2. 平台板

平台板一般均为单向板,内力计算应根据支承情况进行,当平台板的一端与平台梁整体连接,另一端支承在墙体上时,如图 10-43 所示,跨中弯矩可近似按 $M_{max} = (g+q)l_0^2/8$ 计算;当平台板的两端均与梁整体连接时,如图 10-43(b)所示,考虑梁的弹性约束作用,跨中弯矩按 $M_{max} = (g+q)l_0^2/10$ 计算, l_0 为平台板的计算跨度。

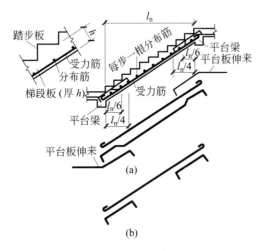

图 10-42　板式楼梯的配筋

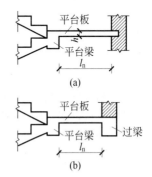

图 10-43　平台板的支承情况

当平台板与平台梁整体连接时,支座处有一定的负弯矩作用,应按梁板要求配置构造负筋,数量一般取与平台板跨中钢筋相同。当平台板的跨度远比梯段板的水平跨度小时,平台板跨度内可能全部出现负弯矩。这时,应按计算通长布置负弯矩钢筋。

3. 平台梁

板式楼梯的平台梁,一般支承在楼梯间两侧的横墙上。截面高度一般取 $h \geqslant l_0/12$ (l_0 为平台梁计算跨度)。

平台梁承受由梯段板、平台板传来的均布荷载和平台梁的自重,忽略上、下梯段之间的间隙,按荷载满布于全跨的简支梁计算。由于平台梁与平台板整体连接,配筋计算时按倒 L 形截面进行。考虑到平台梁两侧荷载不一致引起的扭矩,宜酌量增加纵筋和箍筋的用量。

10.6.3 现浇梁式楼梯的计算与构造

梁式楼梯由踏步板、梯段斜梁、平台板、平台梁组成。踏步板支承在梯段斜梁上,梯段斜梁和平台板支承在平台梁上,平台梁支承在楼梯间墙上。

1. 踏步板

踏步板是一块单向板,每个踏步的受力情况相同,计算时取一个踏步作为计算单元,按简支板计算。其跨中弯矩为 $M_{max}=(g+q)l_0^2/8$,l_0 为踏步板计算跨度。

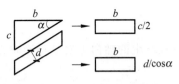

图 10-44 踏步板截面换算

踏步板为梯形截面,可按面积相等的原则折算为矩形截面进行承载力计算,如图 10-44 所示。矩形截面的宽度为踏步宽 b,高度为折算高度 h_1。

现浇踏步板的最小厚度 $d=40$mm,每阶踏步的配筋不少于 $2\Phi6$,整个梯段内布置间距不大于 250mm 的 $\Phi6$ 分布筋。

2. 梯段斜梁

梯段斜梁承受踏步传来的荷载和自重。内力计算与板式楼梯的梯段板相同。梯段梁按倒 L 形截面梁计算,踏步板下斜板为其受压翼缘,梯段梁的截面高度一般取 $h=l_0/20$(l_0 为斜梁水平投影计算跨度),梯段梁的配筋同一般梁。

3. 平台板与平台梁

梁式楼梯的平台板的计算与板式楼梯完全相同,平台梁的计算除梁上荷载形式不同外,设计也与板式楼梯相同,板式楼梯中梯段板传给平台梁的荷载为均布荷载,而梁式楼梯中梯段梁传给平台梁的荷载为集中荷载。

10.6.4 折线形楼梯计算与构造

折线形楼梯斜梁(板)的计算与普通梁(板)式楼梯一样,一般将斜梯段上的荷载化为沿水平长度方向分布的荷载,然后再按简支梁计算 M_{max} 及 V_{max} 的值(见图 10-45)。由于折线形楼梯在梁(板)曲折处形成内折角,在配筋时,若钢筋沿内折角连续配置,则此处受拉钢筋将产生较大的向外的合力,可能使该处混凝土保护层剥落,钢筋被拉出而失去作用,因此在内折角处,配筋时应采取将钢筋断开并分别予以锚固的措施,如图 10-46 所示。在梁的内折角处,箍筋应适当加密。

[例 10-3] 某板式楼梯结构布置如图 10-47 所示。踏步面层为 20mm 厚的水泥砂浆抹灰,底面为 15mm 厚的混合砂浆粉底,金属栏杆重 0.1kN/m,楼梯活载标准值 2.5kN/m²,混凝土为 C20,钢筋为 HPB300。试计算并设计之。

解:1. 梯段板计算(见图 10-48)

估算板厚,$h=l_0/30=3\,500/30=116.7$(mm),取 $h=120$mm;取 1m 宽作为计算单元。

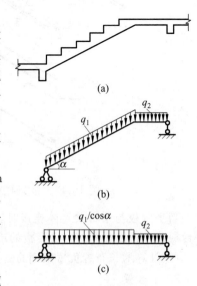

图 10-45 折线形板式楼梯的荷载

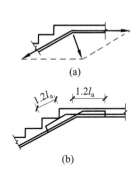

(a)

(b)

图 10-46 折线形楼梯在板曲折处的配筋

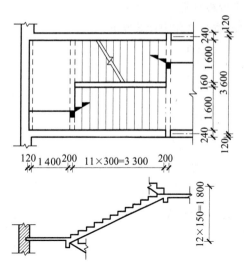

图 10-47 楼梯结构的平、剖面尺寸

(1) 荷载计算

恒载梯段板自重 $\left(\dfrac{1}{2} \times 0.15 + \dfrac{0.12}{2/\sqrt{5}}\right) \times 25 = 5.23 (\text{kN/m})$

踏步抹灰重 $(0.3 + 0.15) \times 0.02 \times \dfrac{1}{0.3} \times 20 = 0.60 (\text{kN/m})$

板底粉底重 $\dfrac{0.02}{2/\sqrt{5}} \times 17 = 0.38 (\text{kN/m})$

金属栏杆重 $0.1 \times \dfrac{1}{1.6} = 0.06 (\text{kN/m})$

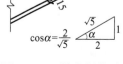

图 10-48 梯段板构造

标准值	$g_k = 6.27 (\text{kN/m})$	
设计值	$g = 1.2 \times 6.27 = 7.52 (\text{kN/m})$	
活荷载 设计值	$q = 1.4 \times 2.50 = 3.50 (\text{kN/m})$	
合 计	$g + q = 11.02 (\text{kN/m})$	

(2) 内力计算

水平投影计算跨度 $l_0 = l_n + b = 3.3 + 0.2 = 3.5 (\text{m})$

跨中最大弯矩 $M = \dfrac{1}{10}(g+q)l_0^2 = \dfrac{1}{10} \times 11.02 \times 3.5^2 = 13.5 (\text{kN} \cdot \text{m})$

(3) 截面计算

$$h_0 = h - a_s = 120 - 20 = 100 (\text{m})$$

$$\alpha_s = \frac{M}{\alpha_1 f_c b h_0^2} = \frac{13.5 \times 10^6}{1.0 \times 9.6 \times 1\,000 \times 100^2} = 0.141 (\text{m})$$

查表得 $\gamma_s = 0.924$,有

$$A_s = \frac{M}{f_y \gamma_s h_0} = \frac{13.5 \times 10^6}{270 \times 0.924 \times 100} = 541 (\text{mm}^2)$$

选 $\Phi 10@140 (A_s = 561 \text{mm}^2)$。

2. 平台板计算

取 1m 宽板带作为计算单元。

（1）荷载计算

恒载

平台板自重	$0.06 \times 25 = 1.50 (\text{kN/m})$	
板面抹灰重	$0.02 \times 20 = 0.40 (\text{kN/m})$	
板底抹粉底	$0.02 \times 17 = 0.34 (\text{kN/m})$	

$$
\begin{aligned}
\text{标准值} \quad & g_k = 2.24 (\text{kN/m}) \\
\text{设计值} \quad & g = 1.2 \times 2.24 = 2.69 (\text{kN/m})
\end{aligned}
$$

活荷载　设计值　　$q = 1.4 \times 2.5 = 3.50 (\text{kN/m})$

合　计　　　　$g + q = 6.19 (\text{kN/m})$

（2）内力计算

计算跨度　　$l_0 = l_n + \dfrac{h}{2} + \dfrac{b}{2} = 1.4 + \dfrac{0.06}{2} + \dfrac{0.2}{2} = 1.53 (\text{m})$

跨中最大弯矩　　$M = \dfrac{1}{8}(g+q)l_0^2 = \dfrac{1}{8} \times 6.19 \times 1.53^2 = 1.81 (\text{kN} \cdot \text{m})$

（3）截面计算

$$
h_0 = h - a_s = 60 - 20 = 40 (\text{mm})
$$

$$
\alpha_s = \frac{M}{\alpha_1 f_c b h_0^2} = \frac{1.81 \times 10^6}{1.0 \times 9.6 \times 1\,000 \times 40^2} = 0.118 (\text{m})
$$

查表得 $\gamma_s = 0.937$，有

$$
A_s = \frac{M}{f_y \gamma_s h_0} = \frac{1.81 \times 10^6}{270 \times 0.937 \times 40} = 178.9 (\text{mm}^2)
$$

选 $\phi 6/8@200 (A_s = 196\text{mm}^2)$。

3. 平台梁计算

计算跨度　　$l_0 = 1.05 l_n = 1.05 \times 3.36 = 3.53 (\text{m}) < l_n + a = 3.36 + 0.24 = 3.60 (\text{m})$

估算截面尺寸　　$h = \dfrac{l_0}{12} = \dfrac{3\,530}{12} = 294 (\text{mm})$，取 $bh = 200\text{mm} \times 400\text{mm}$

（1）荷载计算

梯段板传来　　$11.02 \times \dfrac{3.3}{2} = 16.8 (\text{kN/m})$

平台板传来　　$6.19 \times \left(\dfrac{1.4}{2} + 0.2 \right) = 5.57 (\text{kN/m})$

平台梁自重　　$1.2 \times 0.2 \times (0.4 - 0.06) \times 25 = 2.04 (\text{kN/m})$

平台梁侧抹灰　　$1.2 \times 2 \times (0.4 - 0.06) \times 0.02 \times 17 = 0.28 (\text{kN/m})$

合　计　　　　$g + q = 24.69\text{kN/m}$

（2）内力计算

跨中最大弯矩　　$M = \dfrac{1}{8}(g+q)l_0^2 = \dfrac{1}{8} \times 24.69 \times 3.53^2 = 38.46 (\text{kN} \cdot \text{m})$

支座最大剪力 $\qquad V = \dfrac{1}{2}(g+q)l_{\mathrm{n}} = \dfrac{1}{2} \times 24.69 \times 3.36 = 41.48(\mathrm{kN})$

（3）截面计算

① 受弯承载力计算

按倒 L 形截面计算，受压翼缘计算宽度取下列中较小值

$$b_{\mathrm{f}}' = \frac{1}{6}l_0 = \frac{1}{6} \times 3\,530 = 588(\mathrm{mm})$$

$$b_{\mathrm{f}}' = b + \frac{s_0}{2} = 200 + \frac{1\,400}{2} = 900(\mathrm{mm})$$

取 $b_{\mathrm{f}}' = 588\mathrm{mm}$，$h_0 = h - a_{\mathrm{s}} = 400 - 35 = 365(\mathrm{mm})$，有

$$\begin{aligned} a_1 f_{\mathrm{c}} b_{\mathrm{f}}' h_{\mathrm{f}}' \left(h_0 - \frac{h_{\mathrm{f}}'}{2}\right) &= 1.0 \times 9.6 \times 588 \times 60 \times \left(365 - \frac{60}{2}\right) \\ &= 113.46 \times 10^6 (\mathrm{N \cdot mm}) \\ &= 113.46(\mathrm{kN \cdot m}) > M \\ &= 38.46(\mathrm{kN \cdot m}) \end{aligned}$$

属于第一类倒 L 形截面

$$\alpha_{\mathrm{s}} = \frac{M}{\alpha_1 f_{\mathrm{c}} b_{\mathrm{f}}' h_0^2} = \frac{38.46 \times 10^6}{1.0 \times 9.6 \times 588 \times 365^2} = 0.051(\mathrm{m})$$

查表得 $\gamma_{\mathrm{s}} = 0.972$，有

$$A_{\mathrm{s}} = \frac{M}{f_{\mathrm{y}} \gamma_{\mathrm{s}} h_0} = \frac{38.46 \times 10^6}{270 \times 0.972 \times 365} = 402(\mathrm{mm}^2)$$

选 $3\phi14(A_{\mathrm{s}} = 461\mathrm{mm}^2)$。

② 受剪承载力计算

$$0.25\beta_{\mathrm{c}} f_{\mathrm{c}} b h_0 = 0.25 \times 1.0 \times 9.6 \times 200 \times 365 = 175.2 \times 10^3 = 175.2(\mathrm{kN}) > V$$

截面尺寸满足要求，

$$0.7 f_{\mathrm{t}} b h_0 = 0.7 \times 1.1 \times 200 \times 365 = 56.2 \times 10^3(\mathrm{N}) = 56.2(\mathrm{kN}) > V$$

仅需按构造要求配置箍筋，选用双肢 $\phi8@300$。

配筋示意图见图 10-49 和图 10-50。

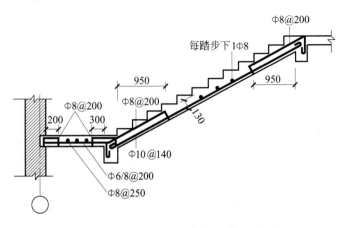

图 10-49　梯段板、平台板配筋示意图

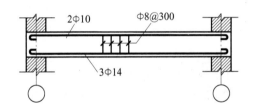

图 10-50　平台梁配筋示意图

10.7　雨　　篷

钢筋混凝土雨篷是常见的悬挑构件,一般雨篷由雨篷板和雨篷梁组成。雨篷梁一方面支承雨篷板,另一方面又兼作门过梁,承受上部墙体的重力和楼面梁板或楼梯平台传来的荷载,受荷载后可能发生三种破坏:①雨篷板在根部发生剪扭破坏;②雨篷梁发生弯、剪、扭破坏;③整体雨篷发生倾覆破坏。

1. 雨篷板的设计

雨篷板是悬挑板,按受弯构件设计,板厚可取 $l_n/12$。当 $l_n=0.6\sim1.0\text{m}$ 时,板根部厚度通常不小于 70mm,端部厚度不小于 50mm。板承受的荷载除永久荷载和均布活荷载外,还应考虑施工荷载或检修的集中荷载(沿板宽每隔 1.0m 考虑一个 1kN 的集中荷载)。它作用于板的端部,受力图如图 10-51 所示,内力可由材料力学求出,配筋计算与普通板相同。

2. 雨篷梁的设计

雨篷梁除承受作用在板上的均布荷载和集中荷载外,还兼有过梁的作用,承受雨篷梁上墙体传来的荷载,对计算梁上墙体传来的荷载时,应根据不同情况区别对待。雨篷梁宽度一般与墙厚相同,其高度可参照普通梁的高跨比确定,通常为砖的皮数。为防止板上雨水沿墙缝渗入墙内,往往在梁顶设置高过板顶 60mm 的凸块,如图 10-52 所示。

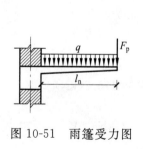

图 10-51　雨篷受力图

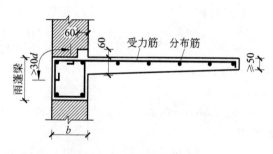

图 10-52　雨篷配筋图

3. 雨篷的整体抗倾覆验算,将在第 13 章介绍。

4. 雨篷的配筋

雨篷板配筋按悬臂板计算,受力筋必须伸入雨篷梁并与梁中的钢筋连接,一半受力钢筋伸至板端下折,另一半可在 $2/3l_n$ 处截断;分布筋按构造要求设置。雨篷梁是按弯剪扭构件设计配筋的,具体配筋构造如图 10-52 所示。

10.8　本章主要知识点

(1) 基本概念方面

了解常用板肋楼盖的类型、布置方式、计算跨度 l_0、常用尺寸、常用材料、按弹性理论设计时的计算荷载、计算跨数、最不利荷载位置、内力包络图、支座处的内力折减、四边混凝土梁支承的板最大弯矩的折减、主梁上的吊筋的作用与配置等;理解单向板、双向板划分的界限与原因、双向板破坏特征、最不利荷载位置、求最大(小)内力的方法、双向板的板带;弄清塑性铰、弯矩调幅等概念;了解楼梯、雨篷的受力特点。配筋计算时梁在跨中和支座处各用什么截面。

（2）计算方面

会使用设计用表,如做包络图时查、用内力系数,弹性理论计算双向板时查、用弯矩系数;会做包络图和抵抗弯矩图;会算调幅内力;会做配筋与吊筋计算。

（3）构造方面

墙边板上部构造钢筋、墙角板上部构造钢筋、梁上部板中构造钢筋、次梁负筋的截断、主梁负筋截断点的确定;板上开洞的构造处理;双向板、楼梯、雨篷的构造要求。

思　考　题

10-1　什么叫单向板? 什么叫双向板?

10-2　简述钢筋混凝土梁板结构设计的一般步骤。

10-3　对单向板肋形楼盖中的板、次梁和主梁,当其内力按弹性理论计算时,如何确定其计算简图? 如何做主梁的弯矩包络图?

10-4　什么叫"塑性铰"? 钢筋混凝土中的"塑性铰"与结构力学中的"理想铰"有何异同?

10-5　什么叫塑性内力重分布? 为什么塑性内力重分布只适合于超静定结构?

10-6　板、次梁、主梁中有哪些构造钢筋? 这些钢筋在构件中各起什么作用? 有哪些具体要求?

10-7　按弹性理论进行连续双向板的跨中弯矩计算时,荷载如何布置? 计算步骤怎样?

10-8　双向板支承梁上的荷载是怎样算得的? 支承梁上的梯形荷载或三角荷载折算为均布荷载的原则是什么? 其跨中弯矩如何计算?

10-9　板式楼梯与梁式楼梯有何区别? 各适用于何种情况? 板式楼梯与梁式楼梯的计算简图和荷载传递路线是怎样的?

习　题

10-1　某多层仓库平面如图 10-53 所示。采用现浇钢筋混凝土肋形楼盖,楼面活荷载标准值为 $8kN/m^2$,楼面面层为 20mm 水泥砂浆抹面,天棚抹灰为 15mm 混合砂浆,混凝土为 C20,梁中受力钢筋采用 HRB335 级,其他钢筋采用 HPB300 级,试进行设计。图中 b 为次梁跨度,a 为板跨。

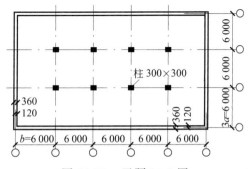

图 10-53　习题 10-1 图

10-2　双向板楼盖平面尺寸如图 10-54 所示,板厚 80mm,板面 20mm 厚水泥砂浆抹面,天棚抹灰采用 15mm 厚混合砂浆,楼面活荷载标准值为 $3kN/m^2$,混凝土采用 C20,HPB300 级钢筋,试按弹性理论方法计算 B_1、B_2 和 L_1。

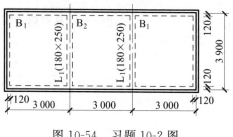

图 10-54　习题 10-2 图

10-3　某教学楼现浇板式楼梯平、剖面尺寸如图 10-55 所示,楼面活荷载标准值 2.5kN/m²,采用 C20 混凝土,HPB300 级钢筋,踏步面层为 20mm 厚水泥砂浆,板底为 15mm 厚混合砂浆抹灰,采用 0.1kN/m 的金属栏杆,试设计此楼梯。

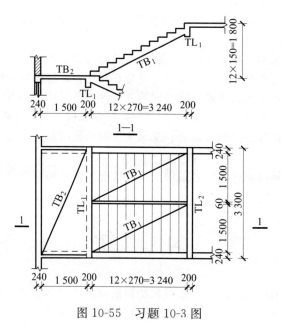

图 10-55　习题 10-3 图

第11章 框架结构设计

本章学习要点：

(1) 框架结构平、立面布置,竖向、水平荷载作用下的计算简图;

(2) 内力计算、组合,侧移计算;

(3) 基础设计与计算;

(4) 构造要求。

11.1 框架的结构特点和布置原则

11.1.1 框架结构的组成特点

需要内部空间开阔的多高层民用建筑和工业建筑常采用框架结构。

框架结构由梁、柱、基础这三种构件形成承重结构。框架与框架之间由连系梁及楼(屋)面结构连成整体。

框架体系由于其抗侧刚度小,故常用于高度不大于 55m(7 度区)的房屋中。

按施工方法不同,框架可分为现浇式、装配式和装配整体式。它们在使用阶段的分析是相近的,但在施工过程中有不同的特点。

现浇式框架即框架结构全部在现场浇筑,它的特点是整体性好,抗震性能好。其不足是现场施工的工作量较大,工期相对较长,而且需要大量的模板。

装配式框架是指梁、柱、板均为预制,然后通过焊接拼装,使其连接成为整体的框架结构。其特点是由于所有构件均为预制,可实现标准化、工厂化、机械化生产,现场施工速度快。但这种结构整体性较差,抗震能力弱,不宜在地震区应用。

装配整体式框架是指梁、柱、楼板均为预制,在吊装就位后,焊接或绑扎节点区钢筋,通过浇捣混凝土,形成框架节点,使各构件连成整体的框架结构。这种框架具有良好的整体性和抗震能力,又可采用预制构件,兼有现浇式框架和装配式框架的优点。其缺点是现场浇筑混凝土的施工较为复杂。

框架结构的变形特点:框架结构是高次超静定结构,杆件的变形是以弯曲为主,梁和柱的弯曲变形使框架结构产生侧移。一般情况下,在水平荷载作用下,梁、柱都有反弯点,侧移曲线表现为剪切型,即下部各层层间变形大,越往上引起的框架层间变形越小。随着房屋高度增大,竖向荷载(主要是自重与使用荷载)与水平荷载(主要是风载与地震作用)也增加;由于竖向荷载引起的内力与变形是随高度线性而变化,而水平荷载引起的弯矩和侧移随高度按指数变化,所以随着高度的增加,其受力特点为由受竖向荷载控制设计逐步变为水平荷载控制设计。侧向荷载作用下框架侧移变形如图 11-1 所示。《高层建筑混凝土结构技术规程》把 10 层以下框架称为多层框架，10 层及其以上称为高层框架。由于框架结构抗侧移刚度很小，所以都要进行抗侧力计算。

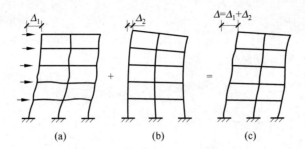

图 11-1　侧向荷载作用下框架侧移变形

（a）由梁柱弯曲引起的框架变形；（b）由柱轴向变形引起的变形；（c）框架总的变形

11.1.2　结构布置

1. 布置原则

（1）平面形状和立面体形状宜简单、规则，刚度均匀、对称，平面形心尽可能与刚度中心重合；

（2）尽量统一柱网与层高，减少构件种类规格，简化设计与施工；

（3）为避免过大侧移，非抗震设计高宽比≤5，抗震设计设防烈度 6 度、7 度≤4，8 度≤3，9 度≤2；

（4）根据下列情况设置沉降缝、伸缩缝等。

① 伸缩缝：现浇式，室内或地下＞55m，露天＞35m；装配式，室内或地下＞75m，露天＞50m；缝宽≥50mm。如果因故不宜设缝，可采取可靠措施防止温度变化引起的结构裂缝或破坏。如在温度影响较大部位加配钢筋，屋顶设置隔热保温层等。

② 若基础、地基土或埋深不同，房屋高度相差悬殊，应设沉降缝；沉降缝要从基础贯通上部结构，缝宽≥100mm。当不便设缝时，宜采用后浇带等措施，等不均匀沉降完成后，再浇筑混凝土。

2. 柱网与层高

柱网决定于开间与进深，而这主要由使用要求或生产工艺来决定，并符合一定的建筑模数。

工厂车间柱网布置有内廊式和跨度组合式两种（见图 11-2）。内廊式常用尺寸：进深（跨度）有 6m、6.6m、6.9m，走廊宽有 2.4m、2.7m、3m，开间（柱距）6m。跨度组合式柱网尺寸：进深（跨度）有 6m、7.5m、9m 和 12m，开间（柱距）6m。层高一般为 3.6m、3.9m、4.5m、4.8m 和 5.4m。

民用框架结构柱网种类繁多，但一般以 0.3m 为模数。住宅、宾馆进深可用 6.3m、6.6m、6.9m，开间可用 4.8m、5.1m、6.0m、6.6m、6.9m。层高可用 3.0m、3.3m、3.6m、3.9m 和 4.2m。

3. 承重框架布置

柱网布置之后，用梁分别把柱连接起来，构成一空间框架。对于平面为矩形的框架结构，长向称为纵向，短向称为横向。承重框架可分为：

（1）横向框架承重方案。在横向布置框架主梁，在纵向布置次梁或连系梁，如图 11-3（a）所示。该方案特点是横向框架往往跨数少，主梁沿横向布置有利于提高结构的横向抗侧刚度。而纵向框架

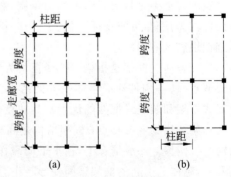

图 11-2　柱网布置

（a）内廊式；（b）跨度组合式

往往跨数多,即使布置次梁或连系梁,其纵向抗侧刚度一般也是足够的。主梁沿横向布置还有利于室内的采光与通风。

(2) 纵向框架承重方案。在纵向布置主梁,在横向布置次梁或连系梁,如图 11-3(b)所示。因为楼面荷载由纵向梁传至柱子,所以横向梁的高度较小,有利于设备管线的穿行。当在房屋纵向需要较大空间时,该方案可获有较高的室内净高,利用纵向框架的刚度还可调整该方向不均匀沉降。

(3) 纵横向框架承重方案。在纵、横两个方向上均布置主梁来承受楼面荷载,如图 11-3(c)、(d)所示。当楼面上作用较大荷载,或楼面上开有较大洞口,或当柱网布置为正方形或接近正方形时,常采用这种承重方案。

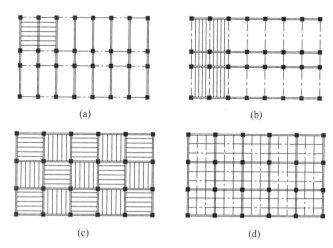

图 11-3　承重框架的布置方案

(a) 横向承重；(b) 纵向承重；(c) 纵、横向承重(预制板)；(d) 纵、横向承重(现浇楼盖)

4. 竖向布置

框架结构竖向布置是指确定结构沿竖向的变化情况。框架结构中常见的结构沿竖向布置有：① 沿竖向基本不变,或者沿竖向刚度均匀；② 底层大空间；③ 顶层大空间,如顶层为多功能厅、会议室、餐饮场所等；④ 上部逐层收进,或上部逐层挑出等。

对竖向布置较规则的框架结构,结构布置主要是平面布置。对结构在竖向不规则的框架,平面和竖向布置要综合考虑。为了有利于结构受力,在平面上,框架梁宜对正接通；竖向框架柱宜上下对中,梁柱轴线宜在同一竖向平面内。对于缺梁、抽柱的情况,要采取行之有效的措施,保证结构的安全性与适用性。

11.1.3　构件的选型

构件的选型包括确定构件的形式和截面尺寸。框架一般是高次超静定结构,因此,必须确定构件的形式和尺寸后才能进行结构分析。

框架梁的截面一般为矩形。当结构整体现浇时,楼板可作为梁的翼缘,梁的截面就成为 T 形或倒 L 形。当采用预制板楼盖时,为了减小楼盖结构高度和增加建筑净空,梁的截面常采用十字形或花篮形；在装配整体式框架中,也可采用叠合梁,以提高结构的整体性与抗震性能。在近几年的商品住宅、写字楼设计中,为了提高土地利用率,采用宽扁梁降低层高,改善建筑室内使用空间,保证结构有合适的刚度、延性(见图 11-4)。

框架梁的截面尺寸通常是在初步设计时由估算或经验选定,然后通过承载力及变形验算最后确定。主要承重框架梁可按"主梁"估算截面,一般取梁高 h_b 为：$(1/12 \sim 1/8)l_b$,l_b 为主梁跨度；主梁截面宽度为

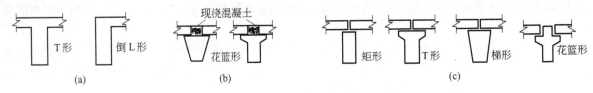

图 11-4   框架梁的截面形式

$(1/3\sim1/2)h_b$。非承重框架梁可按"次梁"要求选择截面尺寸,一般取梁高 h_b 为 $(1/20\sim1/12)l_b$。对于宽扁梁,可以按梁高 h_b 为 $l_b/25$ 或 $15d$ 考虑,梁宽 h_b 为 $2.5h_b$ 或 $2.5b_c$ 考虑(l_b 为梁跨度,d 为柱纵筋直径,b_c 为柱宽度)。

柱截面形式常为矩形或正方形。有时由于建筑上的需要,也可以设计成圆形、八角形。近年来在高层住宅、办公楼设计中,为了避免在室内框架柱处出现棱角,提高室内空间有效利用率,常把柱的截面设计成 L 形、T 形或十字形,称为异形柱框架结构。

框架柱截面尺寸可根据承受的竖向荷载估算。在计算出一根柱的最大竖向轴力设计值 N_c 后,再考虑水平荷载的影响,柱子截面面积 A_c 由下式估算:

按非抗震设计时

$$N = (1.05\sim1.10)N_c, \quad A_c = N/f_c \tag{11-1}$$

抗震设计时

$$N = (1.1\sim1.2)N_c \tag{11-2}$$

$A_c = N/0.65f_c$(一级抗震); $A_c = N/0.75f_c$(二级抗震); $A_c = N/0.85f_c$(三级抗震)

f_c 是框架柱混凝土轴心抗压强度设计值。一般情况下,柱的长边与主要承重框架方向一致。根据工程经验,框架柱截面不能太小,一般宜取 $h_c\geq400\text{mm}$,$b_c\geq350\text{mm}$,而且柱净高与截面长边之比宜大于 4,尽量避免"短柱"。柱的混凝土等级$\geq$C20,对高层建筑应用更高等级,如 C30、C40,甚至 C50。

11.1.4   框架结构的计算简图

1. 计算单元的确定

如前所述,框架结构是一空间体系(见图 11-5),应采用空间框架的分析方法进行结构计算。当框架较规则时,它们各自的刚度和荷载分布都比较均匀,每层楼盖在其平面内刚度很大。在楼盖平面内刚度无穷大的假定下,每个楼层只有 3 个方向位移(两个方向的水平位移和一个扭转角);如果平面形心与刚度中心重合,在侧向水平荷载作用下,不会产生扭转,每个楼层只剩下两个水平位移。这样把水平荷载按抗侧力刚度分配后,拿出一片纵向框架或横向框架分别按平面框架进行分析计算。此时,取出的计算单元如图 11-5(c)、(d)所示。取出来的平面框架承受图 11-5(b)阴影范围内的竖向荷载与水平荷载。平面框架的竖向荷载则需按楼盖结构的布置方案确定。

2. 跨度与层高的确定

在确定框架的计算简图时,梁的跨度取柱轴线之间的距离;每层柱的高度则取层高。底层的层高是从基础顶面算起到二层楼板顶面的距离,当基础标高未确定时,可近似取首层层高加 1.0m;其余各层的层高取相邻两层楼盖板顶面间的距离。

对于倾斜或折线形横梁,当其坡度$\leq1/8$ 时,简化为水平直杆。对于不等跨框架,若各跨相差$\leq10\%$,可简化为等跨框架,简化后的跨度取其平均值。

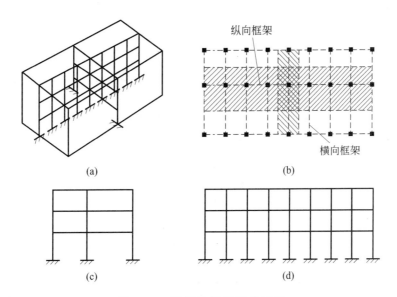

图 11-5　框架计算单元的选取
(a) 空间受力体系；(b) 平面框架；(c) 横向框架计算单元；(d) 纵向框架计算单元

3. 构件截面抗弯刚度的计算

在计算框架梁截面惯性矩 I 时应考虑楼板的影响。梁端部分由于受负弯矩作用,楼板受拉,故其影响较小；在梁的跨中由于受正弯矩作用,楼板受压,故其影响较大。在设计计算中,一般假定梁的惯性矩沿梁长不变。对现浇楼盖的梁,中框架梁取 $I=2I_0$,边框架梁取 $I=1.5I_0$。对装配整体式楼盖的梁,中框架梁取 $I=1.5I_0$。边框架梁取 $I=1.2I_0$。对装配式楼盖的梁,则取 $I=I_0$。这里 I_0 为框架梁截面矩形部分的惯性矩。

11.2　框架结构的荷载

多层多跨框架的荷载有竖向荷载与水平荷载。

11.2.1　竖向荷载

竖向荷载分恒载与活载,其标准值及其组合、折减规定见《荷载规范》。根据设计经验,民用建筑多层框架结构的竖向荷载标准值(恒+活)平均为 14kN/m² 左右。对于住宅(轻质墙体)一般为 14～15kN/m²,墙体较少的其他民用建筑一般为 13～14kN/m²。这些经验数据,可作为在初步设计阶段估算墙、柱及基础荷载,初定截面尺寸的依据。

一般民用建筑,如住宅楼、办公楼等,其楼面活载只占总竖向荷载的 10%～15%。为简化计算,设计中往往不考虑活载的折减,偏安全的取满载计算。

11.2.2　水平荷载

水平荷载有风荷载与地震作用。它们都作用于梁板水平处。地震作用将在第 12 章介绍,风荷载介绍如下。

垂直于建筑物表面的风荷载标准值 w_k，按下式计算：

$$w_k = \beta_z \mu_s \mu_z w_0 \tag{11-3}$$

式中：w_k——风荷载标准值；

β_z——高度 z 处的风振系数；是考虑脉动风压对结构的不利影响。对于低于 30m 的或高宽比 $h/b \leqslant 1.5$ 的房屋，取 $\beta_z = 1.0$；

μ_s——风荷载体形系数；对于矩形截面的多层房屋，迎风面为 $+0.8$（压），背风面为 -0.5（吸），其他截面 见《荷载规范》；

μ_z——风压高度变化系数，应根据地面粗糙度的类别按表 11-1 确定。地面粗糙度分 A、B、C、D 四类：A 类指海面、海岛、海岸、湖岸及沙漠地区；B 类指田野、乡村、丛林、丘陵以及房屋比较稀疏的乡镇和 城市郊区；C 类指有密集建筑群的城市市区；D 类指有密集建筑群且房屋较高的城市市区；

w_0——基本风压（kN/m^2）；按《荷载规范》给出的全国基本风压分布图采用，但不得小于 $0.30kN/m^2$；山 区及海岛等特殊地形地区，应乘以相应的调整系数。

表 11-1　风压高度变化系数

离地面或海平面高度/m	地面粗糙类别			
	A	B	C	D
5	1.17	1.00	0.74	0.62
10	1.38	1.00	0.74	0.62
15	1.52	1.14	0.74	0.62
20	1.63	1.25	0.84	0.62
30	1.80	1.42	1.00	0.62

注：超过 30m 时，详见《荷载规范》。

11.3　竖向荷载作用下框架的内力分析

在结构力学课程中已介绍过超静定刚架求内力的多种计算方法，它们是精确法，计算工作量大，多采用计算机程序进行。一些近似计算的手算法，由于概念清楚，计算简便，在实际工程设计中仍有较广泛的应用。在竖向荷载作用下，规则多跨框架侧移很小，可近似认为侧移为零。这时，可方便地用弯矩分配法或迭代法进行计算。下面主要介绍另一种近似方法——分层法。

分层法采取了两条基本假定：一是认为在竖向荷载作用下，框架的侧移很小，在计算中不考虑侧移的影响；二是假定作用在某一层框架梁上的竖向荷载只对本楼层的梁以及与本层梁相连的框架柱产生弯矩和剪力，而对其他楼层的框架梁和隔层的框架柱都不产生弯矩和剪力。

在上述假定下，可把一个 n 层框架分解为 n 个框架，其中第 i 个框架仅包含第 i 层的梁以及与这些梁相连接的柱，且这些柱的远端假定为固接。而原框架的弯矩和剪力即为这 n 个框架的弯矩和剪力的叠加。如图 11-6 所示，给出了一个四层框架按分层法分解为各层的情况。

实际上各层柱的远端除底层外，并非为固定支座，而是处于铰支和固定之间的弹性约束。为了减少计算误差，采取了下面两个假定：①除底层外，其余各层柱的线刚度均乘以 0.9 的折减系数；②除底层柱外，其余各层柱的弯矩传递系数取为 1/3。首层节点向底层柱底的弯矩传递系数仍取为 1/2。

在分层计算中，各结点力矩已经平衡，相邻层传来的力矩即为不平衡力矩。若此不平衡力矩仍然较大，可

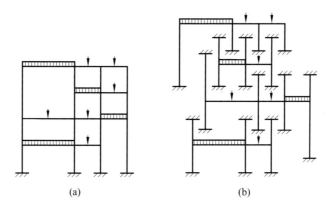

图 11-6 用分层法计算框架的示意图

再分配一次。

[**例 11-1**] 用分层法计算如图 11-7(a)所示框架结构,并做出内力图。

解:(1)计算简图

把如图 11-7 所示原结构简图,分层为如图 11-8 所示分层图;然后再分别对分层图进行力矩分配法计算。

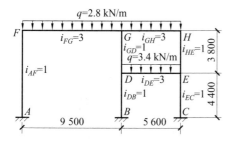

图 11-7 [例 11-1]计算简图

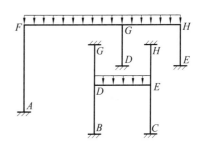

图 11-8 [例 11-1]分层图

(2)图 11-8 中 *AFGHDE* 框架的计算

因 *DG*、*EH* 柱为非底层柱,其线刚度应乘以 $0.9,i_{DG}=i_{EH}=0.9\times1=0.9$;且传递系数应取 1/3。

劲度系数 $S_{AF}=4i_{AF}=4\times1=4,S_{FG}=4i_{FG}=S_{GH}=4i_{GH}=4\times3=12,S_{GD}=4i_{GD}=S_{GH}=4i_{EH}=4\times0.9=3.6$。

分配系数 $\mu_{FA}=S_{AF}/(S_{AF}+S_{FG})=4/(4+12)=0.25,\mu_{FG}=0.75$;

$\mu_{GF}=S_{FG}/(S_{FG}+S_{DG}+S_{GH})=12/(12+3.6+12)=0.435,\mu_{GH}=0.435,\mu_{GD}=0.13$;

$\mu_{HG}=S_{GH}/(S_{GH}+S_{HE})=12/(12+3.6)=0.769,\mu_{HE}=0.231$。

传递系数 $C_{GD}=C_{HE}=1/3$,其余都是 1/2。

固端弯矩 $M^F_{FG}=-M^F_{GF}=-21.058(\text{kN}\cdot\text{m}),M^F_{GH}=-M^F_{HG}=-7.173(\text{kN}\cdot\text{m})$。

(3)图 11-8 中框架 *BCDEGH* 的计算

劲度系数 $S_{DG}=S_{EH}=S_{GD}=4i_{GD}=4i_{EH}=4\times0.9=3.6,S_{DE}=12,S_{BD}=S_{CE}=4i_{BD}=4\times1=4$。

分配系数 $\mu_{DG}=S_{DG}/(S_{DG}+S_{DE}+S_{DB})=3.6/(3.6+12+4)=0.186=\mu_{EH}$,

$\mu_{DE}=\mu_{ED}=S_{DE}/(S_{DE}+S_{DG}+S_{DB})=12/19.6=0.610$,

$\mu_{DB}=\mu_{EC}=S_{DB}/(S_{DE}+S_{DG}+S_{DB})=4/19.6=0.204$。

固端弯矩 $M^F_{DE}=-M^F_{ED}=-7.173$。

计算过程略。

最后的弯矩图示于图 11-9。

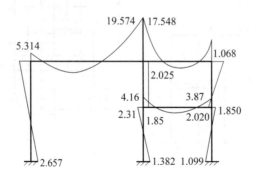

图 11-9　[例 11-1]示意图与弯矩图(kN·m)

11.4　水平荷载作用下的内力近似计算方法(一)——反弯点法

为简化计算,一般将作用在框架上的水平风荷载化为节点水平集中力,其弯矩如图 11-10 所示。显然,若能确定各柱反弯点的位置及其剪力,则框架内力很容易求得。因此,多层框架在水平荷载作用下内力分析的主要任务是:

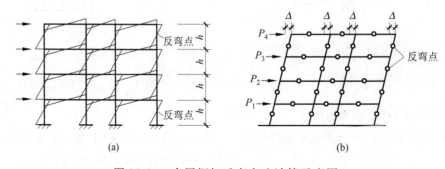

图 11-10　多层框架反弯点法计算示意图

(1) 确定各柱中反弯点的位置;

(2) 确定各柱中反弯点处的剪力。

为此,作如下假定:

① 将水平荷载化为节点水平集中荷载;

② 框架底层各柱的反弯点在距柱底的 2/3 高度处,上层各柱的反弯点位置在层高的中点;

③ 不考虑框架横梁的轴向变形,不考虑节点的转角。认为梁、柱线刚度比 i_b/i_c 很大。根据第③假定得:同层各柱顶的侧移相等,各柱剪力与柱的抗侧移刚度 D_i 成正比。

抗侧移刚度 D_{ij} 表示当柱顶产生单位水平侧移时($\Delta=1$),在顶部所需施加的水平集中力,如图 11-11 所示,由结构力学知

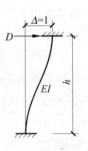

图 11-11　抗侧移刚度

$$D_{ij} = 12i_{ij}/h^2 \tag{11-4}$$

式中：D_{ij}——第 i 层第 j 根柱的抗侧移刚度；

　　i_{ij}——第 i 层第 j 根柱的线刚度。

则各柱所分配的剪力为

$$V_{ij} = \frac{D_{ij}}{\sum\limits_{j=1}^{m} D_{ij}} V_i \tag{11-5}$$

$$V_i = \sum\limits_{k=1}^{n} F_i$$

式中：F_i——作用第 i 层顶节点的水平集中荷载；

　　V_i——第 i 层楼层剪力。

反弯点法计算步骤如下。

1. 求各柱剪力 V_{ij}

$$V_{ij} = \frac{D_{ij}}{\sum\limits_{j=1}^{m} D_{ij}} V_i \tag{11-6}$$

当同一层内各柱高度 $h_{ij} = h_i$（等高）时

$$V_{ij} = \frac{i_{ij}}{\sum\limits_{j=1}^{m} i_{ij}} V_i \tag{11-7}$$

当同一层内各柱高度、截面均相同（i_{ij} 相同）时

$$V_{ij} = \frac{1}{m} V_i \tag{11-8}$$

2. 求柱端弯矩

底层，柱上端　　　　　　　　$M = V_{1j} \times \dfrac{1}{3} h_{ij}$ \hspace{2cm}(11-9)

柱下端　　　　　　　　　　　$M = V_{1j} \times \dfrac{2}{3} h_{ij}$ \hspace{2cm}(11-10)

其他楼层，柱上、下端均为　　$M = V_{ij} \times \dfrac{1}{2} h_{ij}, \quad (i = 2, 3, \cdots)$ \hspace{1cm}(11-11)

3. 求梁端弯矩

边节点（见图 11-12(a)）

$$M = M_上 + M_下 \tag{11-12}$$

中间节点（见图 11-12(b)）

$$\left.\begin{aligned} M_左 &= (M_上 + M_下)\frac{i_左}{i_左 + i_右} \\ M_右 &= (M_上 + M_下)\frac{i_右}{i_左 + i_右} \end{aligned}\right\} \tag{11-13}$$

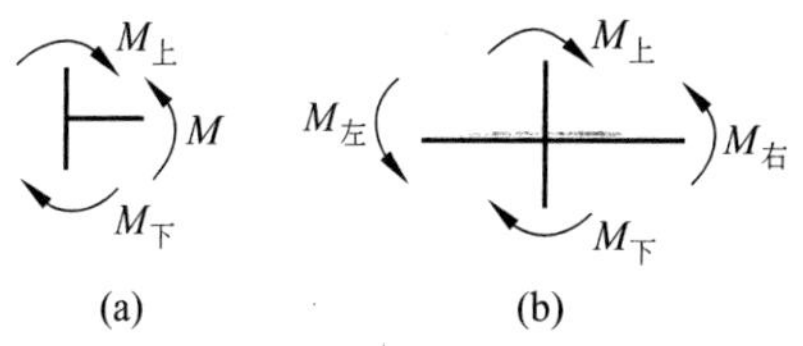

图 11-12　节点弯矩

反弯点法适用于梁、柱线刚度比较大（$i_b/i_c \geqslant 3$）的规则框架。

[例 11-2]　用反弯点法计算如图 11-13(a)所示框架，绘出弯矩图。图中括号中的数字为杆件的相对线刚度。

解：图中梁的线刚度与柱的线刚度之比都大于 3，可用反弯点法计算。

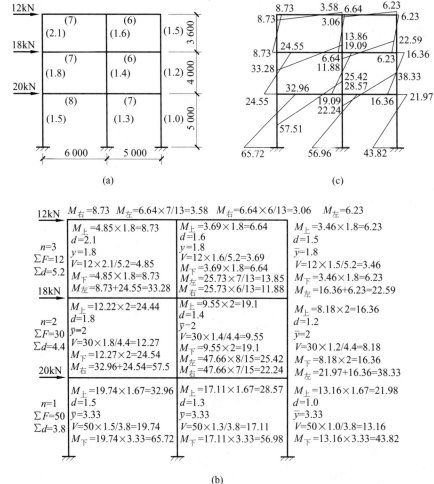

图 11-13　［例 11-2］计算简图、计算过程与弯矩图

（1）顶层柱刚度计算

$$左柱\ D_\mathrm{l}=12i_\mathrm{l}/h^2=12\times2.1/3.6^2=1.944(\mathrm{kN/m})$$

$$右柱\ D_\mathrm{r}=12i_\mathrm{r}/h^2=12\times1.5/3.6^2=1.389(\mathrm{kN/m})$$

$$中柱\ D_\mathrm{m}=12i_\mathrm{m}/h^2=12\times1.6/3.6^2=1.481(\mathrm{kN/m})$$

（2）剪力分配系数

$$\nu_\mathrm{l}=D_\mathrm{l}/(D_\mathrm{l}+D_\mathrm{m}+D_\mathrm{r})=1.944/(1.944+1.389+1.481)=0.404$$

$$\nu_\mathrm{m}=D_\mathrm{m}/(D_\mathrm{l}+D_\mathrm{m}+D_\mathrm{r})=1.481/(1.944+1.389+1.481)=0.308$$

$$\nu_\mathrm{r}=D_\mathrm{r}/(D_\mathrm{l}+D_\mathrm{m}+D_\mathrm{r})=1.389/(1.944+1.389+1.481)=0.289$$

（3）顶层柱以上剪力 $V_3=12(\mathrm{kN})$。

（4）各柱所分担的剪力

$$V_{31}=\nu_\mathrm{l}V_3=0.404\times12=4.848(\mathrm{kN})$$

$$V_{3\mathrm{m}}=\nu_\mathrm{m}V_3=0.308\times12=3.696(\mathrm{kN})$$

$$V_{3\mathrm{r}}=\nu_\mathrm{r}V_3=0.289\times12=3.468(\mathrm{kN})$$

因反弯点在柱中点,所以各柱端弯矩可求

$$M_{31}^t = V_{31}h_3/2 = 4.848 \times 1.8 = 8.73(\text{kN} \cdot \text{m}) = M_{31}^b$$

$$M_{3m}^t = V_{3m}h_3/2 = 3.696 \times 1.8 = 6.65(\text{kN} \cdot \text{m}) = M_{3m}^b$$

$$M_{3r}^t = V_{3r}h_3/2 = 3.468 \times 1.8 = 6.24(\text{kN} \cdot \text{m}) = M_{3r}^b$$

(5) 根据平衡条件求梁端弯矩

$$顶层左梁左端 \ M_{3bl}^l = -M_{31}^t = -8.73(\text{kN} \cdot \text{m})$$

$$顶层右梁右端 \ M_{3br}^r = -M_{3r}^t = -6.24(\text{kN} \cdot \text{m})$$

顶层左梁右端 M_{3bl}^r、右梁左端 M_{3br}^l 和中柱上端弯矩应由力矩分配决定。不平衡力矩为
$M_{3m}^t = 6.65(\text{kN} \cdot \text{m})$,代入式(11-12)、式(11-13)得

$$M_{3bl}^r = 6.65 \times 7/(7+6) = 3.58(\text{kN} \cdot \text{m}), \quad M_{3br}^l = 6.65 \times 6/13 = 3.07(\text{kN} \cdot \text{m})$$

其他各层计算过程见图 11-13(b),力的单位为 kN,长度单位为 m。弯矩图示于图 11-13(c)。

11.5　水平荷载作用下的内力近似计算方法(二)——D 值法

D 值法,也称改进反弯点法。该法是在反弯点法的基础上,近似地考虑了框架节点转动对柱的抗侧移刚度和反弯点高度位置的影响。精度高于反弯点法,适用于风荷载和水平地震作用下的多、高层框架内力简化计算。

1. 柱抗侧移刚度 D 值的修正

柱的侧移刚度不仅受柱本身的线刚度影响,还与上、下梁的线刚度及上下层柱的高度有关,计算时对柱的侧移刚度乘以修正系数 α,即

$$D_{ij} = \alpha_c 12i_{ij}/h^2 \tag{11-14}$$

式中:α_c——考虑节点转动对柱抗侧移刚度的影响系数。根据柱所在位置、支承条件及上下层梁的线刚度,查表 11-2 计算得到。

由表 11-2 求出 α_c 后,代入式(11-14)中,即可求得修正后的柱侧移刚度。

2. 柱的反弯点高度的修正

当横梁线刚度与柱线刚度之比不很大时,柱的两端转角较大,尤其是最上层和最下几层更是如此。因此柱的反弯点位置不一定在柱的中点,它取决于柱上下两端的转角。当上端转动大于下端时,反弯点偏于柱下端;反之,则偏于柱上端。各层柱反弯点高度可用统一的公式计算,即

$$y_h = (y_0 + y_1 + y_2 + y_3)h \tag{11-15}$$

式中:y_h——反弯点高度;

y_0——标准反弯点高度比;

y_1——考虑梁线刚度不同的修正;

y_2, y_3——考虑层高变化的修正;

下面对 $y_0 \sim y_3$ 进行简要说明。

(1) 标准反弯点高度比 y_0

标准反弯点高度比 y_0 主要考虑梁柱线刚度比及楼层位置的影响,它可根据梁柱相对线刚度比(见表 11-2)、框架总层数 m、该柱所在层数 n、荷载作用形式,由表 11-3 查得。它表示各层梁、柱线刚度及层高都相同的规则框架的反弯点位置。

表 11-2　节点转动影响系数 α_c

位置	简图	$\overline{K}$	α_c
一般层	$\dfrac{i_1\ \mid\ i_2}{i_3\quad i_4}$ （i_c）	$\overline{K}=\dfrac{i_1+i_2+i_3+i_4}{2i_c}$	$\alpha_c=\dfrac{\overline{K}}{2+\overline{K}}$
底层固接	$\dfrac{i_5\ \mid\ i_6}{i_c}$	$\overline{K}=\dfrac{i_5+i_6}{i_c}$	$\alpha_c=\dfrac{0.5+\overline{K}}{2+\overline{K}}$

注：对于边柱，取 i_1、i_3、i_5（或 i_2、i_4、i_6）为零。

表 11-3　规则框架承受均布水平力作用时标准反弯点的高度比 y_0

m	n \\ $\overline{K}$	0.1	0.2	0.3	0.4	0.5	0.6	0.7	0.8	0.9	1.0	2.0	3.0	4.0	5.0
1	1	0.80	0.75	0.70	0.65	0.65	0.60	0.60	0.60	0.60	0.55	0.55	0.55	0.55	0.55
2	2	0.45	0.40	0.35	0.35	0.35	0.35	0.40	0.40	0.40	0.40	0.45	0.45	0.45	0.45
	1	0.95	0.80	0.75	0.70	0.65	0.65	0.65	0.60	0.60	0.60	0.55	0.55	0.55	0.50
3	3	0.15	0.20	0.20	0.25	0.30	0.30	0.30	0.35	0.35	0.35	0.40	0.45	0.45	0.45
	2	0.55	0.50	0.45	0.45	0.45	0.45	0.45	0.45	0.45	0.45	0.45	0.50	0.50	0.50
	1	1.00	0.85	0.80	0.75	0.70	0.70	0.65	0.65	0.65	0.60	0.55	0.55	0.55	0.55
4	4	−0.05	0.05	0.15	0.20	0.25	0.30	0.30	0.35	0.35	0.35	0.40	0.45	0.45	0.45
	3	0.25	0.30	0.30	0.35	0.35	0.40	0.40	0.40	0.40	0.45	0.45	0.50	0.50	0.50
	2	0.65	0.55	0.50	0.50	0.49	0.45	0.45	0.45	0.45	0.45	0.50	0.50	0.50	0.50
	1	1.10	0.90	0.80	0.75	0.70	0.70	0.65	0.65	0.65	0.60	0.55	0.55	0.55	0.55
5	5	−0.20	0.00	0.15	0.20	0.25	0.30	0.30	0.30	0.35	0.35	0.40	0.45	0.45	0.45
	4	0.10	0.20	0.25	0.30	0.35	0.35	0.40	0.40	0.40	0.40	0.45	0.45	0.50	0.50
	3	0.40	0.40	0.40	0.40	0.40	0.45	0.45	0.45	0.45	0.45	0.50	0.50	0.50	0.50
	2	0.65	0.55	0.50	0.50	0.50	0.50	0.50	0.50	0.50	0.50	0.50	0.50	0.50	0.50
	1	1.20	0.95	0.80	0.75	0.75	0.70	0.70	0.65	0.65	0.65	0.55	0.55	0.55	0.55
6	6	−0.30	0.00	0.10	0.20	0.25	0.25	0.30	0.30	0.35	0.35	0.40	0.45	0.45	0.45
	5	0.00	0.20	0.25	0.30	0.35	0.35	0.40	0.40	0.40	0.40	0.45	0.45	0.50	0.50
	4	0.20	0.30	0.35	0.35	0.40	0.40	0.40	0.45	0.45	0.45	0.45	0.50	0.50	0.50
	3	0.40	0.40	0.40	0.45	0.45	0.45	0.45	0.45	0.45	0.45	0.50	0.50	0.50	0.50
	2	0.70	0.60	0.55	0.50	0.50	0.50	0.50	0.50	0.50	0.50	0.50	0.50	0.50	0.50
	1	1.20	0.95	0.85	0.80	0.75	0.70	0.70	0.65	0.65	0.65	0.55	0.55	0.55	0.55
7	7	−0.35	−0.05	0.10	0.20	0.20	0.25	0.30	0.30	0.35	0.35	0.40	0.45	0.45	0.45
	6	−0.10	0.15	0.25	0.30	0.35	0.35	0.35	0.40	0.40	0.40	0.45	0.45	0.50	0.50
	5	0.10	0.25	0.30	0.35	0.40	0.40	0.40	0.45	0.45	0.45	0.45	0.50	0.50	0.50
	4	0.30	0.35	0.40	0.40	0.40	0.45	0.45	0.45	0.45	0.45	0.50	0.50	0.50	0.50
	3	0.50	0.45	0.45	0.45	0.45	0.45	0.45	0.45	0.45	0.45	0.50	0.50	0.50	0.50
	2	0.75	0.60	0.55	0.50	0.50	0.50	0.50	0.50	0.50	0.50	0.50	0.50	0.50	0.50
	1	1.20	0.95	0.85	0.80	0.75	0.70	0.70	0.65	0.65	0.65	0.55	0.55	0.55	0.55

续表

m	n \ $\overline{K}$	0.1	0.2	0.3	0.4	0.5	0.6	0.7	0.8	0.9	1.0	2.0	3.0	4.0	5.0
8	8	−0.35	−0.15	0.10	0.15	0.25	0.25	0.30	0.30	0.35	0.35	0.40	0.45	0.45	0.45
	7	−0.10	0.15	0.25	0.30	0.35	0.35	0.40	0.40	0.40	0.40	0.45	0.50	0.50	0.50
	6	0.05	0.25	0.30	0.35	0.40	0.40	0.40	0.45	0.45	0.45	0.50	0.50	0.50	0.50
	5	0.20	0.30	0.35	0.40	0.40	0.45	0.45	0.45	0.45	0.45	0.50	0.50	0.50	0.50
	4	0.35	0.40	0.40	0.45	0.45	0.45	0.45	0.45	0.45	0.45	0.50	0.50	0.50	0.50
	3	0.50	0.45	0.45	0.45	0.45	0.45	0.45	0.45	0.50	0.50	0.50	0.50	0.50	0.50
	2	0.75	0.60	0.55	0.55	0.50	0.50	0.50	0.50	0.50	0.50	0.50	0.50	0.50	0.50
	1	1.20	1.00	0.85	0.80	0.75	0.70	0.70	0.65	0.65	0.65	0.55	0.55	0.55	0.55
9	9	−0.40	−0.05	0.10	0.20	0.25	0.25	0.30	0.30	0.35	0.35	0.45	0.45	0.45	0.45
	8	−0.15	0.15	0.20	0.30	0.35	0.35	0.35	0.40	0.40	0.40	0.45	0.50	0.50	0.50
	7	0.05	0.25	0.30	0.35	0.40	0.40	0.40	0.45	0.45	0.45	0.45	0.50	0.50	0.50
	6	0.15	0.30	0.35	0.40	0.40	0.45	0.45	0.45	0.45	0.45	0.50	0.50	0.50	0.50
	5	0.25	0.35	0.40	0.40	0.45	0.45	0.45	0.45	0.45	0.45	0.50	0.50	0.50	0.50
	4	0.40	0.40	0.40	0.45	0.45	0.45	0.45	0.45	0.45	0.45	0.50	0.50	0.50	0.50
	3	0.55	0.45	0.45	0.45	0.45	0.45	0.45	0.45	0.50	0.50	0.50	0.50	0.50	0.50
	2	0.80	0.65	0.55	0.55	0.50	0.50	0.50	0.50	0.50	0.50	0.50	0.50	0.50	0.50
	1	1.20	1.00	0.85	0.80	0.75	0.70	0.70	0.65	0.65	0.65	0.55	0.55	0.55	0.55
10	10	−0.40	−0.05	0.10	0.20	0.25	0.30	0.30	0.30	0.35	0.35	0.40	0.45	0.45	0.45
	9	−0.15	0.15	0.25	0.30	0.35	0.35	0.40	0.40	0.40	0.40	0.45	0.45	0.50	0.50
	8	0.00	0.25	0.30	0.35	0.40	0.40	0.40	0.45	0.45	0.45	0.45	0.50	0.50	0.50
	7	0.10	0.30	0.35	0.40	0.40	0.45	0.45	0.45	0.45	0.45	0.50	0.50	0.50	0.50
	6	0.20	0.35	0.40	0.40	0.45	0.45	0.45	0.45	0.45	0.45	0.50	0.50	0.50	0.50
	5	0.30	0.40	0.40	0.45	0.45	0.45	0.45	0.45	0.45	0.50	0.50	0.50	0.50	0.50
	4	0.40	0.40	0.45	0.45	0.45	0.45	0.45	0.45	0.50	0.50	0.50	0.50	0.50	0.50
	3	0.55	0.50	0.45	0.45	0.45	0.50	0.50	0.50	0.50	0.50	0.50	0.50	0.50	0.50
	2	0.80	0.65	0.55	0.55	0.55	0.50	0.50	0.50	0.50	0.50	0.50	0.50	0.50	0.50
	1	1.30	1.00	0.85	0.80	0.75	0.70	0.70	0.65	0.65	0.65	0.60	0.55	0.55	0.55
11	11	−0.40	0.05	0.10	0.20	0.25	0.30	0.30	0.30	0.35	0.35	0.40	0.45	0.45	0.45
	10	−0.15	0.15	0.25	0.30	0.35	0.35	0.40	0.40	0.40	0.40	0.45	0.45	0.50	0.50
	9	0.00	0.25	0.30	0.35	0.40	0.40	0.40	0.45	0.45	0.45	0.45	0.50	0.50	0.50
	8	0.10	0.30	0.35	0.40	0.40	0.45	0.45	0.45	0.45	0.45	0.50	0.50	0.50	0.50
	7	0.20	0.35	0.40	0.45	0.45	0.45	0.45	0.45	0.45	0.45	0.50	0.50	0.50	0.50
	6	0.25	0.35	0.40	0.45	0.45	0.45	0.45	0.45	0.45	0.45	0.50	0.50	0.50	0.50
	5	0.35	0.40	0.40	0.45	0.45	0.45	0.45	0.45	0.45	0.50	0.50	0.50	0.50	0.50
	4	0.40	0.45	0.45	0.45	0.45	0.45	0.45	0.50	0.50	0.50	0.50	0.50	0.50	0.50
	3	0.55	0.50	0.50	0.50	0.50	0.50	0.50	0.50	0.50	0.50	0.50	0.50	0.50	0.50
	2	0.80	0.65	0.60	0.55	0.55	0.50	0.50	0.50	0.50	0.50	0.50	0.50	0.50	0.50
	1	1.30	1.00	0.85	0.80	0.75	0.70	0.70	0.65	0.65	0.65	0.60	0.55	0.55	0.55

续表

m	n	$\overline{K}$	0.1	0.2	0.3	0.4	0.5	0.6	0.7	0.8	0.9	1.0	2.0	3.0	4.0	5.0
12以上	↓1		−0.40	−0.05	0.10	0.20	0.25	0.30	0.30	0.30	0.35	0.35	0.40	0.45	0.45	0.45
	9		−0.15	0.15	0.25	0.30	0.35	0.35	0.40	0.40	0.40	0.40	0.45	0.45	0.50	0.50
	3		0.00	0.25	0.30	0.35	0.40	0.40	0.40	0.45	0.45	0.45	0.50	0.50	0.50	0.50
	4		0.10	0.30	0.35	0.40	0.40	0.45	0.45	0.45	0.45	0.45	0.50	0.50	0.50	0.50
	5		0.20	0.35	0.40	0.40	0.45	0.45	0.45	0.45	0.45	0.45	0.50	0.50	0.50	0.50
	6		0.25	0.35	0.40	0.45	0.45	0.45	0.45	0.45	0.45	0.45	0.50	0.50	0.50	0.50
	7		0.30	0.40	0.40	0.45	0.45	0.45	0.45	0.45	0.50	0.50	0.50	0.50	0.50	0.50
	8		0.35	0.40	0.45	0.45	0.45	0.45	0.45	0.50	0.50	0.50	0.50	0.50	0.50	0.50
	中间		0.40	0.40	0.45	0.45	0.45	0.45	0.50	0.50	0.50	0.50	0.50	0.50	0.50	0.50
	4		0.45	0.45	0.45	0.45	0.50	0.50	0.50	0.50	0.50	0.50	0.50	0.50	0.50	0.50
	3		0.60	0.50	0.50	0.50	0.50	0.50	0.50	0.50	0.50	0.50	0.50	0.50	0.50	0.50
	2		0.80	0.65	0.60	0.55	0.50	0.50	0.50	0.50	0.50	0.50	0.50	0.50	0.50	0.50
	↑1		1.30	1.00	0.85	0.80	0.75	0.70	0.70	0.65	0.65	0.65	0.55	0.55	0.55	0.55

注：$\overline{K}=(i_1+i_2+i_3+i_4)/2i_c$。

（2）上、下横梁线刚度不同时的修正值 y_1

某层柱上、下横梁的线刚度比不同时，反弯点位置将相对于标准反弯点发生移动，其修正值为 y_1。y_1 可根据上、下层横梁线刚度比 I 及 $\overline{K}$ 由表 11-4 查得。对底层柱，当无基础梁时，可不考虑这项修正。

表 11-4　上下层横梁线刚度比对 y_0 的修正值 y_1

I	$\overline{K}$	0.1	0.2	0.3	0.4	0.5	0.6	0.7	0.8	0.9	1.0	2.0	3.0	4.0	5.0
0.4		0.55	0.40	0.30	0.25	0.20	0.20	0.20	0.15	0.15	0.15	0.05	0.05	0.05	0.05
0.5		0.45	0.30	0.20	0.20	0.15	0.15	0.15	0.10	0.10	0.10	0.05	0.05	0.05	0.05
0.6		0.30	0.20	0.15	0.15	0.10	0.10	0.10	0.05	0.05	0.05	0.05	0.05	0.00	0.00
0.7		0.20	0.15	0.10	0.10	0.10	0.10	0.05	0.05	0.05	0.05	0.00	0.00	0.00	0.00
0.8		0.15	0.10	0.05	0.05	0.05	0.05	0.05	0.05	0.00	0.00	0.00	0.00	0.00	0.00
0.9		0.05	0.50	0.50	0.50	0.00	0.00	0.00	0.00	0.00	0.00	0.00	0.00	0.00	0.00

注：$\overline{K}=(i_1+i_2+i_3+i_4)/2i_c$；

$I=(i_1+i_2)/(i_3+i_4)$；

$i_1+i_2>i_3+i_4$ 时 I 取倒数且 y_1 取负值。

（3）层高变化的修正值 y_2 和 y_3

当柱所在楼层的上、下楼层高有变化时，反弯点也将偏离标准反弯点位置。若上层较高，反弯点将从标准反弯点上移 y_2h；若下层较高，反弯点则向下移动 y_3h（此时 y_3 为负值）。y_2，y_3 可由表 11-5 查得。

表 11-5　上下层高变化对 y_a 的修正值 y_2 和 y_3

α_2 / α_3 \\ $\overline{K}$	0.1	0.2	0.3	0.4	0.5	0.6	0.7	0.8	0.9	1.0	2.0	3.0	4.0	5.0
2.0	0.25	0.15	0.15	0.10	0.10	0.10	0.10	0.10	0.05	0.05	0.05	0.05	0.0	0.0
1.8	0.20	0.15	0.10	0.10	0.10	0.05	0.05	0.05	0.05	0.05	0.05	0.0	0.0	0.0
1.6 0.4	0.15	0.10	0.10	0.05	0.05	0.05	0.05	0.05	0.05	0.05	0.0	0.0	0.0	0.0
1.4 0.6	0.10	0.05	0.05	0.05	0.05	0.05	0.05	0.05	0.0	0.0	0.0	0.0	0.0	0.0
1.2 0.8	0.05	0.05	0.05	0.05	0.05	0.05	0.05	0.05	0.0	0.0	0.0	0.0	0.0	0.0
1.0 1.0	0.0	0.0	0.0	0.0	0.0	0.0	0.0	0.0	0.0	0.0	0.0	0.0	0.0	0.0
0.8 1.2	−0.05	−0.05	−0.05	0.0	0.0	0.0	0.0	0.0	0.0	0.0	0.0	0.0	0.0	0.0
0.6 1.4	−0.10	−0.05	−0.05	−0.05	−0.05	−0.05	−0.05	−0.05	−0.05	0.0	0.0	0.0	0.0	0.0
0.4 1.6	−0.15	−0.10	−0.10	−0.05	−0.05	−0.05	−0.05	−0.05	−0.05	−0.05	0.0	0.0	0.0	0.0
1.8	−0.20	−0.15	−0.10	−0.10	−0.10	−0.05	−0.05	−0.05	−0.05	−0.05	−0.05	0.0	0.0	0.0
2.0	−0.25	−0.15	−0.15	−0.1	−0.10	−0.10	−0.10	−0.10	−0.05	−0.05	−0.05	−0.05	0.0	0.0

注：y_2 按照 $\overline{K}$ 及 α_2 求得，上层较高时为正值；y_3 按照 $\overline{K}$ 及 α_3 求得。

$h_{上}$	$\alpha_2 h$
h	
$h_{下}$	$\alpha_3 h$

对顶层柱不考虑 y_2 的修正项，对底层柱不考虑 y_3 的修正项。

求得各层柱的反弯点位置 y_h 及柱的侧移刚度 D 以后，框架结构在水平荷载作用下的内力计算与反弯点法完全相同。

［例 11-3］　用 D 值法计算如图 11-14(a)所示框架，图中各杆的线刚度都为 1，作弯矩图。

解：(1) D 值计算和剪力分配见表 11-6。

表 11-6　D 值计算和剪力分配

层数	柱	K 值	α	D 值	剪力 V/kN
二层	DG	$\dfrac{1+1}{2\times1}=1$	$\dfrac{K}{2+K}=\dfrac{1}{2+1}=0.33$	$\alpha\dfrac{12i_c}{h^2}=\dfrac{0.33\times12\times1}{3.6^2}=0.306$	$\dfrac{0.306}{0.306+0.463+0.306}\times50=14.23$
	EH	$\dfrac{1+1+1+1}{2\times1}=2$	$\dfrac{2}{2+2}=0.5$	$\dfrac{0.5\times12\times1}{3.6^2}=0.463$	$\dfrac{0.463}{0.306+0.463+0.306}\times50=21.53$
	FI	$\dfrac{1+1}{2\times1}=1$	$\dfrac{1}{1+2}=0.33$	$\dfrac{0.33\times12\times1}{3.6^2}=0.306$	$50-14.23-21.53=14.24$
一层	AD	$\dfrac{1}{1}=1$	$\dfrac{0.5+K}{2+K}=\dfrac{0.5+1}{2+1}=0.5$	$\dfrac{0.5\times12\times1}{6.5^2}=0.142$	$\dfrac{0.142}{0.142+0.373+0.296}\times100=17.51$
	BE	$\dfrac{1+1}{1}=2$	$\dfrac{0.5+2}{2+2}=0.63$	$\dfrac{0.63\times12\times1}{4.5^2}=0.373$	45.99
	CF	$\dfrac{1}{1}=1$	$\dfrac{0.5+1}{2+1}=0.5$	$\dfrac{0.5\times12\times1}{4.5^2}=0.296$	36.50

(2) 反弯点按均布荷载查表 11-3，表 11-4，表 11-5，结果示于图 11-14(b)。

(3) 弯矩计算见图 11-14(c)，弯矩图示于图 11-14(d)。

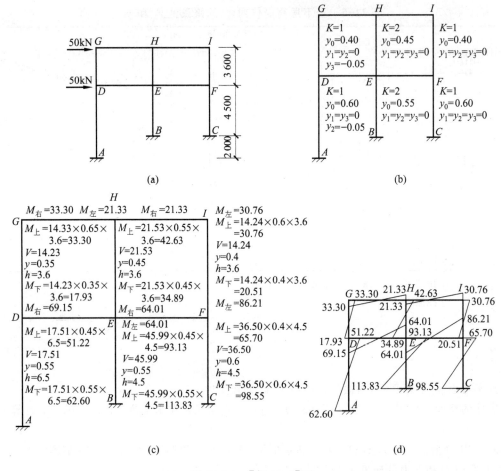

图 11-14　［例 11-3］图

11.6　框架侧移的近似计算

框架结构在水平荷载作用下（见图 11-1），其侧移由两部分变形组成：总体剪切变形和总体弯曲变形。

总体剪切变形是由于楼层剪力引起的梁、柱弯曲变形使框架侧移，如图 11-15 所示。侧移曲线与悬臂梁的剪切变形曲线相似，故称这种变形为总体剪切变形。

总体弯曲变形是由于框架两侧边柱的轴向力使柱子伸长或缩短引起框架变形，其侧移曲线与悬臂梁的弯曲变形曲线相似，故称为总体弯曲变形。

一般多层框架房屋，其侧移主要是由梁、柱弯曲变形所引起的。柱的轴向变形所引起的侧移值甚微，可忽略不计。因此，多层框架的侧移只需考虑梁、柱弯曲变形，可用反弯点法或 D 值法计算。

用反弯点法或 D 值法计算框架在水平荷载作用下的侧移时，需要算出任

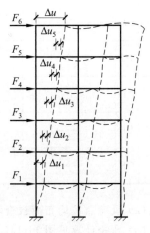

图 11-15　框架总体剪切变形

意柱的侧移刚度 D_{ji}，则第 j 层各柱的侧移刚度之和为 $\sum D_{ji}$。按照侧移刚度的定义，第 j 层框架上、下节点的相对侧移为

$$\Delta u_j = \sum V_{ji} / \sum D_{ji}, \quad i = 1, 2, \cdots, n \tag{11-16}$$

式中：$\sum V_{ji}$——第 j 层各柱剪力标准值总和。

　　框架顶点的总侧移为各层相对侧移之和，即

$$\Delta u = \sum u_j, \quad j = 1, 2, \cdots, m; \tag{11-17}$$

n——计算层的总柱数；

m——框架总层数。

　　根据《高层建筑混凝土结构技术规程》(JGJ 3—2002)规定，高度不大于 150m 的高层建筑，按弹性方法计算的框架顶点的总侧移与总高度之比应满足 $\Delta u/H \leqslant 1/550$。

11.7　框架结构的内力组合与构件设计

11.7.1　内力组合

框架结构内力组合的目的是为了求出构件的某些控制截面的最不利内力，以便确定构件截面的配筋。

1. 控制截面和最不利内力

(1) 框架梁：框架梁的控制截面是两端支座(柱内边)截面和跨中截面。跨中截面的最不利内力是：最大正弯矩和有可能出现的负弯矩；支座截面的最不利内力是：最大的负弯矩及最大的剪力或有可能出现的正弯矩。

在框架内力分析时，梁的支座弯矩是柱轴线处的弯矩值，截面配筋计算时应取控制截面(柱边)处的弯矩值。

(2) 框架柱：框架柱的控制截面取上、下两个端截面。其最不利内力为四种内力组合：

① 最大正弯矩 $+M_{max}$ 及相应的 N, V；

② 最大负弯矩 $-M_{max}$ 及相应的 N, V；

③ 最大轴向力 N_{max} 及相应的 M, V；

④ 最小轴向力 N_{min} 及相应的 M, V。

在最不利内力组合时，对风荷载应考虑左风和右风；对于活荷载原则上应考虑其最不利位置的布置。

2. 活荷载的布置

活荷载的作用位置是可变的，对于每一根构件的不同截面或同一截面的不同种类组合，相应有不同的活荷载最不利布置。为此，在工程设计中，有三种处理方法。

(1) 最不利活荷载位置法

这种方法类似于在楼盖连续梁、板计算中所采用的方法，即对于每一控制截面，直接由影响线确定其最不利的活荷载位置，然后进行内力分析。这种方法，虽然能直接求出某截面在活荷载作用下的最大内力，但计算工作量很大，一般不采用。

(2) 逐跨施荷法

这种方法是将活荷载逐跨单独地作用于该跨上，分别计算框架内力，然后根据所指定的控制截面，叠加不利内力。此法对各种活荷载作用情况下的框架内力计算简单、明了，计算工作量少于前者。目前，电算程序一

般采用这一方法。但对于手算,仍较繁琐,很少采用。

（3）满布荷载法

当活荷载产生的内力远小于恒载产生的内力时可采用满布荷载法。这种方法是将活荷载同时作用于框架梁上,不考虑活荷载的不利位置。这种简化计算与考虑活荷载不利位置计算结果比较表明,支座截面内力较为接近,精度一般能满足工程要求;但跨中弯矩却明显偏小,应予以调整。为此,该法对跨中弯矩乘以 1.1～1.3 的调整系数,予以加大。手算通常采用满布荷载法进行计算。

3. 梁端弯矩调幅

钢筋混凝土结构,除了必须满足承载能力极限状态和正常使用极限状态的有关条件外,尚应具备必要的塑性变形能力。在竖向荷载作用下宜考虑梁端塑性变形内力重分布,对梁端负弯矩进行调幅,将梁端负弯矩乘以调幅系数,可避免因框架梁支座截面负弯矩钢筋配置过多而导致的施工不便。

调幅系数如下:

装配整体式框架 $\beta = 0.7 \sim 0.8$;

现浇整体式框架 $\beta = 0.8 \sim 0.9$。

梁端负弯矩减少后,应按平衡条件计算调幅后的梁跨中弯矩。由于水平荷载作用下产生的弯矩不参加调幅,因此,弯矩调幅应在内力组合前进行。

4. 荷载效应组合

作用在多层多跨框架上的各种荷载同时达到最大值的可能性不大,因此在计算各种荷载引起的结构最不利内力的组合时,可将某些荷载值适当降低。

对于一般框架结构,按荷载效应基本组合进行承载力计算时,其荷载效应组合设计值 S 可采用《规范》中的简化公式。对于非地震区无吊车荷载的多层框架,可有以下三种荷载组合形式:

（1）恒荷载＋活荷载;

（2）恒荷载＋风荷载;

（3）恒荷载＋0.85（活荷载＋风荷载）。

11.7.2　柱的计算长度

对梁与柱为刚接的钢筋混凝土框架柱,其计算长度按下列规定采用:

（1）现浇楼盖

底层柱　　　　　　　　　　　　　　　　　$l_0 = 1.0H$

其余各层柱　　　　　　　　　　　　　　　$l_0 = 1.25H$

（2）装配式楼盖

底层柱　　　　　　　　　　　　　　　　　$l_0 = 1.25H$

其余各层柱　　　　　　　　　　　　　　　$l_0 = 1.5H$

对可按无侧移钢筋混凝土框架计算的结构,如其为有非轻质隔墙的多层房屋,当为三跨及三跨以上或为两跨且房屋的总宽度不小于房屋的总高度的 1/3 时,其各层框架柱的计算长度为

现浇楼盖　　　　　　　　　　　　　　　　$l_0 = 0.7H$

装配式楼盖　　　　　　　　　　　　　　　$l_0 = 1.0H$

对底层柱,H 为基础顶面到一层楼盖梁顶面之间的距离;其余各层柱,H 为上、下两层楼盖梁顶面之间的距离。

11.8　框架的一般构造要求

11.8.1　一般要求

(1) 钢筋混凝土框架的混凝土强度等级不低于 C20,节点区的混凝土强度等级不低于柱子的混凝土强度等级;在装配整体式框架中,后浇节点的混凝土等级应比预制柱的混凝土强度等级提高一级;纵向钢筋采用 HRB400 级钢和 HRB335 级钢筋,箍筋一般采用 HPB300 级钢筋。

(2) 梁柱混凝土保护层最小厚度应根据框架所处环境条件确定。

(3) 框架梁柱的截面尺寸(尤其是柱)最终应根据房屋的侧移验算是否满足规范要求来确定。现浇框架结构按前述方法初估的梁柱截面尺寸,侧移验算一般能满足要求。

(4) 框架梁柱应分别满足受弯构件和受压构件的构造要求,地震区的框架还应满足抗震设计的要求。

(5) 框架柱一般采用对称配筋,柱中全部纵向受力钢筋的配筋率在有抗震设防要求时不宜超过 3%,无抗震设防要求时不应超过 5%,也不应小于 0.6%(按全截面面积计算)。

11.8.2　现浇框架结构节点钢筋的连接和锚固

构件连接是框架设计的一个重要组成部分。只有通过构件之间的相互连接,结构才能成为一个整体。现浇框架的连接,主要是梁与柱、柱与柱之间的连接问题。现浇框架的梁柱连接节点都做成刚性节点。在节点处,柱的纵向钢筋应连续穿过,梁的纵向钢筋应有足够的锚固长度。

(1) 受力钢筋的连接接头宜设置在构件受力较小部位;抗震设计时,宜避开梁端、柱端箍筋加密区范围。钢筋连接可采用机械连接、绑扎搭接或焊接。

(2) 非抗震设计时,受拉钢筋的最小锚固长度应取 l_a。受拉钢筋绑扎搭接的搭接长度,应符合式(4-11)和表 4-4 的要求。

(3) 非抗震设计时,框架梁、柱的纵向钢筋在框架节点区的锚固和搭接,应符合下列要求(见图 11-16)。

① 顶层中节点柱纵向钢筋和边节点柱内侧纵向钢筋应伸至柱顶;当从梁底边计算的直线锚固长度不小于 l_a 时,可不必水平弯折,否则应向柱内或梁、板内水平弯折;当充分利用柱纵向钢筋的抗拉强度时,其锚固段弯折前的竖直投影长度不应小于 $0.5l_{ab}$,弯折后的水平投影长度不宜小于 12 倍的柱纵向钢筋直径。

② 顶层端节点处,梁上部纵向钢筋截面积 A_s 应符合下列规定:

$$A_s \leqslant \frac{0.35\beta_c f_c b_b h_0}{f_y} \tag{11-18}$$

式中:A_s——顶层端节点处梁上部计算所需纵向钢筋截面积;

b_b——梁腹板宽度;

h_0——梁截面有效高度。

在节点内应设水平箍筋,箍筋的构造要求与柱中相同,但间距不大于 250mm。对四边均有梁与之连接的中间节点,节点内可只设沿周边的矩形箍筋。当顶层端节点内梁设有上部纵向钢筋和柱内侧纵向钢筋的搭接接头时,节点水平箍筋应符合钢筋搭接范围内对箍筋的要求。

顶层端节点在梁宽范围以内的柱外侧纵向钢筋可与梁上部纵向钢筋搭接,搭接长度不应小于 $1.5l_a$;在梁

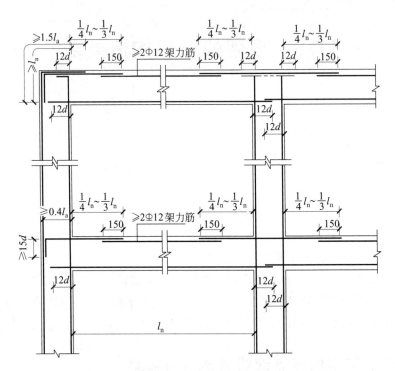

图 11-16　非抗震设计时框架梁、柱的纵向钢筋在框架节点区的锚固和搭接要求

宽范围以外的柱外侧纵向钢筋可伸入现浇板内,其伸入长度与伸入梁内的相同。当柱外侧纵向钢筋的配筋率大于 1.2% 时,伸入梁内的柱纵向钢筋宜分两批截断,其截断点之间的距离不宜小于 20 倍的柱纵向钢筋直径。

③ 梁上部纵向钢筋伸入端节点的锚固长度,直线锚固时不应小于 l_a,且伸过柱中心线的长度不宜小于 5 倍的梁纵向钢筋直径;当柱截面尺寸不足时,梁上部纵向钢筋应伸至节点对边并向下弯折,锚固段弯折前的水平投影长度不应小于 $0.4l_{ab}$,弯折后的竖直投影长度应取 15 倍的梁纵向钢筋直径。

④ 当计算中不利用梁下部纵向钢筋的强度时,其伸入节点内的锚固长度应取不小于 12 倍的梁纵向钢筋直径。当计算中充分利用梁下部钢筋的抗拉强度时,梁下部纵向钢筋可采用直线方式或向上 90° 弯折方式锚固于节点内,直线锚固时的锚固长度不应小于 l_a;弯折锚固时,锚固段的水平投影长度不应小于 $0.4l_{ab}$,竖直投影长度应取 15 倍的梁纵向钢筋直径。

11.8.3　装配整体式框架节点构造

装配整体式框架节点构造因施工方法的不同而异。如果采用工具式非承重柱模(见图 11-17),预制主梁的梁端一般伸入柱内 70mm,纵向连梁用点焊与事先焊在柱纵向受力钢筋上的小角钢连接。

11.8.4　框架梁与预制梁板的连接构造

预制板常为槽形板或圆孔板。在板缝之间以细石混凝土灌缝,并配必要的连接钢筋;也可在板上浇不低于 C20 的钢筋混凝土叠合楼面,厚度不小于 40mm,内配 φ4@150mm 或 φ6@250mm 的双层钢筋网。预制板搁置于墙上的最小长度为 30mm,板端伸出的锚固钢筋长度不应小于 100mm,如图 11-18 所示。

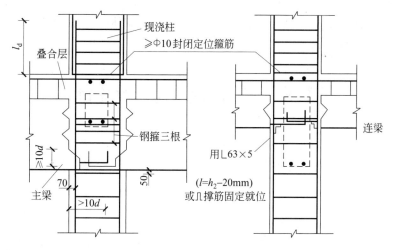

图 11-17　预制梁、现浇柱节点(用工具式非承重柱模)

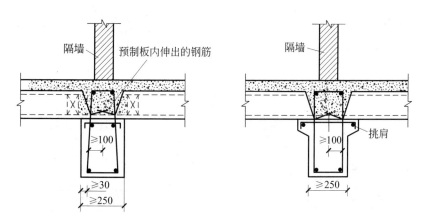

图 11-18　预制板与框架的连接

11.8.5　填充墙的构造要求

砌体填充墙的上部与框架梁底之间必须用块材塞紧。墙与框架柱连接法有两种：一是之间留缝,并用钢筋柔性连接,计算时不考虑墙对框架抗侧移能力的影响；二是刚性连接,即墙与柱紧密接触,填充墙在框架中起斜压杆的作用,从而提高了框架的抗侧移刚度(见图 11-19)。

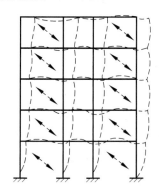

图 11-19　填充墙起斜压杆的作用

填充墙应优先选用轻质墙板,并与框架牢固连接。当墙板采用砌体时,应沿高度隔若干皮砌块,用2φ6钢筋与柱拉接。

11.9　柱下独立基础设计

多层框架结构的基础,一般有柱下独立基础、条形基础、十字形基础、片筏基础,如图 11-20 所示;根据地基情况和房屋的高度也可采用箱形基础或桩基础等。本节主要介绍柱下独立基础。

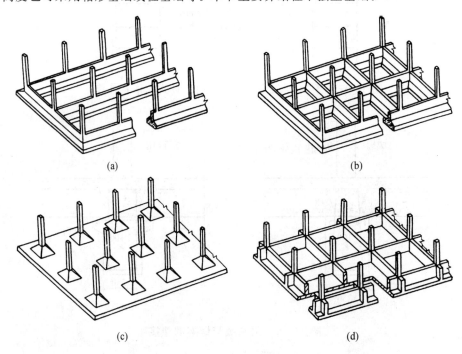

图 11-20　基础类型

（a）条形基础；（b）十字形基础；（c）平板式片筏基础；（d）梁板式片筏基础

柱下独立基础用于框架层数不多,且地基土均匀、柱距较大的情况。按施工方法可分为预制柱下独立基础和现浇柱下独立基础,现浇柱下独立基础常用于多层现浇框架结构。当以恒载为主时,多层框架结构的中间柱可视为轴心受压。预制柱下基础常用于装配式框架结构和混凝土单层厂房柱,且一般为偏心受压。

11.9.1　基础的构造

在设计柱下独立基础时,为满足预制柱的安装施工和基础与柱的牢固结合的要求,保证上部结构的正常使用和安全,需先了解基础的构造要求:

(1) 轴心受压基础底面宜设计为正方形或接近于正方形;偏心受压基础底面应设计成矩形,a/b 宜控制在 1.5 左右(a 为基础的长边,b 为基础的短边),最大不超过 2.0。

(2) 对于现浇柱下基础,锚固柱中的纵向钢筋,要求基础有效高度 h_0 大于或等于柱纵向受力钢筋的锚固长度 l_a,即 $h_0 \geqslant l_a$。

对于预制柱下基础,为嵌固柱子,要求柱子有足够的插入深度 H_1;同时为抵抗在吊装过程中柱对杯底板的冲击,要求杯底有足够的厚度 a_1。此外,为使柱子与基础结合牢固,柱与杯底之间应留有 50mm 的空隙,以便浇筑细石混凝土。因此基础高度

$$h \geqslant H_1 + a_1 + 50 \tag{11-19}$$

杯形基础的杯口深度、杯底厚度和杯壁厚度应满足表 11-7 和表 11-8 的要求,同时也应满足图 11-21 的各项尺寸要求。

表 11-7 柱的插入深度 H_1 mm

矩形或工字形截面柱				双肢柱
$h<500$	$500 \leqslant h \leqslant 1\,000$	$800 \leqslant h \leqslant 1\,000$	$h>1\,000$	
$H_1=(1.0\sim1.2)h$	$H_1=h$	$H_1=0.9h$ $H_1\geqslant800$	$H_1=0.84h$ $H\geqslant1\,000$	$H_1=(1/3\sim2/3)h$ $H_1=(1.5\sim1.8)b$

注:1. h 为柱截面长边,b 为短边;

    2. 柱为轴心或小偏心受压时,H 可适当减小;当 $e_0>2h$ 时,H_1 应适当加大。

表 11-8 基础的杯底厚度和杯壁厚度   mm

柱截面长边尺寸 h	杯底厚度 a_1	杯壁厚度 t
$h<500$	$\geqslant150$	$150\sim200$
$500\leqslant h<800$	$\geqslant200$	$\geqslant200$
$800\leqslant h<1\,000$	$\geqslant200$	$\geqslant300$
$1\,000\leqslant h<1\,500$	$\geqslant250$	$\geqslant350$
$1\,500\leqslant h<2\,000$	$\geqslant300$	$\geqslant400$

注:1. 双肢柱的 a_1 值可适当加大;

    2. 当有基础梁时,基础梁下的杯壁厚度应满足其支承宽度的要求。

(3) 凝土强度等级 $\geqslant$C15,通常采用 C15~C20。

(4) 当基础设于比较干燥、土质较好的土层上时,可不设垫层,此时基础配筋的保护层厚度应不小于 70mm;当基础设于湿、软土层上时,应设置厚度不小于 100mm 的素混凝土垫层,垫层混凝土多采用 C5~C7.5。此时受力筋保护层厚度应不小于 40mm。

(5) 受力筋一般采用 HPB300 级钢筋或 HRB335 级钢筋,其直径不宜小于 8mm,间距不应大于 200mm,但也不宜小于 100mm。当基础底面尺寸大于或等于 3m 时,为节约钢材,受力筋的长度可缩短 10%,并按图 11-22 所示交错布置。

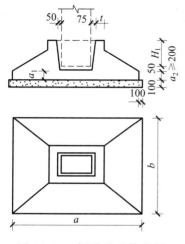

图 11-21 杯形基础构造图

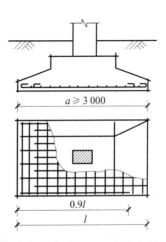

图 11-22 当基础底面长度 ≥3m 时受力钢筋的布置方式

（6）对于现浇柱下独立基础，为施工方便，往往在基础顶面留施工缝。因此需在基础中插筋（见图 11-23），其直径和根数与底层柱中的纵向受力钢筋完全一致。与柱中四角的钢筋相连接的插筋，向下要伸至基础底面的钢筋网处，并弯长度为 75mm 的直钩，其余插筋伸入基础的长度至少也应满足锚固长度的要求。插筋向上伸出基础顶面则需要足够的搭接长度。根据设计经验，柱中纵向受力筋在 8 根以内时，可做一次搭接，当钢筋超过 8 根时，则宜分两次搭接。插筋的直径、根数和搭接长度关系重大，在施工过程中要十分谨慎，不可弄错。

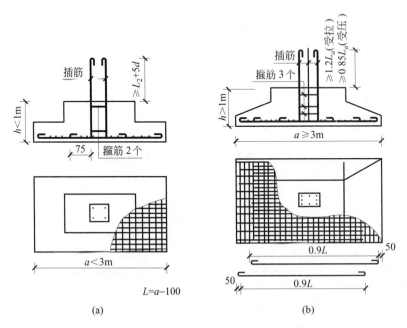

图 11-23　现浇柱下独立基础的构造要求

11.9.2　框架柱下独立基础的计算

1. 基础的作用及设计要求

基础的作用是将上部结构的荷载传递到地基土，并使结构保持稳定。它要有足够大的底面积，使上部荷载形成的压应力不超过地基土的承载力；同时又应有足够的强度与刚度不致使基础本身破坏，从而导致上部结构坍塌。也就是说，框架结构柱下混凝土独立基础设计要解决两个问题：一是基础底面积的大小；二是基础的强度和刚度问题。如果底面积太小，会引起土体塑性流动破坏（见图 11-24(a)）。如果基础抗冲切（抗剪）强度不足，会引起冲切破坏（见图 11-24(b)）；还有可能发生配筋不足引起的受弯破坏（见图 11-24(c)）。

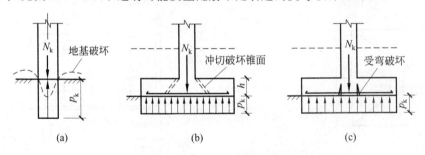

图 11-24　地基基础的破坏形式

总之,为了避免发生前述地基基础三种不同形式的破坏,对柱下独立基础要求进行基底外形尺寸、基础高度和基底配筋这三个方面的设计计算。

2. 轴心受压独立基础的计算

(1) 基础底面的外形尺寸的确定

基础底面外形尺寸是由地基的承载力和变形条件确定的。由基础底面传给地基的荷载包括两部分:一部分是上部结构传来的荷载,如柱子和基础梁传来的荷载;另一部分是基础及基础上回填土层的自重。如果在上述荷载作用下基底压应力为均匀分布,如图 11-25 所示,则这种基础称为轴心受压基础,基底压应力设计值可按下式计算:

$$p = N/A + G/A \tag{11-20}$$

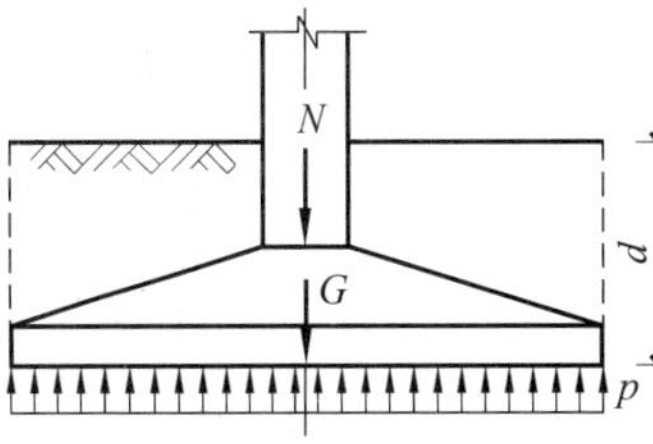

式中:N——柱传至基础顶面的轴心压力设计值;

　　　A——基础底面面积,$A = a \cdot b$,其中 a,b 为基底的长和宽;

　　　G——基础自重设计值和基础上的土重标准值,设计时可按 $G = \gamma_m \cdot d \cdot A$ 简化计算,其中 γ_m 为基础及其上回填土的平均容重,设计时可取 $\gamma_m = 20 \text{kN/m}^3$;$d$ 为基底埋置深度;A 为基础底面面积。

将 $G = \gamma_m A d$ 代入式(11-20)可得

$$p = N/A + \gamma_m \cdot d \tag{11-21}$$

《建筑地基基础设计规范》(GB 5007—2002)(以下简称《地基规范》)规定,轴心受压基础在荷载设计值作用下,基底压应力应满足条件

$$p \leqslant f_a \tag{11-22}$$

式中:f——经深度和宽度修正后的地基允许承载力设计值,以 kN/m² 计。

将式(11-22)代入式(11-21),即可导出基底面积的计算公式:

$$A \geqslant N/(f_a - \gamma_m \cdot d) \tag{11-23}$$

轴心受压柱下基础的底面宜采用正方形或长宽比较接近的矩形。根据上述地基承载力条件确定的基底外形尺寸,原则上还须经过地基的变形验算,满足《地基规范》要求,方可进一步计算。

(2) 基础高度的确定

柱下独立基础的高度需要满足两个要求:一个是构造要求;另一个是抗冲切承载力要求。设计中往往先根据构造要求和设计经验初步确定基础高度,然后进行抗冲切承载力验算。

柱下独立基础在向下的轴心压力和向上的均布地基土净反力 p_n 作用下,会发生如图 11-26 所示的破坏,即破坏锥面以内的柱下部分,发生向下的移动的趋势,而破坏锥面以外的基础部分,发生向上移动。这种破坏属于混凝土剪应变(或剪应力)达到其极限值的冲切破坏,考察其原因是破坏锥面以外四周土壤净反力的合力(冲切荷载)大于四个破坏锥面上的抗冲切力的合力,若按一个抗冲切面考虑,冲切荷载设计值:

$$F_1 = p_n A_1 \tag{11-24}$$

式中:F_1——冲切荷载设计值;

　　　p_n——在荷载设计值作用下基础底面单位面积上的净反力,$p_n = N/A$,其中 N 为上部结构传至基顶的轴向压力设计值;

　　　A_1——考虑冲切荷载时取用的多边形面积(见图 11-26 中的阴影面积 $ABCDEF$)。

对于矩形截面柱的矩形基础,若假设破坏锥面与基础底面的夹角为 $45°$,由图的几何关系可得:

$$A_1 = (a/2 - a_c/2 - h_0) \cdot b - (b/2 - b_c/2 - h_0)^2 \tag{11-25}$$

基础宽度小于冲切锥体底边宽时,由图 11-26(d)得

$$A_1 = (a/2 - b_c/2 - h_0) \cdot b \tag{11-26}$$

图 11-25　轴心受压柱下独立基础计算简图

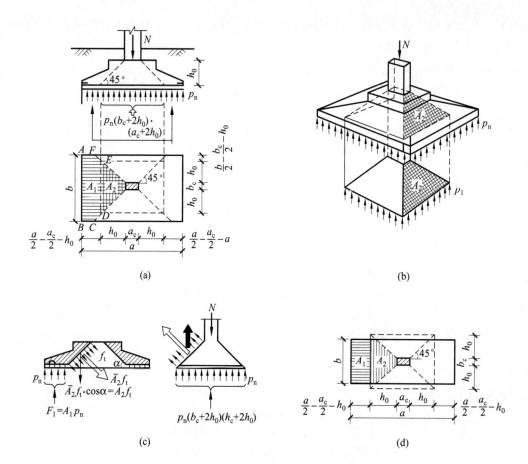

图 11-26　轴心受压独立基础沿柱脚冲切破坏的模式

矩形截面柱的基础通常不设置抗剪的箍筋和弯起钢筋,其抗冲切的承载力与冲切破坏锥面的面积和混凝土抗拉强度有关,为了保证不发生冲切破坏,必须使冲切面处的地基净反力产生的冲切力 F_1 小于或等于冲切面处的混凝土抗冲切强度,即

对图 11-26(a)的情况

$$F_1 \leqslant 0.7\beta_h f_t b_m h_0 \tag{11-27}$$

式中:f_t——混凝土抗拉设计强度。

$$b_m = (b_t + b_b)/2 \tag{11-28}$$

对图 11-26(d)的情况

$$F_1 \leqslant 0.7\beta_h f_t [b_b h_0 - (h_0 + b_t/2 - b_b/2)^2] \tag{11-29}$$

其中;β_h 为截面高度影响系数;b_t,b_b 为冲切破坏锥体上、下短边长。

按式(11-27)或式(11-29)即可验算初定的基础高度是否足够,如不满足,应调整基础高度,直到满足要求为止。基础高度确定之后,即可分阶。当 $h > 1\,000$mm 时,分为三阶;当 h 在 $500 \sim 1\,000$mm 之间分为两阶;当 $h < 500$mm,则只作一阶。

当然在基础的变阶处也可能发生冲切破坏,这时只需将前述各公式中的尺寸变换一下即可,即将基础的上阶视为柱的根部,如图 11-27 所示。

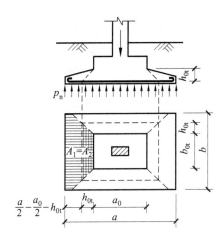

图 11-27　轴心受压独立基础变阶处的冲切破坏模式

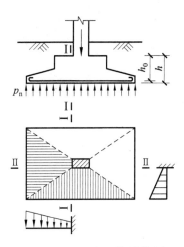

图 11-28　基础配筋计算图

（3）基础底面配筋计算

基础在上部结构传来的荷载与地基土净反力的共同作用下，可将基础作如图 11-28 所示虚线的分割，把每一个单元都作为固定于柱边的"悬臂板"，而彼此无联系，则基础内两个方向的配筋可按下式计算：

$$A_{sI} = M_{I}/(0.9 f_y h_{0I}) \tag{11-30}$$

$$A_{sII} = M_{II}/(0.9 f_y h_{0II}) \tag{11-31}$$

式中：M_{I}，M_{II}——计算截面 Ⅰ—Ⅰ 和 Ⅱ—Ⅱ 的设计弯矩值，按式（11-32），式（11-33）计算；

　　　h_{0I}，h_{0II}——截面 Ⅰ—Ⅰ 和 Ⅱ—Ⅱ 的有效高度，两个方向相差一钢筋直径 d，0.9 为内力臂系数。

$$M_{I} = p_n (a - a_c)^2 \cdot (2b + b_c)/24 \tag{11-32}$$

$$M_{II} = p_n (b - b_c)^2 \cdot (2a + a_c)/24 \tag{11-33}$$

对变阶基础还需计算变阶处所需配筋的数量（此处"悬臂板"的跨度虽有减小，但截面的有效高度也大大减小），计算方法同上，只需将基础的上阶视为柱，并按下阶的有效高度和上阶的长、宽的尺寸计算即可。

3. 偏心受压独立基础的计算

偏心受压基础与轴心受压基础的区别仅在于基底反力分布不同，因而在确定基础底面积和配筋时，需要考虑这一特点，并按基底反力大的一侧来控制基础高度和配筋。

（1）基础底面尺寸的确定

在框架边柱下，基础顶面处有柱传来的力有轴力、弯矩和剪力，此外，还有基础梁上回填土自重。利用力的平移法则，可将它们简化为作用于基底的偏心压力 N_{bot}，其偏心距为 $e_0 = M_{bot}/N_{bot}$，根据 e_0 的不同，基底反力可划分为如图 11-29 所示的三种情况，当基底处总荷载 $N_{bot} = (N + G)$ 作用于基础底面核心范围以内时，基底全部为压应力；基底反力的分布呈梯形，边缘最大、最小基底反力分别为

$$p_{max} = \frac{N_{bot}}{A} + \frac{M_{bot}}{W} \tag{11-34}$$

$$p_{max} = \frac{N_{bot}}{A} - \frac{M_{bot}}{W} \tag{11-35}$$

式中：W——基础底面的截面抵抗矩，对矩形截面 $W = ba^2/6$，以 m^3 计；

　　　M_{bot}——荷载设计值引起的作用于基底的总弯矩，等于柱传至基础顶面的弯矩 M 与相应的剪力 V 乘基础高度 h 之和，即 $M_{bot} = M \pm Vh$。

当 N_{bot} 正好作用在底面核心边缘上时（$e_0 = a/6$），距 N_{bot} 较远一侧基础边缘的地基反力为零，基底反力呈三

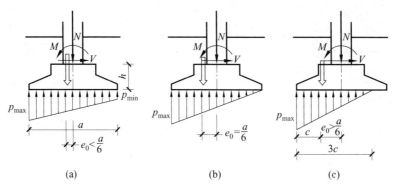

图 11-29　偏心受压独立基础的地基反力

角形分布,距 N_{bot} 较近一侧基础边缘的基底反力 p_{max} 仍可按式(11-34)计算。

当 $e_0 > a/6$ 时,距 N_{bot} 较远一侧边缘将与地基脱开,基底反力呈三角形分布。根据基底反力合力作用点与 N_{bot} 的作用点相重合的条件,不难求得基底反力分布的长度(基础与地基接触的长度)$s = 3c$,其中 c 为 N_{bot} 合力作用点到基底反力较大边缘的距离,$c = a/2 - e_0$,根据静力平衡条件可得距 N_{bot} 较近一侧基础底面边缘的基底最大支承应力:

$$p_{max} = \frac{2N_{bot}}{3cb} = \frac{2N_{bot}}{3b\left(\dfrac{a}{2} - e_0\right)} \tag{11-36}$$

式中:N_{bot}——荷载值引起的作用于基础底面的总反力,等于柱传来的压力设计值 N 与基础自重设计值及其上部回填土自重标准值之和,即 $N_{bot} = N + G$;

e_0——荷载设计值引起的 N_{bot} 对基底的偏心距,$e_0 = M_{bot}/N_{bot}$;

a——基底的长边长;

b——基底的短边长。

如果设置基础梁,在计算 N_{bot} 和 M_{bot} 时尚应考虑基础梁传来的荷载。偏心荷载作用时基础底面积多为矩形,其确定步骤大致如下:

① 先按轴心受压计算底面积,然后扩大 $1.2 \sim 1.4$ 估算偏心荷载作用时的基础底面积 $A = a \cdot b$,基础底面长短边之比 $a/b = 1.5 \sim 2.0$;

② 验算基础底面压应力,要求:

$$p_{max} \leqslant 1.2f \tag{11-37}$$

$$p = \frac{p_{max} + p_{min}}{2} \leqslant f \tag{11-38}$$

(2)基础高度的确定

确定偏心受压基础的高度,其方法原则上与轴心受压基础相同,仍可按式(11-27)进行抗冲切验算。不同的是,在式(11-24)中 F_1 应考虑基底反力不均匀分布的影响,此时,F_1 可按下式计算:

$$F_1 = p_{nmax}A_1 \tag{11-39}$$

式中:p_{nmax}——在荷载设计值(不包括基础及其上回填土自重)作用下基底的最大净压应力(见图 11-29);

A_1——计算冲切荷载时所取用的基底面积,仍按式(11-25)、式(11-26)计算。

变阶处的抗冲切验算可按上述方法进行,只需把基础上阶当做柱子考虑(见图 11-30)。

(3)基础底面配筋计算

偏心受压基础基底配筋计算的方法原则上与轴心受压的相同,只是控制截面上的弯矩(M_I 与 M_{II})的计算略有不同,在式(11-32)、式(11-33)中,地基土净反力 p_n 也应考虑不均匀分布的影响。在计算时,式(11-32)中

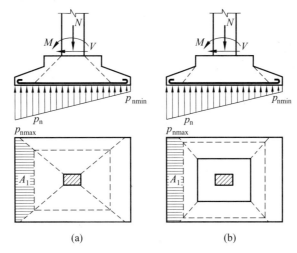

图 11-30　偏心受压基础沿柱边或变阶处的抗冲切计算简图

的地基净反力按下式计算：

$$p_n = \frac{p_{nmax} + p_{nmin}}{2} \tag{11-40}$$

式中：p_n——截面（柱边）处的地基净反力（见图 11-30）。

　　基础变阶处（见图 11-31）的配筋计算也与轴心受压基础相同，只是在计算 M_I 与 M_{II} 时，要分别用式（11-39）来求 p_n。

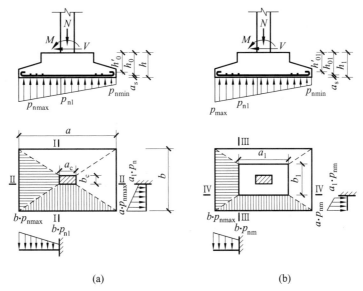

图 11-31　偏心受压独立基础基底配筋计算简图

11.10　本章主要知识点

1. 基本概念方面

　　（1）框架结构的受力变形特点、承重体系布置方案、竖向荷载与水平荷载的传力路径、最大高度、最大高宽比、不同房屋一般进深和开间的尺寸等；

（2）确定梁柱截面尺寸、材料的选用；

（3）基础的形式、设计的基本要求；

（4）框架结构的计算设计步骤、要点。

2. 计算方面

（1）计算框架在竖向荷载作用下的内力；弯矩二次分配法的计算要点是：

① 计算梁、柱转动刚度；

② 计算分配系数；

③ 求杆的固端弯矩；

④ 分配节点不平衡弯矩和传递弯矩，并以两次分配为限。

（2）计算框架在水平荷载作用下的内力和侧移；修正的反弯点法的计算要点是：

① 计算水平荷载在框架中产生的层间剪力；

② 确定各柱的侧移刚度及其总和；

③ 求各柱的分配剪力；

④ 确定柱的反弯点高度；

⑤ 求柱端截面弯矩；

⑥ 按节点平衡条件计算梁端截面弯矩。

（3）确定框架梁、柱控制截面的不利内力组合；求出构件控制截面的最不利内力，以确定截面的配筋。框架梁的控制截面是梁端及跨中，柱的控制截面是柱的上、下两端。

（4）计算控制截面的配筋数量。

（5）柱下独立基础的底面尺寸、基础高度（包括变阶处的高度）以及基底沿长边和短边两个方向的配筋应分别满足地基土承载力、基础抗冲切以及抗弯承载力的要求。

3. 构造方面

框架节点钢筋的布置、弯折和截断的具体规定，箍筋的安排等。

思 考 题

11-1 简述作用于多层房屋的荷载种类及计算方法。

11-2 框架结构的计算简图怎样确定？

11-3 框架结构房屋的承重（主）框架有哪几种布置形式？各有什么特点？

11-4 多层框架梁、柱的截面怎样选取？

11-5 怎样计算水平荷载作用下框架的内力和侧移？

11-6 怎样计算竖向荷载作用下框架的内力？

11-7 试述 D 值法与反弯点法的异同？

11-8 多层框架在水平荷载作用下变形有何特点？

11-9 怎样考虑多层框架的内力组合？怎样考虑楼面活荷载的最不利作用位置？

11-10 竖向荷载作用下，梁端负弯矩为何要进行调幅？

11-11 试述框架梁、柱节点配筋构造要求。

11-12　柱下独立基础的底面尺寸、基础高度包括变阶处的高度以及基底配筋是根据什么条件确定的？为什么在确定基底尺寸时要采用全部地基土反力值？而在确定基础高度和基底抗冲切计算时又采用地基土净反力不考虑基础及其台阶上回填土自重的设计值？

习　　题

11-1　用反弯点法求[例 11-3]的弯矩图，并说明误差产生的原因，哪种结果更合理？

11-2　[例 11-1]中，试用 D 值法计算该框架结构的侧移。

第 12 章　多层多跨框架结构抗震设计

本章学习要点：

（1）地震作用、烈度、场地土类型、自振频率的概念；

（2）多层框架抗震计算简图，底部剪力法中的结构等效重力荷载、结构总水平地震作用标准值、在各梁板处的分配、顶部附加地震作用的计算；

（3）结构地震验算的内容、方法与限值；

（4）抗震构造。

12.1　抗震基本知识

12.1.1　地震

地震是地球内部运动的一种自然现象。从起因来分，有构造地震、火山地震、塌陷地震和诱发地震，引起大面积、大规模震害的是构造地震；从震源深度来分，有浅源地震（≤70km）、中源地震（70~300km）和深源地震。地震波有体波、面波之分。体波又分为纵波（P 波）与横波（S 波）；纵波速度快、振幅小，横波速度慢、振幅大。面波又分为瑞雷波（R 波）和乐夫波（L 波）；面波速度最慢，破坏力最大。震中是与震源垂直的地面位置，震中距是观察者到震中的距离。图 12-1 为表示以上各名词的示意图。

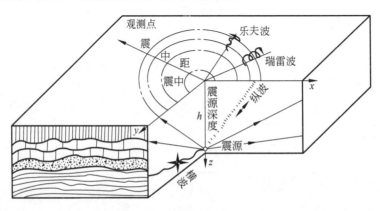

图 12-1　地震波传播示意图

12.1.2　震级与地震烈度

震级是地震释放能量大小的度量。一次地震只有一个震级。地震烈度是地震时某一地点地面振动强弱的程度；同一次地震，根据震中距的大小和地形地貌不同有多个地震烈度。表 12-1 给出国家地震局编制的地震烈度表。

表 12-1　中国地震烈度表（1999 年）

地震烈度	在地面上人的感觉	房屋震害程度		其他震害现象	水平向地面运动	
		震害现象	平均震害指数		峰值加速度/ (m/s²)	峰值速度/ (m/s)
1	无感					
2	室内个别处于静止状态中的人有感觉					
3	室内少数静止中的人有感觉	门、窗轻微作响		悬挂物微动		
4	室内多数人、室外少数有感觉，少数人梦中惊醒	门、窗作响		悬挂物明显摆动，器皿作响		
5	室内普遍、室外多数人有感觉，多数人梦中惊醒	门窗、屋顶、屋架颤动作响，灰土掉落，抹灰出现微细裂缝，有檐瓦掉落，个别屋顶烟囱掉砖		不稳定器物摇动或翻倒	0.31 (0.22~0.44)	0.03 (0.02~0.04)
6	多数人站立不稳，少数人惊逃户外	损坏——墙体出现裂缝，檐瓦掉落，少数屋顶烟囱裂缝、掉落	0~0.10	河岸和松软土出现裂缝，饱和砂层出现喷砂冒水；有的独立砖烟囱轻度裂缝	0.63 (0.45~0.89)	0.06 (0.05~0.09)
7	大多数人惊逃户外，骑自行车的人有感觉，行驶中的汽车驾乘人员有感觉	轻度破坏——局部破坏，开裂，小修或不需要修理可继续使用	0.11~0.30	河岸出现坍方；饱和砂层常见喷砂冒水，松软土地上的裂缝较多；大多数独立砖烟囱中等破坏	1.25 (0.90~1.77)	0.13 (0.10~0.18)
8	多数人摇晃颠簸，行走困难	中等破坏——结构破坏，需要修复才能使用	0.31~0.50	干硬土上亦出现裂缝，大多数独立砖烟囱严重破坏，树梢折断，房屋破坏导致人畜伤亡	2.50 (1.78~3.53)	0.25 (0.19~0.35)
9	行动的人摔倒	严重破坏——结构严重破坏，局部倒塌，修复困难	0.51~0.70	干硬土上许多地方出现裂缝，基岩可能出现裂缝、错动，滑坡、坍方常见，独立砖烟倒塌	5.00 (3.54~7.07)	0.50 (0.36~0.71)

续表

地震烈度	在地面上人的感觉	房屋震害程度		其他震害现象	水平向地面运动	
		震害现象	平均震害指数		峰值加速度/(m/s^2)	峰值速度/(m/s)
10	骑自行车的人会摔倒,处不稳状态的人会摔离原地,有抛起感	大多数倒塌	0.71~0.90	山崩和地震断裂出现,基岩上拱桥破坏,大多数独立砖烟囱从根部破坏或倒塌	10.00 (7.08~4.14)	1.00 (0.72~1.41)
11		普遍倒塌	0.91~1.00	地震断裂延续很大,大量山体滑坡		
12				地面剧烈变化,山河改观		

注:1. 1~5度以地面上人的感觉为主;6~10度以房屋震害为主,人的感觉仅供参考;11、12度以地表表象为主;11、12度的评定,需要专门研究。

2. 一般房屋包括木构架和土、石、砖墙构造的旧式房屋和单层的或数层的、未经抗震设计的新式砖房。对于质量特别差或特别好的房屋,可根据具体情况对表中各烈度的震害程度和震害指数予以提高或降低。

3. 震害指数以房屋"完好"为 0,"毁灭"为 1,中间按表列震害程度分级。平均震害指数指所有房屋的震害指数的总平均值,可以用普查或抽查方法确定。

4. 使用本表可根据地区具体情况,作出临时的补充规定。

5. 在农村可以自然村为主,在城镇可以分区进行烈度的评定,但面积以 $1km^2$ 左右为宜。

6. 烟囱指工业或取暖用的锅炉房烟囱。

7. 表中的数量词,"个别"指 10% 以下;"少数"指 10%~50%;"多数"指 50%~70%;"大多数"指 70%~90%;"普遍"指 90% 以上。

基本烈度是某一地区 50 年内在一般场地条件下可能遭遇超越概率为 10% 的地震烈度。全国主要城市的基本烈度和地震分组见《建筑抗震设计规范》(GB 50011 — 2001)(以下简称《抗震规范》)的附录 A。

12.1.3　抗震设防目标

《抗震规范》提出"三水准"设防目标:①遭遇低于木地区设防烈度的多遇地震(简称"小震")影响时,建筑一般不受损坏或不需修理仍可继续使用;②遭遇本地区设防烈度的地震影响时,建筑可能有一定的损坏,经修理或不经修理仍可继续使用;③遭遇高于本地区设防烈度的罕遇地震(简称"大震")影响时,建筑不致倒塌或发生危及生命的严重破坏。简言之,即"小震不坏,中震可修,大震不倒。"

12.1.4　建筑抗震设计的基本要求

(1) 选择有利的建筑场地,做好地基基础设计;特别要避开不利抗震的地段,如坡顶、岸边、孤突的山梁以及场地有软弱土层、液化土层等;

(2) 抗侧力构件平面布置应规则对称,结构具有良好的整体性;

(3) 采用有利于抗震的结构体系,应设有多道抗震防线,不应设计有薄弱部位;

(4) 选用正确的计算模式和方法;

(5) 注意非结构构件的抗震设计;

(6) 建筑材料,框架节点区,混凝土不低于 C30,受力钢筋宜用 HRB335 与 HRB400;箍筋宜用 HPB300、HRB335 与 HRB400。

12.1.5　场地土的分类与折算场地土类型

地震作用的大小与场地土密切相关。场地土根据各种土的剪切波速和覆盖厚度,分为四类。表 12-2 和表 12-3 分别给出土的剪切波速和各种场地土的覆盖厚度。计算地震作用时要把地面下 $15\sim20\text{m}$ 范围内的各类土化为一种类型,称做折算类型,其折算公式为

$$k_{eq} = \frac{\sum k_i h_i}{H}, \quad H \leqslant 20\text{m} \tag{12-1}$$

式中:k_{eq}——折算场地类型;

$\quad k_i$——第 i 层场地土类型;

$\quad h_i$——第 i 层场地土厚度;

$\quad H$——各层场地土总厚度。

表 12-2　土的类型划分和剪切波速范围

土的类型	岩土名称和性状	土层剪切波速/(m/s)
岩石	坚硬、软硬且完整的岩石	$v_s > 800$
坚硬土或软质岩石	破碎和较破碎的岩石或软和较软的岩石,密实的碎石土	$800 \geqslant v_s > 500$
中硬土	中密、稍密的碎石土,密实、中密的砾、粗、中砂,$f_{ak} > 150$ 的黏性土和粉土,坚硬黄土	$500 \geqslant v_s > 250$
中软土	稍密的砾、粗、中砂,除松散外的细、粉砂,$f_{ak} \leqslant 150$ 的黏性土和粉土,$f_{ak} > 130$ 的填土,可塑新黄土	$250 \geqslant v_s > 150$
软弱土	淤泥和淤泥质土,松散的砂,新近沉积的粘性土和粉土,$f_{ak} \leqslant 130$ 的填土,流塑黄土	$v_s \leqslant 150$

注:f_{ak} 为由载荷试验等方法得到的地基承载力特征值(kPa);v_s 为岩土剪切波速。

表 12-3　各类建筑场地的覆盖层厚度　　　　　　　　　　　　　　　　　m

岩石的剪切波速或土的等效剪切波速/(m/s)	场 地 类 别				
	I_0	I_1	II	III	IV
$v_s > 800$	0				
$800 \geqslant v_s > 500$		0			
$500 \geqslant v_{se} > 250$		<5	$\geqslant 5$		
$250 \geqslant v_{se} > 150$		<3	$3\sim50$	>50	
$v_{se} \leqslant 150$		<3	$3\sim15$	$15\sim80$	>80

注:表中 v_s 系岩石的剪切波速。

《抗震规范》规定:天然地基上的砌体结构和 $\leqslant 8$ 层、$H \leqslant 25\text{m}$ 的民用框架结构,可以不作地基基础承载力验算。

12.1.6　地震作用与地震影响系数

地震作用标准值按下式计算:

$$F_{Ek} = \alpha G \tag{12-2}$$

式中：F_{Ek}——水平地震作用标准值；

  G——结构重量代表值；

  α——地震影响系数，设计时根据地震烈度、场地类别、设计地震分组和结构自振周期以及阻尼比，按
    图 12-2 采用。图中 T 为结构周期，T_g 为场地土的特征周期，由表 12-6 查出，α_{max} 由表 12-4 查出，
    在一般情况下，图 12-2 中，衰减指数 $\gamma = 0.9$，$\eta_1 = 0.2$，$\eta_2 = 1.0$。

设计基本地震加速度见表 12-5，其中 g 为重力加速度。

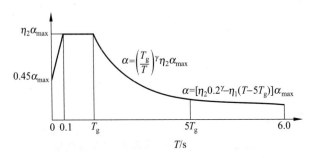

图 12-2　地震影响系数 α 曲线

α—地震影响系数；α_{max}—地震影响系数最大值；η_1—直线下降段的下降斜率调整系数；γ—衰减指数；

T_g—特征周期；η_2—阻尼调整系数；T—结构自振周期

表 12-4　水平地震影响系数最大值 α_{max}

地震影响	烈　　度			
	6	7	8	9
多遇地震	0.04	0.08(0.12)	0.16(0.24)	0.32
罕遇地震	0.28	0.5(0.72)	0.90(1.20)	1.40

注：表中括号内的数值分别用于设计基本地震加速度取表 12-5 中 $0.15g$ 和 $0.30g$ 的地区。

表 12-5　设计基本地震加速度值

抗震设防烈度	6	7	8	9
设计基本地震加速度值	$0.05g$	$0.10(0.15)g$	$0.20(0.30)g$	$0.40g$

表 12-6　特征周期值 T_g　　　　　　　　　　　　　　　　　　s

设计地震分组	场地类别				
	I_0	I_1	II	III	IV
第一组	0.20	0.25	0.35	0.45	0.65
第二组	0.25	0.30	0.40	0.55	0.75
第三组	0.30	0.35	0.45	0.65	0.90

12.1.7　结构抗震验算

规范要求：

结构的截面抗震验算，应符合下列规定：

1　6 度时的建筑(不规则建筑及建造于Ⅳ类场地上较高的高层建筑除外),以及生土房屋和木结构房屋等,应允许不进行截面抗震验算,但应符合有关的抗震措施要求。

2　6 度时不规则建筑、建造于Ⅳ类场地上较高的高层建筑,7 度和 7 度以上的建筑结构(生土房屋和木结构房屋等除外),应进行多遇地震作用下的截面抗震验算。

1. 截面抗震验算

进行结构抗震设计时,结构构件的地震作用效应和其他荷载效应的基本组合,应按下式计算:

$$S = \gamma_G S_{GE} + \gamma_{Eh} S_{Ehk} + \gamma_{Ev} S_{Evk} + \psi_w \gamma_w S_{wk} \tag{12-3}$$

式中:S——结构构件内力组合的设计值,包括组合弯矩、轴向力和剪力设计值;

　　γ_G——重力荷载分项系数,一般情况应采用 1.2,当重力荷载效应对结构构件承载能力有利时,不应大于 1.0;

　　γ_{Eh},γ_{Ev}——水平、竖向地震作用分项系数,应按表 12-7 采用;

　　γ_w——风荷载分项系数,应采用 1.4;

　　S_{GE}——重力荷载代表值的效应,对重力荷载代表值,当有吊车时,应包括悬吊物重力标准值的效应;

　　S_{Ehk}——水平地震作用标准值的效应,尚应乘以相应的增大系数或调整系数;

　　S_{Evk}——竖向地震作用标准值的效应,尚应乘以相应的增大系数或调整系数;

　　S_{wk}——风荷载标准值的效应;

　　ψ_w——风荷载组合值系数,一般结构取 0.0,风荷载起控制作用的高层建筑可采用 0.2。

表 12-7　地震作用分项系数

地 震 作 用	γ_{Eh}	γ_{Ev}
仅计算水平地震作用	1.4	0.0
仅计算竖向地震作用	0.0	1.4
同时计算水平与竖向地震作用(水平地震为主)	1.4	0.6
同时计算水平与竖向地震作用(竖向地震为主)	0.5	1.4

结构构件的截面抗震验算,应采用下列设计表达式

$$S \leqslant R/\gamma_{RE} \tag{12-4}$$

式中:γ_{RE}——承载力抗震调整系数,除另有规定外,应按表 12-8 采用;

　　R——结构构件承载力设计值(N/mm^2)。

表 12-8　承载力抗震调整系数

材料	结 构 构 件	受力状态	γ_{RE}
钢	柱、梁,支承,节点板件,螺栓,焊缝柱,支撑	强度 稳定	0.75 0.80
砌体	两端均有构造柱、芯柱的抗震墙	受剪	0.9
	其他抗震墙	受剪	1.0
混凝土	梁	受弯	0.75
	轴压比小于 0.15 的柱	偏压	0.75
	轴压比不小于 0.15 的柱	偏压	0.80
	抗震墙	偏压	0.85
	各类构件	受剪、偏拉	0.85

当仅计算竖向地震作用时,各类结构构件承载力抗震调整系数均宜采用1.0。

对于抗震设防烈度为6度时的建筑(建造于Ⅳ类场地上较高的高层建筑除外),以及《抗震规范》各章规定不验算的结构,可不进行截面抗震验算,但应符合有关的抗震措施要求。

2. 抗震变形验算

因砌体结构刚度大、变形小,以及厂房对非结构构件要求低,故可不验算砌体结构和厂房结构的允许弹性变形,而只对表12-9所列各类结构进行抗震变形验算,其楼层内最大弹性层间位移应满足下式要求

$$\Delta u_e \leqslant [\theta_e]h \tag{12-5}$$

式中:Δu_e——多遇地震作用标准值产生的楼层最大的弹性层间位移(mm),计算时,除以弯曲变形为主的高层建筑外可不扣除结构整体弯曲变形,应计入扭转变形,各作用分项系数均应采用1.0,钢筋混凝土结构构件的截面刚度可采用弹性刚度;

　　　　$[\theta_e]$——弹性层间位移角限值,宜按表12-9采用;

　　　　h——计算楼层层高(mm)。

表 12-9　弹性层间位移角限值

结 构 类 型	$[\theta_e]$
钢筋混凝土框架	1/550
钢筋混凝土框架-抗震墙、板柱-抗震墙、框架-核心筒	1/800
钢筋混凝土抗震墙、筒中筒	1/1 000
钢筋混凝土框支层	1/1 000
多、高层钢结构	1/250

12.2　框架结构的地震作用

通常,把结构的质量全部集中在楼层处,形成多(单)质点体系,如图12-3所示,地震作用在各质点上。《抗震规范》规定,框架结构采用底部剪力法计算地震作用,其公式为

$$F_{Ek} = \alpha_1 G_{eq} \tag{12-6}$$

式中:F_{Ek}——结构总水平地震作用标准值(N);

　　　　α_1——相应于结构基本自振周期T_1的水平地震影响系数,按图12-2采用;《高层建筑混凝土结构技术规程》建议规则框架的基本周期可按下式计算:

$$T_1 = 1.7\psi_T \sqrt{u_T} \tag{12-7}$$

其中,u_T——把楼层重力荷载G作为水平荷载计算得到的假想的结构顶点水平位移(m);

　　　　ψ_T——考虑非承重墙刚度影响的折减系数,可取0.6~0.7。

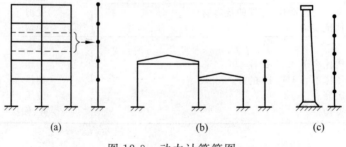

(a)　　　　　　　　　　(b)　　　　　　　　(c)

图12-3　动力计算简图

第 i 个质点处的水平地震作用按底部为 0,顶部最大的倒三角形分布,同时在顶部再加一集中力计算,如图 12-4 所示,表达式为

$$F_i = \frac{G_i H_i}{\sum\limits_{j=1}^{n} G_j H_j}(1-\delta_n)F_{Ek}, \quad i=1,2,\cdots,n$$

$$\Delta F_n = \delta_n F_{Ek} \tag{12-8}$$

式中:F_i——第 i 个质点处的水平地震作用标准值;

G_i,G_j——i,j 个质点重力荷载代表值;

H_i,H_j——质点 i,j 的计算高度(m);

δ_n——顶部附加地震作用系数,多层钢筋混凝土结构和钢结构房屋可按表 12-10 采用;多层内框砖房可采用 0.2,其他房屋可采用 0.0。

ΔF_n——顶部附加水平地震作用(N)。

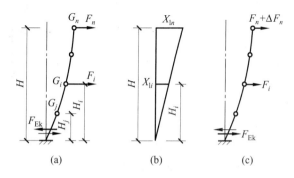

图 12-4　底部剪力法

表 12-10　顶部附加地震作用系数 δ_n

T_g/s	$T_1 > 1.4T_g$	$T_1 \leqslant 1.4T_g$
<0.35	$0.08T_1+0.07$	
$0.35 \sim 0.55$	$0.08T_1+0.01$	0
>0.55	$0.08T_1-0.02$	

注:T_1 为结构基本周期。

采用底部剪力法时,突出屋面的屋顶间、女儿墙、烟囱等的地震作用效应,宜乘以增大系数 3,此增大部分不应往下传递,但与该突出部分相连的构件应予计入。

求得各层地震作用以后,即可求得各层间剪力

$$V_{ik} = \sum_{j=i}^{n} F_j + \delta_n F_{Ek} \tag{12-9}$$

规范规定:

抗震验算时,结构任一楼层的水平地震剪力应符合下式要求:

$$V_{Eki} > \lambda \sum_{j=i}^{n} G_j \tag{12-9'}$$

式中:V_{Eki}——第 i 层对应于水平地震作用标准值的楼层剪力;

λ——剪力系数,不应小于表 12-11 规定的楼层最小地震剪力系数值,对竖向不规则结构的薄弱层,表中数值尚应乘以 1.15 的增大系数;

G_j——第 j 层的重力荷载代表值。

表 12-11　楼层最小地震剪力系数值

类　　别	6 度	7 度	8 度	9 度
扭转效应明显或基本周期小于 3.5s 的结构	0.008	0.016(0.024)	0.032(0.048)	0.064
基本周期大于 5.0s 的结构	0.006	0.012(0.018)	0.024(0.032)	0.040

注:1. 基本周期介于 3.5s 和 5s 之间的结构,按插入法取值;

　　2. 括号内数值分别用于设计基本地震加速度为 0.15g 和 0.30g 的地区。

[例 12-1]　某三层钢筋混凝土框架结构如图 12-5 所示,建造在 8 度地区(地震加速度为 0.3g)的Ⅱ类场地土上,设计地震分组为第一组,设梁的抗弯刚度无穷大,柱的截面尺寸 $bh=200\text{mm}\times250\text{mm}$,混凝土为 C30,底层柱配有箍筋 $\phi8@200$,受力 HRB335 级钢筋 $6\Phi20$,试计算各层的地震作用,并进行底层抗侧承载力与变形验算。

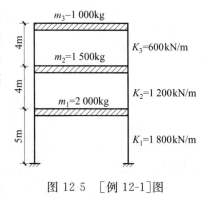

图 12-5　[例 12-1]图

解:(1) 求结构基本周期

$$G_3 = 1 \times 9.8 = 9.8(\text{kN})$$
$$G_2 = 1.5 \times 9.8 = 14.7(\text{kN})$$
$$G_1 = 2 \times 9.8 = 19.6(\text{kN})$$

将各楼层的重力荷载当作水平力产生的楼层剪力为

$$V'_3 = G_3 = 9.8(\text{kN})$$
$$V'_2 = G_3 + G_2 = 24.5(\text{kN})$$
$$V'_1 = G_3 + G_2 + G_1 = 44.1(\text{kN})$$

则将楼层重力荷载当作水平力所产生的楼层水平位移为

$$u_1 = \frac{V'_1}{K_1} = \frac{44.1}{1\,800} = 0.024\,5(\text{m})$$

$$u_2 = \frac{V'_2}{K_2} + u_1 = \frac{24.5}{1\,200} + 0.024\,5 = 0.044\,9(\text{m})$$

$$u_3 = \frac{V'_3}{K_3} + u_2 = \frac{9.8}{600} + 0.044\,9 = 0.061\,3(\text{m})$$

求基本周期

取 $\psi_T = 0.7$,代入式(12-7),得

$$T_1 = 1.7 \times 0.7 \times \sqrt{0.061\,3} = 0.295(\text{s})$$

(2) 求总水平地震作用标准值(底部剪力)

由表 12-4 查得 $\alpha_{\max} = 0.24$;

由表 12-6 查得 $T_g = 0.35\text{s}$。按图 12-2 计算地震影响系数

因 $0.1\text{s} < T_1 < 0.35\text{s}$,应取 $\alpha_1 = \alpha_{\max}$,则

$$F_{\text{Ek}} = \alpha_1 G_{\text{eq}} = 0.85\alpha_1 \sum_{i=1}^{n} G_i = 0.85 \times 0.24 \times (1.0 + 1.5 + 2.0) \times 9.8 = 9.00(\text{kN})$$

(3) 求作用各质点上的水平地震作用

查表 12-11,因 $T_1 = 0.295\text{s} < 1.4T_g = 1.4 \times 0.35 = 0.49(\text{s})$,$\delta_n = 0.0$,则

$$\Delta F_n = \delta_n F_{\text{Ek}} = 0.0(\text{kN})$$

$$\sum_{j=1}^{n} G_i H_j = (2 \times 5 + 1.5 \times 9 + 1 \times 13) \times 9.8 = 357.7(\text{kN})$$

作用在结构各质点上的水平地震作用为

$$F_1 = \frac{G_1 H_1}{\sum\limits_{j=1}^{n} G_j H_j}(1 - \delta_n)F_{\text{Ek}} = \frac{2 \times 9.8 \times 5}{357.7} \times 9.00 = 2.47(\text{kN})$$

$$F_2 = \frac{1.5 \times 9.8 \times 9}{357.7} \times 9.00 = 3.33(\text{kN})$$

$$F_3 = \frac{1.0 \times 9.8 \times 13}{357.7} \times 9.00 = 3.21(\text{kN})$$

（4）求各楼层剪力标准值

$$V_3 = F_3 + \Delta F_n = 3.21 + 0.0 = 3.21(\text{kN})$$
$$V_2 = F_2 + F_3 + \Delta F_n = 3.33 + 3.21 + 0.0 = 6.54(\text{kN})$$
$$V_1 = F_1 + F_2 + F_3 + \Delta F_n = 2.47 + 3.33 + 3.21 + 0.0 = 9.01(\text{kN})$$

按照式（12-9'）的规定，$T_1 = 0.295\text{s} < 3.5\text{s}$，8 度 $0.3g$ 时的 $\lambda = 0.048$，

$$V_3 = 0.048 \times 1\,000 = 48\text{kg} = 0.48\text{kN} < 3.21\text{kN}$$
$$V_2 = 0.048 \times 2\,500 = 1.2\text{kN} < 6.54\text{kN}$$
$$V_1 = 0.048 \times 4\,500 = 2.16\text{kN} < 9.01\text{kN}$$

所以满足最小地震剪力要求。

（5）抗剪承载力验算

底层剪力最大，是控制截面。一根柱承受剪力标准值 9.01/2＝4.5kN；设计值为

$$V = 1.3 \times 4.5 = 5.85(\text{kN})$$

一根柱的抗剪承载力

$$V \leqslant \frac{1}{\gamma_{\text{RE}}}\left(\frac{1.05}{\lambda + 1}f_t b h_0 + f_{yv}\frac{A_{sv}}{s}h_0 + 0.056N\right)$$

由表 2-8 查得 $f_t = 1.43\text{N/mm}^2$，HRB335 钢筋 $f_{yv} = 270\text{N/mm}^2$，$\phi 8$ 的 $A_{sv1} = 50.3\text{mm}^2$，2 肢，$A_{sv} = 100.6\text{mm}^2$，$s = 200\text{mm}$，取 $a_s' = 40\text{mm}$；$\lambda = H_0/(2h_0) = 5\,000/(2 \times 210) = 11.9 > 3$，取 $\lambda = 3$，底层一根柱的轴压比为 $N/(f_c bh) = 1.2 \times (1 + 1.5 + 2) \times 10^4/(2 \times 14.3 \times 200 \times 250) = 0.037\,8 < 0.15$，所以，由表 12-8 查得 $\gamma_{\text{RE}} = 0.75$，代入后面的式（12-23）得

$$\frac{1}{0.75} \times (1.05 \times 1.43 \times 200 \times 210/2 + 270 \times 100.6/200) = 31.637/0.75 = 42.2(\text{kN}) > V = 5.85(\text{kN})$$

所以足够安全。

（6）变形验算

底层　$V_1/K_1 = 1.3 \times 9.00/1\,800 = 0.006\,5\text{m}$，$\theta = 0.006\,5/5 = 0.001\,3 < 1/50 = 0.02$，满足。

中层　$1.3 \times 6.54/1\,200 = 0.007\,1$，满足。

顶层　$1.3 \times 3.21/600 = 0.007\,0$，满足。

12.3　框架结构抗震设计的一般规定

12.3.1　多层现浇框架结构适用的最大高度

《抗震规范》在考虑了地震烈度、场地土、抗震性能、使用要求及经济性等因素和总结地震经验的基础上，规定了地震区多层现浇框架结构适用的最大高度，见表 12-12。应当指出，表中数值并非是房屋高度的限值，而只

是我国规范适用的高度范围,即按规范规定设计可以满足抗震要求的高度限值;当超过表中限值时,必须进行专门研究,应有可靠的理论和试验依据并采取有效加强措施。

表 12-12　现浇框架结构适用的房屋最大高度　　　　　　　　　　m

结构类型	设 防 烈 度				
	6	7	8(0.2g)	8(0.3g)	9
框架结构	60	50	40	35	24

注:1. 房屋高度指室外地面到主要屋面板板顶的高度(不包括局部突出屋顶部分);

　　2. 乙类建筑可按本地区抗震设防烈度确定适用的最大高度;

　　3. 超过表内高度的房屋,应进行专门研究和论证,采取有效的加强措施。

12.3.2　框架结构抗震等级的划分

《抗震规范》规定:钢筋混凝土房屋应根据烈度、结构类型和房屋高度采用不同的抗震等级,并应符合相应的计算和构造措施要求,丙类建筑的抗震等级按表 12-13 确定。这样,可以对同一设防烈度的不同高度的房屋采用不同抗震等级设计,同一建筑物中不同结构部分也可以采用不同抗震等级设计。

表 12-13　现浇钢筋混凝土结构的抗震等级

结构类型		烈　　度						
		6		7		8		9
	高度/m	≤24	>24	≤24	>24	≤24	>24	≤24
框架结构	框架	四	三	三	二	二	一	一
	大跨度框架	三		二		一		一

注:大跨度框架指跨度不小于 18m 的框架。

12.3.3　结构布置宜规则

近年来提出的"规则建筑"的概念包括了建筑的平面、立面形状和结构刚度、屈服强度分布等方面的综合要求。

1. 建筑的平面

为了减小地震作用对建筑结构的整体和局部的不利影响,如扭转和应力集中效应,建筑平面形状宜规整,避免过大的外伸或内收,《抗震规范》规定,房屋平面的凹角和凸角不大于该方向总长度的 30% ,可以认为建筑外形是规则的(见图 12-6),否则认为是凹凸不规则的。

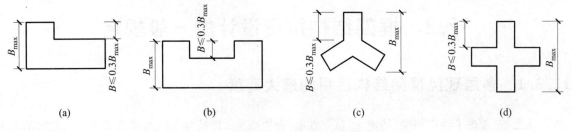

图 12-6　平面凹角或凸角的规则建筑

2. 沿房屋高度的层间刚度和层间屈服强度的分布宜均匀

根据大量地震反映分析统计,结构的层间刚度不小于其相邻上层刚度的 70%,且不小于其上部相邻三层刚度平均值的 80%(见图 12-7),层间受剪承载力不小于相邻上一楼层的 80%(见图 12-8),可认为是较均匀的结构。

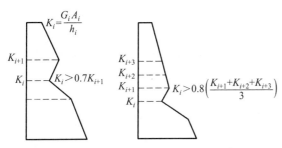
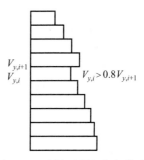

图 12-7　层间刚度分布均匀的结构　　　　图 12-8　层间屈服强度分布

为了减轻薄弱层的变形集中现象,框架结构抗震设计应注意以下问题:

(1) 框架结构的各楼层中砌体填充墙尽量相同。

(2) 主要抗侧力竖向构件,特别是框架柱,其截面尺寸、混凝土强度等级和配筋量的改变不宜集中在同一楼层内。

(3) 应纠正"增加构件强度总是有利无害"的非抗震设计概念,在设计和施工中不宜盲目改变混凝土强度等级和钢筋级别及配筋量。

12.4　防震缝和抗撞墙

体形复杂、平立面特别不规则的建筑结构,可按实际需要在适当部位设置防震缝,形成多个较规则的抗侧力结构单元。

防震缝应根据抗震设防烈度、结构材料种类、结构类型、结构单元的高度和高差情况,留有足够的宽度,其两侧上部结构应完全分开。当设置伸缩缝和沉降缝时,其宽度应符合防震缝的要求。

《抗震规范》规定,防震缝最小宽度应符合下列要求:

(1) 框架结构房屋的防震缝宽度,当高度不超过 15m 时可采用 100mm,超过 15m 时,6 度、7 度、8 度和 9 度相应每增加高度 5m,4m,3m,2m,宜加宽 20mm。

(2) 防震缝两侧结构体系不同时,防震缝宽度按不利体系考虑,并按低的房屋高度计算缝宽。

(3) 8 度、9 度框架结构房屋防震缝两侧结构层高相差较大时,防震缝两侧框架柱的箍筋应沿房屋全高加密,并可根据需要在缝两侧沿房屋全高各设置不少于两道垂直于防震缝墙的抗撞墙。抗撞墙的布置宜避免加大扭转效应,其长度可不大于 1/2 层高,抗震等级可同框架结构;框架构件的内力应按设置和不设置抗撞墙两种计算模型的不利情况取值。

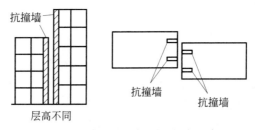

图 12-9　框架结构采用抗撞墙示意图

12.5　框架梁、柱与节点的抗震设计

12.5.1　一般设计原则

根据"小震不坏、中震可修、大震不倒"的抗震设防目标,当遭受到设防烈度的地震影响时,允许结构某些杆件截面的钢筋屈服,出现塑性铰,使结构刚度降低,塑性变形加大。当塑性铰达到一定数量时,结构就进入塑性状态,出现"屈服"现象,即承受的地震作用不再增加或增加很少,而结构变形迅速增加。如果结构能维持承载能力而又具有较大的塑性变形能力,就称为延性结构。结构的延性或塑性变形能力一般可用结构顶点的延性系数来表示。延性系数定义为 $\mu=\Delta u_p/\Delta u_y$,$\Delta u_y$ 为结构"屈服"时的顶点水平位移,Δu_p 为维持承载能力的最大顶点水平位移。一般认为,在抗震结构中,结构顶点延性系数 μ 应不小于 3~4。

在地震作用下,延性结构通过塑性铰区域的变形,能够有效地吸收和耗散地震能量。同时,这种变形降低了结构的刚度,致使结构在地震作用下的反应减小,也就是使地震对结构的作用力减小。因此,延性结构具有较强的抗震能力。为了防止钢筋混凝土房屋当遭受到高于本地区设防烈度的罕遇地震影响时,不致倒塌或发生危及生命的严重破坏,应设计成延性框架结构。

框架结构的顶点水平位移是由各层梁、柱的变形引起的层间位移积累产生的,因此,要求结构具有一定的延性就必须保证梁、柱有足够大的延性。而梁、柱的延性是以其截面塑性铰的转动能力来度量的。因此,在进行结构抗震设计时,应注意梁、柱塑性铰的设计,使框架结构成为具有较大延性的"延性框架结构"。

根据震害分析,以及近年来国内外试验研究资料,梁、柱塑性铰设计应遵循下述原则:

(1) 强柱弱梁。要控制梁、柱的相对强度,使塑性铰首先在梁中出现(见图 12-10(a)),尽量避免或减少在柱中出现。因为塑性铰在柱中出现,在上部楼层的巨大压力下,塑性铰转动过大或因此上、下柱端全部出现塑性铰形成几何可变体系而倒塌(见图 12-10(b))。

(2) 强剪弱弯。对于梁、柱构件而言,要保证构件出现塑性铰,而不过早地发生剪切破坏,要求构件的抗剪承载力大于塑性铰的抗弯承载力,形成"强剪弱弯"结构。

(3) 强节点、强锚固。为了确保结构为延性结构,在梁的塑性铰充分发挥作用前,框架节点、钢筋的锚固不应过早地破坏。

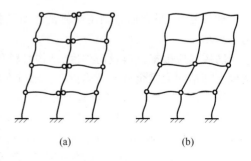

(a)　　　　　(b)

图 12-10　框架结构塑性铰

12.5.2　框架梁的设计

1. 梁的截面尺寸

梁的截面尺寸,宜符合下列要求:截面宽度不宜小于 200mm,高宽比不宜大于 4;为了避免发生剪切破坏,梁净跨与截面高度之比不宜小于 4。通常,框架梁的高度取 $h_b=(1/18~1/10)l_b$,其中 l_b 为梁的跨度。在设计框架结构时,为了增大结构的横向刚度,一般多采用横向框架承重。因此,横向框架梁的高度要设计得大一些,一般多采用 $h_b \geqslant l_b/10$。采用横向框架承重设计方案时,纵向框架虽不直接承受楼板上的重力荷载,但它要承

受外纵墙或内纵墙的重量,以及纵向地震作用。因此,在高烈度区,纵向框架梁的高度也不宜太小,一般取 $l_b/12$,且不宜小于 500mm;否则配筋太多,甚至有可能发生超筋现象。为了避免在框架节点处纵、横钢筋相互干扰,可取纵梁底部比横梁底部高出 50mm 以上(见图 12-11)。

框架梁的宽度,一般取 $b_b=(1.2\sim1.3)h_b$,从采用定型模板考虑,多取 $b_b=250$mm,当梁的负荷较重或跨度较大时,也常采用 $b_b\geqslant300$mm。

框架横梁上多设挑檐,主要用做搁置预制楼板。挑檐宽度一般为 $100\sim150$mm,并保证预制板搁置长度不小于 80mm。挑檐厚度应由抗剪强度条件确定,当其厚度不小于 100mm 时,可不作抗剪验算。挑檐内的配筋按构造要求确定(见图 12-12)。

采用扁梁时,楼板应现浇,梁中线宜与柱中线重合。当梁宽大于柱宽时,扁梁应双向布置。扁梁的截面尺寸应符合下列要求,并应满足挠度和裂缝宽度的规定

$$b_b\leqslant2b_c,\quad b_b\leqslant b_c+h_b,\quad h_b\geqslant16d \tag{12-10}$$

式中:b_c——柱截面宽度,圆形截面取柱直径的 0.8 倍;

b_b,h_b——分别为梁截面宽度和高度;

d——柱纵筋直径。

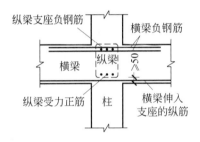

图 12-11　框架结构梁的尺寸

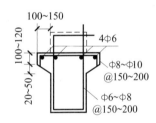

图 12-12　框架结构花篮梁

2. 抗震结构对材料和施工质量的特别要求(应在设计文件上注明)

混凝土的强度等级,一级的框架梁、柱、节点核心区,不应低于 C30;构造柱、芯柱、圈梁及其他各类构件不应低于 C20;

抗震等级为一、二、三级的框架和斜撑构件(含梯段),其纵向受力钢筋采用普通钢筋时,钢筋的抗拉强度实测值与屈服强度实测值的比值不应小于 1.25;钢筋的屈服强度实测值与屈服强度标准值的比值不应大于 1.3,且钢筋在最大拉力下的总伸长率实测值不应小于 9%。

普通钢筋宜优先采用延性、韧性和焊接性较好的钢筋:普通钢筋的强度等级,纵向受力钢筋宜选用符合抗震性能指标的不低于 HRB400 级的热轧钢筋,也可采用符合抗震性能指标的 HRB335 级热轧钢筋;箍筋宜选用符合抗震性能指标的不低于 HRB335 级的热轧钢筋,也可选用 HPB300 级热轧钢筋。

注:钢筋的检验方法应符合现行国家标准《混凝土结构工程施工质量验收规范》GB 50204 的规定。

3. 梁的正截面受弯承载力计算

按框架最不利内力组合,求出梁的控制截面组合弯矩后,即可按一般钢筋混凝土结构构件的计算方法进行配筋计算。梁的纵向钢筋配置,应符合下列各项要求:

(1)梁端截面的底面和顶面配筋量的比值,除按计算确定外,抗震等级为一级不应小于 0.5,二、三级不应小于 0.3。

(2)沿梁全长顶面和底面的配筋,一、二级不应少于 $2\phi14$,且分别不应少于梁两端顶面和底面纵向配筋中较大截面面积的 $1/4$,三、四级不应少于 $2\phi12$。

（3）一、二、三级框架梁内贯通中柱的每根纵向钢筋直径，不宜大于柱在该方向截面尺寸的 1/20；对圆形截面柱，不宜大于纵向钢筋所在位置柱截面弦长的 1/20。

（4）梁端纵向受拉钢筋的配筋率不应大于 2.5%。

（5）计入受压钢筋的梁端混凝土受压区高度和有效高度之比，一级不应大于 0.25，二、三级不应大于 0.35。

（6）纵向受拉钢筋的配筋率，不应小于表 12-14 规定的数值。

表 12-14　梁纵向受拉钢筋最小配筋百分率 $p_{\min}$ 　　　　　　　　　 %

抗震等级	位　　　置	
	支座（取较大值）	跨中（取较大值）
一级	$0.40 f_t/f_y$ 和 $80 f_t/f_y$	$0.30 f_t/f_y$ 和 $65 f_t/f_y$
二级	$0.30 f_t/f_y$ 和 $65 f_t/f_y$	$0.25 f_t/f_y$ 和 $55 f_t/f_y$
三、四级	$0.25 f_t/f_y$ 和 $55 f_t/f_y$	$0.20 f_t/f_y$ 和 $45 f_t/f_y$

4. 梁的斜截面受剪承载力计算

（1）剪压比的限制

梁内平均剪应力与混凝土抗压强度设计值之比，称为梁的剪压比。梁的截面出现斜裂缝之前，构件剪力基本上由混凝土抗剪强度来承受，箍筋因抗剪而引起的拉应力很低。如果构件截面的剪压比过大，混凝土就会过早地发生斜压破坏。因此，必须对剪压比加以限制。实际上，对梁的剪压比的限制，也就是对梁的最小截面的限制。

框架梁和连梁的截面组合剪力设计值应符合下列要求：

跨高比大于 2.5 时

$$V_b \leqslant 0.2 \beta_c f_c b h_0 / \gamma_{RE} \qquad (12\text{-}11)$$

跨高比等于或小于 2.5 时

$$V_b \leqslant 0.15 \beta_c f_c b h_0 / \gamma_{RE} \qquad (12\text{-}12)$$

式中：V_b——梁的端部截面组合的剪力设计值（N），应按式（12-13）计算；

f_c——混凝土轴心抗压强度设计值（N/mm）；

b——梁的截面宽度（mm）；

h_0——梁的截面有效高度（mm）；

γ_{RE}——承载力抗震调整系数。

（2）按"强剪弱弯"的原则调整梁的截面剪力

为了避免梁在弯曲破坏前发生剪切破坏，应按"强剪弱弯"的原则调整框架梁端部截面组合的剪力设计值，

一、二、三级框架梁

$$V_b = \eta_{vb} \frac{M_b^l + M_b^r}{l_n} + V_{Gb} \qquad (12\text{-}13)$$

一级框架结构及 9 度时尚应符合

$$V_b = 1.1 \times \frac{M_{bua}^l + M_{bua}^r}{l_n} + V_{Gb} \qquad (12\text{-}14)$$

式中：l_n——梁的净跨（m）；

V_{Gb}——梁在考虑地震作用组合的重力荷载代表值，9 度时高层建筑还应包括竖向地震用标准值的作用下，按简支梁分析的梁端截面剪力设计值（N）；

M_b^l, M_b^r——梁左、右端逆时针或顺时针方向正截面组合的弯矩设计值，一级框架两端弯矩均为负弯矩时，绝对值较小一端的弯矩取零；

M_{bua}^l，M_{bua}^r——梁左、右端逆时针或顺时针方向根据实配钢筋面积(考虑受压钢筋)和材料强度标准值计算的受弯承载力所对应的弯矩值；

η_{vb}——梁的剪力增大系数，一级为 1.3，二级为 1.2，三级为 1.1。

（3）斜截面受剪承载力的验算

考虑地震作用组合的矩形、T 形和 I 形截面的框架梁，其斜截面受剪承载力应符合下列规定：

$$V_b = \frac{1}{\gamma_{RE}} \left[0.6\alpha_{cv} f_t b h_0 + f_{yv} \frac{A_{sv}}{s} h_0 \right] \qquad (12\text{-}15)$$

式中：α_{cv} 为截面混凝土受剪承载力系数，对于一般受弯构件取 0.7；对集中荷载作用下(包括作用有多种荷载，其集中荷载对支座截面或节点边缘所产生的剪力值占总剪力的 75% 以上的情况)的独立梁，取 $\alpha_{cv} = \frac{1.75}{\lambda+1}$，$\lambda$ 为计算截面的剪跨比，可取 $\lambda = a/h_0$，当 $\lambda < 1.5$ 时，取 1.5，当 $\lambda > 3$ 时，取 3，a 取集中荷载作用点至支座截面或节点边缘的距离。

12.5.3　框架柱的设计

1. 柱的截面尺寸

柱的截面尺寸宜符合下列各项要求：

（1）截面的宽度和高度，层数不超过 2 层或四级时，均不宜小于 300mm；一、二、三级且层数超过 2 层时不宜小于 400mm；圆柱的直径，层数不超过 2 层或四级时不宜小于 350mm，一、二、三级且层数超过 2 层时不宜小于 450mm。

（2）截面长边与短边的边长比不宜大于 3；

（3）剪跨比宜大于 2，其值按下式计算：

$$\lambda = \frac{M_c}{V_c h_0} \qquad (12\text{-}16)$$

式中：λ——剪跨比，取柱上、下端计算结果的较大值；

M_c——柱端截面组合弯矩计算值；

V_c——柱端截面组合剪力计算值；

h_0——截面有效高度。

按式(12-16)计算剪跨比 λ 时，应取柱上、下端计算结果的较大值；反弯点位于柱高中部的框架柱，可按柱净高与 2 倍柱截面高度之比计算。

2. 柱的材料强度等级

柱的混凝土强度等级和钢筋强度等级的要求与梁相同。

3. 柱的正截面承载力计算

按框架内力计算确定柱的内力不利组合后，即可按一般钢筋混凝土偏心受压构件计算方法进行配筋计算。为了提高柱的延性，增强结构的抗震能力，在柱的正截面计算中，应注意以下问题。

（1）框架柱的轴压比

轴压比不同，柱将呈现两种破坏状态，即受拉钢筋首先屈服的大偏心受压破坏和混凝土受压区压碎而受拉钢筋尚未屈服的小偏心受压破坏。框架柱的抗震设计，一般应在大偏心受压破坏范围，以保证柱有一定的延性。《抗震规范》规定，柱轴压比不宜超过表 12-15 的规定；建造于 Ⅳ 类场地且较高的高层建筑，柱轴压比限值应适当减小。

表 12-15 柱轴压比限值

结构类型	抗 震 等 级			
	一	二	三	四
框架	0.65	0.75	0.85	0.9

注：1. 轴压比指柱组合的轴压力设计值与柱的全截面面积和混凝土轴心抗压强度设计值乘积之比值,可不进行地震作用计算的结构,取无地震作用组合的轴力设计值。

2. 表内限值适用于剪跨比大于 2、混凝土强度等级不高于 C60 的柱；剪跨比不大于 2 的柱轴压比限值应降低 0.05；剪跨比小于 1.5 的柱,轴压比限值应专门研究并采取特殊构造措施。

3. 沿柱全高采用井字复合箍且箍筋肢距不大于 200mm、间距不大于 100mm、直径不小于 $\phi12$；或沿柱全高采用复合螺旋箍。螺距不大于 100mm、肢距不大于 200mm、直径不小于 $\phi12$；或沿柱全高采用连续复合螺旋箍,螺距不大于 80mm、箍筋肢距不大于 200mm、直径不小于 $\phi10$,轴压比限值均可增加 0.10。上述三种箍筋的最小配箍特征值均应按增大的轴压比由表 12-18 确定。

4. 在柱的截面中附加芯柱,其中另加的纵向钢筋的总面积不少于柱截面面积的 0.8%,轴压比限值可增加 0.05；此项措施与注 3 的措施共同采用时,轴压比限值可增加 0.15,但箍筋的配箍特征值仍可按轴压比增加 0.10 的要求确定。

5. 柱轴压比不应大于 1.05。

（2）按"强柱弱梁"原则调整柱端弯矩设计值

为了使框架结构在地震作用下塑性铰首先在梁中出现,就必须做到在同一节点柱的抗弯能力大于梁的抗弯能力,即满足"强柱弱梁"的要求。因此《抗震规范》规定,一、二、三、四级框架的梁、柱节点处,除顶层和柱轴压比小于 0.15 者外,柱端组合弯矩设计值应符合下列公式要求：

$$\sum M_c = \eta_c \sum M_b \tag{12-17}$$

一级框架结构及 9 度时尚应符合

$$\sum M_c = 1.2 \sum M_{bua} \tag{12-18}$$

式中：$\sum M_c$——节点上、下柱端截面顺时针或逆时针方向组合的弯矩设计值之和,上、下柱端的弯矩设计值,一般情况可按弹性分析分配；

$\sum M_b$——节点左、右梁端截面逆时针或顺时针方向组合弯矩设计值之和,一级框架节点左、右梁端均为负弯矩时,绝对值较小的弯矩应取零；

M_{bua}——节点左、右梁端截面逆时针或顺时针方向根据实配钢筋面积（考虑受压筋）和材料强度标准值计算的抗震受弯承载力所对应的弯矩值之和；

η_c——柱端弯矩增大系数,一级为 1.7,二级为 1.5,三级为 1.3,四级为 1.1。

当反弯点不在柱的层高范围内时,柱端截面组合弯矩设计值可乘以上述柱端弯矩增大系数。

应当指出,在满足式（12-17）和式（12-18）的条件下,并不能绝对保证柱的塑性铰出现一定晚于同一节点梁的塑性铰。例如,在图 12-13 所示梁柱的弯矩图,虽然节点处柱端截面组合弯矩之和与梁端截面组合弯矩满足上列公式条件,但节点下柱仍然可能先出现塑性铰。

由于框架底层柱柱底过早出现塑性铰将影响整个框架的变形能力,从而对框架造成不利影响。同时,随着框架梁塑性铰的出现,由于

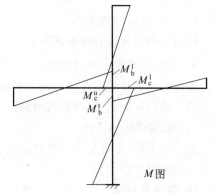

图 12-13 底层柱弯矩的调整

内力塑性重分布,使底层框架柱的反弯点位置具有较大的不确定性。因此《抗震规范》规定,一、二、三、四级框架底层柱底截面组合的弯矩设计值,应分别乘以增大系数 1.7、1.5、1.3 和 1.2。

（3）柱纵向钢筋的配置

柱的纵向钢筋配置,应符合下列要求:

① 宜对称配置。

② 截面尺寸不大于 400mm 的柱,纵向钢筋间距不宜大于 200mm。

③ 柱纵向钢筋的最小总配筋率应按表 12-16 采用,同时应满足每一侧配筋率不小于 0.2%,对 Ⅳ 类场地上较高的高层建筑,表中的数值应增加 0.1。

表 12-16　柱纵向钢筋的最小总配筋率　　　　　　　　　　　　　　　　　%

类　　别*	抗　震　等　级			
	一	二	三	四
框架中柱和边柱	1.0	0.8	0.7	0.6
框架角柱	1.2	1.0	0.9	0.8

* 采用 HRB400 级热轧钢筋时表中数值应增加 0.05;小于 HRB400 级时,应增加 0.1;混凝土强度等级高于 C60 时增加 0.1。

④ 柱总配筋率不应大于 5%。

⑤ 一级且剪跨比大于 2 的柱,每侧纵向钢筋配筋率不宜大于 1.2%。

⑥ 边柱、角柱在地震作用组合产生小偏心受拉时,柱内纵筋总截面面积应比计算值增加 25%。

⑦ 柱纵向钢筋的绑扎接头应避开柱端的箍筋加密区。

4. 柱的斜截面承载力的计算

（1）剪压比的限制

为了防止构件截面的剪压比过大,在箍筋屈服前,混凝土过早地发生剪切破坏,必须限制柱的剪压比,亦即限制柱的截面最小尺寸。《抗震规范》规定,框架柱端截面组合的剪力设计值应符合下列要求:

剪跨比大于 2 时

$$V \leqslant 0.2 \beta_c f_c b h_0 / \gamma_{RE} \tag{12-19}$$

剪跨比等于或小于 2 时

$$V \leqslant 0.15 \beta_c f_c b h_0 / \gamma_{RE} \tag{12-20}$$

式中:V——柱的端部截面组合的剪力设计值(N);

f_c——混凝土轴心抗压强度设计值(N/mm);

b——柱的截面宽度(mm);

h_0——柱的截面有效高度(mm)。

（2）按"强剪弱弯"的原则调整柱的截面剪力

为了防止柱在压弯破坏前发生剪切破坏,应按"强剪弱弯"的原则,对柱的端部截面组合的剪力设计值予以调整。

一、二、三、四级框架结构

$$V_c = \eta_{vc} \frac{M_c^t + M_c^b}{H_n} \tag{12-21}$$

一级框架结构及 9 度时尚应符合

$$V_c = 1.2 \frac{M_{cua}^t + M_{cua}^b}{H_n} \tag{12-22}$$

式中:H_n——柱的净高(m);

M_c^t, M_c^b——分别为柱上、下端逆时针或顺时针方向正截面组合的弯矩设计值,其取值应符合式(12-17)、式(12-18)的要求,同时对于一、二、三、四级框架结构的底层柱下端截面的弯矩设计值尚应乘以相应增大系数;

M_{cua}^t, M_{cua}^b——分别为柱的上、下端顺时针或逆时针方向根据实际配筋面积、材料强度标准值和轴向压力等计算的受压承载力所对应的弯矩值;

η_{vc}——柱剪力增大系数,一、二、三、四级分别为 1.5、1.3、1.2、1.1。

应当指出,按两个主轴方向分别考虑地震作用时,由于角柱扭转作用明显,因此《抗震规范》规定,一、二、三、四级框架的角柱,经式(11-17)、式(11-18)、式(11-21)、式(11-22)调整后的组合弯矩设计值、剪力设计值尚应乘以不小于 1.1 的增大系数。

(3)斜截面承载力验算

在进行框架柱斜截面抗震承载力验算时,仍采用非地震时承载力的验算公式形式,但应除以承载力抗震调整系数,同时考虑地震作用对钢筋混凝土框架柱承载力降低的不利影响,即可得出框架柱斜截面抗震承载力验算公式

$$V \leqslant \frac{1}{\gamma_{RE}}\left(\frac{1.05}{\lambda+1}f_t bh_0 + f_{yv}\frac{A_{sv}}{s}h_0 + 0.056N\right) \tag{12-23}$$

式中:λ——剪跨比,反弯点位于柱高中部的框架柱,取 $\lambda = H_n/(2h_0)$,当 $\lambda < 1$ 时,取 $\lambda = 1$,当 $A > 3$ 时,取 $\lambda = 3$;

f_{yv}——箍筋抗拉强度设计值;

A_{sv}——配置在柱的同一截面箍筋各肢的全部截面面积;

s——箍筋的间距(mm);

N——考虑地震作用组合下框架柱的轴向压力设计值,当 $N > 0.3f_c A$ 时,取 $N = 0.3f_c A$;

A——柱的横截面面积。

当框架柱出现拉力时,其斜截面受剪承载力应按下列公式计算:

$$V \leqslant \frac{1}{\gamma_{RE}}\left(\frac{1.05}{\lambda+1}f_t bh_0 + f_{yv}\frac{A_{sv}}{s}h_0 - 0.2N\right) \tag{12-24}$$

式中:N——考虑地震作用组合下框架顶层柱的轴向拉力设计值。

应当指出,当式(12-24)右边括弧内的计算值小于 $f_{yv}A_{sv}h_0/s$ 时,取等于 $f_{yv}A_{sv}h_0/s$,且 $f_{yv}A_{sv}h_0/s \geqslant 0.36f_t bh_0$。

12.5.4 框架节点设计

在进行框架结构抗震设计时,除了保证框架梁、柱具有足够的强度和延性外,还必须保证框架节点的强度。震害调查表明,框架节点破坏主要是由于节点核心区箍筋数量不足,在剪力和压力共同作用下节点核心区混凝土出现斜裂缝,箍筋屈服甚至被拉断,柱的纵向钢筋被压曲引起的。因此,为了防止节点核心区发生剪切破坏,应对节点剪压比进行控制及进行节点核心区抗剪承载力验算,保证节点核心区混凝土的强度和配置足够数量的箍筋。一般框架梁柱节点抗震验算公式如下。

1. 一、二级框架梁柱节点核心区组合的剪力设计值

(1)设防烈度为 9 度的结构以及一级抗震等级的框架结构

$$V_j = \frac{1.15\sum M_{bua}}{h_{b0}-a_s'}\left(1 - \frac{h_{b0}-a_s'}{H_c-h_b}\right) \tag{12-25}$$

(2)其他情况

$$V_j = \frac{\eta_{jb}\sum M_b}{h_{b0}-a_s'}\left(1 - \frac{h_{b0}-a_s'}{H_c-h_b}\right) \tag{12-26}$$

式中：V_j——梁柱节点核心区组合的剪力设计值；

$\quad\quad h_{b0}$——梁截面的有效高度，节点两侧梁截面高度不等时可采用平均值；

$\quad\quad a'_s$——梁受压钢筋合力点至受压边缘的距离；

$\quad\quad H_c$——柱的计算高度，可采用节点上、下柱反弯点之间的距离；

$\quad\quad h_b$——梁的截面高度，节点两侧梁截面高度不等时可采用平均值；

$\quad\quad \eta_{jb}$——节点剪力增大系数，一级取 1.5，二级取 1.35，三级取 1.2；

$\quad\quad \sum M_b$——节点左、右梁端逆时针或顺时针方向组合的弯矩设计值之和。一级节点左、右梁端弯矩均为负值时，绝对值较小的弯矩应取零；

$\quad\quad \sum M_{bua}$——节点左、右梁端逆时针或顺时针方向按实配钢筋面积（计入受压钢筋）和材料强度标准值计算的受弯承载力所对应的弯矩设计值之和。

2. 核心区截面有效计算宽度

（1）核心区截面有效验算宽度，当验算方向的梁截面宽度不小于该侧柱截面宽度的 1/2 时，可采用该侧柱截面宽度，当小于柱截面宽度的 1/2 时，可采用下列二者的较小值

$$b_j = b_b + 0.5h_c \tag{12-27}$$
$$b_j = b_c \tag{12-28}$$

式中：b_j——节点核心区的截面有效验算宽度；

$\quad\quad b_b$——梁截面宽度；

$\quad\quad h_c$——验算方向的柱截面高度；

$\quad\quad b_c$——验算方向的柱截面宽度。

（2）当梁、柱的中线不重合且偏心距不大于柱宽的 1/4 时，核心区的截面有效验算宽度可采用上式和下式计算结果的较小值

$$b_j = 0.5(b_b + b_c) + 0.25h_c - e \tag{12-29}$$

式中：e——梁与柱中线偏心距。

（3）节点核心区组合的剪力设计值，应符合下列要求：

$$V_j \leqslant \frac{1}{\gamma_{RE}}(0.30\eta_j f_c b_j h_j) \tag{12-30}$$

式中：η_j——正交梁的约束影响系数，楼板为现浇，梁柱中线重合，四侧各梁截面宽度不小于该侧柱截面宽度的 1/2，且正交方向梁高度不小于框架梁高度的 3/4 时，可采用 1.5，9 度一级时宜采用 1.25，其他情况均采用 1.0；

$\quad\quad h_j$——节点核心区的截面高度，可采用验算方向的柱截面高度；

$\quad\quad \gamma_{RE}$——承载力抗震调整系数，可采用 0.85。

（4）节点核心区截面抗震受剪承载力，应采用下列公式验算：

$$V_j \leqslant \frac{1}{\gamma_{RE}}\left(1.1\eta_j f_t b_j h_j + 0.05\eta_j N \frac{b_j}{b_c} + f_{yv} A_{svj} \frac{h_{b0} - a'_s}{s}\right) \tag{12-31}$$

9 度一级时

$$V_j \leqslant \frac{1}{\gamma_{RE}}\left(0.9\eta_j f_t b_j h_j + f_{yv} A_{svj} \frac{h_{b0} - a'_s}{s}\right) \tag{12-32}$$

式中：N——对应于组合剪力设计值的柱组合轴向压力设计值，其取值不应大于柱的截面面积和混凝土轴心受压强度设计值的乘积的 50%，当 N 为拉力时，$N=0$；

$\quad\quad f_{yv}$——箍筋的抗拉强度设计值；

f_t——混凝土轴心抗拉强度设计值;

A_{svj}——核心区有效验算宽度范围内同一截面验算方向箍筋的总截面面积;

s——箍筋间距。

12.6 抗震构造措施

12.6.1 梁柱及节点核心区箍筋的配置

震害调查和理论分析表明,在地震作用下,梁柱端部剪力最大,该处极易产生剪切破坏。因此《抗震规范》规定,在梁柱端部一定长度范围内,箍筋间距应适当加密,一般称梁柱端部这一范围为箍筋加密区(见图 12-14)。

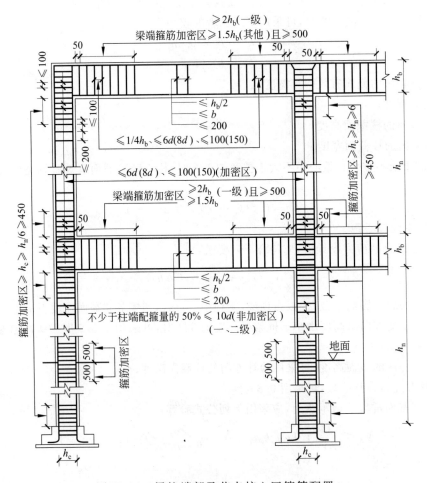

图 12-14 梁柱端部及节点核心区箍筋配置

1. 梁端加密区的箍筋配置

梁端加密区的箍筋配置,应符合下列要求:

(1)加密区的长度、箍筋最大间距和最小直径应按表 12-17 采用。当梁端纵向受拉钢筋配筋率大于 2%时,表中箍筋最小直径数值应增大 2mm。

表 12-17　梁端箍筋加密区的长度、箍筋最大间距和最小直径

抗震等级	加密区长（采用较大值）/mm	箍筋最大间距（采用较小值）/mm	箍筋最小直径/mm
一	$2h_b$，500	$h_b/4,6d$，100	10
二	$1.5h_b$，500	$h_b/4,8d$，100	8
三	$1.5h_b$，500	$h_b/4,8d$，150	8
四	$1.5h_b$，500	$h_b/4,8d$，150	6

注：1. d 为纵向钢筋直径，h_b 为梁高。
　　2. 箍筋直径大于 12mm、数量不少于 4 肢且肢距小于 150mm 时，一、二级的最大间距应允许适当放宽，但不得大于 150mm。

（2）梁端加密区箍筋肢距，一级不宜大于 200mm 和 20 倍箍筋直径的较大值，二、三级不宜大于 250mm 和 20 倍箍筋直径的较大值，四级不宜大于 300mm。

2. 柱的箍筋加密范围

柱的箍筋加密范围应符合下列要求：

（1）柱端取截面高度（圆柱直径）、柱净高的 1/6 和 500mm 三者的较大值。

（2）底层柱，柱根不小于柱净高的 1/3，当有刚性地面时，除柱端外尚应取刚性地面上、下各 500mm。

（3）剪跨比大于 2 的柱和因填充墙等形成的柱净高与柱截面高度之比不大于 4 的柱，取全高。

（4）一、二级的框架角柱，取全高。

3. 柱箍筋加密区的箍筋间距和直径

柱箍筋加密区的箍筋间距和直径应符合下列要求：

（1）一般情况下，箍筋的最大间距和最小直径，应按表 12-18 采用。

表 12-18　柱箍筋加密区的箍筋最大间距和最小直径

抗震等级	箍筋最大间距（采用较小值）/mm	箍筋最小直径/mm	抗震等级	箍筋最大间距（采用较小值）/mm	箍筋最小直径/mm
一	$6d$，100	10	三	$8d$，150（柱根 100）	8
二	$8d$，100	8	四	$8d$，150（柱根 100）	6（柱根 8）

注：1. d 为柱纵筋最小直径；
　　2. 柱根指框架底层柱的嵌固部位。

（2）一级框架柱的箍筋直径大于 12mm 且箍筋肢距小于 150mm 以及二级框架柱的箍筋直径不小于 ϕ10 且箍筋肢距不大于 200mm 时，除柱根外最大间距允许采用 150mm；三级框架柱的截面尺寸不大于 400mm 时，箍筋最小直径可采用 ϕ6；四级框架柱剪跨比不大于 2 时，箍筋直径不应小于 ϕ8。

（3）剪跨比不大于 2 的柱，箍筋间距不应大于 100mm。

4. 柱箍筋加密区箍筋肢距

柱箍筋加密区箍筋肢距一级不宜大于 200mm，二、三级不宜大于 250mm 和 20 倍箍筋直径的较大值，四级不宜大于 300mm，至少每隔一根纵向钢筋宜在两个方向有箍筋或拉筋约束；采用拉筋复合箍时，拉筋宜紧靠纵向钢筋并勾住箍筋。

5. 柱箍筋加密区的体积配筋率

柱箍筋加密区的体积配筋率应符合下列要求：

$$\rho_v = \lambda_v f_c / f_{yv} \tag{12-33}$$

式中：ρ_v——柱箍筋加密区的体积配筋率，一、二、三、四级分别不应小于0.8%、0.6%、0.4%和0.4%；

f_c——混凝土轴心抗压强度设计值(N/mm)，强度等级低于C35时，应按C35计算；

f_{yv}——箍筋抗拉强度设计值(N/mm)；

λ_v——最小配箍特征值，按表12-19采用。

表12-19 柱箍筋加密区的箍筋最小配箍特征值

抗震等级	箍筋形式	柱 轴 压 比								
		≤0.3	0.4	0.5	0.6	0.7	0.8	0.9	1.0	1.05
一	普通箍、复合箍	0.10	0.11	0.13	0.15	0.17	0.20	0.23		
	螺旋箍、复合或连续复合螺旋箍	0.08	0.09	0.11	0.13	0.15	0.18	0.21		
二	普通箍、复合箍	0.08	0.09	0.11	0.13	0.15	0.17	0.19	0.22	0.24
	螺旋箍、复合或连续复合螺旋箍	0.06	0.07	0.09	0.11	0.13	0.15	0.17	0.20	0.22
三、四	普通箍、复合箍	0.06	0.07	0.09	0.11	0.13	0.15	0.17	0.20	0.22
	螺旋箍、复合或连续复合螺旋箍	0.05	0.06	0.07	0.09	0.11	0.13	0.15	0.18	0.20

注：1. 普通箍指单个矩形箍和单个圆形箍；复合箍指由矩形、多边形、圆形箍或拉筋组成的箍筋；复合螺旋箍指由螺旋箍与矩形、多边形、圆形箍或拉筋组成的箍筋；连续复合螺旋箍指全部螺旋箍为同一根钢筋加工而成的箍筋；

2. 剪跨比不大于2的柱宜采用复合螺旋箍或井字复合箍，其体积配箍率不应小于1.2%，9度一级时不应小于1.5%；

3. 计算复合螺旋箍体积配箍率时，其非螺旋箍的箍筋体积应乘以换算系数0.8。

6. 柱箍筋非加密区的体积配箍率

柱箍筋非加密区的体积配箍率不宜小于加密区的50%；箍筋间距，一、二级框架柱不应大于10倍纵向钢筋直径，三、四级框架柱不应大于15倍纵向钢筋直径。

7. 框架节点核心区箍筋的最大间距和最小直径

框架节点核心区箍筋的最大间距和最小直径，宜按柱箍筋加密区的要求采用。一、二、三级框架节点核心区配箍特征值分别不宜小于0.12、0.10、0.08，且体积配箍率分别不宜小于0.6%、0.5%、0.4%。柱剪跨比不大于2的框架节点核心区配箍特征值不宜小于核心区上、下柱端的较大配箍特征值。

8. 采用装配整体式楼、屋盖时，应采取措施保证楼、屋盖的整体性及其与抗震墙的可靠连接。采用配筋现浇面层加强时，其厚度不应小于50mm。

9. 楼梯间应符合的要求

（1）宜采用现浇钢筋混凝土楼梯。

（2）对于框架结构，楼梯间的布置不应导致结构平面特别不规则；楼梯构件与主体结构整浇时，应计入楼梯构件对地震作用及其效应的影响，应进行楼梯构件的抗震承载力验算；宜采取构造措施，减少楼梯构件对主体结构刚度的影响。

（3）楼梯间两侧填充墙与柱之间应加强拉结。

12.6.2 钢筋锚固与接头

为了保证纵向钢筋和箍筋可靠的工作，钢筋锚固与接头除应符合现行的国家标准《钢筋混凝土工程施工及验收规范》的要求外，尚应符合下列要求。

（1）纵向钢筋的最小锚固长度应按下列公式计算：

一、二级 $\qquad l_{aE}=1.15l_a$ (12-34a)

三级 $\qquad l_{aE}=1.05l_a$ (12-34b)

四级 $\qquad l_{aE}=1.0l_a$ (12-34c)

式中：l_a——纵向钢筋的基本锚固长度(mm)，按《规范》确定。

(2) 钢筋接头位置宜避开梁端、柱端箍筋加密区，但如有可靠依据及措施时，也可将接头布置在加密区。

(3) 当采用搭接接头时，其搭接接头长度不应小于 ζl_{aE}。ζ 为纵向受拉钢筋搭接长度修正系数，其值按表 4-4 采用。受拉钢筋直径大于 28mm，受压钢筋直径大于 32mm 时，不采用绑扎搭接头。

(4) 对于钢筋混凝土框架结构梁、柱的纵向受力钢筋接头方法应遵守以下规定：

① 框架梁。一级抗震等级，宜选用机械接头，也可采用搭接接头或焊接接头；二、三、四级抗震等级，可采用搭接接头或焊接接头。

② 框架柱。一级抗震等级，宜选用机械接头；二、三、四级，宜选用机械接头，也可采用搭接接头或焊接接头。

(5) 框架梁柱纵向钢筋在框架节点核心区锚固和搭接应符合下列要求：

① 框架梁在框架中间层的中间节点内的上部纵向钢筋应贯穿中间节点，对一、二级梁的下部纵向钢筋伸入中间节点的锚固长度不应小于 l_{aE} 且伸过中心线不应小于 $5d$ (见图 12-15)。梁内贯穿中柱的每根纵向钢筋直径，对于一、二级抗震等级，不宜大于柱在该方向截面尺寸的 1/20。对于圆柱截面，梁最外侧贯穿节点的钢筋直径，不宜大于纵向钢筋所在位置柱截面弦长的 1/20。

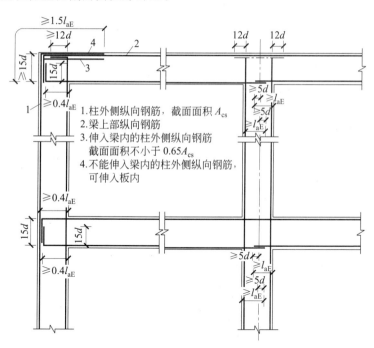

图 12-15 框架梁柱纵向钢筋在节点的锚固和搭接

② 中间层端节点内的上部纵向钢筋锚固长度除应符合式(12-34)的规定外，还应伸过节点中心线不小于 $5d$。当纵向钢筋在端节点内的水平锚固长度不够时，沿柱节点外边向下弯折，经弯折后的水平投影长度，不应小于 $0.4l_{aE}$，垂直投影长度取 $15d$。梁下部纵向钢筋在中间层端节点中的锚固措施与梁上的相同，但竖直段应向上弯入节点。

③ 框架梁在框架顶层的中间节点内的上部纵向钢筋的配置。对一级抗震等级，上部纵向钢筋应穿过柱轴线，伸至柱对边向下弯折，经弯折后的垂直投影长度取 $15d$；对二、三级抗震等级，上部纵向钢筋可贯穿中间节点。对矩形截面柱节点，纵向钢筋直径不宜大于柱在该方向截面尺寸的 1/25；对圆柱节点，不宜大于纵向钢筋所在位置柱截面弦长的 1/25。顶层中间节点下部纵向钢筋，在节点中的锚固要求与中间层节点处相同。

在顶层中间节点内的框架柱的纵向钢筋锚固长度除应满足 l_{aE} 要求外,并应伸到柱顶。当柱纵向钢筋在节点内的竖向锚固长度不够时,应伸至柱顶后向内或外水平弯折,弯折前的锚固段竖向投影长度不应小于 $0.5l_{aE}$,弯折后的水平投影长度取 $12d$,当柱筋向外弯折时,伸出柱边的长度不宜小于 250mm。

④ 在框架顶层端节点中,梁上部纵向钢筋与柱外侧纵向钢筋搭接应符合以下规定:对一、二、三级抗震等级,搭接接头可采用沿节点上边及柱外边布置或沿节点外边及梁上边布置两种方案,搭接长度均不应小于 $1.5l_{aE}$,在后一方案中,伸入梁的柱纵向钢筋应不小于柱外侧计算需要的柱纵向钢筋的 2/3;在梁宽范围以外的柱外侧纵向钢筋可伸入现浇板内,其伸入长度与伸入梁内的相同;对二、三级抗震等级,当梁、柱配筋率较高时,可采用搭接接头沿柱外边布置方案。当柱外侧纵向钢筋的配筋率大于 1.2% 时,伸入梁内的柱纵向钢筋宜分两次截断,其截断点之间的距离不应小于 20 倍的柱纵向钢筋直径。

(6) 箍筋的末端应做成 135°弯钩,弯钩端头平直段长度不应小于 $10d$(d 为箍筋直径)。

12.7　本章主要知识点

1. 基本概念方面

(1) 地震基本知识,包括震级、烈度、地震波、震中距等;

(2) 地震作用基本知识,如场地类别、地震影响系数的计算与应用、自振频率、场地土的特征频率、基底剪力法的基本概念与应用、地震剪力等;

(3) 抗震验算,包括控制截面的确定、验算的内容(强度与变形)和方法,强度和变形的界限;

(4) 抗震概念设计,包括最大高度、最大高宽比、规则建筑的定义以及框架梁、柱、节点的尺寸要求等。

2. 计算方面

(1) 会根据基底剪力法计算框架结构的 G_{eq}、根据场地类别、基本频率和基本烈度计算地震影响系数 α_1、F_{Ek}、F_i 以及最不利高度处的 V_{max};

(2) 把 V_{max} 变为设计值,分配到最不利的柱子上,验算其地震承载力(这里还要考虑承载力抗震调整系数)。

(3) 计算层间最大侧移,验算是否满足要求。

3. 构造方面

(1) 梁、柱、节点核心区钢筋与箍筋的配置;

(2) 钢筋的锚固、接头与截断。

思　考　题

12-1　何为震中距? 震级与地震烈度是一回事吗? 有何不同?

12-2　何为地震基本烈度,何为大震、小震与中震?

12-3　我国抗震设防目标是什么? 请简言之。

12-4　框架结构的地震作用与哪些因素有关?

12-5　如何计算框架结构的地震作用? G_{eq},α_1,F_{Ek}、F_i 是如何计算的?

12-6　框架抗震验算哪些内容,如何计算?

12-7　框架结构的抗震等级是根据什么原则划分的? 采用什么方法才能把框架结构设计成延性结构?

12-8　何谓"强柱弱梁"和"强剪弱弯",在抗震设计中如何体现? 为什么要限制柱的轴压比和剪压比? 框架结构构造措施有哪些方面的要求,是如何规定的?

第 13 章 砌 体 结 构

本章学习要点：

（1）不同砌体结构材料的受力变形特点，材料强度、砂浆的作用，提高强度的措施；

（2）砌体结构的计算（受压，局部受压，受弯、剪、拉）；

（3）砌体房屋静力计算方案，各种方案的计算简图、静力计算方法和墙体验算；

（4）过梁、挑梁的计算与构造；

（5）砌体结构构造措施。

13.1　砌体材料及砌体的力学性能

13.1.1　砌体结构的优、缺点及发展方向

砌体结构是指以砖、石或各种砌块为块材，用砂浆砌筑而成的结构。砌体结构具有以下优点：

（1）材料来源广泛。砌体的原材料为黏土、砂、石等天然材料，分布极广，取材方便，且砌体材料的制造工艺简单，易于生产。

（2）具有优良的性能。砌体隔音、隔热、耐火性能好，故砌体在用作承重结构的同时还可起到围护、保温、隔断等作用。

（3）施工简单。砌筑砌体结构不需支模、养护，在严寒地区冬季可采用冻结法施工；且施工工具简单，工艺易于掌握。

（4）费用低廉。可大量节约木材、钢材及水泥，造价较低。

砌体结构也具有如下缺点：

（1）强度较低。砌体的抗压强度比块材低，抗拉、弯、剪强度更低，因而抗震性能差。

（2）自重较大。因强度较低，砌体结构墙、柱截面尺寸较大，材料用量较多，因而结构自重较大。

（3）劳动量大。因采用手工方式砌筑，生产效率较低，运输、搬运材料时的损耗也大。

（4）占用农田。采用黏土制砖，要占用大量农田，不但严重影响农业生产，也将破坏生态平衡。

正因为砌体结构有缺点，所以砌体结构需要不断地改革和发展。砌体结构的发展，一方面是材料的改革。大力发展节能、节地、利废的保温隔热新型墙体材料，逐步替代实心黏土砖，不仅可以改善建筑功能、提高住房建设质量和施工效率，满足住宅产业现代化的需要，还能达到节约能源、保护土地、有效利用资源、综合治理环境污染的目的，是促进我国经济、社会、环境、资源协调发展的大事，是实施可持续发展战略的一项重大举措，特

别应该研究和生产轻质、高强的砌块和砖以及高黏结强度的砂浆。当前,在我国要发展生产高强、承重、具有保温隔热、带装饰面等多功能的混凝土空心砌块,生产孔洞率高、孔型和结构分布合理的承重空心砖,以及利用工业废料的砖和砌块,以加快工程建设速度、减少繁重体力劳动,改善生态环境,不断提高生产工业化、施工机械化的水平。另一方面是重视对砌体结构的破坏机理和受力性能的研究,使砌体结构的计算方法和设计理论更趋完善。如从理论上解决砌体结构各种受力构件的强度计算方法,以砌体结构的整体为研究对象,探讨其受力性能和设计方法等。为了扩大砌体结构的应用范围,加强对配筋砌体结构的研究也是十分必要的。可以相信,随着科学技术和经济建设的发展,砌体结构将会更充分发挥其重要作用。

13.1.2　砌体的材料及种类

1. 砌体的块材

块材是砌体的主要部分,目前我国常用的块材可以分为砖、砌块和石材三大类。

(1) 砖

砖的种类包括烧结普通砖、非烧结硅酸盐砖和烧结多孔砖。我国标准砖的尺寸为 240mm×115mm×53mm。块体的强度等级符号以"MU"表示,单位为 MPa。

烧结多孔砖是指以黏土、页岩、煤矸石为主要原料,经焙烧而成。其孔洞率大于或等于15%。我国烧结多孔砖的规格尺寸为 190mm×190mm×90mm 和 240mm×115mm×90mm。《砌体结构设计规范》(GB 50003 — 2011)(以下简称《砌体规范》)将砖的强度等级分成五级:MU30,MU25,MU20,MU15,MU10。

划分砖的强度等级,一般根据标准试验方法所测得的抗压强度确定,对于某些砖,还应考虑其抗折强度的要求。

砖的质量除按强度等级区分外,还应满足抗冻性、吸水率和外观质量等要求。

(2) 砌块

常用的混凝土中、小型空心砌块及粉煤灰中型空心砌块的强度等级分为五级:MU20,MU15,MU10,MU7.5 和 MU5。砌块的强度等级是根据单个砌块的抗压破坏荷载,按毛截面计算的抗压强度确定的。

(3) 石材

天然石材一般多采用花岗岩、砂岩和石灰岩等。表观密度大于 18kN/m³ 者用于基础为宜,而表观密度小于 18kN/m³ 者则用于墙体。石材强度等级为七级:MU100,MU80,MU60,MU50,MU40,MU30,MU20。

石材的强度等级是根据边长为 70mm 的立方体试块测得的抗压强度确定的。如采用其他尺寸立方体作为试块,则应乘以规定的换算系数(参见《砌体规范》附录 A)。

2. 砌体的砂浆

(1) 普通砂浆

普通砂浆有水泥砂浆和混合砂浆。水泥砂浆由水泥、砂和水拌和而成。它具有强度高、硬化快、耐久性好的特点,但和易性差,水泥用量大,适用于砌筑受力较大或潮湿环境中的砌体。混合砂浆由水泥、石灰、砂和水拌和而成。它的保水性能和流动性比水泥砂浆好,便于施工且强度高于石灰砂浆,适用于砌筑一般墙、柱砌体。

砂浆的强度等级是以标准养护、龄期为 28 天的试块抗压强度确定的(应采用同类块体为砂浆强度试块底模)。砂浆的强度等级符号以"M"表示,单位为 MPa。《砌体规范》将砂浆强度等级分为五级:M15、M10、M7.5、M5、M2.5。烧结砖可用以上各种强度等级的砂浆,石砌体一般采用 M7.5 以下的普通砂浆。

当验算施工阶段尚未硬化的新砌砌体承载力时,砂浆强度应取为零。

(2) 专用砂浆

混凝土砌块(砖)专用砌筑砂浆是由水泥、砂、水以及根据需要掺入的掺合料和外加剂等材料,按一定比例,采用机械拌制而成,专门用于砌筑混凝土砌块(砖)的砂浆。强度等级为 Mb20、Mb15、Mb10、Mb7.5、Mb5,可用于砌筑混凝土普通砖、混凝土多孔砖、单排孔混凝土砌块和煤矸石混凝土砌块砌体;强度等级为 Mb10、Mb7.5、Mb5,可用于砌筑双排孔或单排孔轻集料混凝土砌块。

由水泥、砂、水以及根据需要掺入的掺合料和外加剂等材料,按一定比例,采用机械拌制而成,专门用于砌筑蒸压灰砂砖或蒸压粉煤灰砖且砌体抗剪强度不低于烧结普通砖砌体取值的砂浆。强度等级分为 Ms15、Ms10、Ms7.5、Ms5。

当验算施工阶段尚未硬化的新砌砌体承载力时,砂浆强度应取为零。

4. 砌体的种类

由不同尺寸和形状的块体用砂浆砌筑而成的墙、柱称为砌体。根据块体的类别和砌筑型式的不同,砌体主要分为以下几类。

(1) 砖砌体

由砖和砂浆砌筑而成的砌体称为砖砌体,它是采用最普遍的一种砌体。在房屋建筑中,砖砌体大量用作内外承重墙及隔墙。其厚度根据承载力及稳定性等要求确定,但外墙厚度还考虑保温和隔热要求。承重墙一般多采用实心砌体。

实心砌体常采用一顺一丁、梅花丁和三顺一丁等砌筑方法(见图 13-1)。当采用标准砖砌筑砖砌体时,墙体的厚度常采用 120mm(半砖),240mm(1 砖),370mm(1 砖半),490mm(2 砖)等。有时为节约材料,还可结合侧砌做成 180mm,300mm,420mm 等厚度。

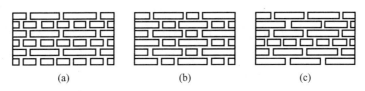

图 13-1　砖砌体的砌筑方法

(a) 一顺一丁;(b) 梅花丁;(c) 三顺一丁

空斗砌体是将部分或全部砖立砌,中间留有空斗(洞)。砌筑方式常用一眠一斗、一眠多斗或无眠多斗等几种方式。空斗砌体具有节约砖和砂浆,减轻自重及降低造价的优点,但其抗剪能力差,因而在地震区一般不用(见图 13-2)。

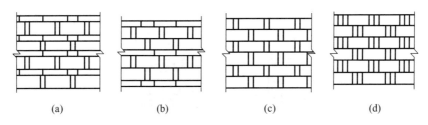

图 13-2　空斗砌体

(a) 一眠一斗;(b) 一眠多斗;(c),(d) 无眠斗墙

（2）砌块砌体

由砌块和砂浆砌成的砌体称为砌块砌体（见图13-3）。我国目前采用较多的有混凝土中、小型空心砌块砌体、硅酸盐砌块和粉煤灰中型砌块砌体。砌块砌体为建筑工厂化、机械化,提高劳动生产率,减轻结构自重开辟了新的途径。

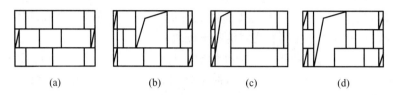

图13-3   混凝土中型空心砌块砌体

（3）天然石材砌体

由天然石材和砂浆砌筑的砌体称为石砌体（见图13-4）。石砌体分为料石砌体、毛石砌体和毛石混凝土砌体。石材价格低廉,可就地取材,它常用于挡土墙、承重墙或基础。但石砌体自重大,隔热性能差,作外墙时厚度一般较大。

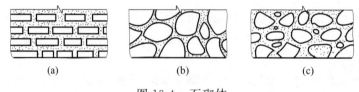

图13-4   石砌体

（a）料石砌体；（b）毛石砌体；（c）毛石混凝土砌体

（4）配筋砌体

为提高砌体的承载力和减小构件的截面尺寸,可在砌体内配置适量的钢筋形成配筋砌体。配筋砌体有网状配筋砖砌体和组合砖砌体等。在砖柱或墙体的水平灰缝内配置一定数量的钢筋网,称为网状配筋砖砌体（见图13-5）。在竖向灰缝内或在预留的竖槽内配置纵向钢筋和浇筑混凝土,形成组合砖砌体,也称为纵向配筋砌体（见图13-5(c)、(d)）。这种砌体适用受偏心压力较大的墙和柱。

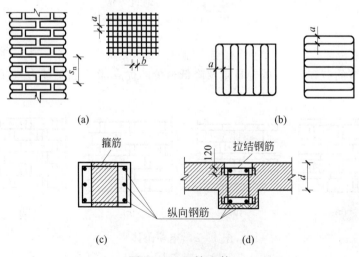

图13-5   配筋砌体

（a）网状配筋砖砌体；（b）连弯式钢筋网；（c）、(d)组合砖砌体

13.1.3　砌体的受压、受拉、受弯、受剪性能

1. 砌体的受压性能

(1) 砌体受压破坏机理

砌体是由两种性质不同的材料(块材和砂浆)黏结而成,它的受压破坏特征不同于单一材料组成的构件。砌体在建筑物中主要用作承压构件,因此了解其受压破坏机理就显得十分重要。根据国内外对砌体进行的大量试验研究得知,轴心受压砌体在短期荷载作用下的破坏过程大致经历了以下三个阶段。

第一阶段:从开始加载到极限荷载的 $50\% \sim 70\%$ 时,首先在单块砖中产生细小裂缝。以竖向短裂缝为主,也有个别斜向短裂缝(见图 13-6(a))。这些细小裂缝是因砖本身形状不规整或砖间砂浆层不均匀、不平,使单块砖受弯、剪产生的。如不增加荷载,这种单块砖内的裂缝不会继续发展。

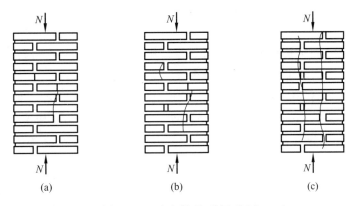

图 13-6　砖砌体的受压破坏

第二阶段:随着外载增加,单块砖内的初始裂缝将向上、向下扩展,形成穿过若干皮砖的连续裂缝。同时产生一些新的裂缝(见图 13-6(b))。此时即使不增加荷载,裂缝也会继续发展。这时的荷载约为极限荷载的 $80\% \sim 90\%$,砌体已接近破坏。

第三阶段:继续加载,裂缝急剧扩展,沿竖向发展成上下贯通整个试件的纵向裂缝。裂缝将砌体分割成若干半砖小柱体(见图 13-6(c))。因各个半砖小柱体受力不均匀,小柱体将因失稳向外鼓出,其中某些部分被压碎,最后导致整个构件破坏。将压坏时砌体所能承受的最大荷载即为极限荷载。

试验表明,砌体破坏时的强度比单个砌块的强度低得多。以 MU10 的烧结普通砖用 M5 混合砂浆砌筑的试件为例,试件的极限强度不足砖的 1/3。其原因有三:

① 水平灰缝不均匀、饱满,如图 13-7(a)所示。使砌块除了受压,同时受弯与受剪;而砌块受弯受剪能力很差。

② 砖与砂浆的受压变形性能不一致。当砌体在受压产生压缩变形的同时还要产生横向变形,但砖的横向变形小于砂浆的横向变形,两者之间又存在着黏结力,接触面不能发生滑动,故砖将阻止砂浆的横向变形,使砂浆受到横向压力,但反过来砂浆将使砖受到横向拉力(见图 13-7(b))。而砖的抗拉能力很差。

③ 砌体的竖向灰缝往往不饱满、不密实,这将造成砌体于竖向灰缝处的应力集中(见图 13-7(c)),也加快了砌体的开裂,使砌体强度降低。

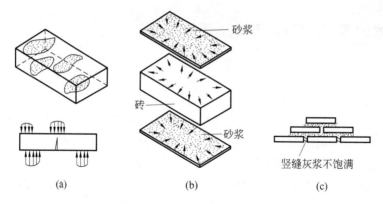

图 13-7　砌体内砖受力状态

（2）影响砌体抗压强度的主要因素

① 材料的物理、力学性能

块体和砂浆的强度是影响砌体抗压强度的主要因素。块体和砂浆的强度高，砌体的抗压强度亦高。试验证明，提高砖的强度等级比提高砂浆强度等级对增大砌体抗压强度的效果好。一般情况下的砖砌体，当砖强度等级不变，砂浆强度等级提高一级，砌体抗压强度只提高约 15％，而当砂浆强度等级不变，砖强度等级提高一级，砌体抗压强度可提高约 20％。由于砂浆强度等级提高后，水泥用量增多，因此，在砖的强度等级一定时，过高地提高砂浆强度等级并不经济。但在毛石砌体中，提高砂浆强度等级对砌体抗压强度的影响较大。

② 砌块几何尺寸

块体的尺寸、几何形状及表面的平整程度对砌体的抗压强度也有较大的影响。高度大的砖，其惯性矩大，加上水平灰缝减少，凹凸不平和灰缝横向变形的不利影响也减小，因而抗弯、抗剪和抗拉的能力增大。此外，砖的表面愈平整，灰缝的厚薄愈均匀，亦有利于砌体抗压强度的提高。

③ 砂浆的保水性、和易性

砂浆具有较明显的弹塑性性质，在砌体内采用变形率大的砂浆，单块砖内受到的弯、剪应力和横向拉应力增大，对砌体抗压强度产生不利影响。和易性好的砂浆，可以减小在砖内产生的复杂应力，使砌体强度提高。试验表明，当采用水泥砂浆时，由于砂浆的保水性、和易性差，砌体抗压强度约降低 5％～15％。

④ 砌筑质量的影响

我国砌体施工质量控制等级分 A、B、C 3 级。A 级最好，现场质量管理制度健全并严格执行，监理常到现场，施工方技术管理人员齐全，持证上岗；砂浆、混凝土强度满足验收规定，离散性小；砂浆机械搅拌，配合比计量控制严格；建筑工人全部中级工以上，其中高级工不少于 20％。C 级最差，现场质量管理只是有制度，监理人员很少到现场，施工方有在岗专业技术人员；砂浆、混凝土强度满足验收规定，离散性大；砂浆机械或人工搅拌，配合比计量控制较差；建筑工人全部初级工以上。在此中间属于 B 级。

《砌体工程施工质量验收规范》（GB 50203 — 2002）（以下简称《砌体规范》）规定，砌体水平灰缝的砂浆饱满度，应按净面积计算不得低于 80％，灰缝厚度宜为 10mm，但不应小于 8mm，也不应大于 12mm。此外，快速砌筑对砌体抗压强度是有利的，因为砂浆结硬之前就受压，可以减轻砂浆的不密实、不均匀的影响。为了保证砂浆的保水性与和易性，砂浆要随用随拌，拌好砂浆后，应在 4 小时之内用完。

（3）砌体的抗压强度

① 各类砌体轴心抗压强度平均值 f_m

近年来我国对各类砌体的强度做了广泛的试验，通过统计和回归分析，《砌体规范》给出了适用于各类砌体的轴心抗压强度平均值计算公式

$$f_m = k_1 f_1^{\alpha}(1+0.07 f_2)k_2 \tag{13-1}$$

式中：k_1——砌体种类和砌筑方法等因素对砌体强度的影响系数；

k_2——砂浆强度对砌体强度的影响系数；

f_1, f_2——分别为块材和砂浆抗压强度平均值（MPa）；

α——与砌体种类有关的系数。

k_1, k_2, α 三个系数可由表 13-1 查到。

表 13-1 轴心抗压强度平均值 f_m MPa

序号	砌体种类	$f_m = k_1 f_1^{\alpha}(1+0.07 f_2)k_2$		
		k_1	α	k_2
1	烧结普通砖、烧结多孔砖、混凝土普通砖、混凝土多孔砖、蒸压灰砂普通砖、蒸压粉煤灰砖	0.78	0.5	当 $f_2 < 1$ 时，$k_2 = 0.6 + 0.4 f_2$
2	混凝土砌块、轻骨料混凝土砌块	0.46	0.9	当 $f_2 = 0$ 时，$k_2 = 0.8$
3	毛料石	0.79	0.5	当 $f_2 < 1$ 时，$k_2 = 0.6 + 0.4 f_2$
4	毛石	0.22	0.5	当 $f_2 < 2.5$ 时，$k_2 = 0.4 + 0.24 f_2$

注：1. k_2 在表列条件以外时均等于 1；

2. 混凝土砌块砌体的轴心抗压强度平均值，当 $f_2 > 10$MPa 时，应乘系数 $1.1 - 0.01 f_2$，MU20 的砌体应乘系数 0.95，且满足 $f_1 \geqslant f_2$，$f_1 \leqslant 20$MPa。

② 各类砌体的轴心抗压强度标准值 f_k

抗压强度标准值是表示各类砌体抗压强度的基本代表值。在砌体验收及砌体抗裂等验算中，需采用砌体强度标准值。砌体抗压强度的标准值是龄期为 28d 的以毛截面计算的施工质量等级为 B 级，取具有 95% 保证率的抗压强度值。按下式计算

$$f_k = f_m - 1.645\sigma_f \tag{13-2}$$

式中，σ_f 为砌体强度的标准差。

各类砌体抗压强度标准值也可查表 13-2～表 13-5。

表 13-2 烧结普通砖和烧结多孔砖砌体的抗压强度标准值 f_k MPa

砖强度等级	砂浆强度等级					砂浆强度
	M15	M10	M7.5	M5	M2.5	0
MU30	6.30	5.23	4.69	4.15	3.61	1.84
MU25	5.75	4.77	4.28	3.79	3.30	1.68
MU20	5.15	4.27	3.83	3.39	2.95	1.50
MU15	4.46	3.70	3.32	2.94	2.56	1.30
MU10	3.64	3.02	2.71	2.40	2.09	1.07

表 13-3　混凝土砌块砌体的抗压强度标准值 f_k　　　　MPa

砖块强度等级	砂浆强度等级					砂浆强度
	Mb20	Mb15	Mb10	Mb7.5	Mb5	0
MU20	10.08	9.08	7.93	7.11	6.30	3.73
MU15	—	7.38	6.44	5.78	5.12	3.03
MU10	—	—	4.47	4.01	3.55	2.10
MU7.5	—	—	—	3.01	2.74	1.62
MU5	—	—	—	—	1.90	1.13

表 13-4　毛料石砌体的抗压强度标准值 f_k　　　　MPa

料石强度等级	砂浆强度等级			砂浆强度
	M7.5	M5	M2.5	0
MU100	8.67	7.68	6.68	3.41
MU80	7.76	6.87	5.98	3.05
MU60	6.72	5.95	5.18	2.64
MU50	6.13	5.43	4.72	2.41
MU40	5.49	4.86	4.23	2.16
MU30	4.75	4.20	3.66	1.87
MU20	3.88	3.43	2.99	1.53

表 13-5　毛石砌体的抗压强度标准值 f_k　　　　MPa

毛石强度等级	砂浆强度等级			砂浆强度
	M7.5	M5	M2.5	0
MU100	2.03	1.80	1.56	0.53
MU80	1.82	1.61	1.40	0.48
MU60	1.57	1.39	1.21	0.41
MU50	1.44	1.27	1.11	0.38
MU40	1.28	1.14	0.99	0.34
MU30	1.11	0.98	0.86	0.29
MU20	0.91	0.80	0.70	0.24

③ 各类砌体的轴心抗压强度设计值

对砌体进行承载力计算时,砌体强度应具有更大的可靠概率,需采用强度的设计值。砌体强度设计值 f 为砌体强度标准值除以砌体结构的材料性能分项系数 γ_f,即

$$f = f_k / \gamma_f \tag{13-3}$$

砌体结构的材料性能分项系数 γ_f,在一般情况下,宜按施工控制等级为 B 级考虑,取 $\gamma_f = 1.6$。当为 C 级时,取 $\gamma_f = 1.8$。由式(13-3)即可求出砌体抗压强度设计值,其值也可查表 13-6～表 13-11。

表 13-6　烧结普通砖和烧结多孔砖砌体的抗压强度设计值　　　　MPa

砖强度等级	砂浆强度等级					砂浆强度
	M15	M10	M7.5	M5	M2.5	0
MU30	3.94	3.27	2.93	2.59	2.26	1.15
MU25	3.60	2.98	2.68	2.37	2.06	1.05
MU20	3.22	2.67	2.39	2.12	1.84	0.94
MU15	2.79	2.31	2.07	1.83	1.60	0.82
MU10	—	1.89	1.69	1.50	1.30	0.67

表 13-7　蒸压灰砂砖和粉煤灰砖砌体的抗压强度设计值　　　　MPa

砖强度等级	砂浆强度等级				砂浆强度
	M15	M10	M7.5	M5	0
MU25	3.60	2.98	2.68	2.37	1.05
MU20	3.22	2.67	2.39	2.12	0.94
MU15	2.79	2.31	2.07	1.83	0.82

表 13-8　单排孔混凝土和轻骨料混凝土砌块对孔砌筑砌体的抗压强度设计值　　　　MPa

砌块强度等级	砂浆强度等级					砂浆强度
	Mb20	Mb15	Mb10	Mb7.5	Mb5	0
MU20	6.30	5.68	4.95	4.44	3.94	2.33
MU15	—	4.61	4.02	3.61	3.20	1.89
MU10	—	—	2.79	2.50	2.22	1.31
MU7.5	—	—	—	1.93	1.71	1.01
MU5	—	—	—	—	1.19	0.70

注：1. 对独立柱或厚度为双排组砌的砌块砌体,应按表中数值乘以 0.7；

　　2. 对 T 形截面砌体,应按表中数值乘以 0.85；

表 13-9　轻骨料混凝土砌块砌体的抗压强度设计值　　　　MPa

砌块强度等级	砂浆强度等级			砂浆强度
	Mb10	Mb7.5	Mb5	0
MU10	3.08	2.76	2.45	1.44
MU7.5	—	2.13	1.88	1.12
MU5	—	—	1.31	0.78
MU3.5	—	—	0.95	0.56

注：1. 表中的砌块为火山渣、浮石和陶粒轻骨料混凝土砌块；

　　2. 对厚度方向为双排组砌的轻骨料混凝土砌块砌体的抗压强度设计值,应按表中数值乘以 0.8。

表 13-10　块体高度为 180～350mm 的毛料石砌体的抗压强度设计值　　　　　MPa

毛料石强度等级	砂浆强度等级			砂浆强度
	M7.5	M5	M2.5	0
MU100	5.42	4.80	4.18	2.13
MU80	4.85	4.29	3.73	1.19
MU60	4.20	3.71	3.23	1.65
MU50	3.83	3.39	2.95	1.51
MU40	3.43	3.04	2.64	1.35
MU30	2.97	2.63	2.29	1.17
MU20	2.42	2.15	1.87	0.95

注：对下列各类料石砌体,应按表中数值分别乘以系数,细料石砌体 1.4,粗料石砌体 1.2,干砌勾缝石砌体 0.8。

表 13-11　毛石砌体的抗压强度设计值　　　　　MPa

毛石强度等级	砂浆强度等级			砂浆强度
	M7.5	M5	M2.5	0
MU100	1.27	1.12	0.98	0.34
MU80	1.13	1.00	0.87	0.30
MU60	0.98	0.87	0.76	0.26
MU50	0.90	0.80	0.69	0.23
MU40	0.80	0.71	0.62	0.21
MU30	0.69	0.61	0.53	0.18
MU20	0.56	0.51	0.44	0.15

④ 砌体强度设计值的调整

砌体强度设计值还与工作状况、砌体类型、截面尺寸、施工质量等因素的影响,应予以调整。砌体强度设计值应乘以调整系数 γ_a,可查表 13-12。

表 13-12　砌体强度设计值的调整系数 γ_a

使用说明		γ_a
有吊车房屋,跨度 $L \geqslant 9$m 的梁下烧结普通砖砌体 跨度 $L \geqslant 7.5$m 的梁下烧结多孔砖、蒸压灰砂砖、蒸压粉煤灰砖砌体,混凝土和轻骨料混凝土砌块砌体		0.9
构件截面面积 A	无筋砌体 $A < 0.3$m²	$0.7 + A$
	配筋砌体 $A < 0.2$m²	$0.8 + A$
用强度低于 M5 水泥砂浆砌筑的各类砌体	抗压强度	0.9
	一般砌体的抗拉、抗弯和抗剪强度	0.8
施工质量控制等级 C 级		0.89
验算施工中房屋的构件		1.1

注：配筋砌体不允许采用 C 级。

2. 砌体的抗拉、抗弯与抗剪性能

实际工程中砌体除受压力外有时还承受拉力、弯矩、剪力的作用。例如圆形水池的池壁受到液体的压力,在池壁内引起环向拉力;挡土墙受到侧向土压力使墙壁承受弯矩作用;拱支座处受到剪力作用等(见图 13-8)。

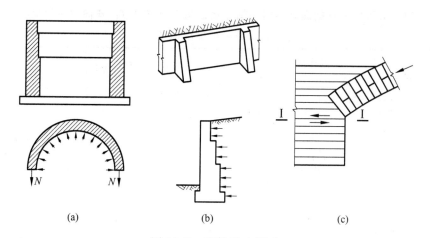

图 13-8　砌体受力形式

（a）水池池壁受拉；（b）挡土墙受弯；（c）砖拱下墙体的水平受剪

（1）砌体的轴心抗拉和弯曲抗拉强度

试验表明，砌体的抗拉、抗弯强度主要取决于灰缝与块材的黏结强度，即取决于砂浆的强度和块材的种类。一般情况下，破坏发生在砂浆和块材的界面上。砌体在受拉时，发生破坏有以下三种可能（见图 13-9）：沿齿缝截面破坏、沿通缝截面破坏及沿竖向灰缝和块体截面破坏。其中前两种破坏是在块体强度较高而砂浆强度较低时发生，而最后一种破坏是在砂浆强度较高而块体强度较低时发生。因为法向黏结强度数值极低，且不易保证，故在工程中不应设计成利用法向黏结强度的轴心受拉构件（见图 13-9（b））。砌体受弯也有三种破坏可能，与轴心受拉时类似（见图 13-10（a），（b），（c））。

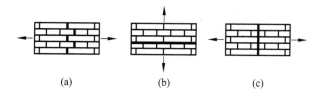

图 13-9　砌体轴心受拉破坏

（a）沿齿缝截面破坏；（b）沿通缝截面破坏；（c）沿块材和竖向灰缝截面破坏

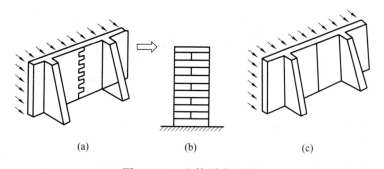

图 13-10　砌体受弯破坏

砌体轴心抗拉和弯曲抗拉强度标准值，见表 13-13，将强度标准值除以材料强度分项系数得出各强度的设计值，见表 13-14。

表 13-13　沿砌体灰缝截面破坏时的轴心抗拉强度标准值 f_{tk}、弯曲抗拉强度标准值 f_{tmk} 和抗剪强度标准值 f_{vk}　　　MPa

强度类别	破坏特征	砌体种类	砂浆强度等级			
			≥M10	M7.5	M5	M2.5
轴心抗拉	沿齿缝	烧结普通砖、烧结多孔砖、混凝土普通砖、混凝土多孔砖	0.30	0.26	0.21	0.15
		蒸压灰砂普通砖、蒸压粉煤灰普通砖	0.19	0.16	0.13	—
		混凝土砌块	0.15	0.13	0.10	—
		毛石	—	0.12	0.10	0.07
弯曲抗拉	沿齿缝	烧结普通砖、烧结多孔砖、混凝土普通砖、混凝土多孔砖	0.53	0.46	0.38	0.27
		蒸压灰砂普通砖、蒸压粉煤灰普通砖	0.38	0.32	0.26	—
		混凝土砌块	0.17	0.15	0.12	—
		毛石	—	0.18	0.14	0.10
	沿通缝	烧结普通砖、烧结多孔砖、混凝土普通砖、混凝土多孔砖	0.27	0.23	0.19	0.13
		蒸压灰砂普通砖、蒸压粉煤灰普通砖	0.19	0.16	0.13	—
		混凝土砌块	—	0.10	0.08	—
抗剪		烧结普通砖、烧结多孔砖、混凝土普通砖、混凝土多孔砖	0.27	0.23	0.19	0.13
		蒸压灰砂普通砖、蒸压粉煤灰普通砖	0.19	0.16	0.13	—
		混凝土砌块	0.15	0.13	0.10	—
		毛石	—	0.29	0.24	0.17

表 13-14　沿砌体灰缝截面破坏时砌体的轴心抗拉强度设计值、弯曲抗拉强度设计值和抗剪强度设计值　　　MPa

强度类别	破坏特征及砌体种类		砂浆强度等级			
			≥M10	M7.5	M5	M2.5
轴心抗拉	沿齿缝	烧结普通砖、烧结多孔砖	0.19	0.16	0.13	0.09
		混凝土普通砖、混凝土多孔砖	0.19	0.16	0.13	—
		蒸压灰砂普通砖、蒸压粉煤灰普通砖	0.12	0.10	0.08	—
		混凝土和轻集料混凝土砌块	0.09	0.08	0.07	—
		毛石	—	0.07	0.06	0.04
弯曲抗拉	沿齿缝	烧结普通砖、烧结多孔砖	0.33	0.29	0.23	0.17
		混凝土普通砖、混凝土多孔砖	0.33	0.29	0.23	—
		蒸压灰砂普通砖、蒸压粉煤灰普通砖	0.24	0.20	0.16	—
		混凝土和轻集料混凝土砌块	0.11	0.09	0.08	—
		毛石	—	0.11	0.09	0.07
	沿通缝	烧结普通砖、烧结多孔砖	0.17	0.14	0.11	0.08
		混凝土普通砖、混凝土多孔砖	0.17	0.14	0.11	—
		蒸压灰砂普通砖、蒸压粉煤灰普通砖	0.12	0.10	0.08	—
		混凝土和轻集料混凝土砌块	0.08	0.06	0.05	—
抗剪		烧结普通砖、烧结多孔砖	0.17	0.14	0.11	0.08
		混凝土普通砖、混凝土多孔砖	0.17	0.14	0.11	—
		蒸压灰砂普通砖、蒸压粉煤灰普通砖	0.12	0.10	0.08	—
		混凝土和轻集料混凝土砌块	0.09	0.08	0.06	—
		毛石	—	0.19	0.16	0.11

注：1. 对于用形状规则的块体砌筑的砌体，当搭接长度与块体高度的比值小于 1 时，其轴心抗拉强度设计值 f_t 和弯曲抗拉强度设计值 f_{tm} 应按表中数值乘以搭接长度与块体高度比后采用；

2. 表中数值是依据普通砂浆砌筑的砌体确定，采用经研究性试验且通过技术鉴定的专用砂浆砌筑的蒸压灰砂普通砖、蒸压粉煤灰普通砖砌体，其抗剪强度设计值按相应普通砂浆强度等级砌筑的烧结普通砖砌体采用；

3. 对混凝土普通砖、混凝土多孔砖、混凝土和轻集料混凝土砌块砌体，表中的砂浆强度等级分别为：≥Mb10、Mb7.5 及 Mb5。

（2）砌体的抗剪强度

砌体的受剪是另一较为重要的性能。在实际工程中砌体受纯剪的情况几乎不存在,通常砌体截面上受到竖向压力和水平力的共同作用。砌体受剪时,既可能发生齿缝破坏,也可能发生通缝破坏。但根据试验结果,两种破坏情况可取一致的强度值。各类砌体的抗剪强度标准值、设计值见表 13-13、表 13-14。

单排孔混凝土砌块对孔砌筑时,灌孔砌体的抗剪强度设计值 f_{vg},应按下式计算:

$$f_{\mathrm{vg}} = 0.2 f_{\mathrm{g}}^{0.55} \tag{13-4}$$

式中:f_{g}——灌孔砌体的抗压强度设计值(MPa)。

13.1.4　砌体的弹性模量、摩擦系数和线膨胀系数

1. 砌体的弹性模量

当计算砌体结构的变形或计算超静定结构时,需要用到砌体的弹性模量。砖砌体为弹塑性材料,应力较小时,砌体基本上处于弹性阶段工作,随着应力的增加,其应变将逐渐加大,砌体进入弹塑性阶段。这样在不同的应力阶段,砌体具有不同的模量值。砌体在轴心压力作用下的应力-应变关系曲线如图 13-11 所示。

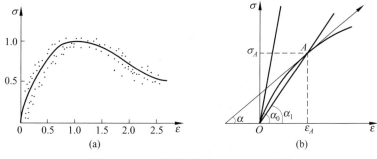

图 13-11　砌体受压时应力-应变曲线

（1）原点弹性模量 E_0:在应力-应变曲线原点作曲线的切线,该切线的斜率为原点弹性模量 E_0,也称初始弹性模量,即

$$E_0 = \tan\alpha_0 \tag{13-5a}$$

（2）切线模量与割线模量:当砌体在压应力作用下,描述其应变与应力间关系的模量有两种。一种是 $\sigma\text{-}\varepsilon$ 曲线在 A 点的切线的斜率,称切线模量,即 $E = \tan\alpha$,它不能描述砌体压应力与实际应变的关系,故工程上常用 OA 连线的斜率来表示砌体压应力与总应变的关系,称割线模量,即

$$E = \tan\alpha_1 \tag{13-5b}$$

由于砌体在正常工作阶段的应力一般在 $\sigma_A = 0.4 f_{\mathrm{m}}$ 左右,故《砌体规范》为方便使用,就定义应力 $\sigma_A = 0.43 f_{\mathrm{m}}$ 时的割线模量作为受压砌体的弹性模量。试验结果表明,砌体弹性特征值随砌块强度的增高和灰缝厚度的加大而降低,随块材厚度的增大和砂浆强度的提高而增大。

《砌体规范》规定的各类砌体弹性模量 E_0 见表 13-15。

表 13-15　砌体的弹性模量　　　　　　　　　　　　　　　　　　　　MPa

砌体种类	砂浆强度等级			
	$\geqslant$M10	M7.5	M5	M2.5
烧结普通砖、烧结多孔砖砌体	1 600f	1 600f	1 600f	1 390f
混凝土普通砖、混凝土多孔砖砌体	1 600f	1 600f	1 600f	—
蒸压灰砂普通砖、蒸压粉煤灰普通砖砌体	1 060f	1 060f	1 060f	—
非灌孔混凝土砌块砌体	1 700f	1 600f	1 500f	—

注:轻骨料混凝土砌块砌体的弹性模量,可按表中混凝土砌块砌体的弹性模量采用。

对于单排孔且对孔砌筑的混凝土砌块灌孔砌体,灌孔混凝土强度不应低于C20,且不应低于1.5倍的砌块强度。由于芯柱混凝土参与工作,砂浆强度等级不同时,水平灰缝砂浆的变形对该砌体变形的影响不明显。《砌体规范》规定对孔砌筑时按下式计算

$$E = 2\,000 f_g \tag{13-6}$$

$$f_g = f + 0.6\alpha f_c$$

式中:f_g——灌孔砌体的抗压强度设计值,并不应大于未灌孔体抗压强度设计值的2倍;

　　　f——未灌孔砌体的抗压强度设计值,应按表13-9采用;

　　　f_c——灌孔混凝土的轴心抗压强度设计值;

　　　α——砌块砌体中灌孔混凝土面积和砌体毛面积的比值,$\alpha = \delta\rho$;

　　　δ——混凝土砌块的孔洞率;

　　　ρ——混凝土砌块砌体的灌孔率,系截面灌孔混凝土面积和截面孔洞面积的比值,ρ不应小于33%。

2. 砌体的剪切模量

砌体的剪切模量G是根据材料力学公式$G = 0.5E/(1+\nu)$计算的。泊松比ν为砌体在轴心受压情况下产生的横向变形与纵向变形的比值。砌体的泊松比分散性较大,对于砖砌体,泊松比$\nu = 0.1 \sim 0.2$,平均值为0.15;砌块砌体泊松比$\nu = 0.3$。代入上式可得

$$G = 0.5E/(1+0.15 \sim 0.3) = (0.43 \sim 0.38)E$$

因此在一般情况下,砌体的剪切模量G可近似地取为$G = 0.4E$。

3. 砌体的摩擦系数和线膨胀系数

砌体与常用材料间的摩擦系数及砌体的线膨胀系数见表13-16和表13-17,可用于砌体的温度变形验算及抗剪强度验算等。

表 13-16　摩擦系数

序号	材料类别	摩擦面情况	
		干燥的	潮湿的
1	砌体沿砌体或混凝土滑动	0.70	0.60
2	砌体沿木材滑动	0.60	0.50
3	砌体沿钢滑动	0.45	0.35
4	砌体沿砂或卵石滑动	0.60	0.50
5	砌体沿砂质黏土滑动	0.55	0.40
6	砌体沿黏土滑动	0.50	0.30

表 13-17　砌体的线膨胀系数和收缩率

砌体类别	线膨胀系数 $10^{-6}/℃$	收缩率/(mm/m)
烧结黏土砖砌体	5	−0.1
蒸压灰砂砖、蒸压粉煤灰砖砌体	8	−0.2
混凝土砌块砌体	10	−0.2
轻骨料混凝土砌块砌体	10	−0.3
料石和毛石砌体	8	—

注:表中的收缩率系由达到收缩允许标准的块体砌筑28d的砌体收缩率,当地方有可靠的砌体收缩试验数据时,亦可采用当地的试验数据。

13.2　砌体结构构件的承载力计算

13.2.1　砌体结构的计算原理

砌体结构设计方法与混凝土结构设计方法是相同的,均采用以概率理论为基础的极限状态设计方法,以可靠指标度量结构的可靠度,采用分项系数的设计表达式进行计算。

(1) 砌体结构按承载能力极限状态设计时,应按下列公式中最不利组合进行计算

$$\gamma_0 S \leqslant R \tag{13-7}$$

即可变荷载控制

$$\gamma_0 \left(1.2 S_{Gk} + 1.4 \gamma_L S_{Q1k} + \gamma_L \sum_{i=2}^{n} \gamma_{Qi} \psi_{ci} S_{Qik} \right) \leqslant R(f, a_k, \cdots) \tag{13-8}$$

永久荷载控制

$$\gamma_0 \left(1.35 S_{Gk} + 1.4 \gamma_L \sum_{i=1}^{n} \psi_{ci} S_{Qik} \right) \leqslant R(f, a_k, \cdots) \tag{13-9}$$

式中：γ_0——结构的重要性系数,对安全等级为一级或设计使用年限为 100 年以上的结构构件,不应小于 1.1;对安全等级为二级或设计使用年限为 50 年的结构构件,不应小于 1.0;对安全等级为三级或设计使用年限为 1~5 年的结构构件,不应小于 0.9;

S_{Gk}——永久荷载标准值的效应;

γ_L——结构构件的抗力模型不定系数,对静力设计,考虑结构设计使用年限的荷载调整系数,设计使用年限为 50 年的取 1.0,设计使用年限为 100 年的取 1.1。

S_{Q1k}——在基本组合中起控制作用的一个可变荷载标准值的效应;

S_{Qik}——第 i 个可变荷载标准值的效应;

$R(\cdot)$——结构构件的抗力函数;

γ_{Qi}——第 i 个可变荷载的分项系数;

ψ_{ci}——第 i 个可变荷载的组合值系数,一般情况下应取 0.7,对书库、档案库、储藏室或通风机房、电梯机房应取 0.9;

f——砌体的强度设计值,$f = f_k / \gamma_f$;

a_k——几何参数标准值。

其中：f_k——砌体的强度标准值,$f_k = f_m - 1.645 \sigma_f$;

γ_f——砌体结构的材料性能分项系数,一般情况下,宜按施工控制等级为 B 级考虑,$\gamma_f = 1.6$,当为 C 级时,取 $\gamma_f = 1.8$,当为 A 级时,$\gamma_f = 1.5$;

f_m——砌体的强度平均值;

σ_f——砌体强度的标准差。

当工艺建筑楼面活荷载标准值大于 $4kN/m^2$ 时,式中系数 1.4 应为 1.3。

(2) 当砌体结构作为一个刚体,需验算整体稳定性时,如倾覆、滑动、漂浮等,应按下式验算

$$\gamma_0 \left(1.2 S_{G2k} + 1.4 \gamma_L S_{Q1k} + \gamma_L \sum_{i=2}^{n} S_{Qik} \right) \leqslant 0.8 S_{G1k} \tag{13-10a}$$

$$\gamma_0 \left(1.35 S_{G2k} + 1.4 \gamma_L \sum_{i=2}^{n} \psi_{ci} S_{Qik} \right) \leqslant 0.8 S_{G1k} \tag{13-10b}$$

式中：S_{G1k}——起有利作用的永久荷载标准值的效应;

S_{G2k}——起不利作用的永久荷载标准值的效应。

砌体结构除应按承载能力极限状态设计外,还应满足正常使用极限状态的要求。由于砌体结构自重大的特点,其正常使用极限状态的要求,在一般情况下可由相应的构造措施加以保证。

13.2.2　受压构件的计算

1. 受压短柱承载力分析

根据国内试验研究资料分析,砌体受压短柱(高厚比 $\beta \leqslant 3$ 时)受力状态有以下几个特点:

(1)构件承受轴心压力时,砌体截面上产生均匀的压应力。构件破坏时,截面所能承受的最大压力即为砌体的轴心抗压强度 f,如图 13-12(a)所示。

(2)当构件承受偏心压力时,砌体截面上产生的压应力是不均匀的。当偏心距不大时,由于砌体的弹塑性性能,应力图形呈曲线形,一侧应力较大;破坏时该侧压应变比轴心受压时均匀应变略高,而边缘压应力也比轴心抗压强度略大,如图 13-12(b)所示。

(3)随偏心距的增大,在远离荷载的截面边缘,由受压逐渐过渡到受拉,但只要在受压边压碎之前受拉边的拉应力尚未达到通缝抗拉强度,截面的受拉边就不会开裂,直到破坏为止,仍为全截面受力,如图 13-12(c)所示。

(4)当偏心距再大时,砌体受拉区出现水平裂缝,已开裂的截面退出工作,实际受压区面积减小,如图 13-12(d)所示,剩余截面的压应力进一步加大,并出现竖向裂缝,最后由于受压区的承载力耗尽而破坏。破坏时,虽然砌体受压一侧的极限变形和极限强度都比轴心受压构件高,但由于压应力严重不均匀和受压面积的减少,构件的承载力将随偏心距的增大而降低。

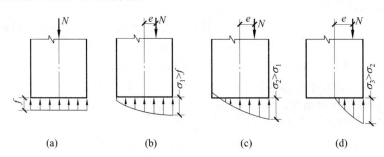

(a)　　　　　(b)　　　　　(c)　　　　　(d)

图 13-12　无筋砌体短柱受压

2. 受压长柱承载力分析

细长柱($\beta > 3$)在承受轴心压力时,由于荷载作用位置的偏差、材料的不均匀、施工误差等原因使轴心受压构件产生附加弯矩和弯曲变形。尤其是在砌体结构中,水平砂浆缝数目较多,削弱了砌体的整体性,故纵向弯曲现象更加明显,从而产生纵向弯曲破坏。

如图 13-13 所示,在偏心压力下,细长柱在原有荷载偏心距 e 的基础上将产生附加偏心距 e_i,对破坏截面来说,实际偏心距已达 $e+e_i$,使构件承载力显著下降。当构件高厚比较大时,还可能产生失稳破坏。

3. 受压构件承载力计算

根据以上分析,高厚比和轴向力的偏心距对受压构件承载力有影响,其影响程度用系数 φ 表示,受压构件承载力应按下式计算

$$N \leqslant \varphi f A \qquad\qquad (13\text{-}11)$$

图 13-13　长柱受压变形

式中：N——轴向力设计值（N）；

    φ——高厚比 β 和轴向力的偏心距 e 对受压构件承载力的影响系数，可由表 13-18 查得；

    f——砌体的抗压强度设计值（N/mm）；

    A——截面面积（mm²），对各类砌体均应按毛截面计算。

对带壁柱墙（T 形截面），其翼缘宽度 b_f 按如下规定采用：

（1）对多层房屋：当有门窗洞口时，可取窗间墙宽度；当无门窗洞口时，每侧翼墙宽度可取壁柱高度的 1/3，但不大于相邻壁柱的距离。

（2）对单层房屋：可取壁柱宽加 2/3 墙高，但不大于窗间墙宽度和相邻壁柱间距离；计算带壁柱墙的条形基础时，可取相邻壁柱间距离。

（3）当转角墙段角部受集中荷载时，计算截面的长度可从角点算起，每侧应取层高的 1/3。当上述墙体范围内有门窗洞口时，则计算截面取至洞边。当上层的集中荷载传至本层时，按均布荷载计算。

    β——高厚比，$\beta = \gamma_\beta H_0/h$；对 T 形截面，$\beta = \gamma_\beta H_0/h_T$；T 形截面的折算厚度 $h_T = 3.5i$（mm），$i = (I/A)^{0.5}$，i 为截面的迴转半径，I 为截面惯性矩；

    $e = M/N$——轴向力的偏心距（mm），按荷载设计值计算；

    h——矩形截面的轴向力偏心方向的边长（mm），当轴心受压时为截面较小边长；

    H_0——受压构件的计算高度（mm），按表 13-19 确定。

由于各类砌体在强度达到极限时的变形大小有较大差别，因而对承载力也有较大影响。为了考虑这种差异，在确定 φ 时，应按砌体类型先对构件的高厚比乘以修正系数 γ_β。

    γ_β——不同砌体材料构件的高厚比修正系数，按表 13-20 采用。

表 13-18 影响系数 φ

砂浆强度等级 ≥ M5

β	$\dfrac{e}{h}$ 或 $\dfrac{e}{h_T}$						
	0	0.025	0.05	0.075	0.1	0.125	0.15
≤3	1	0.99	0.97	0.94	0.89	0.84	0.79
4	0.98	0.95	0.90	0.85	0.80	0.74	0.69
6	0.95	0.91	0.86	0.81	0.75	0.69	0.64
8	0.91	0.86	0.81	0.76	0.70	0.64	0.59
10	0.87	0.82	0.76	0.71	0.65	0.60	0.55
12	0.82	0.77	0.71	0.66	0.60	0.55	0.51
14	0.77	0.72	0.66	0.61	0.56	0.51	0.47
16	0.72	0.67	0.61	0.56	0.52	0.47	0.44
18	0.67	0.62	0.57	0.52	0.48	0.44	0.40
20	0.62	0.57	0.53	0.48	0.44	0.40	0.37
22	0.58	0.53	0.49	0.45	0.41	0.38	0.35
24	0.54	0.49	0.45	0.41	0.38	0.35	0.32
26	0.50	0.46	0.42	0.38	0.35	0.33	0.30
28	0.46	0.42	0.39	0.36	0.33	0.30	0.28
30	0.42	0.39	0.36	0.33	0.31	0.28	0.26

β	$\dfrac{e}{h}$ 或 $\dfrac{e}{h_T}$					
	0.175	0.2	0.225	0.25	0.275	0.3
≤3	0.73	0.68	0.62	0.57	0.52	0.48
4	0.64	0.58	0.53	0.49	0.45	0.41
6	0.59	0.54	0.49	0.45	0.42	0.38
8	0.54	0.50	0.46	0.42	0.39	0.36
10	0.50	0.46	0.42	0.39	0.36	0.33

续表

β	$\dfrac{e}{h}$ 或 $\dfrac{e}{h_T}$					
	0.175	0.2	0.225	0.25	0.275	0.3
12	0.47	0.43	0.39	0.36	0.33	0.31
14	0.43	0.40	0.36	0.34	0.31	0.29
16	0.40	0.37	0.34	0.31	0.29	0.27
18	0.37	0.34	0.31	0.29	0.27	0.25
20	0.34	0.32	0.29	0.27	0.25	0.23
22	0.32	0.30	0.27	0.25	0.24	0.22
24	0.30	0.28	0.26	0.24	0.22	0.21
26	0.28	0.26	0.24	0.22	0.21	0.19
28	0.26	0.24	0.22	0.21	0.19	0.18
30	0.24	0.22	0.21	0.20	0.18	0.17

砂浆强度等级 M2.5

β	$\dfrac{e}{h}$ 或 $\dfrac{e}{h_T}$					
	0	0.025	0.05	0.075	0.1	0.125	0.15
≤3	1	0.99	0.97	0.94	0.89	0.84	0.79
4	0.97	0.94	0.89	0.84	0.78	0.73	0.67
6	0.93	0.89	0.84	0.78	0.73	0.67	0.62
8	0.89	0.84	0.78	0.72	0.67	0.62	0.57
10	0.83	0.78	0.72	0.67	0.61	0.56	0.52
12	0.78	0.72	0.67	0.61	0.56	0.52	0.47
14	0.72	0.66	0.61	0.56	0.51	0.47	0.43
16	0.66	0.61	0.56	0.51	0.47	0.43	0.40
18	0.61	0.56	0.51	0.47	0.43	0.40	0.36
20	0.56	0.51	0.47	0.43	0.39	0.36	0.33
22	0.51	0.47	0.43	0.39	0.36	0.33	0.31
24	0.46	0.43	0.39	0.36	0.33	0.31	0.28
26	0.42	0.39	0.36	0.33	0.31	0.28	0.26
28	0.39	0.36	0.33	0.30	0.28	0.26	0.24
30	0.36	0.33	0.30	0.28	0.26	0.24	0.22

β	$\dfrac{e}{h}$ 或 $\dfrac{e}{h_T}$					
	0.175	0.2	0.225	0.25	0.275	0.3
≤3	0.73	0.68	0.62	0.57	0.52	0.48
4	0.62	0.57	0.52	0.48	0.44	0.40
6	0.57	0.52	0.48	0.44	0.40	0.37
8	0.52	0.48	0.44	0.40	0.37	0.34
10	0.47	0.43	0.40	0.37	0.34	0.31
12	0.43	0.40	0.37	0.34	0.31	0.29
14	0.40	0.36	0.34	0.31	0.29	0.27
16	0.36	0.34	0.31	0.29	0.26	0.25
18	0.33	0.31	0.29	0.26	0.24	0.23
20	0.31	0.28	0.26	0.24	0.23	0.21

续表

β	$\dfrac{e}{h}$ 或 $\dfrac{e}{h_T}$					
	0.175	0.2	0.225	0.25	0.275	0.3
22	0.28	0.26	0.24	0.23	0.21	0.20
24	0.26	0.24	0.23	0.21	0.20	0.18
26	0.24	0.22	0.21	0.20	0.18	0.17
28	0.22	0.21	0.20	0.18	0.17	0.16
30	0.21	0.20	0.18	0.17	0.16	0.15

砂浆强度等级 0

β	$\dfrac{e}{h}$ 或 $\dfrac{e}{h_T}$					
	0	0.025	0.05	0.075	0.1	0.125	0.15
≤3	1	0.99	0.97	0.94	0.89	0.84	0.79
4	0.87	0.82	0.77	0.71	0.66	0.60	0.55
6	0.76	0.70	0.65	0.59	0.54	0.50	0.46
8	0.63	0.58	0.54	0.49	0.45	0.41	0.38
10	0.53	0.48	0.44	0.41	0.37	0.34	0.32
12	0.44	0.40	0.37	0.34	0.31	0.29	0.27
14	0.36	0.33	0.31	0.28	0.26	0.24	0.23
16	0.30	0.28	0.26	0.24	0.22	0.21	0.19
18	0.26	0.24	0.22	0.21	0.19	0.18	0.17
20	0.22	0.20	0.19	0.18	0.17	0.16	0.15
22	0.19	0.18	0.16	0.15	0.14	0.14	0.13
24	0.16	0.15	0.14	0.13	0.13	0.12	0.11
26	0.14	0.13	0.13	0.12	0.11	0.11	0.10
28	0.12	0.12	0.11	0.11	0.10	0.10	0.09
30	0.11	0.10	0.10	0.09	0.09	0.09	0.08

β	$\dfrac{e}{h}$ 或 $\dfrac{e}{h_T}$					
	0.175	0.2	0.225	0.25	0.275	0.3
≤3	0.73	0.68	0.62	0.57	0.52	0.48
4	0.51	0.46	0.43	0.39	0.36	0.33
6	0.42	0.39	0.36	0.33	0.30	0.28
8	0.35	0.32	0.30	0.28	0.25	0.24
10	0.29	0.27	0.25	0.23	0.22	0.20
12	0.25	0.23	0.21	0.20	0.19	0.17
14	0.21	0.20	0.18	0.17	0.16	0.15
16	0.18	0.17	0.16	0.15	0.14	0.13
18	0.16	0.15	0.14	0.13	0.12	0.12
20	0.14	0.13	0.12	0.12	0.11	0.10
22	0.12	0.12	0.11	0.10	0.10	0.09
24	0.11	0.10	0.10	0.09	0.09	0.08
26	0.10	0.09	0.09	0.08	0.08	0.07
28	0.09	0.08	0.08	0.08	0.07	0.07
30	0.08	0.07	0.07	0.07	0.07	0.06

表 13-19　受压构件的计算高度 H_0

房层类别			柱		带壁柱墙或周边拉结的墙		
			排架方向	垂直排架方向	$s>2H$	$2H \geqslant s>H$	$s \leqslant H$
有吊车的单层房屋	变截面柱上段	弹性方案	$2.5H_u$	$1.25H_u$	$2.5H_u$		
		刚性、刚弹性方案	$2.0H_u$	$1.25H_u$	$2.0H_u$		
	变截面柱下段		$1.0H_l$	$0.8H_l$	$1.0H_l$		
无吊车的单层和多层房屋	单跨	弹性方案	$1.5H$	$1.0H$	$1.5H$		
		刚弹性方案	$1.2H$	$1.0H$	$1.2H$		
	多跨	弹性方案	$1.25H$	$1.0H$	$1.25H$		
		刚弹性方案	$1.10H$	$1.0H$	$1.1H$		
	刚性方案		$1.0H$	$1.0H$	$1.0H$	$0.4s+0.2H$	$0.6s$

注：1. 表中 H_u 为变截面柱的上段高度，H_l 为变截面的下段高度；

2. 对于上端为自由端的构件，$H_0=2H$；

3. 独立砖柱，当无柱间支承时，柱在垂直排架方向的应按表中数值乘以 1.25 后采用；

4. s 为房屋横墙间距；

5. 自承重墙的计算高度应根据周边支承或拉接条件确定。

表 13-20　高厚比修正系数 γ_β

砌体材料类别	γ_β
烧结普通砖、烧结多孔砖	1.0
混凝土及轻骨料混凝土砌块、混凝土普通砖、混凝土多孔砖	1.1
蒸压灰砂砖、蒸压粉煤灰砖、细料石	1.2
粗料石、毛石	1.5

注：对灌孔混凝土砌块，γ_β 取 1.0。

4. 受压构件的计算

有两类计算问题，一是承载力计算或验算，二是已知荷载与作用点或 N、e，选材料。

如前所述，随着偏心距的增大，砌体的承载力明显下降，偏心距过大可能使截面受拉边出现过大的水平裂缝。《砌体规范》规定轴向力偏心距 e 不应超过 $0.6y$（y 为截面形心到应力较大一侧边缘的距离）。因此，承载力计算首先要确定 e，判断是否 $>0.6y$，然后查得 φ 按式(13-11)计算。计算框图如图 13-14 所示。而选材料的解题思路却正好相反，其计算框图如图 13-15 所示。

特别指出，对矩形截面构件，当轴向力偏心方向的截面边长大于另一方向的边长时，除按偏心受压计算外，还应对较小边长方向，按轴心受压进行验算。

[例 13-1]　试求图 13-16 所示一工业厂房窗间墙的轴向偏心承载力。材料为 MU10 烧结普通砖，M5 混合砂浆，轴力作用点在对称轴下距形心 170mm 处，$H_0=5m$。

解：(1) 查参数

由表 13-6 查得 MU10 烧结普通砖，M5 混合砂浆的 $f=1.5 \text{N/mm}^2$，$A=2 \times 0.24+0.37 \times 0.38=0.620\,6$ $(\text{m}^2)>0.3(\text{m}^2)$，由表 13-13 知，$\gamma_a=1.0$；

(2) 求形心与荷载偏心位置

以截面上边缘为参考，　$W=2 \times 0.24 \times 0.12+0.37 \times 0.38 \times (0.24+0.38/2)=0.118\,058(\text{m}^3)$

形心到上边缘距离　$y_1=0.118\,058/0.620\,6=0.190\,2(\text{m})=190.2(\text{mm})$

$y_2=240+380-190.2=429.8(\text{mm})$

$e/y_2=170/429.8=0.396<0.6$(满足)

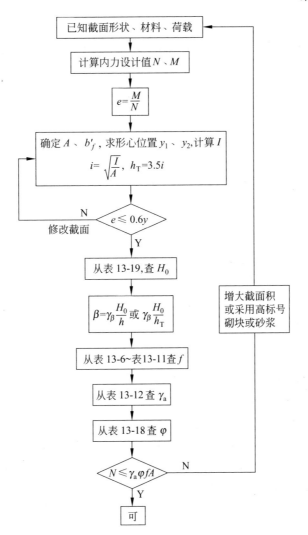

图 13-14　矩形、T 形无筋砌体受压构件计算框图

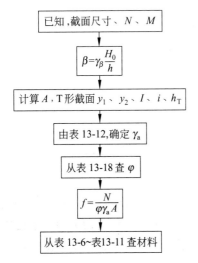

图 13-15　矩形、T 形无筋砌体受压构件选材料计算框图

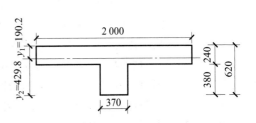

图 13-16　［例 13-1］图

（3）求 φ

$I = 2\,000 \times 240^3/12 + 2\,000 \times 240 \times (190.2 - 120)^2 + 370 \times 380^3/12 + 370 \times 380 \times (429.8 - 190)^2$
$= 1.44 \times 10^{10} (\text{mm}^4)$

$i = \sqrt{I/A} = \sqrt{1.44 \times 10^{10}/0.620\,6 \times 10^6} = 152.57 (\text{mm})$

$h_\text{T} = 3.5i = 3.5 \times 152.57 = 534(\text{mm})$，$e/h_\text{T} = 170/534 = 0.318$，$H_0/h_\text{T} = 5\,000/534 = 9.36$

由表 13-20 知，$\gamma_\beta = 1.0$，所以 $\beta = 9.36$。

由表 13-18 查得 $\varphi = 0.335$，于是 $N_\text{u} = 0.335 \times 1.5 \times 620\,600 = 312\,782(\text{N}) = 312.78(\text{kN})$。

［例 13-2］　上例中，如果轴向压力设计值为 550kN，偏心在壁柱一边，$e = 120\text{mm}$，试选用蒸压灰砂砖与砂浆。

解：上例中，y_1，y_2，h_T，已经求出，$e/y_2 = 120/429.8 = 0.279 < 0.6$（满足），$\beta = \gamma_\beta H_0/h = 1.2 \times 5\,000/534 = 11.23$。

$e/h_\text{T} = 120/534 = 0.225$，设使用 M5 以上专用砂浆，由表 13-18 可查得 $\varphi = 0.402$；

将 N，A，φ，$\gamma_\text{a} = 1$ 代入式（13-11），得

$$f = N/(\gamma_\text{a} \varphi A) = 550 \times 10^3/(1.0 \times 0.402 \times 620\,600) = 2.20(\text{N/mm}^2)$$

从表 13-7 可查得，MU20 的蒸压灰砂砖和 Ms7.5 的以上专用砂浆抗压强度设计值为 $2.39 > 2.20\text{N/mm}^2$，所以就选它。

13.2.3　局部受压计算

压力仅作用在砌体的部分面积上的受力状态称为局部受压。实验和理论都证明，在局部压力作用下，局部受压区砌体在产生纵向变形时还会发生横向变形，而周围未直接受压的砌体像套箍一样阻止其横向变形，局部受压砌体处于双向或三向受压状态，因此局部抗压能力得到提高。但如果作用于局部面积上的压力很大，则有可能造成局部压溃而破坏，有的还会出现砌体局部劈裂。

根据实际工程中可能出现的情况，砌体的局部受压可分为：砌体均匀受压和梁端支承处砌体局部受压两种。

1. 砌体局部均匀受压

当砌体截面中承受局部均匀压力时，其承载力应按下列公式计算

$$N_\text{l} \leqslant \gamma A_\text{l} f \tag{13-12}$$

$$\gamma = 1 + 0.35 \sqrt{\frac{A_0}{A_\text{l}} - 1} \tag{13-13}$$

式中：N_l——局部受压面积上的轴向力设计值（N）；

γ——砌体局部抗压强度提高系数；

f——砌体的抗压强度设计值（N/mm²），可不考虑强度调整系数的影响；

A_l——局部受压面积（mm²）；

A_0——影响砌体局部抗压强度的计算面积（mm²），按表 13-21 确定。

由式（13-12）不难看出，砌体的局部受压强度主要取决于砌体原有的轴心抗压强度和周围砌体对局部受压区的约束程度。当 A_0/A_l 不大时，砌体的承载力会提高；但当 A_0/A_l 较大并且压力增大到一定数值时，砌体沿竖向突然发生劈裂破坏。为避免这种破坏，表 13-21 中限制了 γ 的最大值。当块材强度较低时，还会出现局部受压面积下砌体表面的压碎破坏，这种破坏一般很少发生。

表 13-21　A_0 与 γ 最大值

示意图	A_0	γ_{max}	
		普通砖砌体	多孔和灌孔砌块砌体
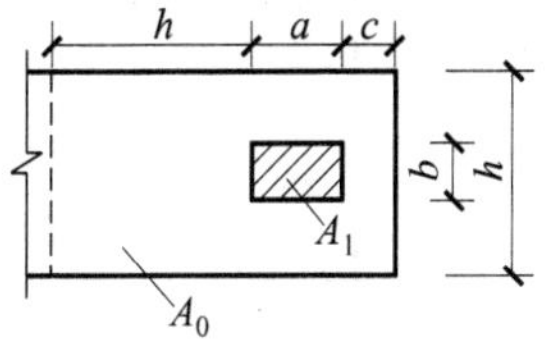 (a)	$h(a+c+h)$	$\leqslant 2.5$	$\leqslant 1.5$
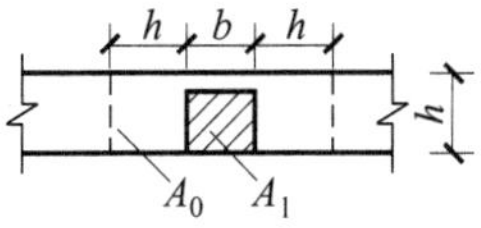 (b)	$h(b+2h)$	$\leqslant 2.0$	$\leqslant 1.5$
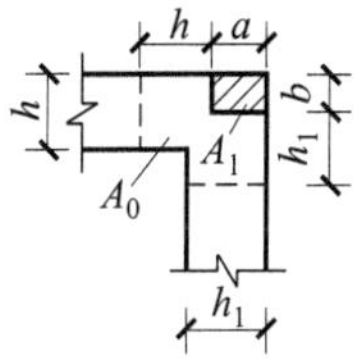 (c)	$(a+h)h+(b+h_1-h)h_1$	$\leqslant 1.5$	$\leqslant 1.5$
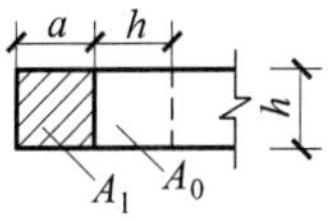 (d)	$h(a+h)$	$\leqslant 1.25$	$\leqslant 1.5$

注：1. a、b 为矩形局部受压面积 A_1 的边长；

2. h、h_1 为墙厚或柱的较小边长、墙厚；

3. c 为矩形局部受压面积的外边缘至构件边缘的较小距离,当大于 h 时,应取为 h；

4. 未灌孔混凝土砌块砌体,$\gamma=1.0$。

2. 梁端支承处砌体局部受压

如图 1-17(a)所示,梁端支承处砌体局部受压与砌体局部均匀受压不同。梁的弯曲变形及梁端下砌体的压缩变形,使梁端产生转动,造成砌体承受的局部压应力为曲线分布,其最大压应力大于平均压应力。同时梁端下面传递压力的长度 a_0 可能出现小于梁伸入墙内实际支承长度 a。

梁端支承处砌体局部受压迫使支座下面的砌体产生压缩,而使梁端顶面与上部砌体脱开。此时上部砌体传给梁端支承面的压力 N_0 将传给梁端周围砌体,形成所谓"内拱卸荷"作用,如图 13-17(b)所示。因此,局部受压计算时要对上部传下的荷载作适当的折减。

梁端支承处砌体的局部受压承载力应按下列公式计算

$$\psi N_0 + N_1 \leqslant \eta\gamma f A_1 \tag{13-14}$$

$$\psi = 1.5 - 0.5\frac{A_0}{A_1} \tag{13-15}$$

$$N_0 = \sigma_0 A_1 \tag{13-16}$$

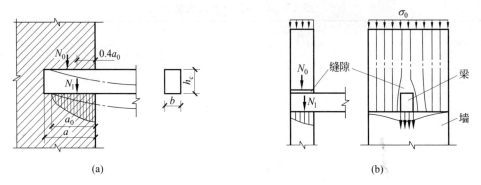

图 13-17　梁端支承处砌体局部受压

$$A_1 = a_0 b \tag{13-17}$$

$$a_0 = 10 \sqrt{\frac{h_c}{f}} \tag{13-18}$$

式中：ψ——上部荷载的折减系数,当 A_0/A_1 大于等于 3 时,ψ 取 0;

　　　N_0——局部受压面积内上部轴向力设计值(N);

　　　N_1——梁端支承压力设计值(N);

　　　σ_0——上部平均压应力设计值(N/mm^2);

　　　η——梁端底面压应力图形的完整系数,可取 0.7,对于过梁和墙梁可取 1.0(矩形);

　　　a_0——梁端有效支承长度(mm),当 a_0 大于 a 时,应取 a_0 等于 a;

　　　a——梁端实际支承长度(mm);

　　　b——梁的截面宽度(mm);

　　　h_c——梁的截面高度(mm);

　　　f——砌体的抗压强度设计值(N/mm^2)。

当式(13-14)不能满足时,可采用三种措施:

(1) 梁端下设刚性垫块

梁端下设置垫块可使局部受压面积增大,是解决局部受压承载力不足的一个有效措施。通常采用预制刚性垫块。垫块的高度 $t_b \geqslant 180$mm,且垫块挑出梁边的长度不大于垫块高度时,称为刚性垫块。它不但可增大局部受压面积,还使梁端压力能较好地传至砌体截面上。试验表明,垫块底面以外的砌体对垫块下的砌体抗压强度产生有利影响,但考虑到垫块底面压应力分布不均匀,为了安全,取垫块外砌体面积的有利影响系数 γ_1 为局部抗压强度系数 γ 的 0.8 倍。当壁柱上设刚性垫块时,由于翼墙多数位于压应力较小边,翼缘参加工作程度有限,因此在 A_0 计算中不计翼墙面积,同时要求壁柱上垫块伸入翼墙内的长度不应小于 120mm,如图 13-18 所示。

刚性垫块下的砌体局部受压承载力按下列公式计算

$$N_0 + N_1 \leqslant \varphi \gamma_1 f A_b \tag{13-19}$$

$$N_0 = \sigma_0 A_b \tag{13-20}$$

$$A_b = a_b b_b \tag{13-21}$$

式中：N_0——垫块面积 A_b 内上部轴向力设计值(N);

　　　φ——垫块上 N_0 及 N_1 合力的影响系数,应采用表 13-18 中 $\beta \leqslant 3$ 时的 φ 值;

　　　γ_1——垫块外砌体面积的有利影响系数,$\gamma_1 = 0.8\gamma$,但不小于 1.0,γ 为砌体局部抗压强度提高系数,按式(13-13)计算,以 A_b 代替 A_1 计算得出;

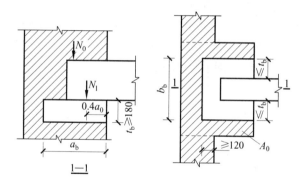

图 13-18　壁柱上设有垫块时梁端局部受压

A_b——垫块面积(mm^2)；

a_b——垫块伸入墙内的长度(mm)；

b_b——垫块的宽度(mm)。

梁端设有刚性垫块时,梁端有效支承长度 a_0 应按下式确定

$$a_0 = \delta_1 \sqrt{\frac{h_c}{f}}$$ 　　　　　　(13-22)

式中,δ_1 为刚性垫块的影响系数,按表 13-22 采用。

垫块上 N_1 作用点的位置可取 $0.4a_0$ 处。

表 13-22　系数 δ_1 值表

σ_0/f	0	0.2	0.4	0.6	0.8
δ_1	5.4	5.7	6.0	6.9	7.8

注：表中其间的数值可采用插入法求得。

(2) 与梁端浇筑成整体的垫块

当梁垫与梁端浇筑成整体时(见图 13-19),梁受荷载发生挠曲变形,垫块(即梁端扩大部分)与梁端一起产生转动,其受力状态与不设垫块的梁端类似。因此砌体的局部受压承载力仍按式(13-14)计算,但应取 $A_1 = a_0 \times b_b$(b_b 为现浇梁垫的宽度)。

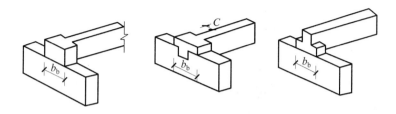

图 13-19　梁端整浇垫块形式

(3) 梁端下设有垫梁的砌体局部受压

当梁或屋架支承在承重墙上,而梁或屋架下正好设置钢筋混凝土梁(如圈梁)时,可利用此梁把梁端支座压力(集中荷载)传到下面一定宽度的墙上,则称钢筋混凝土梁为垫梁。垫梁受力情况不同于垫块,可以把垫梁看作是一根承受集中荷载的弹性地基梁。试验结果表明,当垫梁在大于 πh_0(h_0 为垫梁的折算高度)长度的中部

受有集中局部荷载时,垫梁下砌体竖向压应力的分布范围为 πh_0,如图 13-20 所示。垫梁下砌体局部受压承载力应按下列公式计算

$$N_0 + N_1 \leqslant 2.4\delta_2 fb_b h_0 \tag{13-23}$$

$$N_0 = \pi h_0 b_b \sigma_0 / 2 \tag{13-24}$$

$$h_0 = 2 \times \sqrt[3]{\frac{E_b I_b}{Eh}} \tag{13-25}$$

式中：N_0——垫梁上部轴向力设计值(N)；

　　　b_b——垫梁在墙厚方向的宽度(mm)；

　　　δ_2——当荷载沿墙厚方向均匀分布时 δ_2 取 1.0,不均匀时 δ_2 取 0.8；

　　　h_0——垫梁折算高度(mm)；

　　　E_b,I_b——分别为垫梁的混凝土弹性模量(N/mm²)和截面惯性矩(mm⁴)；

　　　E——砌体的弹性模量(N/mm²)；

　　　h——墙厚(mm)。

均匀局部压力承载力计算框图见图 13-21,梁下局部承压计算框图见图 13-22。

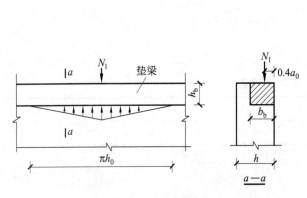

图 13-20　垫梁局部受压

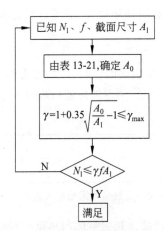

图 13-21　均匀局部压力承载力计算框图

[**例 13-3**]　截面为 370×240 的钢筋混凝土柱支承在 MU15,M5 混合砂浆砌筑的烧结普通砖三七墙端,柱传来的局部压力为 200kN,试验算墙端局部承载力。

解：查表 13-6,得

$$f=1.83\text{MPa}, A_1=370\times240=88\,800(\text{mm}^2)$$

由表 13-21 得

$$A_0 = (a+h)h = (240+370)\times370 = 225\,700(\text{mm})$$

$$\gamma = 1+0.35\times\sqrt{\frac{225\,700}{88\,800}-1} = 1.435 > 1.25,\text{取 } \gamma=1.25$$

$1.25\times88\,800\times1.83=203.13(\text{kN})>200(\text{kN})$,满足。

[**例 13-4**]　如图 13-23 所示,某楼盖的钢筋混凝土梁的一端支承在房屋外纵墙的窗间墙上,梁截面尺寸为 $bh_c=200\text{mm}\times550\text{mm}$,梁端实际支承长度 $a=240\text{mm}$,荷载设计值产生的梁端支承反力 $N_1=90\text{kN}$,梁底墙体截面上部荷载设计值产生的轴向力 $N=165\text{kN}$,窗间墙截面为 1 200mm×370mm,采用 MU10 烧结普通砖和 M5 混合砂浆砌筑。试验算梁端支承处砌体局部受压承载力。

解：MU10 烧结普通砖,M5 混合砂浆,查表 13-6,$f=1.5\text{MPa}$。

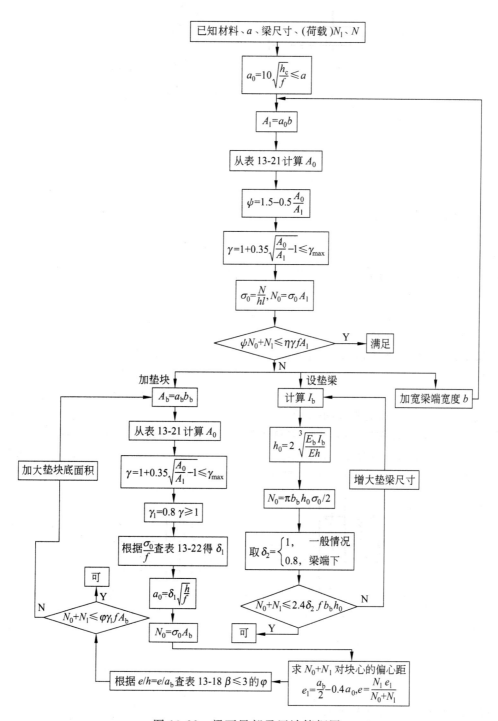

图 13-22　梁下局部承压计算框图

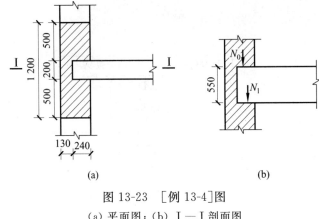

图 13-23　[例 13-4]图
(a) 平面图；(b) Ⅰ—Ⅰ剖面图

(1) 求梁端有效支承长度 a_0，由式(13-18)得

$$a_0 = 10\sqrt{\frac{h_c}{f}} = 10 \times \sqrt{\frac{550}{1.5}} = 191.5(\text{mm})$$

(2) 验算梁下砌体局部受压承载力

局部受压面积　$A_1 = a_0 b = 191.5 \times 200 = 38\,300(\text{mm}^2)$

由表 13-21 知　$A_0 = (2h+b)h = (2 \times 370 + 200) \times 370 = 347\,800(\text{mm}^2)$

$A_0/A_1 = 347\,800/38\,300 = 9.08 > 3$，故取 $\psi = 0$，N_0 不计。

局部抗压强度提高系数　$\gamma = 1 + 0.35\sqrt{A_0/A_1 - 1} = 1 + 0.35 \times \sqrt{9.08 - 1} = 1.995 \leqslant 2$

取 $\eta = 0.7$

$$\eta\gamma f A_1 = 0.7 \times 1.995 \times 1.5 \times 38\,300 = 80.23(\text{kN}) < 90(\text{kN})$$

经验算，不符合局部抗压强度的要求，不安全。

[例 13-5]　如上题，因不能满足砌体局部抗压强度的要求，试在梁端设置垫块并进行验算。

解：如图 13-24，在梁下设预制钢筋混凝土垫块。取垫块尺寸为 $b_b \times a_b \times t_b = 500\text{mm} \times 240\text{mm} \times 180\text{mm}$，垫块两边挑出长度为 $(500-200)/2 = 150(\text{mm}) < t_b = 180(\text{mm})$，满足刚性垫块的构造要求。

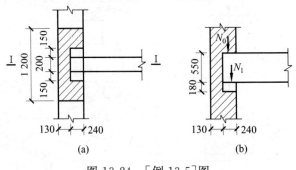

图 13-24　[例 13-5]图
(a) 平面图；(b) Ⅰ—Ⅰ剖面图

按式(13-19)即 $N_0 + N_1 \leqslant \varphi\gamma_1 f A_b$ 验算。

已查得　$f = 1.5\text{MPa}$

垫块面积　$A_b = a_b \times b_b = 240 \times 500 = 120\,000(\text{mm}^2)$

$A_0 = (500 + 2 \times 350) \times 370 = 444\,000(\text{mm}^2)$

上式中因 $b_b + 2h = 500 + 2 \times 370 = 1\,240(\text{mm}) >$ 窗间墙宽度 1 200mm，所以取 $h = 350\text{mm}$。

$$A_1 = 500 \times 240 = 120\ 000 (\text{mm}^2)$$

$$\gamma = 1 + 0.35\sqrt{\frac{A_0}{A_1} - 1} = 1 + 0.35\sqrt{\frac{444\ 000}{120\ 000} - 1} = 1.67 < 2$$

$$\gamma_1 = 0.8 \times 1.67 = 1.34$$

由于上部轴向力设计值 N 作用在整个窗间墙上,故上部平均压应力设计值为

$$\sigma_0 = \frac{165 \times 10^3}{370 \times 1\ 200} = 0.37 (\text{N/mm}^2)$$

$$N_0 = \sigma_0 A_b = 0.37 \times 120\ 000 = 44.4 (\text{kN})$$

求 N_0 和 N_1 合力对垫块形心的偏心距 e:

有垫块时,梁端有效支承长度由式(13-22)计算,其中 δ_1 由表 13-22 查得。其中要用到 $\sigma_0/f = 0.37/1.5 = 0.247$,可查得 $\delta_1 = 5.8$;于是 $a_0 = \delta_1\sqrt{\dfrac{h_c}{f}} = 5.8 \times \sqrt{\dfrac{550}{1.5}} = 111 (\text{mm})$;$N_1$ 的作用点在 $0.4a_0 = 0.4 \times 111 = 44.4 (\text{mm})$处。

N_1 合力对垫块形心的偏心距为 $240/2 - 44.4 = 75.6 (\text{mm})$,因 N_0 作用于垫块形心,所以

$$e = N_1 \times 75.6/(N_1 + N_0) = 90\ 000 \times 75.6/(90\ 000 + 44\ 400) = 50.60 (\text{mm})$$

由 $e/h = e/a_b = 50.60/240 = 0.21$,由表 13-18 取 $\beta < 3$ 时查得 $\varphi = 0.66$,最后可得

$$\varphi\gamma_1 f A_b = 0.66 \times 1.34 \times 1.5 \times 120\ 000 = 159.192 (\text{kN}) > 90 + 44.4 = 134.4 (\text{kN}),满足。$$

[例 13-6] 在[例 13-4]中,如果用梁端宽度 b 两边各加宽 50mm 的办法来解决局部承载力不足的问题,能否满足局部承载力要求?

解:[例 13-4]已求得 $a_0 = 191.5$mm,所以

$$A_1 = 191.5 \times 300 = 57\ 450 (\text{mm}^2);\quad A_0 = (2 \times 370 + 300) \times 370 = 38\ 480 (\text{mm}^2)$$

代入式(13-13),得

$$\gamma = 1 + 0.35\sqrt{\frac{A_0}{A_1} - 1} = 1 + 0.35\sqrt{\frac{384\ 800}{57\ 450} - 1} = 1.906 < 2$$

$$A_0/A_1 = 384\ 800/57\ 450 = 6.7 > 3$$

所以 $\psi = 0$;代入式(13-14),得

$$0.7 \times 1.906 \times 1.5 \times 57\ 450 = 114.94 (\text{kN}) > 90 (\text{kN}),满足。$$

[例 13-7] 在例[13-4]中,如果梁下有截面为 240mm×120mm C20 的钢筋混凝土圈梁,能否满足局部承载力要求?

解:由表 2-4 查得,C20 混凝土的弹性模量 $E_b = 2.55 \times 10^4 \text{N/mm}^2$,由表 13-15 查得,MU10 烧结普通砖,M5 混合砂浆砌体的弹性模量 $E = 1\ 600 f = 1\ 600 \times 1.5 = 2\ 400 (\text{N/mm}^2)$,$I_b = 240 \times 120^3/12 = 3.456 \times 10^7 (\text{mm}^4)$,墙厚 $h = 370$mm,代入式(13-25)得

$$h_0 = 2 \times \sqrt[3]{\frac{E_b I_b}{Eh}} = \sqrt[3]{\frac{2.55 \times 10^4 \times 3.456 \times 10^7}{2\ 400 \times 370}} = 199.5 (\text{mm})$$

例[13-5]中已求得 $\sigma_0 = 0.37 \text{N/mm}^2$,代入式(13-24)得

$$N_0 = 3.14 \times 240 \times 199.5 \times 0.37/2 = 13\ 900 (\text{N})$$

因梁下压力沿墙厚方向不均匀分布,所以 $\delta_2 = 0.8$,代入式(13-23),得

$$2.4 \times 0.8 \times 1.5 \times 240 \times 199.5 = 137\ 826 (\text{N}) > 13\ 900 + 90\ 000 = 103\ 900 (\text{N}),满足。$$

13.2.4　受拉、受弯和受剪构件的承载力计算

1. 轴心受拉构件计算

砌体的抗拉能力很低,工程中很少采用砌体作轴心受拉构件。一般只用在小型水池、圆筒料仓中,这些结

构在液体或松散物料的侧压力作用下,筒壁内产生环向拉力。砌体的破坏有两种可能,即沿齿缝破坏或沿直缝破坏,可按轴心受拉构件计算。

砌体轴心受拉构件的承载力应按下式计算

$$N_t \leqslant f_t A \tag{13-26}$$

式中：N_t——轴心拉力设计值；

　　f_t——砌体轴心抗拉强度设计值,按表 13-15 采用；

　　A——砌体垂直于拉力方向的截面面积。

2. 受弯构件计算

砖砌平拱过梁和挡土墙均属受弯构件。在弯矩作用下砌体可能沿齿缝截面、沿砖和竖向灰缝截面、沿通缝截面因弯曲受拉而破坏。此外,受弯砌体构件在支座处还有较大的剪力,因此除进行受弯承载力计算外,还应进行受剪承载力的计算。

(1) 受弯承载力计算

受弯构件的承载力按下式计算

$$M \leqslant f_{tm} W \tag{13-27}$$

式中：M——弯矩设计值；

　　f_{tm}——砌体的弯曲抗拉强度设计值,根据发生破坏的形态,按表 13-14 选取相应的强度指标值。

　　W——截面抵抗矩。

(2) 受弯构件受剪承载力计算

受弯构件的受剪承载力按下式计算

$$V \leqslant f_v bz \tag{13-28}$$

式中：V——剪力设计值；

　　f_v——砌体的抗剪强度设计值,按表 13-15 采用；

　　b——截面宽度；

　　z——内力臂,$z = I/S$,当截面为矩形时 $z = 2h/3$。

其中：I——截面惯性矩；

　　S——截面面积矩；

　　h——截面高度。

3. 受剪构件计算

在无拉杆拱的支座截面处,由于拱的水平推力,将使支座截面受剪(见图 13-25)。这时,抵抗拱脚水平推力的是砌体和砂浆间的切向黏结强度及竖向压应力产生的摩擦力。

《规范》规定,沿通缝或沿阶梯形截面破坏时受剪构件的承载力应按下列公式进行计算

$$V \leqslant (f_v + \alpha\mu\sigma_0)A \tag{13-29}$$

当 $\gamma_G = 1.2$ 时，　$\mu = 0.26 - 0.082\sigma_0/f$

当 $\gamma_G = 1.35$ 时，　$\mu = 0.23 - 0.065\sigma_0/f$ $\left.\right\}$ (13-30)

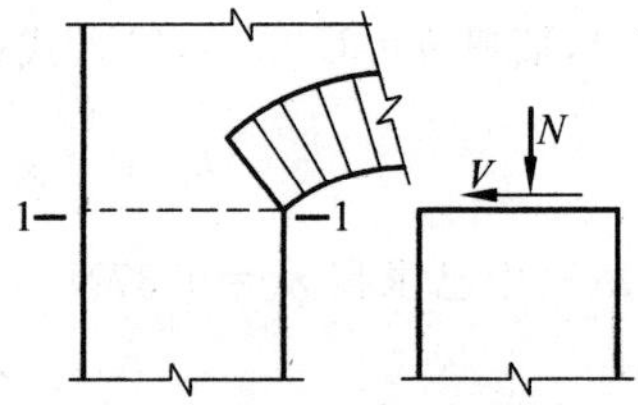

图 13-25　无拉杆拱支座截面受剪

式中：V——截面剪力设计值；

　　A——水平截面面积。当有孔洞时,取净截面面积；

　　f_v——砌体抗剪强度设计值,对灌孔的混凝土砌块砌体取其抗剪强度的设计值；

　　α——修正系数；当 $\gamma_G = 1.2$ 时,砖砌体取 0.6,混凝土砌块砌体取 0.64。

当 $\gamma_G = 1.35$ 时,砖砌体取 0.64,混凝土砌块砌体取 0.66;

μ——剪压复合受力影响系数,α 与 μ 的乘积,可查表 13-23;

σ_0——永久荷载设计值产生的水平截面平均压应力;

f——砌体的抗压强度设计值;

σ_0/f——轴压比,不大于 0.8。

表 13-23　当 $\gamma_G = 1.2$ 及 $\gamma_G = 1.35$ 时的 $\alpha\mu$ 值

γ_G	σ_0/f / 砌体	0.1	0.2	0.3	0.4	0.5	0.6	0.7	0.8
1.2	砖砌体	0.15	0.15	0.14	0.14	0.13	0.13	0.12	0.12
	砌块砌体	0.16	0.16	0.15	0.15	0.14	0.13	0.13	0.12
1.35	砖砌体	0.14	0.14	0.13	0.13	0.13	0.12	0.12	0.11
	砌块砌体	0.15	0.14	0.14	0.13	0.13	0.13	0.12	0.12

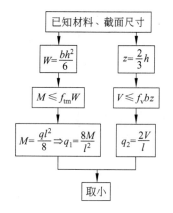

图 13-26　矩形截面弯剪构件荷载
设计值计算框图

砌体构件受拉、弯、剪的计算较为简单,只要查出材料的设计强度和构件的几何参数,代入公式即可。有一种常见题型是求荷载设计值,这往往与结构力学内力分析相联系。这里仅以承受均布荷载的矩形截面弯剪构件为例给出计算框图见图 13-26。

[例 13-8] 有一圆形砖砌水池,壁厚 370mm,采用 MU10 烧结普通砖,M10 的水泥砂浆,池壁承受每米环向拉力设计值 $N_t = 50$kN,试验算池壁的受拉承载力。

解: 取圆形池壁的单位宽度 $b = 1\,000$mm,截面面积 $A = 1\,000 \times 370 = 370\,000$(mm²)。

查表 13-14 得砌体抗拉强度设计值 $f_t = 0.19$N/mm²,查表 13-12,水泥砂浆抗拉强度设计值调整系数 $\gamma_a = 0.8$。

由式(13-26)得 $\gamma_a f_t A = 0.8 \times 0.19 \times 370\,000 = 56.2(kN)> N_t = 50$(kN)满足要求。

[例 13-9] 有一厚 370mm、支承跨度 6m 的砖墙,如图 13-27 所示。采用 MU15 蒸压灰砂砖、M15 专用砂浆砌筑,承受均布荷载。求所能承受荷载设计值的大小。

解: 查表 13-14 得砌体弯曲抗拉强度设计值 $f_{tm} = 0.24$MPa,抗剪强度设计值 $f_v = 0.12$MPa。

取单位宽度　$b = 1\,000$mm

截面抵抗矩　$W = \dfrac{bh^2}{6} = \dfrac{1\,000 \times 370^2}{6} = 22.82 \times 10^6$(mm³)

截面内力臂　$z = \dfrac{2}{3}h = \dfrac{2}{3} \times 370 = 246.7$(mm)

由式(13-26)得受弯承载力

$$M = f_{tm}W = 0.24 \times 22.82 \times 10^6 = 5\,476\,800(\text{N} \cdot \text{mm})$$

由式(13-28)得受剪承载力

$$V = f_v bz = 0.12 \times 1\,000 \times 246.7 = 29\,604(\text{N})$$

由受弯承载力求墙体所能承受的均布荷载设计值

$$q_1 = \frac{8M}{l^2} = \frac{8 \times 5\,476\,800}{6\,000^2} = 1.22(\text{N/mm})$$

由受剪承载力求墙体所能承受的均布荷载设计值

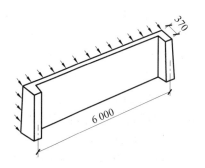

图 13-27　[例 13-9]图

$$q_2 = \frac{2V}{l} = \frac{2 \times 29\,604}{6\,000} = 9.87(\text{N/mm})$$

比较 q_1 与 q_2 得该墙所能承受的均布荷载设计值为 1.22N/mm。

[**例 13-10**]　试验算如图 13-25 所示拱过梁支座截面的抗剪承载力。已知拱过梁支座处的水平推力设计值为 30kN,作用在 Ⅰ—Ⅰ 截面上,由恒载设计值产生的纵向力设计值为 30kN,受剪截面为 $A = 370\text{mm} \times 490\text{mm}$,此过梁采用 MU15 烧结普通砖和 M10 的混合砂浆。

解:由表 13-14 查得 $f_v = 0.17\text{MPa}$,由表 13-6 查得 $f = 2.31\text{MPa}$。

$$A = 370 \times 490 = 181\,300(\text{mm}^2)$$

$$\sigma_0 = \frac{30 \times 10^3}{181\,300} = 0.166(\text{MPa})$$

$$\frac{\sigma_0}{f} = \frac{0.166}{2.31} = 0.1$$

查表 13-23 得当 $r_G = 1.35$ 时,$\alpha\mu = 0.14$。

由式(13-29)得

$$(f_v + \alpha\mu\sigma_0)A = (0.17 + 0.14 \times 0.166) \times 181\,300 = 35.03(\text{kN}) > V = 30(\text{kN})$$

故符合要求。

13.2.5　配筋砖砌体承载力计算

当砌体受压构件的抗压承载力不足时,除了可以采取提高块材和砂浆的强度等级、增大截面尺寸等措施外,还可以采用配筋砌体。受压构件的配筋砌体主要有网状配筋砖砌体、组合砖砌体以及砖砌体和钢筋混土构造构组合墙。配筋砌体强度设计值调整系数应符合表 13-12 的有关规定。

1. 网状配筋砖砌体

网状配筋砖砌体是在水平灰缝内按一定间距放置一些横向钢筋网。配筋方式可分为方格钢筋网(见图 13-5(a))和连弯式钢筋网(见图 13-5(b))。方格钢筋网是用绑扎或点焊的方法做成网片,连弯钢筋网是将连弯钢筋相互垂直交错铺在两相邻灰缝中形成网状配筋。

(1) 受压性能

试验表明,网状配筋砖砌体的破坏特征与无筋砖砌体有所不同。第一批裂缝出现得较晚;裂缝发展缓慢,不能很快沿砌体高度方向形成贯通裂缝;破坏时也不出现半砖小柱失稳,而是个别砖块被压碎。其主要原因是网状配筋砖砌体受压时,由于摩擦力和砂浆的黏结力,钢筋被嵌固在灰缝内与砖砌体共同工作,从而约束了砖砌体的横向变形,相当于对砌体施加了横向压力,使砌体处于三向受压状态。故网状配筋砌体的抗压承载力较相同砌体材料的无筋砌体的抗压承载力大。

(2) 适用范围

① 网状配筋砌体对轴心受压构件效果好,在偏心受压时的受压性能受偏心距的影响较大,偏心距愈大,网状钢筋的作用愈小,砌体承载能力提高有限。当偏心距超过截面核心范围,对于矩形截面,即 $e/h > 0.17$ 时,不宜采用网状配筋砌体。

② 网状配筋对构件的承载力产生不利影响。试验表明,网状配筋砌体的承载力影响系数随着网状钢筋的配筋率增加而降低。因此,在柔性很大的砌体中不宜采用网状配筋。偏心距虽未超过截面核心范围,但构件高厚比 $\beta > 16$ 时,也不宜采用网状配筋砌体。

(3) 网状配筋砌体构造

为了使网状配筋砖砌体受压构件能安全可靠工作,除需保证其承载力外,还应符合下列构造要求:

① 网状配筋砌体中的配筋率,不应小于 0.1%,并不应大于 1%;

② 采用钢筋网时,钢筋的直径宜采用 3～4mm,当采用连弯钢筋网时,钢筋的直径不应大于 8mm;

③ 钢筋网的竖向间距不应大于五皮砖,并不应大于 400mm;

④ 钢筋网中钢筋的间距不应大于 120mm,且不应小于 30mm;

⑤ 网状配筋砖砌体中所选用的砌体材料强度等级不宜过低,砂浆不应低于 M7.5;钢筋网应设置在砌体的水平灰缝中,灰缝厚度应保证钢筋上下至少有 2mm 厚的砂浆层。

（4）承载力计算

网状配筋砖砌体受压构件的承载力计算,可按下式进行

$$N \leqslant \varphi_n f_n A \tag{13-31}$$

式中：N——作用于构件截面上的轴向力设计值;

φ_n——高厚比和配筋率以及轴向力的偏心距对网状配筋砖砌体受压构件承载力的影响系数,可按表 13-24 采用;

f_n——网状配筋砖砌体的抗压强度设计值,按下式确定

$$f_n = f + 2(1 - 2e/y)\rho f_y \tag{13-32}$$

$$\rho = \frac{(a+b)A_s}{abS_n} \tag{13-33}$$

式中：e——轴向力的偏心距;

ρ——体积配筋率;

a、b——钢筋网的网格尺寸;

S_n——钢筋网的竖向间距;

A——截面面积;

f_y——抗拉钢筋的设计强度,当 $f_y > 320$MPa 时,仍采用 320MPa。

对矩形截面构件,当轴向力偏心方向的截面边长大于另一方向的边长时,除按偏心受压计算外,还应对较小边长方向按轴心受压进行验算。

当网状配筋砖砌体下端与无筋砌体交接时,尚应验算无筋砌体的局部受压承力。

表 13-24　影响系数 φ_n

$\rho/\%$	β \ e/h	0	0.05	0.10	0.15	0.17
0.1	4	0.97	0.89	0.78	0.67	0.63
	6	0.93	0.84	0.73	0.62	0.58
	8	0.89	0.78	0.67	0.57	0.53
	10	0.84	0.72	0.62	0.52	0.48
	12	0.78	0.67	0.56	0.48	0.44
	14	0.72	0.61	0.52	0.44	0.41
	16	0.67	0.56	0.47	0.40	0.37
0.3	4	0.96	0.87	0.76	0.65	0.61
	6	0.91	0.80	0.69	0.59	0.55
	8	0.84	0.74	0.62	0.53	0.49
	10	0.78	0.67	0.56	0.47	0.44
	12	0.71	0.60	0.51	0.43	0.40
	14	0.64	0.54	0.46	0.38	0.36
	16	0.58	0.49	0.41	0.35	0.32

续表

$\rho/\%$	β	e/h = 0	0.05	0.10	0.15	0.17
0.5	4	0.94	0.85	0.74	0.63	0.59
	6	0.88	0.77	0.66	0.56	0.52
	8	0.81	0.69	0.59	0.50	0.46
	10	0.73	0.62	0.52	0.44	0.41
	12	0.65	0.55	0.46	0.39	0.36
	14	0.58	0.49	0.41	0.35	0.32
	16	0.51	0.43	0.36	0.31	0.29
0.7	4	0.93	0.83	0.72	0.61	0.57
	6	0.86	0.75	0.63	0.53	0.50
	8	0.77	0.66	0.56	0.47	0.43
	10	0.68	0.58	0.49	0.41	0.38
	12	0.60	0.50	0.42	0.36	0.33
	14	0.52	0.44	0.37	0.31	0.30
	16	0.46	0.38	0.33	0.28	0.26
0.9	4	0.92	0.82	0.71	0.60	0.56
	6	0.83	0.72	0.61	0.52	0.48
	8	0.73	0.63	0.53	0.45	0.42
	10	0.64	0.54	0.46	0.38	0.36
	12	0.55	0.47	0.39	0.33	0.31
	14	0.48	0.40	0.34	0.29	0.27
	16	0.41	0.35	0.30	0.25	0.24
1.0	4	0.91	0.81	0.70	0.59	0.55
	6	0.82	0.71	0.60	0.51	0.47
	8	0.72	0.61	0.52	0.43	0.41
	10	0.62	0.53	0.44	0.37	0.35
	12	0.54	0.45	0.38	0.32	0.30
	14	0.46	0.39	0.33	0.28	0.26
	16	0.39	0.34	0.28	0.24	0.23

2. 组合砖砌体受压构件

在砖砌体内配置部分钢筋混凝土或钢筋砂浆面层组成的构件,称为组合砖砌体(见图 13-5(c),(d))。

(1) 适用范围

当无筋砌体受压构件的截面尺寸受到限制或设计不经济时,或轴向力偏心距 $e>0.6y$ 时,以及单层砖柱厂房在设防烈度为 8 度、9 度时,应采用砖砌体和钢筋混凝土面层或钢筋砂浆面层组成的组合砖柱。

对于砖墙与组合砌体一同砌筑的 T 形截面构件,可按矩形截面组合砌体构件计算,但构件的高厚比仍按 T 形截面考虑,其截面的翼缘宽度应符合有关构造规定。

(2) 受压性能

① 在组合砌体中,砖砌体吸收混凝土中多余的水分,使得在组合砌体中结硬的混凝土强度比在木模或金属模板中结硬的强度高。这种现象在混凝土结硬的早期(4~10 天内)特别显著。对于砖砌体与钢筋砂浆面层的组合砌体,砂浆面层也具有上述类似的特性。

② 在轴心压力作用下,组合砌体的第一批裂缝大多出现于砌体和钢筋混凝土(或钢筋砂浆)之间的连接处。随着荷载的增加,砖砌体上逐渐产生竖直方向的裂缝。受两侧的钢筋混凝土(或钢筋砂浆)面层的套箍约束作用,砖砌体上的这种裂缝发展较为缓慢,开展的宽度也不及无筋砌体。

③ 随着荷载的增加,砌体内的砖和面层混凝土(或面层砂浆)严重脱落甚至被压碎,或竖向钢筋在箍筋范围内压屈,最后,组合砌体完全破坏。

当面层采用水泥砂浆的组合砌体达极限承载力时,其内受压钢筋未达屈服应变,受压钢筋的强度不能被充分利用。

(3) 构造要求

组合砖砌体的砌块和面层混凝土(或面层砂浆)之间应有良好的整体性和共同工作能力。

① 面层混凝土强度等级宜采用 C20。为了防止钢筋锈蚀,并使钢筋和砌体与砂浆面层有足够的黏结强度,面层水泥砂浆的强度等级不宜低于 M10;砌筑砂浆不得低于 M7.5。

② 受力钢筋的保护层厚度,应符合耐久性的规定。

③ 受力钢筋宜采用 HPB300 级钢筋。对于混凝土面层,因受力和变形性能较好,亦可采用 HRB335 级钢筋。受压钢筋一侧的配筋率,对于砂浆面层,不宜小于 0.1%,对于混凝土面层,不宜小于 0.2%。受拉钢筋的配筋率,不应小于 0.1%。竖向受力钢筋的直径,不应小于 8mm;钢筋的净间距,不应小于 30mm。

④ 箍筋的直径,不宜小于 4mm 及 $0.2d$(d 为受压钢筋直径)并不宜大于 6mm。箍筋的间距,不应大于 $20d$ 及 500mm,并不应小于 120mm。

⑤ 当组合砖砌体构件一侧的受力钢筋多于 4 根时,应设置附加箍筋或拉结钢筋。对于截面长短边相差较大的构件如墙体等,应采用穿通构件或墙体的拉结钢筋作为箍筋,同时设置水平分布钢筋,以形成封闭的箍筋体系。水平分布钢筋的竖向间距及拉结钢筋的水平间距,均不应大于 500mm(见图 13-28)。

⑥ 组合砖砌体构件的顶部与底部,以及牛腿处是直接承受或传递荷载的主要部位,在这些部位必须设置钢筋混凝土垫块,以保证件安全可靠地工作。竖向受力钢筋伸入垫块的长度,必须满足锚固要求,图 13-29 为组合砖砌体厂房柱的构造。

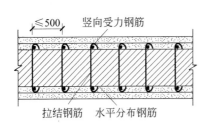

图 13-28　混凝土或砂浆面层的组合墙

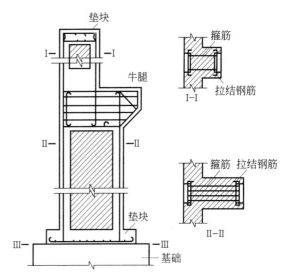

图 13-29　组合砖砌体厂房柱构造

(4) 组合砖砌体构件承载力计算

① 轴心受压构件

组合砖砌体轴心受压构件的承载力,可按下式计算

$$N \leqslant \varphi_{com}(fA + f_cA_c + \eta_s f_y' A_s') \tag{13-34}$$

式中:φ_{com}——组合砖砌体构件的稳定系数,按表 13-26 采用;

A——砖砌体的截面面积；

f_c——混凝土或面层水泥砂浆的轴心抗压强度设计值，砂浆的轴心抗压强度设计值可取为同强度等级混凝土的轴心抗压强度设计值的 70%，当砂浆为 M15 时，其值为 5.0MPa；当砂浆为 M10 时，其值为 3.4MPa；当砂浆为 M7.5 时，其值为 2.5MPa；

A_c——混凝土或砂浆面层的截面面积；

η_s——受压钢筋的强度系数，当为混凝土面层时，可取 1.0，当为砂浆面层时，可取 0.9；

f_y'——受压钢筋的强度设计值；

A_s'——受压钢筋的截面面积。

表 13-26　组合砖砌体构件的稳定系数

高厚比 β	配筋率 ρ					
	0	0.2	0.4	0.6	0.8	≥1.0
8	0.91	0.93	0.95	0.97	0.99	1.00
10	0.87	0.90	0.92	0.94	0.96	0.98
12	0.82	0.85	0.88	0.91	0.93	0.95
14	0.77	0.80	0.83	0.86	0.89	0.92
16	0.72	0.75	0.78	0.81	0.84	0.87
18	0.67	0.70	0.73	0.76	0.79	0.81
20	0.62	0.65	0.68	0.71	0.73	0.75
22	0.58	0.61	0.64	0.66	0.68	0.70
24	0.54	0.57	0.59	0.61	0.63	0.65
26	0.50	0.52	0.54	0.56	0.58	0.60
28	0.46	0.48	0.50	0.52	0.54	0.56

注：组合砖砌体构件截面的配筋率 $\rho = A_s'/bh$。

② 偏心受压构件的承载力计算

基本计算公式

$$N \leqslant fA' + f_c A_c' + \eta_s f_y' A_s' - \sigma_s A_s \tag{13-35}$$

或

$$Ne_N \leqslant fS_s + f_c S_{c,s} + \eta_s f_y' A_s' (h_0 - a_s') \tag{13-36}$$

此时受压区的高度可按下式确定

$$fS_N + f_c S_{c,N} + \eta_s f_y' A_s' e_N' - \sigma_s A_s e_N = 0 \tag{13-37}$$

式中：σ_s——钢筋的应力；

A_s——距轴向力 N 较远侧钢筋的截面面积；

A'——砖砌体受压部分的面积；

A_c'——混凝土或砂浆面层受压部分的面积；

S_s——砖砌体受压部分的面积对钢筋重心的面积矩；

$S_{c,s}$——混凝土或砂浆面层受压部分的面积对钢筋 A_s 重心的面积矩；

S_N——砖砌体受压部分的面积对轴向力 N 作用点的面积矩；

$S_{c,N}$——混凝土或砂浆面层受压部分的面积对轴向力 N 作用点的面积矩；

e_N', e_N——分别为钢筋 A_s' 和 A_s 重心至轴向力 N 作用点的距离；

$$e_N = e + e_a + (h/2 - a_s) \tag{13-38a}$$

$$e_N' = e + e_a - (h/2 - a_s') \tag{13-38b}$$

e——轴向力的初始偏心距,按荷载设计值计算,当 $e < 0.05h$ 时,应取 $e = 0.05h$;

e_a——组合砖砌体构件在轴向力作用下的附加偏心距

$$e_a = \beta^2 h(1 - 0.022\beta)/2\,200 \tag{13-39}$$

h_0——组合砖砌体构件截面的有效高度,取 $h_0 = h - a_s$;

a_s, a_s'——分别为钢筋 A_s 和 A_s' 重心至截面较近边的距离。

③ 钢筋应力 σ_s

组合砖砌体钢筋 A_s 的应力 σ_s,以正值为拉应力,负值为压应力。计算时可按下列规定算

小偏心受压时,即 $\xi > \xi_b$

$$\sigma_s = 650 - 800\xi \tag{13-40a}$$
$$-f_y' \leqslant \sigma_s \leqslant f_y \tag{13-40b}$$

大偏心受压时,即 $\xi \leqslant \xi_b$

$$\sigma_s = f_y \tag{13-41}$$

式中:ξ——组合砖砌体构件截面受压区的相对高度,$\xi = x/h_0$;

f_y——钢筋的抗拉强度设计值;

ξ_b——组合砖砌体构件受压区相对高度的界限值,采用 HPB300 级钢筋配筋,应取 0.47;采用 HRB335 级钢筋配筋时,应取 0.445,HRB400 级钢筋,应取 0.36。

3. 砖砌体和钢筋混凝土构造柱组合墙

1) 砖砌体和钢筋混凝土构造柱组合墙(图 13-30)的轴心受压承载力,应按下列公式计算:

$$N \leqslant \varphi_{com}[fA + \eta(f_c A_c + f_y' A_s')] \tag{13-42a}$$

$$\eta = \left[\dfrac{1}{\dfrac{l}{b_c} - 3}\right]^{\frac{1}{4}} \tag{13-42b}$$

式中:φ_{com}——组合砖墙的稳定系数,可按表 13-26 采用;

η——强度系数,当 l/b_c 小于 4 时,取 l/b_c 等于 4;

l——沿墙长方向构造柱的间距;

b_c——沿墙长方向构造柱的宽度;

A——扣除孔洞和构造柱的砖砌体截面面积;

A_c——构造柱的截面面积。

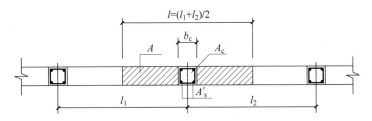

图 13-30　砖砌体和构造柱组合墙截面

2) 砖砌体和钢筋混凝土构造柱组合墙,平面外的偏心受压承载力,可按下列规定计算:

(1) 构件的弯矩或偏心距可按梁下局部受力规定的方法确定。

(2) 可按式(13-31)~式(13-41)的方法确定构造柱纵向钢筋,但截面宽度应改为构造柱间距 l;大偏心受压时,可不计受压区构造柱混凝土和钢筋的作用,构造柱的计算配筋不应小于如下要求。

① 砂浆的强度等级不应低于 M5,构造柱的混凝土强度等级不宜低于 C20。

② 构造柱的截面尺寸不宜小于 240mm×240mm,其厚度不应小于墙厚,边柱、角柱的截面宽度宜适当加大。柱内竖向受力钢筋,对于中柱,钢筋数量不宜少于 4 根、直径不宜小于 12mm;对于边柱、角柱,钢筋数量不宜少于 4 根、直径不宜小于 14mm。构造柱的竖向受力钢筋的直径也不宜大于 16mm。其箍筋,一般部位宜采用直径 6mm、间距 200mm,楼层上下 500mm 范围内宜采用直径 6mm、间距 100mm。构造柱的竖向受力钢筋应在基础梁和楼层圈梁中锚固,并应符合受拉钢筋的锚固要求。

③ 组合砖墙砌体结构房屋,应在纵横墙交接处、墙端部和较大洞口的洞边设置构造柱,其间距不宜大于 4m。各层洞口宜设置在相应位置,并宜上下对齐。

④ 组合砖墙砌体结构房屋应在基础顶面、有组合墙的楼层处设置现浇钢筋混凝土圈梁。圈梁的截面高度不宜小于 240mm;纵向钢筋数量不宜少于 4 根、直径不宜小于 12mm,纵向钢筋应伸入构造柱内,并应符合受拉钢筋的锚固要求;圈梁的箍筋直径宜采用 6mm、间距 200mm;

⑤ 砖砌体与构造柱的连接处应砌成马牙搓,并应沿墙高每隔 500mm 设 2 根直径 6mm 的拉结钢筋,且每边伸入墙内不宜小于 600mm。

⑤ 构造柱可不单独设置基础,但应伸入室外地坪下 500mm,或与埋深小于 500mm 的基础梁相连。

⑦ 组合砖墙的施工顺序应为先砌墙后浇混凝土构造柱。

13.3　砌体结构房屋的墙体体系及其承载力验算

混合结构的房屋通常是指屋盖、楼盖等水平承重构件采用钢筋混凝土、木材或钢材,而墙、柱与基础等竖向承重构件采用砌体材料的房屋。它具有节省钢材、施工简便、造价较低等特点,因此在一般工业与民用建筑物中被广泛采用。墙体是混合结构建筑物的主要承重构件,同时对建筑物也起着围护和分隔的作用。主要起围护和分隔作用且只承受自重的墙体,称为"非承重墙";在承受自重的同时,还承受屋盖和楼盖传来荷载的墙体,称为"承重墙"。墙体、柱的自重约占房屋总重的 60%。由于砌体的强度并不太高,在混合结构的结构布置中,使墙柱等承重构件具有足够的承载力是保证房屋正常使用的关键,特别是在需要进行抗震设防的地区,以及在地基条件不理想的区段,合理的结构布置是极为重要的。

混合结构房屋设计的一个重要任务就是解决墙体的设计问题。一般包括:承重墙体的布置、房屋的静力计算方案确定、墙柱高厚比验算、墙柱内力计算及其截面承载力验算。

13.3.1　承重墙体的布置

在混合结构的结构布置中,承重墙体的布置不仅影响到房屋平面的划分和房间的大小,而且对房屋的荷载传递路线、承载的合理性、墙体的稳定以及整体刚度等受力性能有着直接的影响。

在承重墙的布置中,一般有四种方案可供选择,即纵墙承重体系、横墙承重体系、纵横墙承重体系和内框架承重体系。

1. 纵墙承重体系

纵墙承重方案是指由纵墙直接承受屋盖、楼盖竖向荷载的结构布置方案。跨度较少的房屋,楼板直接支承在纵墙上,跨度较大的房屋可采用预制屋面梁(或屋架),上铺大型屋面板,大梁(或屋架)搁置在纵墙上。图 13-30 为某厂房布置方案,其传力路线为:屋(楼)面荷载→屋(楼)面板→屋(楼)面梁(或屋架)→纵墙→基础→地基。

纵墙承重方案房屋有以下特点:

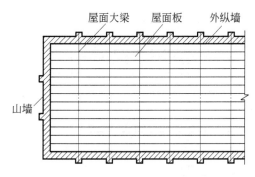

图 13-30　某厂房屋面结构布置图

（1）纵墙是主要的承重墙，而横墙是为了满足房屋使用功能及空间刚度和整体性要求设置的。横墙间距可以增大，形成较大室内空间，有利于使用上的灵活布置。

（2）因纵墙承重，纵墙上作用较大荷载，所以在纵墙上设置门窗洞口时，洞口大小、位置要受一定的限制。

（3）与横墙承重方案相比，纵墙承重方案房屋的屋盖、楼盖结构用材料较多，墙体材料较少。

（4）横墙数量少，房屋横向刚度较差。

2. 横墙承重方案

由横墙直接承受屋盖、楼盖竖向荷载的结构布置方案称为横墙承重方案。图 13-31 为某宿舍楼标准层结构平面布置图。其预制板搁置在横墙上，外墙主要起围护作用。

对于横墙承重方案，荷载的主要传递路线为：屋（楼）面荷载→屋（楼）面板→横墙→基础→地基。

横墙承重方案房屋有以下特点：

（1）横墙承重，纵墙起围护、隔断作用。在纵墙上可以灵活开设门窗洞口，有利于外墙面装饰。

（2）由于横墙间距小（一般为 2.7～4.8m）、数量多，又有外纵墙拉接，故房屋的横向刚度较大，整体性好，对抵抗风力、地震作用和调整地基不均匀沉降都比纵墙承重方案有利。

（3）屋（楼）盖结构布置比较简单（一般不再设梁），施工方便。较纵墙承重方案房屋，楼面结构材料用量少，墙体材料用量多。

横墙承重方案中房屋纵墙因保温要求不能太薄，故纵墙的承载力不能充分利用。因横墙数量多，房间布置受到一定限制，适用于房屋开间尺寸较规则、横墙间距小的住宅、宿舍、旅馆、招待所等民用房屋。

3. 纵横墙承重方案

由纵墙和横墙混合承受屋（楼）盖竖向荷载的结构布置方案称纵横墙承重方案。图 13-32 为某教学楼纵横墙承重方案。此种承重方案房屋墙体与屋（楼）盖布置较灵活，空间刚度较好，但墙体材料用量多，施工较麻烦。

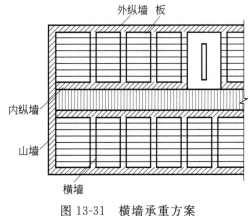

图 13-31　横墙承重方案

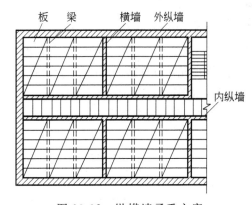

图 13-32　纵横墙承重方案

其荷载的传递途径为：

纵横墙承重体系的特点介于前述两种承重体系之间。其平面布置较灵活，能更好地满足建筑物使用功能上的要求，适用于教学楼等。

4. 内框架承重体系

外部四周由墙体承重、内部由钢筋混凝土梁柱组成内框架承重体系。图 13-33 为某商住楼底层结构布置。

其荷载传力途径为：

内框架承重体系的特点是：

（1）房屋的使用空间较大，平面布置比较灵活，可节省材料，结构较为经济。

（2）由于横墙少，房屋的空间刚度较小，建筑物抗震能力较差。

（3）由于钢筋混凝土柱和砌体的压缩性能不同，以及基础也可能产生不均匀沉降。因此，如果设计施工不当，结构容易产生不均匀竖向变形，从而引起较大的附加内力，并产生裂缝。内框架承重体系一般可用于商店、旅馆、多层工业厂房等。

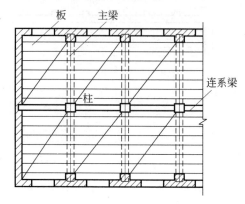

图 13-33　内框架承重方案

在实际工程设计中，应根据建筑物的使用要求及地质、材料、施工等具体情况综合考虑，选择比较合理的承重体系。应力求做到安全可靠、技术先进、经济合理。

13.3.2　房屋的静力计算方案

1. 房屋的空间工作性能

混合结构房屋中，屋盖、楼盖、纵墙、横墙和基础等构件相互联系组成一空间受力体系。在外荷载作用下，不仅直接承受荷载的构件在工作，而且与其相连的其他构件也都不同程度地会参与工作。这些构件参加共同工作的程度体现了房屋的空间刚度。

在荷载作用下，空间受力体系与平面受力体系的变形及荷载传递的途径是不同的。如图 13-34 所示某单层的纵墙承重体系，承受水平均布荷载的作用。若不考虑两端山墙的作用，而按平面受力体系进行分析，则可取出一独立的计算单元进行排架的平面受力分析，排架柱顶的侧移为 u_p。而实际上房屋在水平荷载作用下，山墙（或横墙）对抵抗水平荷载，减少房屋的侧移起着重要的作用。在空间受力体系中，屋盖可看作两端支承在山墙上的水平"屋盖梁"，而山墙则被视为"屋盖梁"的弹性支座。在水平荷载作用下，山墙两端的纵墙（山墙顶端）侧

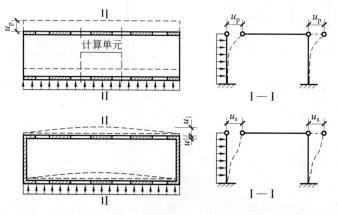

图 13-34　单层空旷房屋纵墙在水平荷载作用下的变形

移最小,为 u。屋盖中点,即房屋纵墙顶相对于山墙顶端的最大侧移量为 u_1,而该处纵墙的绝对侧移为 u_s。这是纵墙、屋盖和山墙在空间受力体系中协同工作的结果。

从图中可以看出,$u_s = u + u_1 \leqslant u_p$。一般情况下,$u_s$ 的大小取决于两端山墙(横墙)间的水平距离、山墙在自身平面内的刚度和屋盖的水平刚度。若横墙间距大,则"屋盖梁"的水平方向跨度大,受弯时中间的挠度大;若屋盖在自身平面内的刚度较小,也会增大自身的弯曲变形,使房屋中部的水平位移增大;若横墙刚度较差,墙顶侧移较大,房屋中部水平位移也随之增大。反之,屋盖中部的水平侧移较小,即空间性能较好。房屋空间作用的性能,可用空间性能影响系数 η 表示。η 按下式计算

$$\eta = u_s/u_p \tag{13-43}$$

式中:u_p——平面排架的侧移;

$\quad\ \ u_s$——房屋中部的最大侧移。

η 值较大,表明房屋的位移与平面排架的位移愈接近,即房屋空间刚度较差。反之 η 值愈小,表明房屋空间工作后的侧移较小,即房屋空间刚度愈好。因此,η 又称为考虑空间工作后的侧移折减系数。

对于不同类别的屋盖或楼盖(屋、楼盖的分类见表 13-28)在不同的横墙间距下,房屋各层的空间性能影响系数,可按表 13-27 查用。其中 η_i 值最大为 0.82;当 $\eta_i > 0.82$ 时,则近似取 $\eta_i = 1$;η_i 值最小为 0.33,当 $\eta_i < 0.33$ 时,近似取 $\eta_i = 0$。

表 13-27　房屋各层的空间性能影响系数 η_i

屋盖或楼盖类别	横墙间距 s/m														
	16	20	24	28	32	36	40	44	48	52	56	60	64	68	72
1	—	—	—	—	0.33	0.39	0.45	0.50	0.55	0.60	0.64	0.68	0.71	0.74	0.77
2	—	0.35	0.45	0.54	0.61	0.68	0.73	0.78	0.82	—	—	—	—	—	—
3	0.37	0.49	0.60	0.68	0.75	0.81	—	—	—	—	—	—	—	—	—

注:i 取 $1 \sim n$,n 为房屋的层数。

2. 房屋静力计算方案

根据房屋空间刚度的大小,可将房屋静力计算方案分为以下三种。

(1) 刚性方案

当房屋的横墙间距较小,屋(楼)盖的水平刚度较大且横墙在平面内刚度很大时,房屋的空间刚度较大。因而,在水平荷载作用下,房屋纵墙顶端的水平位移很小,可以忽略不计。因此,可假定纵墙顶端的水平位移为零。在确定墙柱计算简图时,可认为屋(楼)盖为纵墙的不动铰支座,墙、柱的内力可按上端为不动铰支承,下端为嵌固于基础的竖向构件计算(见图 13-35(a))。按这种方法计算的房屋属刚性方案房屋。

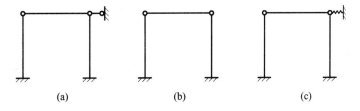

(a)　　　　　　　　(b)　　　　　　　　(c)

图 13-35　单层单跨房屋墙体的计算简图

(2) 弹性方案

当房屋横墙间距很大,屋盖在平面内的刚度很小或山墙在平面内刚度很小(或无横墙)时,房屋的空间刚

度就很小。因而,在水平荷载作用下,房屋纵墙顶端水平位移很大,以至于由屋盖水平梁提供给外纵墙的水平反力小到可以忽略不计。则可认为横墙及屋盖对外纵墙起不到任何帮助作用,此种房屋中部墙体计算单元的计算简图如图 13-35(b)所示,为一排架结构。这种不考虑房屋空间工作的平面排架的计算方案属弹性方案。

（3）刚弹性方案

当房屋横墙间距不太大,屋盖（或楼盖）和横墙在各自平面内具有一定刚度时,房屋具有一定的空间刚度。这时,房屋中部外纵墙顶部的水平位移较弹性方案小,比刚性方案大,横墙与屋（楼）盖对外纵墙的支承作用,不能忽略不计。屋盖作为纵墙支座,会给外纵墙提供一定的反力。这种情况下的房屋结构属于刚弹性方案。刚弹性方案单层房屋的计算简图介于刚性方案和弹性方案之间,墙、柱内力按屋（楼）盖处具有弹性支承的单层平面排架计算（见图 13-35(c)）。

3. 静力计算方案的确定

由上述分析,房屋的静力计算方案不同时,其内力计算方法也不同。房屋静力计算方案的划分,主要与房屋的空间刚度有关,而房屋的空间刚度又主要与横墙间距、横墙本身刚度和屋盖（或楼盖）的类别有关。《砌体规范》规定,可根据屋盖或楼盖的类别和横墙间距,按表 13-28 确定房屋的静力计算方案。

表 13-28　房屋静力计算方案

	屋盖或楼盖类别	刚性方案	刚弹性方案	弹性方案
1	整体式、装配整体和装配式无檩体系钢筋混凝土屋盖或钢筋混凝土楼盖	$s<32$	$32{\leqslant}s{\leqslant}72$	$s>72$
2	装配有檩体系钢筋混凝土屋盖,轻钢屋盖和有密铺望板的木屋盖或木楼盖	$s<20$	$20{\leqslant}s{\leqslant}48$	$s>48$
3	瓦材屋面的木屋盖和轻钢屋盖	$s<16$	$16{\leqslant}s{\leqslant}36$	$s>36$

注：1. 表中 s,为房屋横墙间距,其长度单位为 m;

　　2. 当屋盖、楼盖类别不同或横墙间距不同时,可按《砌体规范》第 4.2.7 条的规定确定的静力计算方案;

　　3. 对无山墙或伸缩缝处无横墙的房屋,应按弹性方案考虑。

横墙刚度是决定房屋静力计算方案的重要因素。因此,刚性方案和刚弹性方案房屋的横墙应为具有很大刚度的刚性横墙。规范规定,刚性横墙必须同时符合下列条件：

（1）横墙中开有洞口时,洞口的水平截面面积不应超过横墙截面面积的 50%。

（2）横墙的厚度不宜小于 180mm。

（3）单层房屋的横墙长度不宜小于其高度；多层房屋的横墙长度,不宜小于 $H/2$（H 为横墙总高度）。

当横墙不能同时符合上述要求时,应对横墙的刚度进行验算。如其顶端最大水平位移值 $u_{\max}{\leqslant}H/4\,000$（$H$ 为横墙高度）,仍可视作刚性横墙。符合上述刚度要求的其他结构构件（如框架等）也可视作刚性或刚弹性方案房屋的刚性横墙。

单层房屋的横墙在水平集中力 F_1 作用下的最大水平位移由弯曲和剪切产生的水平位移相叠加而得,当门窗洞口的水平截面面积不超过横墙全截面面积的 75% 时,横墙顶点的最大水平位移可按下式计算

$$u_{\max} = F_1 H^3/(3EI) + \tau H/G \tag{13-44}$$

式中：$u_{\max}$——横墙顶点的最大水平位移；

　　F_1——作用于横墙顶端的水平集中荷载；

　　E——砌体的弹性模量；

　　I——横墙的总惯性矩,为简化计算,可近似地取横墙毛截面惯性矩；当横墙与纵墙连接时,可按 I 形或 匚 形截面计算。与横墙共同工作的纵墙,从横墙中心线算起的翼缘宽度每边取 $s=0.3H$；

τ——水平截面上的剪应力，$\tau=\xi F_1/A$，ξ 为剪应力分布不均匀系数，可近似取 $\xi=1.2$；

A——横墙截面总面积，可近似取毛截面面积；

G——砖砌体的剪切模量，$G=E/2(1+\mu)=0.4E$。

多层房屋横墙的最大水平侧移，也可仿照上述方法进行计算

$$u_{max}=\frac{1}{3EI}\sum_{i=1}^{m}F_iH_i^3+\frac{\tau}{G}\sum_{i=1}^{m}H_i \tag{13-45}$$

式中：m——房屋总层数；

F_i——作用于一片横墙第 i 层的水平荷载，即第 i 层不动铰支座的反向支座反力；

H_i——第 i 层层高。

13.3.3　墙、柱高厚比验算

混合结构房屋中的墙、柱一般为受压构件，对于受压构件，无论是承重墙还是非承重墙，除满足承载力要求外，还必须保证其稳定性。验算高厚比的目的就是防止墙、柱在施工和使用阶段因砌筑质量、轴线偏差、意外横向冲撞和振动等原因引起侧向挠曲和倾斜而产生过大变形。

1. 墙、柱的允许高厚比 $[\beta]$

允许高厚比 $[\beta]$ 值的因素很多，很难用理论推导的方法加以确定，主要是根据房屋中墙柱的稳定性、刚度条件和其他影响因素，由实践经验确定。允许高厚比 $[\beta]$ 与墙、柱的承载力无关，而是从构造要求上规定的。《砌体规范》规定的墙、柱允许高厚比 $[\beta]$ 值见表 13-29。

表 13-29　墙、柱的允许高厚比 $[\beta]$ 值

砌体类型	砂浆强度等级	墙	柱
无筋砌体	M2.5	22	15
	M5.0 或 Mb5.0、Ms5.0	24	16
	≥M7.5 或 Mb7.5、Ms7.5	25	17
配筋砌块砌体	—	30	21

注：1. 毛石墙、柱的允许高厚比应按表中数值降低 20%；

　　2. 带有混凝土或砂浆面层的组合砖砌体构件的允许高厚比，可按表中数值提高 20%，但不得大于 28；

　　3. 验算施工阶段砂浆尚未硬化的新砌砌体构件高厚比时，允许高厚比对墙取 14，对柱取 11。

由表可见，$[\beta]$ 值的大小与砂浆强度、构件类型和砌体种类等因素有关。此外，它与施工砌筑质量也有关系。随着高强材料的应用和砌筑质量的不断改善，$[\beta]$ 值也将有所增大。

2. 墙、柱的高厚比验算

（1）矩形截面墙、柱的高厚比验算

矩形截面墙、柱的高厚比应按下式验算

$$\beta=H_0/h\leqslant\mu_1\mu_2[\beta] \tag{13-46}$$

式中：H_0——墙、柱的计算高度，按表 13-19 采用。

h——墙厚或矩形柱与所考虑的 H_0 相对应的边长。

μ_1——非承重墙允许高厚比的修正系数；《规范》规定：厚度 $h\leqslant240mm$ 的非承重墙，当 $h=240mm$ 时，$\mu_1=1.2$；$h=90mm$ 时，$\mu_1=1.5$；当 $240mm>h>90mm$ 时，μ_1 可按插入法取值。

μ_2——有门窗洞口墙允许高厚比的修正系数

$$\mu_2=1-0.4b_s/s \tag{13-47}$$

式中：b_s——在宽度 s 范围内的门窗洞口总宽度（见图 13-36），s 为相邻窗间墙或壁柱之间的距离。当按公式(13-47)算得的值小于 0.7 时，应采用 0.7。当洞口高度等于或小于墙高的 1/5 时，可取 μ_2 等于 1.0。

当洞口高度≥4/5 墙高时，按独立墙段验算高厚比。

用厚度小于 90mm 的砖或块材砌筑的隔墙，当双面用不低于 M10 的水泥砂浆抹面，包括抹面层的墙厚不小于 90mm 时，可按墙厚等于 90mm 验算高厚比。

当非承重墙上端为自由端时，$[\beta]$ 值除按上述规定提高外，尚可再提高 30%。

《规范》还规定：当与墙连接的相邻横墙的距离 $s\leqslant\mu_1\mu_2[\beta]h$ 时，墙的高度可不受式(13-46)的限制；对于变截面柱的高厚比可按上、下截面分别验算，其计算高度按表 13-19 及其有关规

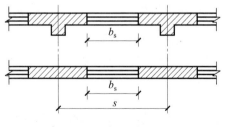

图 13-36   窗间墙及壁柱

定采用。验算上柱高厚比时，墙、柱的允许高厚比可按表 13-29 的数值乘以 1.3 后采用。

（2）带壁柱墙的高厚比验算

带壁柱墙的高厚比验算，除了要验算整片墙的高厚比之外，还要对壁柱间的墙体进行验算。

① 整片墙的高厚比验算

带壁柱的整片墙，其计算截面应考虑为 T 形截面，在按式(13-46)进行验算时，式中的墙厚应采用 T 形截面的折算厚度 h_T，即

$$\beta = H_0/h_T \leqslant \mu_1\mu_2[\beta] \tag{13-48}$$

式中：H_0——带壁柱墙的计算高度，按表 13-19 采用。注意，此时表中 s 为该带壁柱墙的相邻横墙间的距离。

② 壁柱间墙的高厚比验算

在验算壁柱间墙的高厚比时，可认为壁柱对壁柱间墙起到了横向拉结的作用，即可把壁柱视为壁柱间墙的不动铰支点。因此，壁柱间墙可根据不带壁柱的公式(13-46)按矩形截面墙验算。

计算 H_0 时，表 13-19 中的 s 应为相邻壁柱间的距离。而且，不论房屋的静力计算属于何种方案，作此验算的 H_0 一律按表 13-19 中刚性方案一栏选用。

③ 带构造柱墙的高厚比验算

在墙中设置钢筋混凝土构造柱可提高墙体使用阶段的稳定性和刚度。因此，《砌体规范》规定，验算带构造柱墙使用阶段的高厚比，仍采用式(13-46)进行，但允许高厚比可乘以系数 μ_c，予以提高。此时，公式中的 h 取墙厚；确定墙的计算高度时，s 应取相邻横墙间的距离。

墙的允许高厚比的提高系数 μ_c 按下式计算

$$\mu_c = 1 + \gamma b_c/l \tag{13-49}$$

式中：γ——影响系数。对细料石、半细料石砌体，$\gamma=0$，对混凝土砌块、混凝土多孔砖、粗料石、毛料石砌体，$\gamma=1.0$；其他砌体，$\gamma=1.5$；

b_c——构造柱沿墙长方向的宽度；

l——构造柱的间距。

当 $b_c/l>0.25$ 时，取 $b_c/l=0.25$；$b_c/l<0.05$ 时，$b_c/l=0$。

由于在施工过程中大多是采用先砌筑墙体后浇筑构造柱，因此，考虑构造柱有利作用的高厚比验算不适用于施工阶段，并应注意采取措施保证构造柱墙在施工阶段的稳定性。

按照式(13-46)验算设有钢筋混凝土圈梁的带壁柱墙或构造柱间墙的高厚比，当圈梁的宽度 b 与相邻壁柱间或相邻构造柱间的距离 s 之比 $b/s\geqslant1/30$ 时，圈梁可作为壁柱间墙或构造柱间墙的不动铰支点（见图 13-37）。如不能满足上述条件，且具体条件不允许增加圈梁的宽度时，可按等刚度原则（墙体平面外刚度

相等)增加圈梁高度,以使圈梁满足作为壁柱间墙不动铰支点的要求。此时,墙的计算高度 H_0 可取圈梁之间的距离。

高厚比验算框图示于图 13-38。

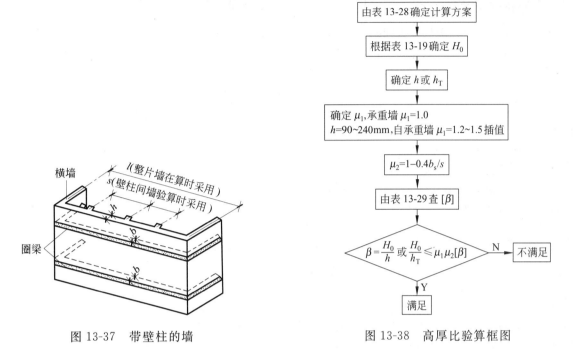

图 13-37　带壁柱的墙　　　　　　图 13-38　高厚比验算框图

[**例 13-11**]　某办公楼平面布置如图 13-39 所示,采用装配式钢筋混凝土楼盖,砖墙承重。纵横墙厚度均为 240mm,砂浆强度等级为 M5,底层墙高 4.6m(从基础顶面算起)。隔墙厚 120mm,砂浆强度等级为 M2.5,墙高 3.6m。要求验算各类墙的高厚比。

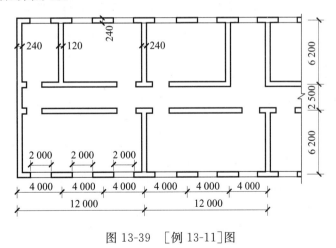

图 13-39　[例 13-11]图

解:(1)确定房屋静力计算方案　由横墙最大间距 $s=12\text{m}$ 和楼盖类型,查表 13-28 判定为刚性方案房屋。
(2)纵墙高厚比验算　根据 $s=12\text{m}>2H=9.2\text{m}$,由表 13-19 得 $H_0=1.0H=4.6\text{m}$。
承重墙 $\mu_1=1.0$。
由表 13-29 查得 $[\beta]=24$。

相邻窗间墙之间的距离 $s=4.0$m,则

$$\mu_2 = 1 - 0.4\frac{b_s}{s} = 1 - 0.4 \times \frac{2}{4} = 0.8$$

按式(13-46)验算,则 $\beta = \dfrac{H_0}{h} = \dfrac{4\,600}{240} = 19.17 < \mu_1\mu_2[\beta] = 19.2$,满足要求。

(3)横墙高厚比验算 纵墙最大间距 $s=6.2$m,$H<s<2H$,查表 13-19 得知

$$H_0 = 0.4s + 0.2H = 3.38(\text{m})$$

横墙上无门窗洞口,$\mu_2 = 1.0$。由表 13-29 知,$[\beta]=24$

$$\beta = \frac{H_0}{h} = \frac{3\,380}{240} = 14.08 < \mu_1\mu_2[\beta] = 24$$

满足要求。

(4)隔墙高厚比验算 因隔墙上端在砌筑时,一般用斜放立砖顶住楼板,故可按顶端为不动铰支考虑。设隔墙与纵墙咬槎拉接,则 $s=6.2$m,$2H=7.2$m$>s>H=3.6$m。

由表 13-19 查得 $H_0 = 0.4s + 0.2H = 3.2$m,由表 13-29 知,$[\beta]=22$。

隔墙为非承重墙,厚 $h=120$,则

$$\mu_1 = 1.2 + (1.5-1.2) \times \frac{240-120}{240-90} = 1.44$$

$$\beta = \frac{H_0}{h} = \frac{3\,200}{120} = 26.7 < \mu_1\mu_2[\beta] = 31.68$$

满足要求。

[例 13-12] 某单层单跨无吊车厂房,屋盖为装配式钢筋混凝土无檩体系屋盖。厂房长 48m,两端有山墙,纵墙带壁柱,壁柱间距 6m,相邻壁柱间开有宽 2.8m 窗洞,如图 13-40 所示,屋架下弦标高为 $+5.000$m,墙厚 240mm,壁柱截面为 370mm×250mm,采用 M5 混合砂浆砌筑。试验算纵墙高厚比。

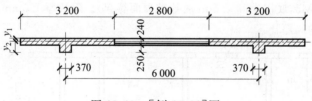

图 13-40 [例 13-12]图

解:(1)验算方案的确定 根据横墙(山墙)间距($s=48$m,32m$<s<72$m)及屋盖类别,由表 13-28 知,该厂房为刚弹性方案。

(2)带壁柱墙的高厚比验算 纵墙截面的几何特征按窗间墙截面计算。

截面面积 $A = 240 \times 3\,200 + 370 \times 250 = 860\,500(\text{mm}^2)$

形心位置 $y_1 = \dfrac{240 \times 3\,200 \times 120 + 250 \times 370 \times \left(240 + \dfrac{250}{2}\right)}{860\,500} = 146.3(\text{mm})$

$y_2 = 240 + 250 - 146.3 = 343.7(\text{mm})$

惯性矩 $I = \dfrac{1}{12} \times 3\,200 \times 240^3 + 3\,200 \times 240 \times (146.3-120)^2 + \dfrac{1}{12} \times 370 \times 250^3$

$+ 370 \times 250 \times (240+125-146.3)^2 = 9.12 \times 10^9(\text{mm}^4)$

回转半径 $i = \sqrt{I/A} = \sqrt{9.12 \times 10^9 / 860\,500} = 103(\text{mm})$

折算厚度 $h_T = 3.5i = 360.5(\text{mm})$

壁柱高度　$H=5+0.5=5.5(\text{m})$（其中 0.5m 为室内地坪＋0.000 至基础顶面高度），查表 13-19 知，$H_0=1.2H=1.2\times5.5=6.6(\text{m})$

砂浆强度等级为 M5，查表 13-29 知，$[\beta]=24$

相邻壁柱间距 $s=6.0\text{m}$

纵墙为承重墙，$\mu_1=1.0$，$\mu_2=1-0.4\dfrac{b_s}{s}=1-0.4\times\dfrac{2.8}{6.0}=0.813$

$$\beta=H_0/h_\text{T}=\frac{6\,600}{360.5}=18.31<\mu_1\mu_2[\beta]=1.0\times0.813\times24=19.5$$

满足要求。

（3）壁柱间墙的高厚比验算　相邻壁柱间距离 $s=6\text{m}<32\text{m}$，由表 13-28 知为刚性方案。

$H=5.5\text{m}$，则 $H<s<2H$ 由表 13-19 知，$H_0=0.4s+0.2H$，则

$$H_0=0.4\times6+0.2\times5.5=3.5(\text{m})$$
$$\beta=H_0/h=3\,500/240=14.58<\mu_1\mu_2[\beta]=19.5$$

满足要求。

13.3.4　刚性方案房屋

1. 单层房屋承重纵墙的计算

（1）计算单元

单层房屋承重纵墙的计算，对有门窗洞口的外纵墙，取一个开间作为计算单元；对无门窗洞口的纵墙，取 1m 长墙体作为计算单元。

（2）计算简图

单层房屋刚性方案墙体计算简图可按下列假定确定：

① 墙、柱下端在基础顶面的连接为固定端，上端与屋盖结构的连接为铰接。

② 屋盖结构可视为墙、柱上端的不动铰支座。

③ 屋盖结构可视为刚度无限大的杆件，受力后轴向变形很小，故可忽略不计。

依据以上假定，可绘制如图 13-41 所示的计算简图，因无侧移，两墙也可以独立进行计算。

（3）计算荷载

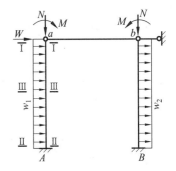

图 13-41　纵墙计算简图

单层房屋纵墙承受的荷载一般包括竖向荷载和水平荷载。

① 竖向荷载。竖向荷载包括屋盖恒荷载、屋面活荷载和雪荷载，它们以集中力 N_l 的形式通过屋架或屋面梁作用于墙体顶部。该集中力 N_l 的作用点一般对墙体中心线有一定偏心距 e。对屋架，N_l 的作用点一般在距离墙体定位轴线 150mm 处；对于屋面梁，轴向力 N_l 至墙内边缘的距离取 $0.4a_0$（a_0 为梁端有效支承长度），则 $e=h/2-0.4a_0$（h 为墙厚），如图 13-42 所示。故墙体顶部作用有轴向力 N_l 和弯矩 $M=N_le$。除此之外，竖向荷载还有墙体自重、墙面粉刷层重及门窗重等竖向荷载，单层厂房还可能有吊车荷载。

② 水平荷载。对不考虑抗震设防的结构，水平荷载为风荷载，风荷载由作用于屋面和墙面的两部分荷载组成。屋面风荷载（包括女儿墙、天窗等风荷载在内）常简化为作用于墙、柱顶端的集中力 W。它直接通过屋盖传至横墙，再传给基础和地基，在纵墙内不产生内力。迎风面水平力（对墙面为压力）w_1，背风面水平力（对墙面为吸力）w_2，沿墙高以均布线荷载作用于墙面；具体计算方法见 11.2.2。对单层厂房还可能有吊车水平制动荷载等。

（4）内力计算

由图 13-41,墙、柱可以按一次超静定结构分别求出在竖向荷载和水平荷载作用下的内力。

① 在竖向荷载作用下的内力（见图 13-43）。

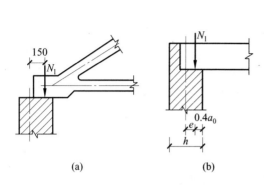

图 13-42　轴向力作用位置

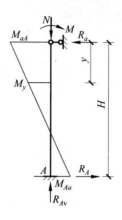

图 13-43　竖向荷载作用下的内力图

$$
\left.
\begin{aligned}
R_a &= -R_A = -\frac{3M}{2H} \\
M_{aA} &= M, M_{Aa} = -\frac{M}{2} \\
M_y &= \frac{M}{2}\left(2 - 3\frac{y}{H}\right) \\
R_{Av} &= N
\end{aligned}
\right\}
\tag{13-50}
$$

② 水平荷载作用下的内力（见图 13-44）

$$
\left.
\begin{aligned}
R_a &= \frac{3}{8}wH \\
R_A &= \frac{5}{8}wH \\
M_{Aa} &= \frac{1}{8}wH^2 \\
M_y &= \frac{1}{8}wHy\left(3 - 4\frac{y}{H}\right)
\end{aligned}
\right\}
\tag{13-51}
$$

当 $y = \frac{3}{8}H$ 时,

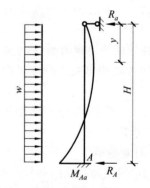

图 13-44　水平荷载作用下的内力图

$$
M_{\max} = -\frac{9}{128}wH^2
$$

（5）控制截面与内力组合

在验算承重纵墙的承载力时,取计算单元内墙体顶端Ⅰ—Ⅰ截面和底端Ⅱ—Ⅱ截面以及在水平均布荷载作用下的最大弯矩截面Ⅲ—Ⅲ截面（见图 13-41）。截面Ⅰ—Ⅰ除竖向力外,还有弯矩作用,故既要验算偏心受压承载力,还要验算梁下砌体的局部受压承载力。截面Ⅱ—Ⅱ,受有最大轴向力和相应的弯矩,按偏心受压进行承载力验算。截面Ⅲ—Ⅲ也需根据相应的 M 和 N 按偏心受压进行承载力验算。通常以Ⅰ—Ⅰ和Ⅱ—Ⅱ截面作为控制截面。

设计时,应先求出各种荷载单独作用下的内力,然后按照可能同时作用的荷载产生的内力进行组合,求出上述控制截面中的最大内力,作为选择墙体截面尺寸和承载力验算的依据。

根据荷载规范,在一般混合结构单层房屋中,采用下列三种荷载组合:

① 恒载＋风载;

② 恒载＋活载(风载除外);

③ 恒载＋0.85 活载。考虑风荷载时还应分左风和右风,分别组合。

2. 多层房屋承重纵墙的计算

(1) 选择计算单元

多层房屋的承重纵墙一般较长,由于立面的要求,门、窗洞口有规律地等间距布置,可取有代表性的、宽度等于一个开间的门间墙或窗间墙作为计算单元,如图 13-45 中的 m—m 和 n—n 的窗间墙。当开间尺寸不一致时,计算单元常取荷载较大、墙截面较小的开间,此时计算单元的宽为 $(s_1+s_2)/2$,s_1,s_2 为相邻的两开间的距离。当墙上无门窗洞口时,计算截面宽度可取等于计算单元受荷载范围的宽度,一般取 1m 计算。

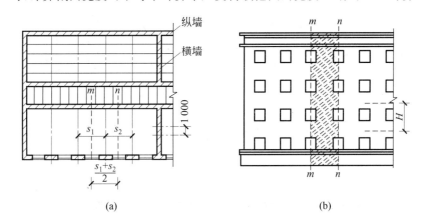

图 13-45　多层房屋计算单元

(a) 平面图;(b) 立面图

(2) 确定计算简图

在竖向荷载作用下,多层房屋的墙体如同竖向连续梁一样,连续梁以各层楼盖为支点,底部以基础为支点。由于楼盖结构的梁或板是嵌砌在墙体内的,使上下墙体在楼盖处的连续性被削弱,因此被楼盖结构削弱的墙体截面所能传递的弯矩是不大的。为简化计算,可以假定墙体在楼盖结构处为铰接,如图 13-46(b)所示,在基础顶面处的轴向力很大,弯矩很小,也假定为铰接。

(3) 荷载和内力计算

纵墙要承受上面各层楼盖、屋盖及墙体自重传来的荷载 N_u,以及本层楼盖传来的荷载 N_1 和本层墙体自重 N_G(包括窗自重)。N_u 作用在上层墙体截面重心处,上层与本层墙厚相同时,对本层墙体不产生弯矩,与本层墙厚不同时,则对本层墙体产生弯矩。N_1(作用在离跨内墙边 $0.4a_0$ 处)对本层墙体产生弯矩,如图 13-47 所示。本层墙体自重 N_G,作用在本层墙体重心处。因此,每层墙体在竖向荷载作用下弯矩图按三角形变化,上端弯矩最大,下端为零,如图 13-46(b)所示。

在水平荷载作用下(一般指外纵墙的风荷载),墙体仍视为竖向连续梁,如图 13-46(c)。为了简化起见,该连续梁在风荷载作用下弯矩值近似地取

$$M = wH_i^2/12 \tag{13-52}$$

式中:w——计算单元沿墙高度的水平均布风荷载(kN/m);

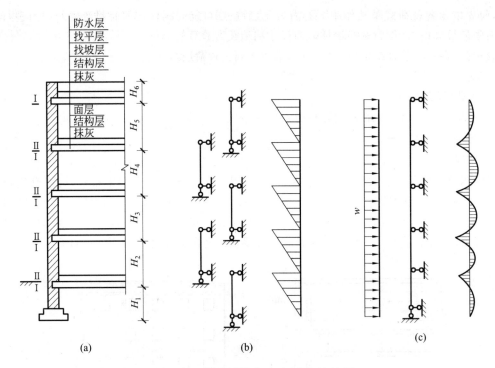

图 13-46　多层刚性方案房屋计算简图

H_i——第 i 层层高(m)。

对于梁跨度大于 9m 的墙承重的多层房屋,按上述方法计算时,应考虑梁端约束弯矩的影响。可按梁两端固结计算梁端弯矩,再将其乘以修正系数 γ 后,按墙体线性刚度分到上层墙底部和下层墙顶部,修正系数 γ 可按下式计算:

$$\gamma = 0.2\sqrt{\frac{a}{h}}$$

式中:a——梁端实际支承长度;

h——支承墙体的墙厚,当上下墙厚不同时取下部墙厚,当有壁柱时取 h_T。

《砌体结构设计规范》规定,刚性方案多层房屋只要满足以下要求,可不考虑风荷载对外墙体内力影响:

① 洞口水平截面面积不超过全截面面积的 2/3。

② 层高和总高不超过表 13-30 所规定的数值。

③ 屋面自重不小于 $0.8\mathrm{kN/m^2}$。

表 13-30　外墙不考虑风荷载影响时的最大高度

基本风压值/(kN/m²)	层高/m	总高/m	基本风压值/(kN/m²)	层高/m	总高/m
0.4	4.0	28	0.6	4.0	18
0.5	4.0	24	0.7	3.5	18

注:对于多层砌块房屋 190mm 厚的外墙,当层高不大于 2.8m,总高不大于 19.6m,基本风压不大于 $0.7\mathrm{kN/m^2}$ 时可不考虑风荷载的影响。

(4)控制截面的选择和承载力验算

墙体承载力验算必须确定所需验算的截面。一般选择内力较大、截面尺寸较小的截面作为控制截面。从弯矩看,应取每层墙体的顶部截面;从轴力看,应取每层墙体的底部截面;从墙体截面面积看,应取窗门间墙处的截面。通常每层墙体的控制截面为Ⅰ—Ⅰ和Ⅱ—Ⅱ截面,如图 13-46(a)所示。Ⅰ—Ⅰ截面位于墙体顶部梁(或板)底面,承受梁(屋架)传来的支座反力,此截面弯矩最大,应按偏心受压验算,并验算梁底砌体的局部受压承载力。截面Ⅱ—Ⅱ位于墙体底面,其 $M=0$,但轴向力最大,应按轴心受压验算承载力。

若多层房屋各层墙体的截面、块体材料、砂浆强度等级相同,则只验算最底层墙体相应截面承载力即可,若有变化,则应对变化层墙体相应截前进行验算。在墙体承载力验算中发现承载力不足时,可采用下述方法提高承载力:

① 提高砌块、砂浆强度等级。

② 加大墙体厚度或加壁柱。

③ 采用网状配筋砌体或组合砌体。

3. 多层房屋承重横墙的计算

(1) 选取计算单元和计算简图

刚性方案房屋中,横墙一般承受屋盖、楼盖直接传来的均布荷载,且很少开设洞口,因此,通常可沿墙轴线取 1.0m 宽的横墙作为计算单元,每层横墙视为两端铰支的竖向构件,如图 13-48 所示。构件高度等于层高,但是,当顶层为坡屋顶时,顶层高度取层高加山墙尖高的 1/2,而底层应算至基础顶面或等于一层层高加上 500mm。

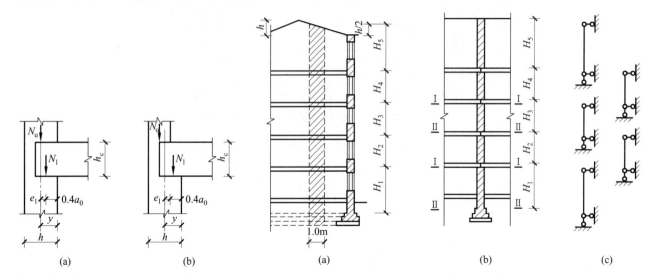

图 13-47　纵墙竖向荷载作用位置　　　　　　　图 13-48　横墙计算简图

(2) 横墙上的荷载

横墙计算单元(宽度取 1.0m,长度取相邻两侧各 1/2 开间)上的荷载,如图 13-49 所示,包括:

N_u——上层传来的轴向力,作用在上层横墙截面重心处;

N_{ll},N_{lr}——本层墙体左右相邻楼盖传来的轴向力,作用在距横墙外边缘 $0.4a_0$ 处;

N_G——本层墙体自重,作用在本层墙体截面重心处。

(3) 控制截面和承载力验算

对于中间横墙,承受两边楼盖或屋盖传来的竖向荷载,当两边的竖向荷载相同时,则沿横墙整个高度都承受轴向压力,这时墙体底部截面的轴向力最大,控制截面应取Ⅱ—Ⅱ截面,如图 13-48 所示。若横墙两边的楼板构造不同或开间不等、楼面荷载不相等,则作用在墙顶上的荷载为偏心

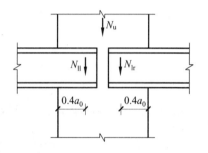

图 13-49　横墙上的荷载

荷载,应按偏心受压来验算横墙顶部截面Ⅰ—Ⅰ的承载力(见图 13-49)。当支承梁时,还需验算砌体的局部受压承载力。对直接承受风荷载的山墙,其计算方法与纵墙相同。

在多层房屋中,当横墙的砌体材料和墙厚相同时,只验算底层墙体承载力,当横墙的砌体材料或墙厚改变时,应对改变处墙体截面进行验算。

[**例 13-13**]　某四层教学楼部分平面图见图 13-50,采用钢筋混凝土装配式楼(屋)盖,屋(楼)面构造如图 13-51(a)所示,梁截面为 250mm×550mm,伸入墙内 240mm,外纵墙厚 370mm,内纵墙与横墙厚均为 240mm,采用 MU10 烧结普通砖和 M5 混合砂浆砌筑,采用 1 800mm×2 100mm 的钢窗。试核算此教学楼墙体。

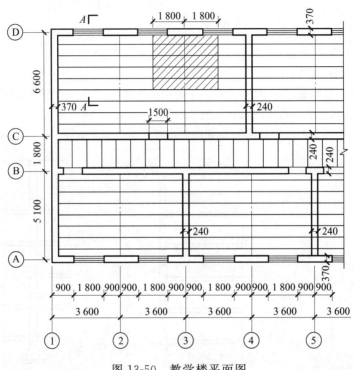

图 13-50　教学楼平面图

解:(1)计算单元的选择

在外纵墙选取一开间作为计算单元:受荷范围为 $3.6m×3.3m=11.88m^2$,如图 13-50 中斜线部分所示。比较Ⓒ、Ⓓ轴线墙体受力情况可知,纵墙承载力由Ⓓ轴线控制,故选Ⓓ轴线进行计算。由于横墙厚度与内纵墙相同,荷载低于内纵墙,故不需验算。

(2)高厚比验算

由砂浆强度等级 M5 查表 13-29 知 $[\beta]=24$,选底层西北角横墙间距较大的两道纵墙验算。

外纵墙
$$H=3.6+0.5=4.1(m)$$
$$s=3.6×3=10.8(m)>2H=8.2(m)$$

查表 13-19 得 $H_0=H$。

承载墙 $\mu_1=1.0$,考虑门窗洞口后,$\mu_2=1-0.4\frac{b_s}{s}=1-0.4×\frac{1.8}{3.6}=0.8$,故

$$\beta=\frac{H_0}{h}=\frac{4.1}{0.37}=11.1<\mu_1\mu_2[\beta]=1×0.8×24=19.2$$

满足要求。

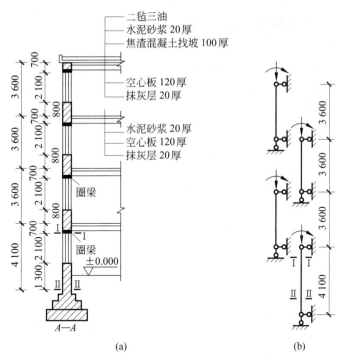

图 13-51 教学楼 A—A 剖面及计算简图

内纵墙上洞口宽 $b_s = 1.5\text{m}, s = 10.8\text{m}$，则

$$\mu_2 = 1 - 0.4\frac{b_s}{s} = 1 - 0.4 \times \frac{1.5}{10.8} = 0.94$$

$$\beta = \frac{H_0}{h} = \frac{4.1}{0.24} = 17.1 < \mu_1\mu_2[\beta] = 1 \times 0.94 \times 24 = 22.6$$

满足要求。

（3）荷载计算

① 屋面恒荷载标准值（单位：kN/m^2）

二毡三油绿豆砂 　　　　　　　　　　　　　　　　0.35

20mm 水泥砂浆找平层 　　　　　　　　　$0.02 \times 20 = 0.4$

100mm 焦渣混凝土找坡 　　　　　　　　$0.1 \times 14 = 1.4$

120mm 预应力空心板（包括灌缝）　　　　　　　2.2

20mm 板底抹灰 　　　　　　　　　　　　$\underline{0.02 \times 17 = 0.34}$

　　　　　　　　　　　　　　　　　　　　$= 4.69\text{kN/m}^2$

② 楼面恒荷载标准值（单位：kN/m^2）

20mm 水泥砂浆面层 　　　　　　　　　　$0.02 \times 20 = 0.4$

120mm 预应力空心板（包括灌缝）　　　　　　　2.2

20mm 板底抹灰 　　　　　　　　　　　　$\underline{0.02 \times 17 = 0.34}$

　　　　　　　　　　　　　　　　　　　　$= 2.94\text{kN/m}^2$

③ 屋面活荷载标准值　　　　　　　　　　　　　0.7kN/m^2

④ 楼面活荷载标准值　　　　　　　　　　　　　2kN/m^2

根据《建筑结构荷载规范》规定，对会议室、教室等房间，当楼面梁的负荷面积 $6.6 \times 3.6 = 23.76(\text{m}^2) < 50\text{m}^2$ 时，

设计楼面梁、墙、柱和基础时,均不考虑活荷载的折减。

⑤ 梁自重(包括 15mm² 粉刷)

$$0.25 \times 0.55 \times 25 + 2 \times 0.55 \times 0.015 \times 17 = 3.72(\text{kN/m})$$

⑥ 墙自重(双面抹灰)

370mm 墙体　$0.365 \times 19 + 0.02 \times 20 + 0.02 \times 17 = 7.68(\text{kN/m}^2)$

⑦ 钢框玻璃窗自重 0.45kN/m^2

(4) 静力计算方案和计算简图

屋盖及楼盖属第一类,最大横墙间距 $s = 10.8\text{m} < 32\text{m}$,故为刚性方案。由表 13-30 知,外墙不考虑风荷载影响,故承载力验算只考虑竖向荷载,其计算简图如图 13-51(b)所示。

(5) 内力计算

由于外纵墙厚度一样,材料强度等级相同。因而选取荷载最大的底层中 Ⅰ—Ⅰ 和 Ⅱ—Ⅱ 截面(见图 13-51(a))作为控制截面,进行承载力计算。

① 计算截面面积　$A = 0.37 \times (3.6 - 1.8) = 0.666(\text{m}^2) > 0.3\text{m}^2$

② 计算屋(楼)面荷载设计值

由屋面大梁传来的集中荷载设计值为

$$[4.69 \times 3.6 \times (3.3 - 0.24) + 3.72 \times 3.3] \times 1.35 + 0.7 \times 0.7 \times 3.6 \times (3.3 - 0.24) \times 1.4 = 97.12(\text{kN})$$

由楼面梁传来的集中荷载设计值为

$$1.2 \times [2.94 \times 3.6 \times (3.3 - 0.24) + 3.72 \times 3.3] + 1.4 \times [2 \times 3.6 \times (3.3 - 0.24)] = 84.57(\text{kN})$$

③ 每层墙自重(包含钢框玻璃窗自重)

$$1.2 \times [(3.6 \times 3.6 - 1.8 \times 2.1) \times 7.68 + 1.8 \times 2.1 \times 0.45] = 86.6(\text{kN})$$

对于顶层上女儿墙按 540mm 计,其荷载设计值为 $1.2 \times (3.6 \times 0.54 \times 7.68) = 17.9(\text{kN})$

④ 楼面、屋面梁荷载产生的偏心距计算

由表 13-7 可知 $f = 1.83\text{MPa}$,则梁端支承有效长度 a_0 为 $a_0 = 10\sqrt{\dfrac{h_c}{f}}$,则

$$a_0 = 10\sqrt{550/1.83} = 173.4(\text{mm})$$

对楼面梁 $e_0 = \dfrac{h}{2} - 0.4a_0 = \dfrac{370}{2} - 0.4 \times 173.4 = 115.6(\text{mm})$

⑤ 控制截面内力计算

截面 Ⅰ—Ⅰ:

轴向力设计值　　　　$N_{\text{Ⅰ—Ⅰ}} = 84.57 \times 3 + 97.12 + 17.9 + 86.6 \times 3 = 628.53(\text{kN})$

弯矩设计值　　　　　　$M_{\text{Ⅰ—Ⅰ}} = 84.57 \times 0.1156 = 9.8(\text{kN} \cdot \text{m})$

截面 Ⅱ—Ⅱ:

轴向力设计值　　$N_{\text{Ⅱ—Ⅱ}} = 628.53 + 86.6 + 1.2 \times 7.68 \times 3.6 \times 0.5 = 731.7(\text{kN})$

弯矩设计值　　　　　　　　　$M_{\text{Ⅱ—Ⅱ}} = 0$

(6) 截面承载力验算

① 纵墙承载力验算详见表 13-31。

② 梁端支承处砌体局部受压承载力验算

依表 13-21,有

$$A_0 = h(2h + b) = 370 \times (2 \times 370 + 250) = 3.66 \times 10^5(\text{mm}^2)$$

$$A_1 = a_0 b = 191.5 \times 250 = 4.7875 \times 10^4(\text{mm}^2)$$

$$\frac{A_0}{A_1} = \frac{3.66 \times 10^5}{4.7875 \times 10^4} = 7.64 > 3, \text{取 } \psi = 0$$

$$\gamma = 1 + 0.35 \sqrt{\frac{A_0}{A_1} - 1} = 1 + 0.35 \sqrt{7.64 - 1} = 1.90 < 2$$

取 $\eta = 0.7$，则

$$\eta\gamma f A_1 = 0.7 \times 1.90 \times 1.83 \times 4.7875 \times 10^4 = 116.5(\text{kN}) > N = 97.12\text{kN}$$

故梁端支承处砌体局部受压承载力满足要求。

表 13-31　纵墙承载力验算表

项目 截面	$M/(\text{kN·m})$	N/kN	$e = \dfrac{M}{N}$ /mm	$\dfrac{e}{h}$	y/mm	$\dfrac{e}{y}$	$\beta = \dfrac{H_0}{h}$	φ	A/mm^2	$\varphi f A/\text{kN}$	是否满足要求
底层墙体 Ⅰ—Ⅰ	9.2	628.5	15.6	0.042	185	0.084 <0.6	11.1	0.73	6.66×10^5	889.7	$\varphi f A > N = 628.5$ 满足要求
Ⅱ—Ⅱ	0	731.7	0	0	185	0	11.1	0.85	6.66×10^5	1036.0	$\varphi f A > N = 731.7$ 满足要求

13.3.5　弹性方案房屋

单层工业厂房及民用房屋中的仓库、食堂、俱乐部等，由于使用功能的要求，横墙设置较少且间距超过刚性方案房屋规定的数值，房屋空间刚度较小，在荷载作用下产生不可忽略的水平位移，这类房屋属于弹性或刚弹性方案房屋。由于多层弹性方案房屋的刚度极差，一般不满足使用要求，故设计时应避免。

对于弹性方案房屋，可取一个开间作为计算单元，其计算简图可视为一可侧移的铰接平面排架，即按不考虑空间作用的平面排架进行墙体内力分析（见图 13-52）。

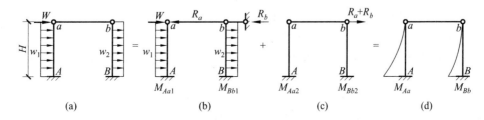

图 13-52　水平荷载作用下弹性方案房屋的内力分析

在水平荷载作用下内力计算步骤为：

（1）先在排架横梁水平处（右端）加上一个不动铰支座，形成无侧移排架（见图 13-52(b)），同刚性方案一样求出墙体内力和该不动铰支座的反力 R，即

$$\left. \begin{aligned} R &= R_a + R_b \\ R_a &= W + \frac{3}{8} w_1 H \\ R_b &= \frac{3}{8} w_2 H \end{aligned} \right\} \tag{13-53}$$

$$M_{Aa1} = \frac{1}{8} w_1 H^2$$

$$M_{Bb1} = -\frac{1}{8} w_2 H^2 \text{（内侧受拉）}$$

$$(13\text{-}54)$$

（2）求出 R 后，把 R 反作用在排架顶端，如图 13-52（c）所示。按抗剪刚度分配法，求出这种情况下的内力，其结果如下

$$M_{Aa2} = \frac{1}{2} HR = \frac{H}{2}\left[W + \frac{3}{8}(w_1 + w_2)H\right]$$

$$= \frac{1}{2} HW + \frac{3}{16}(w_1 + w_2)H^2$$

$$M_{Bb2} = -\frac{1}{2}WH - \frac{3}{16}(w_1 + w_2)H^2$$

$$(13\text{-}55)$$

（3）将上述两种内力叠加，即可得弹性方案的计算结果（见图 13-52（d）），其弯矩值为

$$M_{aA} = M_{bB} = 0$$

$$M_{Aa} = M_{Aa1} + M_{Aa2} = \frac{1}{2}WH + \frac{5}{16}w_1 H^2 + \frac{3}{16}w_2 H^2$$

$$M_{Bb} = M_{Bb1} + M_{Bb2} = -\frac{1}{2}WH - \frac{3}{16}w_1 H^2 - \frac{5}{16}w_2 H^2$$

$$(13\text{-}56)$$

上述方法同样适用于单层多跨弹性方案房屋的内力分析。对于竖向对称荷载作用下，其计算简图和内力分析按无侧移的平面排架对待，可参阅式（13-50）。

单层单跨弹性方案的控制截面同刚性方案房屋，即取墙体顶端和底部截面。然后按偏心受压计算承载力，墙体顶部还要进行局部受压承载力验算，变截面处也应验算其承载力。

13.3.6 刚弹性方案房屋

刚弹性方案房屋介于弹性方案房屋和刚性方案房屋之间。其计算简图与弹性方案相似，不同之处是在排架柱顶加了一个弹性支座，如图 13-53（a）所示，以此考虑结构的空间作用。

当水平力 W 集中于排架顶端时，由于刚弹性方案房屋空间工作性能的影响，减少了侧移，墙体顶端水平位移变为 $\eta_i u_p$，其值较弹性方案平面排架的侧移小。依据位移与力成正比的关系，弹性支座的水平反力应为 $\eta_i R$。有关 η_i 可由表 13-27 查得。

刚弹性方案房屋墙体内力计算步骤如下：

（1）先在排架的顶端加上一个假想的不动铰支座如图 13-53（b）所示，计算该支座的反力 R，并作出相应的内力图，如图 13-53（d）所示。

（2）把假想的支座反力 R 乘以 η_i 反向作用于排架顶端，如图 13-53（c）所示，再计算出相应内力，并作内力图（见图 13-53（e））。

（3）将上述两种情况的内力图叠加，即得刚弹性方案房屋墙体的最后内力（见图 13-53（f））。

当墙体为等截面，且柱高、截面尺寸、材料都相同时，单层单跨刚弹性方案房屋的内力计算如下：

（1）在竖向荷载作用下，因荷载对称作用，排架柱顶将不产生侧移，内力计算与相应的刚性方案相同。

（2）在水平荷载作用下，其内力大小为

$$M_A = \frac{1}{2}\eta_i WH + \left(\frac{1}{8} + \frac{3}{16}\eta_i\right)w_1 H^2 + \frac{3}{16}\eta_i w_2 H^2$$

$$M_B = -\frac{1}{2}\eta_i WH - \left(\frac{1}{8} + \frac{3}{16}\eta_i\right)w_2 H^2 + \frac{3}{16}\eta_i w_1 H^2$$

$$(13\text{-}57)$$

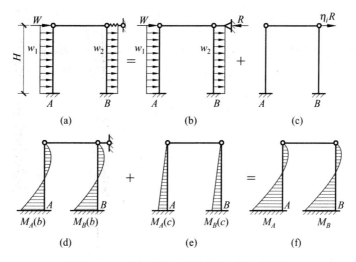

图 13-53 刚弹性方案房屋内力分析图

对于多跨等高单层刚弹性方案房屋,由于其空间刚度比单跨的刚弹性方案房屋好,η_i 值仍可按单跨房屋选用。

13.4 过梁、圈梁及挑梁

13.4.1 过梁

1. 过梁的分类与应用

过梁是混合结构房屋门窗洞口上用以承受上部墙体和楼盖传来的荷载的常用构件。过梁分为砖砌过梁和钢筋混凝土过梁两大类。砖砌过梁又可根据构造的不同,分为钢筋砖过梁、砖砌平拱过梁和砖砌弧拱过梁等形式。过梁的形式如图 13-54 所示。

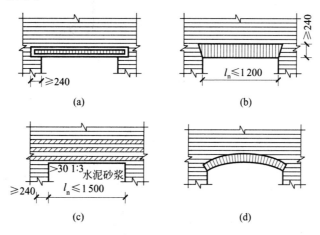

图 13-54 过梁的形式
(a) 钢筋混凝土过梁;(b) 砖砌平拱过梁;(c) 钢筋砖过梁;(d) 砖砌弧拱过梁

钢筋砖过梁的跨度不应超过1.5m,砖砌平拱过梁的跨度不应超过1.2m;对有较大振动荷载或可能产生不均匀沉降的房屋,应采用钢筋混凝土过梁。

砖砌弧拱过梁的最大净跨 l_n 与矢高的关系为

$$f = (1/8 \sim 1/12)l_n, \quad l_n = 2.5 \sim 3.5 \text{(m)}$$

$$f = (1/5 \sim 1/6)l_n, \quad l_n = 3.0 \sim 4.0 \text{(m)}$$

弧拱过梁砌筑时施工较复杂,多用于对建筑外形有特殊要求的房屋中。

2. 过梁的计算

砌体过梁在荷载作用下和一般受弯构件一样,上部受压,下部受拉。随荷载的不断增加,由于弯曲可能引起过梁跨中正截面的受弯承载力不足而破坏,亦有可能在支座附近因受剪承载力不足,沿灰缝产生阶梯形裂缝而破坏,还有可能在墙端部因墙体宽度不够,灰缝截面的受剪承载力不足导致支座滑动而破坏,如图 13-55 所示。因此,应对过梁进行受弯、受剪承载力验算,对砖砌平拱和弧拱过梁还应按水平推力验算端部墙体的水平受剪承载力。

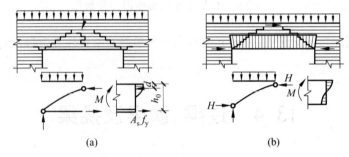

图 13-55　过梁的破坏特征

(a) 钢筋砖过梁；(b) 砖砌平拱过梁

(1) 过梁上的荷载

过梁上的荷载包括梁、板荷载和墙体荷载。试验表明,当过梁上砌体达到某一高度后,增加的荷载对过梁的影响将大大减弱或消失。这是由于砌体和过梁共同构成组合体,施加在过梁上竖向荷载将通过墙体内拱作用传于支座。为了简化计算并偏于安全考虑,过梁上的荷载可按表 13-32 采用。

(2) 砖砌平拱过梁的计算

① 受弯承载力按式(13-27)进行计算。过梁的截面计算高度取过梁底面以上的墙体高度,但不大于 $l_n/3$,当考虑梁、板传来的荷载时,按梁、板下的墙体高度采用。

② 受剪承载力按式(13-28)进行计算。

(3) 钢筋砖过梁的计算

① 受弯承载力可按下式计算

$$M \leqslant 0.85h_0 f_y A_s \tag{13-58}$$

式中:M——按简支梁计算的跨中弯矩设计值(N·mm);

f_y——钢筋的抗拉强度设计值(N/mm^2);

A_s——受拉钢筋的截面面积(mm^2);

h_0——过梁截面的有效高度(mm)。

② 受剪承载力可按式(13-28)进行计算。

表 13-32　过梁上的荷载取值表

荷载类型	简图	砌体种类	荷载取值	
梁板荷载		砖砌体小型砌块砌体	$h_w < l_n$	按梁板传来的荷载采用
			$h_w \geq l_n$	梁板荷载不予考虑
墙体荷载		砖砌体	$h_w < l_n/3$	按墙体的均布自重采用
			$h_w \geq l_n/3$	按高为 $l_n/3$ 墙体的均布自重采用
		混凝土砌块砌体	$h_w < l_n/2$	按墙体的均布自重采用
			$h_w \geq l_n/2$	按高度为 $l_n/2$ 墙体的均布自重采用

注：1. l_n 为过梁的净跨；

　　2. h_w 为墙体高度。

（4）钢筋混凝土过梁的计算

按钢筋混凝土受弯构件计算。验算过梁下砌体局部受压承载力，不考虑上部荷载 N_0 的影响，梁端有效支承长度可取实际长度，但不大于墙厚。由于过梁与其上砌体共同作用，构成刚度极大组合结构，变形很微小，故其有效长度可取过梁的实际支承长度，并取应力图形完整系数 $\eta=1$。

3. 过梁的构造要求

（1）砖砌过梁截面计算高度内的砂浆不宜低于 M5、Mb5、Ms5；

（2）砖砌平拱用竖砖筑砌部分的高度不应小于 240mm；

（3）钢筋砖过梁底面砂浆内的钢筋直径不应小于 5mm，间距不宜大于 120mm，钢筋伸入支座砌体的长度不宜小于 240mm，砂浆层的厚度不宜小于 30mm。

过梁的计算框图见图 13-56。

［例 13-14］　已知钢筋砖过梁净跨 $l_n=1.5$m，采用 MU7.5 烧结普通砖，M5 混合砂浆砌筑，在离窗口上皮 600mm 高度处作用板传来的荷载标准值 12kN/m（其中活荷载 4kN/m），墙厚 240mm，试设计该钢筋砖过梁。

解：（1）荷载计算

梁、板荷载：由于 $h_w=600$mm$<l_n=1.5$m，故必须考虑板传来的荷载。荷载设计值为

$$1.2 \times 8 + 1.4 \times 4 = 15.2 (\text{kN/m})$$

自重设计值（包括双面白灰砂浆粉刷）

$$1.2 \times (0.6 \times 0.24 \times 19 + 2 \times 0.02 \times 0.6 \times 17) = 3.77 (\text{kN/m})$$

总荷载设计值

$$q = 15.2 + 3.77 = 18.97 (\text{kN/m})$$

（2）内力计算

跨中最大弯矩

$$M = \frac{1}{8} q l_n^2 = \frac{1}{8} \times (18.97 \times 1.5^2) = 5.34 (\text{kN} \cdot \text{m})$$

支座边缘剪力

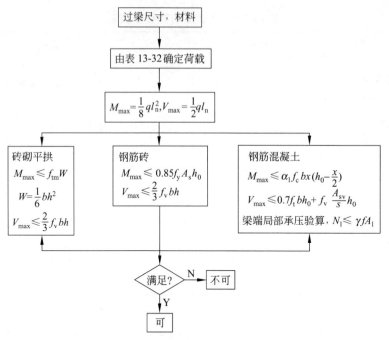

图 13-56　过梁的计算框图

$$V = \frac{1}{2}ql_n = \frac{1}{2} \times (18.97 \times 1.5) = 14.23(\text{kN})$$

（3）配筋计算

$$h_0 = h - a_s = 600 - 15 = 585(\text{mm})$$

采用 HPB300 级钢筋 $f_y = 270\text{MPa}$，由式(13-58)得

$$A_s = \frac{M}{0.85h_0 f_y} = \frac{5\ 340\ 000}{0.85 \times 585 \times 270} = 37.8(\text{mm}^2)$$

选用 $2\phi6$，$A_s = 57(\text{mm}^2)$。

（4）抗剪承载力验算

砂浆强度等级 M5，查表 13-14，$f_v = 0.11\text{MPa}$，由式(13-28)得

$$V = f_v bz = \frac{2}{3}f_v bh = \frac{2}{3} \times (0.11 \times 240 \times 600) = 10.56(\text{kN}) < 14.23\text{kN}$$

不够。改用 M10 混合砂浆，$f_v = 0.17\text{N/mm}^2$，则

$$V = (0.17 \times 240 \times 600) \times 2/3 = 16.32(\text{kN}) > 14.23\text{kN}，$$

满足条件。

13.4.2　圈梁

1. 圈梁的作用与布置

在墙体内连续设置形成水平封闭状的钢筋混凝土梁或钢筋砖，称为圈梁。它可以增强房屋的整体性、防止地基不均匀沉降以及较大振动荷载的不利影响。《砌体规范》规定：

（1）车间、仓库、食堂等空旷的单层房屋应按下列规定设置现浇钢筋混凝土圈梁：

① 砖砌体房屋，檐口标高为 5～8m 时，应在檐口标高处设置圈梁一道，檐口标高大于 8m 时，应增加设置数量。

② 砌块及料石砌体房屋，檐口标高为 4～5m 时，应在檐口标高处设置圈梁一道，檐口标高大于 5m 时，应增

加设置数量。

③ 对于有吊车或较大振动设备的单层工业房屋,当未采取有效的隔振措施时,除在檐口或窗顶标高处设置圈梁外,尚应增加设置数量。

(2) 住宅、办公楼等多层砌体民用房屋,且层数为 3～4 层时,应在底层和檐口标高处各设置圈梁一道,当层数超过 4 层时,另应在所有纵横墙上隔层设置。多层砌体工业房屋,应每层设置现浇钢筋混凝土圈梁。设置墙梁的多层砌体房屋应在托梁、墙梁顶面和檐口标高处设置现浇钢筋混凝土圈梁,其他楼层处应在所有纵横墙上每层设置。

(3) 采用现浇钢筋混凝土楼(屋)盖的多层砌体结构房屋,当楼层超过 5 层时,除在檐口标高处设置一道圈梁外,可隔层设置圈梁,并与楼(屋)面板一起现浇。未设置圈梁的楼面板嵌入墙内的长度不应小于 120mm,并沿墙长配置不少于 2Φ10 的纵向钢筋。

(4) 建筑在软弱地基或不均匀地基上的砌体房屋,除按以上规定设置圈梁外,尚应符合现行国家标准《建筑地基基础设计规范》(GB 50007 — 2002)的有关规定。

2. 圈梁的构造要求

(1) 圈梁宜连续地设在同一水平上,并形成封闭状;当圈梁被门窗洞口截断时,应在洞口上部增设相同截面的附加圈梁。附加圈梁与圈梁的搭接长度不应小于其中到中垂直间距的 2 倍,且不得小于 1m,如图 13-57 所示。

(2) 纵横墙交接处的圈梁应有可靠的连接。刚弹性和弹性方案房屋,圈梁应与屋架、大梁等构件可靠连接,如图 13-58 所示。

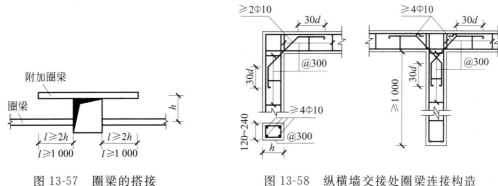

图 13-57　圈梁的搭接　　　　图 13-58　纵横墙交接处圈梁连接构造

(3) 钢筋混凝土圈梁的宽度宜与墙厚相同,当墙厚 $h \geqslant 240$mm 时,其宽度不宜小于 $2h/3$。圈梁高度不宜小于 120mm。纵向钢筋不应小于 $4\Phi10$,绑扎接头的搭接长度按受拉钢筋考虑,箍筋间距不应大于 300mm。

(4) 圈梁兼做过梁时,过梁部分的钢筋应按计算用量另行增配。

13.4.3　挑梁

1. 挑梁的作用

挑梁是钢筋混凝土悬挑构件,它是一端嵌入砌体墙内,另一端挑出的构件。在混合结构房屋中,由于使用和建筑艺术的要求,挑梁多用作房屋的悬挑外廊、阳台、雨篷和悬挑楼梯等,应用较为广泛。

挑梁本身结构的承载力,可按《混凝土结构设计规范》(GB 50010 — 2010)的有关规定进行设计计算。本节重点讨论抗倾覆验算和挑梁下砌体的局部承载力验算以及有关构造要求。

2. 挑梁的受力特点

试验表明,当挑梁自身强度足够时,随着荷载的增加,挑梁及其周围砌体可能出现以下两种破坏形式。

（1）倾覆破坏

当挑梁悬臂端施加荷载 F 后，埋入段 l_1 产生弯曲变形。随荷载增加，可能在挑梁埋入段尾部的上方砌体中产生 $\alpha \geqslant 45°$（试验平均值为 57°左右）方向的斜向裂缝，如图 13-59 所示。其原因是砌体内的主拉应力大于砌体沿齿缝截面的抗拉强度。当斜向裂缝继续发展不能抑制时，表明抗倾覆荷载 G_r 产生的力矩小于倾覆力矩，挑梁倾覆破坏。

（2）局部受压破坏

当挑梁埋入段 l_1 尾部下方 B 处，由于弯曲而产生的压缩变形增大，该处水平裂缝将进一步发展，挑梁下砌体受压区不断减小，可能使挑梁埋入段前部下方的砌体局部压碎，产生受压局部破坏。

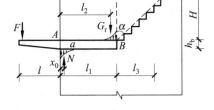

图 13-59　挑梁受力分析示意图

3. 挑梁的计算

（1）挑梁的抗倾覆验算

砌体墙中的钢筋混凝土挑梁的抗倾覆应按下式验算

$$M_{ov} \leqslant M_r \tag{13-59}$$

$$M_r = 0.8G_r(l_2 - x_0) \tag{13-60}$$

式中：M_{ov}——挑梁的荷载设计值对计算倾覆点产生的倾覆力矩（N·mm）；

　　　　M_r——挑梁的抗倾覆力矩的设计值（N·mm）；

　　　　G_r——挑梁的抗倾覆荷载（N），为挑梁尾端上部 45°扩展角的阴影范围（其水平长度为 l_3）内本层的砌体与楼面恒载标准值之和（见图 13-59）；

　　　　l_2——G_r 作用点至墙外边缘的距离（mm）；

　　　　x_0——计算倾覆点至墙外边缘的距离（mm）。

挑梁计算倾覆点至墙外边缘的距离可按下列规定采用：

① 当 $l_1 \geqslant 2.2h_b$ 时，$x_0 = 0.3h_b$ 且不大于 $0.13l_1$。

② 当 $l_1 < 2.2h_b$ 时，$x_0 = 0.13l_1$。

l_1 为挑梁埋入砌体墙中的长度，h_b 为挑梁的截面高度（mm）。

确定挑梁抗倾覆荷载时，需注意下列几点：

① 若墙体无洞口，且 $l_3 \leqslant l_1$，则取 l_3 长度范围内 45°扩展角（梯形面积）的砌体和楼盖恒载的标准值，如图 13-60(a)所示；若 $l_3 > l_1$，则取 l_1 的长度范围内 45°扩展角（梯形面积）的砌体和楼盖恒荷载的标准值，如图 13-60(b)所示。

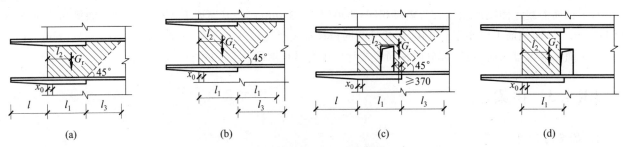

图 13-60　挑梁的抗倾覆荷载

(a) $l_3 \leqslant l_1$ 时；(b) $l_3 > l_1$ 时；(c) 洞在 l_1 之内；(d) 洞在 l_1 之外

② 若墙体有洞口，且洞口内边至挑梁尾部距离大于等于 370mm，则 G_r 取法同上（应扣除洞口墙体自重），如图 13-60(c)所示；否则只能考虑墙外边至洞口外边范围内的砌体和楼盖恒荷载的标准值，如图 13-60(d)所示。

式（13-60）中系数 0.8 为考虑恒载起有利作用时的荷载分项系数。

雨篷的抗倾覆计算仍按上述公式进行，但其中抗倾覆荷载 G_r 的取值范围如图 13-61 所示的阴影部分，其

中 $l_3 = l_n/2$。

雨篷的 G_r 计算高度,若雨篷为现浇钢筋混凝土构件,应算到墙顶;若为预制构件,则只考虑第二层楼板处的高度。

挑梁抗倾覆计算框图示于图 13-64。

(2) 挑梁的局部受压承载力验算

挑梁下砌体的局部受压承载力,可按下式验算

$$N_l \leqslant \eta\gamma f A_l \qquad (13-61)$$

式中:N_l——挑梁下的支承压力,可取 $N_l = 2R$,R 为挑梁的倾覆荷载设计值(N);

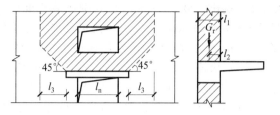

图 13-61　雨篷抗倾覆荷载 G_r 的取值范围

η——梁端底面压应力图形的完整系数,可取 0.7;

γ——砌体局部抗压强度提高系数,挑梁处墙体为一字形墙时(见图 13-62(a)),可取 1.25;挑梁处墙为丁字形墙时(见图 13-62(b)),可取 1.5;

A_l——挑梁下砌体局部受压面积(mm^2),可取 $A_l = 1.2bh_b$,b 为挑梁的截面宽度(mm),h_b 为挑梁的截面高度(mm)。

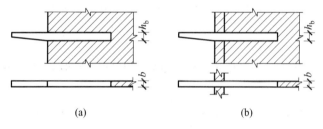

(a)　　　　　　　　　　(b)

图 13-62　挑梁下砌体局部受压

(a) 挑梁支承在一字墙上;(b) 挑梁支承在丁字墙上

挑梁抗倾覆验算及梁下砌体局部承压验算框图见图 13-63。

(3) 挑梁承载力的计算

挑梁承载力的计算与一般钢筋混凝土梁相同,主要进行挑梁的受弯承载力和受剪承载力计算。不同的是挑梁承受的最大弯矩设计值 M_{max} 在接近 x_0 处,最大剪力设计值 V_{max} 的墙外边缘处。

$$M_{max} = M_{ov} \qquad (13-62)$$
$$V_{max} = V_0 \qquad (13-63)$$

式中,V_0 为挑梁的荷载设计值在挑梁墙外边缘处截面产生的剪力(N)。

4. 挑梁的构造要求

挑梁除了应符合《混凝土结构设计规范》(GB 50010—2002)的有关规定外,尚应满足下列要求:

(1) 纵向受力钢筋至少应有 1/2 的钢筋面积伸入梁尾端,且不少于 $2\phi12$,其余钢筋伸入支座的长度不应小于 $2l_1/3$;

(2) 挑梁埋入砌体长度 l_1 与挑出长度 l 之比宜大于 1.2;当挑梁上无砌体时,l_1 与 l 之比宜大于 2。

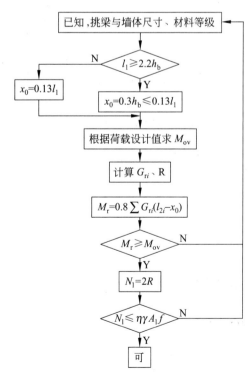

图 13-63　挑梁的抗倾覆计算框图

[**例 13-15**]　某住宅中钢筋混凝土阳台挑梁,如图 13-64 所示,挑梁挑出长度 $l=1.6$m,埋入砌体墙长度 $l_1=2.0$m。挑梁截面尺寸 $b \cdot h_b=240$mm×300mm,挑梁上部一层墙体净高 2.76m,墙厚 240mm,采用 MU10 烧结普通砖和 M5 混合砂浆砌筑($f=1.5$MPa),墙体自重为 5.24kN/m²,阳台板传给挑梁的荷载标准值为:活荷载 $q_{1k}=4.15$kN/m,恒荷载 $g_{1k}=4.85$kN/m。阳台边梁传至挑梁的集中荷载标准值为:活荷载 $F_k=4.48$kN,恒荷载为 $F_{Gk}=17.0$kN。本层楼面传给埋入段的荷载:活荷载 $q_{2k}=5.4$kN/m,恒载 $g_{2k}=12$kN/m。挑梁自重 $g=1.8$kN/m。试验算该挑梁的抗倾覆及挑梁下砌体局部受压承载力。

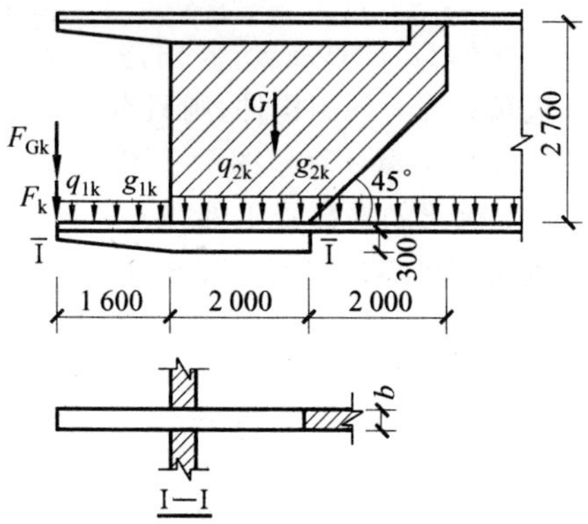

解:(1) 抗倾覆验算

① 计算倾覆点

$$l_1 = 2.0\text{m} > 2.2h_b = 2.2 \times 0.3 = 0.66(\text{m})$$

由 x_0 规定

$$x_0 = 0.3h_b = 0.3 \times 300 = 90(\text{mm}) = 0.09\text{m}$$

$$0.13l_1 = 0.13 \times 2.0 = 0.26(\text{m}) > 0.09\text{m}$$

取 $x_0 = 0.09$m。

② 倾覆力矩计算。挑梁的倾覆力矩由作用在挑梁外伸段上恒荷载和活荷载及梁自重的设计值对计算倾覆点的力矩组成,即

$$M_{ov} = (1.35 \times 17.0 + 1.4 \times 4.48) \times 1.69 + \frac{1}{2} \times [1.2 \times (4.85 + 1.8) + 1.4 \times 4.15] \times 1.69^2$$

$$= 69.08\text{kN} \cdot \text{m}$$

③ 抗倾覆验算。挑梁的抗倾覆力矩由挑梁埋入段自重标准值、楼面传给埋入段的恒荷载标准值以及挑梁尾端上部 45°扩散角范围内墙体的标准值对倾覆点的力矩组成。

由式(13-60)得

$$M_r = 0.8G_r(l_2 - x_0) = 0.8 \times \sum G_{ri}(l_{2i} - x_0)$$

$$= 0.8 \times \left[(12 + 1.8) \times 2 \times (1 - 0.09) + 4 \times 2.76 \times 5.24 \right.$$

$$\left. \times \left(\frac{4}{2} - 0.09 \right) - \frac{1}{2} \times 2 \times 2 \times 5.24 \times \left(2 + \frac{4}{3} - 0.09 \right) \right]$$

$$= 81.32(\text{kN} \cdot \text{m})$$

$$M_r = 81.32\text{kN} \cdot \text{m} > M_{ov} = 69.08\text{kN} \cdot \text{m}$$

抗倾覆安全。

(2) 挑梁下砌体局部承压验算

由式(13-61)得

$$N_l = 2R$$

$$= 2 \times \{1.2 \times 17.0 + 1.4 \times 4.48$$

$$+ [1.2 \times (4.85 + 1.8) + 1.4 \times 4.15] \times 1.60\}$$

$$= 97.47(\text{kN})$$

$$\eta \gamma A_l f = 0.7 \times 1.5 \times 1.2 \times 240 \times 300 \times 1.5$$

$$= 136\,080(\text{N})$$

$$= 136.08\text{kN} > N_l$$

梁下砌体局部承压安全。

图 13-64　[例 13-15]图

13.5 墙体的构造措施

砌体结构房屋,除应进行承载力计算和高厚比验算外,尚应满足砌体结构的一般构造要求,同时要保证房屋的整体性和空间刚度,采取防止或减轻墙体开裂的措施。

13.5.1 一般构造要求

(1) 预制钢筋混凝土板在混凝土圈梁上的支承长度不应小于 80mm,板端伸出的钢筋应与圈梁可靠连接,且同时浇筑;预制钢筋混凝土板在墙上的支承长度不应小于 100mm,并应按下列方法进行连接:

① 板支承于内墙时,板端钢筋伸出长度不应小于 70mm,且与支座处沿墙配置的纵筋绑扎,用强度等级不应低于 C25 的混凝土浇筑成板带;

② 板支承于外墙时,板端钢筋伸出长度不应小于 100mm,且与支座处沿墙配置的纵筋绑扎,并用强度等级不应低于 C25 的混凝土浇筑成板带;

③ 预制钢筋混凝土板与现浇板对接时,预制板端钢筋应伸入现浇板中进行连接后,再浇筑现浇板。

(2) 墙体转角处和纵横墙交接处应沿竖向每隔 400~500mm 设拉结钢筋,其数量为每 120mm 墙厚不少于 1 根直径 6mm 的钢筋,或采用焊接钢筋网片,埋入长度从墙的转角或交接处算起,对实心砖墙每边不小于 500mm,对多孔砖墙和砌块墙不小于 700rnm。

(3) 承重的独立砖柱截面尺寸不应小于 240mm×370mm。毛石墙的厚度不宜小于 350mm,毛料石柱较小边长不宜小于 400mm。

注:当有振动荷载时,墙、柱不宜采用毛石砌体。

(4) 跨度大于 6m 的屋架和跨度大于下列数值的梁,应在支承处砌体上设置混凝土或钢筋混凝土垫块;当墙中设有圈梁时,垫块与圈梁宜浇成整体。

① 对砖砌体为 4.8m;

② 对砌块和料石砌体为 4.2m;

③ 对毛石砌体为 3.9m。

(5) 当梁跨度大于或等于下列数值时,其支承处宜加设壁柱,或采取其他加强措施。

① 对 240mm 厚的砖墙为 6m,对 180mm 厚的砖墙为 4.8m;

② 对砌块、料石墙为 4.8m。

(6) 预制钢筋混凝土板的支承长度,在墙上不宜小于 100mm;在钢筋混凝土圈梁上不宜小于 80mm;当利用板端伸出钢筋拉结和混凝土灌缝时,其支承长度可为 40mm,但板端缝宽不小于 80mm,灌缝混凝土不宜低于 C20。

(7) 支承在墙、柱上的吊车梁、屋架及跨度大于或等于下列数值的预制梁的端部,应采用锚固件与墙、柱上的垫块锚固。

① 对砖砌体为 9m;

② 对砌块和料石砌体为 7.2m。

(8) 填充墙、隔墙应采取措施与周边构件可靠拉接。

(9) 山墙处的壁柱宜砌至山墙顶部,屋面构件应与山墙可靠拉接。

(10) 砌块砌体应分皮错缝砌接,上下皮搭砌长度不得小于 90mm。当搭砌长度不满足上述要求时,应在水平灰缝内设置不少于 2φ4 的焊接钢筋网片(横向钢筋的间距不宜大于 200mm),网片每端均应超过该垂直缝,其长度不得小于 300mm。

（11）砌块墙与后砌隔墙交接处,应沿墙高每400mm在水平灰缝内设置不小于2Φ4、横筋间距不大于200mm的焊接钢筋网片,如图13-65所示。

（12）混凝土砌块房屋,宜将纵横墙交接处、距墙中心线每边不小于300mm范围内的孔洞,采用不低于Cb20灌孔混凝土灌实,灌实高度应为墙身全高。

（13）混凝土砌块墙体的下列部位,如未设圈梁或混凝土垫块,应采用不低于Cb20灌孔混凝土将孔洞灌实。Cb是灌孔混凝土标号,其强度≥C。

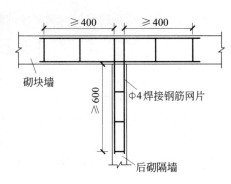

图13-65　砌块墙与后砌隔墙交接处钢筋网片

① 搁栅、檩条和钢筋混凝土楼板的支承面下,高度不小于200mm的砌体;

② 屋架、梁等构件的支承面下,高度不小于600mm,长度不小于600mm的砌体;

③ 挑梁支承面下,距墙中心线每边不小于300mm,高度不小于600mm的砌体。

（14）在砌体中留槽洞及埋设管道时,应遵循下列规定:

① 不应在截面长边小于500mm的承重墙体、独立柱内埋设管线;

② 不宜在墙体中穿行暗线或预留、开凿沟槽,无法避免时应采取必要的措施或按削弱后的截面验算墙体的承载力。

注:对受力较小的或未灌孔的砌块砌体,允许在墙体的竖向孔洞中设置管线。

13.5.2　防止或减轻墙体开裂的主要措施

（1）为了防止或减轻房屋在正常使用条件下,由温差和砌体干缩引起的墙体竖向裂缝,应在墙体中设置伸缩缝。伸缩缝应设在因温度和收缩变形可能引起应力集中、砌体产生裂缝可能性最大的地方。伸缩缝的间距可按表13-34采用。

表13-34　砌体房屋伸缩缝的最大间距　　　　　　　　　　　　　　　　　　　m

屋盖或楼盖类别		间距
整体式或装配整体式钢筋混凝土结构	有保温层或隔热层的屋盖、楼盖	50
	无保温层或隔热层的屋盖	40
装配式无檩体系钢筋混凝土结构	有保温层或隔热层的屋盖、楼盖	60
	无保温层或隔热层的屋盖	50
装配式有檩体系钢筋混凝土结构	有保温层或隔热层的屋盖	75
	无保温层或隔热层的屋盖	60
瓦材屋盖、木屋盖或楼盖、轻钢屋盖		100

注:1. 对烧结普通砖、多孔砖、配筋砌块砌体房屋取表中数值;对石砌体、蒸压灰砂砖、蒸压粉煤灰砖和混凝土砌块房屋取表中数值乘以0.8的系数。当有实践经验并采取有效措施时,可不遵守本表规定;

2. 在钢筋混凝土屋面上挂瓦的屋盖应按钢筋混凝土屋盖采用;

3. 按本表设置的墙体伸缩缝,一般不能同时防止由于钢筋混凝土屋盖的温度变形和砌体干缩变形引起的墙体局部裂缝;

4. 层高大于5m的烧结普通砖、多孔砖、配筋砌块砌体结构单层房屋,其伸缩缝间距可按表中数值乘以1.3;

5. 温差较大且变化频繁地区和严寒地区不采暖的房屋及构筑物墙体的伸缩缝的最大间距,应按表中数值予以适当减小;

6. 墙体的伸缩缝应与结构的其他变形缝相重合,缝宽应满足各种变形缝的变形要求。在进行立面处理时,必须保证缝隙的变形作用。

（2）为了防止或减轻房屋顶层墙体的裂缝，可根据情况采取下列措施：

① 屋面应设置保温、隔热层；

② 屋面保温（隔热）层或屋面刚性面层及砂浆找平层应设置分隔缝，分隔缝间距不宜大于 6m，并与女儿墙隔开，其缝宽不小于 30mm；

③ 采用装配式有檩体系钢筋混凝土屋盖和瓦材屋盖；

④ 在钢筋混凝土屋面板与墙体圈梁的接触面处设置水平滑动层，滑动层可采用两层油毡夹滑石粉或橡胶片等；对于长纵墙，可只在其两端的 2～3 个开间内设置，对于横墙可只在其两端各 $l/4$ 范围内设置（l 为横墙长度）；

⑤ 顶层屋面板下设置现浇钢筋混凝土圈梁，并沿内外墙拉通，房屋两端圈梁下的墙体内宜适当设置水平钢筋；

⑥ 顶层挑梁末端下墙体灰缝内设置 3 道焊接钢筋网片（纵向钢筋不宜小于 2φ4，横筋间距不宜大于 200mm）或 2φ6 钢筋，钢筋网片或钢筋应自挑梁末端伸入两边墙体不小于 1m，如图 13-66 所示；

⑦ 顶层墙体有门窗等洞口时，在过梁上的水平灰缝内设置 2～3 道焊接钢筋网片或 2φ6 钢筋，并应伸入过梁两端墙内不小于 600mm；

⑧ 顶层及女儿墙砂浆强度等级不低于 M5、Mb5、Ms5；

⑨ 女儿墙应设置构造柱，构造柱间距不宜大于 4m，构造柱应伸至女儿墙顶并与现浇钢筋混凝土压顶整浇在一起；

⑩ 房屋顶层端部墙体内适当增设构造柱，对顶层墙体施加预应力。

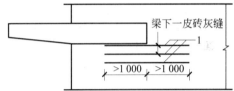

图 13-66　顶层挑梁末端钢筋网片或钢筋

（3）在每层门、窗过梁上方的水平灰缝内及窗台下第一和第二道水平灰缝内，宜设置焊接钢筋网片或 2 根直径 6mm 钢筋，焊接钢筋网片或钢筋应伸入两边窗间墙内不小于 600mm。当墙长大于 5m 时，宜在每层墙高度中部设置 2～3 道焊接钢筋网片或 3 根直径 6mm 的通长水平钢筋，竖向间距为 500mm。

（4）房屋两端和底层第一、第二开间门窗洞处，可采取下列措施：

① 在门窗洞口两边墙体的水平灰缝中，设置长度不小于 900mm、竖向间距为 400mm 的 2 根直径 4mm 的焊接钢筋网片。

② 在顶层和底层设置通长钢筋混凝土窗台梁，窗台梁高宜为块材高度的模数，梁内纵筋不少于 4 根，直径不小于 10mm，箍筋直径不小于 6mm，间距不大于 200mm，混凝土强度等级不低于 C20。

③ 在混凝土砌块房屋门窗洞口两侧不少于一个孔洞中设置直径不小于 12mm 的竖向钢筋，竖向钢筋应在楼层圈梁或基础内锚固，孔洞用不低于 Cb20 混凝土灌实。

（5）填充墙砌体与梁、柱或混凝土墙体结合的界面处（包括内、外墙），宜在粉刷前设置钢丝网片，网片宽度可取 400mm，并沿界面缝两侧各延伸 200mm，或采取其他有效的防裂、盖缝措施。

（6）当房屋刚度较大时，可在窗台下或窗台角处墙体内、在墙体高度或厚度突然变化处设置竖向控制缝。竖向控制缝宽度不宜小于 25mm，缝内填以压缩性能好的填充材料，且外部用密封材料密封，并采用不吸水的、闭孔发泡聚乙烯实心圆棒（背衬）作为密封膏的隔离物（图 13-67）。

（7）夹心复合墙的外叶墙宜在建筑墙体适当部位设置控制缝，其间距宜为 6～8m。

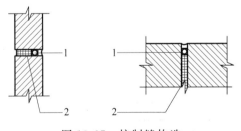

图 13-67　控制缝构造
1—不吸水的、闭孔发泡聚乙烯实心圆棒；
2—柔软、可压缩的填充物

13.6　耐久性规定

13.6.1　砌体结构的耐久性应根据表 13-35 的环境类别和设计使用年限进行设计。

表 13-35　砌体结构的环境类别

环境类别	条　件
1	正常居住及办公建筑的内部干燥环境
2	潮湿的室内或室外环境,包括与无侵蚀性土和水接触的环境
3	严寒和使用化冰盐的潮湿环境(室内或室外)
4	与海水直接接触的环境,或处于滨海地区的盐饱和的气体环境
5	有化学侵蚀的气体、液体或固态形式的环境,包括有侵蚀性土壤的环境

13.6.2　当设计使用年限为 50a 时,砌体中钢筋的耐久性选择应符合表 13-36 的规定。

表 13-36　砌体中钢筋耐久性选择

环境类别	钢筋种类和最低保护要求	
	位于砂浆中的钢筋	位于灌孔混凝土中的钢筋
1	普通钢筋	普通钢筋
2	重镀锌或有等效保护的钢筋	当采用混凝土灌孔时,可为普通钢筋;当采用砂浆灌孔时应为重镀锌或有等效保护的钢筋
3	不锈钢或有等效保护的钢筋	重镀锌或有等效保护的钢筋
4 和 5	不锈钢或有等效保护的钢筋	不锈钢或有等效保护的钢筋

注:1. 对夹心墙的外叶墙,应采用重镀锌或有等效保护的钢筋;
　　2. 表中的钢筋即为国家现行标准《混凝土结构设计规范》(GB 50010—2010)和《冷轧带肋钢筋混凝土结构技术规程》(JGJ 95—2011)等标准规定的普通钢筋或非预应力钢筋。

13.6.3　设计使用年限为 50a 时,砌体中钢筋的保护层厚度,应符合下列规定:

1. 配筋砌体中钢筋的最小混凝土保护层应符合表 13-37 的规定;

表 13-37　钢筋的最小保护层厚度

环境类别	混凝土强度等级			
	C20	C25	C30	C35
	最低水泥含量/(kg/m³)			
	260	280	300	320
1	20	20	20	20
2	—	25	25	25
3	—	40	40	30
4	—	—	40	40
5	—	—	—	40

注:1. 材料中最大氯离子含量和最大碱含量应符合现行国家标准《混凝土结构设计规范》GB 50010 的规定;
　　2. 当采用防渗砌体块体和防渗砂浆时,可以考虑部分砌体(含抹灰层)的厚度作为保护层,但对环境类别 1、2、3,其混凝土保护层的厚度相应不应小于 10mm、15mm 和 20mm;
　　3. 钢筋砂浆面层的组合砌体构件的钢筋保护层厚度宜比表 13-37 规定的混凝土保护层厚度数值增加 5~10mm;
　　4. 对安全等级为一级或设计使用年限为 50a 以上的砌体结构,钢筋保护层的厚度应至少增加 10mm。

2. 灰缝中钢筋外露砂浆保护层的厚度不应小于 15mm；

3. 所有钢筋端部均应有与对应钢筋的环境类别条件相同的保护层厚度；

4. 对填实的夹心墙或特别的墙体构造,钢筋的最小保护层厚度,应符合下列规定：

（1）用于环境类别 1 时,应取 20mm 厚砂浆或灌孔混凝土与钢筋直径较大者；

（2）用于环境类别 2 时,应取 20mm 厚灌孔混凝土与钢筋直径较大者；

（3）采用重镀锌钢筋时,应取 20mm 厚砂浆或灌孔混凝土与钢筋直径较大者；

（4）采用不锈钢筋时,应取钢筋的直径。

设计使用年限为 50a 时,夹心墙的钢筋连接件或钢筋网片、连接钢板、锚固螺栓或钢筋,应采用重镀锌或等效的防护涂层,镀锌层的厚度不应小于 290g/m²,当采用环氯涂层时,灰缝钢筋涂层厚度不应小于 290μm,其余部分涂层厚度不应小于 450μm。

5. 设计使用年限为 50 年时,砌体材料的耐久性应符合下列规定：

1）地面以下或防潮层以下的砌体、潮湿房间的墙或环境类别 2 的砌体,所用材料的最低强度等级应符合表 13-38 的规定：

表 13-38　地面以下或防潮层以下的砌体、潮湿房间的墙所用材料的最低强度等级

潮湿程度	烧结普通砖	混凝土普通砖、蒸压普通砖	混凝土砌块	石材	水泥砂浆
稍潮湿的	MU15	MU20	MU7.5	MU30	M5
很潮湿的	MU20	MU20	MU10	MU30	M7.5
含水饱和的	MU20	MU25	MU15	MU40	M10

注：1. 在冻胀地区,地面以下或防潮层以下的砌体,不宜采用多孔砖,如采用时,其孔洞应用不低于 M10 的水泥浆预先灌实。当采用混凝土空心砌块时,其孔洞应采用强度等级不低于 Cb20 的混凝土预先灌实。
　　 2. 对安全等级为一级或设计使用年限大于 50 年的房屋,表中材料强度等级应至少提高一级。

2）处于环境类别 3～5 等有侵蚀性介质的砌体材料应符合下列规定：

① 不应采用蒸压灰砂普通砖、蒸压粉煤灰普通砖；

② 应采用实心砖,砖的强度等级不应低于 MU20,水泥砂浆的强度等级不应低于 MU10；

③ 混凝土砌块的强度等级不应低于 MU15,灌孔混凝土的强度等级不应低于 Cb30,砂浆的强度等级不应低于 Mb10；

④ 应根据环境条件对砌体材料的抗冻指标、耐酸、碱性能提出要求,或符合有关规范的规定。

13.7　本章主要知识点

（1）基本概念方面

各种砌块和砂浆的材料、强度特征、相互间的联系与作用,为何砌体抗压强度比砌块的低许多,提高砌体强度的更有效途径等；无筋砌体与配筋砌体受压破坏形态和承载力的区别；规范设置无筋砌体最大偏心距的界限原因与大小；受压构件稳定系数与哪些因素有关；高厚比的概念、计算与验算,T 形截面 h_T；局部承压的类型、抗压能力提高的原因、抗压强度提高系数的计算与限值（原因）、内拱卸荷、梁端有效支承长度、增加梁下支承强度的措施；房屋静力计算的三种方案及其判据；单层与多层刚性房屋的计算单元、计算模型与计算方法；单层与多层弹性和刚弹性房屋的计算单元、计算模型与计算方法；过梁上的荷载、其分类与适用范围,圈梁和挑梁的作用。

（2）计算方面

无筋砌体受压承载力计算、选材；局部承压计算（均匀压力和梁端下）；抗拉、弯、剪计算；高厚比计算、验

算；刚性、弹性房屋墙体验算。过梁、圈梁和挑梁的荷载与计算。

（3）构造方面

梁下刚性垫块的尺寸、不同类型过梁的合理跨度与构造要求；圈梁的设置、截面尺寸、配筋、搭接、纵横墙交接处的连接构造；挑梁的构造要求；墙体构造的一般要求与防裂主要措施；砌体结构耐久性措施。

思 考 题

13-1 块材、砌体和砂浆是如何分类的？各有什么特点？

13-2 选择砌体种类应从哪几方面考虑？

13-3 砖和砂浆的强度等级是如何确定的？常用的砂浆有哪几种？

13-4 影响砌体抗压强度的主要因素有哪些？

13-5 为什么砌体的抗压强度低于砖的抗压强度？

13-6 如果砂浆强度为零，此时砌体有无抗压强度？为什么？

13-7 垂直压应力对砌体抗剪强度有何影响？

13-8 用水泥砂浆砌筑的砌体抗压强度与用相同强度等级的混合砂浆砌筑的砌体抗压强度哪个高？为什么？

13-9 砌体在局部压力作用下承载力为什么能提高？砌体局部受压有哪几种破坏形态？

13-10 无筋砌体受压构件偏心距为何要加以限制？限值是多少？

13-11 配筋砖砌体有何优点？其适用范围如何？

13-12 在局部受压计算中，梁端有效支承长度如何确定？

13-13 在什么情况下需设置梁垫？如何选择梁垫？

13-14 砌体轴心受拉、受弯和受剪构件承载力与哪些因素有关？

13-15 混合结构房屋有哪几种承重体系？它们的特点是什么？

13-16 砌体结构房屋的静力计算有哪几种方案？根据什么条件确定房屋属于哪种方案？

13-17 为什么要验算墙、柱高厚比？怎样验算？

13-18 单层刚性方案房屋墙、柱的静力计算简图是怎样确定的？

13-19 简述多层刚性方案房屋的计算单元、计算简图、内力计算和控制截面。

13-20 常用的过梁类型有哪几种？各适用于什么情况下采用？

13-21 过梁计算时，荷载如何确定？

13-22 过梁、挑梁、圈梁有何区别？并简述各自的特点、应用范围及破坏形态。挑梁的倾覆点和抗倾覆分别如何确定？

13-23 混合结构房屋墙、柱的一般构造要求对房屋起什么作用？试述混合结构房屋墙体开裂的种类、原因和主要预防措施有哪些？试述提高砌体质量的手段和方法。

习 题

13-1 已知一轴心受压柱，承受纵向力设计值 $N=118\text{kN}$，柱截面尺寸为 $490\text{mm}\times370\text{mm}$，计算高度 $H_0=3.9\text{m}$，采用 MU10 烧结普通砖，M2.5 混合砂浆，试验算该柱承载力。

13-2 验算某混合结构房屋的窗间墙，截面如图 13-67 所示，轴向力设计值 $N=500\text{kN}$，弯矩设计值 $M=4.35\text{kN}\cdot\text{m}$（荷载偏向翼缘一侧），计算高度 $H_0=3.6\text{m}$，采用 MU10 砖及 M5 混合砂浆砌筑。

13-3　如图 13-68 所示的钢筋混凝土柱,截面尺寸为 200mm×240mm,支承在砖墙上,墙厚 240mm,采用 MU10 烧结普通砖及 M2.5 混合砂浆砌筑,试确定柱传给墙的轴向力设计值。

图 13-67　习题 13-2 图　　　　　　　　　图 13-68　习题 13-3 图

13-4　已知某窗间墙截面尺寸为 1 100mm×370mm,采用 MU10 烧结普通砖和 M5 混合砂浆砌筑。墙上支承截面尺寸为 200mm×600mm 的钢筋混凝土梁,梁端伸入墙内的支承长度为 370mm,由梁上荷载引起的梁端压力设计值为 125kN,梁底窗间墙截面上由上部荷载引起的轴向力设计值为 145kN。试验算梁端支承处砌体的局部受压承载力是否满足要求,若不满足可分别用设置梁垫和增大梁端宽度再进行验算。

13-5　如图 13-69 所示,有一挡土墙厚度 $d=370$mm,支承跨度 $l=5$m,净跨 $l_n=4.51$m,砌体采用 MU10 烧结普通砖和 M5 混合砂浆。试确定该墙承受均布水平荷载最大设计值 q。

13-6　某单层厂房高 6.0m,房屋静力计算方案为弹性方案。独立承重砖柱截面尺寸为 490mm×620mm,采用 MU7.5 烧结普通砖和 M5 混合砂浆砌筑,试验算该柱的高厚比是否满足要求。

13-7　已知钢筋砖过梁净跨度为 1.2m,墙厚 240mm,采用 MU7.5 砖,M5 混合砂浆,在距离窗口 550mm 高度处作用梁板荷载 8kN/m(其中活荷载 4kN/m),试设计该过梁。

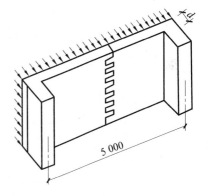

图 13-69　习题 13-5 图

13-8　某三层混合结构(见图 13-70)。该房屋为纵、横墙混合承重。开间 3.6m。层高 3.6m,进深 5.4m,走道 2.4m,楼盖及屋盖均采用预制钢筋混凝土空心板、梁结构。梁截面尺寸为 220mm×500mm。其外墙厚 370mm。外饰面采用水刷石(25mm 厚,0.5kN/m²),内面抹灰,其余墙厚 240mm,内墙采用双面抹灰。墙体采用 MU10 烧结普通砖和 M2.5 混合砂浆砌筑。门窗为钢门窗。试对墙体进行高厚比和承载力验算。

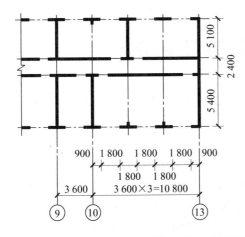
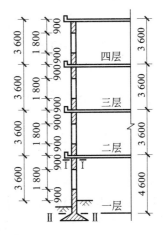

图 13-70　习题 13-8 图

第 14 章 多层砌体结构房屋的抗震设计

本章学习要点：

(1) 了解砌体抗震的一般规定；

(2) 地震作用计算仍是底部剪力法；

(3) 抗震墙体验算，包括墙体刚度计算，地震作用的分配，验算内容、方法与加强措施；

(4) 抗震砌体房屋的构造。

由于砌体结构材料的脆性性质，其抗剪、抗拉和抗弯强度很低，所以砌体房屋的抗震能力较差。我国近年来发生的一些破坏性地震，特别是 2008 年的四川省汶川大地震，砖石结构的破坏率是相当高的。据对唐山地震烈度为 10 度及 9 度区 123 幢 2～8 层的砖混结构房屋的调查，倒塌率为 63.2%，严重破坏的为 23.6%，尚可修复使用的为 4.2%，实际破坏率高达 91.0%。

造成砖混结构震害严重的原因是多方面的，除砌体材料本身抗剪能力较弱外，还由于对一些地区的地震烈度估计过低，许多砖房未经抗震设防或未采取抗震构造措施，对旧有砖混结构未采取加固措施，对高烈度区的这类结构的抗震设防缺乏研究等。

历次震害宏观调查发现，即使在 9 度区，砖混结构房屋也有震害较轻或基本完好的例证。此后进行的大量研究所取得的成果，新《抗震规范》是总结国内外抗震研究最新成果的结晶，必定对我国建筑抗震产生深远影响。

14.1 震害及其分析

在强烈地震作用下，多层砌体房屋的破坏部位，主要是墙身和构件间的连接处，楼盖、屋盖结构本身的破坏较少。

下面根据历次地震宏观调查结果，对多层砖房的破坏规律及其原因作一简要说明。

1. 墙体的破坏

在砌体房屋中，与水平地震作用方向平行的墙体是主要承担地震作用的构件。这类墙体往往因为主拉应力方向的强度不足而引起斜裂缝破坏。由于水平地震反复作用，两个方向的斜裂缝组成交叉型裂缝。这种裂缝在多层砌体房屋中一般规律是下重上轻。这是因多层房屋墙体下部地震剪力大的缘故(见图 14-1)。

2. 墙体转角处的破坏

由于墙角位于房屋尽端，房屋连接较弱，使该处抗震能力相对降低，因此较易破坏。此外，在地震过程中当房屋发生扭转时，墙角处位移反应较其他部位大，这也是造成墙角破坏的一个原因(见图 14-2)。

图 14-1　墙体破坏

3. 楼梯间墙体的破坏

因为这里墙体高而空旷,缺少各层楼板的侧向支承,有时还因为楼梯踏步入墙而削弱墙体。特别是当楼梯间处于房屋尽端和转角处时,由于地震作用下的墙体应力集中,就更容易造成这些薄弱部位的破坏。而且,这里墙体间距小、刚度较大,因而该处吸收的地震作用大,也是容易造成震害的一个原因(见图 14-3)。

图 14-2　端部转角处的震害

图 14-3　楼梯间倒塌

4. 内外墙连接处的破坏

内外墙连接处是房屋的薄弱部位,特别是有些建筑内外墙分别砌筑,以直槎或马牙槎连接,这些部位在地震中极易拉开,造成外纵墙和山墙外闪、倒塌等现象(见图 14-4)。

5. 屋盖的破坏

在强烈地震作用下,坡屋顶的木屋盖常因屋盖支承系统不完善,或采用硬山搁檩而山尖未采取抗震措施,造成屋盖丧失稳定性(见图 14-5)。

6. 突出屋面的屋顶间等附属结构的破坏

房屋的附属结构是指:女儿墙、出屋面烟囱、附墙烟囱或垃圾道、突出屋面的屋顶间等。这类出屋面的房屋附属物,地震时由于受到鞭梢效应的影响,地震反应强烈,破坏率极高。6 度区,高出屋面的塔

图 14-4　纵墙外闪

楼、楼梯间、水箱间的墙面上出现交叉裂缝,屋面小烟囱、女儿墙的根部出现水平裂缝、错动,甚至倒塌。7~8度区几乎全部损坏或倒塌(见图14-6)。

图 14-5　屋盖破坏

图 14-6　屋顶烟囱震害

14.2　结构布置的基本原则

1. 房屋的总高度和层数不应超过的规定限值

大量震害表明,地震时多层砖房的破坏程度随层数的增加而加重,倒塌百分率与房屋的层数成正比,四、五层砖房的震害明显比二、三层砖房重,六层砖房的震害程度就更重,因此,对房屋的总高度和层数必须加以限制。《抗震规范》规定砌体房屋的总高度和层数不应超过表14-1限值。

表 14-1　房屋的层数和总高度限值　　　　　　　　　　　　　　　　　　　　　　　m

房屋类别		最小抗震墙厚度/mm	烈度和设计基本地震加速度									
			6		7				8			9
			0.05g		0.10g		0.15g		0.20g		0.30g		0.40g
			高度	层数	高度	层数	高度	层数	高度	层数	高度	层数	高度	层数
多层砌体房屋	普通砖	240	21	7	21	7	21	7	18	6	15	5	12	4
	多孔砖	240	21	7	21	7	18	6	18	6	15	5	9	3
	多孔砖	190	21	7	18	6	15	5	15	5	12	4	—	—
	小砌块	190	21	7	21	7	18	6	18	6	15	5	9	3
底部框架-抗震墙砌体房屋	普通砖多孔砖	240	22	7	22	7	19	6	16	5	—	—	—	—
	多孔砖	190	22	7	19	6	16	5	13	4	—	—	—	—
	小砌块	190	22	7	22	7	19	6	16	5	—	—	—	—

注:1. 房屋的总高度指室外地面到主要屋面板板顶或檐口的高度,半地下室从地下室室内地面算起,全地下室和嵌固条件好的半地下室应允许从室外地面算起;对带阁楼的坡屋面应算到山尖墙的1/2高度处;

　　2. 室内外高差大于0.6m时,房屋总高度应允许比表中的数据适当增加,但增加量应少于1.0m;

　　3. 乙类的多层砌体房屋仍按本地区设防烈度查表,其层数应减少一层且总高度应降低3m;不应采用底部框架-抗震墙砌体房屋;

　　4. 本表小砌块砌体房屋不包括配筋混凝土小型空心砌块砌体房屋。

横墙较少的多层砌体房屋,总高度应比表14-1的规定降低3m,层数相应减少一层;各层横墙很少的多层砌体房屋,还应再减少一层。

注：横墙较少是指同一楼层内开间大于 4.2m 的房间占该层总面积的 40％以上；其中，开间不大于 4.2m 的房间占该层总面积不到 20％且开间大于 4.8m 的房间占该层总面积的 50％以上为横墙很少。

6、7 度时，横墙较少的丙类多层砌体房屋，当按规定采取加强措施并满足抗震承载力要求时，其高度和层数应允许仍按表 14-1 的规定采用。

采用蒸压灰砂砖和蒸压粉煤灰砖的砌体的房屋，当砌体的抗剪强度仅达到普通黏土砖砌体的 70％时，房屋的层数应比普通砖房减少一层，总高度应减少 3m；当砌体的抗剪强度达到普通黏土砖砌体的取值时，房屋层数和总高度的要求同普通砖房屋。

多层砌体承重房屋的层高，不应超过 3.6m。

底部框架-抗震墙砌体房屋的底部，层高不应超过 4.5m；当底层采用约束砌体抗震墙时，底层的层高不应超过 4.2m。

注：当使用功能确有需要时，采用约束砌体等加强措施的普通砖房屋，层高不应超过 3.9m。

2. 房屋的最大高宽比限制

《抗震规范》对多层砌体房屋不要求作整体弯曲的承载力验算，但多层砌体房屋整体弯曲破坏的震害是存在的。为了使多层砌体房屋有足够的稳定性和整体抗弯能力，房屋的高宽比应满足表 14-2 的要求。

表 14-2　房屋最大高宽比

地震烈度	6	7	8	9
最大高宽比	2.5	2.5	2.0	1.5

注：1. 单面走廊房屋总宽度不包括走廊宽度；

　　2. 建筑平面接近正方形时，其高宽比宜适当减小。

在计算房屋高宽比时，房屋宽度是就房屋的总体宽度而言，局部突出或凹进、横墙部分不连续或不对齐不受影响。具有外走廊或单面走廊的房屋宽度不包括走廊宽度，但有的因此而不能满足高宽比限值可适当放宽。

3. 房屋的结构体系

多层砌体房屋的承重墙体是地震中承受和传递水平地震作用的构件。层间的水平地震作用，依靠楼盖平面内的刚性向下层墙体传递。采用横墙承重结构方案时，如横墙间距过大而楼盖刚性较差时，水平地震作用不能就近有效地向横墙传递，而只能传向纵墙，使纵墙发生平面外的弯曲，这是十分危险的。为了满足楼盖对传递水平地震作用所需刚度的要求，《抗震规范》按多层砌体房屋的结构类型、烈度大小和楼盖刚性的不同，规定了抗震横墙最大间距，见表 14-3。纵墙承重时的横墙也应满足表 14-3 的要求。此外，根据我国地震宏观调查统计，纵墙承重的结构布置方案，因横墙支承较少，纵墙较易因抗弯能力不足而导致倒塌。因此，《抗震规范》规定应优先采用横墙承重或纵横墙共同承重的方案。墙体的平面布置宜均匀对称，沿平面内宜拉通对齐，在沿结构高度方向，墙体应上下连续，以加强结构的空间整体性且使各墙垛的受力基本相同，避免造成薄弱部位而过早破坏。

表 14-3　房屋抗震横墙最大间距　　　　　　　　　　　　　　　　　　　　m

房屋类别		烈　　度			
		6	7	8	9
多层砌体房屋	现浇或装配整体式钢筋混凝土楼、屋盖	15	15	11	7
	装配式钢筋混凝土楼、屋盖	11	11	9	4
	木屋盖	9	9	4	—
底部框架-抗震墙砌体房屋	上部各层	同多层砌体房屋			—
	底层或底部两层	18	15	11	—

注：1. 多层砌体房屋的顶层，除木屋盖外的最大横墙间距应允许适当放宽，但应采取相应加强措施；

　　2. 多孔砖抗震横墙厚度为 190mm 时，最大横墙间距应比表中数值减少 3m。

规范规定：

多层砌体房屋的建筑布置和结构体系,应符合下列要求:

1) 应优先采用横墙承重或纵横墙共同承重的结构体系。不应采用砌体墙和混凝土墙混合承重的结构体系。

2) 纵横向砌体抗震墙的布置应符合下列要求:

(1) 宜均匀对称,沿平面内宜对齐,沿竖向应上下连续;且纵横向墙体的数量不宜相差过大;

(2) 平面轮廓凹凸尺寸,不应超过典型尺寸的50%;当超过典型尺寸的25%时,房屋转角处应采取加强措施;

(3) 楼板局部大洞口的尺寸不宜超过楼板宽度的30%,且不应在墙体两侧同时开洞;

(4) 房屋错层的楼板高差超过500mm时,应按两层计算;错层部位的墙体应采取加强措施;

(5) 同一轴线上的窗间墙宽度宜均匀;在满足表14-4要求的前提下,墙面洞口的立面面积,6、7度时不宜大于墙面总面积的55%,8、9度时不宜大于50%;

(6) 在房屋宽度方向的中部应设置内纵墙,其累计长度不宜少于房屋总长度的60%(高宽比大于4的墙段不计入)。

3) 楼梯间不宜设置在房屋的尽端或转角处。

4) 不应在房屋转角处设置转角窗。

5) 横墙较少、跨度较大的房屋,宜采用现浇钢筋混凝土楼、屋盖。

4. 房屋局部尺寸的限制

在强烈地震作用下,房屋首先在薄弱部位破坏。这些薄弱部位一般是窗间墙、尽端墙段、突出屋顶的女儿墙等。因此,对窗间墙、尽端墙段、女儿墙等尺寸应加以限制。《抗震规范》规定,多层砌体房屋的局部尺寸限值,应符合表14-4的要求。

表 14-4 房屋局部尺寸限值   m

部　位	地 震 烈 度			
	6	7	8	9
承重窗间墙最小宽度	1.0	1.0	1.2	1.5
承重外墙尽端至门窗洞边的最小距离	1.0	1.0	1.2	1.5
非承重外墙尽端至门窗洞边的最小距离	1.0	1.0	1.0	1.0
内墙阳角至门窗洞边的最小距离	1.0	1.0	1.5	2.0
无锚固女儿墙(非出入口处)的最大高度	0.5	0.5	0.5	0.0

注:1. 局部尺寸不足时应采取局部加强措施弥补;

　　2. 出入口处的女儿墙应有锚固。

5. 防震缝的设置

多层砌体房屋的各个单元,常由于使用上的要求,出现不同的高度、错层、不同的结构类型、承受不同的使用荷载等状况,造成了房屋各单元刚度、质量的差异。这样,在水平地震作用下,由于单元间地震反应不协调,房屋各单元相互碰撞,致使震害加重。因此《抗震规范》规定:

房屋有下列情况之一时宜设置防震缝,缝两侧均应设置墙体,缝宽应根据烈度和房屋高度确定,可采用70~100mm:

(1) 房屋立面高差在6m以上;

(2) 房屋有错层,且楼板高差大于层高的1/4;

(3) 各部分结构刚度、质量截然不同。

14.3　多层砌体结构房屋的抗震验算

14.3.1　水平地震作用的计算

《抗震规范》规定多层砌体房屋仅需进行水平地震作用下的墙体验算。

1. 计算简图

因砌体结构大部分质量在楼盖处,且楼盖平面内刚度很大,墙体又以剪切变形为主,因此采用以下假定:

(1) 质量集中在楼盖处,只计楼盖、上下各半层墙体自重和活载的一半;

(2) 楼盖平面内刚度无穷大,可以质点代替;

(3) 只考虑第一振型,以基础处为0的斜直线表示。

计算简图如图 14-7(b)所示。

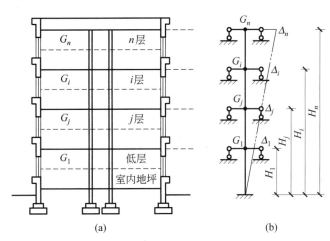

图 14-7　多层砌体结构房屋计算简图

2. 水平地震作用的计算

对质量和刚度沿高度分布比较均匀的多层墙体结构,以剪切变形为主,仍采用底部剪力法。但砌体结构刚度大,自振周期短,一般在 $0.2 \sim 0.3\text{s}$ 之间,《抗震规范》规定,对多层砌体房屋、底层框架砖房和内框架砖房可偏于安全地取 $\alpha_1 = \alpha_{\max}$。于是结构的总地震作用标准值

$$F_{\text{Ek}} = \alpha_1 G_{\text{eq}} \tag{14-1}$$

其中,

$$G_{\text{eq}} = 0.85 \sum G_i \tag{14-2}$$

按倒三角形分布的各质点的地震作用(见图 14-8)为

$$F_i = \frac{G_i H_i}{\sum\limits_{i=1}^{n} G_i H_i} F_{\text{Ek}}, \quad i = 1, 2, \cdots, n \tag{14-3}$$

在计算各层离地面高度时,结构底部截面位置的确定方法是:当无地下室时为室外地坪下 0.5m 处;当设有整体刚度很大的全地下室时,为地下室顶板上皮;当地下室墙体刚度较小时,应取至地下室室内地坪处。

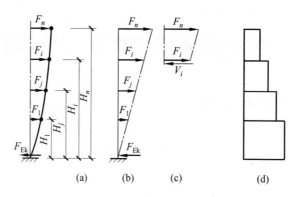

图 14-8 水平地震作用计算简图

作用在第 i 层的地震剪力 V_i 为 i 层以上各层地震作用之和(见图 14-8(c)),即

$$V_i = \sum_{j=i}^{n} F_j \tag{14-4}$$

沿高度的剪力图如图 14-8(d)所示。

14.3.2　楼层地震剪力在墙体间的分配

楼层地震剪力是指作用在整个房屋某一楼层上的剪力。首先,要把它分配到同一楼层的各道墙上,然后再把每道墙上的地震剪力分配到同一道墙上的某一墙段上。这样,当某一道墙或某一段墙的地震剪力已知后,才可能按砌体结构的计算方法对墙体的抗震承载力进行验算。

楼层的地震剪力 V_i 假定由各层与 V_i 方向一致的各抗震墙体共同承担。因此,在抗震设计中,当抗震横墙间距符合表 14-3 规定的限值时,横向水平地震作用全部由横向抗震墙承担,而不考虑纵向抗震墙的作用。同样,纵向水平地震作用全部由纵向抗震墙承担,而不考虑横墙的作用。这是因为墙体在其平面内的侧移刚度很大,而其平面外的侧移刚度很小,所以一个方向的水平地震作用由相同方向的墙体承担。

楼层地震剪力 V_i 在同一层各抗震墙体间的分配,主要取决于楼盖、屋盖的水平刚度及各抗震墙体的侧移刚度。而楼盖、屋盖的水平刚度取决于楼板结构的类型与楼盖、屋盖长宽比,对于不同类型的楼盖、屋盖,其楼层地震剪力在各抗震墙体间的分配原则是不同的。

1. 横向楼层地震剪力的分配

(1) 刚性楼盖房屋

对于现浇及装配整体式钢筋混凝土楼盖房屋,平面内刚度大,当支承楼板的抗震横墙间距符合表 14-3 的规定时,可以认为楼盖在其自身平面内抗弯刚度为无限大,楼层地震剪力 V_i 只使楼盖发生整体平移。因此,可把楼盖在其平面内视为绝对刚性的连续梁,而将各抗震横墙看作是该梁的弹性支座(见图 14-9)。当结构、荷载都对称时,各横墙的水平位移 Δ 将相等。此时,作用于刚性梁上的地震作用所引起的支座反力,即为抗震墙所承受的地震剪力,它与支座的弹性刚度成正比,即各墙所承受的地震剪力是按各墙的侧移刚度比例进行分配的。

第 i 层各抗震横墙所分担的地震剪力之和即为该楼层总地震剪力 V_i,即

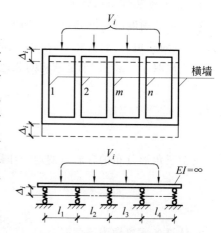

图 14-9　刚性楼盖计算简图

$$\sum_{m=1}^{s} V_{im} = V_i \tag{14-5}$$

式中，V_{im} 为第 i 层第 m 道墙所分配的地震剪力（N）。

当楼盖在 V_i 作用下产生水平位移 Δ 时，该层第 m 道墙所分担的地震剪力 V_{im} 为

$$V_{im} = K_{im}\Delta \tag{14-6}$$

式中，K_{im} 为第 i 层第 m 道墙的侧移刚度（kN/m），侧移刚度是使构件顶端产生单位侧移所需施加的力（见图 14-10）。

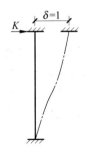

将式（14-6）代入式（14-5），得

$$V_i = \sum_{m=1}^{s} K_{im}\Delta = \Delta \sum_{m=1}^{s} K_{im} \tag{14-7}$$

$$\Delta = \frac{V_i}{\sum_{m=1}^{s} K_{im}} \tag{14-8}$$

图14-10　构件顶端产生单位
　　　　侧移示意图

将式（14-8）代入式（14-6），有

$$V_{im} = \frac{K_{im}}{\sum_{m=1}^{s} K_{im}} V_i \tag{14-9}$$

当计算墙体在其平面内的侧移刚度 K_{im} 时，因其弯曲变形小，故一般只考虑剪切变形影响，即

$$K_{im} = \frac{A_{im}G}{\xi h_{im}} \tag{14-10}$$

式中：G——墙砌体的剪切模量（kN/m²）（假定各道墙材料相同）；

　　　A_{im}——第 i 层第 m 道墙净横截面面积（m²）；

　　　ξ——截面剪应力分布不均匀系数，对矩形截面，$\xi=1.2$；

　　　h_{im}——第 i 层第 m 道墙的高度（m）。

若各墙的高度 h_{im} 相同，材料相同，从而 G_m 相同，则

$$V_{im} = \frac{A_{im}}{A_i} V_i \tag{14-11}$$

式中：A_i——第 i 层各抗震横墙净截面面积（m²）。

上式说明，对刚性楼盖，当各抗震墙高度、材料相同时，其楼层地震剪力可按抗震墙的横截面面积比例进行分配。

（2）柔性楼盖房屋

对于木楼盖等柔性楼盖房屋，由于楼盖的本身刚度小，在横向水平地震作用下，楼盖除平移外，在其自身平面内将产生弯曲变形，因此楼盖在各处的水平位移不相等，在各支承处（即各横墙处），楼盖的变形曲线并不连续，因而可近似假定楼盖如同一多跨简支梁，它分段铰支于各片横墙上（见图 14-11）。故各横墙所承担的地震作用，为该墙两侧相邻横墙之间一半面积上重力荷载所产生的地震作用。因此，各横墙所承担的地震剪力即按该墙两侧相邻墙体之间一半面积上的重力荷载比例进行分配，即

$$V_{im} = \frac{G_{im}}{G_i} V_i \tag{14-12}$$

式中：G_{im}——第 i 层楼盖（屋盖）上，第 m 道墙与左右两侧相邻横墙之间各一半楼盖（屋盖）面积上所承担的重力荷载之和（N）；

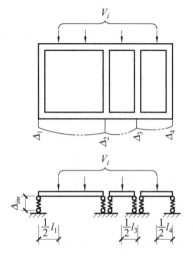

图 14-11　柔性楼盖计算简图

G_i——第 i 层楼盖(屋盖)上所承担的总重力荷载(N)。

当楼盖(屋盖)上重力荷载均匀分布时,各横墙所承担的地震剪力可换算为按该墙与两侧相邻横墙之间各一半楼盖面积比例进行分配,即

$$V_{im} = \frac{A'_{im}}{A'_i} V_i \tag{14-13}$$

式中:A'_{im}——第 i 层楼盖(屋盖)上,第 m 道墙左右两侧相邻横墙之间各一半楼盖(屋盖)面积之和(m^2);

A'_i——第 i 层楼盖(屋盖)的总面积(m^2)。

(3) 中等刚性楼盖房屋

对于装配式钢筋混凝土楼盖、屋盖房屋,其整体性不如现浇的及装配整体式的楼盖、屋盖房屋,其刚度尚受板缝混凝土施工质量的较大影响。在横向水平地震作用下,装配式钢筋混凝土楼盖、屋盖本身将产生一定的变形,其刚度介于刚性与柔性楼盖、屋盖之间,既不能把它假定为绝对刚性水平连续梁,也不能假定为多跨简支梁。对这种楼盖、屋盖房屋中抗震横墙所承担剪力的计算多采用简化法,即假定取上述两种方法的平均值,即

$$V_{im} = \frac{1}{2} \left(\frac{K_{im}}{\sum_{m=1}^{n} K_{im}} + \frac{G_{im}}{G_i} \right) V_i \tag{14-14}$$

对于一般房屋,当墙高 h_{im} 相间,所用材料相同,楼盖(屋盖)上重力荷载均匀分布时,V_{im} 也可按下式计算,

$$V_{im} = \frac{1}{2} \left(\frac{A_{im}}{A_i} + \frac{A'_{im}}{A'_i} \right) V_i \tag{14-15}$$

同一幢建筑物,各层采用不同类型楼盖时,应按不同楼盖类型分别进行计算。

2. 纵向楼层地震剪力的分配

一般房屋的纵向尺寸比横向大很多,纵墙的间距也是比较小的。当纵向地震作用时,楼盖的纵向变形小,可认为在其自身平面内无变形。因此,不论哪种楼盖在房屋的纵向刚度都是比较大的,可按刚性楼盖考虑,即纵向地震剪力可按纵墙的刚度比例进行分配。当房屋的纵向尺寸与横向尺寸接近时,则可采用与横向相同的方法分配纵向楼层的地震剪力。

3. 同一道墙上各墙段间地震剪力的分配

同一道墙上常被门窗洞口分成若干墙段。这时,各墙段所承担的地震剪力应按各墙段的刚性比例进行分配。对设置构造柱的小开口墙段按毛墙面计算的刚度,可根据开洞率乘以表 14-5 的墙段洞口影响系数。

表 14-5　墙段洞口影响系数

开洞率	0.10	0.20	0.30
影响系数	0.98	0.94	0.88

注:1. 开洞率为洞口水平截面积与墙段水平毛截面积之比,相邻洞口之间净宽小于 500mm 的墙段视为洞口;

2. 洞口中线偏离墙段中线大于墙段长度的 1/4 时,表中影响系数值折减 0.9;门洞的洞顶高度大于层高 80% 时,表中数据不适用;窗洞高度大于 50% 层高时,按门洞对待。

由于各墙段的高宽比 h/b 不同,确定侧移刚度的方法也不同。从图 14-12 可以看出,当墙段高宽比 $h/b \leqslant 1$ 时,墙段以剪切变形为主,弯曲变形仅占总变形的很小一部分,可以忽略不计,故求其侧移刚度时,仅考虑剪切变形的影响;当 $1 < h/b \leqslant 4$ 时,弯曲变形与剪切变形在总变形中均占有相当的比例,故求其侧移刚度时,需同时考虑弯曲、剪切变形的影响;当 $h/b > 4$ 时,剪切变形所占比例很小,可忽略不计,主要以弯曲变形为主。因 $h/b > 4$ 的墙段或砖柱侧移刚度很小,故可不计其刚度,不分配地震剪力。因此,同一道墙上各墙段地震剪力可按下述原则分配:

（1）若各墙段的高宽比 h/b 均小于 1，则计算各墙段的侧移刚度时仅考虑剪切变形的影响，此时，第 r 段墙的抗剪刚度为

$$K_{imr} = \frac{A_{imr}G}{\xi h_{imr}} \qquad (14\text{-}16)$$

r 墙段所分配的地震剪力为

$$V_{imr} = \frac{K_{imr}}{\sum\limits_{r=1}^{t} K_{imr}} V_{in} \qquad (14\text{-}17)$$

当各墙段的材料、高度相同时，各墙段的地震剪力分配可按各墙段的横截面积比例进行，即第 r 墙段所分配的地震剪力为

$$V_{imr} = \frac{A_{imr}}{A_{im}} V_{im} \qquad (14\text{-}18)$$

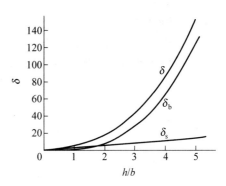

图 14-12　剪切变形 δ_{s} 与弯曲变形 δ_{b} 在总变形 δ 中的比例关系

式中：K_{imr}, A_{imr}——第 i 层第 m 道墙第 r 墙段的侧移刚度(kN/m)，横截面积(m^2)；

　　　V_{imr}——第 i 层第 m 道墙第 r 墙段分配的地震剪力(kN)；

　　　其他符号同前。

（2）当各墙段高宽比相差甚大，求各墙段侧移刚度时，有的墙段需考虑弯曲变形及剪切变形的影响，有的墙段仅需考虑剪切变形的影响，故各墙段的地震剪力应按墙段的侧移刚度比例进行分配，分别按下列各式进行计算。

对于需同时考虑剪切、弯曲变形影响的墙段

$$V_{imb} = \frac{K_{\text{bs}}}{\sum K_{\text{bs}} + \sum K_{\text{s}}} V_{im} \qquad (14\text{-}19)$$

对于仅考虑剪切变形影响的墙段

$$V_{ims} = \frac{K_{\text{s}}}{\sum K_{\text{bs}} + \sum K_{\text{s}}} V_{im} \qquad (14\text{-}20)$$

式中：V_{imb}——需同时考虑剪切、弯曲变形影响墙段所分配的地震剪力(kN/m^2)；

　　　V_{ims}——仅考虑剪切变形影响墙段所分配的地震剪力(kN/m^2)；

　　　K_{bs}——同时考虑剪切、弯曲变形影响墙段的侧移刚度(kN/m)；

　　　K_{s}——仅考虑剪切变形影响墙段的侧移刚度(kN/m)；

　　　V_{im}——按式(14-9)，式(14-13)～式(14-15)求得的第 i 层第 m 道墙所分配的地震剪力(kN)。

式(14-19)和式(14-20)中的 K_{bs} 可推证如下：

在多层混合结构抗震分析中，对各层墙体或开洞墙中窗间墙、门间墙均认为是上、下端固定的构件。对于这类构件在单位水平力作用下由弯曲引起的变形与由剪切引起的变形(见图 14-13)，分别为：

单位水平力作用下的弯曲变形

$$\delta_{\text{b}} = \frac{h^3}{12EI} = \frac{1}{Et}\rho^3, \quad \rho = \frac{h}{b} \qquad (14\text{-}21)$$

单位水平力作用下的剪切变形

$$\delta_{\text{s}} = \gamma h = \frac{\tau}{G}h = \frac{\xi h}{AG} = \frac{3\rho}{Et} \qquad (14\text{-}22)$$

式中：h——墙段高度(m)，窗间墙取窗洞高，门间墙取门洞高，门窗之间的墙取窗洞高，尽端墙取其紧靠尽端的门洞或窗洞高(见图 14-14)；

　　　b——墙段宽度(m)；

　　　A——墙段、门间墙、窗间墙的水平截面积(m^2)，$A=bt$；t 为墙厚(m)；

　　　I——墙段、门间墙、窗间墙的水平截面惯性矩(m^4)，$I=b^3t/12$；

ξ——截面剪应力分布不均匀系数，矩形截面取 $\xi = 1.2$；

E——砌体受压弹性模量（N/m^2）；

G——砌体剪切弹性模量（N/m^2），取 $G = 0.4E$。

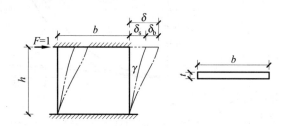

图 14-13　单位力作用下墙体的侧移

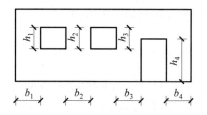

图 14-14　开洞的墙体

单位水平力作用下的总变形为

$$\delta = \delta_b + \delta_s = \frac{1}{Et}\rho^3 + \frac{3\rho}{Et} = \frac{\rho}{Et}(\rho^2 + 3) \tag{14-23}$$

因侧移刚度是单位力作用下侧移的倒数，所以需同时考虑弯曲、剪切变形影响的侧移刚度为

$$K_{bs} = \frac{1}{\delta} = \frac{Et}{\rho(\rho^2 + 3)} \tag{14-24}$$

仅需考虑剪切变形影响的构件，其侧移刚度 K_s 为

$$K_s = \frac{1}{\delta_s} = \frac{Et}{3\rho} \tag{14-25}$$

同一道墙中各墙段的 E 及 t 都相同的情况下，可简化为

$$K_{bs} = \frac{1}{\delta} = \frac{1}{\rho(\rho^2 + 3)} \tag{14-26}$$

$$K_s = \frac{1}{\delta_s} = \frac{1}{3\rho} \tag{14-27}$$

14.3.3　墙体抗震承载力验算

对多层砖房，要选择承担地震作用较大或竖向压应力较小及局部截面较小的墙段进行截面抗剪验算。

1. 普通砖、多孔砖墙体的验算

墙体或墙段在竖向荷载和水平荷载作用下，将产生主拉应力，当其值超过砌体的抗拉强度设计值时，墙体或墙段上将出现斜裂缝。在进行墙体、墙段抗剪强度验算时，如果满足下式，则可认为墙体、墙段不会出现沿斜裂缝破坏，即

$$V \leqslant \frac{f_{vE}A}{\gamma_{RE}} \tag{14-28}$$

式中：V——墙体地震剪力设计值（N）；

A——验算墙体的横截面面积，通常取 1/2 层高处净截面面积（m^2）；

γ_{RE}——承载力抗震调整系数，按表 12-8 采用，对自承重墙体的承载力抗震调整系数可采用 0.75；

f_{vE}——砌体沿阶梯形截面破坏的抗震抗剪强度设计值（N/mm^2），按下式确定

$$f_{vE} = \zeta_N f_v \tag{14-29}$$

f_v——非抗震设计的砌体抗剪强度设计值（N/mm^2），见表 13-14；

ζ_N——砌体强度正应力影响系数,对于黏土砖砌体,按表 14-6 确定。表中 σ_0 为对应于重力荷载代表值在墙体 1/2 高度处的横截面上产生的平均压应力(N/mm^2)。

表 14-6　砌体强度的正应力影响系数

砌体类别	σ_0/f_v							
	0.0	1.0	3.0	5.0	7.0	10.0	12.0	≥16.0
普通砖、多孔砖	0.80	0.99	1.25	1.47	1.65	1.90	2.05	—
小砌块	—	1.23	1.69	2.15	2.57	3.02	3.32	3.92

2. 水平配筋墙体的截面抗震承载力验算

水平配筋墙体的截面抗震承载力,应按下式验算

$$V \leqslant \frac{1}{\gamma_{RE}}(f_{vE}A + \zeta_s f_{yh} A_{sh}) \qquad (14\text{-}30)$$

式中:A——墙体横截面面积,多孔砖取毛截面面积(m^2);

f_{yh}——水平钢筋抗拉强度设计值;

A_s——层间墙体竖向截面的钢筋总截面面积,其配筋率应不小于 0.07%,且不大于 0.17%;

ζ_s——钢筋参与工作系数,可按表 14-7 采用。

表 14-7　钢筋参与工作系数

墙体高宽比	0.4	0.6	0.8	1.0	1.2
ζ_s	0.10	0.12	0.14	0.15	0.12

3. 当按式(14-28)、式(14-30)验算不满足要求时,可计入基本均匀设置于墙段中部、截面不小于 240mm×240mm(墙厚 190mm 时为 240mm×190mm)且间距不大于 4m 的构造柱对受剪承载力的提高作用,按下列简化方法验算:

$$V \leqslant \frac{1}{\gamma_{RE}}\left[\eta_c f_{vE}(A - A_c) + \zeta_c f_t A_c + 0.08 f_{yc} A_{sc} + \zeta_s f_{yh} A_{sh}\right] \qquad (14\text{-}31)$$

式中:A_c——中部构造柱的横截面总面积(对横墙和内纵墙,$A_c > 0.15A$ 时,取 $0.15A$;对外纵墙,$A_c > 0.25A$ 时,取 $0.25A$);

f_t——中部构造柱的混凝土轴心抗拉强度设计值;

A_{sc}——中部构造柱的纵向钢筋截面总面积(配筋率不小于 0.6%,大于 1.4% 时取 1.4%);

f_{yh}、f_{yc}——分别为墙体水平钢筋、构造柱钢筋抗拉强度设计值;

ζ_c——中部构造柱参与工作系数;居中设一根时取 0.5,多于一根时取 0.4;

η_c——墙体约束修正系数;一般情况取 1.0,构造柱间距不大于 3.0m 时取 1.1;

A_{sh}——层间墙体竖向截面的总水平钢筋面积,其配筋率不应小于 0.07%,且不宜大于 1.7%;配筋率小于 0.07% 时取 0。

4. 混凝土小型砌块墙体的验算

混凝土小型砌块墙体的截面抗震承载力,应按下式验算

$$V \leqslant \frac{1}{\gamma_{RE}}\left[f_{vE}A + (0.3 f_{t1} A_{c1} + 0.3 f_{t2} A_{c2} + 0.05 f_{y1} A_{s1} + 0.05 f_{y2} A_{s2})\zeta_c\right] \qquad (14\text{-}32)$$

式中:ζ_c——芯柱参与工作系数,可按表 14-8 采用;

A_{c1}——芯柱截面总面积;

A_{c2}——构造柱截面总面积；

A_{s1}——芯柱钢筋截面总面积。

A_{s2}——芯柱钢筋截面总面积。

f_{t1}——芯柱混凝土轴心抗拉强度设计值；

f_{t2}——构造柱混凝土轴心抗拉强度设计值；

f_{y1}——芯柱钢筋抗拉强度设计值；

f_{y2}——构造柱钢筋抗拉强度设计值；

表 14-8　芯柱参与工作系数

填孔率 ρ	$\rho < 0.15$	$0.15 \leqslant \rho < 0.25$	$0.25 \leqslant \rho < 0.5$	$\rho \geqslant 0.5$
ζ_c	0	1.0	1.10	1.15

注：填孔率是指芯柱根数（含构造和填实孔洞数量）与孔洞总数之比。

多层砌体结构抗震验算框图示于图 14-15。

14.3.4　计算实例

某五层办公楼，平面、剖面尺寸如图 14-16(a)、图 14-16(b)、图 14-16(c)所示。设防烈度为 8 度，装配式梁板结构，梁截面尺寸为 200mm×500mm，横墙承重，楼梯间上设屋顶间，一层内外墙厚均为 370mm，二层以上均为 240mm，墙都为双面粉刷。砖的强度等级为 MU10，砂浆强度等级为 M5。在①、③、⑤、⑧、⑨轴线的内外墙交接处及内纵墙与山墙交接处设钢筋混凝土构造柱。试验算该办公楼的抗震承载能力。

1. 荷载资料

(1) 屋面荷载

SBS 防水层	350N/m²
20mm 水泥砂浆找平层	400N/m²
50mm 泡沫混凝土	250N/m²
120mm 空心楼板	2 200N/m²
天棚抹灰	340N/m²
屋面恒载	3 540N/m²
屋面雪荷载	300N/m²

按《抗震规范》规定，雪载取 50%，则屋面荷载为

$$3\ 540 + \frac{1}{2} \times 300 = 3\ 690(\text{N/m}^2)$$

(2) 楼面荷载

水泥砂浆面层	400N/m²
120mm 空心楼板	2 200N/m²
天棚抹灰	340N/m²
楼面恒载	2 940N/m²
楼面活载	2 000N/m²

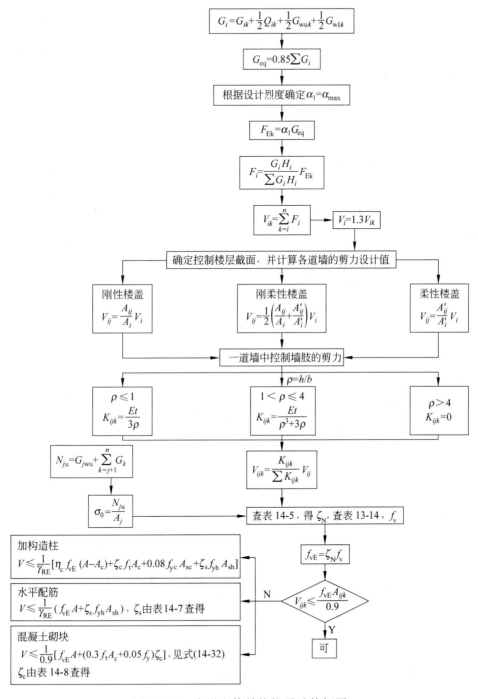

图 14-15　多层砌体结构抗震验算框图

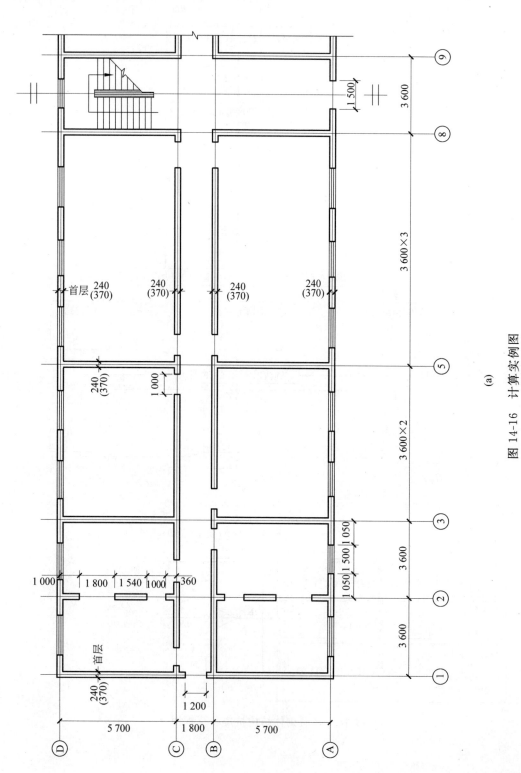

首层 240
(370)

240
(370)

240
(370)

240
(370)

240
(370)

1 000

240
(370)

1 000　1 800　1 540　1 000　360

1 050 1 500 1 050

1 500

3 600

3 600 × 3

3 600 × 2

3 600

3 600

首层 240
(370)

1 200

5 700　1 800　5 700

D　C　B　A

① ② ③ ⑤ ⑧ ⑨

(a)

图 14-16　计算实例图

(a) 办公楼平面图；(b) 剖面图；(c) 屋顶间平面图

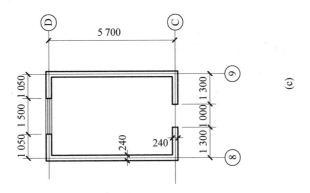

(c)

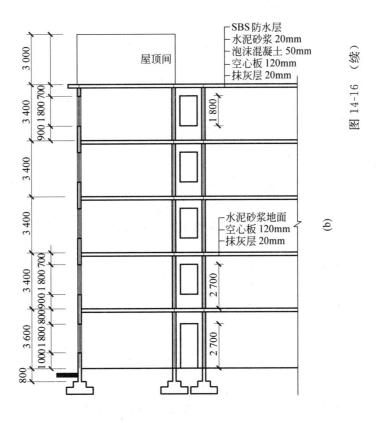

(b)

图 14-16 (续)

按《抗震规范》规定,活载取 50%,则楼面荷载为

$$2\,940 + \frac{1}{2} \times 2\,000 = 3\,940(\text{N/m}^2)$$

(3)楼板梁自重(每层)

$$0.2 \times 0.5 \times 5.94 \times 25\,000 \times 12 = 178\,200(\text{N})$$

(4)墙体自重

双面粉刷的 240mm 厚砖墙自重为 5 240N/m²

双面粉刷的 370mm 厚砖墙自重为 7 620N/m²

2. 荷载计算

屋顶间屋盖重

$$5.7 \times 3.6 \times 3\,690 = 75\,719(\text{N}) = 76\text{kN}$$

屋顶间墙重

$$(5.7 + 0.24) \times 3 \times 5\,240 \times 2 + [(3.6 + 0.24) \times 3 \times 2 - 1 \times 2.7 - 1.5 \times 1.8] \times 5\,240$$
$$= 264\,096(\text{N}) = 264\text{kN}$$

屋面层总重

$$[(54 + 1.0) \times (13.2 + 1.0) - 5.7 \times 3.6] \times 3\,690 + 5.7 \times 3.6 \times 3\,940 + 178\,200$$
$$= 3\,065\,220(\text{N}) = 3\,065\text{kN}$$

楼盖层总重

$$54 \times 13.2 \times 3\,940 + 178\,200 = 2\,986\,632(\text{N}) = 2\,987\text{kN}$$

2～5 层山墙重

$$[(13.2 - 0.24) \times 3.4 - 1.5 \times 1.8] \times 5\,240 \times 2 = 439\,153(\text{N}) = 439\text{kN}$$

2～5 层横墙重

$$[(5.7 - 0.24) \times 3.4 \times 16 - (1 \times 2.7 + 1.5 \times 1.8) \times 4] \times 5\,240$$
$$= 1\,454\,540(\text{N}) = 1\,455\text{kN}$$

2～5 层外纵墙重

$$[(54 + 0.24) \times 3.4 - 1.5 \times 1.8 \times 15] \times 5\,240 \times 2 = 1\,508\,239(\text{N}) = 1\,508\text{kN}$$

2～5 层内纵墙重

$$[(54.0 + 0.24) \times 3.4 - 1 \times 2.7 \times 8 - 3.36 \times 3.4] \times 5\,240 \times 2 = 1\,569\,485(\text{N}) = 1\,569\text{kN}$$

1 层山墙重

$$[(5.7 \times 2 + 1.8 - 0.50) \times 4.4 - 1.2 \times 2.7] \times 7\,620 \times 2 = 786\,140(\text{N}) = 786\text{kN}$$

1 层横墙重

$$[(5.7 - 0.5) \times 4.4 \times 16 - (1 \times 2.7 + 1.2 \times 1.8) \times 4] \times 7\,620 = 2\,641\,396(\text{N}) = 2\,641\text{kN}$$

1 层外纵墙重

$$[(54 + 0.24) \times 4.4 - 1.5 \times 1.8 \times 14 - 1.5 \times 2.7] \times 7\,620 \times 2 = 2\,999\,323(\text{N}) = 2\,999\text{kN}$$

1 层内纵墙重

$$[(54 + 0.24) \times 4.4 - 8 \times 1.0 \times 2.7 - 3.23 \times 4.4] \times 7\,620 \times 2 = 3\,091\,342(\text{N}) = 3\,091\text{kN}$$

各楼层重力荷载代表值 G_i,取各楼(屋)面荷载总重加上、下层墙体重量的一半:

屋顶间重力荷载代表值 G_6

$$G_6 = 76 + \frac{1}{2} \times 264 = 208(\text{kN})$$

各楼层重力荷载代表值

$$G_5 = 3\,065 + \frac{1}{2} \times 264 + \frac{1}{2}(439 + 1\,455 + 1\,508 + 1\,569)$$

$$= 3\,065 + 132 + 2\,486 = 5\,683(\text{kN})$$

$$G_4 = G_3 = G_2 = 2\,987 + 4\,971 = 7\,958(\text{kN})$$

$$G_1 = 2\,987 + \frac{1}{2} \times 4\,971 + \frac{1}{2}(786 + 2\,641 + 2\,999 + 3\,091)$$

$$= 10\,231(\text{kN})$$

总重力荷载代表值

$$G = \sum G_i = 10\,231 + 3 \times 7\,958 + 5\,683 + 208 = 39\,996(\text{kN})$$

3. 水平地震作用

底部总剪力的标准值　　　　　　　　　$F_{Ek} = \alpha_1 G_{eq}$

式中：α_1——地震影响系数，Ⅷ度区为 0.16；

G_{eq}——结构等效总重力荷载，它等于 0.85 倍的总重力荷载代表值。

将有关数据代入，得

$$F_{Ek} = 0.16 \times 0.85 \times 39\,996 = 5\,439(\text{kN})$$

各楼层的水平地震作用和各楼层地震剪力的标准值可按下式计算

$$F_i = \frac{H_i G_i}{\sum\limits_{j=1}^{n} H_j G_j} F_{Ek}, \quad V_i = \sum\limits_{j=i}^{n} F_j$$

计算过程见表 14-9。

表 14-9　楼层剪力计算过程表

分项 层次	G_i/kN	H_i/m	$G_i H_i/\text{kN} \cdot \text{m}$	$\dfrac{H_j G_j}{\sum\limits_{j=1}^{n} H_j G_j}$	$F_i = \dfrac{H_j G_j}{\sum\limits_{j=1}^{n} H_j G_j} F_{Ek}/\text{kN}$	$V_{ik} = \sum\limits_{i=1}^{n} F_i/\text{kN}$
屋顶间	208	21.0	4 368	0.010 4	56.6	56.6
5	5 683	18.0	102 294	0.244 1	1 327.8	1 384.4
4	7 958	14.6	116 187	0.277 3	1 508.4	2 892.8
3	7 958	11.2	89 130	0.212 7	1 157	4 049.8
2	7 958	7.8	62 072	0.148 1	805.6	4 855.4
1	10 231	4.4	45 016	0.107 4	584.2	5 439.6
Σ	39 996		419 067		5 439.6	

各层水平地震作用、楼层剪力图如图 14-17 所示。

4. 抗震承载力验算

地震剪力标准值 V_{ik} 乘以作用分项系数 γ_{Eh} 是作用于楼层的剪力设计值 V_i，求得 V_i 后即可进行楼层各道墙体地震剪力设计值的分配，并按 $V \leqslant \dfrac{f_{vE} A}{\gamma_{RE}}$ 进行墙体截面抗剪能力的验算。

(1) 屋顶间墙体强度验算

由于屋顶间是地震作用反应强烈的部位，因此，应首先验算屋顶间的墙体。屋顶间的水平地震作用效应，《抗震规范》规定应增大 3 倍，即

$$V_6 = 1.3 \times 56.6 \times 3 = 220.7(\text{kN})$$

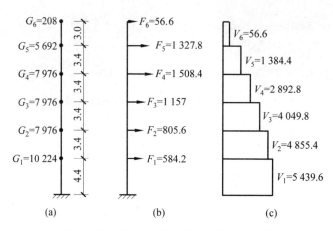

图 14-17　水平地震作用与楼层剪力图

从屋顶间的平面布置可以看出，如果ℝ、①轴线达到要求，则⑧、⑨轴线墙一定达到，所以应该先验算ℝ、①轴线。

由于屋顶间是由小块楼板组成，属于中等刚度，剪力分配按下式计算

$$V_{6C} = \frac{1}{2}\left(\frac{A_{6C}}{A_6} + \frac{1}{2}\right)V_6$$

$$V_{6D} = \frac{1}{2}\left(\frac{A_{6D}}{A_6} + \frac{1}{2}\right)V_6$$

式中

$$A_{6C} = (3.6 + 0.24 - 1.0) \times 0.24 = 0.68(\text{m}^2)$$
$$A_{6D} = (3.6 + 0.24 - 1.5) \times 0.24 = 0.56(\text{m}^2)$$
$$A_6 = 0.68 + 0.56 = 1.24(\text{m}^2)$$

代入 V_{6C}，V_{6D}，得

$$V_{6C} = \frac{1}{2}\left(\frac{0.68}{1.24} + \frac{1}{2}\right) \times 220.7 = 115.7(\text{kN})$$

$$V_{6D} = \frac{1}{2}\left(\frac{0.56}{1.24} + \frac{1}{2}\right) \times 220.7 = 105(\text{kN})$$

由于ℝ、①轴线墙上开洞位置的对称性，ℝ、①轴线墙段上的剪力可不再进行分配，而取整道墙验算。按 $V \leqslant \dfrac{f_{vE}A}{\gamma_{RE}}$ 验算需先解出 f_{vE}，为此需计算墙体每层中间高度处的垂直压应力 σ_0。由于 σ_0 在截面抗震验算中起提高 f_{vE} 的作用，故作用分项系数 γ_G 取 1.0，以ℝ轴线为例，计算如下。

图 14-18 给出了ℝ轴线墙的立面图，由于该墙为非承重墙，墙间高度处的压应力 σ_0 仅由墙自重引起，由图可以算出

$$\sigma_0 = \frac{(3.84 \times 1.5 - 1.0 \times 0.9) \times 5\,240}{(3.84 - 1.0) \times 0.24 \times 10^6} = 0.037(\text{N/mm}^2)$$

同样可以算得①轴线的压应力为

$$\sigma_0 = 0.043\text{N/mm}^2$$

根据题设，M5.0 级砂浆的砖砌体抗剪设计强度 $f_v = 0.11\text{N/mm}^2$（见《砌体结构设计规范》）。

按 $f_{vE} = \zeta_N f_v$，需从表 14-6 中查出 ζ_N，为此需先求出 σ_0/f_v：

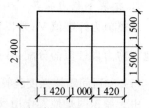

图 14-18　墙体开洞示意图
（单位：mm）

对于 ⓇR 轴，$\sigma_0/f_v = \dfrac{0.037}{0.11} = 0.336, \zeta_N = 0.87$

对于 ①D 轴，$\sigma_0/f_v = \dfrac{0.043}{0.11} = 0.39, \zeta_N = 0.88$

于是 ⓇR 轴线墙的 $f_{vE} = 0.87 \times 0.11 = 0.095\,7(\text{N/mm}^2)$

①D 轴线墙的 $f_{vE} = 0.88 \times 0.11 = 0.096\,8(\text{N/mm}^2)$

由于 ⓇR、①D 两轴线都是自承重墙，所以抗震调整系数 $\gamma_{RE} = 0.75$，于是 ⓇR 轴墙体的剪切抗力

$$\frac{f_{vE}A}{\gamma_{RE}} = \frac{0.095\,7 \times 10^3 \times 0.68}{0.75} = 86.76(\text{kN}) < V_{6C} = 115.7\text{kN}$$

该墙体不满足强度要求。

①D 轴墙体的剪切抗力为

$$\frac{f_{vE}A}{\gamma_{RE}} = \frac{0.096\,8 \times 10^3 \times 0.56}{0.75} = 72.27(\text{kN}) < V_{6D} = 115\text{kN}$$

该墙也不满足抗震强度要求。

现改用 M10 混合砂浆，由表 13-14 查得 $f_v = 0.17\text{N/mm}^2$；

对于 ⓇR 轴，$\sigma_0/f_v = \dfrac{0.037}{0.17} = 0.217\,6, \zeta_N = 0.84$

对于 ①D 轴，$\sigma_0/f_v = \dfrac{0.043}{0.17} = 0.252\,9, \zeta_N = 0.85$

于是 ⓇR 轴线墙的 $f_{vE} = 0.84 \times 0.17 = 0.143\,4(\text{N/mm}^2)$

①D 轴线墙的 $f_{vE} = 0.85 \times 0.17 = 0.144\,5(\text{N/mm}^2)$

由于 ⓇR、①D 两轴线都是自承重墙，所以抗震调整系数 $\gamma_{RE} = 0.75$，于是 ⓇR 轴墙体的剪切抗力

$$\frac{f_{vE}A}{\gamma_{RE}} = \frac{0.143\,4 \times 10^3 \times 0.68}{0.75} = 130.0(\text{kN}) > V_{6C} = 115.7\text{kN}$$

该墙体满足强度要求。

①D 轴墙体的剪切抗力为

$$\frac{f_{vE}A}{\gamma_{RE}} = \frac{0.144\,5 \times 10^3 \times 0.56}{0.75} = 107.9(\text{kN}) > V_{6D} = 105\text{kN}$$

该墙体满足强度要求。

(2) 第二层墙体强度验算

由于 1 层墙厚 370mm，2 层墙厚 240mm，它们的面积比是 1.5∶1，而 1 层墙设计剪力 $V_1 = 1.3 \times 5\,439.6 = 7\,066.3(\text{kN})$，2 层设计剪力 $V_2 = 1.3 \times 4\,855.4 = 6\,312.0(\text{kN})$，相应比例是 1.12∶1，因此可以断定，如 2 层达到抗震强度要求，1 层一定能达到，只有当 2 层出现不能达到强度要求时，才有必要验算 1 层的强度。一般来说墙厚不变时，1 层较危险，通常对 1 层墙体进行验算。

① 横墙的验算。楼层设计剪力在各道横墙上分配，在中等刚性楼盖条件下，由 $V_{im} = \dfrac{1}{2}\left(\dfrac{A_{im}}{A_i} + \dfrac{A'_{im}}{A'_i}\right)V_i$ 决定，从公式可以看出，如果各道横墙截面大体相同，则 A'_{im} 最大的从属横墙分担的剪力也最大，该道横墙就是危险墙体。在本例中⑤轴线承担的荷载面积最大，它是首先要验算的墙，②轴线由于开洞数多，截面削弱较多，也要验算，而且需验算②轴线墙的各墙段。

首先算⑤轴线墙

$$A_{25} = (5.7 + 0.24) \times 0.24 \times 2 = 2.85(\text{m}^2)$$

$$A_2 = 2.85 \times 6 + (13.44 - 1.2) \times 0.24 \times 2 + (5.94 - 1.0 - 1.8) \times 0.24 \times 4$$

$$= 17.1 + 5.88 + 3.01 = 26(\text{m}^2)$$

$$A'_{25} = 13.2 \times 3.6 \times (1+1.5) = 118.8(\text{m}^2)$$
$$A'_2 = 13.2 \times 54.0 = 712.8(\text{m}^2)$$

则

$$V_{25} = \frac{1}{2} \times \left(\frac{2.85}{26} + \frac{118.8}{712.8} \right) \times 6\,312.0 = 871.9(\text{kN})$$

为了求得 σ_0，求出 2 层⑤轴线横墙中间高度上每米长度的竖向荷载

$$N = (3\,690 \times 3.6 + 3\,940 \times 3.6 \times 3) \times (1+1.5) + 5\,240 \times 3.4 \times \left(3 + \frac{1}{2}\right)$$
$$= 201\,946(\text{N}) = 202\text{kN}$$

$$\sigma_0 = \frac{201\,946}{0.24 \times 1.0 \times 10^6} = 0.84(\text{N/mm}^2)$$

$$\sigma_0 / f_v = \frac{0.84}{0.17} = 4.94$$

查表 14-6 得 $\zeta_N = 1.463\,4$，则

$$f_{vE} = 1.463\,4 \times 0.17 = 0.248\,8(\text{N/mm}^2)$$

由于横墙两端有构造柱，抗震调整系数 $\gamma_{RE} = 0.9$，可以求出墙的抗力

$$\frac{0.248\,8 \times 10^3 \times 2.85}{0.9} = 787.9(\text{kN}) < 871.9\text{kN}$$

该墙段强度不满足要求。

采用配水平钢筋的方法来加强。每 4 皮砖配 $2\phi 6(57\text{mm}^2)$ 钢筋，墙体的总配筋截面积为 $57 \times 3.4/0.24 = 807.5\text{mm}^2$，配筋率为 $807.5/3\,400/240 = 0.099\% < 1.7\%$，也大于 0.07%，满足用水平钢筋方法加强的要求。⑤轴线墙的高宽比为 $3.4/(2 \times 5.7) = 0.298$，查表 14-7，得钢筋参与系数 $\zeta_s = 0.1$，代入式(14-30)，得

$$\frac{1}{\gamma_{RE}}(f_{vE}A + \zeta_s f_{yh}A_{sh}) = 787\,900 + 0.1 \times 210 \times 807.5/0.9 = 806\,742(\text{N}) = 806.7\text{kN} < 871.9\text{kN}$$

该墙段强度仍不满足要求。

再在中间加截面 $240\text{mm} \times 240\text{mm}$，$4\phi 14$，箍筋 $\phi 6@250$ 的 C20 的钢筋混凝土构造柱，不配水平钢筋，看能否满足？

$$A_c = 0.24 \times 0.24 \times 2 = 0.115\,2(\text{m}^2) < 0.15 \times 0.24 \times 5.7 \times 2 = 0.41(\text{m}^2)$$

代入式(14-31)，得

$$\frac{1}{\gamma_{RE}}\left[\eta_c f_{vE}(A - A_c) + \zeta_c f_t A_c + 0.08 f_{yc} A_c + \zeta_s f_{yh} A_{sh} \right]$$
$$= \left[1.1 \times 0.248\,8 \times (2.85 - 0.115\,2) \times 10^6 + 0.5 \times 1.1 \times 115\,200 + 0.08 \times 270 \times 615 \right]/0.9$$
$$= 913\,502(\text{N}) = 913.5\text{kN} > 871.9\text{kN}$$

满足。

这里，因构造柱间距是 $5.7/2 = 2.85\text{m} < 3\text{m}$，且在中间，所以 $\eta_c = 1.1$，$\zeta_c = 0.5$。

既然 2 层⑤轴线墙体在每边横墙中间加了构造柱后已安全，构造柱从 1 层设置，1 层⑤轴线应该也安全；三层与二层剪力之比为 $4\,049.8/4\,855.4 = 0.83$，按此比例，三层⑤轴线墙体的地震剪力应为 $871.9 \times 0.83 = 727.23\text{kN} < 787.9\text{kN}$；所以构造柱可锚入三层楼板处的过梁中。此外还应验算二层③轴线墙体(篇幅所限，略)。

②轴线墙在走廊两侧是一样的，故可以只计算走廊一侧的墙，图 14-19 给出了②轴线走廊一侧墙的立面图，门窗把墙分成了 a、b、c 三段，根据墙段设计取高度的规定，各段墙高宽比分别是：

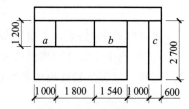

图 14-19　墙体开洞示意图
（单位：mm）

a 段　$\dfrac{h}{b} = \dfrac{1.2}{1.0} = 1.2$，大于 1，小于 4，属于剪弯型；

b 段　$\dfrac{h}{b} = \dfrac{1.2}{1.54} = 0.78$，小于 1，属于剪切型；

c 段　$\dfrac{h}{b} = \dfrac{2.7}{0.6} = 4.5$，大于 4，属于弯曲型；不考虑它的刚度。

利用式(14-24)和式(14-25)求出 a、b 两段的刚度

$$\rho_{22a} = 1.2, \quad K_{22a} = \frac{Et}{1.2(1.2^2 + 3)} = 0.187Et$$

$$\rho_{22b} = \frac{1.2}{1.54} = 0.78, \quad K_{22b} = \frac{Et}{3 \times 0.78} = 0.427Et$$

②轴线走廊一侧墙分配到的设计剪力计算如下

$$A_{22} = (5.94 - 1.0 - 1.8) \times 0.24 \times 2 = 1.51 (\text{m}^2)$$
$$A_2 = 26\text{m}^2$$
$$A'_{22} = 13.2 \times 3.6 = 47.52\text{m}^2$$
$$A'_2 = 712.8\text{m}^2$$

则

$$V_{22} = \frac{1}{2} \times \left(\frac{1.51}{26} + \frac{47.52}{712.8} \right) \times 6\,312.0 \times \frac{1}{2} = 196.8 (\text{kN})$$

利用式(14-19)和式(14-20)求得

$$V_{22a} = \frac{0.187Et}{0.187Et + 0.427Et} \times 196.8 = 59.9 (\text{kN})$$

$$V_{22b} = \frac{0.427Et}{0.187Et + 0.427Et} \times 196.8 = 136.9 (\text{kN})$$

a 段墙体的 σ_0 除担负自身 1m 宽的竖向荷载外，还要担负门窗洞口部分各一半的竖向荷载

$$N = 3\,690 \times 3.6 + 3\,940 \times 3.6 \times 3 + 5\,240 \times (3.4 \times 5.94$$
$$- 1.2 \times 1.8 - 1.0 \times 2.7)/5.94 \times \left(3 + \frac{1}{2} \right)$$
$$= 103\,187 (\text{N}) = 103.2\text{kN}$$

$$\sigma_{0a} = \frac{103\,200}{0.24 \times 1.0 \times 10^6} \times \frac{1 + 0.9}{1.0} = 0.82 (\text{N/mm}^2)$$

同样可行

$$\sigma_{0b} = \frac{103\,200}{0.24 \times 10^6} \times \frac{1.54 + 0.9 + 0.5}{1.54} = 0.82 (\text{N/mm}^2)$$

于是 a、b 两段墙的 $\dfrac{\sigma_0}{f_v} = \dfrac{0.82}{0.17} = 4.82$，由表 14-6 得

$$\zeta_N = 1.48$$

于是

$$f_{vE} = 1.48 \times 0.17 = 0.251\,6 (\text{N/mm}^2)$$

代入剪切抗力公式，得 a 段墙

$$\frac{0.251\,6 \times 10^3 \times 1.0 \times 0.24}{1.0} = 60.4 (\text{kN}) > 59.9\text{kN}$$

该墙段满足强度要求。b 段墙

$$\frac{0.251\,6 \times 10^3 \times 1.54 \times 0.24}{1.0} = 92.95 (\text{kN}) < 136.9\text{kN}$$

该墙段不满足强度要求。

采用墙段两端设置构造柱并配 HRB335 级水平钢筋的方法来提高抗剪承载力。因该段 $h/b=1\,200/1\,540=0.78$，查表 14-7 得钢筋参与工作系数 $\zeta_s=0.138$，由式(14-30)得

$$A_{sh} = (V\gamma_{RE} - f_{vE}A)/(\zeta_s f_{yh})$$
$$= (136.9 \times 0.9 \times 10^3 - 0.251\,6 \times 1\,540 \times 240)/(0.138 \times 300) = 729.9(\text{mm}^2)$$

其配筋率为 $729.9/1\,200//240=0.25\%$。

规范规定配筋率不大于 0.17%，照此配筋量为 $0.001\,7 \times 1\,200 \times 240 = 489.6\text{mm}^2$。选配 $20\,\Phi\,6(A_{sh}=570\text{mm}^2)$，配筋率为 $570/(1\,200 \times 240)=0.198\%$，该段墙高 $1\,200\text{mm}$，20 皮砖，每 2 皮砖缝中设 $2\Phi6$，基本满足要求。

② 二层纵墙强度验算。由于内、外纵墙厚度都是 240mm，而外墙开洞较多，在 Ⓐ、Ⓓ 两道外纵墙中 Ⓐ 轴外墙更弱，所以，应先验算 Ⓐ 轴线

$$A_{2A} = (54.24 - 1.5 \times 15) \times 0.24 = 7.62(\text{m}^2)$$
$$A_2 = 7.62 \times 2 + (54.24 - 1.0 \times 8 - 3.36) \times 0.24 \times 2 = 35.82(\text{m}^2)$$

由于楼板在纵向刚度很大，一般都按刚性楼盖考虑，墙间剪力按式(14-11) $V_{im} = \dfrac{A_{im}}{\sum A_{im}} V_i$ 分配，考虑作用分配系数，得

$$V_{2A} = \frac{7.62}{35.82} \times 6\,312.0 = 1\,342.8(\text{kN})$$

Ⓐ 轴线有些墙段承重，有些墙段不承重，取各段竖向压应力的平均值。

$$N = (54.24 \times 3.4 - 15 \times 1.5 \times 1.8) \times 5\,240 \times \left(3 + \frac{1}{2}\right)$$
$$+ 3.6 \times 5.7 \times 3\,690 \times \frac{1}{2} \times 15 + 3.6 \times 5.7 \times 3\,940 \times \frac{1}{2} \times 15 \times 3$$
$$+ 178\,200 \times \frac{1}{2} \times 4 = 5\,171\,471.3(\text{N}) = 5\,171.5(\text{kN})$$

$$\sigma_0 = \frac{5\,171.5}{7.62 \times 10^6} = 0.679(\text{N/mm}^2)$$

$\dfrac{\sigma_0}{f_v} = \dfrac{0.679}{0.17} = 3.99$，查表 14-6 得

$$\zeta_N = 1.40$$

于是

$$f_{vE} = 1.40 \times 0.17 = 0.238(\text{N/mm}^2)$$

代入剪切抗力公式得

$$\frac{0.238 \times 7.62 \times 10^6}{0.9} = 2\,015(\text{kN}) > 1\,342.8\text{kN} = V_{2A}$$

该道纵墙满足强度要求(式中分母的 0.9 是因外墙两端有构造柱)。

Ⓑ、Ⓡ、Ⓓ 墙轴于有效截面都比 Ⓐ 轴线大，显然满足强度要求。

14.4　多层砌体结构房屋的抗震构造措施

14.4.1　多层砖房抗震构造措施

1. 砌体结构材料应符合下列规定：

1) 普通砖和多孔砖的强度等级不应低于 MU10，其砌筑砂浆强度等级不应低于 M5；

2）混凝土小型空心砌块的强度等级不应低于 MU7.5,其砌筑砂浆强度等级不应低于 Mb7.5;

2. 设置钢筋混凝土构造柱

震害分析和试验表明,在多层砖房中的适当部位设置钢筋混凝土构造柱(以下简称构造柱)并与圈梁连接形成约束墙体的封闭框,可以明显增强砌体结构的变形能力和抗侧力能力;设构造柱的墙体在严重开裂后不致倒塌,可防止或减轻房屋的损坏程度,同时,构造柱还能提高砌体的抗剪强度 10%~30%。因此,在砌体结构中设置构造柱是较有效而经济的一种防止房屋倒塌的抗震构造措施。

多层普通黏土砖、多孔黏土砖房屋的现浇钢筋混凝土构造柱设置,应符合下列要求。

1）构造柱设置部位和要求(见图 14-20):

(1)构造柱设置部位,一般情况下应符合表 14-10 的要求。

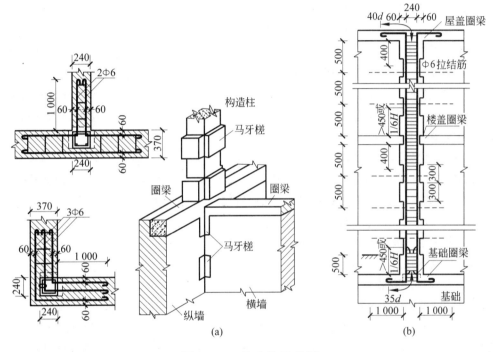

图 14-20　构造柱示意图

表 14-10　多层砖砌体房屋构造柱设置要求

房 屋 层 数				设 置 部 位	
6 度	7 度	8 度	9 度		
≤五	≤四	≤三		楼、电梯间四角,楼梯斜梯段上下端对应的墙体处; 外墙四角和对应转角处; 错层部位横墙与外纵墙交接处; 大房间内外墙交接处; 较大洞口两侧	隔 12m 或单元横墙与外纵墙交接处; 楼梯间对应的另一侧内横墙与外纵墙交接处
六	五	四	二		隔开间横墙(轴线)与外墙交接处; 山墙与内纵墙交接处
七	六、七	五、六	三、四		内墙(轴线)与外墙交接处; 内墙的局部较小墙垛处; 内纵墙与横墙(轴线)交接处

注: 较大洞口,内墙指不小于 2.1m 的洞口;外墙在内外墙交接处已设置构造柱时允许适当放宽,但洞侧墙体应加强。

(2) 外廊式和单面走廊式的多层房屋,应根据房屋增加一层的层数,按表 14-10 的要求设置构造柱,且单面走廊两侧的纵墙均应按外墙处理。

(3) 横墙较少的房屋,应根据房屋增加一层的层数,按表 14-10 的要求设置构造柱。当横墙较少的房屋为外廊式或单面走廊式时,应按要求(2)设置构造柱;但 6 度不超过四层、7 度不超过三层和 8 度不超过二层时应按增加二层的层数对待。

(4) 各层横墙很少的房屋,应按增加二层的层数设置构造柱。

(5) 采用蒸压灰砂砖和蒸压粉煤灰砖的砌体房屋,当砌体的抗剪强度仅达到普通粘土砖砌体的 70% 时,应根据增加一层的层数按要求(1)~(4)设置构造柱;但 6 度不超过四层、7 度不超过三层和 8 度不超过二层时应按增加二层的层数对待。

2) 多层砖砌体房屋的构造柱应符合下列构造要求:

(1) 构造柱最小截面可采用 180mm×240mm(墙厚 190mm 时为 180mm×190mm),纵向钢筋宜采用 4φ12,箍筋可取φ6,间距不宜大于 250mm,且在柱上下端应适当加密;6、7 度时超过六层、8 度时超过五层和 9 度时,构造柱纵向钢筋宜采用 4φ14,箍筋间距不应大于 200mm;房屋四角的构造柱应适当加大截面及配筋。

(2) 构造柱与墙连接处应砌成马牙槎,沿墙高每隔 500mm 设 2φ6 水平钢筋和φ4 分布短筋平面内点焊组成的拉结网片或φ4 点焊钢筋网片,每边伸入墙内不宜小于 1m。6、7 度时底部 1/3 楼层,8 度时底部 1/2 楼层,9 度时全部楼层,上述拉结钢筋网片应沿墙体水平通长设置。

(3) 构造柱与圈梁连接处,构造柱的纵筋应在圈梁纵筋内侧穿过,保证构造柱纵筋上下贯通。

(4) 构造柱可不单独设置基础,但应伸入室外地面下 500mm,或与埋深小于 500mm 的基础圈梁相连。

(5) 房屋高度和层数接近表 14-1 的限值时,纵、横墙内构造柱间距尚应符合下列要求:

① 横墙内的构造柱间距不宜大于层高的二倍;下部 1/3 楼层的构造柱间距适当减小;

② 当外纵墙开间大于 3.9m 时,应另设加强措施。内纵墙的构造柱间距不宜大于 4.2m。

(6) 应先砌墙,后浇筑构造柱。

3. 设置现浇钢筋混凝土圈梁

钢筋混凝土圈梁对多层砖房抗震有较重要作用,它可以加强纵横墙体的连接,以增强房屋的整体性,还可以箍住楼(屋)盖,增强楼(屋)盖的整体性并增加墙体的稳定性,也可以约束墙体的裂缝开展,抵抗由于地震或其他原因引起的地基不均匀沉降对房屋造成的破坏。此外,圈梁还是减小构造柱计算长度,使其充分发挥抗震作用不可缺少的连接构件。因此,设置钢筋混凝土圈梁是砌体房屋中广泛应用的有效抗震措施。

多层普通黏土砖、多孔黏土砖房屋的现浇钢筋混凝土圈梁设置,应符合下列要求。

1) 设置部位及构造要求

(1) 装配式钢筋混凝土楼盖、屋盖或木楼盖、屋盖的砖房,横墙承重时应按表 14-11 的要求设置圈梁,纵墙承重时每层均应设置圈梁,且抗震横墙上的圈梁间距应比表内要求适当加密。

表 14-11　砖房现浇钢筋混凝土圈梁设置要求

墙　类	地震烈度		
	6、7	8	9
外墙及内纵墙	屋盖处及每层楼盖处	屋盖处及每层楼盖处	屋盖处及每层楼盖处
内横墙	同上;屋盖处间距不应大于 4.5m,楼盖处间距不应大于 7.2m;构造柱对应部位	同上;各层所有横墙,且间距不应大于 4.5m;构造柱对应部位	同上,各层所有横墙

（2）现浇或装配整体式钢筋混凝土楼盖、屋盖与墙体可靠连接的房屋,应允许不另设圈梁,但楼板沿墙体周边应加强配筋,并应与相应的构造柱钢筋可靠连接。

（3）圈梁应闭合,遇有洞口应上下搭接,圈梁宜与预制板设在同一标高处或紧靠板底(见图 14-21)。

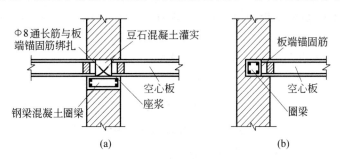

图 14-21　楼盖处圈梁的设置

（4）圈梁在表 14-10 要求的间距内无横墙时,应利用梁或板缝中配筋替代圈梁(见图 14-22)。

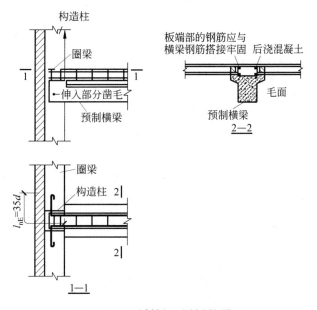

图 14-22　预制梁上圈梁的设置

2）圈梁截面尺寸及配筋

圈梁的截面高度一般不应小于 120mm,配筋应符合表 14-12 的要求。但在软弱黏性土、液化土、新近填土或严重不均匀土层上的砌体的基础圈梁,截面高度不应小于 180mm,配筋不应少于 4ϕ12。

表 14-12　圈梁配筋要求

配　筋	地震烈度		
	6、7	8	9
最小纵筋	4ϕ10	4ϕ12	4ϕ14
最大箍筋间距/mm	250	200	150

4. 楼盖、屋盖构件搭接长度和连接

楼盖、屋盖构件搭接长度和连接应符合下列要求：

（1）现浇钢筋混凝土楼板或屋面板伸进纵、横墙内的长度，均不宜小于120mm。

（2）装配式钢筋混凝土楼板或屋面板，当圈梁未设在板的同一标高时，板端伸进外墙的长度不应小于120mm；伸进内墙的长度不应小于100mm，在梁上不应小于80mm或采用硬架支模连接。

（3）当板的跨度大于4.8m并与外墙平行时，靠外墙的预制板侧边应与墙或圈梁拉结（见图14-23）。

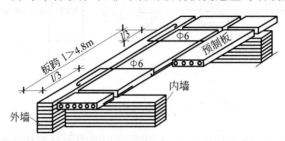

图 14-23　板跨大于 4.8m 时墙与预制板的拉结

（4）房屋端部大房间的楼盖，6度时房屋的屋盖和7～9度时房屋的楼盖、屋盖，圈梁设在板底时，钢筋混凝土预制板应相互拉结，并应与梁、墙或圈梁拉结。

5. 楼、屋盖的钢筋混凝土梁或屋架应与墙、柱（包括构造柱）或圈梁可靠连接；不得采用独立砖柱。跨度不小于6m大梁的支承构件应采用组合砌体等加强措施，并满足承载力要求。

6. 6、7度时长度大于7.2m的大房间，以及8、9度时外墙转角及内外墙交接处，应沿墙高每隔500mm配置2φ6的通长钢筋和φ4分布短筋平面内点焊组成的拉结网片或φ4点焊网片。

7. 楼梯间尚应符合下列要求：

（1）顶层楼梯间墙体应沿墙高每隔500mm设2φ6通长钢筋和φ4分布短钢筋平面内点焊组成的拉结网片或φ4点焊网片；7～9度时其他各层楼梯间墙体应在休息平台或楼层半高处设置60mm厚、纵向钢筋不应少于2φ10的钢筋混凝土带或配筋砖带，配筋砖带不少于3皮，每皮的配筋不少于2φ6，砂浆强度等级不应低于M7.5且不低于同层墙体的砂浆强度等级。

（2）楼梯间及门厅内墙阳角处的大梁支承长度不应小于500mm，并应与圈梁连接。

（3）装配式楼梯段应与平台板的梁可靠连接，8、9度时不应采用装配式楼梯段；不应采用墙中悬挑式踏步或踏步竖肋插入墙体的楼梯，不应采用无筋砖砌栏板。

（4）突出屋顶的楼、电梯间，构造柱应伸到顶部，并与顶部圈梁连接，所有墙体应沿墙高每隔500mm设2φ6通长钢筋和φ4分布短筋平面内点焊组成的拉结网片或φ4点焊网片。

8. 坡屋顶房屋的屋架应与顶层圈梁可靠连接，檩条或屋面板应与墙、屋架可靠连接，房屋出入口处的檐口瓦应与屋面构件锚固。采用硬山搁檩时，顶层内纵墙顶宜增砌支承山墙的踏步式墙垛，并设置构造柱。

9. 门窗洞处不应采用砖过梁；过梁支承长度，6～8度时不应小于240mm，9度时不应小于360mm。

10. 预制阳台，6、7度时应与圈梁和楼板的现浇板带可靠连接，8、9度时不应采用预制阳台。

11. 后砌的非承重砌体隔墙，应沿墙高每隔500～600mm配置2φ6拉结钢筋与承重墙或柱拉结，每边伸入墙内不应少于500mm；8、9时，长度大于5m的后砌隔墙，墙顶尚应与楼板或梁拉结，独立墙肢端部及大门洞边宜设钢筋混凝土构造柱。

烟道、风道、垃圾道等不应削弱墙体；当墙体被削弱时，应对墙体采取加强措施；不宜采用无竖向配筋的附墙烟囱或出屋面的烟囱。

不应采用无锚固的钢筋混凝土预制挑檐。

12. 同一结构单元的基础(或桩承台),宜采用同一类型的基础,底面宜埋置在同一标高上,否则应增设基础圈梁并应按 1∶2 的台阶逐步放坡。

13. 丙类的多层砖砌体房屋,当横墙较少且总高度和层数接近或达到表 14-1 规定限值,应采取下列加强措施:

(1) 房屋的最大开间尺寸不宜大于 6.6m。

(2) 同一结构单元内横墙错位数量不宜超过横墙总数的 1/3,且连续错位不宜多于两道;错位的墙体交接处均应增设构造柱,且楼、屋面板应采用现浇钢筋混凝土板。

(3) 横墙和内纵墙上洞口的宽度不宜大于 1.5m;外纵墙上洞口的宽度不宜大于 2.1m 或开间尺寸的一半;且内外墙上洞口位置不应影响内外纵墙与横墙的整体连接。

(4) 所有纵横墙均应在楼、屋盖标高处设置加强的现浇钢筋混凝土圈梁:圈梁的截面高度不宜小于 150mm,上下纵筋各不应少于 3φ10,箍筋不小于φ6,间距不大于 300mm。

(5) 所有纵横墙交接处及横墙的中部,均应增设满足下列要求的构造柱:在纵、横墙内的柱距不宜大于 3.0m,最小截面尺寸不宜小于 240mm×240mm(墙厚 190mm 时为 240mm×190mm),配筋宜符合表 14-13 的要求。

表 14-13　增设构造柱的纵筋和箍筋设置要求

位置	纵向钢筋			箍筋		
	最大配筋率 /%	最小配筋率 /%	最小直径 /mm	加密区范围 /mm	加密区间距 /mm	最小直径 /mm
角柱	1.8	0.8	14	全高	100	6
边柱			14	上端 700		
中柱	1.4	0.6	12	下端 500		

(6) 同一结构单元的楼、屋面板应设置在同一标高处。

(7) 房屋底层和顶层的窗台标高处,宜设置沿纵横墙通长的水平现浇钢筋混凝土带;其截面高度不小于 60mm,宽度不小于墙厚,纵向钢筋不少于 2φ10,横向分布筋的直径不小于φ6 且其间距不大于 200mm。

14.4.2　多层砌块房屋构造措施

1. 设置钢筋混凝土芯柱

为了增加混凝土小砌块房屋的整体性和延性,提高其抗震能力,可结合空心砌块的特点,在墙体的适当部位将砌块竖孔浇筑成钢筋混凝土芯柱。

(1) 芯柱设置部位及数量

混凝土小砌块房屋应按表 14-14 要求设置钢筋混凝土芯柱;对医院、教学楼等横墙较少的房屋,应根据房屋增加一层后的层数按表 14-14 要求设置芯柱。

表 14-14　多层小砌块房屋芯柱设置要求

房屋层数				设置部位	设置数量
6 度	7 度	8 度	9 度		
四、五	三、四	二、三		外墙转角,楼、电梯间四角,楼梯斜梯段上下端对应的墙体处; 大房间内外墙交接处; 错层部位横墙与外纵墙交接处; 隔 12m 或单元横墙与外纵墙交接处	外墙转角,灌实 3 个孔; 内外墙交接处,灌实 4 个孔; 楼梯斜段上下端对应的墙体处,灌实 2 个孔
六	五	四		同上; 隔开间横墙(轴线)与外纵墙交接处	

续表

房屋层数				设 置 部 位	设 置 数 量
6 度	7 度	8 度	9 度		
七	六	五	二	同上； 各内墙(轴线)与外纵墙交接处； 内纵墙与横墙(轴线)交接处和洞口两侧	外墙转角,灌实 5 个孔； 内外墙交接处,灌实 4 个孔； 内墙交接处,灌实 4～5 个孔； 洞口两侧各灌实 1 个孔
	七	大于等于六	大于等于三	同上； 横墙内芯柱间距不大于 2m	外墙转角,灌实 7 个孔； 内外墙交接处,灌实 5 个孔； 内墙交接处,灌实 4～5 个孔； 洞口两侧各灌实 1 个孔

注：外墙转角、内外墙交接处、楼电梯间四角等部位,应允许采用钢筋混凝土构造柱替代部分芯柱。

(2) 多层小砌块房屋的芯柱,应符合下列构造要求：

① 小砌块房屋芯柱截面不宜小于 120mm×120mm。

② 芯柱混凝土强度等级,不应低于 Cb20。

③ 芯柱的竖向插筋应贯通墙身且与圈梁连接；插筋不应小于 1φ12,6、7 度时超过五层,8 度时超过四层,9 度时,插筋不应小于 1φ14。

④ 芯柱应伸入室外地面下 500mm 或与埋深小于 500mm 的基础圈梁相连。

⑤ 多层小砌块房屋墙体交接处或芯柱与墙体连接处应设置拉结钢筋网片,网片可采用直径 4mm 的钢筋点焊而成,沿墙高间距不大于 600mm,并应沿墙体水平通长设置。6、7 度时底部 1/3 楼层,8 度时底部 1/2 楼层,9 度时全部楼层,上述拉结钢筋网片沿墙高间距不大于 400mm。

2. 小砌块房屋中替代芯柱的钢筋混凝土构造柱,应符合下列构造要求：

(1) 构造柱截面不宜小于 190mm×190mm,纵向钢筋宜采用 4φ12,箍筋间距不宜大于 250mm,且在柱上下端宜适当加密；6、7 度时超过五层、8 度时超过四层和 9 度时,构造柱纵向钢筋宜采用 4φ14,箍筋间距不应大于 200mm；外墙转角的构造柱可适当加大截面及配筋。

(2) 构造柱与砌块墙连接处应砌成马牙槎,与构造柱相邻的砌块孔洞,6 度时宜填实,7 度时应填实,8、9 度时应填实并插筋。构造柱与砌块墙之间沿墙高每隔 600mm 设置 φ4 点焊拉结钢筋网片,并应沿墙体水平通长设置。6、7 度时底部 1/3 楼层,8 度时底部 1/2 楼层,9 度全部楼层,上述拉结钢筋网片沿墙高间距不大于 400mm。

(3) 构造柱与圈梁连接处,构造柱的纵筋应穿过圈梁,保证构造柱纵筋上下贯通。

(4) 构造柱可不单独设置基础,但应伸入室外地面下 500mm,或与埋深小于 500mm 的基础圈梁相连。

3. 多层小砌块房屋的现浇钢筋混凝土圈梁的设置位置应按多层砖砌体房屋圈梁的要求执行,圈梁宽度不应小于 190mm,配筋不应少于 4φ12,箍筋间距不应大于 200mm。

4. 多层小砌块房屋的层数,6 度时超过五层、7 度时超过四层、8 度时超过三层和 9 度时,在底层和顶层的窗台标高处,沿纵横墙应设置通长的水平现浇钢筋混凝土带；其截面高度不小于 60mm,纵筋不少于 2φ10,并应有分布拉结钢筋；其混凝土强度等级不应低于 C20。

水平现浇混凝土带亦可采用槽形砌块替代模板,其纵筋和拉结钢筋不变。

5. 丙类的多层小砌块房屋,当横墙较少且总高度和层数接近或达到表 14-1 规定限值时,应符合 14.4.1 中第 13 条的相关要求；其中,墙体中部的构造柱可采用芯柱替代,芯柱的灌孔数量不应少于 2 孔,每孔插筋的直径不应小于 18mm。

6. 小砌块房屋的其他抗震构造措施,尚应符合 14.4.1 中 4～13 条有关要求。其中,墙体的拉结钢筋网片间距应符合本节的相应规定,分别取 600mm 和 400mm。

14.5　底层框架-抗震墙砖房抗震构造措施

14.5.1　概述

图 14-24　底层框架-抗震墙砖房

底层框架砖房主要指底层采用框架的多层砖房。这种建筑多用于底层为商店、餐厅或邮局等生活设施而上面几层为住宅、办公室等的临街房屋,底层因使用上需要大空间而采用框架,上面几层为纵横墙较多的砖墙承重结构(见图 14-24)。

历次大地震都表明,底层框架砖房在地震中的破坏是相当严重的。破坏都是发生在底层框架部位,特别是柱顶和柱底。例如,在唐山大地震中的 10 度区,这类房屋少数遭受严重破坏,大多数倒塌,特别是个别房屋由于底层框架柱的破坏,使上面几层砖房原地坐落,造成房屋全部倒塌。

底层框架砖房震害加重的原因是:上部各层纵横墙较密,它不仅重量大,而且侧移刚度也大,而房屋底层承重结构为钢筋混凝土柔性框架,其侧移刚度比上层小得多,这样,就形成了"底层柔,上层刚"的结构体系。这种刚度急剧变化,使房屋在地震作用下的侧向位移集中发生在相对薄弱的底层,而上部各层间相对底层的侧移很小。当房屋某个部位的变形超过该部位构件的极限变形值,就发生破坏,超过得愈多,破坏就愈严重。底层框架砖房的地震位移反应相对集中于底层,从而引起底层的严重破坏,危及整个房屋的安全。

规范规定:

1. 底部框架-抗震墙砌体房屋的结构布置,应符合下列要求:

(1) 上部的砌体墙体与底部的框架梁或抗震墙,除楼梯间附近的个别墙段外均应对齐。

(2) 房屋的底部,应沿纵横两方向设置一定数量的抗震墙,并应均匀对称布置。6 度且总层数不超过四层的底层框架-抗震墙砌体房屋,应允许采用嵌砌于框架之间的约束普通砖砌体或小砌块砌体的砌体抗震墙,但应计入砌体墙对框架的附加轴力和附加剪力并进行底层的抗震验算,且同一方向不应同时采用钢筋混凝土抗震墙和约束砌体抗震墙;其余情况,8 度时应采用钢筋混凝土抗震墙,6、7 度时应采用钢筋混凝土抗震墙或配筋小砌块砌体抗震墙。

(3) 底层框架-抗震墙砌体房屋的纵横两个方向,第二层计入构造柱影响的侧向刚度与底层侧向刚度的比值,6、7 度时不应大于 2.5,8 度时不应大于 2.0,且均不应小于 1.0。

(4) 底部两层框架-抗震墙砌体房屋纵横两个方向,底层与底部第二层侧向刚度应接近,第三层计入构造柱影响的侧向刚度与底部第二层侧向刚度的比值,6、7 度时不应大于 2.0,8 度时不应大于 1.5,且均不应小于 1.0。

(5) 底部框架-抗震墙砌体房屋的抗震墙应设置条形基础、筏式基础等整体性好的基础。

2. 底部框架-抗震墙砌体房屋的钢筋混凝土结构部分,应符合框架抗震的有关要求;此时,底部混凝土框架的抗震等级,6、7、8 度应分别按三、二、一级采用,混凝土墙体的抗震等级,6、7、8 度应分别按三、三、二级采用。

3. 底部框架-抗震墙砌体房屋的地震作用效应,应按下列规定调整:

(1) 对底层框架-抗震墙砌体房屋,底层的纵向和横向地震剪力设计值均应乘以增大系数;其值应允许在

1.2~1.5 范围内选用,第二层与底层侧向刚度比大者应取大值。

(2)对底部两层框架-抗震墙砌体房屋,底层和第二层的纵向和横向地震剪力设计值亦均应乘以增大系数;其值应允许在 1.2~1.5 范围内选用,第三层与第二层侧向刚度比大者应取大值。

(3)底层或底部两层的纵向和横向地震剪力设计值应全部由该方向的抗震墙承担,并按各墙体的侧向刚度比例分配。

4. 底部框架-抗震墙砌体房屋中,底部框架的地震作用效应宜采用下列方法确定:

(1)底部框架柱的地震剪力和轴向力,宜按下列规定调整:

① 框架柱承担的地震剪力设计值,可按各抗侧力构件有效侧向刚度比例分配确定;有效侧向刚度的取值,框架不折减;混凝土墙或配筋混凝土小砌块砌体墙可乘以折减系数 0.30;约束普通砖砌体或小砌块砌体抗震墙可乘以折减系数 0.20;

② 框架柱的轴力应计入地震倾覆力矩引起的附加轴力,上部砖房可视为刚体,底部各轴线承受的地震倾覆力矩,可近似按底部抗震墙和框架的有效侧向刚度的比例分配确定;

③ 当抗震墙之间楼盖长宽比大于 2.5 时,框架柱各轴线承担的地震剪力和轴向力,尚应计入楼盖平面内变形的影响。

(2)底部框架-抗震墙砌体房屋的钢筋混凝土托墙梁计算地震组合内力时,应采用合适的计算简图。若考虑上部墙体与托墙梁的组合作用,应计入地震时墙体开裂对组合作用的不利影响,可调整有关的弯矩系数、轴力系数等计算参数。

14.5.2 抗震构造措施

抗震规范规定:

1. 底部框架-抗震墙砌体房屋的上部墙体应设置钢筋混凝土构造柱或芯柱,并应符合下列要求:

(1)钢筋混凝土构造柱、芯柱的设置部位,应根据房屋的总层数分别按表 14-10、表 14-13 的规定设置。

(2)构造柱、芯柱的构造,除应符合下列要求外,尚应符合下列规定:

① 砖砌体墙中构造柱截面不宜小于 240mm×240mm(墙厚 190mm 时为 240mm×190mm);

② 构造柱的纵向钢筋不宜少于 4φ14,箍筋间距不宜大于 200mm;芯柱每孔插筋不应小于 1φ14,芯柱之间应每隔 400mm 设φ4 焊接钢筋网片。

(3)构造柱、芯柱应与每层圈梁连接,或与现浇楼板可靠拉接。

2. 过渡层墙体的构造,应符合下列要求:

(1)上部砌体墙的中心线宜与底部的框架梁、抗震墙的中心线相重合;构造柱或芯柱宜与框架柱上下贯通。

(2)过渡层应在底部框架柱、混凝土墙或约束砌体墙的构造柱所对应处设置构造柱或芯柱;墙体内的构造柱间距不宜大于层高;芯柱除按本规范表 7.4.1 设置外,最大间距不宜大于 1m。

(3)过渡层构造柱的纵向钢筋 6、7 度时不宜少于 4φ16,8 度时不宜少于 4φ18。过渡层芯柱的纵向钢筋,6、7 度时不宜少于每孔 1φ16,8 度时不宜少于每孔 1φ18。一般情况下,纵向钢筋应锚入下部的框架柱或混凝土墙内;当纵向钢筋锚固在托墙梁内时,托墙梁的相应位置应加强。

(4)过渡层的砌体墙在窗台标高处,应设置沿纵横墙通长的水平现浇钢筋混凝土带;其截面高度不小于 60mm,宽度不小于墙厚,纵向钢筋不少于 2φ10,横向分布筋的直径不小于 6mm 且其间距不大于 200mm。此外,砖砌体墙在相邻构造柱间的墙体,应沿墙高每隔 360mm 设置 2φ6 通长水平钢筋和φ4 分布短筋平面内点焊组成的拉结网片或φ4 点焊钢筋网片,并锚入构造柱内;小砌块砌体墙芯柱之间沿墙高应每隔 400mm 设置φ4 通长水平点焊钢筋网片。

（5）过渡层的砌体墙，凡宽度不小于 1.2m 的门洞和 2.1m 的窗洞，洞口两侧宜增设截面不小于 120mm×240mm（墙厚 190mm 时为 120mm×190mm）的构造柱或单孔芯柱。

（6）当过渡层的砌体抗震墙与底部框架梁、墙体不对齐时，应在底部框架内设置托墙转换梁，并且过渡层砖墙或砌块墙应采取比本条 4 款更高的加强措施。

3. 底部框架-抗震墙砌体房屋的底部采用钢筋混凝土墙时，其截面和构造应符合下列要求：

（1）墙体周边应设置梁（或暗梁）和边框柱（或框架柱）组成的边框；边框梁的截面宽度不宜小于墙板厚度的 1.5 倍，截面高度不宜小于墙板厚度的 2.5 倍，边框柱的截面高度不宜小于墙板厚度的 2 倍。

（2）墙板的厚度不宜小于 160mm，且不应小于墙板净高的 1/20；墙体宜开设洞口形成若干墙段，各墙段的高宽比不宜小于 2。

（3）墙体的竖向和横向分布钢筋配筋率均不应小于 0.30%，并应采用双排布置；双排分布钢筋间拉筋的间距不应大于 600mm，直径不应小于 6mm。

（4）墙体的边缘构件可按抗震规范第 6.4 节关于一般部位的规定设置。

4. 当 6 度设防的底层框架-抗震墙砖房的底层采用约束砖砌体墙时，其构造应符合下列要求：

（1）砖墙厚不应小于 240mm，砌筑砂浆强度等级不应低于 M10，应先砌墙后浇框架。

（2）沿框架柱每隔 300mm 配置 2φ8 水平钢筋和 φ4 分布短筋平面内点焊组成的拉结网片，并沿砖墙水平通长设置；在墙体半高处尚应设置与框架柱相连的钢筋混凝土水平系梁，系梁宽度不小于墙厚，h≥120mm，配筋 4φ12，φ6@200。

（3）墙长大于 4m 时和洞口两侧，应在墙内增设钢筋混凝土构造柱，纵向钢筋不小于 4φ14。

5. 当 6 度设防的底层框架-抗震墙砌块房屋的底层采用约束小砌块砌体墙时，其构造应符合下列要求：

（1）墙厚不应小于 190mm，砌筑砂浆强度等级不应低于 Mb10，应先砌墙后浇框架。

（2）沿框架柱每隔 400mm 配置 2φ8 水平钢筋和 φ4 分布短筋平面内点焊组成的拉结网片，并沿砌块墙水平通长设置；在墙体半高处尚应设置与框架柱相连的钢筋混凝土水平系梁，系梁截面不应小于 190mm×190mm，纵筋不应小于 4φ12，箍筋直径不应小于 φ6，间距不应大于 200mm。

（3）墙体在门、窗洞口两侧应设置芯柱，墙长大于 4m 时，应在墙内增设芯柱，芯柱应符合本书 14.4.2 中 1(2) 的有关规定；其余位置，宜采用钢筋混凝土构造柱替代芯柱，钢筋混凝土构造柱应符合本书 14.4.2 中 1(3) 的有关规定。

6. 底部框架-抗震墙砌体房屋的框架柱应符合下列要求：

（1）柱的截面不应小于 400mm×400mm，圆柱直径不应小于 450mm。

（2）柱的轴压比，6 度时不宜大于 0.85，7 度时不宜大于 0.75，8 度时不宜大于 0.65。

（3）柱的纵向钢筋最小总配筋率，当钢筋的强度标准值低于 400MPa 时，中柱在 6、7 度时不应小于 0.9%，8 度时不应小于 1.1%；边柱、角柱和混凝土抗震墙端柱在 6、7 度时不应小于 1.0%，8 度时不应小于 1.2%。

（4）柱的箍筋直径 6、7 度时不应小于 8mm，8 度时不应小于 10mm，并应全高加密箍筋，间距不大于 100mm。

（5）柱的最上端和最下端组合的弯矩设计值应乘以增大系数，一、二、三级的增大系数应分别按 1.5、1.25 和 1.15 采用。

7. 底部框架-抗震墙砌体房屋的楼盖应符合下列要求：

（1）过渡层的底板应采用现浇钢筋混凝土板，板厚不应小于 120mm，并应双排双向配筋，配筋率分别不应小于 0.25%；并应少开洞、开小洞，当洞口尺寸大于 800mm 时，洞口周边应设置边梁。

（2）其他楼层，采用装配式钢筋混凝土楼板时均应设现浇圈梁；采用现浇钢筋混凝土楼板时应允许不另设圈梁，但楼板沿抗震墙体周边均应加强配筋并应与相应的构造柱、芯柱可靠连接。

8. 底部框架-抗震墙砌体房屋的钢筋混凝土托墙梁，其截面和构造应符合下列要求：

（1）梁的截面宽度不应小于 300mm，梁的截面高度不应小于跨度的 1/10。

（2）箍筋的直径不应小于 10mm，间距不应大于 200mm；梁端在 1.5 倍梁高且不小于 1/5 梁净跨范围内，以及上部墙体的洞口处和洞口两侧各 500mm 且不小于梁高的范围内，箍筋间距不应大于 100mm。

（3）沿梁高应设腰筋，数量不应少于 2φ14，间距不应大于 200mm。

（4）梁的纵向受力钢筋和腰筋应按受拉钢筋的要求锚固在柱内，且支座上部的纵向钢筋在柱内的锚固长度应符合钢筋混凝土框支梁的有关要求。上、下部钢筋的最小配筋率，一级时不小于 0.4%，二、三级时不小于 0.3%；当托梁受力状态为偏心受拉时，支座上部纵向钢筋至少应有 50% 沿全长贯通，下部钢筋应全部直通到柱内。

9. 底部框架-抗震墙砌体房屋的材料强度等级，应符合下列要求：

（1）框架柱、混凝土墙和托墙梁的混凝土强度等级，不应低于 C30。

（2）过渡层砌体块材的强度等级不应低于 MU10，砖砌体砌筑砂浆强度的等级不应低于 M10，砌块砌体砌筑砂浆强度的等级不应低于 Mb10。

10. 底部框架-抗震墙砌体房屋的其他抗震构造措施，应符合《抗震规范》的有关要求。底部砌体填充墙的布置导致短柱或加大扭转效应时，应与框架柱脱开或采取柔性连接等措施。

14.6　本章主要知识点

1. 基本概念方面

砌体房屋震害的特点（与钢筋混凝土框架比较），抗震设计的基本原则，四个限制，地震作用的计算方法，地震剪力在墙体、墙段中的分配，地震剪力在刚性楼盖房屋与柔性楼盖房屋中分配的基本假定，承载力抗震调整系数和砌体强度正应力影响系数的物理意义，以及墙体承载力不够时应采取的加强措施。构造柱与圈梁在房屋抗震中的作用。

2. 计算方面

地震作用，地震剪力，墙体与墙段的侧移刚度，地震剪力的分配，墙体验算，若不满足应采取的加强方法的计算。

3. 构造方面

不同房屋构造柱的设置位置、间距、截面尺寸、配筋、与上下及中部与墙体圈梁的连接等；圈梁设置要求、截面尺寸、配筋、与墙体梁板的关系等；以及楼（屋）盖搭接长度与连接、横墙较少房屋的规定、墙体之间的连接、多层砌块房屋的构造要求等。

底层框架-抗震墙及多层内框架砖房抗震构造措施可一般了解，不作基本要求。

思 考 题

14-1　为什么要限制多层砌体房屋的总高度和层数？为什么要控制房屋最大高宽比的数值？

14-2　多层砌体房屋的结构体系应符合哪些要求？

14-3　为什么要限制多层砌体房屋抗震墙的间距？

14-4　多层砌体房屋的局部尺寸有哪些要求？

14-5　怎样进行多层砌体房屋的抗震验算？

14-6　多层砖房的现浇钢筋混凝土构造柱和圈梁应符合哪些要求？

14-7 在建筑抗震设计中为什么要重视构造措施？

14-8 何谓底层框架-抗震墙房屋，它应有哪些抗震构造措施？

习　　题

某四层砖混结构办公楼，平面、立面如图 14-25 所示。楼盖与屋盖采用预制钢筋混凝土空心板，横墙承重。窗洞尺寸为 1.5m×1.8m，房间门洞尺寸为 1.0m×2.5m，走道门洞尺寸为 1.5m×2.5m，墙的厚度均为 240mm。窗下墙高度 1.00m，窗上墙高度为 0.80m。楼面永久荷载 3.10kN/m²，可变荷载 1.5kN/m²，屋面永久荷载 5.35kN/m²，雪荷载 0.3kN/m²。砖的强度等级为 MU10，砌筑砂浆强度等级：首层、二层 M7.5，三、四层为 M5。设防烈度 8 度，设计基本地震加速度为 0.10g，丙类建筑，Ⅱ类场地。试求楼层地震剪力及验算首层纵、横墙不利墙段截面抗震承载力。

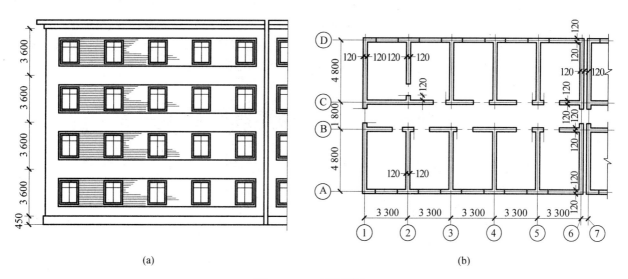

(a)

(b)

图 14-25　习题附图

(a) 立面图；(b) 平面图

第 15 章　课程实训指导

为了巩固、加深学生对专业课的学习与理解,传统的做法是设置课程设计。大专与本科没有多大区别,没有反映社会对高职高专人才要求的特殊性。北京科技经营管理学院在课程改革中将课程设计改为"课程实训",不再要求学生完成一个完整的设计过程,而是增加认识实习、识图与施工方面的内容,要求他们会计算和设计具体工程中的某些构件或环节,特别是掌握"照图施工"本领并保证施工质量和安全施工。能否达到以上目的,作为一种探索,供实践检验。

15.1　钢筋混凝土与砌体结构认识实习

安排 4 学时参观讲解。主要内容有:
(1) 砌体与钢筋混凝土结构的基本构件及其组成;
(2) 主要工程各工种的施工工艺、流程、施工工具、器械及其工作原理;
(3) 参观工人实际操作及安全、环境要求等。

15.2　钢筋混凝土板肋形楼盖

15.2.1　施工图的有关规定

1. 定位轴线及编号
1) 定位轴线的概念
定位轴线是确定房屋主要承重构件位置及其标志尺寸的基准线,是施工放线和设备安装的依据。

在房屋建筑图中,凡墙、柱、梁、屋架等承重构件,都要画出定位轴线并对轴线进行编号,以确定其位置。对分隔墙、次要构件等非承重构件,可以用附加轴线(分轴线)表示其位置,也可仅注明它们与附近轴线的相关尺寸以确定其位置,如图 15-1 所示。

2) 定位轴线的分类
依定位轴线的位置不同,可分为横向定位轴线和纵向定位轴线。通常把垂直于房屋长度方向的定位轴线称为横向定位轴线,把平行于房屋长度方向的定位轴线称为纵向定位轴线。

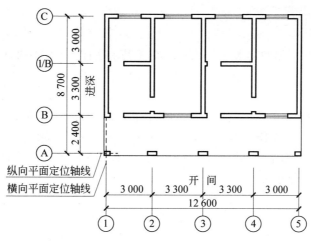

图 15-1　定位轴线编号方法

3）定位轴线的绘制

（1）定位轴线的编号

横向定位轴线的编号应用阿拉伯数字，从左到右按 1，2，…顺序编写；纵向定位轴线的编号应用大写拉丁字母从下至上按 A，B，…顺序编写。编写时不用 I、O、Z 三个字母，以免与阿拉伯数字 1、0、2 相混。

（2）附加轴线的编号

附加轴线的编号可用分数表示。分母表示前一轴线的编号，分子表示附加轴线的编号，用阿拉伯数字顺序编写，如图 15-2 所示。

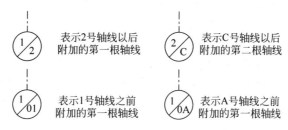

图 15-2　附加定位轴线的编号

（3）详图中轴线的编号

在画详图时，如一个详图适用于几个轴线时，应同时将各有关轴线的编号注明，如图 15-3 所示。

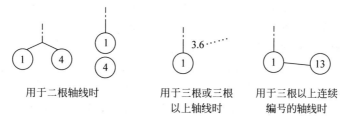

图 15-3　详图的轴线编号

2. 索引符号和详图符号

为方便施工时查阅图样，将施工图中无法表达清楚的某一部位或某一构件用较大的比例放大画出，这种放大后的图就称为详图。详图的位置、编号、所在的图纸编号等，常常用索引符号注明。

1）索引符号

（1）索引符号的表示

索引符号由直径为 10mm 的圆和其水平直径组成,圆及其水平直径均应以细实线绘制。引出线对准圆心,圆内过圆心画一水平线。

（2）索引符号的编号

索引符号的圆中,上半圆中用阿拉伯数字注明该详图的编号,下半圆中用阿拉伯数字注明该详图所在图纸的图纸号,如图 15-4(a)所示。如详图与被索引的图样在同一张图纸内,则在下半圆中画一水平细实线,如图 15-4(b)所示。当索引出的详图采用标准图,应在索引符号水平直径的延长线上加注该标准图册的编号,如图 15-4(c)所示。

（3）剖切详图的索引

当索引符号用于索引剖面详图时,应在被剖切的部位绘制剖切位置线,引出线所在的一侧表示剖切后的投影方向,如图 15-5(a),图 15-5(b),图 15-5(c)所示分别表示向下、向上和向左投射。

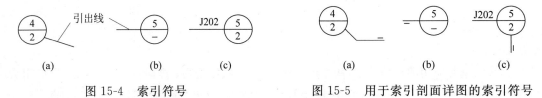

| (a) | (b) | (c) | (a) | (b) | (c) |

图 15-4　索引符号　　　　　图 15-5　用于索引剖面详图的索引符号

2）详图符号

（1）详图符号的绘制

表示详图的索引图纸和编号,是用直径为 14mm 的粗实线圆绘制。

（2）详图符号的表示

详图与被索引的图样同在一张图纸内时,应在符号内用阿拉伯数字注明详图编号,如图 15-6(a)所示;如不在同一张图纸内时,可用细实线在符号内画一水平直径,在上半圆中注明详图编号,在下半圆中注明被索引图纸号如图 15-6(b)所示,也可不注被索引图纸的图纸号。

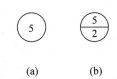

| (a) | (b) |

图 15-6　详图符号

3. 标高

建筑物各部分的竖向高度,常用标高来表示。

1）标高的分类

标高按基准面的选定情况分为相对标高和绝对标高。相对标高是指标高的基准面根据工程需要,自行选定而引出的标高。一般取首层室内地面±0.000 作为相对标高的基准面;绝对标高是根据我国的规定,以青岛的黄海平均海平面作为标高基准面而引出的标高,称为绝对标高。

标高按所注的部位分为建筑标高和结构标高。建筑标高是指标注在建筑物完成面处的标高,结构标高是指标注在建筑结构部位处(如梁底、板底)的标高,如图 15-7 所示。

2）标高符号的表示

标高符号用细实线绘制,短横线是需标注高度的界线,长横线之上或之下注出标高数字。

总平面图上的标高符号,宜用涂黑的三角形表示,如图 15-8(a)所示。

3）标高数值的标注

标高数值以米为单位,一般注至小数点后三位数。如标高数字前有

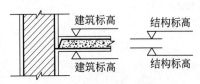

图 15-7　建筑标高与结构标高

"一"号的,表示该处完成位置的竖向高度在零点位置以下,如图 15-8(d)所示;如标高数字前没有符号的,则表示该处完成位置的竖向高度在零点位置以上,如图 15-8(c)所示;如同一位置表示几个不同标高时,标高数字可按图 15-8(e)所示。

4. 引出线

对施工图中某些部位由于图形比例较小,其具体内容或要求无法标注时,常用引出线注出文字说明或详图索引符号。

引出线用细实线绘制,并宜用与水平方向成 30°、45°、60°、90°的直线或经过上述角度再折为水平的折线,如图 15-9(a)所示。若同时引出几个相同部分的引出线,宜相互平行,如图 15-9(b)所示。

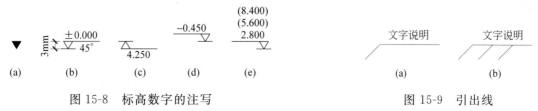

图 15-8　标高数字的注写　　　　　　　　　　　　　图 15-9　引出线

(a)总平面图标高;(b)零点标高;(c)正数标高;
(d)负数标高;(e)一个标高符号标注多个标高数字

多层构造的,如屋面、楼(地)面等,其文字说明应采用层层构造说明被引出部位从底层到上面表层的材料做法和要求,说明编排次序应与构造层次保持一致,如图 15-10 所示。

5. 对称符号

当房屋施工图的图形完全对称时,可只画该图形的一半,并画出对称符号,以节省图纸篇幅。

对称符号是在对称中心线(细长点画线)的两端画出两段平行线(细实线)。平行线长度为 6～10mm,间距为 2～3mm,且对称线两侧长度对应相等,如图 15-11 所示。

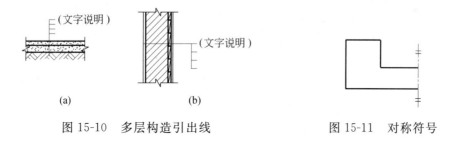

图 15-10　多层构造引出线　　　　　　　图 15-11　对称符号

15.2.2　识读钢筋混凝土板肋楼盖施工图

为提高设计效率、简化绘图、改革传统的逐个构件表达的繁琐设计方法,我国从 2003 年开始推出了国家标准图集《混凝土结构施工图平面整体表示方法制图规则和构造详图》,经多次修订完善现已推出 16G101-1、16G101-2、16G101-3 等图集。建筑结构施工图平面整体表示法(简称平法)的表达方式是对我国混凝土结构施工图的设计表示方法的重大改革。

平法的表达形式,概括来讲,是把结构构件的尺寸和配筋等,按照平面整体表示方法制图规则,整体直接表达在各类构件的结构平面布置图上,再与标准构造详图相配合,即构成一套完整的结构设计图纸。

该图集适用于非抗震和抗震设防烈度为 6、7、8、9 度地区,抗震等级为特一级和一、二、三、四级的砌体结构的现浇楼板与屋面板、现浇混凝土框架、剪力墙、框架-剪力墙和框支剪力墙主体结构施工图的设计。

图集包括常用的现浇混凝土筏形基础、柱、墙、梁、楼梯等构件的平法制图规则和标准构造详图两大部分,其中制图规则是为了规范使用平法,确保设计、施工质量,实现全国统一;它既是设计者完成筏形基础、柱、墙、梁、楼梯等平法施工图的依据,也是施工监理人员准确理解和实施平法施工图的依据。标准构造详图是施工人员必须与平法施工图配套使用的正式设计文件。

下面介绍现浇楼板与屋面板表示方法。砌体结构的楼板和屋面板主要是有梁楼盖,这里主要介绍有梁楼盖板制图规则。

1. 板块集中标注

(1) 板块集中标注是反映一块板的全局性的标识,内容为:板块编号,板厚,上部贯通纵筋,下部纵筋,以及当板面标高不同时的标高高差。

对于普通楼面,两向均以一跨为一板块;对于密肋楼盖,两向主梁(框架梁)均以一跨为一板块(非主梁密肋不计)。所有板块应逐一编号,相同编号的板块可择其一做集中标注,其他仅注写置于圆圈内的板编号,以及当板面标高不同时的标高高差。

板块编号规定如表 15-1 所示。

板厚注写为 $h=\times\times\times$(为垂直于板面的厚度);当悬挑板的端部改变截面厚度时,用斜线分隔根部与端部的高度值,注写为 $h=\times\times\times/\times\times\times$;当设计已在图注中统一注明板厚时,此项可不注。

表 15-1 板块编号

板 类 型	代 号	序 号
楼面板	LB	××
屋面板	WB	××
悬挑板	XB	××

纵筋按板块的下部纵筋和上部贯通纵筋分别注写(当板块上部不设贯通纵筋时则不注),并以 B 代表下部,以 T 代表上部,B&T 代表下部与上部;X 向贯通纵筋以 X 打头,Y 向贯通纵筋以 Y 打头,两向贯通纵筋配置相同时则以 X&Y 打头。当为单向板时,另一向贯通的分布筋可不必注写,而在图中统一注明。

当在某些板内(例如在悬挑板 XB 的下部)配置有构造钢筋时,则 X 向以 Xc,Y 向以 Yc 打头注写。当 Y 向采用放射配筋时(切向为 X 向,径向为 Y 向),设计者应注明配筋间距的定位尺寸。当板的悬挑部分与跨内板有高差且低于跨内板时,宜将悬挑部分设计为纯悬挑板 XB。

板面标高高差,系指相对于结构层楼面标高的高差,应将其注写在括号内,且有高差则注,无高差不注。

[**例 15-1**] 设有一楼面板块注写为:LB5 $h=110$

B:X Φ 12@120;Y Φ 10@110

系表示 5 号楼面板,板厚 110mm,板下部配置的贯通纵筋 X 向为 Φ 12@120,Y 向为 Φ 10@110;板上部未配置贯通纵筋。

[**例 15-2**] 有一楼面板块注写为:LB5 $h=110$

B:X Φ 10/12@100;Y Φ 10@110

表示 5 号楼面板,板厚 110mm,板下部配置的钢筋 X 向为 Φ 10、Φ 12,隔一布一,Φ 10 与 Φ 12 之间间距为 100mm;Y 向为 Φ 10@100;板上部未布置贯通钢筋。

[**例 15-3**] 设有一悬挑板注写为:XB2 $h=150/100$

B:X_c&Y_c Φ 8@200

系表示 2 号悬挑板,板根部厚 150mm,端部厚 100mm,板下部配置构造钢筋双向均为 Φ 8@200(上部受力钢筋见板支座原位标注)。

(2) 同一编号板块的类型、板厚和贯通纵筋均相同,但板面标高、跨度、平面形状以及板支座上部非贯通纵筋可以不同,如同一编号板块的平面形状可为矩形、多边形及其他形状等。施工预算时,应根据其实际平面形状,分别计算各块板的混凝土与钢材用量。

(3) 设计与施工应注意:单向或双向连续板的中间支座上部同向贯通纵筋,不应在支座位置连接或分别锚固。当相邻两跨的板上部贯通纵筋配置相同,且跨中部位有足够空间连接时,可在两跨任意一跨的跨中连接部位连接;当相邻两跨的上部贯通纵筋配置不同时,应将配置较大者越过其标注的跨数终点或起点伸至相邻跨的跨中连接区域连接。

设计应注意板中间支座两侧上部贯通纵筋的协调配置,施工及预算应按具体设计和相应标准构造要求实施。当纵筋采用两种规格钢筋"隔一布一"方式布置时,表达为 Φ xx/yy@xxx,表示直径为 xx 的钢筋和直径为 yy 的钢筋二者之间的间隔为 xxx,直径为 xx 的钢筋的间距为 xxx 的 2 倍,直径为 yy 的钢筋的间距为 xxx 的 2 倍。

2. 板支座原位标注

(1) 板支座原位标注的内容为:板支座上部非贯通纵筋和纯悬挑板上部受力钢筋。

板支座原位标注的钢筋,应在配置相同跨的第一跨表达(当在梁悬挑部位单独配置时则在原位表达)。在配置相同跨的第一跨(或梁悬挑部位),垂直于板支座(梁或墙)绘制一段适宜长度的中粗实线(当该筋通长设置在悬挑板或短跨板上部时,实线段应画至对边或贯通短跨),以该线段代表支座上部非贯通纵筋;并在线段上方注写钢筋编号(如①、②等),配筋值,横向连续布置的跨数(注写在括号内,且当为一跨时可不注),以及是否横向布置到梁的悬挑端。例如:(××)为横向布置的跨数,(××A)为横向布置的跨数及一端的悬挑部位,(××B)为横向布置的跨数及两端的悬挑部位。

板支座上部非贯通筋自支座中线向跨内的延伸长度,注写在线段的下方位置。

当中间支座上部非贯通纵筋向支座两侧对称延伸时,可仅在支座一侧线段下方标注延伸长度,另一侧不注,如图 15-12(a)所示。图中② Φ12@120 表示 2 号钢筋为 1 根 Φ12,间距 120mm,两边各延伸 1 800mm。

当向支座两侧非对称延伸时,应分别在支座两侧线段下方注写延伸长度,如图 15-12(b)所示,表示 3 号钢筋左边延伸 1 800mm,右边延伸 1 400mm。

对线段画至对边贯通全跨或贯通全悬挑长度的上部通长纵筋,贯通全跨或延伸至全悬挑一侧的长度值不注,只注明非贯通筋另一侧的延伸长度值,如图 15-12(c)所示,分别表示 3 号钢筋为 1 根 Φ10,间距 100mm,南边延伸 1 950mm,北边延伸到全跨,5 号钢筋为 1 根 Φ10、间距 100mm,南边延伸 2 000mm,北边延伸到悬挑端。

当板支座为弧形,支座上部非贯通纵筋呈放射状分布时,设计者应注明配筋间距的度量位置并加注"放射分布"四字,必要时应补绘平面配筋图,如图 15-12(d)所示。图中 7 号钢筋为 1 根 Φ12,间距 150mm,两边各延伸 2 150mm,且沿径向放射布置。

关于悬挑板的注写方式如图 15-12(e)所示;图中 3 号钢筋为 1 根 Φ12,间距 100mm,南边延伸到悬挑板端,北边延伸 2 100mm,且连续相邻 2 跨布置;1 号延伸悬挑板 YXB1,厚度 $h=120$mm,底部配 X 向 Φ8@150,Y 向 Φ8@200 的贯通钢筋;顶部配有 X 向 Φ8@150 钢筋;这属于集中标注。

悬挑板如图 3-12(f)所示,5 号钢筋为 1 根 Φ12,间距 100mm,南边延伸到悬挑板端,且连续相邻 2 跨布置;2 号悬挑板 XB2,根部厚度 $h=120$mm,板端厚度 $h=80$mm,底部配筋 X 向 Φ8@150,Y 向 Φ8@200 的贯通钢筋;顶部配有 X 向 Φ8@150 钢筋;这属于集中标注。

在板平面布置图中,不同部位的板支座上部非贯通纵筋及纯悬挑板上部受力钢筋,可仅在一个部位注写,对其他相同者则仅需在代表钢筋的线段上注写编号及横向连续布置的跨数(当为一跨时可不注)即可。

[例 15-4]　在板平面布置图某部位,横跨支承梁绘制的对称线段上注有⑦ Φ12@100(5A)和 1500,表示支座上部⑦号非贯通纵筋为 Φ12@100,从该跨起沿支承梁连续布置 5 跨加梁一端的悬挑端,该钢筋自支座中线向两侧跨内的延伸长度均为 1 500mm。在同一板平面布置图的另一部位横跨梁支座绘制的对称线段上注有⑦(2),系表示该处布筋同⑦号纵筋,沿支承梁连续布置 2 跨,且无梁悬挑端布置。

此外,与板支座上部非贯通纵筋垂直且绑扎在一起的构造钢筋或分布钢筋,应由设计者在图中注明。

(2) 当板的上部已配置有贯通纵筋,但需增配板支座上部非贯通纵筋时,应结合已配置的同向贯通纵筋的直径与间距采取"隔一布一"方式配置。

"隔一布一"方式,为非贯通纵筋的标注间距与贯通纵筋相同,两者组合后的实际间距为各自标注间距的

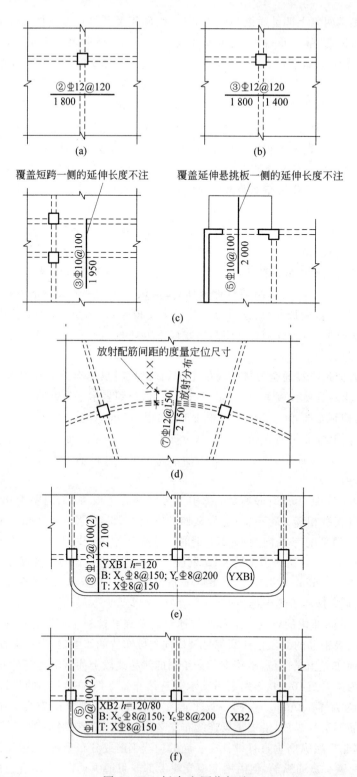

图 15-12 板支座原位标注

1/2。当设定贯通纵筋为纵筋总截面面积的 50％时,两种钢筋应取相同直径;当设定贯通纵筋大于或小于总截面面积的 50％时,两种钢筋则取不同直径。

［例 15-5］ 板上部已配置贯通纵筋 ⊈12@250,该跨同向配置的上部支座非贯通纵筋为⑤ ⊈12@250,表示在该支座上部设置的纵筋实际为 ⊈12@125,其中 1/2 为贯通纵筋,1/2 为⑤号非贯通纵筋(延伸长度值略)。

［例 15-5］ 板上部已配置贯通纵筋 ⊈10@250,该跨配置的上部同向支座非贯通纵筋为③ ⊈12@250,表示该跨实际设置的上部纵筋为⊈10 和⊈12,二者之间间距为 125mm。

施工应注意:当支座一侧设置了上部贯通纵筋(在板集中标注中以 T 打头),而在支座另一侧仅设置了上部非贯通纵筋时,如果支座两侧设置的纵筋直径、间距相同,应将二者连通,避免各自在支座上部分别锚固。

(3) 角部加强筋 Crs 的引注,墙角楼板上部应配双向上部加强钢筋标注为 Crs⊈×××@×××,长度如图 10-32 所示。

3. 导读板平法施工图

图 15-13 为采用平面注写方式表达的现浇混凝土楼面施工图,我们一起来从左到右识读该图。

左边表格是结构层楼面标高与结构层高。该建筑地下 2 层,地上 16 层,该图是 5～8(标高 15.87～26.67m)层楼板施工图。

定位轴线①②之间是楼、电梯间(定位轴线 BC 之间的过道不算)。楼板(包括楼梯平台板)都是 1 号板,板厚h＝100mm,底部(B)和顶部配筋都是双向(X&Y)⊈8,间距 150mm 的贯通钢筋。这属于集中标注。由于在左下角已标出板厚与配筋,所以其他 LB1(1 号板)只需标出编号就可以了。

定位轴线②③之间是 2 号楼板(LB2),其厚度 h＝150mm,底部配筋 X 向 ⊈10@150,Y 向 ⊈8@150 的贯通钢筋,这属于集中标注。原位标注的有:在②轴上的顶部非贯通钢筋 1 根⊈8,间距 150mm,向右延长 1 000mm的 1 号钢筋。在③轴上的顶部非贯通钢筋为 1 根 ⊈10,间距 100mm,向两边延长各 1800mm 的 2 号钢筋。在 D轴上的顶部非贯通钢筋是 1 号钢筋;在 A 轴上的顶部非贯通钢筋是 5 号钢筋,1⊈8@150,向北延长 1 000mm。向南延伸到阳台的边梁中。

定位轴线③④之间是 5 号楼板(LB5),其厚度 h＝150mm,底部配筋 X 向 ⊈10@135,Y 向 ⊈10@110 的贯通钢筋,这属于集中标注。原位标注的有:在④轴上的顶部非贯通钢筋 1 根 ⊈12,间距 120mm,向两边延长各1 800mm 的 3 号钢筋。在 A 轴上的顶部非贯通钢筋是 6 号钢筋,1⊈10@100,括号中的 2 表示连续布置 2 跨,即 A 轴上定位轴线④⑤之间也照此配筋;并且向北延长 1 800mm,向南延伸到阳台的边梁中。在 D 轴上的顶部非贯通钢筋是 7 号钢筋,是连续布置 2 跨(③④轴线间与④⑤轴线之间)。7 号钢筋,将在定位轴线⑤⑥之间时加以介绍。

定位轴线④⑤之间、⑤⑥之间、⑥⑦之间楼板集中标注前面均已介绍,所不同的是:在⑤、⑥轴上,有原位标注的顶部非贯通钢筋为 4 号,1 根 ⊈10@100,向左延长 1 800mm。7 号顶部非贯通钢筋,1 根 ⊈10@150,向北延长 1 800mm。在北边 LB1 下括号中标有(-0.050),表示这部分标高比标准标高低 0.05m(5cm),这里可能是盥洗室或卫生间。

BC 轴之间的楼道。定位轴线①②、⑥⑦之间是 1 号楼板(LB1),其余都是 3 号楼板。3 号楼板厚度 h＝100mm,底部配筋 X&Y 向 ⊈8@150,顶部配筋 X 向 ⊈8@150 的贯通钢筋,这属于集中标注。原位标注的有:在 B、C 轴上②③轴之间的顶部非贯通钢筋 1 根 ⊈8,间距 100mm,向两边延长各 1 000mm 的 8 号钢筋。在③～⑤轴之间的顶部非贯通钢筋是 9 号钢筋,1⊈10@100,并且向两边延长 1 800mm。在⑤、⑥轴之间的顶部非贯通钢筋 1 根 ⊈10,间距 100mm,向南延长 1 800mm 的 10 号钢筋,向北不延伸。

最后是 A 轴之南的悬挑阳台。厚度 h＝80mm,底部配筋 X&Y 向 ⊈8@150,顶部配筋 X 向 ⊈8@150 的贯通钢筋,这属于集中标注。

这样,这张施工图就读完了。

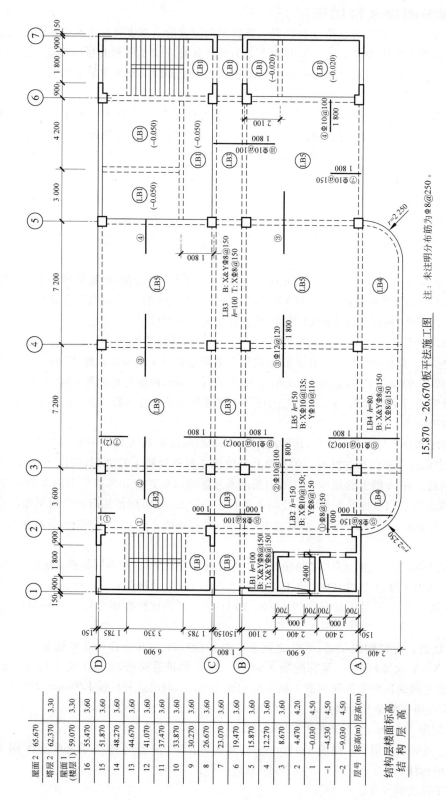

15.870～26.670板平法施工图

图 15-13　某现浇混凝土楼面施工图

注：未注明分布筋为Φ8@250。

屋面2	65.670	3.30
塔层2	62.370	3.30
屋面1 (楼层1)	59.070	3.60
16	55.470	3.60
15	51.870	3.60
14	48.270	3.60
13	44.670	3.60
12	41.070	3.60
11	37.470	3.60
10	33.870	3.60
9	30.270	3.60
8	26.670	3.60
7	23.070	3.60
6	19.470	3.60
5	15.870	3.60
4	12.270	3.60
3	8.670	3.60
2	4.470	4.20
1	-0.030	4.50
-1	-4.530	4.50
-2	-9.030	4.50
层号	标高(m)	层高(m)

结构层楼面标高
结　构　层　高

15.2.3　钢筋混凝土板肋形楼盖设计

以下内容每个学生在平面布置、基本尺寸确定后,选择 1～2 个构件或环节完成。

1. 结构平面布置

题目已给。

2. 初步确定梁板尺寸

(1) 根据题目,对四边支承的板,长边与短边之比不大于 2 时为双向板,大于 3 时为单向板,在 2～3 之间宜按双向板计算,若按单向板计算,长边方向应配足够数量的构造钢筋。本次实训基本要求是,长边与短边之比在 2～3 时,按单向板计算,长边方向的配筋直径应比构造要求的钢筋直径增加 2mm。

(2) 根据表 10-4 确定计算长度 l_0,再用表 10-3 确定不用验算挠度的梁板最小高度。然后按 $h/b=2～2.5$ 的比例确定梁宽,取值应符合模数。

3. 单向板肋楼盖的计算与设计

(1) 板与次梁按内力调幅,塑性内力重分布计算,主梁按弹性计算。

(2) 板、次梁计算简图,五跨模式(见图 10-9)。

(3) 连续板内力配筋计算。

荷载计算要根据楼(屋)面构造和用途分别计算恒载、活载的标准值、设计值,如[例 10-1]所示。

为了整齐,便于计算,可参照表 10-12,表 10-13 制表方式。

(4) 次梁内力配筋计算。

跨中用 T 形截面,支座处用矩形截面。在荷载计算的基础上,可参照表 10-14～表 10-18 制表方式计算内力与配筋。

(5) 主梁内力与配筋计算:

① 主梁承受集中荷载,要把自重也化为集中荷载,变为设计值后加到次梁传来的集中恒载设计值中去。

② 因主梁按弹性计算,所以要作内力包络图。

· 根据最不利位置查表 10-5～表 10-8 所给的内力系数,列表计算如表 10-9 所示。

· 根据恒载与每种不利活载位置时的内力叠加,作出重叠的内力图。

· 把这些内力图的外包线连接起来,就形成该内力的包络图。

③ "削峰":因在中支座处,负弯矩和剪力很大,照此配筋,浪费钢材。应该用支座边缘的内力值。按式(10-4)和式(10-5)来"削峰"。

④ 跨中用 T 形截面,支座处用矩形截面配筋。根据包络图配筋、配箍,可列表进行。按平法制图,不设弯起钢筋;梁下部钢筋不得截断,负钢筋截断应符合受力与锚固要求(见 4.3.3 节)。计算主梁受压钢筋时应注意 h_0 的计算,因上面有板和次梁的负筋。

⑤ 计算与配置次梁边缘的附加箍筋或吊筋。按图 10-23 和式(10-9)～式(10-11)计算与配置。

⑥ 主梁挠度、裂缝验算。

挠度:

· 用式(8-9)计算短期刚度;

· 用式(8-16)计算刚度;

· 用荷载标准组合值计算沿主梁跨度的荷载集度,$f=\dfrac{5Ml^2}{48B}\leqslant f_{\lim}$。$f_{\lim}$ 见表 1-4。

裂缝:用式(8-21)计算最大裂缝,裂缝限值见表 1-5。

⑦ 绘制单向板肋楼(屋)盖施工图。

受力钢筋面积按计算配置。板每米6~8根；板上垂直梁轴的负钢筋长度应符合图10-16中的规定。此外还有构造配筋，板的分布钢筋参考10.2.5中1的配置；嵌入承重墙中的板上部墙边$l_0/7$的范围内应配Φ6或Φ8@200的构造钢筋，墙的阴角处在$l_0/4$范围内，应配双向Φ6或Φ8@200。

⑧ 绘制次梁施工图。

受力钢筋面积和箍筋按计算确定，根据梁宽$b=200$mm，受拉钢筋可配2~3根，但不少于2根；$b=250$mm，可配3~4根。负钢筋长度按图10-21的形式。架立钢筋，$l_0 \leqslant 4$m，用Φ8，$l_0 > 6$m，用Φ12，之间用Φ10。

⑨ 主梁施工图。

钢筋根数与次梁相同。钢筋的弯起与截断应符合4.3.2节、4.3.3节的规定，并按计算配次梁边的箍筋与吊筋。

(6) 图纸要求：

① 2号图纸。

② 字体和图线：仿宋字；图线、图例、尺寸标注符合制图标准。

③ 钢筋明细表，可参考表15-2。

表 15-2　钢筋明细表

构件名称	编　号	简图/mm	直径/mm	长度/mm	数　量	总长/m
板	①					
	②					
	⋮					
次梁	①					
	②					
	⋮					
主梁	①					
	②					
	⋮					

注：对有弯钩的钢筋，在计算长度时，应加上弯钩长度。

4. 双向板肋楼盖的计算与设计

(1) 双向板计算

① 双向板按弹性计算。

② 计算采用折算荷载。

③ 划分区格，根据区格尺寸确定荷载类型(矩形分布、三角形分布还是梯形分布)，并化为等效均布荷载。

④ 利用表10-11根据不同边界条件查弯矩系数，并将不同边界条件下的弯矩与四边简支时一半可变荷载下的弯矩叠加，构成所求截面的最大弯矩。

⑤ 考虑对边梁对跨中弯矩20%的折减，将最大弯矩的80%作为最大配筋依据。

⑥ 每个区格按图10-29划分板带。中间板带按此配筋，边板带取中间板带配筋的一半，其余可以弯起但每米不少于3根钢筋。

(2) 梁的计算与配筋

双向板不分主梁次梁，都按弹性计算。内力算法与主梁相似。配筋跨中T形截面，梁的交叉处按矩形截面。

各种构造、挠度、裂缝验算与图纸要求与单向板相同。

15.2.4　钢筋混凝土板肋楼盖施工

1. 模板工程

1) 模板系统

肋形楼盖木模板示意图示于图 15-14,肋形楼板的组合钢模板构造示意图示于图 15-15、图 15-16。

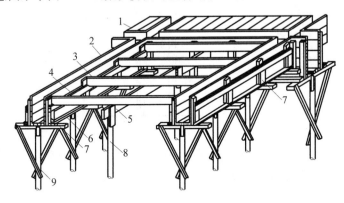

图 15-14　肋形楼盖木模板

1—楼板模板;2—梁侧模板;3—搁栅;4—横挡;5—牵杠;6—夹木;7—短撑木;8—牵杠撑;9—支柱(琵琶撑)

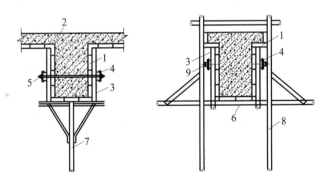

图 15-15　定型钢模板支梁模

1—定型钢模板;2—阴角模板;3—钢管立挡;4—横挡;5—对拉螺栓;6—底楞;

7—钢管支柱;8—φ48mm 钢管支承;9—钩头螺栓

2) 支承系统

现在多用钢管支柱(琵琶撑)。钢管支柱由内外两节钢管组成,可以伸缩以调节支柱高度。在内外钢管上每隔 100mm 钻一个 φ14mm 的销孔,调整好高度后用 φ12mm 销子固定(见图 15-17)。支柱高度宜在 2.65～3.8m 内调节。

3) 梁模板的施工要点

(1) 梁跨度≥4m 时,底板应起拱,起拱高度为跨度的 1/1 000～3/1 000;

(2) 支承或琵琶撑间应设拉杆,一般离地面 500mm 设第一道,以上每隔 2m 左右设一道,支柱下均应垫楔子和通长垫板,垫板下的土面应拍平夯实,楔子待支承标高校正后钉牢;

(3) 当梁高较大时,可先安梁的一侧模板,待钢筋绑扎结束后,再封另一侧模板;

(4) 上下层梁模板的支柱,一般应安装在一条竖向中心线上。

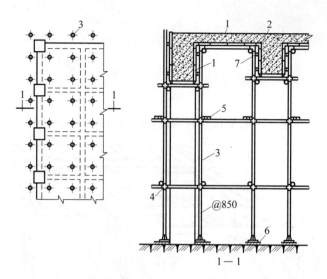

图 15-16　定型钢模板配合钢管脚手架支肋形楼板

1—定型钢模板；2—阴角模板；3—钢管脚手架；4—脚手扣件；5—脚手板；6—垫木；7—木楔

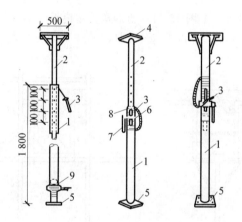

图 15-17　钢管支柱

1—套管；2—插管；3—ϕ12mm 插销；4—140mm×140mm 钢顶板；5—150mm×150mm 底板；
6—转盘；7—手柄；8—管座；9—螺栓底座

4) 板模板的施工要点

(1) 当板跨度≥4m 时，模板应起拱，起拱高度为跨度的 1/1 000～3/1 000。

(2) 模板铺设时，一般只要求在板两端及接头处钉牢，中间尽量少钉以方便拆模。如采用组合定型钢模板时，需按其规格、距离铺设搁栅，不够铺一块定型模板的空隙，可用木板镶满或用 2～3mm 厚铁皮盖住。

(3) 挑檐模板必须撑牢拉紧，防止外倾。

5) 模板施工的质量要求

(1) 模板及支架必须有足够的承载能力、刚度和稳定性。为此必须严格按照模板设计进行安装，如安装在基土上，则基土必须坚实，否则应对基土进行处理，基土面应有排水措施；

(2) 模板的接缝应严密，不漏浆，接缝不大于 2.5mm 为合格，不大于 1.5mm 为优良；

(3) 模板与混凝土接触面应清理干净，并刷隔离剂以防黏结。每件(处)墙、板、基础的模板上黏浆或漏涂隔离剂累计面积，合格应≤2 000cm²，优良应≤1 000cm²；每件(处)梁、柱的模板上黏浆或漏涂隔离剂累计面积，

合格应≤800cm²,优良应≤400cm²;

（4）现浇结构模板安装的偏差,应符合表 15-3 的规定。

6）模板的检查验收

模板在安装过程中和在浇筑混凝土之前,应进行检查验收,经验收合格者方能进行下道工序。模板可按其质量要求进行以下几方面的检查与验收:

（1）对照模板设计,现场检查模板及支架的安装是否符合设计要求,其承载力、刚度及稳定性方面是否存在隐患,如安装在基土上,则应检查基土的坚实程度,排水措施、支柱底的垫板是否符合要求;

（2）观察和用模形尺检查模板的接缝是否严密,接缝宽度是否超过规定要求;

（3）检查模板表面涂刷隔离剂的情况是否符合要求;

（4）用水准仪、标尺或拉线等方法检查模板的标高、轴线位置、垂直度以及断面尺寸是否符合要求,偏差是否在表 15-3 的允许范围内。

表 15-3　现浇结构模板安装允许偏差　　　　　　　　　　　mm

项　　　目		允许偏差
轴线位置		5
底模上表面标高		±5
截面内部尺寸	基础	±10
	柱、墙、梁	＋4 −5
层高垂直	全高≤5m	6
	全高＞5m	8
相邻两板表面高低差		2
表面平整（长度 2m）		5

7）模板拆除

（1）准备工作

- 经复核混凝土强度已经达到拆模要求。
- 编制模板拆除方案。
- 向操作人员交底。

（2）施工工艺

拆模程序一般是:先支的后拆,后支的先拆;先拆非承重部位,后拆承重部位;肋形楼盖应先拆柱、墙模板,再拆楼板底模、梁侧模板,最后拆梁底模板。

（3）施工要点

- 板与梁模板的拆模强度应符合设计要求,当设计无具体要求时,应符合表 15-4 的规定。

表 15-4　底模拆除时的混凝土强度要求

构件类型	构件跨度/m	达到设计的混凝土立方体抗压强度标准值的百分率/%
板	≤2	≥50
	＞2,≤8	≥75
	＞8	≥100
梁、拱、壳	≤8	≥75
	＞8	≥100
悬臂结构	—	≥100

- 多层楼板支柱的拆除:当上层楼盖正在浇筑混凝土时,下层楼板的模板和支柱不得拆除;再下一层楼板的模板和支柱应视新浇混凝土楼层荷载和本楼层混凝土强度通过计算确定。

- 组合钢模板的拆除:

① 先拆梁侧帮模,再拆除楼板、底模板;楼板底模板拆除应先拆支柱水平拉杆或剪刀撑,再拆U形卡,然后拆楼板模板支柱,每根大钢楞留1~2根支柱暂不拆。

② 操作人员站在已拆除模板的空当,再拆除余下的支柱,使钢楞自由落下。

③ 用钩子将模板钩下,或用撬杠轻轻撬动模板,使模板脱离,待该段模板全部脱模后,运出集中堆放。

④ 楼层较高,采用双层排架支模时,先拆除上层排架,使钢楞和模板落在底层排架上,上层钢模板全部运出后,再拆下层排架。

⑤ 梁底模板拆除,有穿墙螺栓者,先拆掉穿墙螺栓和梁托架,再拆除梁底模。拆除跨度较大的梁下支柱时,应先从跨中开始,分别向两端拆除。

⑥ 拆下的模板应及时清理黏结物,修理后分类整齐堆放备用;拆下的连接件及配件应及时收集,集中统一管理。

8)拆模安全措施

(1)高空拆除模板时,除操作人员外,下面不得站人,操作人员应佩戴安全带。作业区周围及出入口处,应设专人负责安全巡视。拆除作业区应有警示标志,严禁无关人员入内。

(2)在支架上拆模时应搭设脚手板,拆模间歇时,应将拆下的部件和模板运走。

(3)拆楼层外边梁和圈梁模板时,应有防高空坠落、防止模板向外翻倒的措施。

(4)拆除时如发现混凝土有影响结构质量、安全问题时,应暂停拆除,经处理后,方可继续拆模。

(5)拆下的支承、木档,要随即拔掉上面的钉子,并堆放整齐,防止"朝天钉"伤人。

(6)拆除模板,必须有稳固的登高工具或脚手架,高度超过3.5m时,必须搭设脚手架。

2.钢筋工程

1)工艺流程

钢筋配料→(除锈)下料→弯曲成型→挂牌存放。

2)施工要点

(1)除锈:钢筋的表面应洁净。油渍、漆污和用锤敲击时能剥落的浮皮、铁锈等应在使用前清除干净。在焊接前,焊点处的水锈应清除干净。钢筋的除锈可采用机械除锈和手工除锈两种方法:

① 机械除锈可采用钢筋除锈机或钢筋冷拉、调直过程除锈;

② 手工除锈可采用钢丝刷、沙盘、喷砂和酸洗除锈。在除锈过程中发现钢筋表面的氧化层脱落现象严重并已损伤钢筋截面,或在除锈后钢筋表面有严重的麻坑、斑点削弱钢筋截面时,不宜使用或经试验降级使用。

(2)调直:钢筋应平直,无局部曲折。对于盘条钢筋在使用前应调直,调直可采用调直机和卷扬机冷拉调直钢筋两种方法。

① 当采用钢筋调直机时,要根据钢筋的直径选用调直模和传送压辊,要正确掌握调直模的偏移量和压辊的压紧程度。

调直模的偏移量根据其磨耗程度及钢筋品种通过试验确定;调直筒两端的调直模一定要在调直前后导孔的轴心线上。

压辊的槽宽一般在钢筋穿入压辊之后,在上下压辊间宜有3mm之内的空隙。

② 当采用冷拉方法调直盘圆钢筋时,可采用控制冷拉率方法,HPB300级钢筋的冷率不宜大于4%。

冷拉后钢筋的实际伸长值应扣除弹性回缩值,一般为0.2%~0.5%。冷拉多根连接的钢筋,冷拉率可按总长计,但冷拉后每根钢筋的冷拉率应符合要求。

钢筋应先拉直,然后量其长度再行冷拉。

钢筋冷拉速度不宜过快,一般直径 6~12mm 盘圆钢筋控制在 6~8mm/min,待到规定的冷拉率后,需稍停 2~3min,然后再放松,以免弹性回缩值过大。

在负温下冷拉调直时,环境温度不应低于－20℃。

(3) 切断:在切断过程中,如发现钢筋有劈裂、缩头或严重的弯头等必须切除。

① 将同规格钢筋根据不同长度长短搭配,统筹排料;一般应先断长料,后断短料,减少短头,以减少损耗。

② 断料应避免用短尺量长料,以防止在量料中产生累计误差。宜在工作台上标出尺寸刻度并设置控制断料尺寸用的挡板。

(4) 弯曲成型:钢筋成型形状要正确,平面上不应有翘曲不平现象;弯曲点处不能有裂缝。

① 钢筋弯曲前,对形状复杂的钢筋应将各弯曲点位置画出。画线是要根据不同的弯曲角度扣除弯曲调整值,其扣法是从相邻两段长度中各扣一半;画线宜从钢筋中线开始向两边进行。

② 钢筋在弯曲机上成形时,心轴直径应满足要求,成形轴宜加偏心轴套以适应直径的钢筋弯曲需要。弯曲细钢筋时,为了使弯弧一侧的钢筋保持平直,挡铁轴宜做成可变挡架或固定挡架。

3) 质量检验

(1) 受力钢筋的弯钩和弯折应符合下列规定:

① HPB300 级钢筋末端应作 180°弯钩,其弯弧内直径不应小于钢筋直径的 2.5 倍,弯钩的弯后平直部分长度不应小于钢筋直径的 3 倍;

② 当设计要求钢筋末端需作 135°弯钩时,HRB335 级、HRB400 级钢筋的弯弧内直径不应小于钢筋直径的 4 倍,弯钩的弯后平直部分长度应符合设计要求;

③ 钢筋做不大于 90°的弯折时,弯折处的弯弧内直径不应小于钢筋直径的 5 倍。

检查数量:按每工作班同一类型钢筋、同一加工设备抽查不应少于 3 件。

检验方法:钢尺检查。

(2) 除焊接封闭环式箍筋外,箍筋的末端应作弯钩,弯钩形式应符合设计要求;当设计无具体要求时,应符合下列规定:

① 箍筋弯钩的弯弧内直径除应满足上段①的规定外,尚应不小于受力钢筋直径。

② 箍筋弯钩的弯折角度:对一般结构,不应小于 90°;对有抗震等要求的结构,应为 135°。

③ 箍筋弯后平直部分长度:对一般结构,不宜小于箍筋直径的 5 倍;对有抗震等要求的结构,不应小于箍筋直径的 10 倍。

4) 梁钢筋施工

(1) 在梁侧模板上画出箍筋间距,摆放箍筋。

(2) 先穿主梁的下部纵向受力钢筋及弯起钢筋,将箍筋按已画好的间距逐个分开;穿次梁的下部纵向受力钢筋及弯起钢筋,并套好箍筋;放主次梁的架立筋;隔一定间距将架立筋与箍筋绑扎牢固;调整箍筋间距使间距符合设计要求,绑架立筋,再绑主筋,主次梁同时配合进行。

(3) 框架梁上部纵向钢筋应贯穿中间节点,梁下部纵向钢筋伸入中间节点,锚固长度及伸过中心线的长度要符合设计要求。框架梁纵向钢筋在端节点内的锚固长度也要符合设计要求。

(4) 绑梁上部纵向筋的箍筋,宜用套扣法绑扎。箍筋的接头(弯钩叠合处)应交错布置在两根架立钢筋上,其余同柱。

(5) 箍筋在叠合处的弯钩,在梁中应交错绑扎,箍筋弯钩为 135°,平直部分长度为 $10d$,如做成封闭箍时,单面焊缝长度为 $5d$。

(6) 梁端第一个箍筋应设置在距离柱节点边缘 50mm 处。梁端与柱交接处箍筋应加密,其间距与加密区长度均要符合设计要求。

（7）板、次梁与主梁交叉处，板的钢筋在上，次梁的钢筋居中，主梁的钢筋在下；当有圈梁或垫梁时，主梁的钢筋在上。在主、次梁受力筋下均应垫垫块（或塑料卡），保证保护层的厚度。纵向受力钢筋采用双层排列时，两排钢筋之间应垫以直径≥25mm 的短钢筋，以保持其设计距离。梁筋的搭接长度末端与钢筋弯折处的距离，不得小于钢筋直径的 10 倍。

（8）框架节点处钢筋穿插十分稠密时，应特别注意梁顶面主筋间的净距要有 30mm，以利浇筑混凝土。梁板钢筋绑扎时应防止水电管线将钢筋抬起或压下。

（9）梁钢筋的绑扎与模板安装之间的配合关系：梁的高度较小时，梁的钢筋架空在梁顶上绑扎，然后再落位；梁的高度较大（≥1.2m）时，梁的钢筋宜在梁底模上绑扎，其两侧模或一侧模后装。

5）板钢筋安装

（1）板钢筋安装前，清理模板上面的杂物，并按主筋、分布筋间距在模板上弹出位置线。按弹好的线，先摆放受力主筋、后放分布筋。预埋件、电线管、预留孔等及时配合安装。在现浇板中有板带梁时，应先绑板带梁钢筋，再摆放板钢筋。

（2）绑扎板筋时一般用顺扣或八字扣，除外围两根筋的相交点应全部绑扎外，其余各点可交错绑扎（双向板相交点需全部绑扎）。如板为双层钢筋，两层之间需加钢筋马凳，以确保上部钢筋的位置。负弯矩钢筋每个相交点均要绑扎。

（3）板钢筋的下面垫好砂浆垫块，一般间距 1.5m。垫块的厚度等于保护层厚度，并满足设计要求；钢筋搭接长度与搭接位置的要求符合规定。

6）钢筋安装中其他注意事项

（1）构造柱伸出钢筋发生位移时，如移位在 40mm 及 40mm 以内，弯曲坡度不超过 1∶6，可用冷弯或热弯（氧乙炔火焰加热）处理，使上下钢筋对齐；如移位大于 40mm，应用加垫筋或垫板焊接处理。

（2）钢筋骨架绑扎时应注意绑扎方法，宜用部分反十字扣和套扣绑扎，不得全用一面顺扣，以防钢筋变形。

（3）阳台下圈梁为 L 形箍筋，吊阳台时应注意保护，如碰坏，应将阳台吊起，修整钢筋后，再将阳台吊装就位，以免将阳台圈梁钢筋压扁变形。

（4）板缝钢筋放置，对较宽板缝宜在钢筋下垫水泥砂浆垫块，窄板缝要把钢筋用钢丝吊在楼板上，以防板缝钢筋外露。

7）成品保护

（1）楼板的弯起钢筋、负弯矩钢筋绑好后，不准在上面踩踏行走。浇筑混凝土时派钢筋工专门负责修理，保证负弯矩筋位置的正确性。

（2）绑扎钢筋时禁止碰动预埋件及洞口模板。

（3）钢模板内面涂隔离剂时不得污染钢筋。

（4）安装电线管、暖卫管线或其他设施时，不得任意切断和移动钢筋。

（5）在运输和安装钢筋时，应轻装轻卸，不得随意抛掷和碰撞，防止钢筋变形。

（6）构造柱、圈梁及板缝钢筋如采用预制钢筋骨架时，应在现场指定地点垫平堆放。往楼板上临时吊放钢筋时，应清理好存放地点，垫平放置，以免变形。

3. 混凝土工程

浇筑混凝土作业条件：

（1）拟浇筑混凝土层、段的模板、钢筋、预埋件及管线等全部安装完毕，经验收符合设计要求，钢筋、预埋件及预留洞口已经做好隐蔽验收，标高、轴线、模板等已进行技术复核，并有完备的签字手续。

（2）检查并清理模板内残留杂物，用水冲净。浇筑混凝土用的架子及马道已支搭完毕，并经检查合格。柱子模板的扫除口在清除杂物及积水后封闭完毕。

（3）水泥、砂、石及外加剂等经检查符合有关标准要求，已下达混凝土施工配合比通知单。

（4）混凝土施工工艺

① 工艺流程

混凝土搅拌→混凝土运输→混凝土浇筑→混凝土振捣→混凝土养护→混凝土表面缺陷的检查与修整。

② 混凝土浇筑施工要点

梁、板应同时浇筑，浇筑方法应由一端开始用"赶浆法"，即先浇筑梁，根据梁高分层浇筑成阶梯形，当达到板底位置时再与板的混凝土一起浇筑，随着阶梯形不断延伸，梁板混凝土浇筑连续向前进行。浇筑混凝土时，应经常观察模板、钢筋、预留孔洞、预埋件和插筋等有无移动、变形或堵塞情况，发现问题应立即处理，并应在已浇筑的混凝土凝结前修正完好。

与板连成整体高度大于1m的梁，允许单独浇筑，其施工缝应留在板底以下 20～30mm 处。浇捣时，浇筑与振捣必须紧密配合，第一层下料慢些，梁底充分振实后再下二层料，用"赶浆法"保持水泥浆沿梁底包裹石子向前推进，每层均应振实后再下料，梁底及梁帮部位要注意振实，振捣时不得触动钢筋及预埋件。

15.3　钢筋混凝土多层多跨框架

15.3.1　识读钢筋混凝土多层多跨框架施工图（梁柱的平法施工图）

如前所述，梁柱的平法施工图，是以平面注写的方法或截面标注的方法来表示梁的位置、截面尺寸、配筋情况等内容的图纸。

采用梁平法绘制施工图，其注写方式包括两方面，即集中标注和原位标注。其中，集中标注表达该梁全长通用的数据，而原位标注用于表达该梁在某些位置的特殊或特别的数据，是对集中标注在局部位置的补充和说明，并且原位标注优先。

1. 梁（网）平法施工图的内容

（1）图形的名称（如××层梁配筋平面图）和比例（该比例应与建筑施工图中相应楼层平面图的比例相同，一般有1∶100、1∶200，个别情况下也采用1∶150）。

（2）梁（网）定位轴线和轴号，以及轴线间的尺寸（这些均与建筑中相应楼层的平面图对应相同，识读时可结合建施图一并识读）。

（3）梁的编号（框架梁为"KL××(×)"，一般梁为"L××(×)"）和平面布置。

（4）每一种编号的梁的截面尺寸、配筋情况，在必要时还要表示出标高，如错层中的梁或处于非楼层标高处的梁。

（5）必需的梁局部详图和设计说明。

2. 框架梁柱平面整体表示法

1）梁平法

（1）梁编号由梁类型代号、序号、跨数及有无悬挑代号几项组成，应符合表 15-5 的规定。

（2）梁集中标注的内容，有五项必注值及一项选注值（集中标注可以从梁的任意一跨引出），规定如下：

① 梁编号，如表 15-5 所示，该项为必注值。其中，对井字梁编号中关于跨数的规定见（4）。

表 15-5　梁编号

梁 类 型	代 号	序 号	跨数及是否带有悬挑
楼层框架梁	KL	××	(××)、(××A)或(××B)
楼层框架扁梁	KBL	××	(××)、(××A)或(××B)
屋面框架梁	WKL	××	(××)、(××A)或(××B)
框支梁	KZL	××	(××)、(××A)或(××B)
托柱转换梁	TZL	××	(××)、(××A)或(××B)
非框架梁	L	××	(××)、(××A)或(××B)
悬挑梁	XL	××	(××)、(××A)或(××B)
井字梁	JZL	××	(××)、(××A)或(××B)

注：1. (××A)为一端有悬挑，(××B)为两端有悬挑，悬挑不计入跨数。

　　　【例】　KL7(5A)表示第 7 号框架梁，5 跨，一端有悬挑；

　　　　　　　L9(7B)表示第 9 号非框架梁，7 跨，两端有悬挑。

　　　2. 楼层框架扁梁节点核心区代号 KBH。

　　　3. 图集中非框架梁 L、井字梁 JZL 表示端支座为铰接；当非框架梁 L、井字梁 JZL 端支座上部纵筋为充分利用钢筋的抗拉强度时，在梁代号后加"g"。

② 梁截面尺寸，该项为必注值。当为等截面梁时，用 bh 表示；当为竖向加腋梁时，用 $b \times h Y C_1 \times C_2$ 表示，其中 C_1 为腋长，C_2 为腋高（见图 15-18(a)）；当为水平加腋梁时，一侧加腋时用 $b \times h$ PY $C_2 \times C_2$ 表示，其中 C_1 为腋长，C_2 为腋宽，加腋部位应在平面图中绘制（见图 15-18(b)）；当有悬挑梁且根部和端部的高度不同时，用斜线分隔根部与端部的高度值，即为 $b \times h_1/h_2$（见图 15-18(c)）。

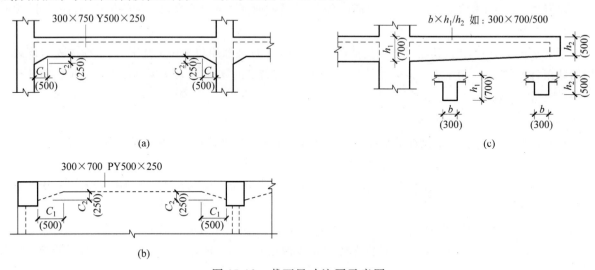

图 15-18　截面尺寸注写示意图

(a) 竖向加腋梁；(b) 水平加腋梁；(c) 悬挑梁

③ 梁箍筋，包括钢筋级别、直径、加密区与非加密区间距及肢数，该项为必注值。箍筋加密区与非加密区的不同间距及肢数需用斜线"/"分隔；当梁箍筋为同一种间距及肢数时，则不需用斜线；当加密区与非加密区的箍筋肢数相同时，则将肢数注写一次；箍筋肢数应写在括号内。加密区范围见相应抗震级别的标准构造详图。

［**例 15-7**］　φ10@100/200(4)，表示箍筋为 HPB300 钢筋，直径 10mm，加密区间距为 100mm，非加密区间距为 200mm，均为四肢箍。

φ8@100(4)/150(2),表示箍筋为 HPB300 钢筋直径 8mm,加密区间距为 100mm,四肢箍;非加密区间距为 150mm,两肢箍。

当抗震结构中的非框架梁、悬挑梁、井字梁及非抗震结构中的各类梁采用不同的箍筋间距及肢数时,也用斜线"/"将其分隔开来。注写时,先注写梁支座端部的箍筋(包括箍筋的箍数、钢筋级别、直径、间距与肢数),在斜线后注写梁跨中部分的箍筋间距及肢数。

[例 15-8]　13φ10@150/200(4),表示箍筋为 HPB300 钢筋,直径 10mm;梁的两端各有 13 个四肢箍,间距为 150mm;梁跨中部分间距为 200mm,四肢箍。

18φ12@150(4)/200(2),表示箍筋为 HPB300 钢筋,直径 12mm;梁的两端各有 18 个四肢箍,间距为 150mm;梁跨中部分,间距为 200mm,双肢箍。

④ 梁上部通长筋或架立筋配置(通长筋可为相同或不同直径采用搭接连接、机械连接或对焊连接的钢筋),该项为必注值。所注规格与根数应根据结构受力要求及箍筋肢数等构造要求而定。当同排纵筋中既有通长筋又有架立筋时,应用"+"号将通长筋和架立筋相连。注写时需将角部纵筋写在加号的前面,架立筋写在加号后面的括号内,以示不同直径及与通长筋的区别。当全部采用架立筋时,则将其写入括号内。

[例 15-9]　2φ22 用于双肢箍;2φ22+(4φ12)用于六肢箍,其中 2φ22 为通长筋,4φ12 为架立筋。

当梁的上部纵筋和下部纵筋为全跨相同,且多数跨配筋相同时,此项可加注下部纵筋的配筋值,用";"号将上部与下部纵筋的配筋值分隔开来,少数跨不同者,原位标注。

[例 15-10]　3φ22;3φ20 表示梁的上部配置 3φ22 的通长筋,梁的下部配置 3φ20 的通长筋。

⑤ 梁侧面纵向构造钢筋或受扭钢筋配置,该项为必注值。当梁腹板高度 $h_w \geqslant 450mm$ 时,需配置纵向构造钢筋,所注规格与根数应符合规范规定。此项注写值以大写字母 G 打头,接续注写设置在梁两个侧面的总配筋值,且对称配置。

[例 15-11]　G4φ12,表示梁的两个侧面共配置 4φ12 的纵向构造钢筋,每侧各配置 2φ12。

当梁侧面需配置受扭纵向钢筋时,此项注写值以大写字母 N 打头,接续注写配置在梁两个侧面的总配筋值,且对称配置。受扭纵向钢筋应满足梁侧面纵向构造钢筋的间距要求,且不再重复配置纵向构造钢筋。

[例 15-12]　N6φ22,表示梁的两个侧面共配置 6φ22 的受扭纵向钢筋,每侧各配置 3φ22。

注:a. 当为梁侧面构造钢筋时,其搭接与锚固长度可取为 15d。

b. 当为梁侧面受扭纵向钢筋时,其搭接长度为 l_l 或 l_{lE}(抗震);其锚固长度与方式同框架梁下部纵筋。

⑥ 梁顶面标高高差,该项为选注值。梁顶面标高高差,系指相对于结构层楼面标高的高差值,对于位于结构夹层的梁,则指相对于结构夹层楼面标高的高差。有高差时,需将其写入括号内,无高差时不注。

注:当某梁的顶面高于所在结构层的楼面标高时,其标高高差为正值,反之为负值。例如:某结构层的楼面标高为 44.950m 和 48.250m,当某梁的梁顶面标高高差注写为(-0.050)时,即表明该梁顶面标高分别相对于 44.950m 和 48.250m 低 0.05m。

(3) 梁原位标注的内容规定如下:

① 梁支座上部纵筋,该部位含通长筋在内的所有纵筋:

a. 当上部纵筋多于一排时,用"/"线将各排纵筋自上而下分开。

[例 15-13]　梁支座上部纵筋注写为 6φ25 4/2,表示上一排纵筋为 4φ25,下一排纵筋为 2φ25。

b. 当同排纵筋有两种直径时,用"+"号将两种直径的纵筋相连,注写时将角部纵筋写在前面。

[例 15-14]　梁支座上部有四根纵筋,2φ25 放在角部,2φ22 放在中部,在梁支座上部应注写为 2φ25+2φ22。

c. 当梁中间支座两边的上部纵筋不同时,需在支座两边分别标注;当梁中间支座两边的上部纵筋相同时,可仅在支座的一边标注配筋值,另一边省去不注(见图 15-19(a))。图中表示 7 号框架梁有 3 跨,截面 $bh=300mm \times 700mm$;箍筋φ10,加密区间距 100mm,非加密区间距 200mm,双肢箍,上部通长钢筋 2φ25;侧面抗扭钢筋共 4Φ18(每边 2 根),相对于结构层标高差为－0.10m(比结构层标低 0.10m)。再看原位标注内容,第一跨:左支座边缘上部 4Φ25(包括集中标注的 2 根);右支座分两排布置,上排 4Φ25(包括集中标注的 2 根),下排 2Φ25;下部钢筋为 4Φ25,全部伸入支座。第二跨上部纵筋也是两排布置,上排 4Φ25(包括集中标注的 2 根),下排 2Φ25;下部钢筋为 4Φ25,全部伸入支座。侧面构造钢筋共 4Φ10(每边 2 根)。第三跨与第一跨布置对称。端支座截面示意图标于图中。

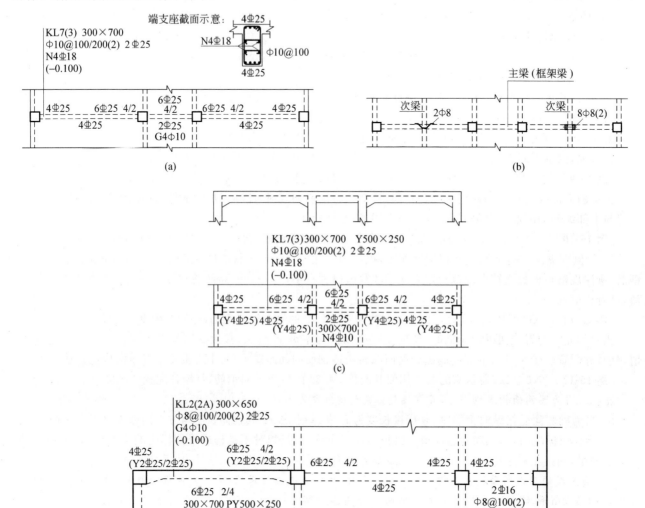

图 15-19　梁平法标注示例图

(a) 大小跨梁的注写示例;(b) 附加箍筋和吊筋的画法示例;(c) 梁加腋平面注写方式表达示例;
(d) 梁水平加腋平面注写方式表达示例

② 梁下部纵筋:

a. 当下部纵筋多于一排时,用"/"线将各排纵筋自上而下分开。

[**例 15-15**]　梁下部纵筋注写为 6Φ25 2/4,表示上一排纵筋为 2Φ25,下一排纵筋为 4Φ25,全部伸入支座。

b. 当同排纵筋有两种直径时,用"+"将两种直径的纵筋相连,注写时角筋写在前面。

c. 当梁下部纵筋不全部伸入支座时,将梁支座下部纵筋减少的数量写在括号内。

[**例 15-16**]　梁下部纵筋注写为 $\Phi25\ 2(-2)/4$，则表示上排纵筋为 $2\Phi25$，且不伸入支座；下一排纵筋为 $4\Phi25$，全部伸入支座。

梁下部纵筋注写为 $2\Phi25+3\Phi22(-3)/5\Phi25$，表示上排纵筋为 $2\Phi25$ 和 $3\Phi22$，其中 $3\Phi22$ 不伸入支座；下一排纵筋为 $5\Phi25$，全部伸入支座。

d. 当梁的集中标注中已注写了梁上部和下部均为通长的纵筋值时，则不需在梁下部重复做原位标注。

e. 当梁设置竖向加腋时，加腋部位下部斜纵筋应在支座下部以 Y 打头注写在括号内（见图 15-19(c)）；当设置水平加腋时，水平加腋内上、下部斜纵筋应在加腋支座上部以 Y 打头注写在括号内，上下部纵筋之间用"/"分开（见图 15-19(d)）。

③ 附加箍筋或吊筋，将其直接画在平面图中的主梁上，用线引注总配筋值（附加箍筋的肢数注在括号内）（见图 15-19(b)），当多数附加箍筋或吊筋相同时，可在梁平法施工图上统一注明，少数与统一注明值不同时，再原位引注。在图 15-19(b) 中，第一跨的主梁上 $2\Phi18$ 的吊筋（放在次梁下主梁两侧）；第三跨次梁两侧的主梁上标有附加箍筋的符号并标有 $8\phi8(2)$ 表示在次梁两侧的主梁的一定范围内，每边布置 $4\phi8$ 的双肢箍。

④ 当在梁上集中标注的内容（梁截面尺寸、箍筋、上部通长筋或架立筋，梁侧面纵向构造钢筋或受扭纵向钢筋，以及梁顶面标高高差中的某一项或几项数值）不适用于某跨或某悬挑部分时，则将其不同数值原位标注在该跨或该悬挑部位，施工时应按原位标注数值取用。

当在多跨梁的集中标注中已注明加腋，而该梁某跨的根部却不需要加腋时，则应在该跨原位标注截面的 bh，以修正集中标注中的加腋信息（见图 15-19(c)）。图中第一、第三跨在图 15-19(a) 中梁下加腋，所以在集中标注中加了 Y500(腋长)×250(腋高)；而第二跨未加腋，所以在原位标注中说明截面尺寸是 300mm×700mm。

(4) 识读用梁平法施工图示例。

如图 15-20 所示为一梁平法施工图，让我们来识读此图。

左边表格是结构层号、层楼面标高与结构层高。该建筑地下 2 层，地上 16 层，外加屋面 1（塔层 1）、塔层 2 和屋面 2。该图是 5～8 层（标高 15.87～26.67m）梁平法施工图。

定位轴线①②和⑥⑦之间是楼、电梯间与盥洗室；楼梯间有 2 根 1 跨的非框架梁(L1(1))的楼梯梁，$bh=250mm×450mm$，配有 $\phi8$ 间距为 150mm 的双肢箍筋，上部通长纵筋为 $2\Phi16$，下部通长纵筋为 $4\Phi20$，侧面构造钢筋为 $2\phi10$，盥洗室梁顶标高比标准层低 0.10m。北边一根比左表中所示标高低 1.8m，左端支承在山墙上，右端支承在 2 号定位轴线的主梁上。在楼梯梁端两侧的主梁上布置有每边 $4\phi10$ 的双肢附加箍筋；南边一根左端支承在山墙上，右端支承在 2 号定位轴线的主梁上（与北边梁标高不同），在楼梯下的主梁上布置有 $2\Phi18$ 的吊筋。定位轴线②处的 3 号框架梁，共 3 跨，截面 $bh=250mm×650mm$，箍筋为双肢加密区 100mm、非加密区 200mm 的 $\phi10$ 钢筋；上部贯通钢筋为 $2\Phi22$，构造腰筋每边 $2\phi10$；原位标注第一跨上部通长纵筋分两排布置，上排 $4\Phi22$（包括集中标注的 2 根），下排 $2\Phi22$；下部也分两排，上排 $3\Phi20$，下排 $4\Phi20$，全部伸入支座；第二跨上部钢筋与第一跨相同，下部为 $2\Phi18$；第三跨与第一跨配筋相同，但多了附加箍筋与吊筋。

定位轴线④处的 4 号框架梁（一端悬挑），共 3 跨(KL4(3A))，截面 $bh=250mm×700mm$，箍筋为双肢加密区 100mm、非加密区 200mm 的 $\phi10$ 钢筋；上部贯通钢筋为 $2\Phi22$，构造腰筋每边 $2\phi10$；原位标注：悬挑部分，上部钢筋分两排，上排 $4\Phi22$（包括集中标注的 2 根），下排 $2\Phi22$，箍筋为双肢 $\phi10@200$；下部 $2\Phi16$；第一跨上部通长纵筋分两排布置，上排 $4\Phi22$（包括集中标注的 2 根），下排 $2\Phi22$；下部也分两排，上排 $2\Phi22$，下排 $4\Phi22$，全部伸入支座；第二跨上部钢筋与第一跨相同，下部为 $2\Phi20$；第三跨上部与第一跨配筋相同，下部为也分两排，上排 $3\Phi20$，下排 $4\Phi20$，全部伸入支座。

定位轴线③处的配筋与定位轴线④处的完全相同。

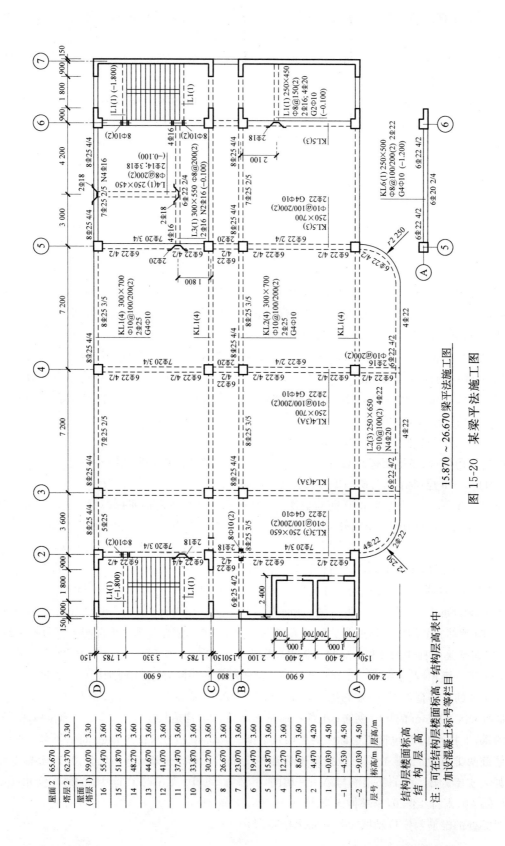

15.870~26.670梁平法施工图

图 15-20　某梁平法施工图

结构层楼面标高	结 构 层 高		
屋面2	65.670		
		3.30	
塔层2	62.370		
		3.30	
塔层1（屋面1）	59.070		
16	55.470	3.60	
15	51.870	3.60	
14	48.270	3.60	
13	44.670	3.60	
12	41.070	3.60	
11	37.470	3.60	
10	33.870	3.60	
9	30.270	3.60	
8	26.670	3.60	
7	23.070	3.60	
6	19.470	3.60	
5	15.870	3.60	
4	12.270	3.60	
3	8.670	4.20	
2	4.470	4.50	
1	-0.030	4.50	
-1	-4.530	4.50	
-2	-9.030		
层号	标高/m	层高/m	

结构层楼面标高
结 构 层 高
注：可在结构层楼面标高、结构层高表中
　加设混凝土标号等栏目

　　悬挑板边梁为带两个弧形的 2 号 3 跨连续梁(L2(3)),$bh = 250\text{mm} \times 650\text{mm}$,箍筋为双肢加密区 100mm、非加密区 200mm 的 φ10 钢筋;上部贯通钢筋为 4Φ22,抗扭钢筋为每边 2Φ20;原位标注第一跨上部 4Φ22(包括集中标注的 2 根),下排 2Φ22;第二跨上部通长纵筋分两排布置,上排 4Φ22(包括集中标注的 2 根),下排 4Φ22;第三跨与第二跨相同。

　　其他各轴线的配筋读者自己试读。

　　此外,A 轴上⑤、⑥轴线间的框架梁因地方不够,专门标于右下角。

　　2) 截面注写方式

　　(1) 对于平面表示法尚不能表达清楚,可用截面注写方式。截面注写方式,系在部分标准层绘制的梁平面布置图上,分别在不同编号的梁中各选择一根梁用剖面号引出配筋图,并在其上注写截面尺寸和配筋具体数值的方式来表达梁平法施工图(见图 15-21)。

　　图中标出了图 15-20 中 CD 轴之间横跨在⑤、⑥轴上梁及其附属开间梁的三个部位的配筋情况。

　　(2) 对所有梁按表 15-5 的规定进行编号,从相同编号的梁中选择一根梁,先将"单边截面号"(从梁边引出的一段中实线,如图 15-21 梁平法施工图 1、2、3 所画的那样)画在该梁上,再将截面配筋详图画在本图或其他图上。当某梁的顶面标高与结构层的楼面标高不同时,尚应在其梁编号后注写梁顶面标高高差(注写规定与平面注写方式相同)。

　　(3) 在截面配筋详图上注写截面尺寸 bh、上部筋、下部筋、侧面构造筋或受扭筋以及箍筋的具体数值时,其表达形式与平面注写方式相同。

　　(4) 截面注写方式既可以单独使用,也可与平面注写方式结合使用。

　　3) 梁支座上部纵筋的长度规定

　　(1) 为方便施工,凡框架梁的所有支座和非框架梁(不包括井字梁)的中间支座上部纵筋的延伸长度 a_0 值在标准构造详图中统一取值为:第一排非通长筋及与跨中直径不同的通长筋从柱(梁)边起延伸至 $l_n/3$ 位置;第二排非通长筋延伸至 $l_n/4$ 位置。l_n 的取值规定为:对于端支座,l_n 为本跨的净跨值;对于中间支座,l_n 为支座两边较大一跨的净跨值。

　　(2) 悬挑梁(包括其他类型梁的悬挑部分)上部第一排纵筋延伸至梁端头并下弯,第二排延伸至 $3l/4$ 位置,l 为自柱(梁)边算起的悬挑净长。当具体工程需将悬挑梁中的部分上部筋从悬挑梁根部开始斜向弯下时,应由设计者另加注明。

　　4) 不伸入支座的梁下部纵筋长度规定

　　(1) 当梁(不包括框支梁)下部纵筋不全部伸入支座时,不伸入支座的梁下部纵筋截断点距支座边的距离,在标准构造详图中统一取为 $0.1l_{ni}$(l_{ni} 为本跨梁的净跨值)。

　　(2) 如果设计者在对梁支座截面的计算分析中需要考虑充分利用纵向钢筋的抗压强度,且同时采用梁下部纵筋不全部伸入支座的做法时,应注意在计算分析时需减去不伸入支座的那一部分钢筋面积。

　　(3) 当按(1)和(2)规定确定不伸入支座的梁下部纵筋的数量时,应符合《混凝土结构设计规范》(GB 50010—2002)(2015 版)的有关规定。

　　3. 柱平法施工图制图规则

　　1) 柱平法施工图的表示方法

　　(1) 列表注写方式,系在柱平面布置图上(一般只需采用适当比例绘制一张柱平面布置图,包括框架柱、框支柱、梁上柱和剪力墙上柱)分别在同一编号的柱中选择一个(有时需要选择几个)截面标注几何参数代号;在柱表中注写柱号、柱段起止标高、几何尺寸(含柱截面对轴线的偏心情况)与配筋的具体数值,并配以各种柱截面形状及其箍筋类型图的方式,来表达柱平法施工图(见图 15-22)。

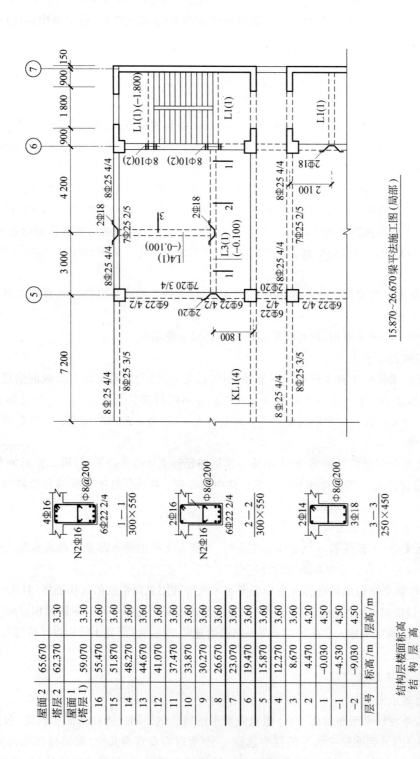

图 15-21　梁平法施工图截面注写方式示例

注：可在结构层高表中加设混凝土标号等栏目

	结构层楼面标高 结 构 层 高	标高/m	层高/m
屋面 2		65.670	
塔层 2		62.370	3.30
屋面 1 (塔层 1)		59.070	3.30
16		55.470	3.60
15		51.870	3.60
14		48.270	3.60
13		44.670	3.60
12		41.070	3.60
11		37.470	3.60
10		33.870	3.60
9		30.270	3.60
8		26.670	3.60
7		23.070	3.60
6		19.470	3.60
5		15.870	3.60
4		12.270	3.60
3		8.670	4.20
2		4.470	4.50
1		-0.030	4.50
-1		-4.530	4.50
-2		-9.030	
层号		标高/m	层高/m

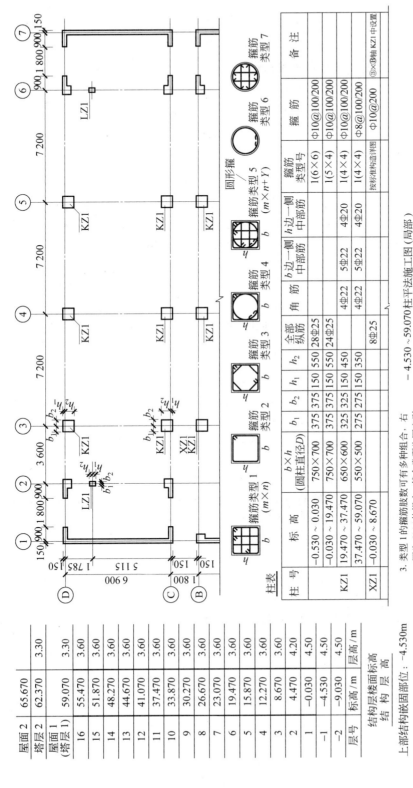

	标高	结构层高
屋面2	65.670	
塔层2	62.370	3.30
屋面1(塔层1)	59.070	3.30
16	55.470	3.60
15	51.870	3.60
14	48.270	3.60
13	44.670	3.60
12	41.070	3.60
11	37.470	3.60
10	33.870	3.60
9	30.270	3.60
8	26.670	3.60
7	23.070	3.60
6	19.470	3.60
5	15.870	4.20
4	12.270	4.50
3	8.670	4.50
2	4.470	4.50
1	-0.030	4.50
-1	-4.530	
-2	-9.030	
层号	标高/m	层高/m

结构层楼面标高
结构层高

上部结构嵌固部位：-4.530m

柱表

柱号	标高	b×h(圆柱直径D)	b1	b2	h1	h2	全部纵筋	角筋	b边一侧中部筋	h边一侧中部筋	箍筋类型号	箍筋	备注
KZ1	-0.530~-0.030	750×700	375	375	150	550	28Φ25				1(6×6)	Φ10@100/200	
	-0.030~19.470	750×700	375	375	150	550	24Φ25				1(5×4)	Φ10@100/200	
	19.470~37.470	650×600	325	325	150	450		4Φ22	5Φ22	4Φ20	1(4×4)	Φ10@100/200	
	37.470~59.070	550×500	275	275	150	350		4Φ22	5Φ22	4Φ20	1(4×4)	Φ8@100/200	
XZ1	-0.030~8.670						8Φ25				按标准构造详图	Φ10@200	③×B轴 KZ1中设置

-4.530~59.070柱平法施工图(局部)

注：1. 如采用非对称配筋，需在柱表中增加相应栏目分别表示各边的中部筋。
2. 箍筋对纵筋对纵筋至少隔一拉一。
3. 类型1的箍筋肢数可有多种组合，右图为5×4的组合，其余类型号即可。
4. 地下一层(-1层)、首层(1层)柱端箍筋加密区长度范围及纵筋连接位置均按嵌固部位要求设置。

图 15-22　柱平法施工图列表注写方式示例

(2) 柱表注写内容规定如下：

① 注写柱编号，柱编号由类型代号和序号组成，应符合表 15-6 的规定。

② 注写各段柱的起止标高，自柱根部往上以变截面位置或截面未变但配筋改变处为界分段注写。框架柱和转换柱的根部标高系指基础顶面标高；芯柱的根部标高系指根据结构实际需要而定的起始位置标高；梁上柱的根部标高系指梁顶面标高；当柱与剪力墙重叠一层时，其根部标高为墙顶面标高；剪力墙上柱的根部标高分两种；当柱纵筋锚固在墙顶部时，标高为墙顶面往下一层的结构层楼面标高。

③ 对于矩形柱，注写柱截面尺寸 $b \times h$ 及与轴线关系的几何参数代号 b_1、b_2 和 h_1、h_2 的具体数值，需对应于各段柱分别注写。其中 $b = b_1 + b_2$，$h = h_1 + h_2$。当截面的某一边收缩变化至与轴线重合或偏到轴线的另一侧时，b_1、b_2、h_1、h_2 中的某项为零或为负值。对于圆柱，表中 $b \times h$ 一栏改用在圆柱直径数字前加 d 表示。为表达简单，圆柱截面与轴线的关系也用 b_1、b_2 和 h_1、h_2 表示，并使 $d = b_1 + b_2 = h_1 + h_2$。

④ 对于芯柱，根据结构需要，可以在某些框架柱的一定高度范围内，在其内部的中心位置设置（分别引注其柱编号）。芯柱截面尺寸按构造确定，并按标准构造详图施工，设计不注；当设计者采用与本构造详图不同的做法时，应另行注明。芯柱定位随框架柱走，不需要注写其与轴线的几何关系。

⑤ 注写柱纵筋。当柱纵筋直径相同，各边根数也相同时（包括矩形柱、圆柱和芯柱），将纵筋注写在"全部纵筋"一栏中；除此之外，柱纵筋分角筋、截面 b 边中部筋和 h 边中部筋三项分别注写（对于采用对称配筋的矩形截面柱，可仅注写一侧中部筋，对称省略不注）。

⑥ 注写箍筋类型号及箍筋肢数，在箍筋类型栏内注写按下面图 15-22 规定绘制柱截面形状及其箍筋类型号。

⑦ 注写柱箍筋，包括钢筋级别、直径与间距。当为抗震设计时，用"/"线区分柱端箍筋加密区与柱身非加密区长度范围内箍筋的不同间距。当框架节点核心区内箍筋与柱端箍筋设置不同时，应在括号中注明核心区箍筋的直径与间距。施工人员须根据标准构造详图的规定，在规定的几种长度值中取其最大者作为加密区长度。

［例 15-17］　Φ10@100/250，表示箍筋为 HPB300 级钢筋，直径 10mm，加密区间距为 100mm，非加密区间距为 250mm。当箍筋沿柱全高为一种间距时，则不使用"/"线。

［例 15-18］　Φ10@100(Φ12@100)，表示箍筋为 HPB300 级钢筋，直径 10mm，间距为 100mm，沿柱全高加密；节点核心区内箍筋为 Φ12，间距 100mm。当圆柱采用螺旋箍筋时，需在箍筋前加"L"。

［例 15-19］　LΦ10@100/200，表示采用螺旋箍筋，HPB300 级钢筋，直径 10mm，加密区间距为 100mm，非加密区间距为 200mm。

当柱（包括芯柱）纵筋采用搭接连接，且为抗震设计时，在柱纵筋搭接长度范围内（应避开柱端的箍筋加密区）的箍筋均应按 $\leqslant 5d$（d 为柱纵筋较小直径）及 $\leqslant 100mm$ 的间距加密。

当为非抗震设计时，在柱纵筋搭接长度范围内的箍筋加密，应由设计者另行注明。

(3) 具体工程所设计的各种箍筋类型图以及箍筋复合的具体方式，需画在表的上部或图中的适当位置，并在其上标注与表中相对应的 b、h 和编上类型号。

图 15-22 为标高 $-4.530 \sim 59.070m$ 柱平法施工图。图中左边表格是结构层号、结构层楼面标高与结构层高。平面图中标出了 1 号框架柱（KZ1）、1 号梁上柱（LZ1）和 1 号芯柱（XZ1），并标出柱的位置与截面尺寸。还画出 7 种箍筋类型和柱表。

2) 截面注写方式

(1) 截面注写方式，系在分标准层绘制的柱平面布置图的柱截面上，分别在同一编号的柱中选择一个截面，以直接注写截面尺寸和配筋具体数值的方式来表达柱平法施工图（见图 15-23）。

表 15-6　柱编号

柱 类 型	代 号	序 号
框架柱	KZ	××
转换柱	ZHZ	××
芯柱	XZ	××
梁上柱	LZ	××
剪力墙上柱	QZ	××

注：编号时，当柱的总高、分段截面尺寸和配筋均对应相同，仅分段截面与轴线的关系不同时，仍可将其编为同一柱号。

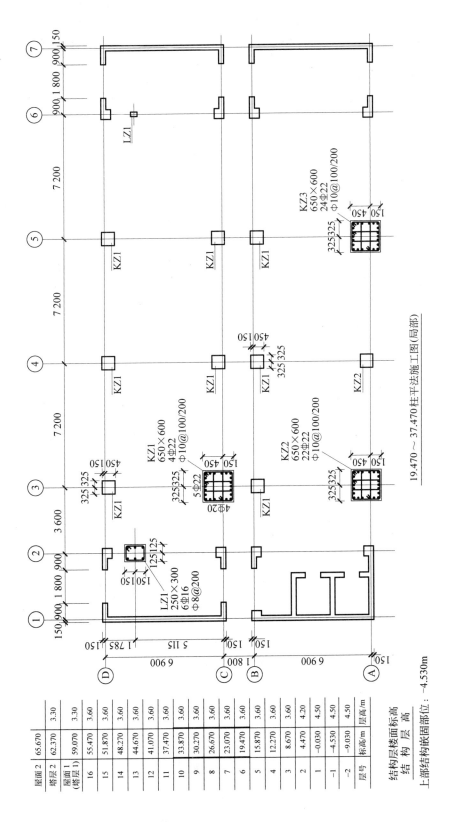

图 15-23　柱平法施工图截面注写方式示例

（2）对除芯柱之外的所有柱截面按表 15-6 规定进行编号，从相同编号的柱中选择一个截面，按另一种比例原位放大绘制柱截面配筋图，并在各配筋图上继其编号后再注写截面尺寸 bh、角筋或全部纵筋（当纵筋采用一种直径且能够图示清楚时）、箍筋的具体数值，以及在柱截面配筋图上标注柱截面与轴线关系 b_1、b_2 和 h_1、h_2 的具体数值。

当纵筋采用两种直径时，需再注写截面各边中部筋的具体数值（对于采用对称配筋的矩形截面柱，可仅在一侧注写中部筋，对称边省略不注）。

当在某些框架柱的一定高度范围内，在其内部的中心位置设置芯柱时，首先按照表 15-6 进行编号，继其编号后注写芯柱的起止标高、全部纵筋及箍筋的具体数值，芯柱截面尺寸按构造确定，并按标准构造详图施工，设计不注；当设计者采用与本构造详图不同的做法时，应另行注明。芯柱定位随框架柱走，不需要注写其与轴线的几何关系。

（3）在截面注写方式中，如柱的分段截面尺寸和配筋均相同，仅分段截面与轴线的关系不同时，可将其编为同一柱号。但此时应在未画配筋的柱截面上注写该柱截面与轴线关系的具体尺寸。

（4）图 15-23 为采用截面注写方式表达的柱平法施工图示例。

该图为标高 19.47～37.47m 的柱平法施工图。图中选出有代表性的 KZ1、KZ2、KZ3、LZ1 将其比例放大后标出其截面尺寸和配筋情况。如 1 号框架柱，截面为 650mm×600mm 的矩形；4 ⎓ 22 贯通纵筋，放于 4 角，一边 5 根（包括集中标注的 2 根）⎓ 22 钢筋；箍筋为 4 肢 φ10 箍筋，加密区间距 100mm，非加密区间距 200mm。而 2 号框架柱，截面也为 650mm×600mm 的矩形；贯通纵筋标的是 22 ⎓ 22，却没有原位标注，说明每边 6 根 ⎓ 22 钢筋；箍筋与 KZ1 相同。3 号框架柱的不同之处是贯通纵筋为 24 ⎓ 22，说明长边布置 7 根，短边布置 6 根。

15.3.2　钢筋混凝土多层多跨框架设计

以下内容每个学生在平面布置、基本尺寸确定后，选择 1～2 个构件或环节完成。

1）柱网设计

题目已给。

2）梁柱尺寸

承重梁截面高 h_b 为：$(1/12～1/8)L_b$，截面宽度为 $(1/3～1/2)h_b$。非承重梁高 $(1/20～1/12)L_b$。柱截面尺寸由竖向承载力确定，可安全的考虑每 $1m^2$ 梁板各种荷载总重 15kN。一般宜取 $h_c \geqslant 400mm$，$b_c \geqslant 350mm$，但要符合模数。混凝土标号可用 C25。

3）计算单元和计算简图

以一片典型承重框架为计算单元，并画出计算简图。计算梁柱的惯性矩，梁应考虑梁板的影响按规定增大一定比例（见 11.1.4 节）。

4）竖向荷载作用下框架的内力分析

（1）竖向荷载，与板肋楼盖相同；

（2）内力分析，分层二次力矩分配法（见 11.3 节）。

5）水平荷载作用下的内力分析

（1）水平荷载——风荷载（见 11.2.2 节）。

（2）内力分析，若梁柱线刚度比 $i_b/i_c \geqslant 3$，可按反弯点法（见 11.4 节）计算，否则按 D 值法（见 11.5 节）。在计算 i_c 时要用柱的计算长度（见 11.7.2 节）。

（3）水平荷载作用下的侧移计算与验算（见 11.6 节）。

6) 配筋计算

（1）内力组合与梁端弯矩调幅

内力组合相当费时，本设计采用满布荷载法。以竖向荷载作用下的 M 图梁的跨中弯矩增大 $1.1\sim 1.3$ 倍，其他数据不变作为配筋依据。

梁端配筋应照顾竖向荷载与水平荷载作用下的正负弯矩，为了保证强柱弱梁，《规范》要求在梁端弯矩调幅。调幅系数如下：

装配整体式框架 $\beta=0.7\sim 0.8$；

现浇整体式框架 $\beta=0.8\sim 0.9$。

（2）配筋计算，分别对跨中和梁端配筋。

7) 构造要求

根据初步设定的截面和配筋，检查是否符合 11.8 节的要求，如果有个别不符合处，可作局部调整；若差别很大，应重新设定尺寸，或用材，重新计算、设计。

8) 基础设计

现浇钢筋混凝土框架柱下基础一般为现浇基础。基本属中心受压基础，若水平荷载较大也可能偏心受压。

（1）确定基础底面尺寸。

根据地基承载力可按下列方法确定：

① 先按轴心受压计算底面积，即 $A=(N+G)/f$（见式（11-20），式（11-22））；然后扩大 $1.2\sim 1.4$ 估算偏心荷载作用时的基础底面积 $A=a\times b$，基础底面长短边之比 $a/b=1.5\sim 2.0$。

② 验算基础底面压应力，要求符合式（11-36）、式（11-37）。

（2）确定基础高度 h。

基础高度要能满足抗冲切要求，即要满足式（11-27）～式（11-29）的要求。实际做法先按式（11-27）验算初定的基础高度是否足够，如不满足，应调整基础高度，直到满足要求为止。基础高度确定之后，即可分阶：当 $h>1\,000\mathrm{mm}$ 时，分为三阶；当 h 在 $500\sim 1\,000\mathrm{mm}$ 之间分为两阶；当 $h<500\mathrm{mm}$，则只作一阶。

（3）基础底面配筋，按式（11-30）～式（11-33）进行。

（4）满足构造要求（见 11.9.1 节）。

9) 图纸要求同梁板结构

15.3.3　钢筋混凝土多层多跨框架施工

现浇钢筋混凝土多层多跨框架施工也有模板工程、钢筋工程和混凝土工程。这里主要介绍梁柱基础模板工程。

1) 梁柱模板

（1）木模板构造

图 15-24、图 15-25 分别是柱、梁的木模板构图。

（2）组合钢模板构造

图 15-26、图 15-27 分别是柱、梁的组合钢模板构造示意图。

2) 现浇柱下基础模板

现浇柱基础为基础与柱成为整体结构，在浇筑基混凝土时应留出上部柱的钢筋。现浇柱基础一般为独立基础，其模板支承如图 15-28 所示。土方开挖时应考虑留出支模的工作面，一般是基础边向外 $300\sim 500\mathrm{mm}$。

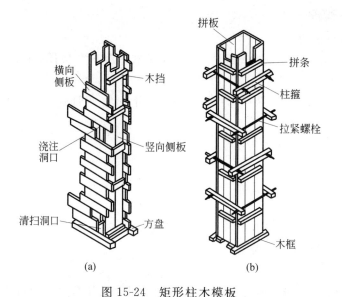

图 15-24　矩形柱木模板

（a）两面竖向、两面横向侧板；（b）四面竖向侧板

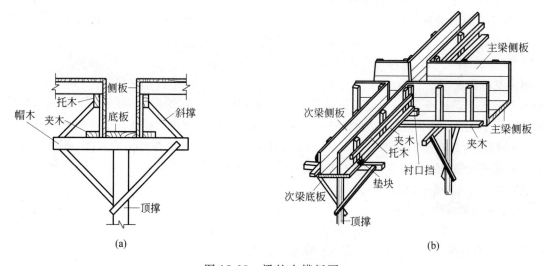

图 15-25　梁的木模板图

（a）有斜撑的梁模；（b）主、次梁模板示意图

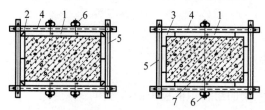

图 15-26　定型钢模板支柱模

1—定型钢模板；2—连接角模；3—阳角模板；4— 40mm×60mm 方管，或内卷边槽钢，或 φ48mm 钢管横挡扣件拉紧；

5— φ10mm 螺栓；6— φ48mm 钢管、钩头螺栓拉紧；7— φ12mm 对拉螺栓

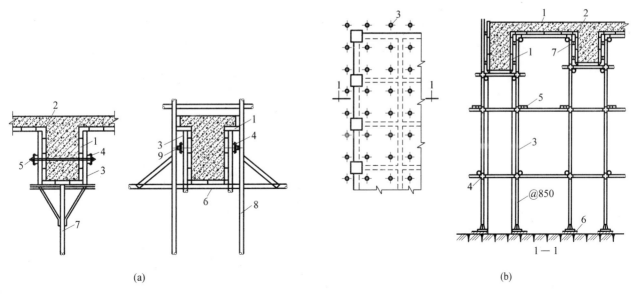

图 15-27　梁组合钢模板

1—定型钢模板；2—阴角模板；3—钢管立档；4—模档；5—对拉螺栓；6—底楞；

7—钢管支柱；8—ϕ48mm 钢管支承；9—钩头螺栓

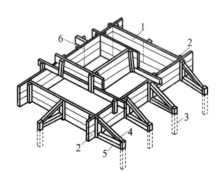

图 15-28　阶形独立柱基模板

1—侧板；2—拼条；3—木桩；4—斜撑；5—平撑；6—中线

15.4　砌 体 结 构

15.4.1　识读刚性方案砌体结构施工图

砌体结构施工图主要表示砌体建筑的承重构件的布置方式,构件所在的位置、构件的形状、尺寸大小、构件的数量、所用材料、构造情况和各种构件之间的相互关系,其中承重构件包括有基础、承重墙、柱、梁、板、屋架、屋面板和楼梯等。

砌体结构施工图的主要内容,包括基础图、结构平面布置图、剖面图、结构节点详图和楼梯间结构平面布置图等。

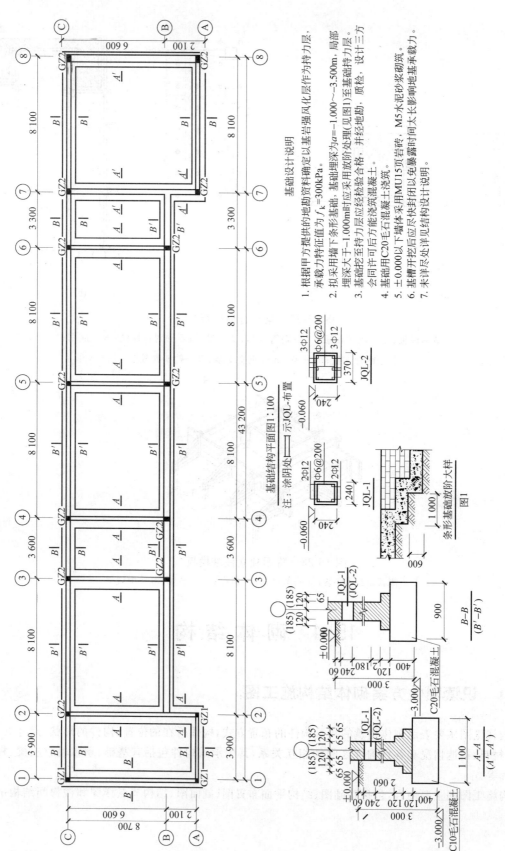

基础设计说明

1. 根据甲方提供的地勘资料确定以基岩强风化层作为持力层，承载力特征值为 $f_k=300\text{kPa}$。
2. 拟采用墙下条形基础，基础埋深标高为−1.000～−3.500m。局部埋深大于−1.000m时应采用放阶处理（见图1）至基础持力层。
3. 基础挖至持力层应经检验合格，并经地勘、质检、设计三方会同许可后方能浇筑混凝土。
4. 基础用C20毛石混凝土浇筑。
5. 土0.000以下墙体采用MU15页岩砖，M5水泥砂浆砌筑。
6. 基槽开挖后应尽快封闭以免暴露时间大长影响地基承载力。
7. 未详尽处详见结构设计说明。

基础结构平面图1:100

注：涂阴处 示JQL 布置

图1　条形基础放阶大样

图 15-29　条形基础施工图

图 15-29 是某砌体结构的基础平面图。楼面梁板施工图已用平法表示,见图 10-32 和图 10-36,楼梯结构图见图 10-47、图 10-49、图 10-50,剖面图见图 15-29 中 $A—A$、$B—B$ 剖面图,节点详图见图 14-21、图 14-22 圈梁设置详图。

15.4.2　砌体结构设计

以下内容每个学生在平面布置、基本尺寸确定后,选择 1～2 个构件或环节完成计算与绘图。

1）承重墙布置和静力计算方案的确定

根据房屋的用途平面尺寸(应符合砌块模数,一般以 1/2 或 1/4 砌块长度为模数)布置承重墙。根据横墙间距和楼盖类型确定静力计算方案(表 13-28)。

2）墙、柱高厚比验算(式(13-46)～式(13-49),表 13-19,表 13-29)。

3）内力计算与强度验算

（1）弹性方案

① 单层房屋计算单元为一个窗间墙(有门窗)或 1m,计算简图与内力,见图 13-52,式(13-56)。

② 控制截面:柱根。

③ 承载力验算:求出柱根部轴力与弯矩,即可按如图 13-14 所示框图进行。

（2）刚弹性方案

① 单层房屋计算单元为一个窗间墙(有门窗)或 1m,计算简图与内力,见图 13-53,内力计算只要从表 13-27 查出 η_i,将式(13-56)中的 M_{Aa2},M_{Bb2} 前乘以 η_i 就可以了。

② 控制截面:柱根。

③ 承载力验算:求出柱根部轴力与弯矩,即可按图 13-14 所示框图进行。

（3）多层刚性房屋

① 多层房屋计算单元为一个窗间墙(有门窗)或 1m,计算简图与内力,如图 13-46 所示。

② 控制截面:同截面墙体底部一层的上部梁板底面和下部楼板顶面,即图 13-46 中 Ⅰ—Ⅰ 截面和 Ⅱ—Ⅱ 截面。横墙计算类似。

③ 承载力验算:求出 Ⅰ—Ⅰ 截面轴力与弯矩,即可按图 13-14 所示框图验算 Ⅰ—Ⅰ 截面;求出 Ⅱ—Ⅱ 截面轴力,即可按图 13-14 所示框图验算 Ⅱ—Ⅱ 截面。

④ 梁下局部承载力验算,可按图 13-22 所示框图进行。

⑤ 条形基础设计。

a. 埋深

应尽量浅埋,除岩石地基外,应≥0.5m,且在冰冻线以下 0.1～0.2m;顶面距室外设计地面≥0.15～0.2m。

b. 条形基础的计算

墙下条形基础的计算包括确定基础底面面积和基础的高度。

对于五层及五层以下的混合结构房屋,可根据地基承载力的要求直接确定墙下条形基础的底面面积(或底面尺寸),一般不必验算地基的变形。基础高度则由下式确定

$$H_0 \geqslant \frac{b-b_0}{2\tan\alpha} \tag{15-1}$$

式中：H_0——基础高度(mm);

　　　b——基础底面宽度(mm);

　　　b_0——基础顶面的砌体宽度(mm);

　　　$\tan\alpha$——基础台阶宽高比的允许值,查表 15-7 确定。

表 15-7　无筋扩展基础台阶宽高比的允许值

基础材料	质量要求	台阶宽高比的允许值		
		$p_k \leqslant 100$	$100 < p_k \leqslant 200$	$200 < p_k \leqslant 300$
混凝土基础	C15 混凝土	1：1.00	1：1.00	1：1.25
毛石混凝土基础	C15 混凝土	1：1.00	1：1.25	1：1.50
砖基础	砖不低于 MU10、砂浆不低于 M5	1：1.50	1：1.50	1：1.50
毛石基础	砂浆不低于 M5	1：1.25	1：1.50	—

注：1. p_k 为荷载效应标准组合时基础底面处的平均压力值(kPa)；

　　2. 阶梯形毛石基础的每阶伸出宽度，不宜大于 200mm；

　　3. 当基础处不同材料叠合组成时，应对接触部分作抗压验算；

　　4. 基础地面处的平均压力值超过 300kPa 的混凝土基础，尚应进行抗剪验算。

(i) 计算单元。对于横墙基础，通常沿墙长度方向取 1.0m 为计算单元，其上承受左、右 1/2 跨度范围内全部的均布恒荷载和活荷载，按条形基础计算。

对于纵墙基础，其计算单元为一个开间，将屋盖、楼盖传来的荷载以及墙体、门窗自重的总和折算为沿墙长每米的均布荷载，按条形基础计算。

对于带壁柱的条形基础，其计算单元以壁柱轴线为中心，两侧各取相邻壁柱间距的 1/2，且应按 T 形载面计算。

(ii) 轴心受压条形基础的计算(图 15-30)。根据地基承载力要求，轴心受压条形基础(见图 15-29)的底面宽度 b 应满足下列要求：

$$p_k = \frac{F_k + G_k}{1 \times b} \leqslant f_a \tag{15-2}$$

式中：p_k——相应于荷载效应标准组合时，基础底面处的平均压力值；

　　　F_k——相应于荷载效应标准组合时，上部结构传至基础顶面的竖向力值；

　　　G_k——基础自重和基础上的土重；

　　　f_a——修正后的地基承载力特征值。

近似取 $G_k = \gamma_m d A$，代入式(15-2)，则

$$b \geqslant \frac{F_k}{f_a - \gamma_m d} \tag{15-3}$$

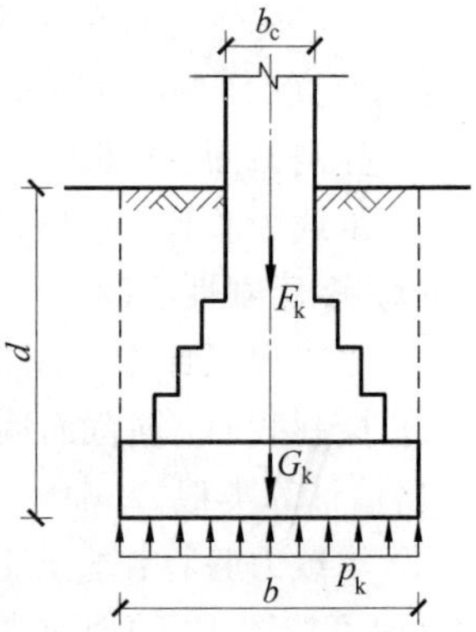

图 15-30　轴心受压基础

式中：γ_m——基础与基础上面回填土的平均重度，设计时可取 $\gamma_m = 20 \text{kN/m}^2$，地下水面以下取有效重度(浮重度)；

　　　d——基础埋置深度(m)。

(iii) 偏心受压条形基础的计算。根据地基承载力的要求，偏心受压条形基础(见图 15-31)基底面宽度 b 应满足下列条件

$$p_{k,max} = \frac{F_k + G_k}{1 \times b} + \frac{M_k}{W} \leqslant 1.2 f_a \tag{15-4}$$

$$p_{k,min} = \frac{F_k + G_k}{1 \times b} - \frac{M_k}{W} \geqslant 0 \tag{15-5}$$

$$\frac{p_{k,max} + p_{k,min}}{2} \leqslant f_a \tag{15-6}$$

式中：$p_{k,max}, p_{k,min}$——分别为相应于荷载效应标准组合时，基础底面边缘的最大和最小压力值；

　　　M_k——相应于荷载效应标准组合时，作用于基础底面的弯矩值；

　　　W——基础底面的抵抗矩。

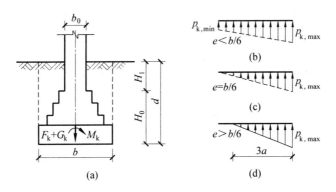

图 15-31　偏心受压基础

将 $W = b^2/6$ 代入式(15-5)和式(15-6),得

$$\left.\begin{array}{c} p_{k,max} \\ p_{k,min} \end{array}\right\} = \frac{F_k + G_k}{b} \pm \frac{6M_k}{b^2} \tag{15-7}$$

当偏心距 $c > b/6[e = M_k/(F_k + G_k)]$ 时(见图 15-31(d)),由静力平衡条件,$p_{k,max}$ 应按下式计算

$$p_{k,max} = \frac{2(F_k + G_k)}{3a} \leqslant 1.2f_a \tag{15-8}$$

式中:a——合力作用点至基础底面最大压力边缘的距离。

对于偏心受压条形基础,可先由式(15-3)初步确定基础跨度 b,然后再将 b 放大 1.1~1.4 倍,并符合砌块(砖、石)模数,代入式(15-4)~式(15-7)验算,满足要求即可。

(4) 门窗过梁、雨篷设计

a. 过梁根据图 13-56 所示框图计算设计;

b. 雨篷是受弯、剪、扭构件,按图 10-52 确定荷载,并计算雨篷板根部的弯矩(对雨篷梁是扭矩),雨篷梁上荷载、跨中弯矩与支座剪力后,可按图 10-52 所示配雨篷板的负钢筋和根据图 7-12 所示框图配雨篷梁的钢筋;

c. 还要根据图 13-61 所示抗倾覆荷载范围进行抗倾覆验算。

(5) 楼梯设计

按图 10-42 设计板式或梁式楼梯。

(6) 圈梁、构造柱的设置和墙体构造应符合 13.4.2 节和 13.5 节的要求。

15.4.3　砌体结构施工

砌体结构施工有基础工程、砌筑工程、地面工程、屋面工程等,这里主要介绍砖砌体的砌筑工程和基础工程。

1. 基础工程

(1) 技术准备

① 根据施工图纸(已会审)及标准规范,编制砌体的施工方案并经相关单位批准通过。

② 根据现场条件,完成工程测量控制点的定位、移交、复核工作。

③ 编制工程材料、机具、劳动力的需求计划。

④ 完成进场材料的见证取样复检及砌筑砂浆的试配工作。

⑤ 组织施工人员进行技术、质量、安全、环境交底。

(2) 材料要求

① 砌筑砂浆强度等级必须符合设计要求;

a. 水泥：一般采用 32.5 级或 42.5 级普通硅酸盐水泥或矿渣硅酸盐水泥；

b. 砂：一般宜用中砂，并不得含有有害物质，勾缝宜用细砂；

c. 水：使用自来水或天然洁净可供饮用的水。

② 砖的品种、强度等级必须符合设计要求，并应规格一致，有出厂合格证及试验报告。

a. 用于基础的砖宜用烧结普通砖；

b. 蒸压灰砂砖和蒸压粉煤灰砖也可用于基础，但不得用于长期受热 200℃ 以上、受急冷急热和有酸性介质侵蚀的部位。

③ 烧结普通砖：

a. 烧结普通砖按主要原料分为黏土砖(N)、页砖(Y)、煤矸石砖(M)、粉煤灰砖(F)。

b. 烧结普通砖强度和抗风化性能合格的砖，根据尺寸偏差、外观质量、泛霜和石灰爆裂分为优等品(A)、一等品(B)、合格品(C)三个质量等级。外观尺寸允许偏差见表 15-8，外观质量允许偏差见表 15-9。

表 15-8　外观尺寸允许偏差　　　　　　　　　　　　　　　　　mm

公称尺寸	优等品		一等品		合格品	
	样本平均偏差	样本极差ζ	样本平均偏差	样本极差ζ	样本平均偏差	样本极差ζ
240	±2.0	8	±2.5	8	±3.0	8
115	±1.5	6	±2.0	6	±2.5	7
53	±1.5	4	±1.6	5	±2.0	6

表 15-9　外观质量允许偏差　　　　　　　　　　　　　　　　　mm

项　　目		优等品	一等品	合格品
两条面高度差	不大于	2	3	5
弯曲	不大于	2	3	5
杂质凸出高度	不大于	2	3	5
缺棱掉角的三个破坏尺寸不得同时大于		15	20	30
裂纹长度	不大于			
(1) 大面上宽度方向及其延伸至条面的长度		70	70	110
(2) 大面上长度方向及其延伸至顶面的长度或条顶面上水平裂纹的长度		100	100	150
完整面不得少于		一条面和一顶面	一条面和一顶面	
颜色		基本一致		

c. 砖的外形应该平整、方正。外观应无明显的弯曲、缺棱、掉角、裂缝等缺陷，敲击时发出清脆的金属声，色泽均匀一致。

d. 泛霜：

优等品：无泛霜；一等品：不允许出现中等泛霜；合格品：不得严重泛霜。

e. 石灰爆裂：

优等品：不允许出现最大尺寸大于 2mm 的爆裂区域。一等品：最大破坏尺寸大于 2mm，且小于等于 10mm 的爆裂区域，每组砖样不得多于 15 处；不允许出现最大破坏尺寸大于 10mm 的爆裂区域。合格品：最大破坏尺寸大于 2mm，且小于等于 15mm 的爆裂区域，每组砖样不得多于 15 处，其中大于 10mm 的不得多于 7 处；不允许出现最大破坏尺寸大于 15mm 的爆裂区域。

2. 质量、安全与环境保护控制要点

1) 材料的关键要求

(1) 砖的品种、强度等级必须符合设计要求，并应规格一致，有出厂合格证及试验单，严格检验手续，对不合格品坚决退场。

（2）砂浆用砂不得含有有害物质及草根等杂物，配制 M5 以上砂浆，砂的含泥量不应超过 5％，M5 以下砂浆；砂的含泥量不应超过 10％，并应通过 5mm 筛孔进行筛选。

（3）水质必须符合要求，严禁使用基坑积水。

（4）预埋件：木砖、金属件必须防腐处理。

2）技术的关键要求

（1）拌制砂浆

① 砂浆配合比应采用重量比，并由试验室确定。水泥计量精度为±2％，砂、掺和料为±5％。

② 宜用机械搅拌，投料顺序为砂→水泥→掺和料→水，搅、拌时间不少于 2min。

③ 砂浆应随拌随用，一般水泥砂浆需在拌成后 3～4h 内使用完，不允许使用过夜砂浆。

④ 基础按一个楼层、每 250m³ 砌体，各种砂浆每台搅拌机至少抽检一次，做一组试块（一组 6 块）；如砂浆强度等级或配合比变更时，还应制作试块。

（2）砖基础的构造形式

根据设计图纸明确砖基础的构造形式并交底。砖基础一般做成阶梯形，俗称大放脚，有等高式（两皮一收）和间隔式（两皮一收与一皮一收相间）两种，每一种收退台宽度均为 1/4 砖（60mm）。砖基础组砌形式见图 15-32。

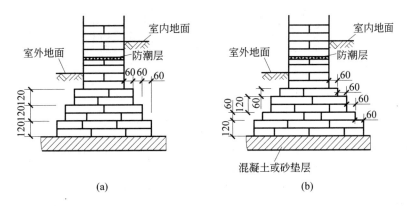

图 15-32　砖基础组砌形式

（a）等高式；（b）间隔式

（3）确定组砌方法

① 组砌方法应正确，一般采用满丁满条。

② 里外咬槎，上下层错缝，采用"三一"砌砖法（一铁锹灰，一块砖，一挤揉），严禁用水冲砂浆灌缝的方法。

（4）排砖摆底

① 基础大放脚的摆底尺寸及收退方法必须符合设计图纸规定，如一层一退，里外均应砌丁砖；如二层一退，第一层为条砖，第二层砌丁砖。

② 大放脚的转角处，应按规定放七分头，其数量为一砖半厚墙放三块，二砖墙放四块，依此类推。

③ 常见摆底排砖方法有六皮三收等高式大放脚（见图 15-33（a））和六皮四收间隔式大放脚（见图 15-33（b））。

3）质量关键要求

（1）原材料必须逐车过磅，计量准确，搅拌时间要达到规定的要求，砂浆试块应有专人负责制作与养护。

（2）大放脚两侧边收边退要均匀，砌到基础墙身时，要拉线找正确的轴线和边线，砌筑时保持墙身垂直。

（3）一砖半墙及以上墙体必须双面挂线，一砖墙反手挂线，舌头灰随砌随刮平。

（4）盘角时灰缝要掌握均匀，每层砖都要与皮数杆对齐，准线要绷紧拉平。砌筑时要左右照顾，避免接槎处

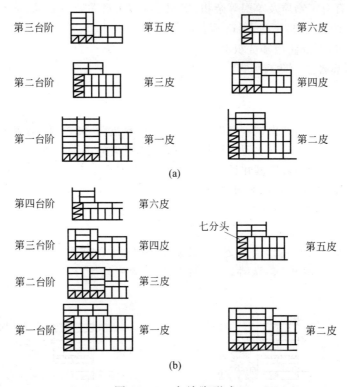

图 15-33　大放脚形式

高低不平。

（5）抄平放线时，要细致认真；钉皮数杆的木桩要牢固，防止碰撞松动。皮数杆立完后要复验，确保皮数杆高度一致。

（6）应随时注意正在砌的皮数，保证按皮数杆标明的位置埋置埋入件和拉结筋；拉结筋外露部分不得任意弯折，并保证其长度符合设计要求。

（7）砌体的转角和交接处应同时砌筑，否则应砌成斜槎。

（8）有高低台阶的基础应先砌低处，并由高处向低处搭接，若无设计要求，其搭接长度不应小于基础扩大部分的高度。

（9）砌筑时，高差不宜过大，一般不得超过一步架的高度。

（10）防潮层与基层黏结牢固，防水砂浆收水后要抹压平整、密实。

4）职业健康安全关键要求

（1）在操作之前必须检查操作环境是否符合安全要求，道路是否畅通，机具是否完好无损，安全设施和防护用品是否齐全，经检查符合要求后才可施工。

（2）基础砌筑前必须仔细检查槽坑，如有塌方危险或支承不牢固，要采取可靠措施。

（3）施工过程中要随时观察周围土层情况，发现裂缝和其他不正常情况时，应立即离开危险地点，采取必要措施后才能继续施工。

（4）基槽外侧 1m 以内严禁堆物，施工人员进入坑内应有踏步或梯子。

（5）当采用搭设运输道运送材料时，要随时观察基坑内操作人员，以防砖块等失落伤人。

（6）基槽深度超过 1.5m 时，运输材料要使用机具或溜槽，运料不得碰撞支承，基坑上方周边应设高度为 1.2m 的安全防护栏杆。

5）环境关键要求

（1）施工场地实行封闭化，主要道路硬化，水泥库房及时覆盖，易起尘的施工面及时洒水围挡，保证现场扬尘排放达标。

（2）固体废物实现分类存放，有效管理，提高回收利用率。生产和生活用水分类排放。

（3）车辆运输不超载，出入冲洗车轮，保证运输无遗洒。

3．施工工艺

1）工艺流程，详见图 15-34。

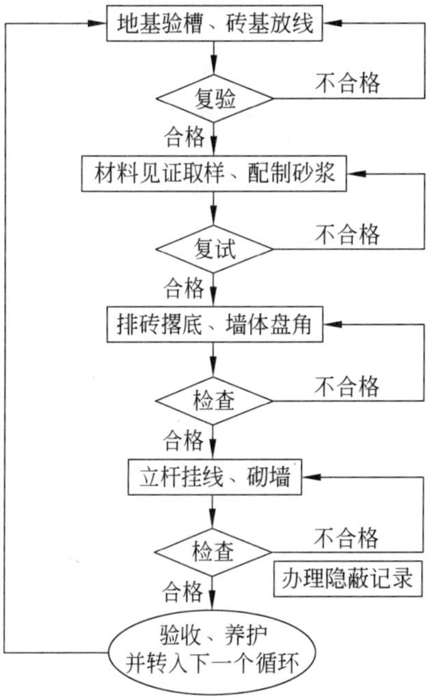

2）操作工艺

（1）砖基础砌筑前，基础垫层表面应清扫干净，洒水湿润。先盘墙角，每次盘角高度不应超过五层砖，随盘随靠平、吊直。

（2）砌基础墙应挂线，240mm 墙反手挂线，370mm 及以上墙应双面挂线。

（3）基础标高不一致或有局部加深部位，应从最低处往上砌筑，应经常拉线检查，以保持砌体通顺、平直，防止砌成"螺丝"墙。

（4）基础大放脚砌至基础上部时，要拉线检查轴线及边线，保证基础墙身位置正确。同时还要对照皮数杆的皮数及标高，如有偏差时，应在水平灰缝中逐渐调整，使砖墙的皮数与皮数杆一致。

（5）暖气沟挑檐砖及上一层压砖，均应用砖砌筑，灰缝要严实，挑檐砖标高必须正确。

（6）各种预留洞、预埋件、拉结筋按设计要求留置，避免后剔凿，影响砌体质量。

（7）变形缝的墙角应按直角要求砌筑，先砌的墙要把舌头灰刮尽；后砌的墙可采用缩口灰，掉入缝内的杂物随时清理。

图 15-34　基础砖砌体施工工艺流程图

（8）安装管沟和洞口过梁其型号、标高必须正确，底灰饱满；如坐灰超过 20mm 厚，用细石混凝土铺垫，两端搭墙长度应一致。

（9）防潮层施工，将墙顶活动砖重新砌好，清扫干净，浇水湿润，随即抹防水砂浆。设计无规定时，一般厚度为 15～20mm，防水粉掺量为水泥重量的 3％～5％。

（10）工完场清，做好成品保护，准备基础工程验收。

（11）工程验收后，应及时进行回填。

4．质量标准

1）一般规定

（1）冻胀环境和条件的地区，地面以下或防潮层以下的砌体不宜采用多孔砖。

（2）砌筑砖砌体时，砖应提前 1～2d 浇水湿润。烧结普通砖含水率宜为 10％～15％，灰砂砖、粉煤灰砖含水率宜为 5％～8％（现场检验砖的含水率的简易方法采用断砖法，当砖截面四周融水深度为 15～20mm 时，视为符合要求的适宜含水率）。

（3）采用铺浆法砌筑时，铺浆长度不得超过 750mm；施工期间气温超过 30℃ 时，铺浆长度不得超过 500mm。

（4）砖基础中的洞口、管道、沟槽和预埋件等，宽度超过 300mm 的，应砌筑平拱或设置过梁。

（5）施工时施砌的蒸压（养）砖的产品龄期不应小于 28d。

（6）竖向灰缝不应出现透明缝、瞎缝和假缝。

（7）临时间断处补砌时，必须将接槎处表面清理干净，浇水湿润，并填实砂浆，保持灰缝平直。

2）主控项目

（1）砖和砂浆的强度等级必须符合设计要求。抽检数量执行《砌体工程施工质量验收规范》（GB 50203—2002）第5.2.1条的规定。

检验方法：查砖和砂浆试块试验报告。

（2）砌体水平灰缝的砂浆饱满度不得小于80%。

检验方法：用百格网检查砖底面与砂浆的黏结痕迹面积，每处检测3块砖，取其平均值。

（3）砖砌体的转角处和交接处应同时砌筑，严禁无可靠措施的内外墙分砌施工。对不能同时砌筑而又必须留置的临时间断处应砌成斜槎，斜槎水平投影长度不应小于高度的2/3。每检验批抽检20%接槎，且不少于5处。

检验方法：观察检查。

（4）砖砌体的位置及垂直度允许偏差应符合表15-10的规定。

表 15-10　砖砌体的位置及垂直度允许偏差

项　次	项　目			允许偏差/mm	检验方法
1	轴线位置偏移			10	用经纬仪和靠尺检查或用其他测量仪器检查
2	垂直度	每层		5	用2m托线板检查
		全高	≤10m	10	用经纬仪、吊线和尺检查，或用其他测量仪器检查
			>10m	20	

3）一般项目

（1）砖砌体组砌方法应正确，上、下错缝。

检验方法：观察检查。

（2）砖砌体的灰缝应横平竖直，厚薄均匀。水平灰缝厚度宜为10mm，但不应小于8mm，也不应大于12mm。

检验方法：用尺量10皮砖砌体高度折算。

（3）砖砌体的一般尺寸允许偏差应符合表15-11的规定。

表 15-11　砖砌体一般尺寸允许偏差

项次	项　目		允许偏差/mm	检验方法	抽检数量
1	基础顶面和楼面标高		±15	用水平仪和尺检查	不应少于5处
2	表面平整度	清水墙、柱；混水墙、柱	5	用2m靠尺和楔形塞尺检查	有代表性自然间10%，但不应少于3间，每间不应少于2处
			8		
3	门窗洞口高、宽（后塞口）		±5	用靠尺检查	检验批洞口的10%，且不应少于5处
4	外墙上下窗口偏移		20	以底层窗口为准，用经纬仪或吊线检查	检验批的10%，且不应少于5处
5	水平灰缝平直度	清水墙	7	拉10m线和尺检查	有代表性自然间10%，但不应少于3间，每间不应少于2处
		混水墙	10		
6	清水墙游丁走缝		20	7	有代表性自然间10%，但不应少于3间，每间不应少于2处

4）资料核查项目

（1）水泥、砖等主要材料的出厂合格证，要求为按批量出厂的原件。

（2）水泥、砖等主要材料的进场按批量的见证取样单及复检试验报告单。

（3）砂浆配合比报告单及砂浆试块强度检验报告单。

（4）施工隐蔽记录及分项工程质量检验记录。

5）观感检查项目

主要检查：砖的组砌方法、留槎、接槎、构造柱、拉接筋、上下错缝、预埋件等是否按规范及标准施工。

5．成品保护

（1）基础砌完后，未经有关人员复查前，对轴线桩、水平桩或龙门板应注意保护，不得碰撞。

（2）对外露或预埋在基础内的暖卫、电气套管及其他预埋件，应注意保护，不得损坏。

（3）抗震构造柱钢筋和拉结筋应保护，不得踩倒，弯折。

（4）基础墙回填土，两侧应同时进行，暖气沟墙未填土的一侧应加支承，防止回填时挤歪挤裂。回填土应分层夯实，不允许向槽内灌水取代夯实。

（5）回填土运输时，先将墙顶保护好，不得在墙上推车，以免损坏墙顶和碰撞墙体。

6．安全环保措施

（1）建立健全安全环保责任制度、技术交底制度、检查制度等各项管理制度。

（2）现场施工用电严格按照《施工现场临时用电安全技术规范》(JGJ 46—2005)执行。

（3）施工机械严格按照《建筑机械使用安全技术规程》(JGJ 33—2001)执行。

（4）现场各施工面安全防护设施齐全有效，个人防护用品使用正确。

（5）现场实行封闭化施工，有效控制噪声、扬尘、废物排放。

7．季节性施工措施

（1）砂浆宜用普通硅酸盐水泥拌制，砂中不得含有大于 10mm 的冻块。

（2）砖应清除冰霜，冬期不浇水，应适当增大砂浆的稠度。

（3）冬期砌砖一般采用掺盐砂浆，其掺盐量、材料加热温度均按冬期施工方案规定执行。砂浆使用时的温度不应低于 +5℃。

（4）雨期施工时，应防止基槽灌水和雨水冲刷砂浆；砂浆的稠度应适当减小。每天砌筑高度不宜超过 1.2m。

8．质量记录

（1）砂浆配合比设计检验报告单；

（2）砂浆立方体试件抗压强度检验报告单；

（3）水泥检验报告单；

（4）各类型砖检验报告单；

（5）砂检验报告单；

（6）砖砌体工程检验批质量验收记录。

15.4.4　砖墙砌筑

1．作业条件

（1）完成室外及房心回填土，安装好沟盖板。

（2）办完地基、基础工程隐检手续。

（3）按标高抹好水泥砂浆防潮层。

（4）弹好轴线墙身线，根据进场砖的实际规格尺寸，弹出门窗洞口位置线，经验线符合设计要求，办完预检手续。

（5）按设计标高要求立好皮数杆，皮数杆的间距以 15～20m 为宜。

（6）施工现场安全防护已完成，并通过了质检员的验收。

（7）脚手架应随砌随搭设，运输通道通畅，各类机具应准备就绪。

2．技术的关键要求

（1）砂浆

① 配合比应采用重量比，并由试验室确定，水泥计量精度为±2％，砂、掺和料为±5％。

② 宜用机械搅拌，投料顺序为砂→水泥→掺和料→水，搅拌时间不少于 2min。

③ 砂浆应随拌随用，一般水泥砂浆和水泥混合砂浆需在拌成后 3～4h 内使用完，不允许使用过夜砂浆。

④ 每一施工段或 250m³ 砌体，各种砂浆每台搅拌机至少做一组试块（一组 6 块），如砂浆强度等级或配合比变更时，还应制作试块。

（2）墙体组砌方式

实心墙体：一般采用一顺一丁（满丁满条）、梅花丁或三顺一丁砌法。其中代号 M 型的多孔砖的组砌方式只有全顺；代号 P 型的多孔砖的组砌方式有一顺一丁及梅花丁两种，不采用五顺一丁砌法。

一顺一丁、梅花丁、三顺一丁组砌的方式如图 13-1 所示。

（3）墙体组砌方法

组砌形式确定后，组砌方法也随之而定。采用一顺一丁形式砌筑的砖墙的组砌方法如图 15-35 所示，其余组砌方法依此类推。

第一皮　　　　第二皮　　　　　　　第一皮　　　　第二皮

(a)　　　　　　　　　　　　　(b)

图 15-35　一顺一丁砖墙组砌方法

（a）T 字交接处组砌平面；（b）十字交接处组砌平面

3．质量关键要求

（1）原材料必须逐车过磅，计量准确，搅拌时间要达到规定的要求，砂浆试块应有专人负责制作与养护。

（2）排砖时必须把立缝排匀，砌完一步架高度，每隔两皮砖在丁砖立楞处用托线板吊直弹线，二步架往上继续吊直弹粉线，由底往上所有七分头的长度应保持一致，留设上层窗口必须向下层窗口保持垂直。

（3）立皮数杆要保持标高一致，盘角时灰缝要掌握均匀，砌砖时准线要拉紧，防止一层线松，一层线紧。

（4）排砖时，为了使窗间墙、垛排成好活，把破活排在中间或不明显位置，在砌过梁上第一行砖时，不得随意变活。

（5）舌头灰刮尽，保持墙面整洁；正确排砖，半头砖分开使用，避免造成通缝；准确标高及平直度，防止墙背面偏差过大，水平灰缝不平直、不均匀。

（6）构造柱砖墙应砌成大马牙槎，设置好拉结筋，从柱脚开始两侧都应先退后进，当凿深 12cm 时，宜上口一皮进 6cm，再上一皮进 12cm，以保证混凝土浇筑时上角密实，构造柱内的落地灰、砖渣杂物必须清理干净，防止混凝土内夹渣。

4．施工工艺

1）工艺流程

在基础验收、墙体放线后，与基础工艺流程相同。

2）操作工艺

（1）组砌方法：砌体一般采用一顺一丁（满丁、满条）、梅花丁或三顺一丁砌法。

（2）排砖摆底（干摆砖）：一般外墙第一层砖摆底时，两山墙排丁砖，前后檐纵墙排条砖。

根据弹好的门窗洞口位置线，认真核对窗间墙、垛尺寸，其长度是否符合排砖模数；如不符合模数时，可将门窗口的位置左右移动。若有破活，七分头或丁砖应排在窗口中间，附墙垛或其他不明显的部位。移动门窗口位置时，应注意暖卫立管安装及门窗开启时不受影响。另外，在排砖时还要考虑在门窗口上边的砖墙合拢时也不出现破活。所以排砖时必须做全盘考虑，前后檐墙排第一皮砖时，要考虑甩窗口后砌条砖，窗角上必须是七分头才是好活。

（3）选砖：砌清水墙应选择棱角整齐，无弯曲、裂纹，颜色均匀，规格基本一致的砖。敲击时声音响亮，熔烧过火变色，变形的砖可用在基础及不影响外观的内墙上。

（4）盘角：砌砖前应先盘角，每次盘角不要超过五层，新盘的大角，及时进行吊、靠。如有偏差要及时修整。盘角时要仔细对照皮数杆的砖层和标高，控制好灰缝大小，使水平灰缝均匀一致。大角盘好后再复查一次，平整和垂直完全符合要求后，再挂线砌墙。

（5）挂线：砌筑一砖半墙必须双面挂线，如果长墙几个人均使用一根通线，中间应设几个支线点，小线要拉紧，每层砖都要穿线看平，使水平缝均匀一致，平直通顺；砌一砖厚混水墙时宜采用外于挂线，可照顾砖墙两面平整，为下道工序控制抹灰厚度奠定基础。

（6）砌砖：砌砖宜采用一铁锹灰、一块砖、一挤揉的"三一"砌砖法，即满铺、满挤操作法。砌砖时砖要放平。里手高，墙面就要张；里手低，墙面就要背。砌砖一定要跟线，"上跟线，下跟棱，左右相邻要对平"。水平灰缝厚度和竖向灰缝宽度一般为 10mm，但不应小于 8mm，也不应大于 12mm。为保证清水墙面主缝垂直，不游丁走缝，当砌完一步架高时，宜每隔 2m 水平间距，在丁砖立楞位置弹两道垂直立线，可以分段控制游丁走缝。在操作过程中，要认真进行自检，如出现有偏差，应随时纠正，严禁事后砸墙。清水墙不允许有三分头，不得在上部任意变活、乱缝。砌清水墙应随砌、随划缝，划缝深度为 8～10mm，深浅一致，墙面清扫干净。混水墙应随砌随将舌头灰刮尽。

（7）留槎：外墙转角处应同时砌筑。内外墙交接处必须留斜槎，槎子长度不应小于墙体高度的 2/3（见图 15-36(a)），槎子必须平直、通顺。分段位置应在变形缝或门窗口角处，隔墙与墙或柱不同时砌筑时，可留阳槎加预埋拉结筋。沿墙高按设计要求每 50cm 预埋钢筋 2 根，其埋入长度从墙的留槎处算起，一般每边均不小于 50cm，末端应加 90°弯钩（图 15-36(b)）。施工洞口也应按以上要求留水平拉结筋。隔墙顶应用立砖斜砌挤紧。

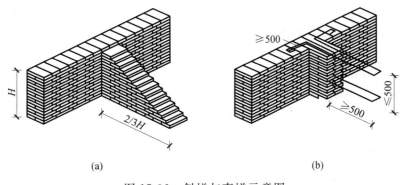

图 15-36 斜槎与直槎示意图

（8）木砖预留孔洞和墙体拉结筋：木砖预埋时应小头在外，大头在内，数量按洞口高度决定。洞口高在 1.2m 以内，每边放 2 块；高 1.2～2m，每边放 3 块；高 2～3m，每边放 4 块，预埋木砖的部位一般在洞口上边或下边四皮砖,中间均匀分布。木砖要提前做好防腐处理。钢门窗安装的预留孔、硬架支模、暖卫管道,均应按设计要求预留,不得事后剔凿。墙体拉结筋的位置、规格、数量、间距均应按设计要求留置,不应错放、漏放。

(9)安装过梁、梁垫:安装过梁、梁垫时,其标高、位置及型号必须准确,坐浆饱满。如坐浆厚度超过20mm时,要用细石混凝土铺垫,过梁安装时,两端支承点的长度应一致。

(10)构造柱做法:凡设有构造柱的工程,在砌砖前,先根据设计图纸将构造柱位置进行弹线,并把构造柱插筋处理顺直。砌砖墙时,与构造柱连接处砌成马牙槎。每一个马牙槎沿高度方向的尺寸不宜超过30cm(即五皮砖)。马牙槎应先退后进。拉结筋按设计要求放置,设计无要求时,一般沿墙高50cm设置2根向水平拉结筋,每边深入墙内不应小于1m。做法如图15-37所示。

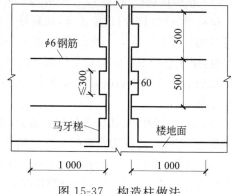

图15-37　构造柱做法

5. 质量标准

1)一般规定

(1)蒸压灰砂砖和蒸压粉煤灰砖不得用于长期受热200℃以上、受急冷急热和有酸性介质侵蚀的部位。

(2)砌筑时,砖应提前1~2d浇水湿润。烧结普通砖、多孔砖含水率宜为10%~15%,灰砂砖、粉煤灰砖含水率宜为5%~8%。

(3)当采用铺浆法砌筑时,铺浆长度不得超过750mm,施工期间气温超过30℃时,铺浆长度不得超过500mm。

(4)砖墙中的洞口、管道、沟槽和预埋件等,宽度超过300mm的,应砌筑平拱或设置过梁。

(5)砖砌平拱过梁的灰缝应砌成楔形缝。灰缝的宽度,在过梁底面不应小于5mm;在过梁顶面不应大于15mm。拱脚应伸入墙内不少于20mm,拱底应有1%的起拱。

(6)砖过梁底部的模板,应在灰缝砂浆强度不低于设计强度的50%时,方可拆除。

(7)施砌的蒸压(养)砖的产品龄期不应小于28d。

(8)竖向灰缝不得出现透明缝、瞎缝和假缝。

(9)施工临时间断处补砌时,必须将接槎处表面清理干净,浇水湿润,并填实砂浆,保持灰缝平直。

2)主控项目

(1)砖和砂浆的强度等级必须符合设计要求。

抽检数量:每一生产厂家的砖到现场后,按烧结砖15万块为一验收批,抽检数量为一组。砂浆试块的抽检数量,同一类型强度等级的试块应不少于3组。

检验方法:查砖和砂浆试块试验报告。

(2)砌体水平灰缝的砂浆饱满度不得小于80%。

抽查数量:每检验批抽查不应少于5处。

检验方法:用百格网检查砖底面与砂浆的黏结痕迹面积。每处检测3块砖,取其平均值。

(3)砖砌体的转角处和交接处应同时砌筑,严禁无可靠措施的内外墙分砌施工。对不能同时砌筑而又必须留置的临时间断处应砌成斜槎,斜槎水平投影长度不应小于高度的2/3。

抽查数量:每检验批抽20%接槎,不少于5处。检验方法:观察检查。

(4)砖砌体的位置及垂直度允许偏差应符合规定。

第 16 章　求职面试典型问题应对 20 例

考察一所职业院校最主要的标准是毕业生的就业率。现代求职时的一个重要环节是面试,面试的好坏成为业主录用的主要标准。本章试图通过对一些典型问题的研讨,加深学生对本门课程的理解与消化,能够较好地应对就业求职时的面试,过好就业第一关。

1. 建筑中常用的混凝土和砌体建筑材料有哪些? 常用什么型号?

混凝土 C20,C25(非预应力),C30,C40(预应力);钢筋 HPB300,HRB335,HRB400;砖类 MU10,MU15;砂浆 M2.5,M5,M7.5,M10。

2. 常用混凝土梁板柱的尺寸应符合多大比例,遵循什么模数?

梁:简支梁 $l_0/h \leqslant 15$,连续梁 $l_0/h \leqslant 20$;$h/b = 2 \sim 2.5$。梁宽 250mm 以上以 50mm 为模数,如 250mm,300mm,350mm 等;250mm 以下以 20mm 或 30mm 为模数,如 220mm,200mm,180mm,150mm。梁高 800mm 以上以 100mm 为模数,如 800mm,900mm,1 000mm 等;800mm 以下以 50mm 为模数,750mm,600mm,550mm 等。

3. 受弯构件有几种破坏形式,主要表征是什么? 如何避免非适筋破坏?

有三种。适筋破坏,少筋破坏,超筋破坏。少筋破坏的表征是因配筋太少,一裂即坏;超筋破坏因配筋过多,钢筋尚未屈服,混凝土已被压碎;适筋破坏因钢筋配量适度,钢筋屈服,裂缝充分开展以后,混凝土被压碎。用混凝土受压区最大相对高度来防止超筋破坏;用最小配筋率来防止少筋破坏。

4. 如何从裂缝走向判断产生原因?

混凝土结构产生裂缝是"常见病",其原因十分复杂。但可大体分为两类裂缝:荷载原因和非荷载原因(材料收缩、温度改变、地基沉陷等)。梁和单向板跨中下部和悬臂梁根部垂直轴线的裂缝是弯矩产生的,因弯矩使受拉边混凝土超过极限拉应变所致,如图 0-1(c)。梁边的斜裂缝是由斜截面弯矩和剪力产生的,该处主拉应力与轴线成一定角度,主拉应力超过混凝土的抗拉强度,如图 4-2 所示。局部受压或受拉会产生劈裂裂缝,如图 2-8(a),图 2-8(b)

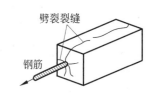

图 16-1　局部受拉劈裂裂缝

和图 16-1 所示。受弯构件的受拉边出现垂直轴线与平行轴线的一段裂缝,甚至出现龟裂,该处是受力钢筋的搭接处,如图 16-2 所示。地基沉陷相当于受弯和受剪。梁上形成约 45°三面开裂,一边压碎破坏或截面成空间涡轮面,是扭转破坏,如图 7-2 所示。双向板下部形成 X 形裂缝,上表面形成沿周边的圆形裂缝,是受弯破坏;如图 10-24 所示。无梁楼盖上形成漏斗形或上表面形成与柱截面相似裂缝,是冲切破坏。主梁上次梁边缘形成八字裂缝,是次梁反力形成的剪切裂缝,如图 10-23(a)所示。预应力梁端的平行轴线裂缝,是局部承压能力不够形成的裂缝。预应力梁板受压面跨中出现垂直轴线竖向裂缝,可能是反置(预应力钢筋一边朝上)、放置不当(如地面不平,中间有突出物)、吊装不当(如脱钩)等,真正钢筋张拉超量过多是很少的,这种情况,购进时就能检验出来。形成垂直轴线周边通缝,是中心受拉或小偏心受拉构件,如图 16-3 所示。板面出现多处不规则裂缝,可能是由于气候干燥,养护时未及时覆盖、浇水所致,如图 16-4 所示。

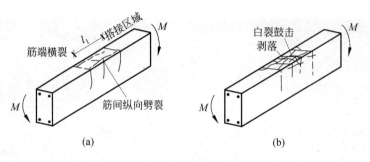

图 16-2 受力钢筋搭接区混凝土表面的裂缝与龟裂

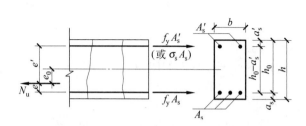

图 16-3 中心受压或小偏心受压裂缝

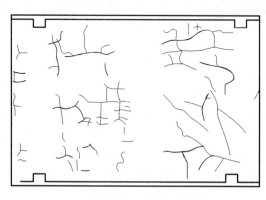

图 16-4 板面多处不规则裂缝

5. 一般梁中有几种钢筋？说明各自的作用。

有 8 种。

受拉钢筋，代替混凝土受拉；

受压钢筋，协助混凝土受压；

箍筋，抗剪，形成骨架，固定受力钢筋位置；

架立钢筋，形成钢筋骨架；

弯起钢筋，抗剪；

腰筋，对腹板高度较大的梁，形成骨架；

鸭筋，抗剪；

吊筋，主梁上次梁边缘抗剪。

6. 板中分布钢筋如何布置？有何作用？

垂直于受力钢筋，并布置在其上部，与受力钢筋绑扎。绑扎应正反扣相间，防止形成平行四边形。分布钢筋的作用有三个：固定受力钢筋位置，抵抗温度应力，分布荷载作用。在双向板中还要承担少量弯矩。

7. 柱破坏后，如何判断原因？

混凝土压碎，钢筋外凸成灯笼状，抗压强度不足破坏；钢筋屈服，受拉边混凝土开裂，受压边混凝土压碎，受弯破坏、大偏心受拉破坏、大偏心受压破坏或中心受压失稳破坏；受拉边混凝土未开裂和裂缝很小，受压边混凝土压碎，小偏心受压破坏。截面四周形成通缝，中心受拉引起。

8. 钢筋在连续梁受拉区能否截断？受压区截断有何要求？

不能在受拉区截断。在受压区截断应满足锚固长度要求。

9. 纵筋的搭接接头能否在同一个连接区内，应如何安排？

不能在同一连接区内，而应互相错开。梁板类，同一连接区搭接钢筋面积≤25%，柱类≤50%。

10. 柱两边受力钢筋各超过 4 根，应如何配箍筋？

应配复合箍筋。

11．T 形、工字形截面如何配箍？

腹板、翼缘各自分别配箍；不出现内折角配箍。

12．轴力的存在对抗剪有利还是不利？

压力对抗剪有利，拉力不利。

13．运到现场的预制梁板如何码放？

预制梁板构件一般是预应力混凝土，预应力钢筋摆在下面。第一，不能反放，即不能将配筋面朝上；第二不能在跨中支承。否则，自重可使构件开裂破坏。正确的码放方法是，首先平整码放场地，之后在离构件两端 10cm 的地方垂直于梁板跨度摆两根木方子，最后再将构件徐徐放下。如果是楼板，可以摞放，但每层都应有木方子支承，木方子应上下对齐。

14．楼板上开洞应如何配筋？

如 $d{\leqslant}300mm$，不需加配钢筋，只要把钢筋掰开，留出洞口位置，支模即可。

如 $300mm{\leqslant}d{<}1\,000mm$，应在洞口附近配附加钢筋，其截面积 $\geqslant$ 被截断钢筋的一半，并 $\geqslant\phi10$。

如 $d{\geqslant}1\,000mm$，应在洞口周围加设小梁。

15．钢筋混凝土伸缩缝、沉降缝与抗震缝如何设置？

伸缩缝是减小温差和混凝土收缩变形造成破坏的有效措施。框架结构设置间距：现浇式，室内或地下 $\leqslant55m$，露天 $\leqslant35m$；装配式，室内或地下 $\leqslant75m$，露天 $\leqslant50m$。缝宽 $\geqslant50mm$。如果因故不宜设缝，可采取可靠措施防止温度变化引起的结构裂缝或破坏。如在温度影响较大部位加配钢筋，屋顶设置隔热保温层等。

沉降缝是减小地基不均匀沉降造成破坏的有效措施。沉降缝要从基础贯通上部结构，缝宽 $\geqslant100mm$。当不便设缝时，宜采用后浇带等措施，等不均匀沉降完成后，再浇筑混凝土。

抗震缝是防止地震时房屋相邻部分互相碰撞造成破坏的有效措施。根据抗震设防烈度、结构材料种类、结构类型、结构单元的高度和高差情况，留有足够的宽度，其两侧上部结构应完全分开。一般缝宽 $70\sim100mm$。

16．砌体结构构件与构成它的砌块，谁的强度高？为什么？

砌块强度高。因为：(1)水平灰缝不饱满使砌块受到拉压弯剪复杂受力状态，而砌块抗拉、弯、剪强度很低；(2)砌块与砂浆变形要协调，使砌块受拉；(3)竖缝应力集中。

17．砌体筑砌质量要求有何规定？

水平灰缝饱满度，按净面积计算不低于 90％，灰缝厚度宜为 10mm，但不应小于 8mm，大于 12mm。砂浆应随用随拌，拌好砂浆后，应在 4 小时之内用完。

18．基础大放脚用砖有何要求？

砖 $\geqslant$MU10，砂浆 $\geqslant$M5。

19．楼板搁置最小长度有何规定？

砖墙上 $\geqslant100mm$，钢筋混凝土梁上 $\geqslant80mm$。

20．钢筋混凝土圈梁的作用、如何设置、在何处设置？

保证房屋的整体性，克服地基不均匀沉降。单层房屋，一般在檐口标高处设置圈梁一道；多层砌体房屋可隔层设置，有抗震要求时，每层设置；地基不良时，应设基础圈梁。除檐口圈梁和基础圈梁以外，其他圈梁可为板平圈梁和板底圈梁。

21．抗震砌体房屋构造柱如何设置，有何要求？

应根据地震烈度、房屋层数按《建筑抗震设计规范》要求设置。在构造柱处，墙体要砌成马牙槎。构造柱最小截面应为 240mm×180mm，钢筋宜 4ϕ12，箍筋 ϕ6，间距 $\leqslant$250mm。

参 考 文 献

[1] 沈凡.混凝土结构及砌体结构(上册)[M].重庆:重庆大学出版社,2005.

[2] 黄明,杨晓光.混凝土结构及砌体结构(下册)[M].重庆:重庆大学出版社,2005.

[3] 罗向荣.钢筋混凝土结构[M].北京:高等教育出版社,2003.

[4] 宗兰,宋群.建筑结构[M].北京:机械工业出版社,2005.

[5] 沈蒲生,梁兴文.混凝土结构设计原理[M].北京:高等教育出版社,2002.

[6] 蓝宗建.混凝土结构设计原理[M].南京:东南大学出版社,2002.

[7] 徐有邻,周底.混凝土结构设计规范理解与应用[M].北京:中国建筑工业出版社,2002.

[8] 曹双寅.工程结构设计原理[M].南京:东南大学出版社,2002.

[9] 唐岱新.砌体结构[M].北京:高等教育出版社,2003.

[10] 周克荣.混凝土结构设计[M].上海:同济大学出版社,2001.

[11] 东南大学,天津大学,同济大学.混凝土结构设计原理[M].2版.北京:中国建筑工业出版社,2002.

[12] 哈尔滨工业大学,大连理工大学,北京建筑工程学院,等.混凝土及砌体结构[M].北京:中国建筑工业出版社,2002.

[13] 邓雪松,王晖.混凝土结构学习指导及案例分析[M].武汉:武汉理工大学出版社,2005.

[14] 王社良,熊仲明.混凝土结构设计原理题库及题解[M].北京:中国水利水电出版社,2004.

[15] 周坚.高层建筑结构力学[M].北京:机械工业出版社,2006.

[16] 刘恢先.唐山大地震(四)[M].北京:地震出版社,1986.

[17] 国振喜,孙培生,刘玉阶.实用混凝土结构构造手册[M].3版.北京:中国建筑工业出版社,2005.

[18] 北京建工集团.建筑工程施工质量评定标准[M].北京:中国建筑工业出版社,2005.

[19] 中国建筑第八工程局.建筑工程施工技术标准①[M].北京:中国建筑工业出版社,2005.

[20] 中国建筑标准设计研究院.国家建筑标准设计图集16G101-1混凝土结构施工图平面整体表示方法制图规则和构造详图[M].北京:中国计划出版社,2016.

[21] 周坚.建筑识图[M].2版.北京:中国电力出版社,2015.

[22] 周坚,伍孝波.建筑施工技术[M].北京:中国电力出版社,2008.

[23] 中华人民共和国国家标准.GB 50010—2010:混凝土结构设计规范[S].2015版.北京:中国建筑工业出版社,2015.

[24] 中华人民共和国国家标准.GB 50011—2010:建筑抗震设计规范[S].2016版.北京:中国建筑工业出版社,2016.